电动机绕组布线接线彩色图集

第 6 版

下　册

潘品英　著

机 械 工 业 出 版 社

本书是一本以图为主、图文并茂的电机绕组彩色图集。本次修订是以本书第 5 版为基础，增补了近年来由修理者提供的实修资料整理成的绕组端面图。全书共收入绕组端面图 1044 例，其中新增绕组（书中标题前用 "＊" 标示）261 例。新增图主要来自变极电动机绕组，有 116 例。

本书布线接线采用作者原创的潘氏端面图画法，并配有相色线条，使绕组相别、布线层次、走线连接及线圈组结构都清晰醒目。此外，书中除各章节综合介绍所属绕组结构特性外，每例还包括绕组参数、嵌线要点、结构特点及应用文字说明。

本书内容丰富，是目前各类电机绕组出版物中最全的图集之一，是电机修理者、制造厂技工及有关工程技术人员必备的参考工具书，也可作为大、中专院校电机相关专业师生的实践参考用书。

图书在版编目（CIP）数据

电动机绕组布线接线彩色图集：上册、下册/潘品英著. —6 版. —北京：机械工业出版社，2021.5
ISBN 978-7-111-68190-8

Ⅰ.①电…　Ⅱ.①潘…　Ⅲ.①电动机-绕组-布线-图集　Ⅳ.①TM320.31-64

中国版本图书馆 CIP 数据核字（2021）第 087838 号

机械工业出版社（北京市百万庄大街 22 号　邮政编码 100037）
策划编辑：林春泉　　　　　责任编辑：林春泉　间洪庆
责任校对：张晓蓉　李　婷　封面设计：马若濛
责任印制：常天培
固安县铭成印刷有限公司印刷
2022 年 1 月第 6 版第 1 次印刷
260mm×184mm · 72.5 印张 · 1796 千字
0001—1500 册
标准书号：ISBN 978-7-111-68190-8
定价：298.00 元

电话服务　　　　　　　　　网络服务
客服电话：010-88361066　　机　工　官　网：www.cmpbook.com
　　　　　010-88379833　　机　工　官　博：weibo.com/cmp1952
　　　　　010-68326294　　金　书　网：www.golden-book.com
封底无防伪标均为盗版　　　机工教育服务网：www.cmpedu.com

前　言

　　本书第 5 版面世已数年，这几年中，电机绕组也有所发展，特别是变极电动机绕组出现了很多新的接法型式，在读者不断提供维修资料的支持下，作者手中积攒了一批新绕组。作者因前段时间生病曾发过"收工宣言"，随着病愈，身体得以恢复，出版社也一再邀约，故再次"食言"，重新开工，将这些来自实修的新绕组呈献给读者。所以，作者决定将本书第 5 版重新修订。

　　本书第 6 版分为上、下册，仍保持第 5 版的基本格局，将新增绕组分类补充到各章节中。其中变极电动机绕组新例较多，且接法型式超越原来常规格局，所以作者这次修订按照变极设计的接法型式分类编排。直流电枢绕组因画法繁琐且缺乏通用性曾被删除，第 6 版做了改进，加入了重要数据 "A" 值并简化画法，不但方便修理者记录和应用，还使其具有了通用性，所以直流电枢绕组全部换用新的画法。而单相电动机则增加了 "牛角风扇及工业调速扇" 及 "单相变极调速" 两节新增内容。此外，双速电动机绕线式转子绕组是近年来我国研究人员发明的专利，这次作为附录收入本书。

　　本书下册电机绕组采用潘氏端面图的改进画法，共有 7 章内容以及附录，主要内容包括三相变极常规接法、非常规接法、反常规补救接法的双速绕组，电梯、塔吊用双速绕组，三相三速和单相双速，以及绕线式双速转子绕组等；还包括单相常规、正弦及抽头调速绕组，而且将单相调速中的牛角风扇等工业用调速扇分离写入 14.3 节。在移动式发电机部分又新增绕组 2 例，仍保留于附录。此外，双速中还包括 △/△-Ⅱ 及 △/2△ 等变极接法若干例，都是作者最新研究成果。而绕线式转子双速绕组是近两年在修理中出现的，本书搜集整理出 9 例，也载于附录，供读者参考。下册共收入绕组图 532 例，其中新增绕组 197 例。

　　本书布线接线采用的潘氏端面图画法（包含改进画法和直流电枢简化画法），以及单相正弦绕组、抽头调速绕组、罩极电动机绕组等结构性标题命名法均为作者原创。欢迎他人使用，若有引用，请注明"绕组图采用潘氏画法"。

　　本书新增内容得益于提供修理资料的读者，在此表示感谢！由于水平所限，书中不妥之处在所难免，诚请读者批评指正。

潘品英

2021 年 3 月

目　　录

第9章 三相变极双速电动机绕组

三相变极电动机又称变速电动机，是异步电机的一种特殊型式。它是通过外部接线来改变转速，绕组有两种形式：一种是定子分层安置两套不同极数，且完全独立的三相绕组；另一种是采用一套特殊的变极绕组。本章布线接线图例为后者，故又称单绕组变极电动机，是目前主要应用的变速形式。它具有调速简单、工作可靠、绕制方便等优点而被广泛应用于机床、起重、电梯、纺织等工业生产中的变速拖动。

单绕组变极电动机可用单层或双层绕组，但为了便于选用线圈节距，合理调节绕组参数以取得较好的电气性能，故目前的变极电机产品均采用双叠绕组。因此，其布线型式和嵌绕工艺都与普通双叠绕组相同，各参数意义可参考双叠绕组，此处从略。单绕组变极电动机有双速和多速，变极的方法有反向法、换相法和双节距法几种，多速是在双速变极原理的基础上通过特定的机外接线取得。

变极绕组的每相线圈组数可以不相等，每组线圈数也可不相等，但每相线圈的总数及变极组数（两引出线端间所包含的线圈称"变极组"，如图9.1.3b中4U—2U之间的线圈13、14、15、16为一变极组）则必须相等；而且变极时每相总有一半线圈电流要反向，故常出现庶极接法。为了便于掌握线圈在改接变极时的极性（电流方向），本章例图除提供端面模拟布线接线图外，还画出绕组变极接线原理及端子接线图。为了便于理解，原理图选用单路或并联路数较少的接法绘制，其中线圈号均以下层边所在嵌入槽号表示，并取瞬间某时走向的电流为"+"，逆此走向为"−"，并标示在线圈号上方。

此外，由于双绕组排列表的作用可由简化接线图b替代；又考虑变极绕组采用双叠布线，各例绕组嵌线方法相同且无特别的特点。为节省篇幅，本次图例删去这两项内容。对嵌线不熟练的读者，可参考槽数和节距相同的双叠绕组。

随着改革开放的不断深入，以及现代自动化水平的不断提高，促使变极电动机的应用得到普及；而变极电动机又随进口设备进入我国，经过几十年的运行，目前已到了使用寿命的末期。因此，近年经修理者之手的变极电机明显增多，而且除了常规接法之外，有很多是初次接触到的特种接法。综合起来，本书将其分为四种类型编入。

9.1 三相变极常规接法倍极比双速绕组布线接线图

常规接法丫/2丫、△/2丫是双速电动机应用最早、最广的基本接法。它对应极比是 p_2/p_1（p_2—多极数；p_1—少极数）。下面就4/2极与接线关系对电机磁场的影响进行分析。

通常，一台双速电动机能否正常运行，决定于两个因素：一是采用的接法可使变极方案成立，即通过绕组引出线的改接，改变部分线圈极性，使绕组形成所需的磁场极数，这是先决条件；二是选定的绕组匝数（S_n）在同一电源电压之下，两种极数的定子铁心各部分磁密必须在允许范围之内。而气隙磁密与各部分磁密直接关联，所以一般可用气隙磁密（B_g）作为对比参照，具体校验是使两种极数的气隙磁密都在合理范围，即 $B_g = 0.5 \sim 0.75T$，改极时最高也不宜超过0.85T。

然而，气隙磁密与选用的变极接法有着直接关系。例如，一台4/2极双速电动机，如不变接法，即选用丫/丫变极接法时，气隙磁密B_g（T）由下式确定：

$$B_g = \frac{120U_\phi 2pa}{ZS_n DLK_{dp}}$$

式中　U_ϕ——电机绕组每相电压（V）。若电机绕组是△形联结时，

$$U_\phi = U（电源电压）；如是丫形联结时，则 U_\phi = U/\sqrt{3}。$$

$2p$——极数；

a——并联支路数；

Z——定子槽数；

S_n——每槽导线数；

D——定子铁心内径（cm）；

L——定子铁心长度（cm）；

K_{dp}——绕组系数。

变极时接法（丫）不变则 U_ϕ 不变，再设 S_n、K_{dp} 也不变，而铁心数据 Z、D、L 是不可变的，这样，可设上式中的不变项为常数 K，即

$$\frac{120 U_\phi}{Z S_n D L K_{dp}} = K$$

这样上式可简化为　气隙磁密 $B_g = (K) 2pa$

如设 4 极为基准极，并选气隙磁密为中值 0.64T，将 $2p = 4$、$a = 1$ 代入，得

$$B_{g4} = (K) 2pa = 4K = 0.64T$$

当极数变换到 2 极时接法仍是 1 丫，即 $2p = 2$、$a = 1$ 代入后，得

$$B_{g2} = 2 \times 1 (K) = 2K = 0.32T$$

即只有 4 极时的一半。显然，2 极时的气隙磁密远低于合理范围，说明 2 极时电动机处于严重欠电压运行，不能投入额定负载。

反之，若选 2 极为基准极则 $B_{g2} = 2K = 0.64T$；变到 4 极时 $B_{g4} = 4K = 1.28T$，即磁密远超合理值而使电机严重磁饱和，即使空载也会发热烧毁。

由此可知，如果双速电动机变极时不改变接法，必定会有一种极数的电磁参数不过关而不能正常运行。为此通常有以下两种解决办法：

1）改变并联支路数　例如，4/2 极采用丫/2丫联结，即 4 极（丫），2 极（2丫）。当选 4 极为基准，则 $B_{g4} = 4K = 0.64T$；转变为 2 极时 $B_{g2} = 2pa = 4K = 0.64T$。这时可见，两种极数之下，气隙磁密都在合理范围。

同理，若选 2 极为基准，则 $B_{g2} = B_{g4} = 0.64T$，也在合理范围。

2）改变接线方式、合理选用绕组系数　其实，气隙磁密公式中的 U_ϕ、K_{dp} 都不是常数，上述仅是假设而已。所以，实际 $120/Z\ S_n D L$ 才是常数 K。这时其关系应为

$$B_g = (K) \frac{U_\phi 2pa}{K_{dp}}$$

如果仍以 4/2 极为例，并改用 △/2丫联结，当选 4 极为基准时，$U_\phi = U$（U 为电源电压，即线电压），$a = 1$，$2p = 4$；并选用 $B_{g4} = 0.64T$，则

$$B_{g4} = K \frac{U_\phi 2pa}{K_{dp}} = \frac{U_\phi}{K_{dp}} \times 4 \times 1 = 4K \frac{U}{K_{dp}} = 0.64T$$

当变换到 2 极时是 2丫联结，即 $a = 2$，而丫形 $U_\phi = U/\sqrt{3}$，这时

$$B_{g2} = K 4 \times 1 \frac{U \sqrt{3}}{K_{dp}} = 2.31 K \frac{U}{K_{dp}}$$

将其与 4 极相比，得 $B_{g2} = 0.37T$。显然这时气隙磁密是不合格的。那么，再选较低的绕组系数 $K_{dp2} = 0.68$，这样，$B_{g2} = 0.37/0.68T = 0.54T$，使 2 极（非基准极）的气隙磁密回到合理范围。

由此可见，双速电动机变极时，改变并联支路数和接线方式及绕组系数都可有效地影响气隙磁密的改变。因此，本书把丫/2丫、丫/2△ 这种顺应极数改变而使 B_g 值趋于合理规范的变极接法称为常规接法。常规接法的主要特征是，多极数（p_2）对应于少并联支路数；而少极数（p_1）对应于多并联支路数。再者，由于丫/2丫、丫/2△ 变极实施方便，且引出线少而仅用 6 根，所以国产系列一般用途双速绕组都采用这种接法。而随着技术进步，目前常规接法还采用 △/2△、△/2△、△/△△ 及 △/3△ 等几种。虽然变极接线略为复杂，但其原理与上述相同。

常规接法的双速绕组实例较多，故分两节介绍。本节是倍极比双速，主要采用接法有丫/2丫、丫/2△、△/2△、△/△△ 及 △/2△ 等 5 种。本节共收入双速 79 例，其中含新增绕组 40 例。

9.1.1 *18槽 8/2 极（y = 7）△/2丫联结双速绕组

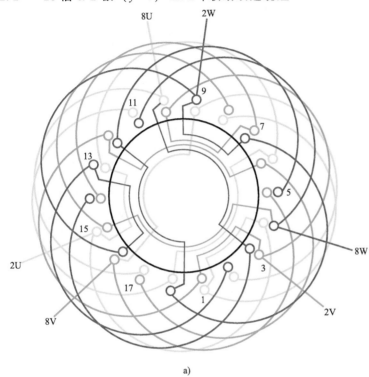

a)

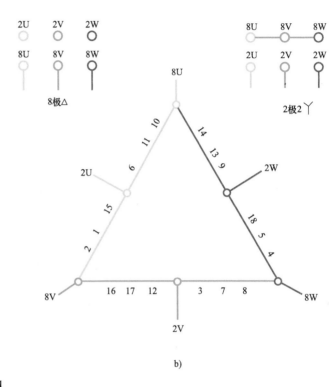

b)

图 9.1.1

1. 绕组结构参数

定子槽数 $Z = 18$	总线圈数 $Q = 18$	线圈组数 $u = 12$
每槽电角 $\alpha = 80°/20°$	绕组极距 $\tau = 2.25/9$	出线根数 $c = 6$
分布系数 $K_{d8} = 0.647$	节距系数 $K_{p8} = 0.985$	绕组系数 $K_{dp8} = 0.637$
$K_{d2} = 0.78$	$K_{p2} = 0.94$	$K_{dp2} = 0.733$
双速极数 $2p = 8/2$	变极接法 △/2丫	每组圈数 $S = 1、2$
线圈节距 $y = 7$	极相槽数 $q = 0.75/3$	

2. 绕组布线接线特点　　本例绕组由单、双圈构成，每组有两个变极组，由单、双圈各 1 个串联而成；8 极时全部线圈为正。此绕组具有线圈组数较少的优点，但两种极数下的绕组系数都较低。本绕组无应用实例，仅作为 72 槽 32/8 极的扩展图模。

18 槽 8/2 极 △/2丫联结双速绕组接线原理可参考图 9.1.1b，双速绕组端面布线接线则如图 9.1.1a 所示。

9.1.2 *18槽 8/2 极 ($y=7$) Y/2Y联结双速绕组

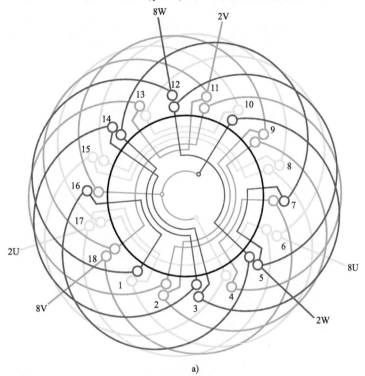

a)

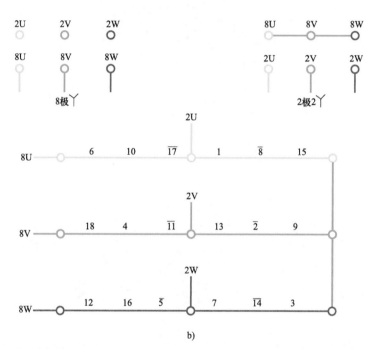

b)

图 9.1.2

1. 绕组结构参数

定子槽数 $Z=18$	总线圈数 $Q=18$	线圈组数 $u=18$
每槽电角 $\alpha=80°/20°$	绕组极距 $\tau=2.25/9$	出线根数 $c=6$
分布系数 $K_{d8}=0.862$	节距系数 $K_{p8}=0.985$	绕组系数 $K_{dp8}=0.849$
$K_{d2}=0.778$	$K_{p2}=0.94$	$K_{dp2}=0.731$
双速极数 $2p=8/2$	变极接法Y/2Y	每组圈数 $S=1$、2
线圈节距 $y=7$	极相槽数 $q=0.75/3$	

2. 绕组布线接线特点

本例是Y/2Y变极联结,绕组全部采用单圈布线,故使线圈组数较上例增加,以致接线略繁,但绕组系数则稍高于上例。此绕组也无双速实例,仅用作 72 槽 32/8 极双速绕组的扩展图模。

18 槽 8/2 极Y/2Y联结双速绕组接线原理如图 9.1.2b 所示,双速绕组端面布线接线如图 9.1.2a 所示。

9.1.3 24槽4/2极（$y=6$）△/2丫联结双速绕组

1. 绕组结构参数

定子槽数 $Z=24$　　总线圈数 $Q=24$　　分布系数 $K_{d4}=0.83$　$K_{d2}=0.96$

电机极数 $2p=4/2$　　线圈组数 $u=6$　　节距系数 $K_{p4}=1.0$　$K_{p2}=0.707$

绕组接法 △/2丫　　每组圈数 $S=4$　　绕组系数 $K_{dp4}=0.83$　$K_{dp2}=0.68$

　　　　　　　　　　线圈节距 $y=6$

2. 嵌线方法　　嵌线采用交叠法，吊边数为6。嵌线顺序见表9.1.3。

表9.1.3 交叠法

嵌线顺序		1	2	3	4	5	6	7	8	9	10	11	12	13	14	15	16	17	18	19	20	21	22	23	24
槽号	下层	4	3	2	1	24	23	22		21		20		19		18		17		16		15		14	
	上层								4		3		2		1		24		23		22		21		20
嵌线顺序		25	26	27	28	29	30	31	32	33	34	35	36	37	38	39	40	41	42	43	44	45	46	47	48
槽号	下层	13		12		11		10		9		8		7		6		5							
	上层		19		18		17		16		15		14		13		12		11	10	9	8	7	6	5

3. 特点及应用　　本例为倍极比正规分布方案。绕组以2极为基准排出，反向得4极；绕组为每组等元件分布，且线圈组数少，接线简便；变极时具有反转向、可变转矩特性。主要应用实例有YD-90S-4/2双速电动机等。

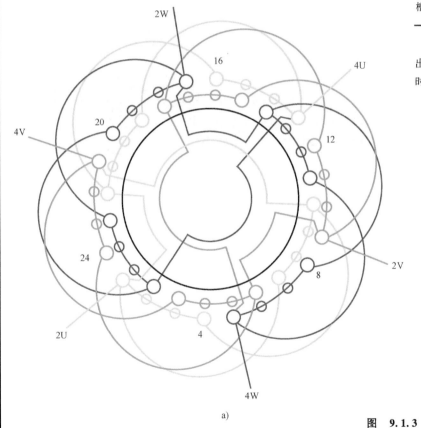

a)

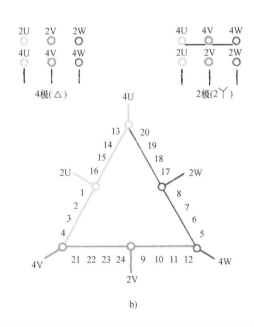

b)

图　9.1.3

9.1.4 24槽4/2极($y=7$)△/2丫联结双速绕组

1. 绕组结构参数

定子槽数 $Z=24$ 总线圈数 $Q=24$ 分布系数 $K_{d4}=0.83$ $K_{d2}=0.96$

电机极数 $2p=4/2$ 线圈组数 $u=6$ 节距系数 $K_{p4}=0.966$ $K_{p2}=0.79$

绕组接法 △/2丫   每组圈数 $S=4$ 绕组系数 $K_{dp4}=0.802$ $K_{dp2}=0.76$

线圈节距 $y=7$

2. 嵌线方法

嵌线采用交叠法，吊边数为7。嵌线顺序见表9.1.4。

表 9.1.4 交叠法

嵌线顺序		1	2	3	4	5	6	7	8	9	10	11	12	13	14	15	16	17	18	19	20	21	22	23	24
槽号	下层	8	7	6	5	4	3	2	1		24		23		22		21		20		19		18		17
	上层									8		7		6		5		4		3		2		1	
嵌线顺序		25	26	27	28	29	30	31	32	33	34	35	36	37	38	39	40	41	42	43	44	45	46	47	48
槽号	下层		16		15		14		13		12		11		10		9								
	上层	24		23		22		21		20		19		18		17		16	15	14	13	12	11	10	9

3. 特点及应用

本方案是倍极比正规分布双速绕组，4极为庶极，是以2极为基准用反向法排出，绕组排列表和接线原理均同9.1.3节；唯选用的线圈节距较上例长一槽，使2极时节距系数略增而4极稍减，两种极数下的绕组系数较接近。本绕组的线圈组均由4联组构成，接线时可根据图9.1.3的接线原理图按一路△形联结，并引出三个顶点端线4U、4V、4W和三个中段抽头2U、2V、2W。

本绕组采用△/2丫联结，适用于要求可变转矩输出特性的负载，其转矩比 $T_4/T_2=1.82$，功率比 $P_4/P_2=0.913$。主要应用实例有 Y 系列 YD802-4/2 双速电动机等。

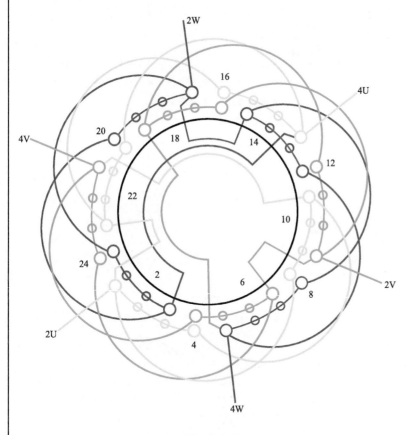

2W

16

4U

20

4V

18

14

12

22

10

24

2

6

8

2V

2U

4

4W

图 9.1.4

9.1.5 24槽8/4极($y=3$)△/2丫联结双速绕组

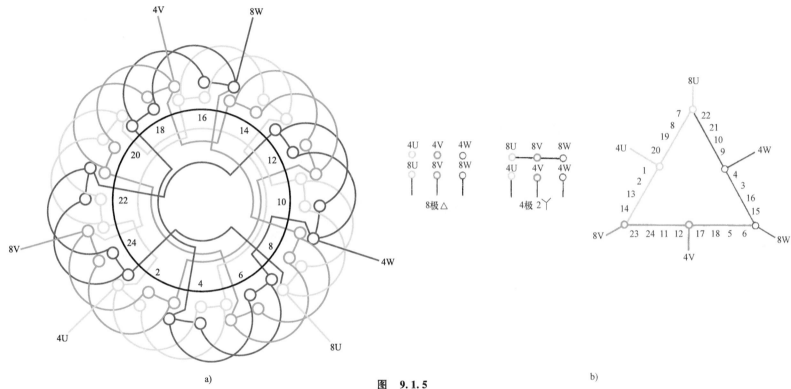

a)

图 9.1.5

b)

1. 绕组结构参数

定子槽数	$Z=24$	每组圈线	$S=2$	
电机极数	$2p=8/4$	线圈节距	$y=3$	
绕组接法	△/2丫	分布系数	$K_{d8}=0.866$	$K_{d4}=0.966$
总线圈数	$Q=24$	节距系数	$K_{p8}=1.0$	$K_{p4}=0.707$
线圈组数	$u=12$	绕组系数	$K_{dp8}=0.866$	$K_{dp4}=0.683$

2. 特点及应用

双速绕组是倍极比正规分布反转向方案。4极为60°相带分布，8极是庶极。双速输出为可变转矩特性，转矩比 $T_8/T_4=2.19$，功率比 $P_8/P_4=1.1$。主要应用实例有JDO2-12-8/4三相变极多速电动机等。

9.1.6 36槽4/2极($y=9$)△/2丫联结双速绕组

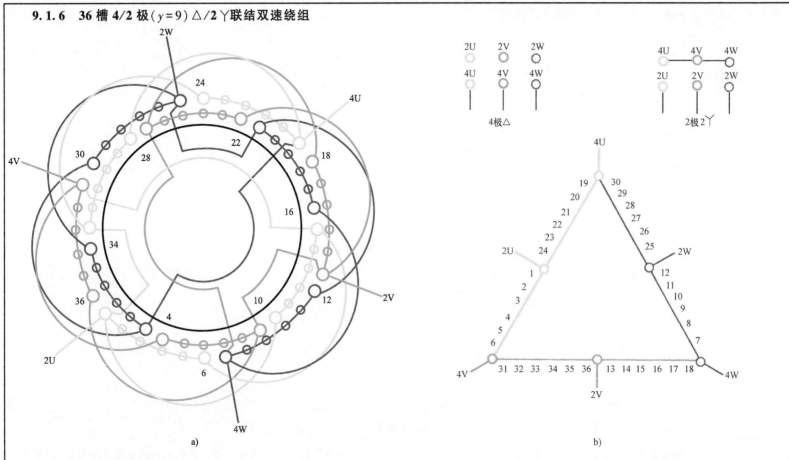

a)

b)

图 9.1.6

1. 绕组结构参数

定子槽数	$Z=36$	电机极数	$2p=4/2$
绕组接法	△/2丫	总线圈数	$Q=36$
线圈组数	$u=6$	每组圈数	$S=6$
线圈节距	$y=9$	绕组系数	$K_{dp4}=0.83$ $K_{dp2}=0.676$

2. 特点及应用

本例是倍极比正规分布反转向变极，每相由两个6联组构成。2极为60°相带，反向获得120°相带（庶极）4极。

输出特性是可变转矩，转矩比 $T_4/T_2=1.06$，功率比 $P_4/P_2=1.84$。此绕组为常用产品电动机。主要实例有 YD160L-4/2 双速电动机等。

9.1.7 36槽4/2极(y = 10) △/2丫联结双速绕组

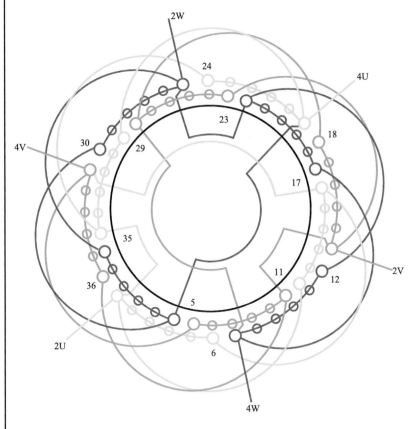

图 9.1.7

1. 绕组结构参数

定子槽数 $Z = 36$	线圈组数 $u = 6$	节距系数 $K_{p4} = 0.985$
电机极数 $2p = 4/2$	每组圈数 $S = 6$	$K_{p2} = 0.766$
绕组接法 △/2丫	线圈节距 $y = 10$	绕组系数 $K_{dp4} = 0.818$
总线圈数 $Q = 36$	分布系数 $K_{d4} = 0.831$	$K_{dp2} = 0.732$
	$K_{d2} = 0.956$	

2. 嵌线方法   嵌线采用交叠法,吊边数为10,嵌线顺序见表9.1.7。

表 9.1.7   交叠法

嵌线顺序		1	2	3	4	5	6	7	8	9	10	11	12	13	14	15	16	17	18
槽号	下层	6	5	4	3	2	1	36	35	34	33	32		31		30		29	
	上层												6		5		4		3
嵌线顺序		19	20	21	22	23	…	44	45	46	47	48	49	50	51	52	53	54
槽号	下层	28		27		26	…		15		14		13		12		11	
	上层		2		1		…	26		25		24		23		22		21
嵌线顺序		55	56	57	58	59	60	61	62	63	64	65	66	67	68	69	70	71	72
槽号	下层	10		9		8		7											
	上层		20		19		18		17	16	15	14	13	12	11	10	9	8	7

3. 特点及应用   本例绕组简化接线图同上例,但节距长一槽,绕组系数较接近;转矩比 $T_4/T_2 = 0.967$,功率比 $P_4/P_2 = 1.93$。主要应用实例有国产 YD132S-4/2 双速电动机,国外 AO2-6/4/2 极三速电动机的4/2极绕组等。

9.1.8 *36槽4/2极（$y=13$）△/2△联结（换相变极）双速绕组

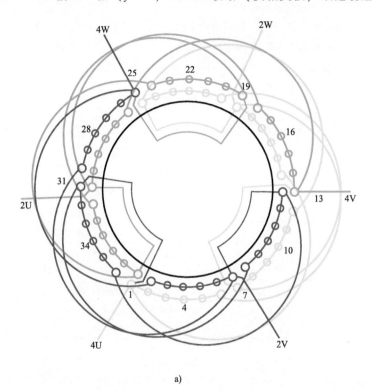

a)

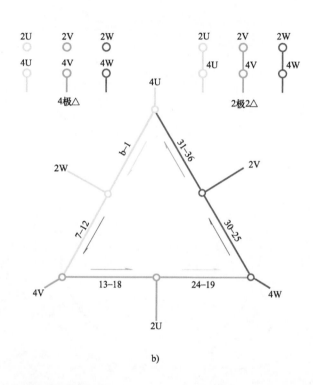

b)

图 9.1.8

1. 绕组结构参数

定子槽数 $Z=36$	总线圈数 $Q=36$	线圈组数 $u=6$
每槽电角 $\alpha=20°/10°$	绕组极距 $\tau=9/18$	出线根数 $c=6$
分布系数 $K_{d4}=0.53$	节距系数 $K_{p4}=0.766$	绕组系数 $K_{dp4}=0.406$
$K_{d2}=0.956$	$K_{p2}=0.906$	$K_{dp2}=0.866$
双速极数 $2p=4/2$	变极接法 △/2△	每组圈数 $S=6$
线圈节距 $y=13$	极相槽数 $q=3/6$	

2. 绕组布线接线特点 本例是△/2△联结的换相变极双速绕组，属于常规变极接法。此变极接法于2019年研究，并于当年11月研发成功；同时据此开发出△/2△双速绕组5例，均是作者原创的绕组，这是其中一例。绕组多极时为一路△形联结，换相变极后为两路△形联结。简化接线图中标示的箭头是表示变极后的相别和方向（后同）。

36槽4/2极△/2△接法双速绕组接线原理如图9.1.8b所示，绕组端面布线接线如图9.1.8a所示。

9.1.9 36槽 8/2 极 ($y = 5$) $\curlyvee$/2 $\curlyvee$ 联结双速绕组

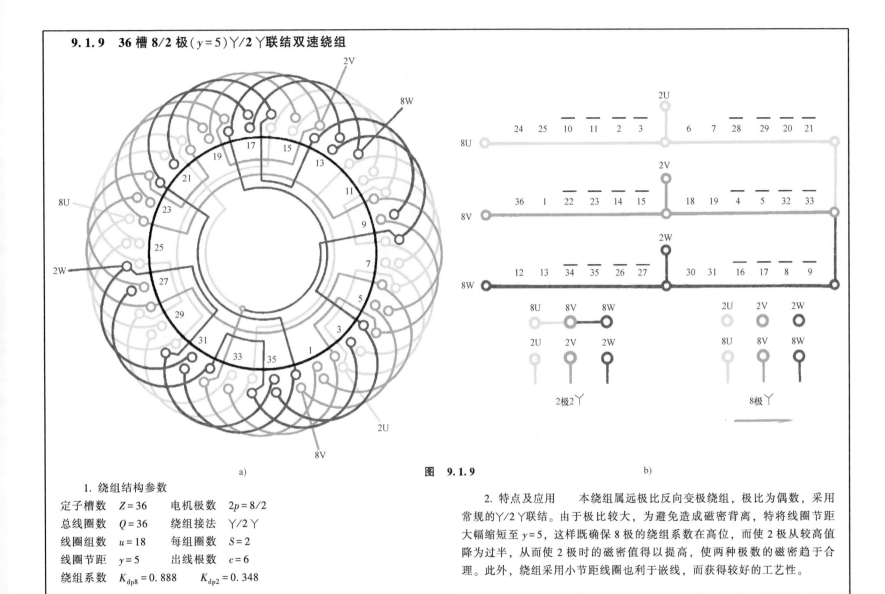

图 9.1.9

a)

b)

1. 绕组结构参数

定子槽数	$Z = 36$	电机极数	$2p = 8/2$
总线圈数	$Q = 36$	绕组接法	$\curlyvee$/2 $\curlyvee$
线圈组数	$u = 18$	每组圈数	$S = 2$
线圈节距	$y = 5$	出线根数	$c = 6$
绕组系数	$K_{dp8} = 0.888$	$K_{dp2} = 0.348$	

2. 特点及应用 本绕组属远极比反向变极绕组，极比为偶数，采用常规的$\curlyvee$/2$\curlyvee$联结。由于极比较大，为避免造成磁密背离，特将线圈节距大幅缩短至 $y = 5$，这样既确保 8 极的绕组系数在高位，而使 2 极从较高值降为过半，从而使 2 极时的磁密值得以提高，使两种极数的磁密趋于合理。此外，绕组采用小节距线圈也利于嵌线，而获得较好的工艺性。

9.1.10　36槽 8/2 极($y = 15, S = 1、2$)丫/2 丫联结双速绕组

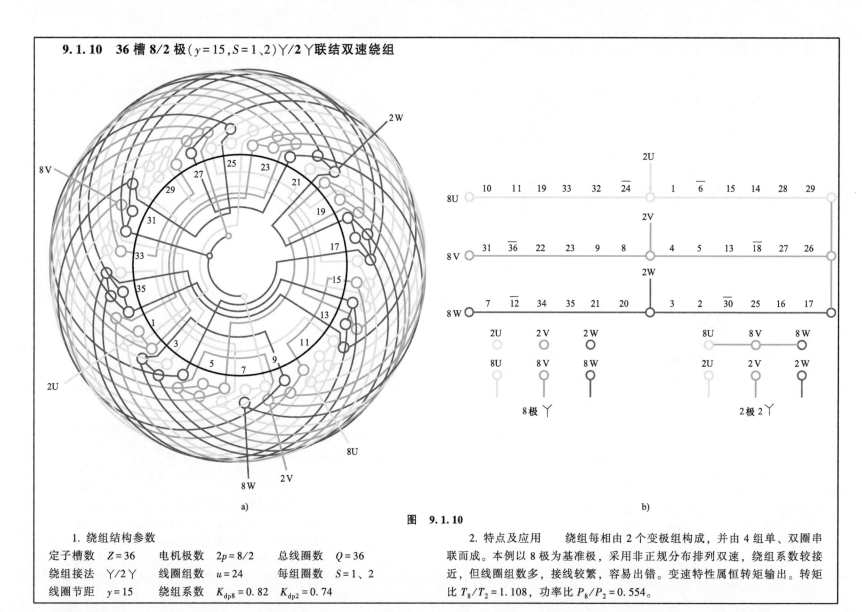

图　9.1.10

1. 绕组结构参数

定子槽数　$Z = 36$　　电机极数　$2p = 8/2$　　总线圈数　$Q = 36$
绕组接法　丫/2丫　　线圈组数　$u = 24$　　每组圈数　$S = 1、2$
线圈节距　$y = 15$　　绕组系数　$K_{dp8} = 0.82$　　$K_{dp2} = 0.74$

2. 特点及应用　绕组每相由 2 个变极组构成，并由 4 组、双圈串联而成。本例以 8 极为基准极，采用非正规分布排列双速，绕组系数较接近，但线圈组数多，接线较繁，容易出错。变速特性属恒转矩输出。转矩比 $T_8/T_2 = 1.108$，功率比 $P_8/P_2 = 0.554$。

9.1.11 36槽 8/2 极 ($y = 15$、$S = 1$、2)丫/2△联结双速绕组

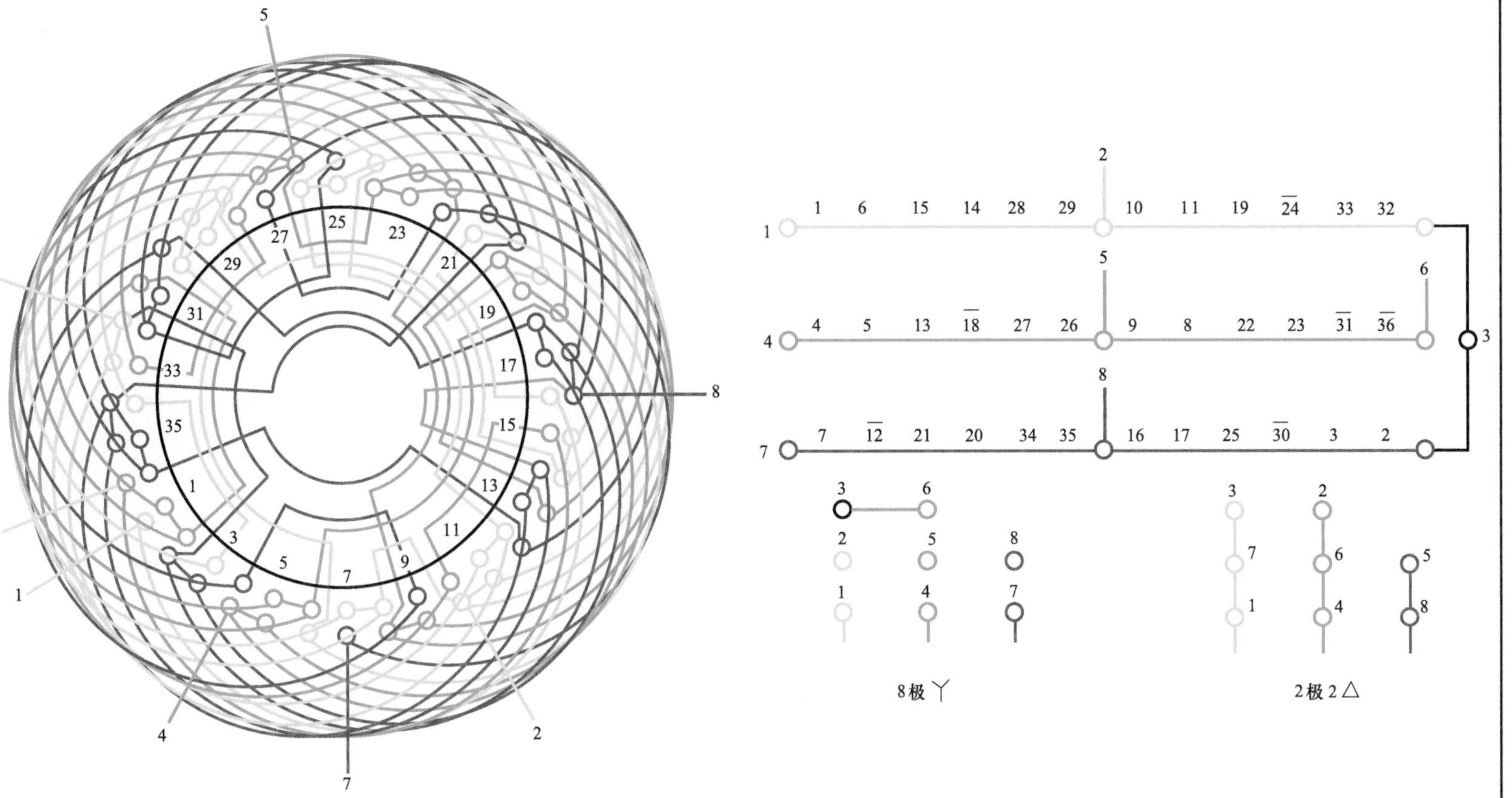

图 9.1.11

1. 绕组结构参数

定子槽数 $Z = 36$　　总线圈数 $Q = 36$　　线圈节距　$y = 15$

电机极数 $2p = 8/2$　　线圈组数 $u = 24$　　绕组系数　同上例

绕组接法丫/2△　　每组圈数 $S = 1$、2

2. 特点及应用　　绕组特点基本同上例，但 2 极采用 2△联结，变极方案为可变转矩特性，转矩比 $T_8/T_2 = 0.631$，功率比 $P_8/P_2 = 0.319$，即低速时的功率输出不足高速的 1/3，绕组引出线 8 根，电动机变速接线见端面接线图。

9.1.12 36槽8/2极($y=15$、$S=3$)Y/2△联结双速绕组

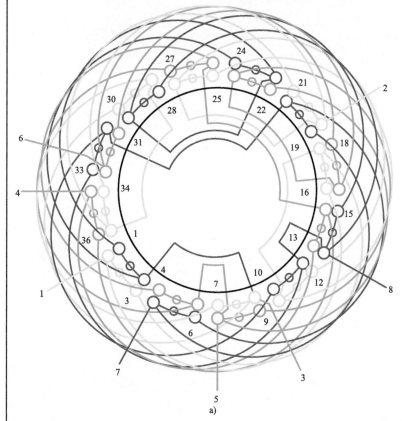

a)

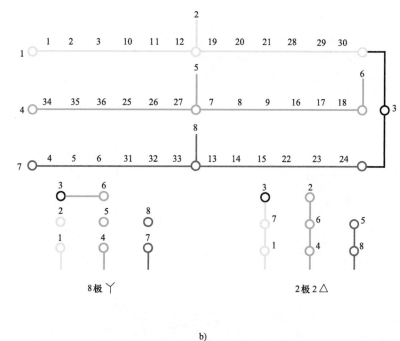

b)

图 9.1.12

1. 绕组结构参数

定子槽数	$Z=36$	电机极数	$2p=8/2$	绕组接法	Y/2△
总线圈数	$Q=36$	线圈组数	$u=12$	每组圈数	$S=3$
线圈节距	$y=15$	绕组系数	$K_{dp8}=0.731$	$K_{dp2}=0.676$	

2. 特点及应用   本例为正规分布同转向变极方案，以120°相带为基准排出8极，再反向得2极。

本绕组属可变转矩方案，转矩比 $T_8/T_2=0.311$，功率比 $P_8/P_2=0.616$。应用实例有 JDO2-31-8/2 多速电动机等。

9.1.13 36槽8/4极($y=5$)△/2丫联结双速绕组

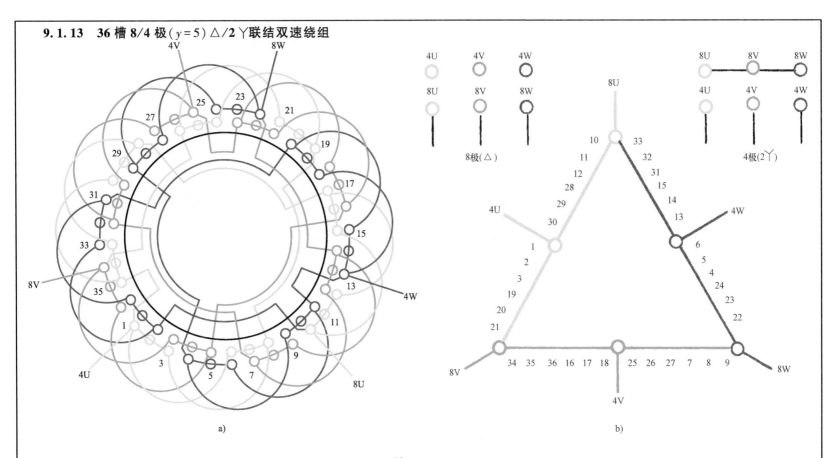

图 9.1.13

1. 绕组结构参数

定子槽数	$Z=36$	电机极数	$2p=8/4$
总线圈数	$Q=36$	绕组接法	△/2丫
线圈组数	$u=12$	每组圈数	$S=3$
线圈节距	$y=5$	绕组系数	$K_{dp8}=0.831$ $K_{dp4}=0.735$

2. 特点与应用 绕组采用反转向倍极比正规分布方案。以4极为基准，反向得8极；每组由3个线圈组成，每个变极组包含两个线圈组，再由两个变极组串联为一相，从而构成△/2丫联结。绕组是可变转矩特性，转矩比 $T_8/T_4=1.95$，功率比 $P_8/P_4=0.98$。应用实例有 YD132-8/4 双速电动机等。

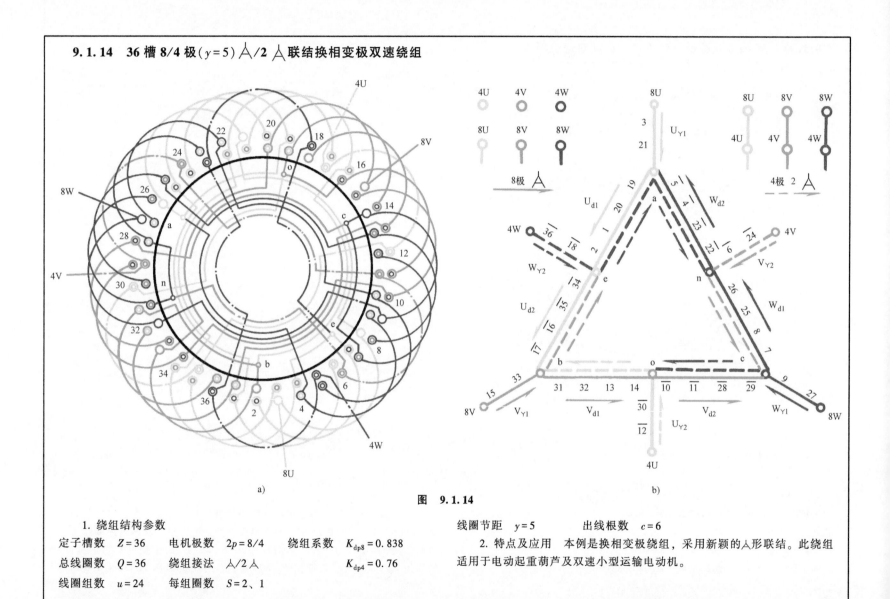

9.1.14　36槽8/4极(y = 5)⅄/2⅄联结换相变极双速绕组

a)

图 9.1.14

b)

1. 绕组结构参数

定子槽数　$Z = 36$	电机极数　$2p = 8/4$	绕组系数　$K_{dp8} = 0.838$
总线圈数　$Q = 36$	绕组接法　⅄/2⅄	$K_{dp4} = 0.76$
线圈组数　$u = 24$	每组圈数　$S = 2、1$	

线圈节距　$y = 5$　　　出线根数　$c = 6$

2. 特点及应用　本例是换相变极绕组，采用新颖的⅄形联结。此绕组适用于电动起重葫芦及双速小型运输电动机。

9.1.15 *36槽 8/4 极（$y=5$）丫/2丫联结双速绕组

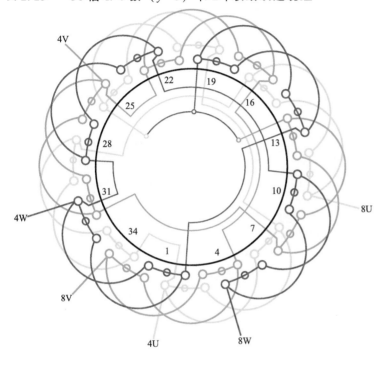

a)

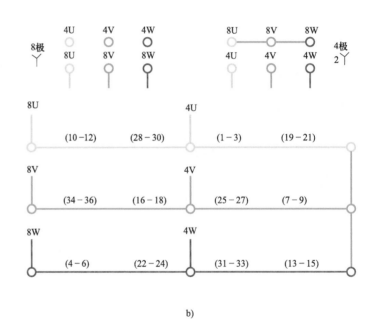

b)

图 9.1.15

1. 绕组结构参数

定子槽数 $Z=36$	总线圈数 $Q=36$	线圈组数 $u=12$
每槽电角 $\alpha=40°/20°$	绕组极距 $\tau=4.5/9$	出线根数 $c=6$
分布系数 $K_{d8}=0.844$	节距系数 $K_{p8}=0.985$	绕组系数 $K_{dp8}=0.831$
$K_{d4}=0.96$	$K_{p4}=0.766$	$K_{dp4}=0.735$
双速极数 $2p=8/4$	变极接法丫/2丫	每组圈数 $S=3$
线圈节距 $y=5$	极相槽数 $q=1.5/3$	

2. 绕组布线接线特点　本例绕组是双层叠式丫/2丫联结，绕组由三联组构成，每相有4组线圈，4极是显极60°相带绕组，反向变8极时是庶极，即120°相带绕组。此双速结构简单，选用节距也小，故嵌线较方便。

　　本例36槽 8/4 极丫/2丫联结双速绕组接线原理如图 9.1.15b 所示，双速绕组端面布线接线则如图 9.1.15a 所示。

9.1.16 *36 槽 8/4 极（$y=5$）2△/4丫联结双速绕组

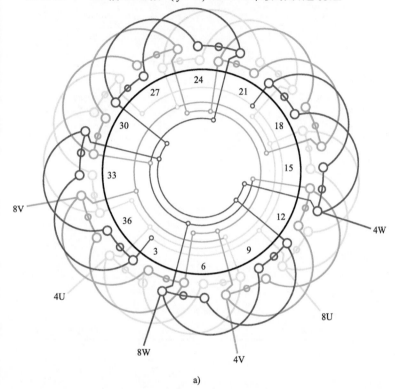

a)

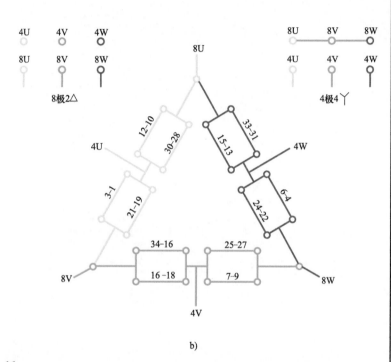

b)

图 9.1.16

1. 绕组结构参数

定子槽数 $Z=36$	总线圈数 $Q=36$	线圈组数 $u=12$
每槽电角 $\alpha=40°/20°$	绕组极距 $\tau=4.5/9$	出线根数 $c=6$
分布系数 $K_{d8}=0.844$	节距系数 $K_{p8}=0.985$	绕组系数 $K_{dp8}=0.831$
$K_{d4}=0.96$	$K_{p4}=0.766$	$K_{dp4}=0.735$
双速极数 $2p=8/4$	变极接法 2△/4丫	每组圈数 $S=3$
线圈节距 $y=5$	极相槽数 $q=1.5/3$	

2. 绕组布线接线特点

本例双速绕组采用双层叠式布线，每相由 4 个三联线圈组成。绕组选用节距较短，利于嵌线。而 2△/4丫 是 △/2丫联结的并联型式，它适用于功率较大的 36 槽 8/4 极电动机。

36 槽 8/4 极 2△/4丫联结双速绕组接线原理如图 9.1.16b 所示，双速绕组端面布线接线图则可参考图 9.1.16a 所示。

9.1.17 *36槽 8/4 极（$y=5$）2 丫/4 丫联结双速绕组

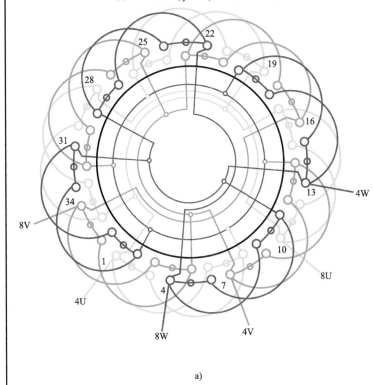

a)

b)

图 9.1.17

1. 绕组结构参数

定子槽数 $Z=36$	总线圈数 $Q=36$	线圈组数 $u=12$
每槽电角 $\alpha=40°/20°$	绕组极距 $\tau=4.5/9$	出线根数 $c=6$
分布系数 $K_{d8}=0.844$	节距系数 $K_{p8}=0.985$	绕组系数 $K_{dp8}=0.831$
$K_{d4}=0.96$	$K_{p4}=0.766$	$K_{dp4}=0.735$
双速极数 $2p=8/4$	变极接法 2 丫/4 丫	每组圈数 $S=3$
线圈节距 $y=5$	极相槽数 $q=1.5/3$	

2. 绕组布线接线特点　　本例是采用双层叠式布线的双速绕组，每组由三联线圈构成；每相有 4 组线圈，分成两个支路，故每个支路有两组线圈。此绕组是丫/2 丫联结的并联型式，所以适用于较大功率的电动机。

36 槽 8/4 极 2 丫/4 丫联结双速绕组接线原理示意图如图 9.1.17b 所示，双速绕组端面布线接线如图 9.1.17a 所示。

9.1.18 *36槽8/4极（$y=5$）△/2△联结（换相变极）双速绕组

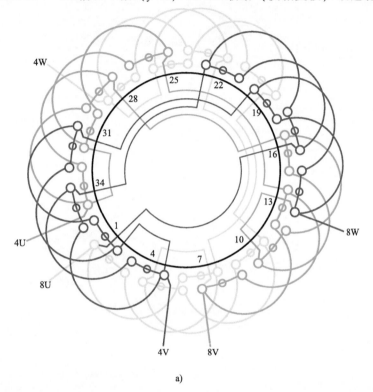

a)

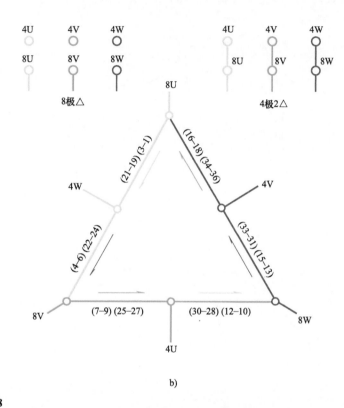

b)

图 9.1.18

1. 绕组结构参数

定子槽数 $Z=36$	总线圈数 $Q=36$	线圈组数 $u=12$
每槽电角 $\alpha=40°/20°$	绕组极距 $\tau=4.5/9$	出线根数 $c=6$
分布系数 $K_{d8}=0.538$	节距系数 $K_{p8}=0.966$	绕组系数 $K_{dp8}=0.52$
$K_{d4}=0.831$	$K_{p4}=0.766$	$K_{dp4}=0.637$
双速极数 $2p=8/4$	变极接法 △/2△	每组圈数 $S=3$
线圈节距 $y=5$	极相槽数 $q=1.5/3$	

2. 绕组布线接线特点

本例采用作者最新研发的△/2△变极联结，双速由三联组构成，每相有4组线圈，分布于两个变极段，每段含两个三联组。8极时是一路△形联结，4极则需将其中一个变极段换相，即把8U与4U、8V与4V、8W与4W端子分别并联后接入电源，所以可实现不断电调速。

36槽8/4极△/2△联结双速绕组接线原理如图9.1.18b所示，双速绕组端面布线接线则如图9.1.18a所示。

9.1.19 *36槽 8/4 极（$y=8$）△/2△联结（换相变极）双速绕组

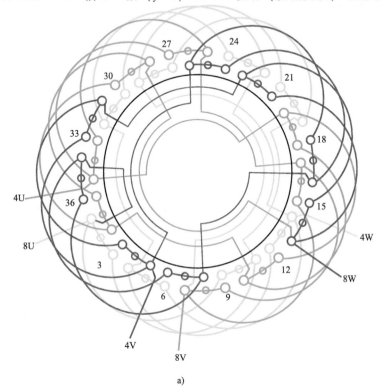

a)

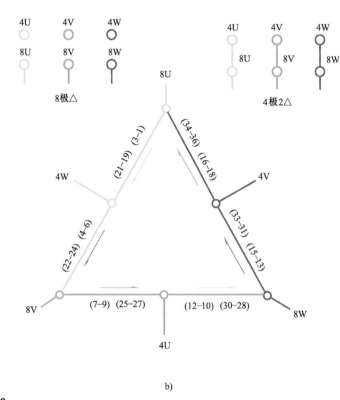

b)

图 9.1.19

1. 绕组结构参数

定子槽数 $Z=36$	总线圈数 $Q=36$	线圈组数 $u=12$
每槽电角 $\alpha=40°/20°$	绕组极距 $\tau=4.5/9$	出线根数 $c=6$
分布系数 $K_{d8}=0.538$	节距系数 $K_{p8}=0.342$	绕组系数 $K_{dp8}=0.184$
$K_{d4}=0.831$	$K_{p4}=0.985$	$K_{dp4}=0.818$
双速极数 $2p=8/4$	变极接法 △/2△	每组圈数 $S=3$
线圈节距 $y=8$	极相槽数 $q=1.5/3$	

2. 绕组布线接线特点

本例也是△/2△联结的换相变极绕组，仍属常规变极接法，只是选择线圈节距不当，致使 8 极时绕组系数过低，故只适宜用于高速时负担正常工作、低速时作为辅助运行的场合。绕组也由三联组构成，8 极时电源由 8U、8V、8W 接入；4 极则将 4U 与 8U、4V 与 8V、4W 与 8W 并入电源，故可实施不断电切换转速。

36 槽 8/4 极△/2△联结双速接线原理如图 9.1.19b 所示，绕组端面布线接线如图 9.1.19a 所示。

9.1.20 36槽10/2极$(y=10)$丫/2丫联结双速绕组

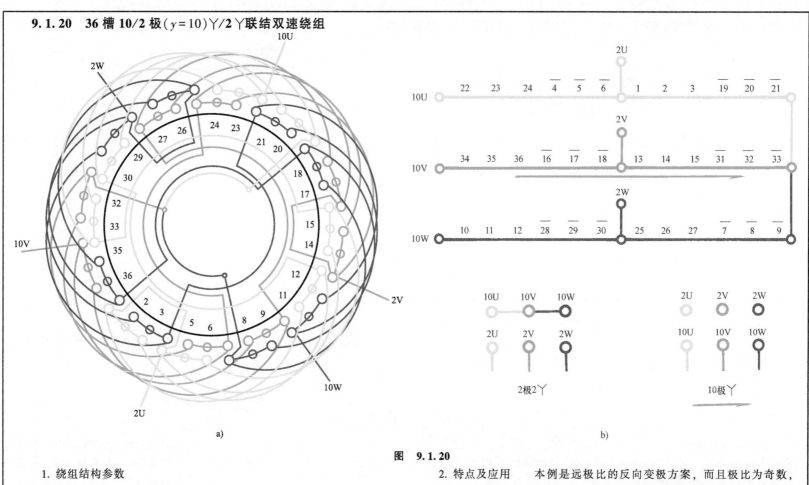

a)

b)

图 9.1.20

1. 绕组结构参数

定子槽数 $Z=36$ 电机极数 $2p=10/2$

总线圈数 $Q=36$ 绕组接法 丫/2丫

线圈组数 $u=12$ 每组圈数 $S=3$

线圈节距 $y=10$ 出线根数 $c=6$

绕组系数 $K_{dp10}=0.692$ $K_{dp2}=0.732$

2. 特点及应用

本例是远极比的反向变极方案，而且极比为奇数，属变极绕组中较为少见的型式。由于极比大，在绕组设计上很难兼顾到两种转速下的磁通密度(B_g)都在理想范围，从而出现B_g值背离。即当取定匝数后，极易造成高速时B_g过低、低速时B_g过高的现象。

但此绕组结构简单，每组均由三联组构成，连接也不难。一般应用于专用设备的双速电动机。

9.1.21 36槽10/2极($y=10$)✕/△联结双速绕组

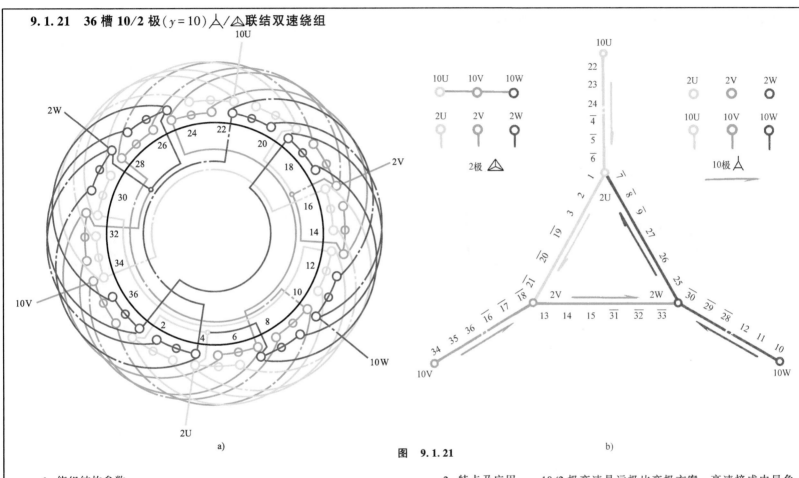

图 9.1.21

1. 绕组结构参数

定子槽数 $Z=36$　电机极数 $2p=10/2$　绕组系数 $K_{dp10}=0.716$

总线圈数 $Q=36$　绕组接法 ✕/△　　　　　　$K_{dp2}=0.758$

线圈组数 $u=12$　每组圈数 $S=3$

线圈节距 $y=10$　出线根数 $c=6$

2. 特点及应用　10/2极变速是远极比变极方案，高速接成内星角形（△），低速接成内角星形（✕）。

本例为反转向方案，绕组系数接近，是反向变极的一种新颖的变极接法。

9.1.22 36槽12/6极($y=3$)△/2丫联结双速绕组

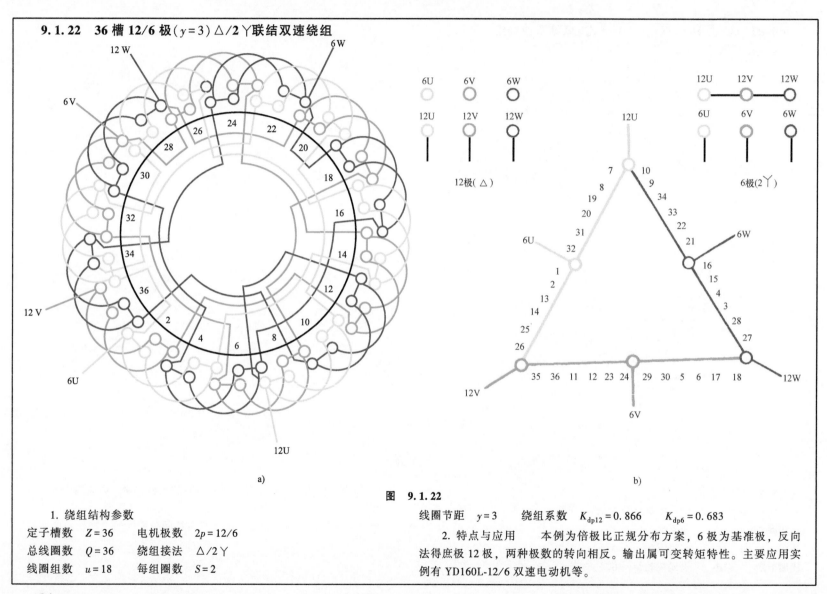

图 9.1.22

a)

b)

1. 绕组结构参数

定子槽数 $Z=36$　　电机极数 $2p=12/6$

总线圈数 $Q=36$　　绕组接法　△/2丫

线圈组数 $u=18$　　每组圈数 $S=2$

线圈节距 $y=3$　　绕组系数 $K_{dp12}=0.866$　　$K_{dp6}=0.683$

2. 特点与应用

本例为倍极比正规分布方案，6极为基准极，反向法得庶极12极，两种极数的转向相反。输出属可变转矩特性。主要应用实例有 YD160L-12/6 双速电动机等。

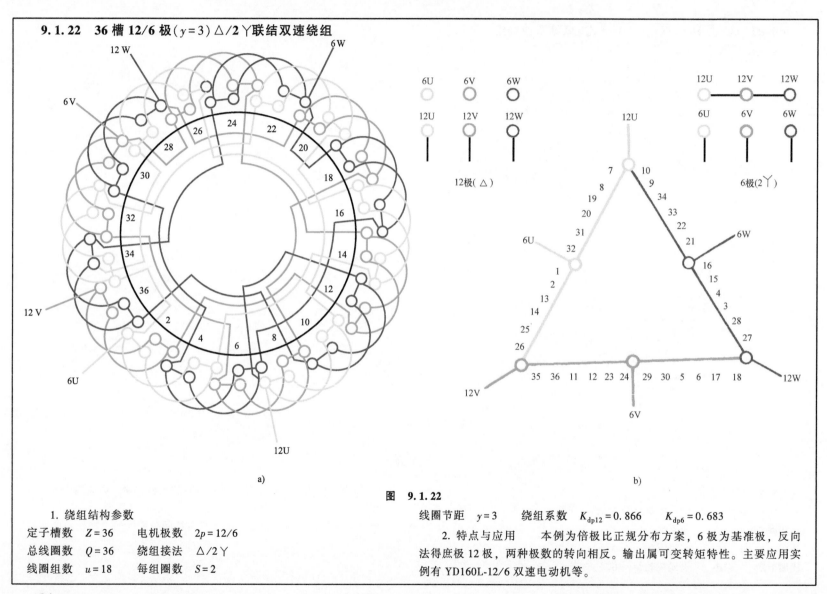

9.1.23 *36 槽 12/6 极 ($y=3$) $\curlyvee/2\curlyvee$ 联结双速绕组

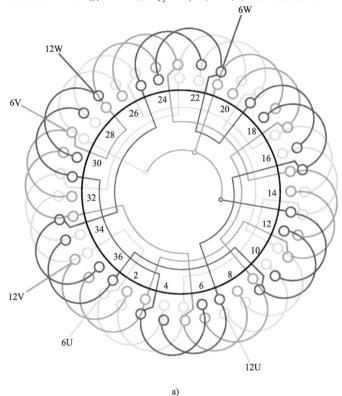

a)

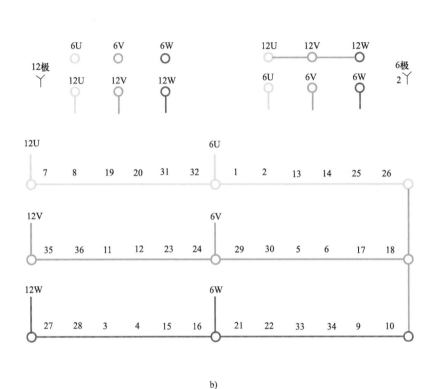

b)

图 9.1.23

1. 绕组结构参数

定子槽数 $Z=36$	总线圈数 $Q=36$	线圈组数 $u=18$
每槽电角 $\alpha=60°/30°$	绕组极距 $\tau=3/6$	出线根数 $c=6$
分布系数 $K_{d12}=0.866$	节距系数 $K_{p12}=1.0$	绕组系数 $K_{dp12}=0.866$
$K_{d6}=0.966$	$K_{p6}=0.707$	$K_{dp6}=0.683$
双速极数 $2p=12/6$	变极接法 $\curlyvee/2\curlyvee$	每组圈数 $S=2$
线圈节距 $y=3$	极相槽数 $q=1/2$	

2. 绕组布线接线特点　本例是正规分布方案，绕组由双圈构成，每相6组线圈安排在两个变极段。12极是一路$\curlyvee$联结，全部线圈组极性相同，即每相6组线圈产生12极（庶极）；改接2$\curlyvee$后，每相6组中有3组反向形成6极显极。

36槽12/6极$\curlyvee/2\curlyvee$联结双速绕组接线原理示意如图9.1.23b所示，双速绕组端面布线接线则如图9.1.23a所示。

9.1.24 36槽16/4极($y=7$)△/2丫联结双速绕组

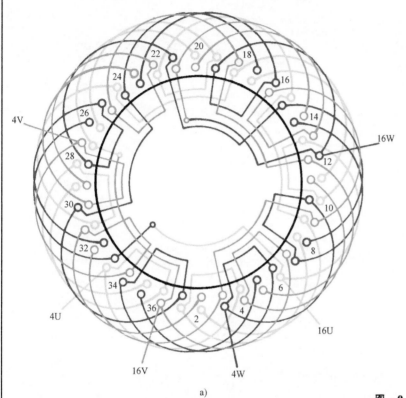

a)

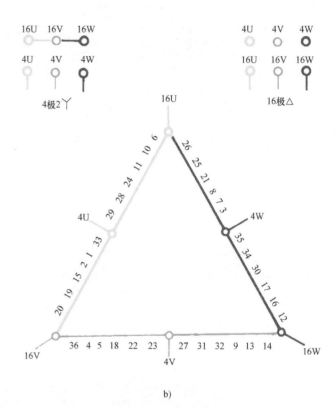

b)

图 9.1.24

1. 绕组结构参数

定子槽数	$Z=36$	每组圈数	$S=1$、2
电机极数	$2p=16/4$	绕组型式	双层叠式
绕组接法	△/2丫	线圈节距	$y=7$
总线圈数	$Q=36$	绕组系数	$K_{dp16}=0.831$
线圈组数	$u=24$		$K_{dp4}=0.781$

2. 特点及应用　本例属远倍极比变极绕组,绕组由单、双圈构成,并按1、2、1、2分布规律循环布线。每个变极组由两个单圈和两个双圈组构成。16极采用一路△形联结,4极变换成2丫联结。此绕组主要应用于轻型货物电梯或起重设备的双速电动机。

9.1.25 36槽16/4极($y=7$)丫/2丫联结双速绕组

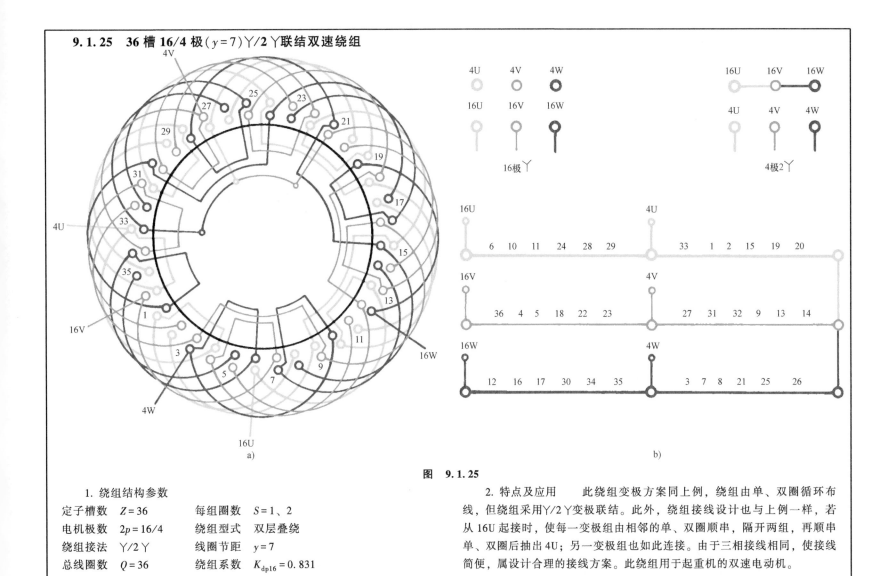

图 9.1.25

1. 绕组结构参数

定子槽数	$Z=36$	每组圈数	$S=1、2$
电机极数	$2p=16/4$	绕组型式	双层叠绕
绕组接法	丫/2丫	线圈节距	$y=7$
总线圈数	$Q=36$	绕组系数	$K_{dp16}=0.831$
线圈组数	$u=24$		$K_{dp4}=0.781$

2. 特点及应用

此绕组变极方案同上例,绕组由单、双圈循环布线,但绕组采用丫/2丫变极联结。此外,绕组接线设计也与上例一样,若从16U起接时,使每一变极组由相邻的单、双圈顺串,隔开两组,再顺串单、双圈后抽出4U;另一变极组也如此连接。由于三相接线相同,使接线简便,属设计合理的接线方案。此绕组用于起重的双速电动机。

9.1.26　48 槽 4/2 极($y=12$) △/2 丫联结双速绕组

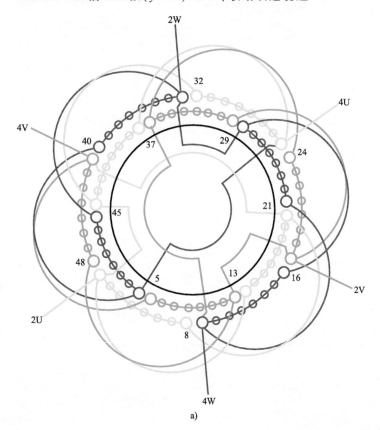

a)

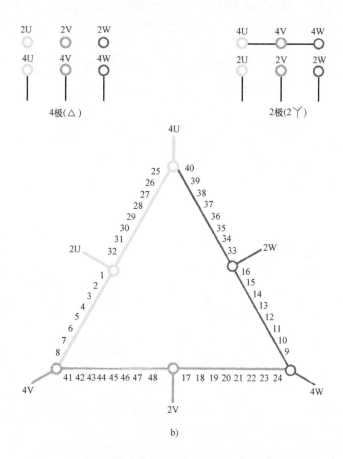

b)

图　9.1.26

1. 绕组结构参数

定子槽数　$Z=48$　　　电机极数　$2p=4/2$
总线圈数　$Q=48$　　　绕组接法　△/2丫
线圈组数　$u=6$　　　　每组圈数　$S=8$
线圈节距　$y=12$　　　绕组系数　$K_{dp4}=0.831$　　$K_{dp2}=0.676$

2. 特点与应用　　本例为倍极双速绕组。2 极为显极，4 极为庶极，两种转速的转向相反。此绕组仅有 6 组线圈，接线也简便，适用于可变转矩负载特性的场合；转矩比 $T_4/T_2=1.065$，功率比 $P_4/P_2=2.13$。产品应用实例有 YD180L-4/2 双速电动机等。

9.1.27 *48槽4/2极（y = 12）丫/2丫联结双速绕组

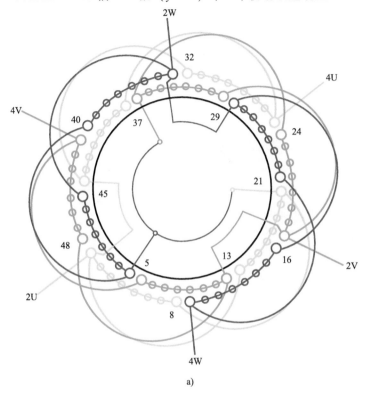

a)

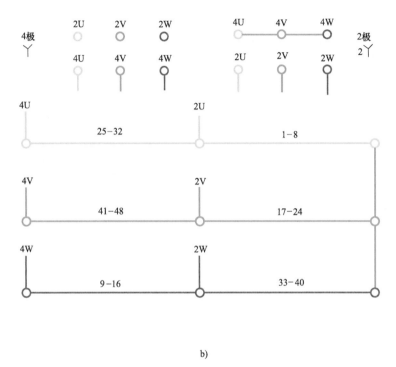

b)

图 9.1.27

1. 绕组结构参数

定子槽数 $Z = 48$	总线圈数 $Q = 48$	线圈组数 $u = 6$
每槽电角 $\alpha = 15°/7.5°$	绕组极距 $\tau = 12/24$	出线根数 $c = 6$
分布系数 $K_{d4} = 0.831$	节距系数 $K_{p4} = 1.0$	绕组系数 $K_{dp4} = 0.831$
$K_{d2} = 0.956$	$K_{p2} = 0.707$	$K_{dp2} = 0.676$
双速极数 $2p = 4/2$	变极接法 丫/2丫	每组圈数 $S = 8$
线圈节距 $y = 12$	极相槽数 $q = 4/8$	

2. 绕组布线接线特点　　本例是反向变极正规分布倍极比双速绕组，2极为显极，4极是庶极，是两种转速反转向方案，即与上例变极方案相同，不同的是本例采用丫/2丫联结，故其内部接线较简便，且调速控制更为方便。

48槽4/2极丫/2丫联结双速绕组接线原理如图9.1.27b所示，双速绕组端面布线接线图则如图9.1.27a所示。

9.1.28 *48槽 4/2 极（$y=12$）2△/4Y联结双速绕组

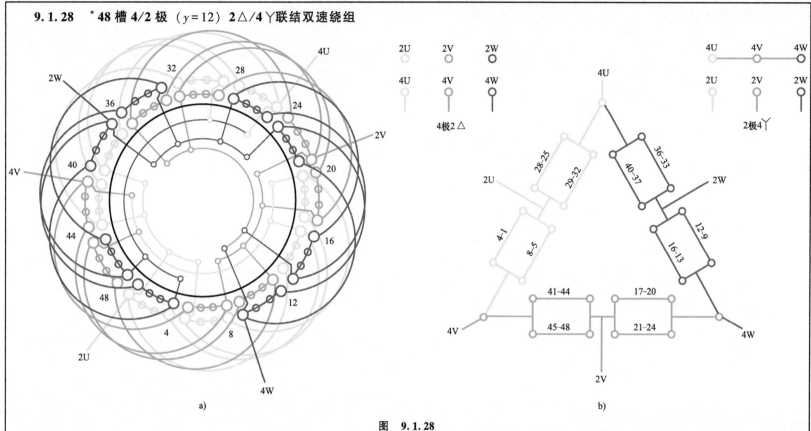

图 9.1.28

1. 绕组结构参数

定子槽数 $Z=48$	总线圈数 $Q=48$	线圈组数 $u=12$
每槽电角 $\alpha=15°/7.5°$	绕组极距 $\tau=12/24$	出线根数 $c=6$
分布系数 $K_{d4}=0.831$	节距系数 $K_{p4}=1.0$	绕组系数 $K_{dp4}=0.831$
$K_{d2}=0.956$	$K_{p2}=0.707$	$K_{dp2}=0.676$
双速极数 $2p=4/2$	变极接法 2△/4Y	每组圈数 $S=4$
线圈节距 $y=12$	极相槽数 $q=4/8$	

2. 绕组布线接线特点　本例是反向变极正规分布绕组，变极方案同上例，但由于功率较大而改用双路并联。因此把原来每组 8 圈改为每组 4 圈，从而使双速改为 2△/4Y联结。本绕组依然属于可变转矩特性，转矩比 $T_4/T_2=1.065$，功率比 $P_4/P_2=2.13$。

48 槽 4/2 极 2△/4Y联结如图 9.1.28b 所示，双速绕组端面布线接线则如图 9.1.28a 所示。

9.1.29 48槽 8/2 极 ($y = 17$) 人/2人联结换相变极双速绕组

1. 绕组结构参数

定子槽数　$Z = 48$　　电机极数　$2p = 8/2$　　绕组系数　$K_{dp8} = 0.826$

线圈组数　$u = 24$　　绕组接法　人/2人　　　　　　　　$K_{dp2} = 0.764$

总线圈数　$Q = 48$　　每组圈数　$S = 2$

线圈节距　$y = 17$

2. 特点与应用　　本绕组是采用人/2人联结的变极接线，属换相变极，具体接线如图 9.1.29b 所示，本绕组角形线圈用单圈、实线画出，星形线圈则用双圈及点划线表示。本绕组与 16/4 极绕组构成双绕组 4 速，用于塔式吊车。

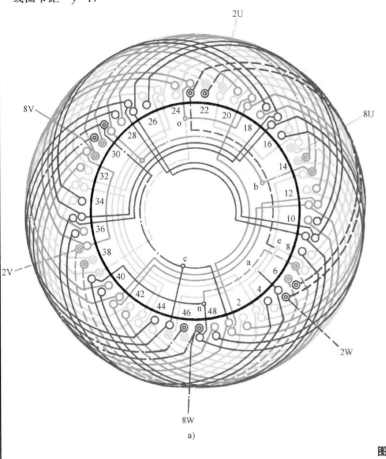

a)

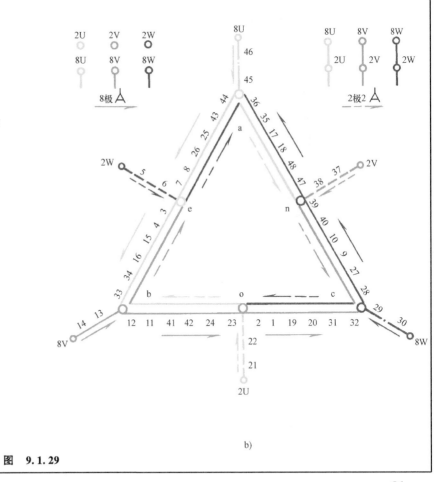

b)

图　9.1.29

9.1.30 48槽8/4极($y=6$)△/2丫联结双速绕组

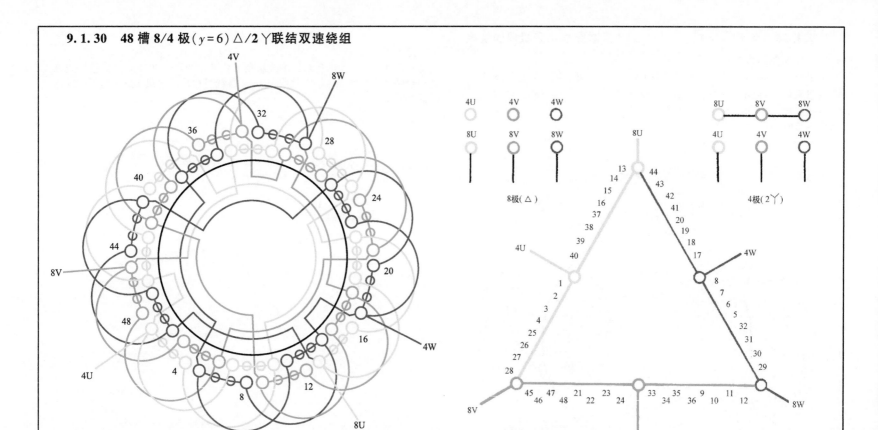

图 9.1.30

1. 绕组结构参数

定子槽数 $Z=48$	电机极数 $2p=8/4$
总线圈数 $Q=48$	绕组接法 △/2丫
线圈组数 $u=12$	每组圈数 $S=4$
线圈节距 $y=6$	绕组系数 $K_{dp8}=0.837$ $K_{dp4}=0.677$

2. 特点与应用 绕组采用倍极比正规分布方案，4极为60°相带，反向法排出8极；两种转速的转向相反。本例属可变转矩输出特性，转矩比 $T_8/T_4=2.14$，输出功率比 $P_8/P_4=1.07$。主要应用实例有 JDO2-61-8/4 多速电动机等。

9.1.31 48槽 8/4 极($y=6$)Y/2Y联结双速绕组

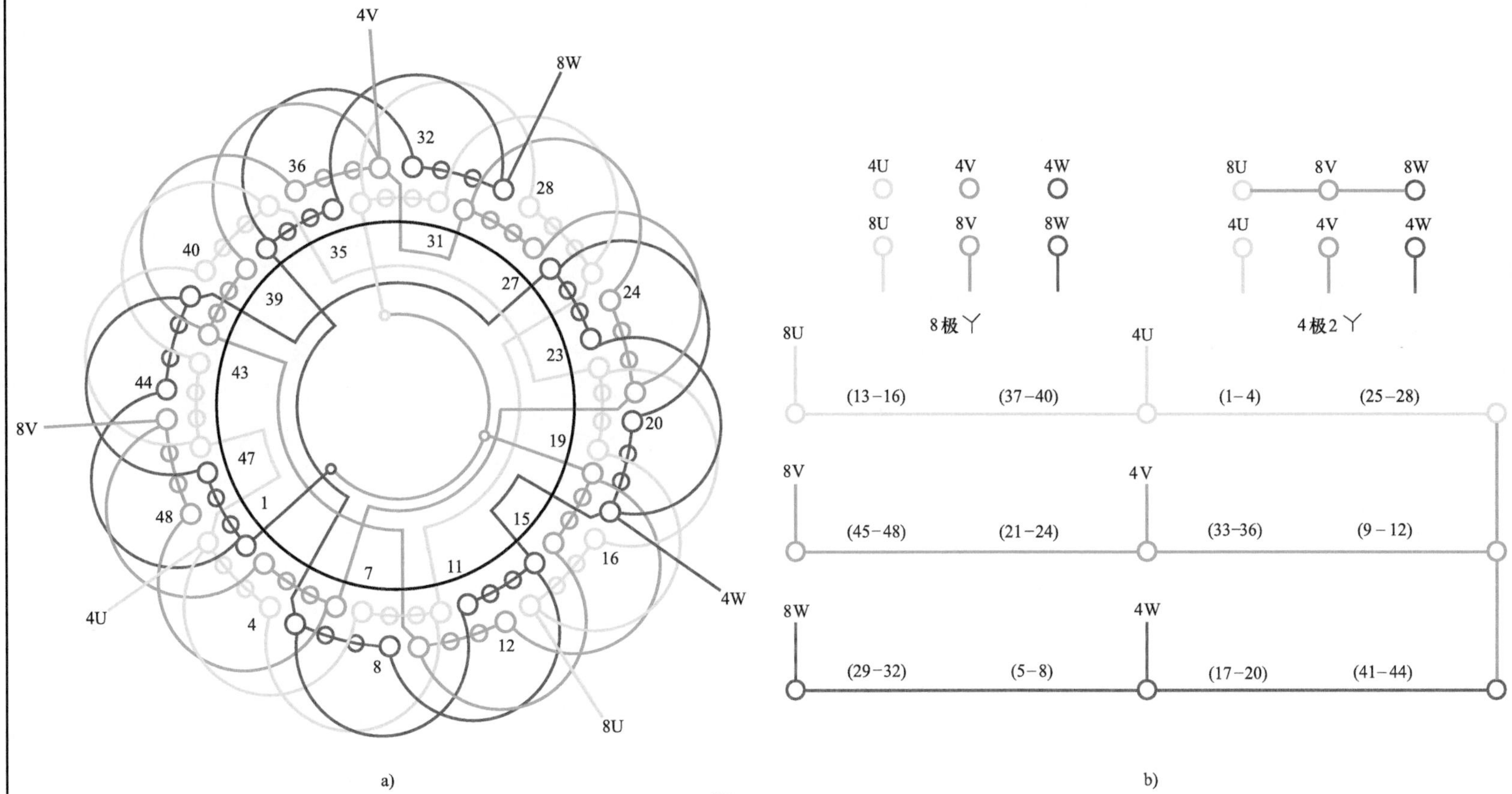

a)

b)

图 9.1.31

1. 绕组结构参数

定子槽数 $Z=48$　电机极数 $2p=8/4$　总线圈数 $Q=48$
绕组接法 Y/2Y　线圈组数 $u=12$　每组圈数 $S=4$
线圈节距 $y=6$　绕组系数 $K_{dp8}=0.838$　$K_{dp4}=0.677$

2. 特点及应用　本例是正规分布的倍极比变极方案，以 4 极为基准 60°相带，用反向法排出 8 极庶极绕组。绕组属于反转向方案，输出特性为可变转矩。本绕组取自实修电动机，而标准系列中无此例。

9.1.32 *48 槽 8/4 极（$y=6$）2△/4丫联结双速绕组

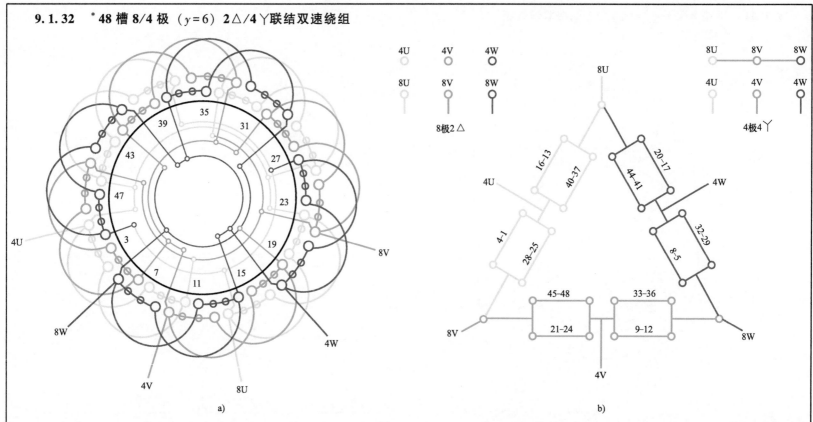

图 9.1.32

1. 绕组结构参数

定子槽数 $Z=48$	总线圈数 $Q=48$	线圈组数 $u=12$
每槽电角 $\alpha=30°/15°$	绕组极距 $\tau=6/12$	出线根数 $c=6$
分布系数 $K_{d8}=0.837$	节距系数 $K_{p8}=1.0$	绕组系数 $K_{dp8}=0.637$
$K_{d4}=0.985$	$K_{p4}=0.707$	$K_{dp4}=0.677$
双速极数 $2p=8/4$	变极接法 2△/4丫	每组圈数 $S=4$
线圈节距 $y=6$	极相槽数 $q=2/4$	

2. 绕组布线接线特点

本例绕组与△/2丫联结采用相同的反向变极方案，只是为了适应功率较大的电动机而将接线改为两路并联型式。绕组依然由四联组构成，每相 4 组，8 极时为两路△形联结，4 极则是四路丫形联结。

48 槽 8/4 极 2△/4丫联结双速绕组接线原理如图 9.1.32b 所示，双速绕组端面布线接线则如图 9.1.32a 所示。

9.1.33 *48槽 8/4极（y=6）人-△/2丫联结（带延边起动双层同心式）双速绕组

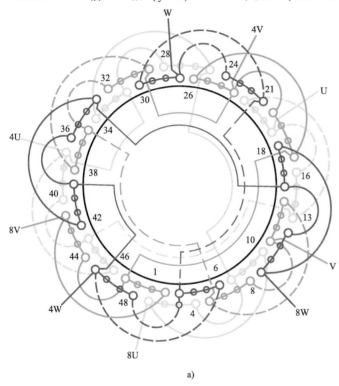

a)

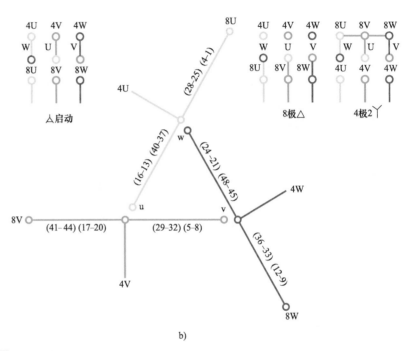

b)

图 9.1.33

1. 绕组结构参数

定子槽数 $Z=48$	总线圈数 $Q=48$	线圈组数 $u=12$
每槽电角 $\alpha=30°/15°$	绕组极距 $\tau=6/12$	出线根数 $c=9$
分布系数 $K_{d8}=0.837$	节距系数 $K_{p8}=1.0$	绕组系数 $K_{dp8}=0.837$
$K_{d4}=0.985$	$K_{p4}=0.707$	$K_{dp4}=0.677$
双速极数 $2p=8/4$	变极接法人-△/2丫	每组圈数 $S=4$
线圈节距 $y=9、7、5、3$	极相槽数 $q=2/4$	

2. 绕组布线接线特点   本例是某读者在修理中发现的绕组型式，用于进口设备配套电动机。绕组由同心式四联组构成，采用双层布线，每相有 4 组线圈。绕组布线接线是在△/2丫的基础上将每相中间抽头（比例为 $\beta=1:1$），故出线根数 $c=9$，用作延边三角形起动之用。

48 槽 8/4 级人-△/2丫联结双速绕组接线原理如图 9.1.33b 所示，双速绕组端面布线接线则如图 9.1.33a 所示。

9.1.34 *48槽8/4极（y=7）Y/2Y联结双速绕组

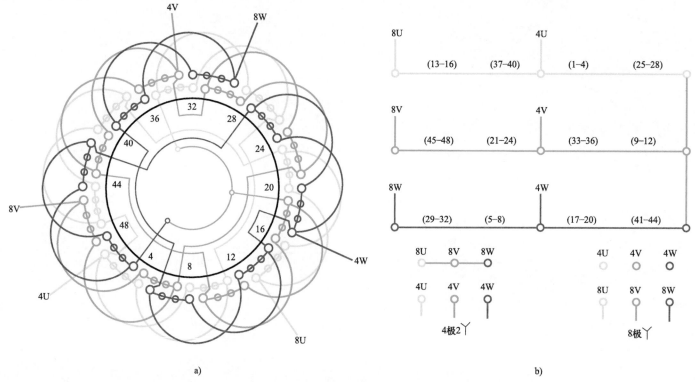

图 9.1.34

1. 绕组结构参数

定子槽数 $Z=48$	总线圈数 $Q=48$	线圈组数 $u=12$
每槽电角 $\alpha=30°/15°$	绕组极距 $\tau=6/12$	出线根数 $c=6$
分布系数 $K_{d8}=0.837$	节距系数 $K_{p8}=0.966$	绕组系数 $K_{dp8}=0.809$
$K_{d4}=0.985$	$K_{p4}=0.793$	$K_{dp4}=0.781$
双速极数 $2p=8/4$	变极接法Y/2Y	每组圈数 $S=4$
线圈节距 $y=7$	极相槽数 $q=2/4$	

2. 绕组布线接线特点　　本例是倍极比正规分布变极方案，绕组采用Y/2Y变极联结，绕组由四联组构成，4极是60°相带显极绕组，8极由反向法获得，是120°相带庶极绕组。

48槽8/4极Y/2Y联结双速绕组接线原理如图9.1.34b所示，双速绕组端面布线接线则如图9.1.34a所示。

9.1.35 48槽 8/4 极 ($y = 7$) △/2丫联结双速绕组

1. 绕组结构参数

定子槽数 $Z = 48$ 　　每组圈数 $S = 4$

电机极数 $2p = 8/4$ 　　线圈节距 $y = 7$

绕组接法 △/2丫 　　分布系数 $K_{d8} = 0.837$　$K_{d4} = 0.958$

总线圈数 $Q = 48$ 　　节距系数 $K_{p8} = 0.966$　$K_{p4} = 0.793$

线圈组数 $u = 12$ 　　绕组系数 $K_{dp8} = 0.809$　$K_{dp4} = 0.76$

2. 绕组排列　双速绕组以 4 极为基准，反向法排出 8 极。绕组接线示意图同 9.1.30 节。

3. 嵌线方法　绕组采用交叠嵌线法，吊边数为 7。嵌线顺序见表 9.1.35。

表 9.1.35　交叠法

嵌线顺序		1	2	3	4	5	6	7	8	9	10	11	12	13	14	15	16	17	18	19	20	21	22	23	24
槽号	下层	48	1	2	3	4	5	6	7		8		9		10		11		12		13		14		15
	上层								48		1		2		3		4		5		6		7		
嵌线顺序		25	26	27	28	29	30	31	32	33	34	35	36	37	38	39	40	41	42	43	44	45	46	47	48
槽号	下层		16		17		18		19		20		21		22		23		24		25		26		27
	上层	8		9		10		11		12		13		14		15		16		17		18		19	
嵌线顺序		49	50	51	52	53	54	55	56	57	58	59	60	61	62	63	64	65	66	67	68	69	70	71	72
槽号	下层		28		29		30		31		32		33		34		35		36		37		38		39
	上层	20		21		22		23		24		25		26		27		28		29		30		31	
嵌线顺序		73	74	75	76	77	78	79	80	81	82	83	84	85	86	87	88	89	90	91	92	93	94	95	96
槽号	下层		40		41		42		43		44		45		46		47								
	上层	32		33		34		35		36		37		38		39		40	41	42	43	44	45	46	47

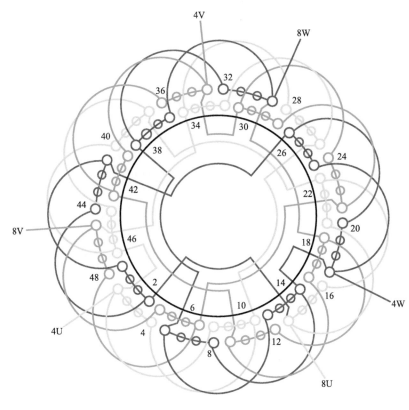

图　9.1.35

4. 特点及应用　特点基本同 9.1.30 节，但线圈节距增宽 1 槽，两种极数下绕组系数较接近，转矩比 $T_8/T_4 = 1.84$，输出功率比 $P_8/P_4 = 0.92$。主要应用实例有 JDO2-41-8/4 多速电动机等。

9.1.36 *48 槽 8/4 极（y=7）2△/4丫联结双速绕组

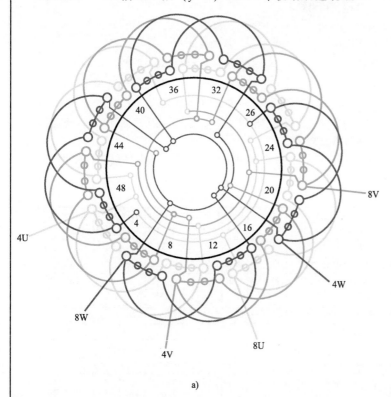

a)

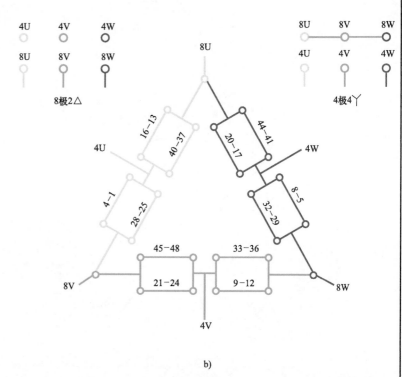

b)

图 9.1.36

1. 绕组结构参数

定子槽数 $Z=48$	总线圈数 $Q=48$	线圈组数 $u=12$
每槽电角 $\alpha=30°/15°$	绕组极距 $\tau=6/12$	出线根数 $c=6$
分布系数 $K_{d8}=0.837$	节距系数 $K_{p8}=0.966$	绕组系数 $K_{dp8}=0.809$
$K_{d4}=0.985$	$K_{p4}=0.793$	$K_{dp4}=0.78$
双速极数 $2p=8/4$	变极接法 $2△/4丫$	每组圈数 $S=4$
线圈节距 $y=7$	极相槽数 $q=2/4$	

2. 绕组布线接线特点 本例绕组是以 4 极为基准，反向法排出 8 极庶极绕组。双速变极采用 2△/4丫联结，是△/2丫变极的并联，是为了适应功率较大的双速绕组而设计。其输出特性仍是可变转矩输出，转矩比 $T_8/T_4=1.84$，功率比 $P_8/P_4=0.92$。

本例 48 槽 8/4 极 2△/4丫联结双速绕组接线原理可参考图 9.1.36b 所示，双速绕组端面布线接线则如图 9.1.36a 所示。

9.1.37 *48槽8/4极（$y=7$）△/2△联结（换相变极）双速绕组

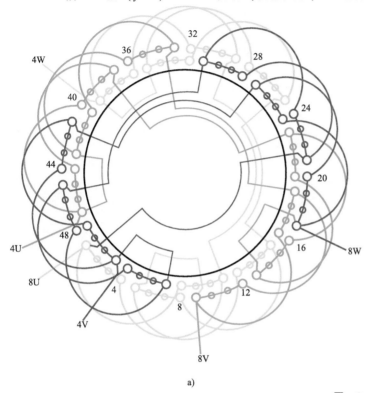

a)

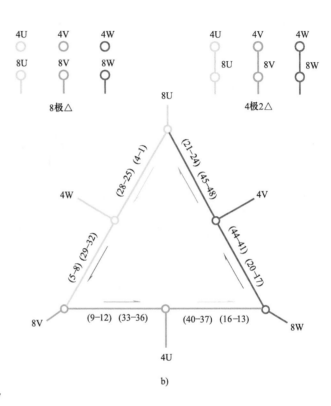

b)

图 9.1.37

1. 绕组结构参数

定子槽数 $Z=48$	总线圈数 $Q=48$	线圈组数 $u=12$
每槽电角 $\alpha=30°/15°$	绕组极距 $\tau=6/12$	出线根数 $c=6$
分布系数 $K_{d8}=0.608$	节距系数 $K_{p8}=0.981$	绕组系数 $K_{dp8}=0.596$
$K_{d4}=0.829$	$K_{p4}=0.793$	$K_{dp4}=0.658$
双速极数 $2p=8/4$	变极接法 △/2△	每组圈数 $S=4$
线圈节距 $y=7$	极相槽数 $q=2/4$	

2. 绕组布线接线特点

本例绕组以 4 极为基准，换相获得 8 级，采用的是作者新近研究的成果——△/2△变极接法。绕组每相由 4 个四联组构成并分别置于两个变极段；8 极时为一路 △ 形联结，换相变为 4 极两路 △ 形联结，图 9.1.37b 中箭头所示是 4 极时的相别和方向。双速绕组接线原理如图 9.1.37b 所示，绕组端面布线接线则如图 9.1.37a 所示。

9.1.38 *48 槽 12/6 极 ($y=4$) △/2Y联结双速绕组

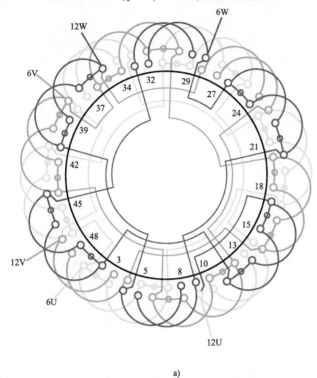

a)

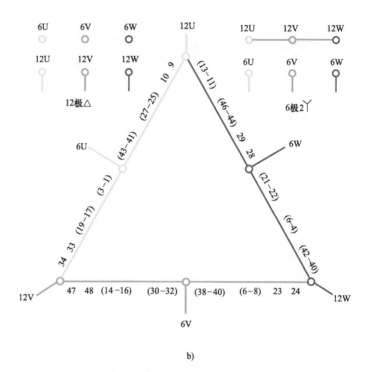

b)

图 9.1.38

1. 绕组结构参数

定子槽数 $Z=48$	总线圈数 $Q=48$	线圈组数 $u=18$
每槽电角 $\alpha=45°/22.5°$	绕组极距 $\tau=4/8$	出线根数 $c=6$
分布系数 $K_{d12}=0.729$	节距系数 $K_{p12}=1.0$	绕组系数 $K_{dp12}=0.729$
$K_{d6}=0.925$	$K_{p6}=0.707$	$K_{dp6}=0.654$
双速极数 $2p=12/6$	变极接法 △/2Y	每组圈数 $S=3$、2
线圈节距 $y=4$	极相槽数 $q=1.33/2.66$	

2. 绕组布线接线特点　本例采用双层叠式布线，每相由 4 个三联组和 2 个双联组构成。由于选用相同规格的线圈，嵌线比较方便，故其工艺性较优。本绕组是为了方便修理者嵌绕习惯而将同心式改绕成双叠式，而且变极接法采用常规 △/2Y 联结。因此，它也是填补原 12/6 极中没有 48 槽双速的空白的图例。

本例 48 槽 12/6 极 △/2Y 联结双速绕组接线原理如图 9.1.38b 所示，双速绕组端面布线接线则如图 9.1.38a 所示。

9.1.39 *48 槽 12/6 极 （$y_d = 4$） Y/2Y联结（双层同心式）双速绕组

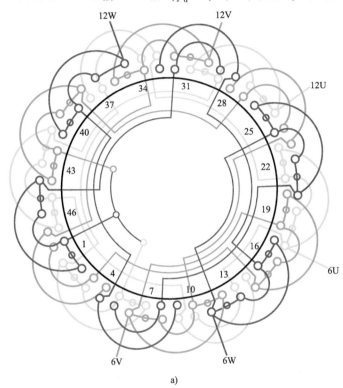

a)

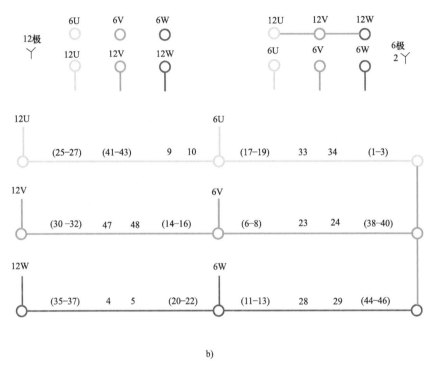

b)

图 9.1.39

1. 绕组结构参数

定子槽数 $Z = 48$	总线圈数 $Q = 48$	线圈组数 $u = 18$
每槽电角 $\alpha = 45°/22.5°$	绕组极距 $\tau = 4/8$	出线根数 $c = 6$
分布系数 $K_{d12} = 0.729$	节距系数 $K_{p12} = 1.0$	绕组系数 $K_{dp12} = 0.729$
$K_{d6} = 0.925$	$K_{p6} = 0.707$	$K_{dp6} = 0.654$
双速极数 $2p = 12/6$	变极接法 Y/2Y	每组圈数 $S = 3$、2
线圈节距 $y_d = 4$	极相槽数 $q = 1.33/2.66$	

2. 绕组布线接线特点　本例绕组采用双层同心式布线，而且是不等圈安排，即每相由 4 组三联和 2 组双联构成，且巧妙地分布于对称位置。此双速结构并不复杂，但它填补了以往 12/6 极无 48 槽的空白。此绕组取自读者实修资料。

本例 48 槽 12/6 极 Y/2Y联结双速绕组接线原理如图 9.1.39b 所示，双速绕组端面布线接线如图 9.1.39a 所示。

9.1.40 48槽16/4极$(y=9)$丫/2丫联结双速绕组

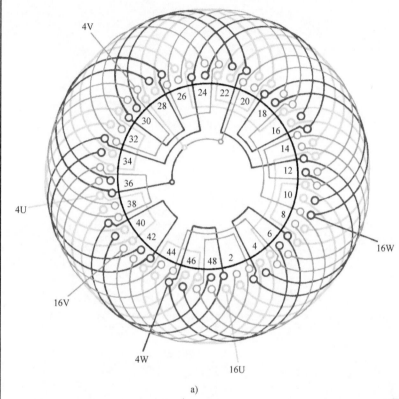

a)

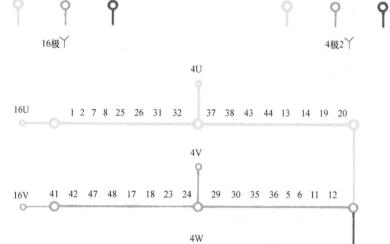

图 9.1.40

b)

1. 绕组结构参数

定子槽数	$Z=48$	每组圈数	$S=2$
电机极数	$2p=16/4$	绕组型式	双层叠绕
绕组接法	丫/2丫	线圈节距	$y=9$
总线圈数	$Q=48$	绕组系数	$K_{dp16}=0.866$
线圈组数	$u=24$		$K_{dp4}=0.577$

2. 特点及应用

本例也是远极比变极绕组，每相有两个变极组，均由4个双圈组串联而成，且在16极时全部极性为正。变极组内接线比较简洁，如从16U开始即把相邻两组顺接串联后，跨越两组再顺串两组抽头4U，完成一个变极组；然后顺串同相的其余4组线圈便完成一相连接。V、W相接线类推。但由于变极绕组进线不可随意，必须如图9.1.40a所示安排。此绕组主要用于货物电梯及起重机的双速电动机。

9.1.41 48槽16/4极($y=9$)人/2人联结换相变极双速绕组

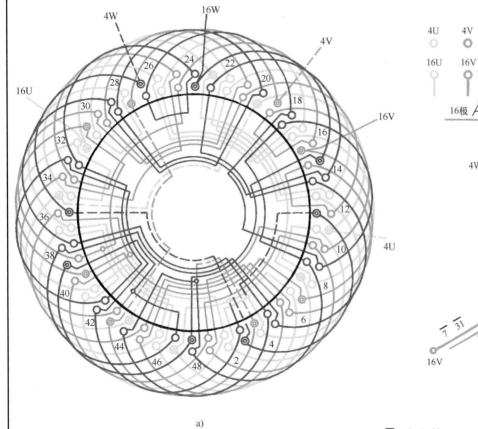

a)

图 9.1.41

b)

1. 绕组结构参数

定子槽数　$Z=48$　电机极数　$2p=16/4$　绕组系数　$K_{dp16}=0.885$

线圈组数　$u=48$　绕组接法　人/2人　　　　　$K_{dp4}=0.789$

总线圈数　$Q=48$　每组圈数　$S=1$

线圈节距　$y=9$

2. 特点与应用　　本例绕组采用新颖的特殊型式接线，属换相变极方案。这种接法可使低速起动切换到高速，实现不断电控制。

9.1.42 54槽8/4极$(y=7)$△/2丫联结双速绕组

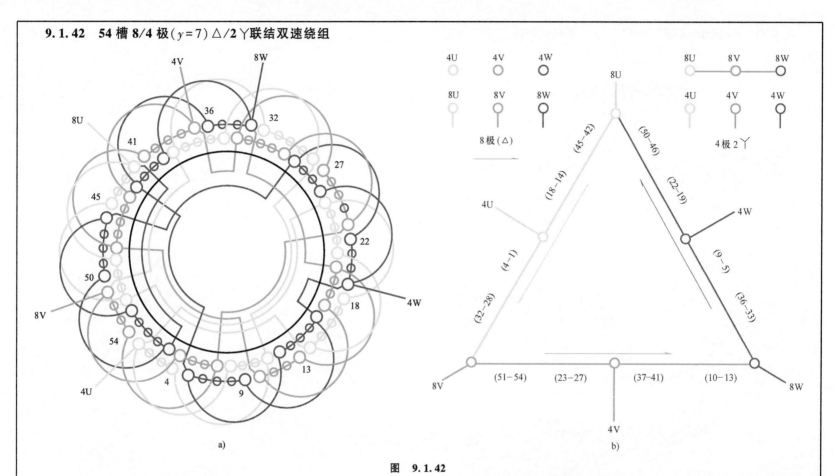

图 9.1.42

1. 绕组结构参数

定子槽数	$Z=54$	每组圈数	$S=5、4$
电机极数	$2p=8/4$	绕组型式	双层叠绕
绕组接法	△/2丫	线圈节距	$y=7$
总线圈数	$Q=54$	绕组系数	$K_{dp8}=0.826$ $K_{dp4}=0.696$
线圈组数	$u=12$		

2. 特点及应用　　本例为倍极比正规分布变极方案，以4极为基准极，用反向法排出庶极的8极绕组。由于4极时每极相占槽 $q=4\frac{1}{2}$，属分数槽绕组，若按常规4、5、4、5循环安排线圈组，则4极2丫联结时，每相两个并联支路的线圈分配无法平衡。所以本绕组属磁场对称条件较差的变极方案。采用交叠法嵌线要注意大小联安排，如图9.1.42a所示。主要应用实例有YD180L-8/4等系列双速电动机。

9.1.43　*54槽 8/4 极（$y=7$）Ｙ/2Ｙ联结双速绕组

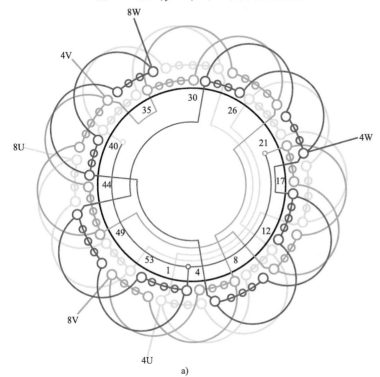

a)

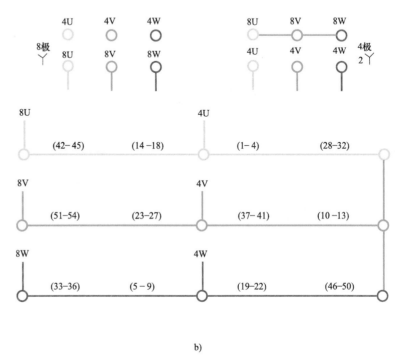

b)

图　9.1.43

1. 绕组结构参数

定子槽数 $Z=54$	总线圈数 $Q=54$	线圈组数 $u=12$
每槽电角 $\alpha=26.7°/13.3°$	绕组极距 $\tau=6.75/13.5$	出线根数 $c=6$
分布系数 $K_{d8}=0.828$	节距系数 $K_{p8}=0.998$	绕组系数 $K_{dp8}=0.826$
$K_{d4}=0.954$	$K_{p4}=0.727$	$K_{dp4}=0.696$
双速极数 $2p=8/4$	变极接法Ｙ/2Ｙ	每组圈数 $S=5$、4
线圈节距 $y=7$	极相槽数 $q=2.25/4.5$	

2. 绕组布线接线特点　　本例绕组是正规分布反向变极双速方案，4极是基准极60°相带绕组，反向法获得8极庶极绕组。因基准极 $q=4\frac{1}{2}$，故归属分数槽绕组结构，即绕组由4联组和5联组构成，并按4、5、4、5循环规律分布。

本例54槽 8/4 极Ｙ/2Ｙ联结双速绕组接线原理如图9.1.43b所示；双速绕组端面布线接线则如图9.1.43a所示。

9.1.44 54槽12/6极($y=5$)△/2丫联结双速绕组

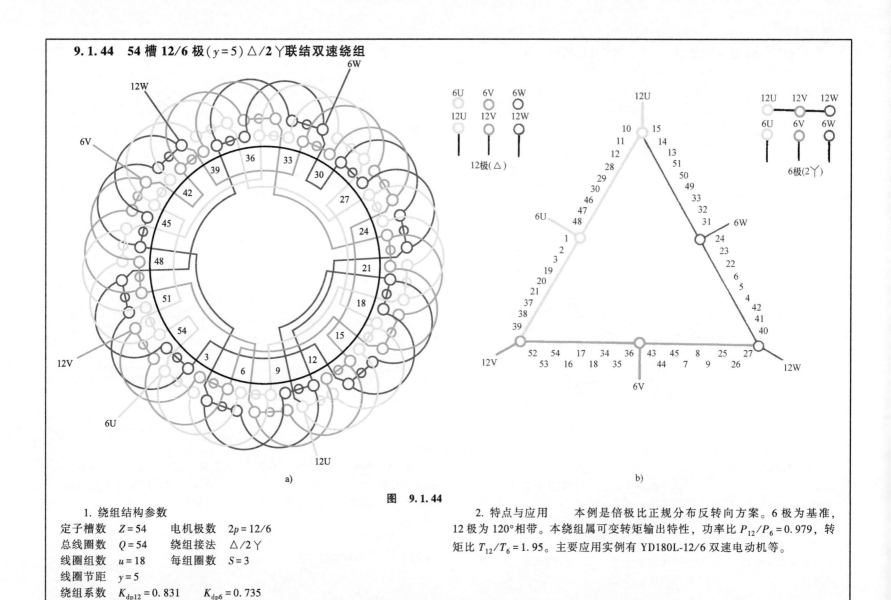

图 9.1.44

1. 绕组结构参数

定子槽数 $Z=54$	电机极数 $2p=12/6$
总线圈数 $Q=54$	绕组接法 △/2丫
线圈组数 $u=18$	每组圈数 $S=3$
线圈节距 $y=5$	
绕组系数 $K_{dp12}=0.831$	$K_{dp6}=0.735$

2. 特点与应用　　本例是倍极比正规分布反转向方案。6极为基准，12极为120°相带。本绕组属可变转矩输出特性，功率比 $P_{12}/P_6=0.979$，转矩比 $T_{12}/T_6=1.95$。主要应用实例有 YD180L-12/6 双速电动机等。

9.1.45 *54 槽 12/6 极（$y=5$）丫/2丫联结双速绕组

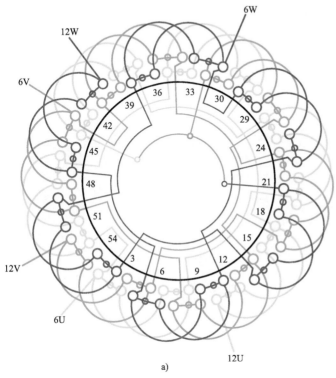

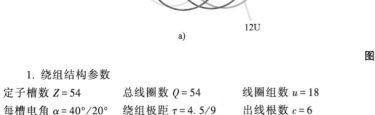

a)

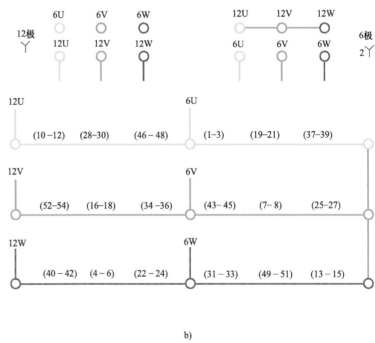

b)

图　9.1.45

1. 绕组结构参数

定子槽数 $Z=54$	总线圈数 $Q=54$	线圈组数 $u=18$
每槽电角 $\alpha=40°/20°$	绕组极距 $\tau=4.5/9$	出线根数 $c=6$
分布系数 $K_{d12}=0.844$	节距系数 $K_{p12}=0.985$	绕组系数 $K_{dp12}=0.831$
$K_{d6}=0.956$	$K_{p6}=0.766$	$K_{dp6}=0.735$
双速极数 $2p=12/6$	变极接法丫/2丫	每组圈数 $S=3$
线圈节距 $y=5$	极相槽数 $q=1.5/3$	

2. 绕组布线接线特点　　本例是正规分布双速，6 极是 60° 相带，12 极由反向法获得。绕组由三联组构成，每相有 6 组，分置于两个变极段，即每个变极段有 3 组线圈。12 极为一路丫形联结，星点内接；6 极是 2丫，另一星点由 12U、12V、12W 外接而成。

本例 54 槽 12/6 极丫/2丫联结双速绕组接线原理如图 9.1.45b 所示，双速绕组端面布线接线如图 9.1.45a 所示。

9.1.46 *54槽12/6极（$y=5$）3△/6丫联结双速绕组

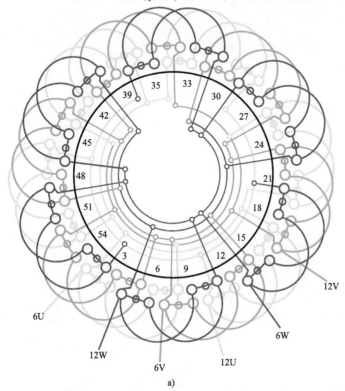

a)

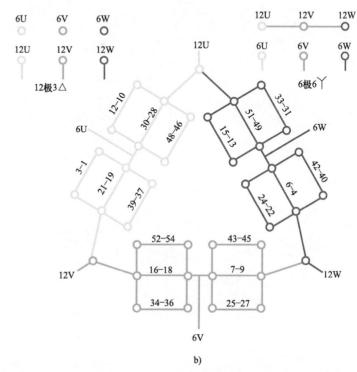

b)

图 9.1.46

1. 绕组结构参数

定子槽数 $Z=54$ 总线圈数 $Q=54$ 线圈组数 $u=18$

每槽电角 $\alpha=40°/20°$ 绕组极距 $\tau=4.5/9$ 出线根数 $c=6$

分布系数 $K_{d12}=0.844$ 节距系数 $K_{p12}=0.985$ 绕组系数 $K_{dp12}=0.831$

$K_{d6}=0.956$ $K_{p6}=0.766$ $K_{dp6}=0.735$

双速极数 $2p=12/6$ 变极接法 3△/6丫   每组圈数 $S=3$

线圈节距 $y=5$ 极相槽数 $q=1.5/3$

2. 绕组布线接线特点   本绕组与上例变极方案相同，但改为3△/6丫接法，即12极为三路△形联结，6极换接成六路丫形联结。仍属反转向正规分布变极，输出是可变转矩特性，转矩比 $T_{12}/T_6=1.95$，功率比 $P_{12}/P_6=0.979$。应用实例有 YD180L-12/6 双速电动机等。

本例54槽12/6极3△/6丫联结双速绕组接线原理如图9.1.46b所示；双速绕组端面布线接线则如图9.1.46a所示。

9.1.47 60槽4/2极($y=15$)△/2丫联结双速绕组

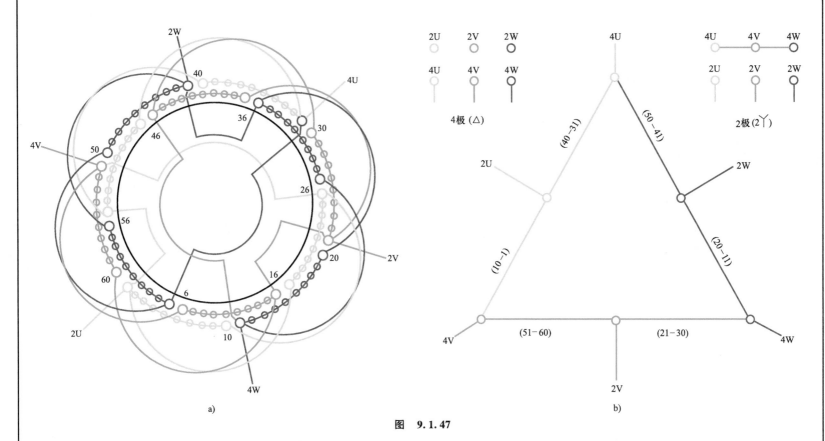

图 9.1.47

1. 绕组结构参数

定子槽数 $Z=60$	电机极数 $2p=4/2$	总线圈数 $Q=60$
绕组接法 △/2丫	线圈组数 $u=6$	每组圈数 $S=10$
线圈节距 $y=15$	绕组系数 $K_{dp4}=0.829$	$K_{dp2}=0.675$

2. 特点及应用 本绕组是倍极比正规分布的反转向变极。绕组结构比较简单，每相由2个10联组构成，2极为基准60°相带，反向法获得庶极的120°相带4极绕组。

输出特性为可变转矩，转矩比 $T_4/T_2=2.12$，功率比 $P_4/P_2=1.06$，即实际接近于恒功率输出。此绕组应用于 YD280M-4/2 双速电动机。

9.1.48　*60槽4/2极（$y=15$）丫/2丫联结双速绕组

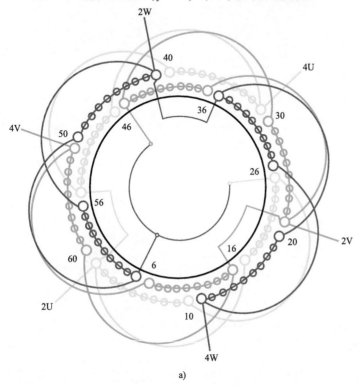

a)

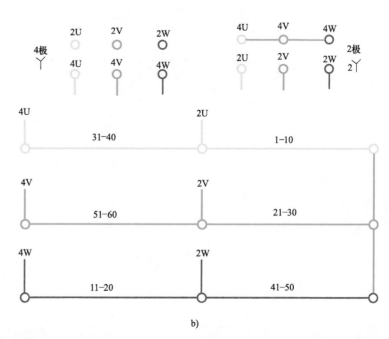

b)

图　9.1.48

1. 绕组结构参数

定子槽数 $Z=60$	总线圈数 $Q=60$	线圈组数 $u=6$
每槽电角 $\alpha=12°/6°$	绕组极距 $\tau=15/30$	出线根数 $c=6$
分布系数 $K_{d4}=0.829$	节距系数 $K_{p4}=1.0$	绕组系数 $K_{dp4}=0.829$
$K_{d2}=0.955$	$K_{p2}=0.707$	$K_{dp2}=0.675$
双速极数 $2p=4/2$	变极接法丫/2丫	每组圈数 $S=10$
线圈节距 $y=15$	极相槽数 $q=5/10$	

2. 绕组布线接线特点　　本例是倍极比正规分布变极双速绕组，绕组由 6 个 10 联线圈组构成，采用丫/2丫联结，绕组连接比较简单，即将同相两组顺串构成 4 极。输出特性为可变转矩，转矩比 $T_4/T_2=2.12$，功率比 $P_4/P_2=1.06$，接近于恒功率输出。

本例 60 槽 4/2 极丫/2丫联结双速绕组接线原理如图 9.1.48b 所示，双速绕组端面布线接线如图 9.1.48a 所示。

9.1.49 *60槽 4/2 极（$y = 15$）2△/4丫联结双速绕组

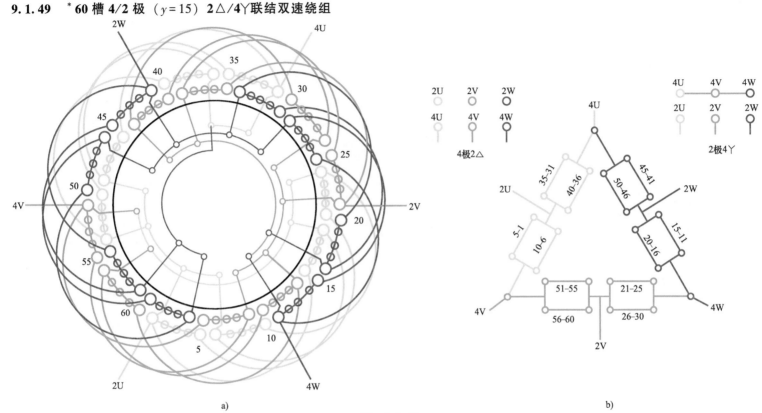

图 9.1.49

1. 绕组结构参数

定子槽数 $Z = 60$	总线圈数 $Q = 60$	线圈组数 $u = 12$
每槽电角 $\alpha = 12°/6°$	绕组极距 $\tau = 15/30$	出线根数 $c = 6$
分布系数 $K_{d4} = 0.829$	节距系数 $K_{p4} = 1.0$	绕组系数 $K_{dp4} = 0.829$
$K_{d2} = 0.955$	$K_{p2} = 0.707$	$K_{dp2} = 0.675$
双速极数 $2p = 4/2$	变极接法 2△/4丫	每组圈数 $S = 5$
线圈节距 $y = 15$	极相槽数 $q = 5/10$	

2. 绕组布线接线特点　本例变极方案与上例相同，也是正规分布反向变极双速绕组。但为适应较大功率电机应用而采用并联，即 4 极为 2△，2 极为 4丫。输出特性为可变转矩，实际功率比 $P_4/P_2 = 1.06$，即接近于恒功率输出。

本例 60 槽 4/2 极 2△/4丫联结双速绕组接线原理如图 9.1.49b 所示，双速绕组端面布线接线如图 9.1.49a 所示。

9.1.50 60槽8/4极($y=8$)△/2丫联结双速绕组

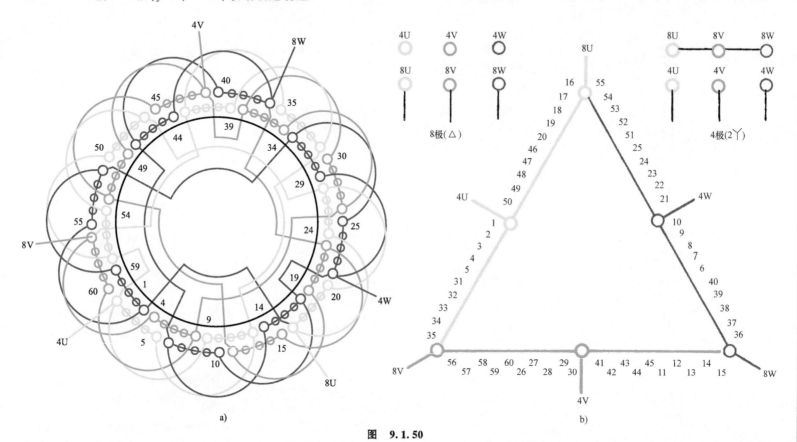

图 9.1.50

1. 绕组结构参数

定子槽数	$Z=60$	电机极数	$2p=8/4$
总线圈数	$Q=60$	绕组接法	△/2丫
线圈组数	$u=12$	每组圈数	$S=5$
线圈节距	$y=8$		

绕组系数　$K_{dp8}=0.829$　$K_{dp4}=0.711$

2. 特点与应用　绕组为倍极比正规分布方案。属可变转矩特性，功率比 $P_8/P_4=1.01$，转矩比 $T_8/T_4=2.02$。主要应用实例有 JDO3-160S 等双速电动机。

9.1.51　*60 槽 8/4 极 $(y=8)$ Y/2 Y 联结双速绕组

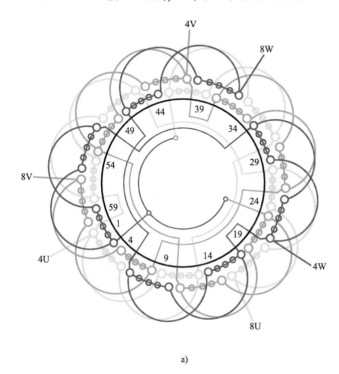

a)

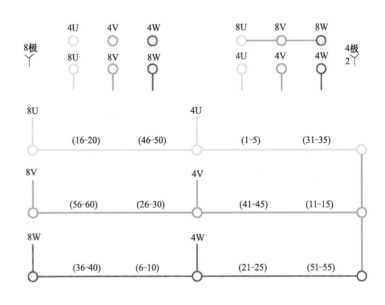

b)

图　9.1.51

1. 绕组结构参数

定子槽数	$Z=60$	双速极数	$2p=8/4$
总线圈数	$Q=60$	变极接法	Y/2 Y
线圈组数	$u=12$	每组圈数	$S=5$
每槽电角	$\alpha=24°/12°$	线圈节距	$y=8$
绕组极距	$\tau=7.5/15$	极相槽数	$q=2.5/5$
分布系数	$K_{d8}=0.833$		$K_{d4}=0.957$
节距系数	$K_{p8}=0.995$		$K_{p4}=0.743$

绕组系数　$K_{dp8}=0.829$　　　$K_{dp4}=0.711$

出线根数　$c=6$

2. 绕组布线接线特点

本例是采用正规分布排列的双速绕组,每相 4 组线圈分置于两个变极段。8 极时为一路 Y 形联结,星点内接;4 极换成两路 Y 形联结,另一个星点由 8U、8V、8W 引出线外接。

本例 60 槽 8/4 极 Y/2 Y 联结双速绕组接线原理如图 9.1.51b 所示,双速绕组端面布线接线如图 9.1.51a 所示。

9.1.52 *60槽 8/4 极($y=8$)2△/4丫联结双速绕组

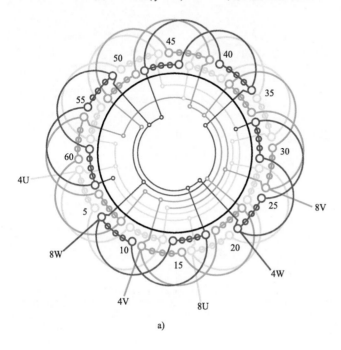

a)

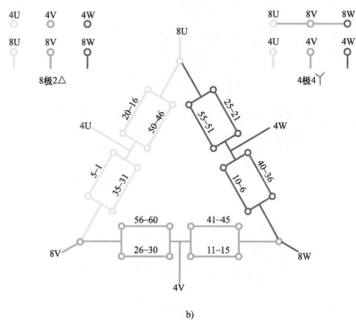

b)

图 9.1.52

1. 绕组结构参数

定子槽数	$Z=60$	双速极数	$2p=8/4$
总线圈数	$Q=60$	变极接法	2△/4丫
线圈组数	$u=12$	每组圈数	$S=5$
每槽电角	$\alpha=24°/12°$	线圈节距	$y=8$
绕组极距	$\tau=7.5/15$	极相槽数	$q=2.5/5$
分布系数	$K_{d8}=0.833$	$K_{d4}=0.957$	
节距系数	$K_{p8}=0.995$	$K_{p4}=0.742$	

绕组系数　$K_{dp8}=0.829$　$K_{dp4}=0.711$

出线根数　$c=6$

2. 绕组布线接线特点　本例是正规分布的双速绕组，绕组由五联线圈构成，每相有4组线圈，它是△/2丫联结的并联方案，故适合电动机功率较大时选用。此绕组仍属可变转矩输出特性，转矩比$T_8/T_4=2.02$，功率比$P_8/P_4=1.01$。

本例 60 槽 8/4 极 2△/4丫联结双速绕组接线原理如图 9.1.52b 所示，双速绕组端面布线接线则如图 9.1.52a 所示。

9.1.53 60 槽 12/6 极 ($y=5$) ᐚ/2ᐚ 联结双速绕组

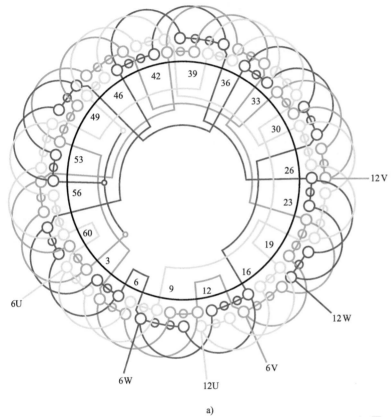

a)

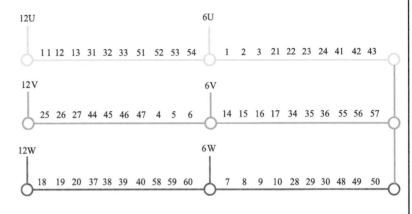

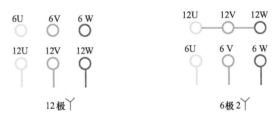

图 9.1.53

b)

1. 绕组结构参数

定子槽数 $Z=60$ 电机极数 $2p=12/6$
总线圈数 $Q=60$ 绕组接法 ᐚ/2ᐚ
线圈组数 $u=18$ 每组圈数 $S=3$、4
线圈节距 $y=5$
绕组系数 $K_{dp12}=0.866$ $K_{dp6}=0.676$

2. 特点与应用 本例是倍极比变极，6 极为 60°相带，12 极是庶极绕组。特别的地方是 60°相带时，分数槽绕组的分母为 3，是极数的倍数，而 $q=3\frac{1}{3}$，按常规很难获得对称平衡，而本例采用相对对称，也算是一个特色的变极方案。本双速绕组属等转矩特性，转矩比 $T_{12}/T_6=1.1$。

9.1.54　60 槽 12/6 极($y=5$)△/2丫联结双速绕组

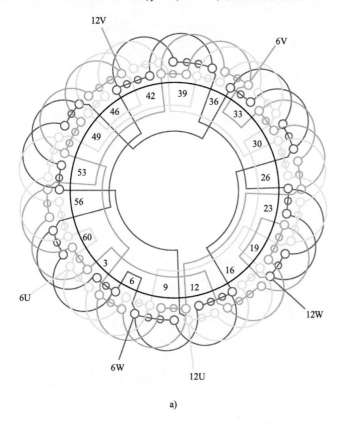

a)

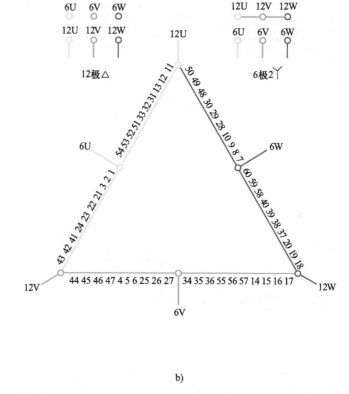

b)

图　9.1.54

1. 绕组结构参数

定子槽数　$Z=60$　　　电机极数　$2p=12/6$

总线圈数　$Q=60$　　　绕组接法　△/2丫

线圈组数　$u=18$　　　每组圈数　$S=3$、4

线圈节距　$y=5$

绕组系数　$K_{dp12}=0.866$　　　$K_{dp6}=0.676$

2. 特点与应用　　本例是一个较有特色的变极方案，因其以 60° 相带的 6 极绕组为基准，反向得 12 极；而 6 极时 $q=3\frac{1}{3}$，按常规是不能获得对称绕组的。为此本例采用特别的安排使其获得对称的 6 极。本双速绕组是可变转矩输出，转矩比 $T_{12}/T_6=2.22$。主要应用实例有 JDO2-61-12/8/6/4 的 12/6 极双速绕组。

9.1.55 *60槽 16/4 极($y=11$)Y/2Y联结双速绕组

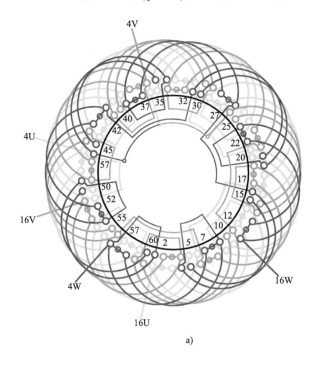

a)

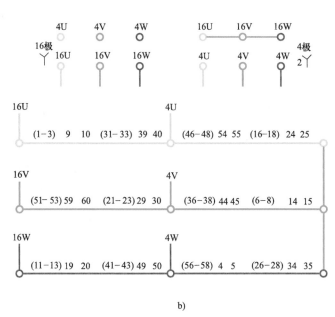

b)

图 9.1.55

1. 绕组结构参数

定子槽数	$Z=60$	双速极数	$2p=16/4$
总线圈数	$Q=60$	变极接法	Y/2Y
线圈组数	$u=24$	每组圈数	$S=2$、3
每槽电角	$\alpha=48°/12°$	线圈节距	$y=11$
绕组极距	$\tau=3.75/15$	极相槽数	$q=1.25/5$
分布系数	$K_{d16}=0.833$	$K_{d4}=0.633$	
节距系数	$K_{p16}=0.995$	$K_{p4}=0.91$	
绕组系数	$K_{dp16}=0.829$	$K_{dp4}=0.576$	

出线根数 $c=6$

2. 绕组布线接线特点

本例是远极比双速绕组，绕组采用反向变极正规分布方案。双速绕组由三联组和双联组构成，采用Y/2Y联结，每相有两个变极组，每个变极组由大小联各两组串接而成。4极时绕组是60°相带，16极则是庶极。本绕组适用于货运电梯及建筑工地物料起重机械的双速电动机。

本例60槽 16/4 极Y/2Y联结双速组接线原理如图 9.1.55b 所示，双速绕组端面布线接线如图 9.1.55a 所示。

9.1.56 *72 槽 4/2 极($y=17$) △/2丫联结双速绕组

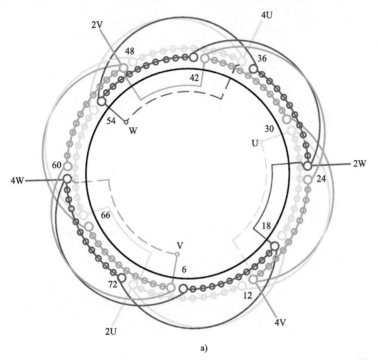

a)

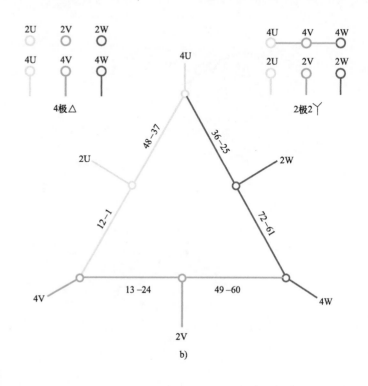

b)

图 9.1.56

1. 绕组结构参数

定子槽数 $Z=72$	双速极数 $2p=4/2$
总线圈数 $Q=72$	变极接法 △/2丫
线圈组数 $u=6$	每组圈数 $S=12$
每槽电角 $\alpha=10°/5°$	线圈节距 $y=17$
绕组极距 $\tau=18/36$	极相槽数 $q=6/12$
分布系数 $K_{d4}=0.837$	$K_{d2}=0.955$
节距系数 $K_{p4}=0.996$	$K_{p2}=0.676$

绕组系数　$K_{dp4}=0.834$　　$K_{dp2}=0.646$

出线根数　$c=6$

2. 绕组布线接线特点

本例是正规分布倍极比双速绕组，2 极是 60°相带绕组，由反向法获得 4 极，每组由 12 联线圈顺串而成，而每相两组顺串而成 4 极。此绕组具有结构简单、接线方便等优点，是目前 4/2 极中最大槽数的双速绕组。应用于电梯配套绕组。

本例 72 槽 4/2 极 △/2丫联结双速绕组接线原理如图 9.1.56b 所示，双速绕组端面布线接线如图 9.1.56a 所示。

9.1.57 72槽8/4极($y=9$)△/2丫联结双速绕组

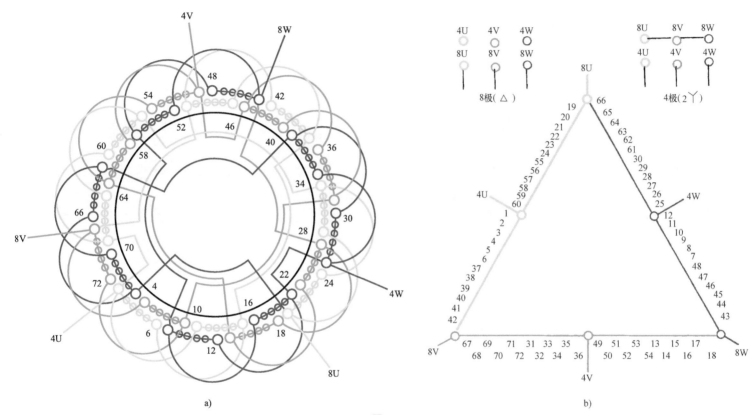

图 9.1.57

1. 绕组结构参数

定子槽数	$Z=72$	电机极数 $2p=8/4$
总线圈数	$Q=72$	绕组接法 △/2丫
线圈组数	$u=12$	每组圈数 $S=6$
线圈节距	$y=9$	绕组系数 $K_{dp8}=0.831$ $K_{dp4}=0.676$

2. 特点与应用　本例为正规分布反转向变极方案。以4极为基准，反向排出庶8极。绕组属可变转矩特性，转矩比 $T_8/T_4=2.13$，功率比 $P_8/P_4=1.06$。主要应用实例有 JDO2-91-8/4 多速电动机。

9.1.58 72槽8/4极$(y=9)$Y/2Y联结双速绕组

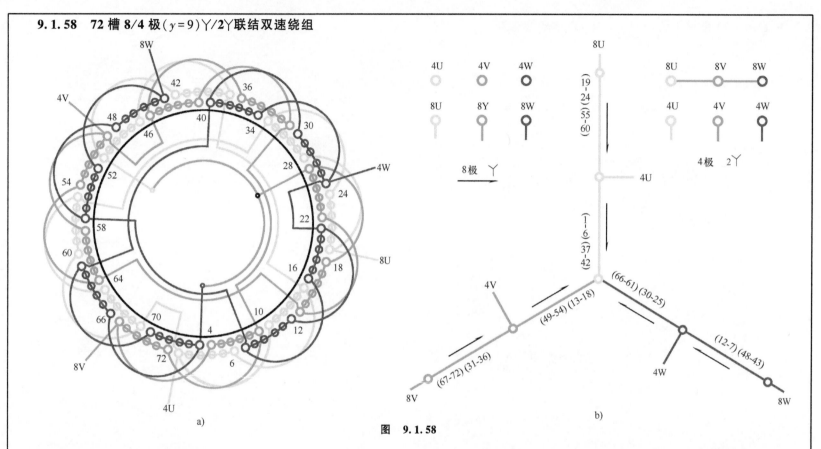

图 9.1.58

1. 绕组结构参数

定子槽数 $Z=72$　　每组圈数 $S=6$

电机极数 $2p=8/4$　　绕组型式 双层叠式

绕组接法 Y/2Y　　线圈节距 $y=9$

总线圈数 $Q=72$　　出线根数 $c=6$

线圈组数 $u=12$　　绕组系数 $K_{dp8}=0.831$　$K_{dp4}=0.676$

2. 特点及应用　　本例采用正规分布反向变极方案。4极为60°相

带绕组，8极则是用反向法获得的庶极绕组，即120°相带绕组。两种极数下的转向相反。绕组结构比较规整，即每组由6个线圈串联而成，每两组构成一个变极组，每相有4组线圈。变极采用Y/2Y联结，即8极时4U、4V、4W留空不接线，电源从8U、8V、8W进入。此绕组属可变转矩输出特性。

主要应用实例有JO-93四速电动机中的8/4极绕组。

9.1.59　*72槽8/4极(y=9)2△/4丫联结双速绕组

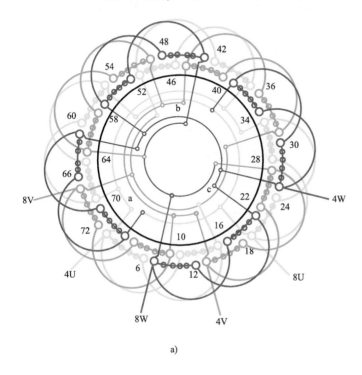

a)

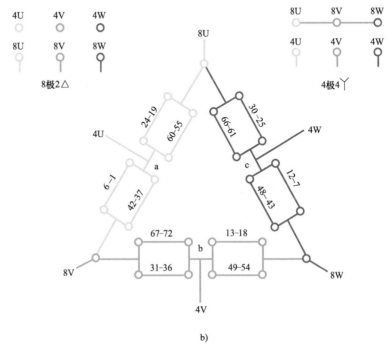

b)

图　9.1.59

1. 绕组结构参数

定子槽数	$Z=72$	双速极数	$2p=8/4$
总线圈数	$Q=72$	变极接法	$2△/4丫$
线圈组数	$u=12$	每组圈数	$S=6$
每槽电角	$\alpha=20°/10°$	线圈节距	$y=9$
绕组极距	$\tau=9/18$	极相槽数	$q=3/6$
分布系数	$K_{d8}=0.831$	$K_{d4}=0.956$	
节距系数	$K_{p8}=1.0$	$K_{p4}=0.707$	

绕组系数　　$K_{dp8}=0.831$　　$K_{dp4}=0.676$

出线根数　　$c=6$

2. 绕组布线接线特点

本双速绕组是正规分布反向变极方案。4极是显极绕组，8极为120°相带的庶极绕组。两种转速下的转向相反。本绕组是△/2丫联结的并联，8极时每相由两个并联支路串联，即2△联结；4极则构成丫联结，并形成4个并联支路。此绕组仍是可变转矩输出。

本例72槽8/4极2△/4丫联结双速绕组接线原理如图9.1.59b所示，双速绕组端面布线接线则如图9.1.59a所示。

9.1.60　72槽8/4极($y=10$)△/2丫联结双速绕组

1. 绕组结构参数

定子槽数	$Z=72$	每组圈数	$S=6$
电机极数	$2p=8/4$	线圈节距	$y=10$
绕组接法	△/2丫	分布系数	$K_{d8}=0.831$　$K_{d4}=0.956$
总线圈数	$Q=72$	节距系数	$K_{p8}=0.985$　$K_{p4}=0.766$
线圈组数	$u=12$	绕组系数	$K_{dp8}=0.819$　$K_{dp4}=0.732$

2. 绕组排列　本例绕组是倍极比正规分布方案。4极为60°相带，8极是120°相带，绕组简化接线图同9.1.57节。

3. 嵌线方法　采用交叠法嵌线。先嵌下层边，嵌好一槽往后退，嵌至10槽后开始整嵌。嵌线顺序见表9.1.60。

表 9.1.60　交叠法

嵌线顺序		1	2	3	4	5	6	7	8	9	10	11	12	13	14	15	16	17	18
槽号	下层	71	72	1	2	3	4	5	6	7	8	9	10		11		12		
	上层													71		72		1	2

嵌线顺序		19	20	21	22	23	24	25	26	27	28	29	30	31	32	33	34	35	36
槽号	下层	13		14		15		16		17		18		19		20		21	
	上层		3		4		5		6		7		8		9		10		11

嵌线顺序		37	38	...	132	133	134	135	136	137	138	139	140	141	142	143	144
槽号	下层	22		...	70												
	上层		12	...	59	60	61	62	63	64	65	66	67	68	69	70	

4. 特点及应用　本例绕组特点基本同9.1.57节，但节距增宽一槽，两种极数下的绕组系数较为接近。双速输出转矩比 $T_8/T_4=1.938$，功率比 $P_8/P_4=0.969$。主要应用实例有JDO3-225S 三速电动机中的8/4极及JDO3-250S 四速电动机中的8/4极绕组。

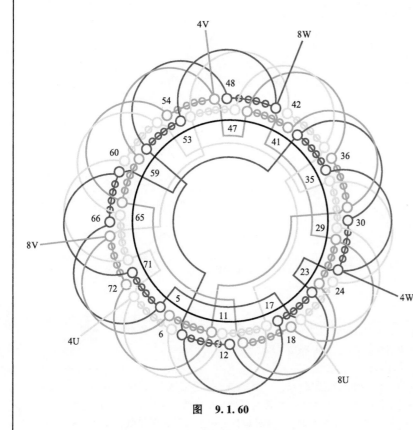

图　9.1.60

9.1.61 *72槽8/4极(y=10)Y/2Y联结双速绕组

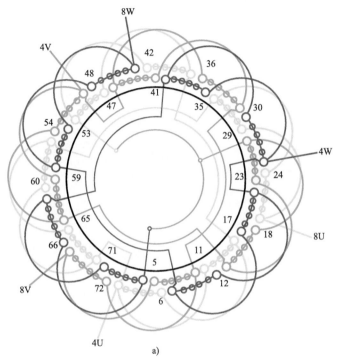

a)

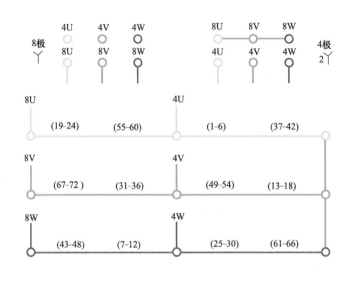

b)

图 9.1.61

1. 绕组结构参数

定子槽数	$Z=72$	双速极数	$2p=8/4$
总线圈数	$Q=72$	变极接法	Y/2Y
线圈组数	$u=12$	每组圈数	$S=6$
每槽电角	$\alpha=20°/10°$	线圈节距	$y=10$
绕组极距	$\tau=9/18$	极相槽数	$q=3/6$
分布系数	$K_{d8}=0.831$	$K_{d4}=0.956$	
节距系数	$K_{p8}=0.985$	$K_{p4}=0.766$	

绕组系数 $K_{dp8}=0.819$ $K_{dp4}=0.732$

出线根数 $c=6$

2. 绕组布线接线特点   本例双速绕组为双层叠式布线,以4极60°相带为基准极,反向法取得8极。绕组由六联组构成,每相4组,分置于两个变极段,每个变极段有两组线圈。双速输出特性为可变转矩,转矩比$T_8/T_4=1.94$,功率比$P_8/P_4=0.97$。

本例72槽8/4极Y/2Y联结双速绕组接线原理如图9.1.61b所示,双速绕组端面布线接线如图9.1.61a所示。

9.1.62 *72槽 8/4 极($y=10$) 2△/4丫联结双速绕组

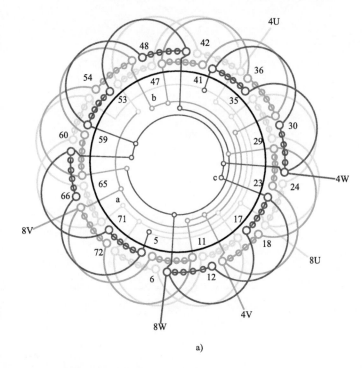

a)

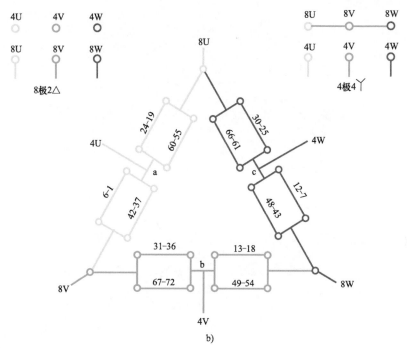

b)

图 9.1.62

1. 绕组结构参数

定子槽数 $Z=72$	双速极数 $2p=8/4$
总线圈数 $Q=72$	变极接法 2△/4丫
线圈组数 $u=12$	每组圈数 $S=6$
每槽电角 $\alpha=20°/10°$	线圈节距 $y=10$
绕组极距 $\tau=9/18$	极相槽数 $q=3/6$
分布系数 $K_{d8}=0.831$	$K_{d4}=0.956$
节距系数 $K_{p8}=0.985$	$K_{p4}=0.766$

绕组系数 $K_{dp8}=0.819$ $K_{dp4}=0.732$
出线根数 $c=6$

2. 绕组布线接线特点　本例是正规分布反向变极绕组,属可变转矩输出。绕组每相由两个变极段构成,每段由两个六联组线圈并联而成,即其接法是△/2丫的并联形式。因此,它主要适用于功率较大的双速电动机。

本例72槽 8/4 极 2△/4丫联结双速绕组接线原理如图 9.1.62b 所示,变极双速绕组端面布线接线则如图 9.1.62a 所示。

9.1.63 *72 槽 8/4 极 $(y=10)$ 2 丫/4 丫联结双速绕组

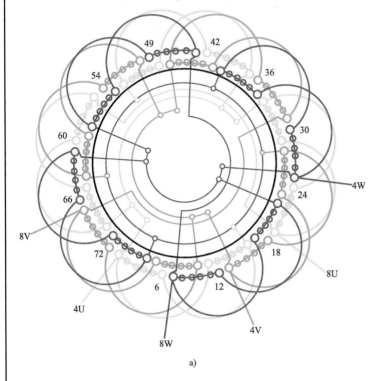

a)

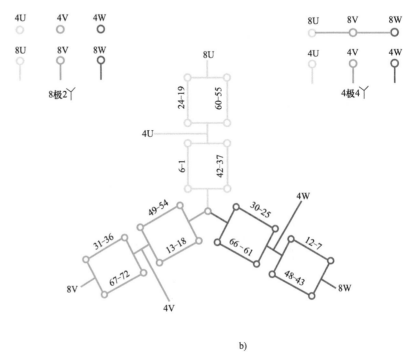

b)

图 9.1.63

1. 绕组结构参数

定子槽数	$Z=72$	双速极数	$2p=8/4$
总线圈数	$Q=72$	变极接法	2丫/4丫
线圈组数	$u=12$	每组圈数	$S=6$
每槽电角	$\alpha=20°/10°$	线圈节距	$y=10$
绕组极距	$\tau=9/18$	极相槽数	$q=3/6$
分布系数	$K_{d8}=0.831$	$K_{d4}=0.956$	
节距系数	$K_{p8}=0.985$	$K_{p4}=0.766$	

绕组系数　$K_{dp8}=0.819$　$K_{dp4}=0.732$

出线根数　$c=6$

2. 绕组布线接线特点

本绕组和上例都是并联的双速绕组，但本例是 8 极采用两路丫形联结，4 极则与上例同为四路丫形。绕组由六联组构成，2丫时星点内接，换接到 4 极时是 4丫联结，这时星点在外，即把引出线 8U、8V、8W 接成星点。

本例 72 槽 8/4 极 2丫/4丫联结双速绕组接线原理如图 9.1.63b 所示，变极双速绕组端面布线接线则如图 9.1.63a 所示。

9.1.64 72槽8/4极($y=11$)△/2丫联结双速绕组

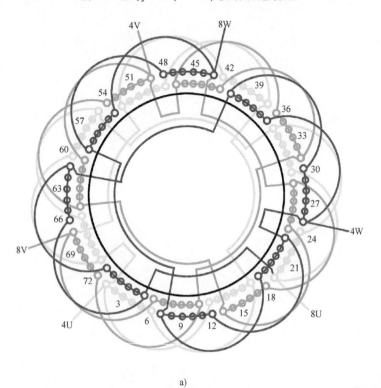

a)

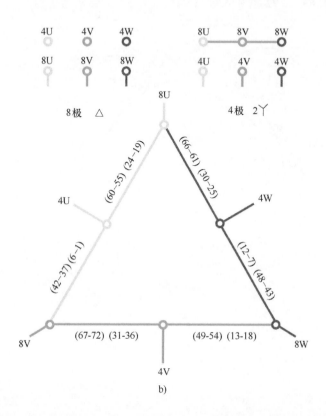

图 9.1.64

1. 绕组结构参数

| 定子槽数 | $Z=72$ | 每组圈数 | $S=6$ |
定子槽数 $Z=72$ 每组圈数 $S=6$

电机极数 $2p=8/4$ 绕组型式   双层叠式

绕组接法   △/2丫   线圈节距 $y=11$

总线圈数 $Q=72$ 出线根数 $c=6$

线圈组数 $u=12$ 绕组系数 $K_{dp8}=0.781$ $K_{dp4}=0.784$

2. 特点及应用   本例绕组采用反向法变极，属倍极比正规分

布变极方案。4极是60°相带，并以此为基准反向得120°相带（庶极）的8极绕组；两种极数下的转向相反。绕组结构比较规整，每组线圈数相等，即每6只线圈顺接串联成一个线圈组，每2组构成一个变极组；每相两个变极组串联而成，中间抽出4极抽头。双速绕组是△/2丫联结，变速特性属可变转矩特性，但由于选用$y=11$的节距，使两种极数下的绕组系数几乎相等，故两种转速下的输出功率也比较接近。本绕组主要用于YD280M-8/6/4双速电动机的8/4极绕组。

9.1.65 *72槽 8/4极($y=11$)丫/2丫联结双速绕组

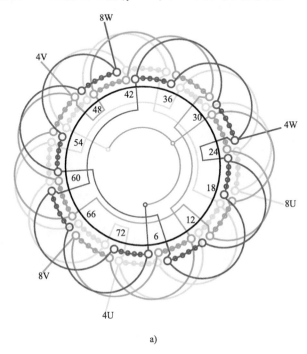

a)

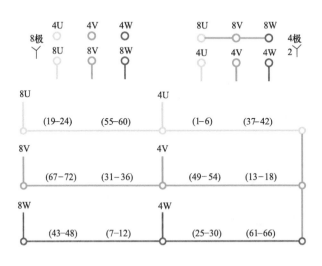

b)

图 9.1.65

1. 绕组结构参数

定子槽数	$Z=72$	双速极数	$2p=8/4$
总线圈数	$Q=72$	变极接法	丫/2丫
线圈组数	$u=12$	每组圈数	$S=6$
每槽电角	$\alpha=20°/10°$	线圈节距	$y=11$
绕组极距	$\tau=9/18$	极相槽数	$q=3/6$
分布系数	$K_{d8}=0.831$	$K_{d4}=0.956$	
节距系数	$K_{p8}=0.94$	$K_{p4}=0.819$	
绕组系数	$K_{dp8}=0.781$	$K_{dp4}=0.783$	

出线根数 $c=6$

2. 绕组布线接线特点 本例采用反向法变极正规分布方案，4极为60°相带，庶极法取8极。双速绕组为反转向方案。绕组由六联组构成，每相有4组线圈，分别安排在两个变极组，即每个变极组由两组线圈串成。此双速绕组结构简单，且绕组系数接近，适用于两种转速下输出相近的场合。

本例72槽8/4极双速丫/2丫联结变极接线原理如图9.1.65b所示，双速绕组端面布线接线则如图9.1.65a所示。

9.1.66 *72槽 8/4 极($y=11$)2△/4丫联结双速绕组

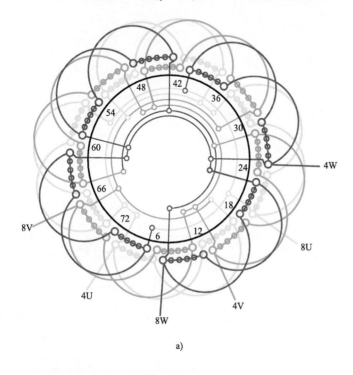

a)

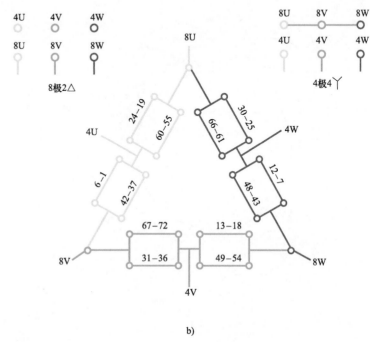

b)

图 9.1.66

1. 绕组结构参数

定子槽数 $Z=72$	双速极数 $2p=8/4$
总线圈数 $Q=72$	变极接法 2△/4丫
线圈组数 $u=12$	每组圈数 $S=6$
每槽电角 $\alpha=20°/10°$	线圈节距 $y=11$
绕组极距 $\tau=9/18$	极相槽数 $q=3/6$
分布系数 $K_{d8}=0.831$	$K_{d4}=0.956$
节距系数 $K_{p8}=0.94$	$K_{d4}=0.819$

绕组系数 $K_{dp8}=0.781$ $K_{dp4}=0.783$
出线根数 $c=6$

2. 绕组布线接线特点   本例双速是△/2丫的并联接法，每相有 4 组线圈分两个支路安排；8 极时每相由两个并联支路组成 2△联结，4 极则改换成 4丫。本绕组是反转向双速方案，其输出为可变转矩特性。适合双速功率较大的电动机选用。

本例 72 槽 8/4 极双速 2△/4丫变极接法原理如图 9.1.66b 所示，双速绕组端面布线接线则如图 9.1.66a 所示。

9.1.67 72 槽 12/6 极 ($y = 6$) △/2 丫联结双速绕组

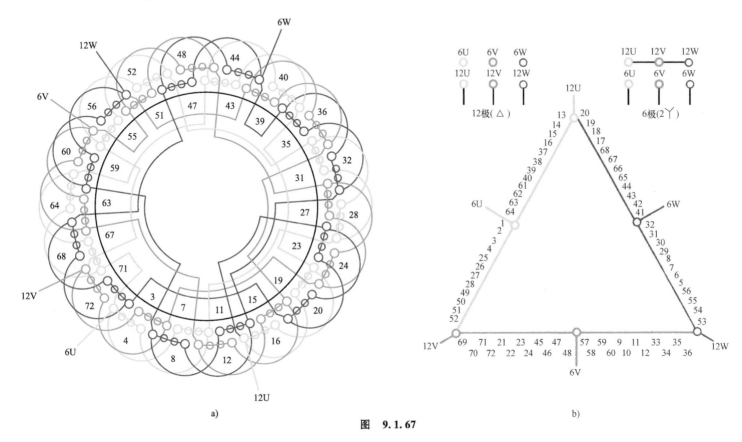

图 9.1.67

1. 绕组结构参数

定子槽数	$Z = 72$	电机极数 $2p = 12/6$
总线圈数	$Q = 72$	绕组接法 △/2丫
线圈组数	$u = 18$	每组圈数 $S = 4$
线圈节距	$y = 6$	绕组系数 $K_{dp12} = 0.836$ $K_{dp6} = 0.677$

2. 特点与应用　双速是倍极比正规分布变极绕组。6极是60°相带，12极是120°相带，两种极数下的转向相反。双速属可变转矩特性，转矩比 $T_{12}/T_6 = 2.14$，功率比 $P_{12}/P_6 = 1.069$。主要应用实例有 JDO2-91-12/6 多速电动机等。

9.1.68 72槽12/6极(y=6)3△/6丫联结双速绕组

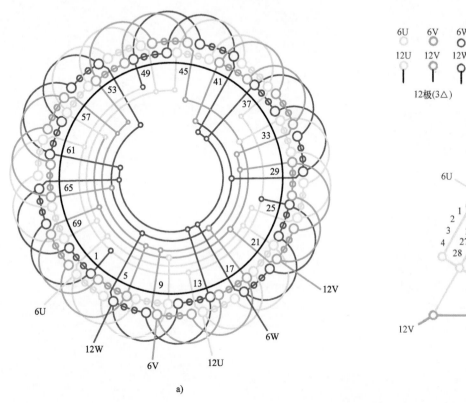

图 9.1.68

1. 绕组结构参数

定子槽数 $Z=72$　电机极数 $2p=12/6$　绕组系数 $K_{dp12}=0.836$
总线圈数 $Q=72$　绕组接法 $3\triangle/6\curlyvee$　$K_{dp6}=0.677$
线圈组数 $u=18$　每组圈数 $S=4$
线圈节距 $y=6$

2. 特点与应用　本例为倍极比正规分布绕组。以6极为基准，反向排出12极。绕组属可变转矩特性，功率比 $P_{12}/P_6=1.069$，转矩比 $T_{12}/T_6=2.14$。主要应用实例有JDO3-225S-12/6多速电动机等。

9.1.69 *72槽12/6极($y=6$)3丫/6丫联结双速绕组

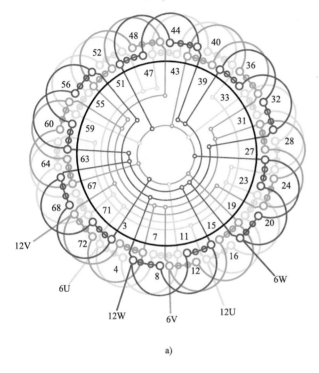

a)

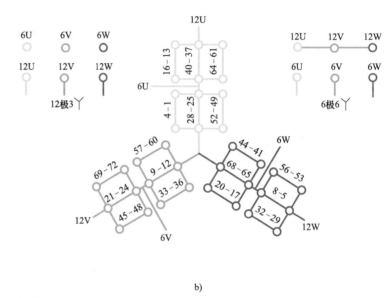

b)

图 9.1.69

1. 绕组结构参数

定子槽数	$Z = 72$	双速极数	$2p = 12/6$
总线圈数	$Q = 72$	变极接法	3丫/6丫
线圈组数	$u = 18$	每组圈数	$S = 4$
每槽电角	$\alpha = 30°/15°$	线圈节距	$y = 6$
绕组极距	$\tau = 6/12$	极相槽数	$q = 2/4$
分布系数	$K_{d12} = 0.836$	$K_{d6} = 0.958$	
节距系数	$K_{p12} = 1.0$	$K_{p6} = 0.707$	

绕组系数 $K_{dp12} = 0.836$ $K_{dp6} = 0.677$

出线根数 $c = 6$

2. 绕组布线接线特点 本例是正规分布双速方案，以6极为基准排出60°相带绕组，再用反向法排出12极庶极绕组。绕组由四联组构成，每相6组分置于3个支路组成3丫联结的12极绕组；将引出线12U、12V、12W连成星点便构成6丫联结的6极绕组。

本例72槽12/6极3丫/6丫变极接法绕组的接线原理如图9.1.69b所示，双速变极绕组端面布线接线如图9.1.69a所示。

9.1.70 72 槽 12/6 极 ($y=8$) Y/2Y 联结双速绕组

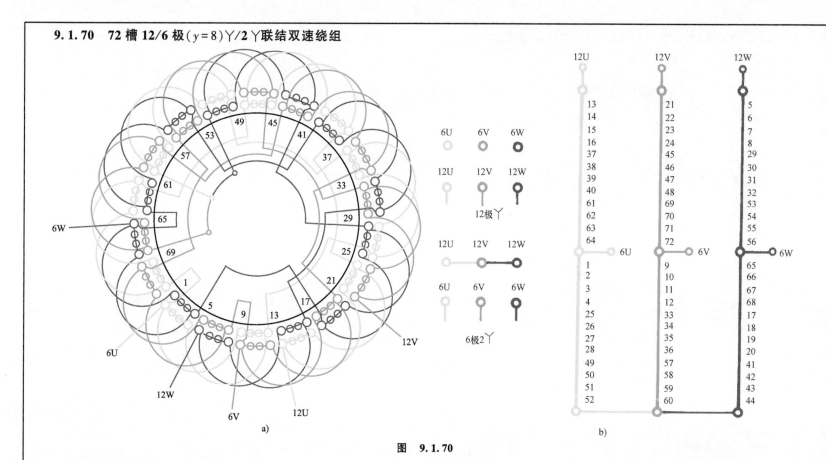

图 9.1.70

1. 绕组结构参数

定子槽数	$Z=72$	每组圈数	$S=4$
电机极数	$2p=12/6$	绕组型式	双层叠绕
绕组接法	Y/2Y	线圈节距	$y=8$
总线圈数	$Q=72$	绕组系数	$K_{dp12}=0.724$
线圈组数	$u=18$		$K_{dp6}=0.830$

2. 特点及应用

本绕组采用正规分布的倍极比变极方案，以 6 极为基准排出 60°相带绕组，反向法得 12 极 120°相带绕组。绕组由 4 圈联结构成，每个变极组有 3 组线圈，12 极接成一路 Y 联结，中间抽头；6 极为 2Y 联结。绕组采用等圈组，嵌绕接线都较简便。此绕组在系列电动机中无实例，但见用于非标的双速电动机。

9.1.71 72槽 12/6极(双层同心式)丫/2丫联结双速绕组

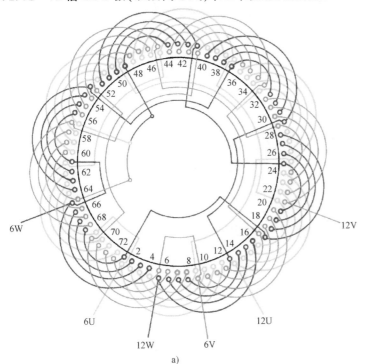

a)

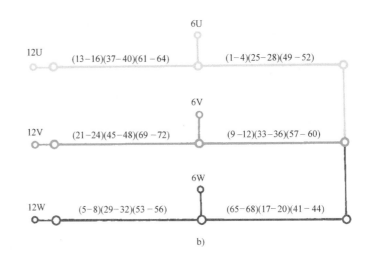

b)

图 9.1.71

1. 绕组结构参数

定子槽数	$Z = 72$	每组圈数	$S = 4$
电机极数	$2p = 12/6$	绕组型式	双层同心
绕组接法	丫/2丫	线圈节距	$y = 11$、9、7、5
总线圈数	$Q = 72$	绕组系数	$K_{dp12} = 0.724$
线圈组数	$u = 18$		$K_{dp6} = 0.830$

2. 特点及应用

本例采用双层同心式线圈组布线,每组由4个同心线圈组成。每相有6组线圈,分别隔组串联成两个变极组,即每个变极组由3组同心线圈串联而成。12极时三相绕组是一路丫形联结;6极则接成2丫联结。绕组嵌线采用交叠法,方法与双叠相近,但每组嵌线从小线圈开始,吊边数为8。双层同心式绕组可根据需要选用短节距,以削弱高次谐波,提高电动机电气性能,而且减少了端部的交叠层次而利于嵌线,但由于线圈节距不等,则增加了嵌线难度和工时。此绕组用于国产非标系列双速电动机。

9.1.72 *72槽12/6极($y_d = 8$)丫/2丫联结(双层同心整嵌布线)双速绕组

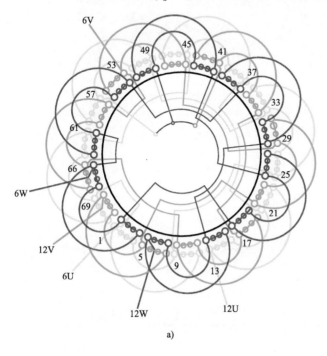

a)

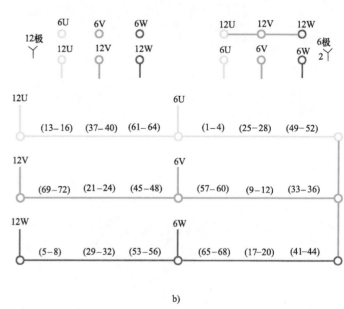

b)

图 9.1.72

1. 绕组结构参数

定子槽数 $Z = 72$	双速极数 $2p = 12/6$
总线圈数 $Q = 72$	变极接法 丫/2丫
线圈组数 $u = 18$	每组匝数 $S = 4$
每槽电角 $\alpha = 30°/15°$	线圈节距 $y_d = 8$
绕组极距 $\tau = 6/12$	极相槽数 $q = 2/4$
分布系数 $K_{d12} = 0.836$	$K_{d6} = 0.958$
节距系数 $K_{p12} = 0.866$	$K_{p6} = 0.866$
绕组系数 $K_{dp12} = 0.724$	$K_{dp6} = 0.83$

出线根数 $c = 6$

2. 绕组布线接线特点

本例双速绕组是双层同心式整嵌布线,故绕组仍按原始记录绘制。嵌线时逐相整嵌,是将 U 相嵌入相应槽下层;再把 V 相整嵌于上下层;最后才嵌 W 相于面层。整嵌的优点是嵌线方便、省时而无需吊边;缺点是端部不规整,绕组端部不能形成圆滑的喇叭口,对散热不利。

本例 72 槽 12/6 极丫/2丫联结双速绕组接线原理如图 9.1.72b 所示,双速变极绕组端面布线接线则如图 9.1.72a 所示。

9.1.73 *90 槽 8/4 极（$y=10$）△/2Y联结双速绕组

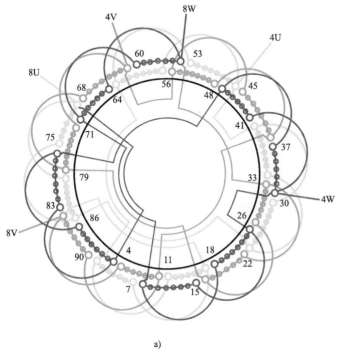

a)

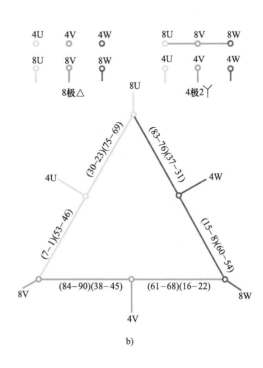

b)

图 9.1.73

1. 绕组结构参数

定子槽数	$Z=90$	双速极数	$2p=8/4$
总线圈数	$Q=90$	变极接法	△/2Y
线圈组数	$u=12$	每组圈数	$S=8$、7
每槽电角	$\alpha=16°/8°$	线圈节距	$y=10$
绕组极距	$\tau=11.25/22.5$	极相槽数	$q=3.75/7.5$
分布系数	$K_{d8}=0.828$		$K_{d4}=0.954$
节距系数	$K_{p8}=0.999$		$K_{p4}=0.695$

绕组系数　$K_{dp8}=0.827$　　$K_{dp4}=0.663$

出线根数　$c=6$

2. 绕组布线接线特点　　本例是正规分布变极方案，采用常规变极△/2Y联结，绕组由八联组和七联组构成，故属分数槽分布的双速绕组，每相有4组线圈，循环分布规律是7、8、7、8。本例双速绕组实际应用不多，本例是根据实修电动机绘制。

本例是90槽8/4极双速绕组，采用常规△/2Y变极接法，接线原理如图9.1.73b所示；双速绕组端面布线接线则如图9.1.73a所示。

9.1.74 *90 槽 8/4 极 ($y=11$) 丫/2 丫联结(双层同心整嵌布线)双速绕组

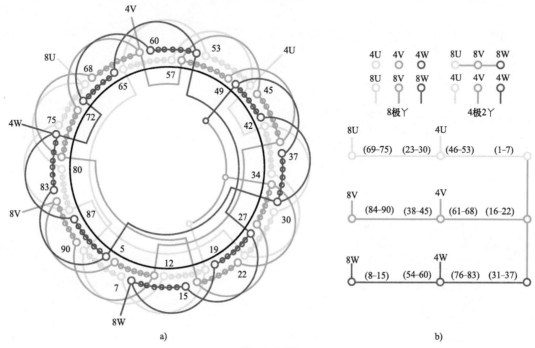

a)

b)

图 9.1.74

1. 绕组结构参数

定子槽数	$Z=90$	双速极数	$2p=8/4$
总线圈数	$Q=90$	变极接法	丫/2丫
线圈组数	$u=12$	每组圈数	$S=7、8$
每槽电角	$\alpha=16°/8°$	线圈节距	$y=11$
绕组极距	$\tau=11.25/22.5$	极相槽数	$q=3.75/7.5$
分布系数	$K_{d8}=0.828$		$K_{d4}=0.954$
节距系数	$K_{p8}=0.999$		$K_{p4}=0.695$
绕组系数	$K_{dp8}=0.827$		$K_{dp4}=0.663$

出线根数 $c=6$

2. 绕组布线接线特点

本例是正规分布倍极比变极方案,变极接法是常规丫/2丫联结,绕组采用分数槽分布。因双速绕组由七联组和八联组构成,故交替轮换循环规律为7、8、7、8,故嵌线时要按此嵌入大小线圈组,勿使弄错。此绕组资料取自互联网,实际应用于塔吊的双绕组三速电机的8/4极双速绕组。

本例 90 槽 8/4 极丫/2丫联结双速绕组接线原理如图 9.1.74b 所示,双速绕组端面布线接线则如图 9.1.74a 所示。

9.1.75 *96槽8/4极($y=11$)丫/2丫联结双速绕组

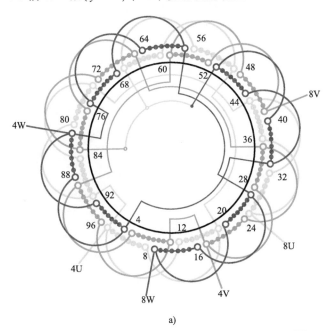

a)

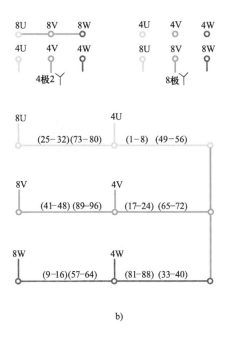

b)

图 9.1.75

1. 绕组结构参数

定子槽数 $Z=96$	双速极数 $2p=8/4$
总线圈数 $Q=96$	变极接法 丫/2丫
线圈组数 $u=12$	每组圈数 $S=8$
每槽电角 $\alpha=15°/7.5°$	线圈节距 $y=11$
绕组极距 $\tau=12/24$	极相槽数 $q=4/8$
分布系数 $K_{d8}=0.829$	$K_{d4}=0.956$
节距系数 $K_{p8}=0.991$	$K_{p4}=0.659$
绕组系数 $K_{dp8}=0.822$	$K_{dp4}=0.63$

出线根数 $c=6$

2. 绕组布线接线特点   本例双速绕组由八联组构成,每相4组线圈分布在两个变极段,采用丫/2丫变极接法,即8极时接成一路丫形联结,电源从8U、8V、8W接入;4极时变为2丫联结,即将8U、8V、8W连成星点,电源从4U、4V、4W接入,从而构成2丫联结。本绕组由实修电动机拆线资料绘制而成。

本例是96槽8/4极双速绕组,采用丫/2丫变极接法,其接线原理如图9.1.75b所示;双速绕组端面布线接线则如图9.1.75a所示。

9.1.76 *96 槽 8/4 极 ($y=11$) 2Y/4Y 联结双速绕组

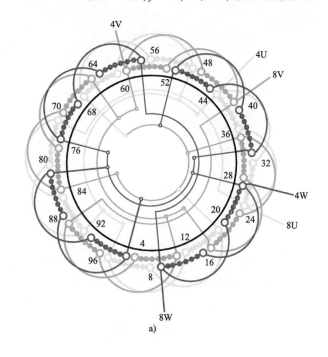

a)

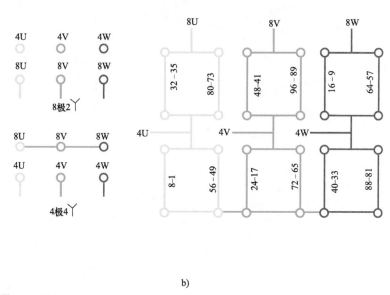

b)

图 9.1.76

1. 绕组结构参数

定子槽数 $Z=96$ 双速极数 $2p=8/4$

总线圈数 $Q=96$ 变极接法 2Y/4Y

线圈组数 $u=12$ 每组圈数 $S=8$

每槽电角 $\alpha=15°/7.5°$ 线圈节距 $y=11$

绕组极距 $\tau=12/24$ 极相槽数 $q=4/8$

分布系数 $K_{d8}=0.829$ $K_{d4}=0.956$

节距系数 $K_{p8}=0.991$ $K_{p4}=0.659$

绕组系数 $K_{dp8}=0.822$ $K_{dp4}=0.63$

出线根数 $c=6$

2. 绕组布线接线特点   本例是反向变极正规分布双速绕组，绕组由 8 个线圈连绕的线圈组构成，每相有 4 组线圈，采用 2Y/4Y 联结，即 8 极时分两个支路，每个支路 2 组线圈，星点内接构成 2Y 联结；4 极时将 8U、8V、8W 连成另一星点构成 4Y 联结。本绕组是 Y/2Y 的并联，适用于较大功率的双速电机。

本例 96 槽 8/4 极 2Y/4Y 联结，双速绕组接线原理如图 9.1.76b 所示；双速绕组端面布线接线如图 9.1.76a 所示。

9.1.77 *96 槽 8/4 极 ($y=11$)2△/4Y联结双速绕组

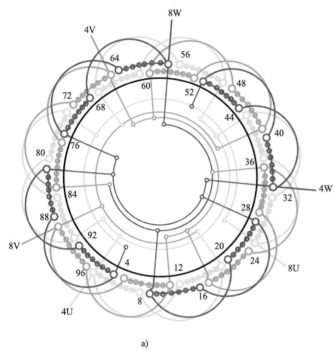

a)

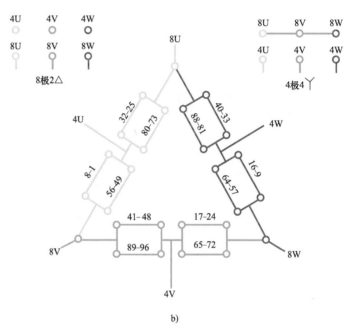

b)

图 9.1.77

1. 绕组结构参数

定子槽数 $Z=96$	双速极数 $2p=8/4$
总线圈数 $Q=96$	变极接法 $2△/4Y$
线圈组数 $u=12$	每组圈数 $S=8$
每槽电角 $\alpha=15°/7.5°$	线圈节距 $y=11$
绕组极距 $\tau=12/24$	极相槽数 $q=4/8$
分布系数 $K_{d8}=0.829$	$K_{d4}=0.956$
节距系数 $K_{p8}=0.991$	$K_{p4}=0.659$

绕组系数　$K_{dp8}=0.822$　　$K_{dp4}=0.63$
出线根数　$c=6$

2. 绕组布线接线特点　　本例属常规接法双速绕组，但采用并联接线，即 4 极为显极 60°相带绕组，采用 4Y联结，用反向法获得 8 极 120°相带的庶极绕组，并采用 2△联结。此绕组属于正规分布双速。绕组选用并联接线是为了适应大功率双速电机。

本例是 96 槽 8/4 极双速绕组，采用 2△/4Y并联联结，接线原理如图 9.1.77b 所示；双速绕组端面布线接线则如图 9.1.77a 所示。

9.1.78 96槽 8/4 极 $(y=12)$ △/2 丫联结双速绕组

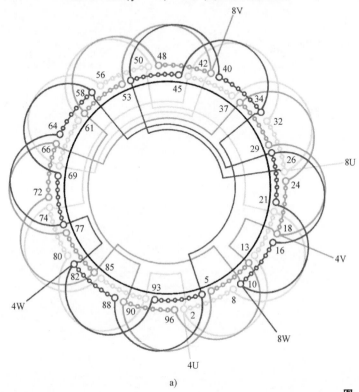

a)

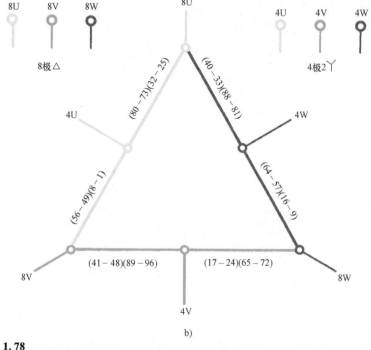

b)

图 9.1.78

1. 绕组结构参数

定子槽数	$Z=96$	电机极数	$2p=8/4$
绕组接法	△/2丫	总线圈数	$Q=96$
线圈组数	$u=12$	每组圈数	$S=8$
绕组型式	双层叠绕	线圈节距	$y=12$
绕组系数	$K_{dp8}=0.956$	$K_{dp4}=0.676$	

2. 特点及应用

本例是按常规接线的倍极比反向变极双速绕组。每组由 8 个线圈串联而成，与 9.1.64 节相同，每组的线圈只画出首尾

两只，其余线圈只用槽中小圆表示，并略去连接两槽有效边的端部弧线，从而构成简化的布线接线图；在不致影响读图和接线的前提下，嵌入槽号的标示也从简选标。

与 9.1.64 节不同的是本绕组为正规分布变极方案，并按常规接线。4 极为 60°相带，反向法获得庶极 8 极，每组线圈数相等，每两组串联构成一个变极组。每相由两个变极组串联构成 8 极；两个变极组并联为 4 极。双速电动机属可变转矩特征。此绕组为双绕组多速电动机的配套绕组。

9.1.79 96槽 8/4极（$y=15$）△/2丫联结双速绕组

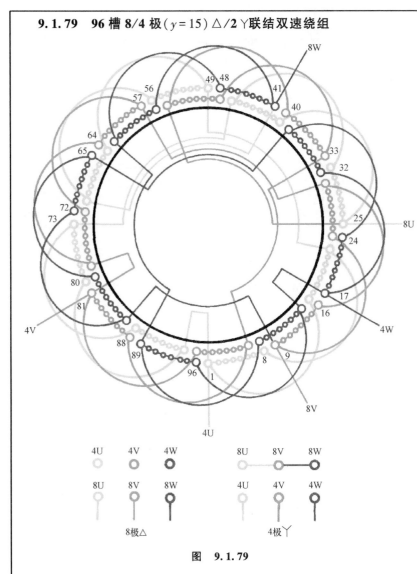

图 9.1.79

1. 绕组结构参数

定子槽数 $Z=96$　　电机极数 $2p=8/4$
绕组接法 △/2丫　　总线圈数 $Q=96$
线圈组数 $u=12$　　每组圈数 $S=8$
线圈节距 $y=15$　　绕组极距 $\tau_{8/6}=12/24$
绕组系数 $K_{dp8}=0.768$　　$K_{dp4}=0.794$

2. 嵌线方法　　本例是双层叠式绕组，采用交叠法嵌线，嵌线顺序见表9.1.79。

表 9.1.79　交叠法

嵌线顺序		1	2	3	4	5	6	7	8	9	10	11	12	13	14	15	16	17	18	19
槽号	下层	8	7	6	5	4	3	2	1	96	95	94	93	92	91	90	89		88	
	上层																		8	7

嵌线顺序		20	21	22	23	24	25	26	…	165	166	167	168	169	170	171	172	173
槽号	下层	87		86		85		84	…		14		13		12		11	
	上层		6		5		4		…	30		29		28		27		26

嵌线顺序		174	175	176	177	178	179	180	181	182	183	184	185	186	187	188	189	190	191	192
槽号	下层	10		9																
	上层		25		24	23	22	21	20	19	18	17	16	15	14	13	12	11	10	9

3. 绕组特点与应用　　本例为倍极比反向变极正规分布方案。8极是一路△联结，4极为两路丫联结。由于槽数较多，每组线圈由8个交叠双层线圈组成，为化繁为简，本例特将每组的首尾线圈完整绘出，其余组内线圈用小圆表示，并略去端部弧线。本例绕组是根据实修电机资料绘制而成。

9.2 三相变极常规接法非倍极比双速绕组布线接线图

本节是非倍极双速绕组，但仍属常规接法变极，详细可参考上节开头的分析。而非倍极比双速绕组除采用丫/2丫，丫/2△联结外，还采用△/2△、△/2丫及△/3丫等常规变极接法。本节共收入双速绕组43例，其中新增20例。

9.2.1 24槽 6/4极($y=4$)△/2丫联结双速绕组

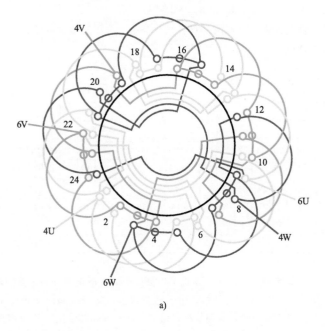

a)

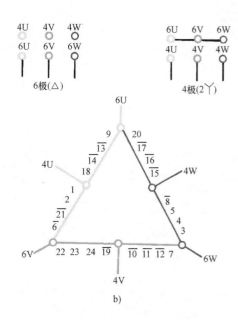

b)

图 9.2.1

1. 绕组结构参数

定子槽数	$Z=24$	电机极数 $2p=6/4$
总线圈数	$Q=24$	绕组接法 △/2丫
线圈组数	$u=14$	每组圈数 $S=3、2、1$
线圈节距	$y=4$	
绕组系数	$K_{dp6}=0.88$	$K_{dp4}=0.73$

2. 特点与应用 本例是非倍极比变极，采用不规则分布的反转向方案。每组元件数不等，有单圈组、双圈组和三圈组，故嵌线时要注意。此绕组在两种极数下能有较高的绕组系数，其功率比 $P_6/P_4=1.04$，转矩比 $T_6/T_4=1.56$。适用于两种转速下要求输出功率接近的场合。

9.2.2　*24 槽 6/4 极($y=4$)Y/2Y联结双速绕组

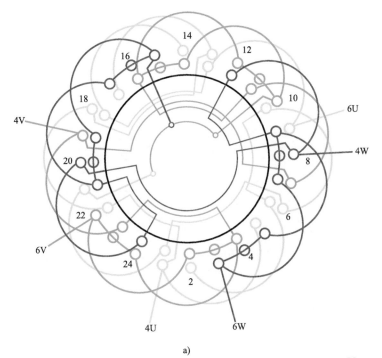

a)

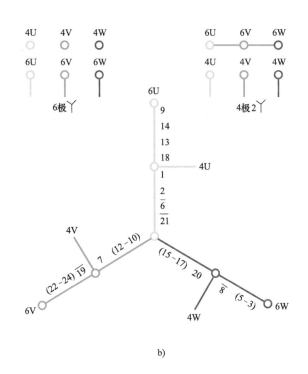

b)

图　9.2.2

1. 绕组结构参数

定子槽数　$Z=24$	双速极数　$2p=6/4$
总线圈数　$Q=24$	变极接法　Y/2Y
线圈组数　$u=14$	每组圈数　$S=1、2、3$
每槽电角　$\alpha=45°/30°$	线圈节距　$y=4$
绕组极距　$\tau=4/6$	极相槽数　$q=1.33/2$
分布系数　$K_{d6}=0.88$	$K_{d4}=0.84$
节距系数　$K_{p6}=1.0$	$K_{p4}=0.866$
绕组系数　$K_{dp6}=0.88$	$K_{dp4}=0.73$

出线根数　$c=6$

2. 绕组布线接线特点

本例是不规则分布非倍极比变极方案，两种极数下的转向相反；每相由单、双、三圈组成，故嵌线时必须按图嵌入。本例绕组变极方案与上例相同，但采用Y/2Y联结，故实际功率比 $P_6/P_4=0.724$，转矩比 $T_6/T_4=1.21$。适用于高速时对功率要求较高的场合。

本例是 24 槽 6/4 极Y/2Y联结双速变极绕组，其接线原理如图 9.2.2b 所示；双速绕组端面布线接线则如图 9.2.2a 所示。

9.2.3　*27 槽 6/4 极 ($y=5$) △/3Y 联结(换相变极)双速绕组

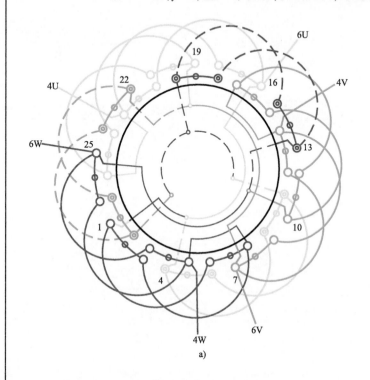

a)

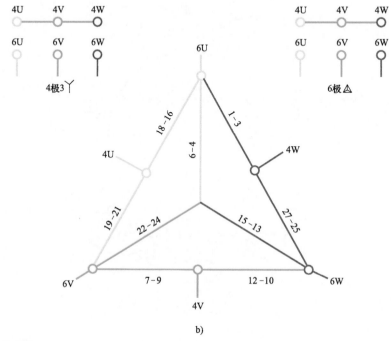

b)

图 9.2.3

1. 绕组结构参数

定子槽数	$Z=27$	双速极数	$2p=6/4$
总线圈数	$Q=27$	变极接法	△/3Y
线圈组数	$u=9$	每组圈数	$S=3$
每槽电角	$\alpha=40°/26.7°$	线圈节距	$y=5$
绕组极距	$\tau=4/6$	极相槽数	$q=1.5/2.25$
分布系数	$K_{d6}=0.691$	$K_{d4}=0.784$	
节距系数	$K_{p6}=0.923$	$K_{p4}=0.966$	

绕组系数　$K_{dp6}=0.638$　$K_{dp4}=0.757$

出线根数　$c=6$

2. 绕组布线接线特点　　本例是采用新颖的换相变极接法,双速为等圈绕组,每组3圈,故具有结构简单、接线方便等优点;而且引出线仅6根,调速控制较方便,仅用两台接触器即可,而且无须断电变换转速,是一种较为理想的换相变极接法。

本例是 27 槽 6/4 极 △/3Y 换相变极接法,双速绕组接线原理如图 9.2.3b 所示;双速绕组端面布线接线则如图 9.2.3a 所示。

9.2.4 36槽6/4极(y=5)△/2丫联结双速绕组

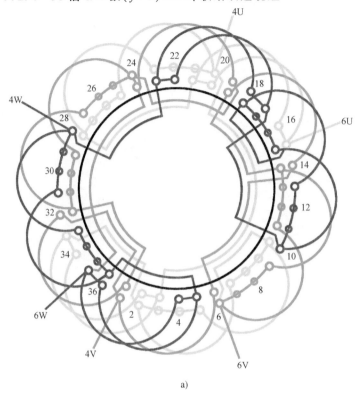

a)

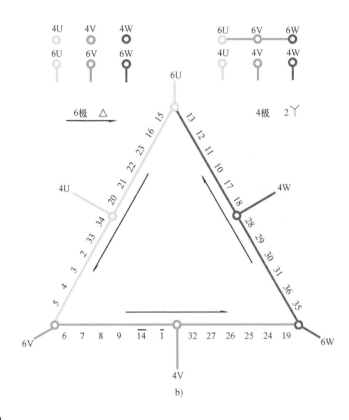

b)

图 9.2.4

1. 绕组结构参数

定子槽数	$Z = 36$	每组圈数	$S = 4、2、1$
电机极数	$2p = 6/4$	绕组型式	双层叠式
绕组接法	△/2丫	线圈节距	$y = 5$
总线圈数	$Q = 36$	出线根数	$c = 6$
线圈组数	$u = 14$	绕组系数	$K_{dp6} = 0.85$ $K_{dp4} = 0.636$

2. 特点及应用 本方案采用非正规分布的反向变极。4极为120°

相带,而6极则人为地将较分散分布的12个线圈安排呈2、4、4、2分布,使6极时绕组的分布系数提高。但由于本绕组选用的线圈节距过短,导致两种极数下的绕组系数总体降低,从而影响双速电动机的出力;同时还使绕组用线量增加。虽然在修理中有此实例,但本人认为选用的节距是不够合理的。

主要应用实例有 JDO3-140S-6/4 多速电动机部分厂家产品。

9.2.5　36 槽 6/4 极($y=6$,同转向)△/2丫联结双速绕组

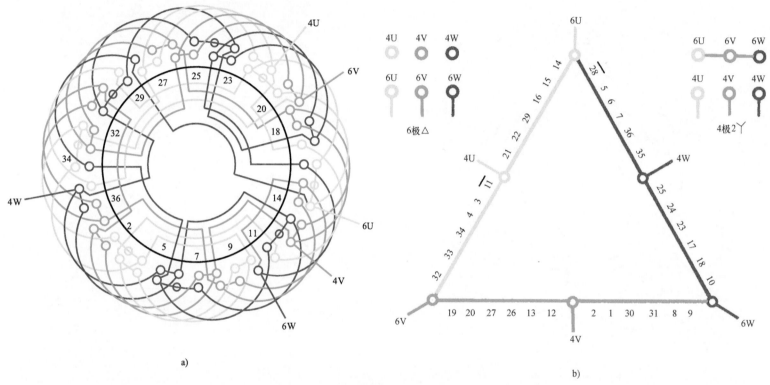

图 9.2.5

1. 绕组结构参数

定子槽数　$Z=36$　　　电机极数　$2p=6/4$
总线圈数　$Q=36$　　　绕组接法　△/2丫
线圈组数　$u=18$　　　每组圈数　$S=1、2、3$
线圈节距　$y=6$
绕组系数　$K_{dp6}=0.88$　　$K_{dp4}=0.72$

2. 特点与应用　　本例是非倍极比变极方案,以 120°相带为基准 4 极,用 2、4、4、2 非正规分布安排 6 极,两种转速下都有较高且接近的绕组系数。绕组适用于两种转速下都有较高的输出功率,应用实例有 YD160L-6/4 双速电动机等。

9.2.6 *36 槽 6/4 极($y=6$)△/2△联结(换相变极)双速绕组

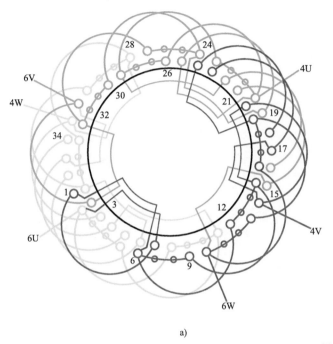

a)

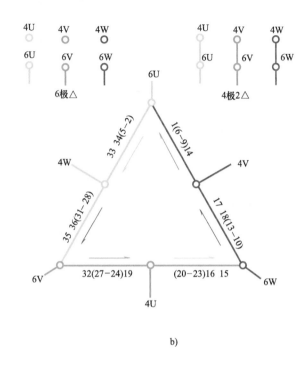

b)

图 9.2.6

1. 绕组结构参数

定子槽数	$Z=36$	双速极数	$2p=6/4$
总线圈数	$Q=36$	变极接法	△/2△
线圈组数	$u=14$	每组圈数	$S=4$、2、1
每槽电角	$\alpha=30°/20°$	线圈节距	$y=6$
绕组极距	$\tau=6/9$	极相槽数	$q=2/3$
分布系数	$K_{d6}=0.803$		$K_{d4}=0.818$
节距系数	$K_{p6}=1.0$		$K_{p4}=0.866$
绕组系数	$K_{dp6}=0.803$		$K_{dp4}=0.708$

出线根数　$c=6$

2. 绕组布线接线特点　本例是非倍极双速绕组,采用最新研发的△/2△变极,6 极时是一路△形联结,4 极是以换相变极,这时应将 4U 与 8U、4V 与 8V、4W 与 8W 分相并入电源,而绕组极性(电流方向)和相别如图 9.2.6b 中的箭头所示。此绕组具有结构较简单,控制方便,且可实施不断电调速等优点。

36 槽 6/4 极△/2△联结双速的接线原理如图 9.2.6b 所示,端面布线接线则如图 9.2.6a 所示。

9.2.7　36 槽 6/4 极($y=7$, 反转向) △/2 丫联结双速绕组

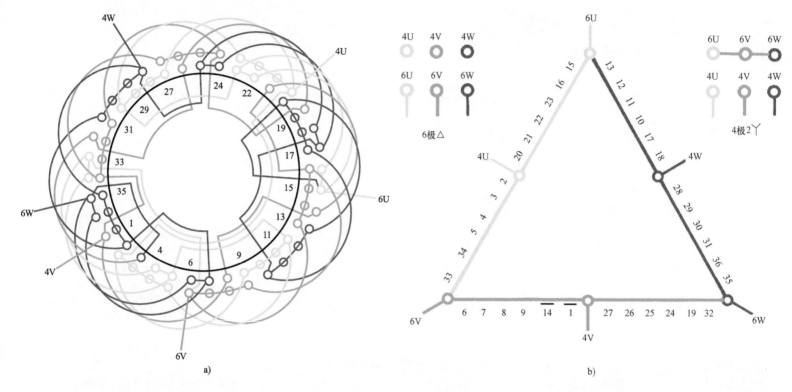

图　9.2.7

1. 绕组结构参数

定子槽数　$Z=36$　　　电机极数　$2p=6/4$
总线圈数　$Q=36$　　　绕组接法　△/2丫
线圈组数　$u=14$　　　每组圈数　$S=1$、2、4
线圈节距　$y=7$
绕组系数　$K_{dp6}=0.879$　　　$K_{dp4}=0.781$

2. 特点与应用　　本例是非正规分布变极方案，4 极为 120°相带，6 极每相线圈呈 2、4、4、2 分布。每相变极组由 6 个线圈组成，但所含线圈组数不等，嵌线时必须注意。本例节距较上例增加一槽，以使绕组系数更接近。主要应用实例有 YD160L-6/4 双速电动机等。

9.2.8 36槽6/4极($y=7$,同转向非正规分布)$\curlyvee/2\curlyvee$联结双速绕组

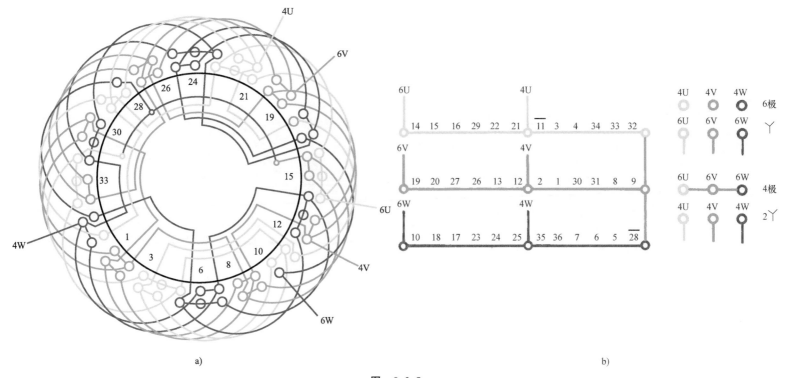

a)

b)

图 9.2.8

1. 绕组结构参数

定子槽数 $Z=36$	电机极数 $2p=6/4$
总线圈数 $Q=36$	绕组接法 $\curlyvee/2\curlyvee$
线圈组数 $u=18$	每组圈数 $S\ne$
线圈节距 $y=7$	
绕组系数 $K_{dp6}=0.879$	$K_{dp4}=0.781$

2. 特点与应用

本例是非正规分布变极绕组,两种转速为同转向。6极采用2、4、4、2分布,有较高的分布系数;4极为120°相带。绕组由三种线圈组构成,嵌线需按图嵌入,切勿弄错。本绕组在进口设备的电动机中应用。

9.2.9 36槽6/4极($y=7$,反转向正规分布)丫/2丫联结双速绕组

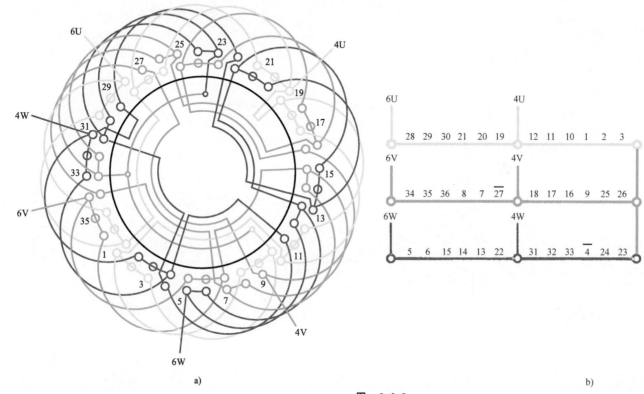

a)

b)

图 9.2.9

1. 绕组结构参数

定子槽数 $Z=36$ 电机极数 $2p=6/4$

总线圈数 $Q=36$ 绕组接法 丫/2丫

线圈组数 $u=16$ 每组圈数 $S\ne$

线圈节距 $y=7$

绕组系数 $K_{dp6}=0.622$ $K_{dp4}=0.902$

2. 特点与应用 本例采用反向法正规排列。4极是60°相带,反向得6极,两种极数转向相反。因6极绕组系数较低,故适用于要求高速出力较高的场合。本例在国产系列中无产品,主要用于非标产品。

9.2.10 36槽6/4极(y=7,同转向正规分布)丫/2丫联结双速绕组

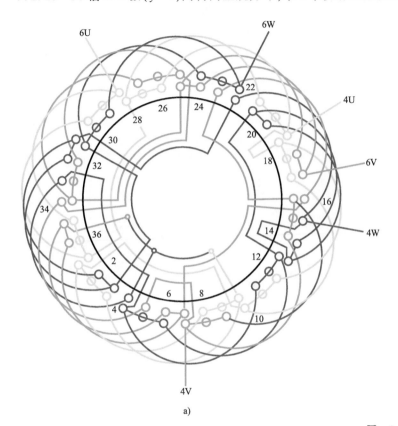

a)

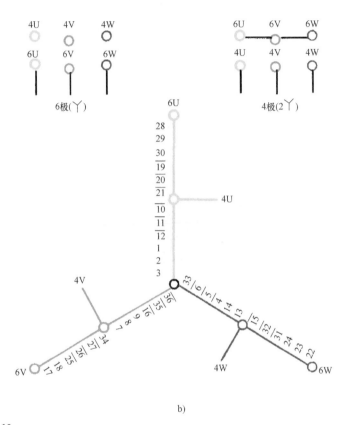

b)

图 9.2.10

1. 绕组结构参数

定子槽数 $Z=36$　总线圈数 $Q=36$　线圈节距 $y=7$
电机极数 $2p=6/4$　线圈组数 $u=16$　分布系数 $K_{d6}=0.644$　$K_{d4}=0.96$
绕组接法丫/2丫　每组圈数 $S\neq$　节距系数 $K_{p6}=0.966$　$K_{p4}=0.94$
　　　　　　　　　　　　　　绕组系数 $K_{dp6}=0.621$　$K_{dp4}=0.903$

2. 特点及应用　　本例双速是非倍极比正规分布方案。4极为60°相带,反向法得6极。采用丫/2丫联结,6极绕组系数较低,转矩比 $T_6/T_4=0.516$,功率比 $P_6/P_4=0.344$,故只能应用于低速负载较轻的场合。

9.2.11 *36 槽 6/4 极($y=7$)2丫/4丫联结双速绕组

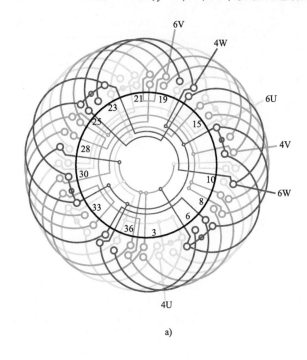

a)

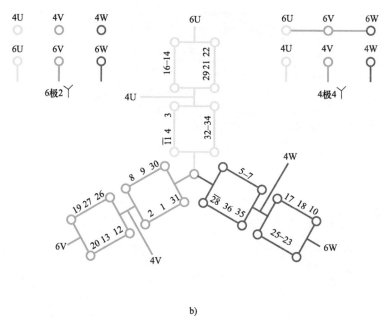

b)

图 9.2.11

1. 绕组结构参数

定子槽数 $Z=36$	双速极数 $2p=6/4$
总线圈数 $Q=36$	变极接法 2丫/4丫
线圈组数 $u=18$	每组圈数 $S=3、2、1$
每槽电角 $\alpha=30°/20°$	线圈节距 $y=7$
绕组极距 $\tau=6/9$	极相槽数 $q=2/3$
分布系数 $K_{d6}=0.935$	$K_{d4}=0.89$
节距系数 $K_{p6}=0.966$	$K_{p4}=0.94$
绕组系数 $K_{dp6}=0.902$	$K_{dp4}=0.837$

出线根数 $c=6$

2. 绕组布线接线特点

本例是非正规分布双速绕组，两种转速的转向相同。6极时线圈组是2、4、2、4分布；绕组采用丫/2丫的并联，即6极为2丫，4极为4丫。因每组线圈数不同，故嵌线时按图嵌入，勿使弄错。

本例36槽6/4极2丫/4丫联结双速绕组接线原理如图9.2.11b所示，双速变极绕组端面布线接线见图9.2.11a所示。

9.2.12 *36 槽 6/4 极($y=7$) △/3 丫联结(换相变极)双速绕组

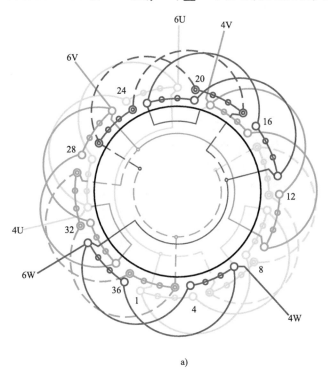

a)

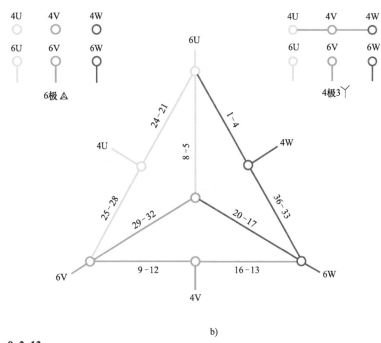

b)

图 9.2.12

1. 绕组结构参数

定子槽数	$Z=36$	双速极数	$2p=6/4$
总线圈数	$Q=36$	变极接法	△/3 丫
线圈组数	$u=18$	每组圈数	$S=4$
每槽电角	$\alpha=30°/20°$	线圈节距	$y=7$
绕组极距	$\tau=6/9$	极相槽数	$q=2/3$
分布系数	$K_{d6}=0.692$	$K_{d4}=0.781$	
节距系数	$K_{p6}=0.966$	$K_{p4}=0.94$	

绕组系数　$K_{dp6}=0.668$　$K_{dp4}=0.734$

出线根数　$c=6$

2. 绕组布线接线特点

本例是新近出现的换相变极接法,每相有 3 个变极组,每组 4 圈;6 极时是△接法,4 极为 3 丫接法,引出线 6 根,故调速控制方便,而且可实现不断电切换调速。

本例 36 槽 6/4 极是采用△/3 丫联结的换相变极,其接线如图 9.2.12b 所示;双速绕组端面布线接线则如图 9.2.12a 所示。

9.2.13 36槽8/6极($y=4$)△/2丫联结双速绕组

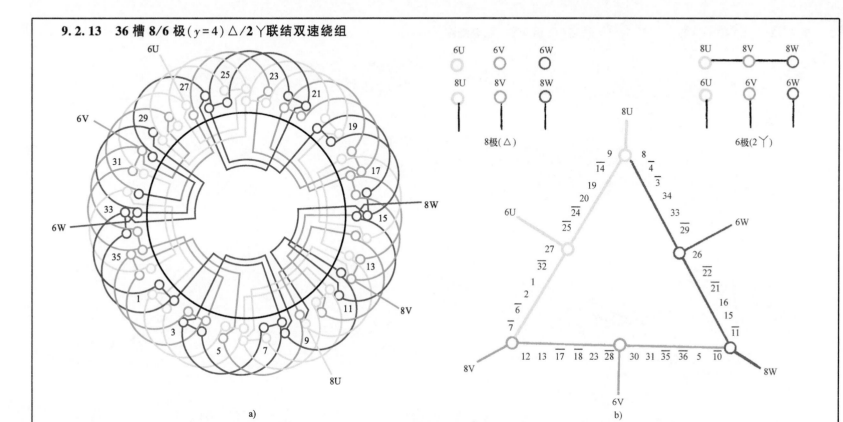

图 9.2.13

1. 绕组结构参数

定子槽数	$Z=36$	电机极数	$2p=8/6$
总线圈数	$Q=36$	绕组接法	△/2丫
线圈组数	$u=24$	每组圈数	$S=1$、2
线圈节距	$y=4$	绕组系数	$K_{dp8}=0.819$ $K_{dp6}=0.762$

2. 特点与应用　本例为非倍极比不规则分布同转向方案。功率比 $P_8/P_6=0.931$，转矩比 $T_8/T_6=1.241$。适用于功率输出接近的场合。应用实例有 YD132M-8/6 双速电动机等。

9.2.14 36槽 8/6 极($y=4$,反转向)△/2丫联结双速绕组

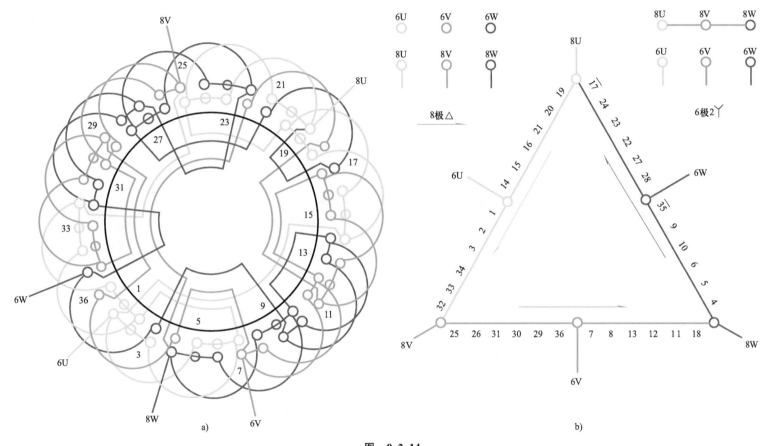

图 9.2.14

1. 绕组结构参数

定子槽数 $Z=36$　电机极数 $2p=8/6$　总线圈数 $Q=36$
绕组接法 △/2丫　线圈组数 $u=16$　绕组型式 双层叠绕
线圈节距 $y=4$　每组圈数 $S=3$、2、1
绕组系数 $K_{dp8}=0.819$　$K_{dp6}=0.762$

2. 特点及应用　本例8极采用120°相带分数槽绕组；6极为非正规分布，每相分布为2、4、4、2。两种极数的绕组系数较接近且较高，故适用于两种转速下要求功率接近的场合，但起动转矩较上例略低。在国产系列中没有应用，仅供改绕选用。

9.2.15 36槽 8/6 极($y=5$,反转向) $\triangle/2$ Y 联结双速绕组

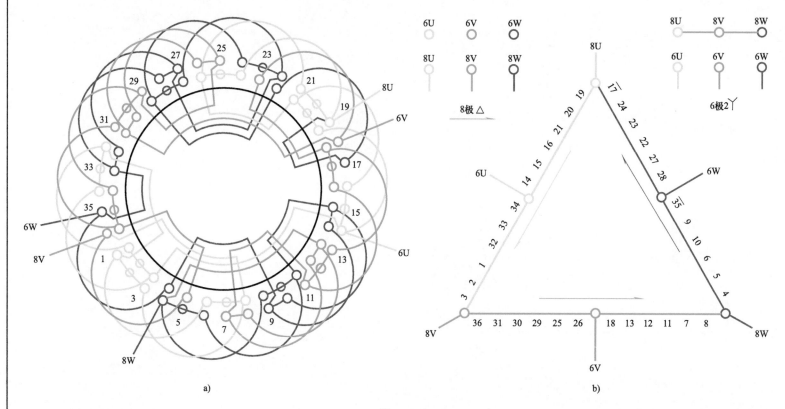

图 9.2.15

1. 绕组结构参数

定子槽数 $Z=36$ 电机极数 $2p=8/6$ 总线圈数 $Q=36$
绕组接法 $\triangle/2$ Y   线圈组数 $u=16$ 绕组型式 双层叠绕
线圈节距 $y=5$ 每组圈数 $S=3$、2、1
绕组系数 $K_{dp8}=0.819$ $K_{dp6}=0.85$

2. 特点及应用

绕组 8 极是 120°相带；6 极采用 2、4、4、2 的非正规分布以提高绕组系数；而且选用较上例长 1 槽的节距,使 6 极时的绕组系数略有提高,从而使两种极数下的绕组系数更加接近。故适用于要求两种转速下功率接近的场合。本方案无系列产品,但可用于非标产品。

9.2.16 36槽 8/6 极($y=5$) △/2丫联结双速绕组

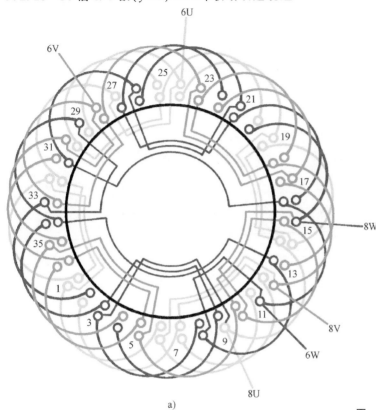

a)

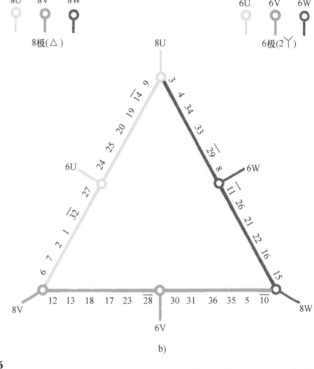

图 9.2.16

1. 绕组结构参数

定子槽数	$Z=36$	每组圈数	$S\ne$
电机极数	$2p=8/6$	绕组型式	双层叠绕
绕组接法	△/2丫	线圈节距	$y=5$
总线圈数	$Q=36$	绕组系数	$K_{dp8}=0.819$ $K_{dp6}=0.85$
线圈组数	$u=24$		

2. 特点及应用

本例采用的变极方案与上例相同，即8极为120°相带分数槽绕组；6极是非正规分布，每相分布为2、4、4、2。但线圈节距较上例放长一槽，而且以线圈下层边所在槽为线圈号绘制成绕组布线接线图。绕组每相有两个变极组，每个变极组均有4组线圈，其中包括两个双圈组和两个单圈组。此绕组是同转向变极方案，两种极数的绕组系数较接近，双速输出特性更趋向于等转矩输出，转矩比 $T_8/T_6=1.11$，功率比 $P_8/P_6=0.834$。主要应用实例有 YD100L-8/6 双速电动机、JDO2-41-8/6 多速电动机等。

9.2.17 36槽8/6极(y=6,同转向)△/2Y联结双速绕组

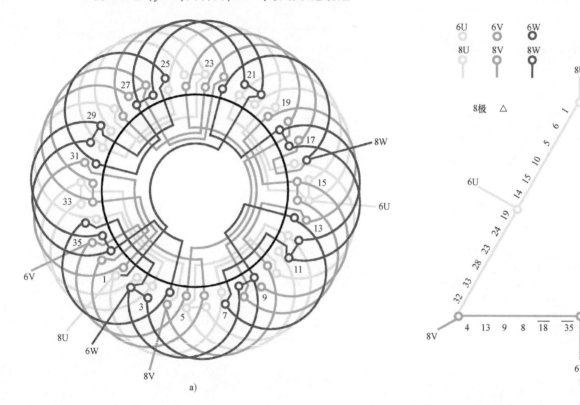

图 9.2.17

1. 绕组结构参数

定子槽数	$Z=36$	每组圈数	$S=1、2$
电机极数	$2p=8/6$	绕组型式	双层叠绕
绕组接法	$\triangle/2Y$	线圈节距	$y=6$
总线圈数	$Q=36$	出线根数	$c=6$
线圈组数	$u=26$	绕组系数	$K_{dp6}=0.644$　$K_{dp8}=0.83$

2. 特点及应用

本方案以8极为基准,采用反向法得6极绕组。8极是正规分布的分数槽绕组,两种极数的转向相同。由于采用反向变极,高速时绕组系数较低,故适用于低速正常工作,高速辅助运行的场合。

主要应用实例有JDO2-52-8/6等多速电动机。

9.2.18 36槽8/6极(y=6,反转向)△/2丫联结双速绕组

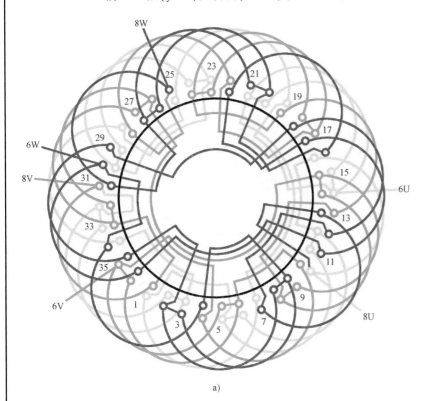

a)

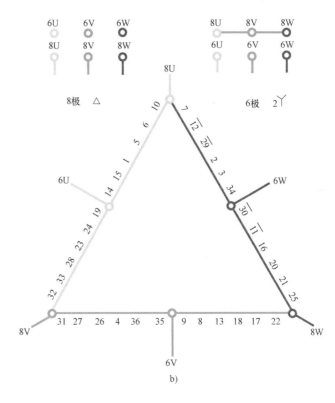

b)

图 9.2.18

1. 绕组结构参数

定子槽数 $Z=36$　　每组圈数 $S=1$、2

电机极数 $2p=8/6$　　绕组型式　双层叠绕

绕组接法　△/2丫　　线圈节距 $y=6$

总线圈数 $Q=36$　　出线根数 $c=6$

线圈组数 $u=26$　　绕组系数 $K_{dp6}=0.644$　$K_{dp8}=0.83$

2. 特点及应用　　本绕组特点与上例相同，只是本例采用两种极数下反转向方案。而从绕组结构来说，同样具有线圈组数特别多，共由26组线圈组成，而且都是单圈组或双圈组，所以在接线时感觉到非常繁琐和复杂。

本绕组应用实例有 JDO2-51-8/6 多速电动机等。

9.2.19 *45槽6/4极($y=9$)△/3丫联结(换相变极)双速绕组

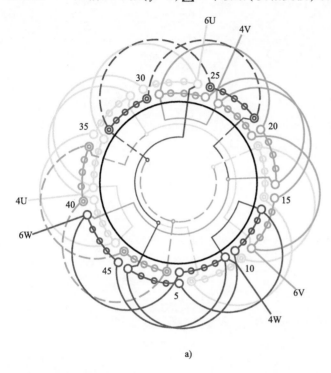

a)

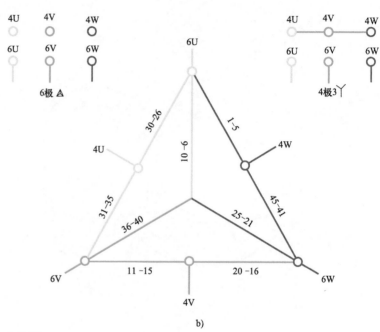

b)

图 9.2.19

1. 绕组结构参数

定子槽数 $Z=45$	双速极数 $2p=6/4$	
总线圈数 $Q=45$	变极接法 △/3丫	
线圈组数 $u=9$	每组圈数 $S=3$	
每槽电角 $\alpha=24°/16°$	线圈节距 $y=9$	
绕组极距 $\tau=7.5/11.25$	极相槽数 $q=2.5/3.75$	
分布系数 $K_{d6}=0.685$	$K_{d4}=0.78$	
节距系数 $K_{p6}=0.951$	$K_{p4}=0.951$	

绕组系数 $K_{dp6}=0.652$ $K_{dp4}=0.742$

出线根数 $c=6$

2. 绕组布线接线特点

本例采用新颖的换相变极接法，绕组由五联组构成，每相有3组线圈。6极是△形联结，4极变换为3丫联结；绕组整体结构简单，而且引出线仅有6根，故其调速控制线路较简单，且能实施不断电调速。

本例45槽6/4极是换相变极双速绕组，采用△/3丫联结，接线原理如图9.2.19b所示；双速绕组端面布线接线如图9.2.19a所示。

9.2.20　*48 槽 6/4 极 $(y=7)$ Y/2 Y联结双速绕组

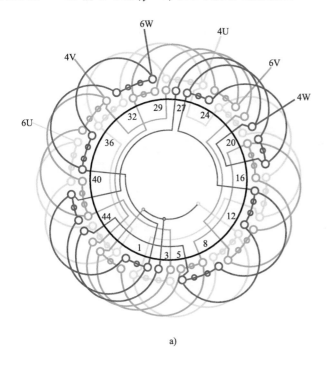

a)

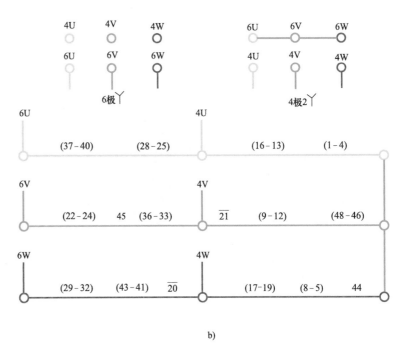

b)

图　9.2.20

1. 绕组结构参数

定子槽数	$Z=48$	双速极数	$2p=6/4$
总线圈数	$Q=48$	变极接法	Y/2 Y
线圈组数	$u=16$	每组圈数	$S=4$、3、2
每槽电角	$\alpha=22.5°/15°$	线圈节距	$y=7$
绕组极距	$\tau=8/12$	极相槽数	$q=2.67/4$
分布系数	$K_{d6}=0.641$	$K_{d4}=0.957$	
节距系数	$K_{p6}=0.98$	$K_{p4}=0.793$	

绕组系数　　$K_{dp6}=0.628$　　$K_{dp4}=0.759$
出线根数　　$c=6$

2. 绕组布线接线特点

本例是反向变极Y/2 Y常规联结，6 极是一路 Y形联结，4 极变换 2 Y联结。绕组由 4 圈组、3 圈组和单圈组构成。绕组结构并不复杂，但每组线圈规格多，所以三种规格的线圈组要按图嵌入，以免嵌错后返工。

本例 48 槽 6/4 极Y/2 Y联结双速绕组接线原理如图 9.2.20b 所示，双速绕组端面布线接线如图 9.2.20a 所示。

9.2.21 *48 槽 6/4 极($y=7$)△/2丫联结双速绕组

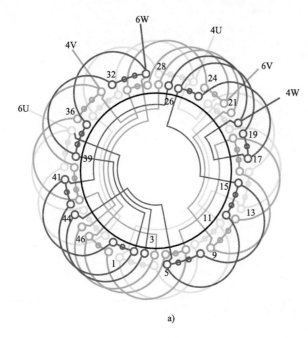

a)

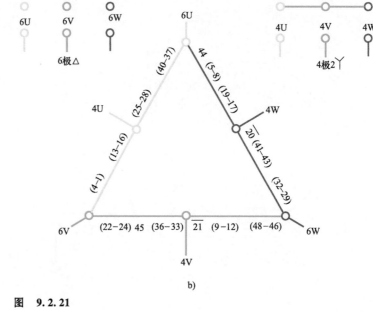

b)

图 9.2.21

1. 绕组结构参数

定子槽数 $Z=48$	双速极数 $2p=6/4$
总线圈数 $Q=48$	变极接法 △/2丫
线圈组数 $u=16$	每组圈数 $S=4、3、1$
每槽电角 $\alpha=22.5°/15°$	线圈节距 $y=7$
绕组极距 $\tau=8/12$	极相槽数 $q=2.67/4$
分布系数 $K_{d6}=0.641$	$K_{d4}=0.957$
节距系数 $K_{p6}=0.98$	$K_{p4}=0.793$
绕组系数 $K_{dp6}=0.628$	$K_{dp4}=0.759$

出线根数 $c=6$

2. 绕组布线接线特点

本例绕组采用变极方案与上例相同，但接线改为△/2丫联结属反向法常规接法。绕组结构简单，6 极时为一路△形联结，变换 4 极则改接成两路丫形联结。绕组由四圈组、三圈组和单圈组构成，故嵌线时需按图嵌入，勿使弄错。

本例 48 槽 6/4 极△/2丫属常规联结，变极接线原理如图 9.2.21b 所示；双速绕组端面布线接线则如图 9.2.21a 所示。

9.2.22 48槽 10/8 极($y=5$)△/2丫联结双速绕组

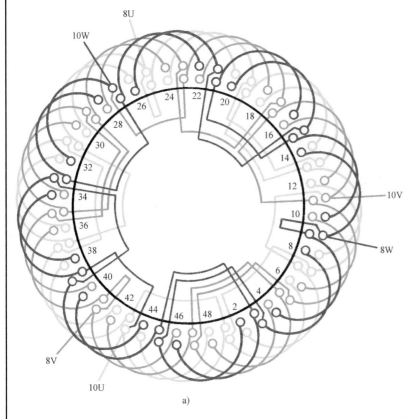

a)

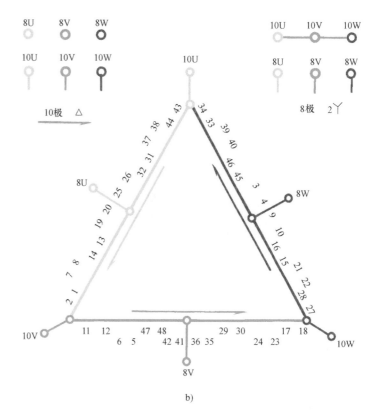

图 9.2.22

1. 绕组结构参数

定子槽数	$Z=48$	电机极数	$2p=10/8$
总线圈数	$Q=48$	绕组接法	△/2丫
线圈组数	$u=24$	每组圈数	$S=2$
线圈节距	$y=5$	出线根数	$c=6$
绕组系数	$K_{dp10}=0.617$	$K_{dp8}=0.933$	

2. 特点及应用

本例双速绕组采用反向变极，在同相序条件下，两种极数为反转向。

绕组结构比较简单，全部由双圈组成，每相有 8 个线圈组。若以 10 极单路△形联结，则同相相邻线圈组为反极性串联。此双速绕组在 10 极时分布系数低，而且谐波分量较高，致使低速时起动性能和出力不佳，故宜用于高速正常运转、低速作辅助工作的场合。

9.2.23 *54槽6/4极($y=8$)△/3Y联结(换相变极)双速绕组

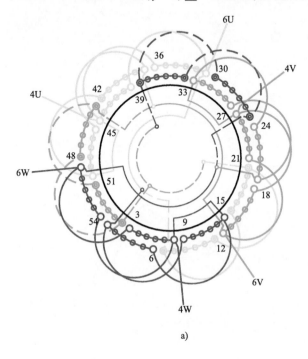

a)

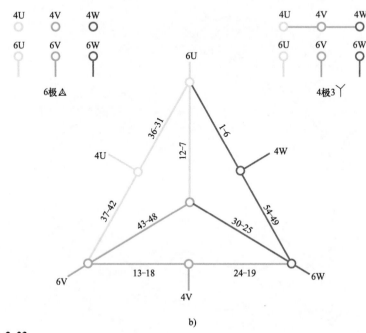

b)

图 9.2.23

1. 绕组结构参数

定子槽数 $Z=54$	双速极数 $2p=6/4$
总线圈数 $Q=54$	变极接法 △/3Y
线圈组数 $u=9$	每组圈数 $S=6$
每槽电角 $\alpha=20°/13.3°$	线圈节距 $y=8$
绕组极距 $\tau=9/13.5$	极相槽数 $q=3/4.5$
分布系数 $K_{d6}=0.775$	$K_{d4}=0.779$
节距系数 $K_{p6}=0.985$	$K_{p4}=0.802$
绕组系数 $K_{dp6}=0.764$	$K_{dp4}=0.625$

出线根数 $c=6$

2. 绕组布线接线特点 本例采用新颖的△/3Y联结,绕组结构比较简单,而且绕组全部采用六联线圈组,有利于嵌线而提高工艺效率。绕组内部接线也简练,且出线根数少,仅引出线6根,故其调速线路比较简便,而且还可实施不断电切换转速。

本例54槽6/4极采用△/3Y换相变极接法,双速绕组接线原理如图9.2.23b所示;变极绕组端面布线接线如图9.2.23a所示。

9.2.24 *54 槽 6/4 极（$y=8$）丫/2 丫联结双速绕组

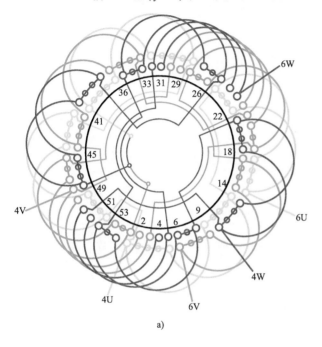

a)

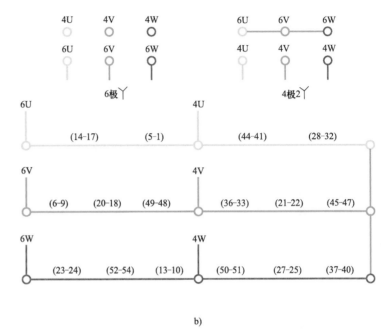

b)

图 9.2.24

1. 绕组结构参数

定子槽数	$Z=54$	双速极数	$2p=6/4$
总线圈数	$Q=54$	变极接法	丫/2丫
线圈组数	$u=16$	每组圈数	$S=5、4、3、2$
每槽电角	$\alpha=20°/13.3°$	线圈节距	$y=8$
绕组极距	$\tau=9/13.5$	极相槽数	$q=3/4.5$
分布系数	$K_{d6}=0.728$	$K_{d4}=0.955$	
节距系数	$K_{p6}=0.985$	$K_{p4}=0.802$	
绕组系数	$K_{dp6}=0.717$	$K_{dp4}=0.766$	

出线根数　$c=6$

2. 绕组布线接线特点

本例采用反向法变极，丫/2丫常规联结，6极时是一路丫形联结，4极则变换成两路丫形联结。绕组结构比较复杂，即线圈组规格特别多，有五联组、四联组、三联组及双联组，且嵌线无规律可循，故重绕时要依照布线接线图的分布将各规格线圈组嵌入，勿使弄错。

本例 54 槽 6/4 极丫/2丫联结双速绕组接线原理如图 9.2.24b 所示，双速绕组端面布线接线如图 9.2.24a 所示。

9.2.25 *54槽6/4极（$y=10$）丫/2丫联结双速绕组

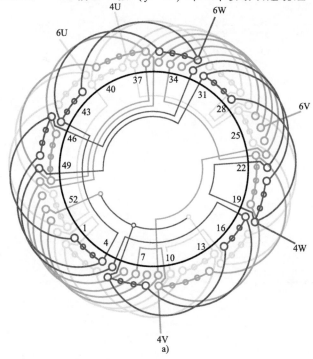

a)

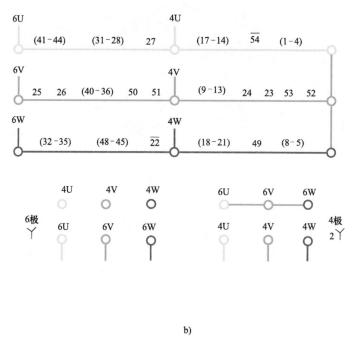

b)

图 9.2.25

1. 绕组结构参数

定子槽数	$Z=54$	双速极数	$2p=6/4$
总线圈数	$Q=54$	变极接法	丫/2丫
线圈组数	$u=16$	每组圈数	$S=5$、4、3、2、1
每槽电角	$\alpha=20°/13.3°$	线圈节距	$y=10$
绕组极距	$\tau=9/13.5$	极相槽数	$q=3/4.5$
分布系数	$K_{d6}=0.741$ $K_{d4}=0.955$		
节距系数	$K_{p6}=0.985$ $K_{p4}=0.918$		
绕组系数	$K_{dp6}=0.73$ $K_{dp4}=0.877$		

出线根数 $c=6$

2. 绕组布线接线特点　　本例是由修理者提供资料整理的非倍极比同转向双速绕组。绕组线圈组有 5 种规格，故嵌线时要特别注意次序分布。双速绕组采用丫/2丫常规联结，并以 4 极为基准，故 4 极绕组系数较高，适用于高速工作为主，低速辅助工作的场合。主要应用实例有 YD180L-6/4 双速电动机等。

本例 54 槽 6/4 极丫/2丫联结双速绕组接线原理如图 9.2.25b 所示，双速变极绕组端面布线接线图则如图 9.2.25a 所示。

9.2.26　*54 槽 6/4 极（$y=10$）△/2丫联结双速绕组

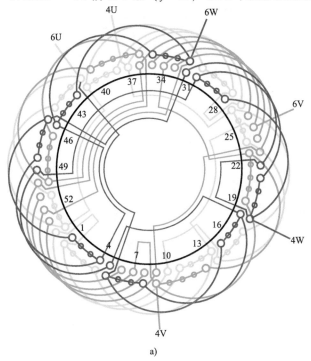

a)

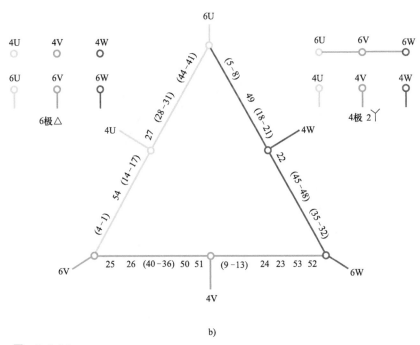

b)

图　9.2.26

1. 绕组结构参数

定子槽数　$Z=54$	双速极数　$2p=6/4$
总线圈数　$Q=54$	变极接法　△/2丫
线圈组数　$u=14$	每组圈数　$S=1、3、4、5$
每槽电角　$\alpha=20°/13.3°$	线圈节距　$y=10$
绕组极距　$\tau=9/13.5$	极相槽数　$q=3/4.5$
分布系数　$K_{d6}=0.894$	$K_{d4}=0.869$
节距系数　$K_{p6}=0.985$	$K_{p4}=0.918$
绕组系数　$K_{dp6}=0.881$	$K_{dp4}=0.798$

出线根数　$c=6$

2. 绕组布线接线特点　本双速绕组采用反向法正规分布反转向方案。绕组结构比较复杂，线圈组有单联组、三联组、四联组和五联组 4 种规格，线圈组安排无规律，故嵌线必须依照绕组端面布线接线图嵌入，一旦嵌错便无法接线而造成返工重嵌。

本例 54 槽 6/4 极采用常规的△/2丫联结，双速绕组接线原理如图 9.2.26b 所示，双速绕组端面布线接线如图 9.2.26a 所示。

9.2.27 54 槽 8/6 极($y=6$)△/2丫联结双速绕组

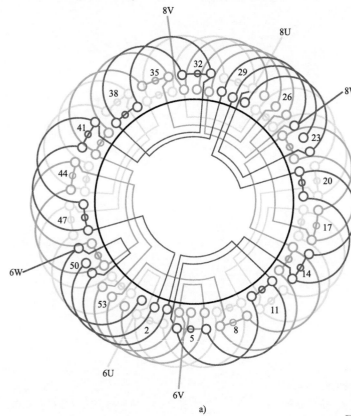

a)

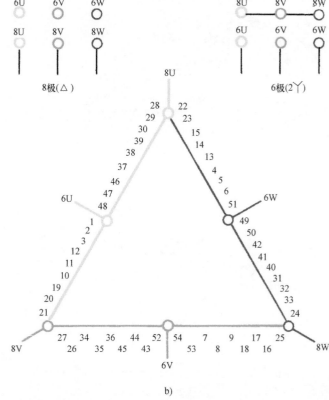

8极(△)   6极(2丫)

b)

图 9.2.27

1. 绕组结构参数

定子槽数 $Z=54$	电机极数 $2p=8/6$
总线圈数 $Q=54$	绕组接法 △/2丫
线圈组数 $u=22$	每组圈数 $S\neq$
线圈节距 $y=6$	绕组系数 $K_{dp8}=0.61$ $K_{dp6}=0.83$

2. 特点与应用 本方案是以 6 极为基准，反向得 8 极，故 8 极绕组系数较低，两种转速为同转向。特性为可变转矩输出，转矩比 $T_8/T_6=0.849$，功率比 $P_8/P_6=0.636$。主要应用实例有 JDO2-51-8/6 多速电动机等。

9.2.28 54槽8/6极（$y=6$，反转向）△/2丫联结双速绕组

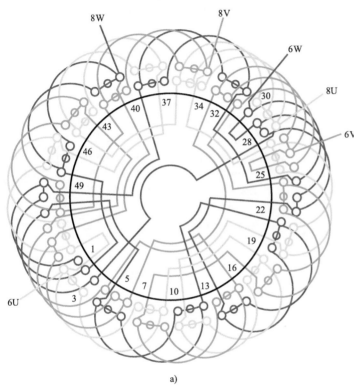

a)

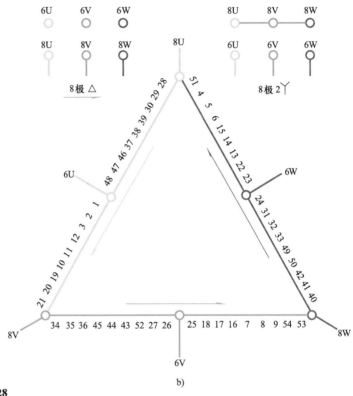

b)

图 9.2.28

1. 绕组结构参数

定子槽数 $Z=54$ 　电机极数 $2p=8/6$ 　总线圈数 $Q=54$
绕组接法 △/2丫 　线圈组数 $u=22$ 　绕组型式 双层叠绕
线圈节距 $y=6$ 　每组圈数 $S=3$、2、1
绕组系数 $K_{dp8}=0.611$ 　$K_{dp6}=0.831$

2. 绕组特点及应用　本例双速绕组采用反向变极方案。6极为60°相带正规绕组，反向法得8极，并采用不规则分布以提高绕组系数，但8极的绕组系数仍偏低。高低速转向相同。主要应用实例有 JDO2-51-8/6 多速电动机等。

9.2.29　*54 槽 8/6 极（$y=6$）$\curlyvee$/2$\curlyvee$联结双速绕组

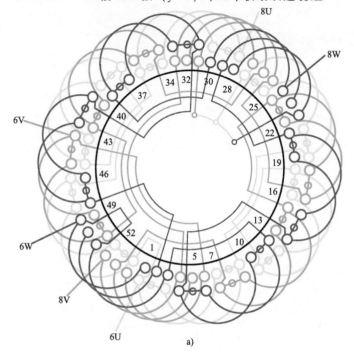

a)

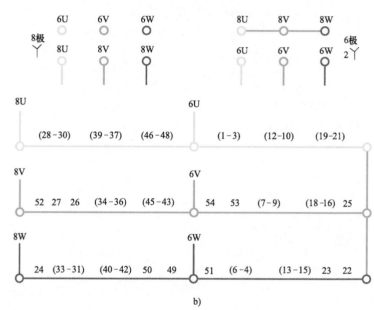

b)

图　9.2.29

1. 绕组结构参数

定子槽数　$Z=54$	双速极数　$2p=8/6$
总线圈数　$Q=54$	变极接法　$\curlyvee$/2$\curlyvee$
线圈组数　$u=22$	每组圈数　$S=3$、2、1
每槽电角　$\alpha=26.7°/20°$	线圈节距　$y=6$
绕组极距　$\tau=6.75/9$	极相槽数　$q=2.25/3$
分布系数　$K_{d8}=0.619$	$K_{d6}=0.958$
节距系数　$K_{p8}=0.985$	$K_{p6}=0.866$

绕组系数　$K_{dp8}=0.61$　　　$K_{dp6}=0.83$

出线根数　$c=6$

2. 绕组布线接线特点

本例双速变极方案与上例相同，但变极接法改用$\curlyvee$/2$\curlyvee$。即双速绕组以 6 极为基准设计，反向法得 8 极，故 6 极绕组系数较高；而两种转速下的转向相同。此双速绕组适宜于高速正常工作，低速作辅助运行的场合。

本例 54 槽 8/6 极$\curlyvee$/2$\curlyvee$联结双速绕组接线原理如图 9.2.29b 所示，双速变极绕组端面布线接线如图 9.2.29a 所示。

9.2.30 *54 槽 16/6 极 ($y=9$) Y/2Y 联结双速绕组

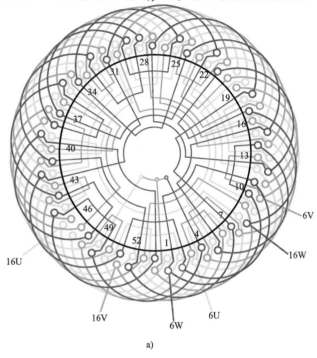

a)

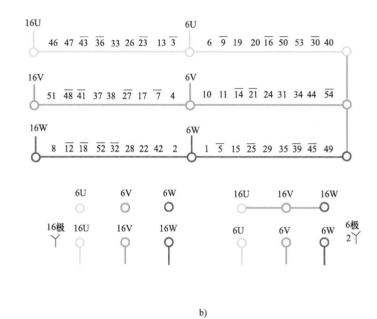

b)

图 9.2.30

1. 绕组结构参数

定子槽数	$Z=54$	双速极数	$2p=16/6$
总线圈数	$Q=54$	变极接法	Y/2Y
线圈组数	$u=50$	每组圈数	$S=2$、1
每槽电角	$\alpha=53.3°/20°$	线圈节距	$y=9$
绕组极距	$\tau=3.38/9$	极相槽数	$q=1.13/3$
分布系数	$K_{d16}=0.786$	$K_{d6}=0.634$	
节距系数	$K_{p16}=0.866$	$K_{p6}=1.0$	
绕组系数	$K_{dp16}=0.681$	$K_{dp6}=0.634$	
出线根数	$c=6$		

2. 绕组布线接线特点 本例是非倍极比双速绕组，填补了 54 槽 16/6 极无双速绕组的空白。不过此双速绕组早于 30 年前就有使团，但至今才损毁重绕，得以新绕组公告于此。双速绕组采用反向法变极，并以 16 极为基准，故慢速用作正常负载运行；6 极只能作空载快速就位等辅助运行。本绕组线圈组多达 50 组，使得嵌绕非常繁琐，即工艺性较差。

本例是 54 槽 16/6 极双速绕组，采用常规接法，Y/2Y 双速绕组接线原理如图 9.2.30b 所示；双速绕组端面布线接线则如图 9.2.30a 所示。

9.2.31 *60槽6/4极（$y=11$）△/2丫联结双速绕组

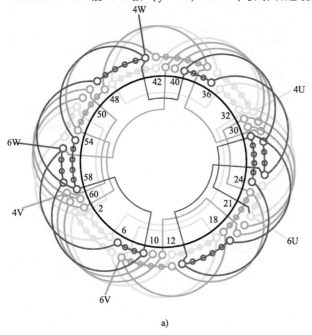

a)

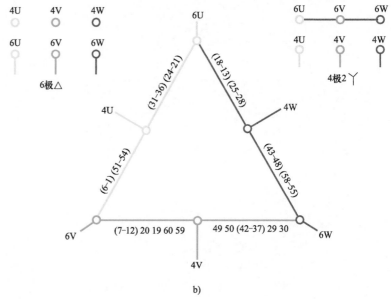

b)

图 9.2.31

1. 绕组结构参数

定子槽数 $Z = 60$	双速极数 $2p = 6/4$
总线圈数 $Q = 60$	变极接法 △/2丫
线圈组数 $u = 20$	每组圈数 $S = 4、5、2、1$
每槽电角 $\alpha = 18°/12°$	线圈节距 $y = 11$
绕组极距 $\tau = 10/15$	极相槽数 $q = 3.67/5$
分布系数 $K_{d6} = 0.913$	$K_{d4} = 0.761$
节距系数 $K_{p6} = 0.988$	$K_{p4} = 0.914$

绕组系数 $K_{dp6} = 0.902$ $K_{dp4} = 0.695$

出线根数 $c = 6$

2. 绕组布线接线特点

本例是以6极为基准极设计的双速绕组，采用常规的△/2丫变极联结。本绕组的线圈组规格多，有五联组、四联组、双联组及单联组4种。所以，嵌线时一定要按端面布线接线图嵌入，否则，嵌错后无法接线而造成返工。

本例60槽6/4极△/2丫联结双速绕组接线原理如图9.2.31b所示，而变极双速绕组的端面布线接线则如图9.2.31a所示。

9.2.32 *60槽6/4极 ($y=11$) 2Y/4Y联结双速绕组

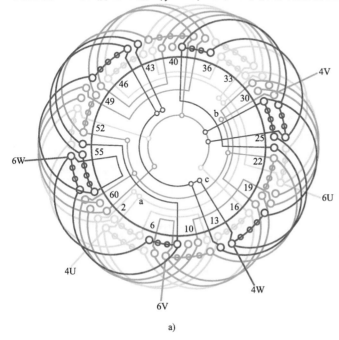

a)

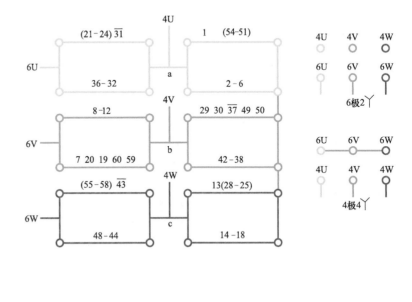

b)

图 9.2.32

1. 绕组结构参数

定子槽数	$Z=60$	双速极数	$2p=6/4$
总线圈数	$Q=60$	变极接法	2Y/4Y
线圈组数	$u=20$	每组圈数	$S=1、2、4、5$
每槽电角	$\alpha=18°/12°$	线圈节距	$y=11$
绕组极距	$\tau=10/15$	极相槽数	$q=3.67/5$
分布系数	$K_{d6}=0.913$		$K_{d4}=0.761$
节距系数	$K_{p6}=0.988$		$K_{p4}=0.914$
绕组系数	$K_{dp6}=0.902$		$K_{dp4}=0.695$

出线根数 $c=6$

2. 绕组布线接线特点 本例是Y/2Y的并联联结,绕组资料取自朋友实修。双速绕组以6极为基准,由单圈组、双圈组、四圈组及五圈组构成。由于线圈组规格多,每相构成不尽相同,从而使绕组分布变得复杂。故嵌线时必须参照端面布线接线图嵌入。

本例60槽6/4极双速绕组是采用Y/2Y的并联联结,即2Y/4Y双速绕组,其接线原理如图9.2.32b所示;双速绕组端面布线接线则如图9.2.32a所示。

9.2.33 *60 槽 6/4 极（$y=12$）$\curlyvee/2\curlyvee$联结双速绕组

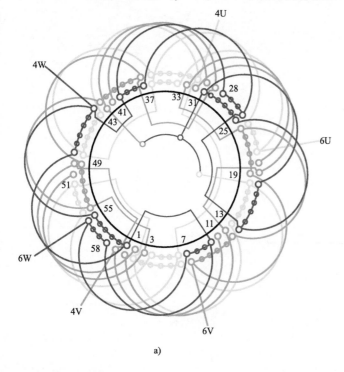

a)

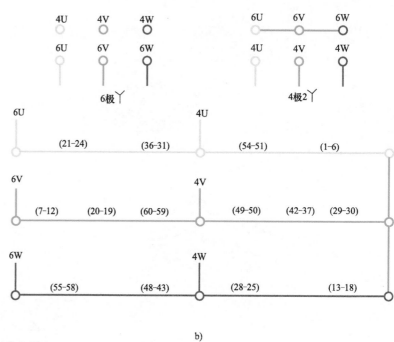

b)

图 9.2.33

1. 绕组结构参数

定子槽数 $Z=60$	双速极数 $2p=6/4$
总线圈数 $Q=60$	变极接法 $\curlyvee/2\curlyvee$
线圈组数 $u=14$	每组圈数 $S=5、4、2$
每槽电角 $\alpha=18°/12°$	线圈节距 $y=12$
绕组极距 $\tau=10/15$	极相槽数 $q=3.67/5$
分布系数 $K_{d6}=0.874$	$K_{d4}=0.884$
节距系数 $K_{p6}=0.951$	$K_{p4}=0.951$

绕组系数 $K_{dp6}=0.831$	$K_{dp4}=0.84$
出线根数 $c=6$	

2. 绕组布线接线特点

本例是非倍极比不规则反向变极绕组，采用五联组、四联组及双联组线圈。由于线圈组规格多，且每相线圈组数也不同，故嵌线时要参照端面布线接线图嵌入，不要嵌错，否则将无法完成接线而造成返工。

本例 60 槽 6/4 极双速绕组采用常规 $\curlyvee/2\curlyvee$ 联结法，双速绕组接线原理如图 9.2.33b 所示；双速绕组端面布线接线如图 9.2.33a 所示。

9.2.34 60槽 10/4 极($y=17$)△/2△联结（换相变极）双速绕组

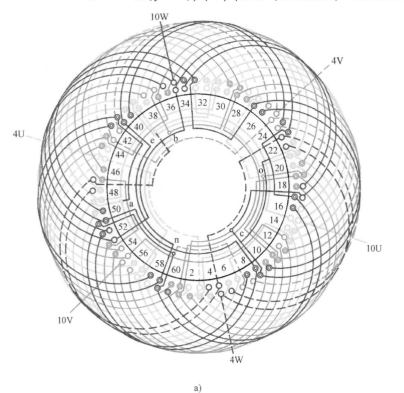

a)

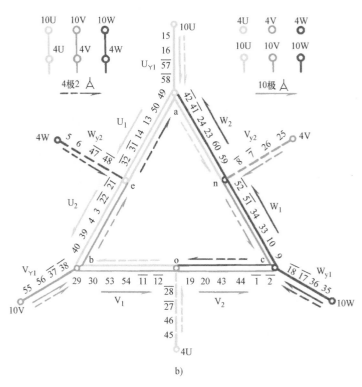

b)

图 9.2.34

1. 绕组结构参数

定子槽数 $Z=60$	电机极数 $2p=10/4$	绕组系数	$K_{dp10}=0.84$
绕组接法 △/2△	总线圈数 $Q=60$		$K_{dp4}=0.88$
线圈组数 $u=30$	每组圈数 $S=2$		
绕组型式 双层叠绕	线圈节距 $y=17$		

2. 特点及应用　　本例是同转向 10/4 极双速绕组，采用新颖的△/2△换相变极接法，引出线 6 根。本绕组适用于起重及运输机械的双速电动机。

9.2.35 72槽6/4极($y=12$)△/2Y联结双速绕组

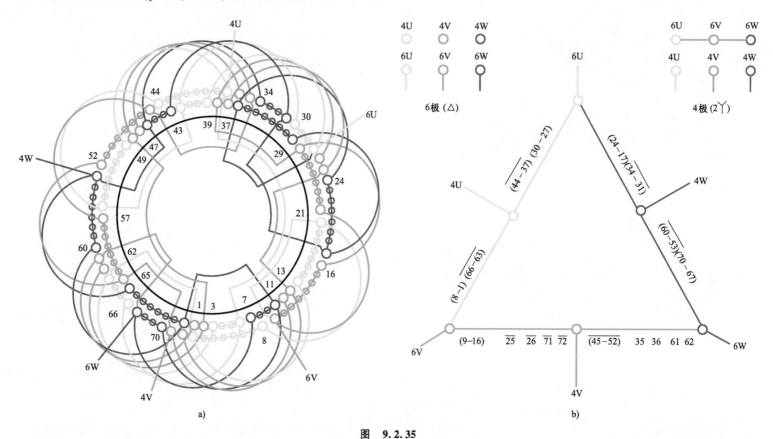

图 9.2.35

1. 绕组结构参数

定子槽数 $Z=72$	电机极数 $2p=6/4$	总线圈数 $Q=72$
绕组接法 △/2Y	线圈组数 $u=14$	每组圈数 $S=8$、4、2
线圈节距 $y=12$	绕组系数 $K_{dp6}=0.872$	$K_{dp4}=0.816$

2. 特点及应用　本例是非倍极比不规则分布反转向变极绕组。

采用 3 种线圈组，而且每相线圈组数不相等，故在嵌绕时要注意按图进行。△/2Y虽属可变转矩双速绕组，但实际功率比 $P_6/P_4=1.08$，接近于恒功率输出，转矩比 $T_6/T_4=1.439$。本绕组实用于 YD250M-6/4 双速电动机。

9.2.36　*72槽6/4极（$y=12$）Y/2Y联结双速绕组

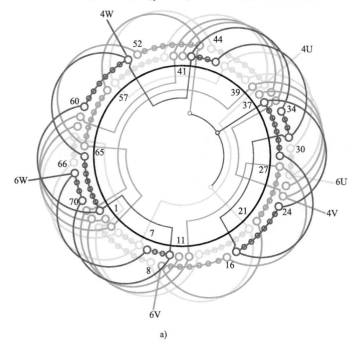

a)

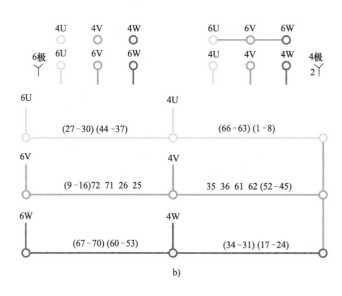

b)

图　9.2.36

1. 绕组结构参数

定子槽数　$Z=72$	双速极数　$2p=6/4$
总线圈数　$Q=72$	变极接法　Y/2Y
线圈组数　$u=14$	每组圈数　$S=2$、4、8
每槽电角　$\alpha=15°/10°$	线圈节距　$y=12$
绕组极距　$\tau=12/18$	极相槽数　$q=4/6$
分布系数　$K_{d6}=0.872$	$K_{d4}=0.942$
节距系数　$K_{p6}=1.0$	$K_{p4}=0.866$

绕组系数　$K_{dp6}=0.872$　　$K_{dp4}=0.816$

出线根数　$c=6$

2. 绕组布线接线特点

本绕组与上例采用同一变极方案，即是非倍极比不规则变极双速绕组，两种转速反转向运行。每相绕组线圈组数不等，且每组线圈数也不等，故重绕嵌线时要特别注意，按图中次序嵌入线圈组，以免搞错造成返工。

本例72槽6/4极Y/2Y联结双速绕组的接线原理如图9.2.36b所示，变极双速绕组端面布线接线则如图9.2.36a所示。

9.2.37　*72 槽 6/4 极（$y=13$）丫-△/2丫联结（丫起动）双速绕组

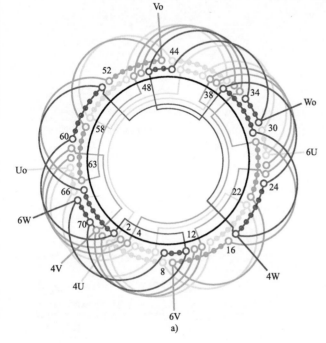

a)

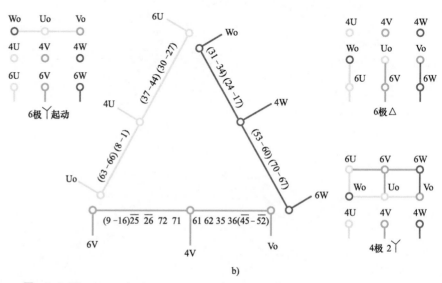

图　9.2.37

b)

1. 绕组结构参数

定子槽数　$Z=72$	双速极数　$2p=6/4$
总线圈数　$Q=72$	变极接法　丫-△/2丫
线圈组数　$u=14$	每组圈数　$S=8、4、2$
每槽电角　$\alpha=15°/10°$	线圈节距　$y=13$
绕组极距　$\tau=12/18$	极相槽数　$q=4/6$
分布系数　$K_{d6}=0.872$	$K_{d4}=0.942$
节距系数　$K_{p6}=0.966$	$K_{p4}=0.906$
绕组系数　$K_{dp6}=0.842$	$K_{dp4}=0.853$

出线根数　$c=9$

2. 绕组布线接线特点

本例是 1丫起动、△/2丫运行的双速绕组。它采用反向法非倍极比不规则分布，双速绕组属反转向方案。此双速绕组是一种新的接法，引出线 9 根，是在△/2丫双速绕组基础上变通，将△形解开，使之接成三相丫形联结用以 6 极起动，然后再转到△形运转，如加速则再换到 2丫联结 4 极运行。

本例是 72 槽 6/4 极丫-△/2丫联结双速绕组，但起动时带丫形联结，其接线原理如图 9.2.37b 所示；变极绕组端面布线接线则如图 9.2.37a 所示。

9.2.38 72槽6/4极($y=13$)△/2丫联结双速绕组

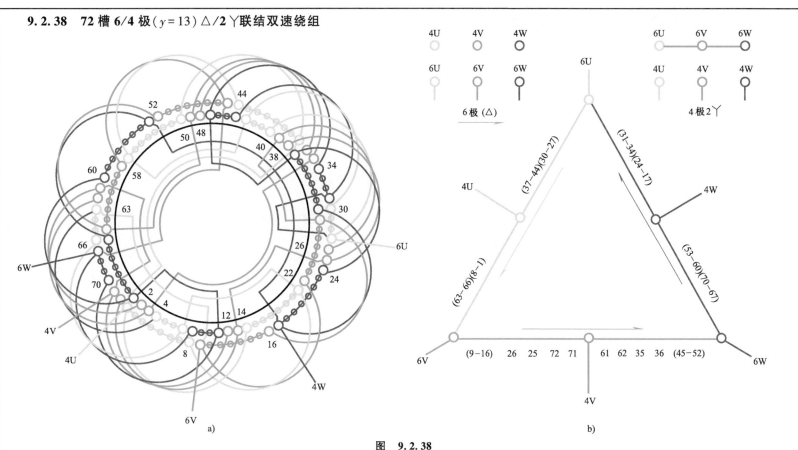

图 9.2.38

1. 绕组结构参数

定子槽数 $Z=72$　　电机极数 $2p=6/4$

总线圈数 $Q=72$　　绕组接法 △/2丫

线圈组数 $u=14$　　每组圈数 $S\neq$

线圈节距 $y=13$

绕组系数 $K_{dp6}=0.842$　　$K_{dp4}=0.853$

2. 特点与应用

本例为非倍极比不规则分布变极绕组。两种转速下的绕组系数较高且接近，适用于恒功率输出电动机，功率比 $P_6/P_4 = 0.998$，转矩比 $T_6/T_4 = 1.498$。双速绕组是反转向方案。应用实例有 JDO2-81-6/4 多速电动机等。

9.2.39 72槽6/4极（$y=14$）△/2丫联结双速绕组

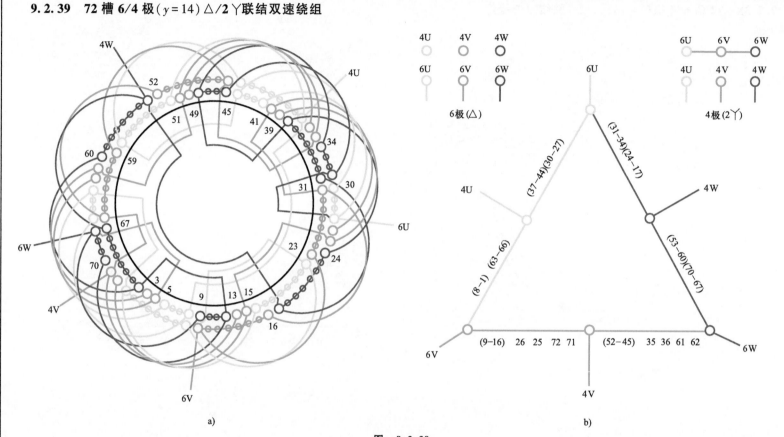

图 9.2.39

1. 绕组结构参数

定子槽数 $Z=72$ 电机极数 $2p=6/4$
总线圈数 $Q=72$ 绕组接法 △/2丫
线圈组数 $u=14$ 每组圈数 $S=8$、4、2
线圈节距 $y=14$
绕组系数 $K_{dp6}=0.832$ $K_{dp4}=0.778$

2. 特点及应用　本例6/4极双速采用不规则分布排列。两种转速下的绕组系数接近。此绕组是反转向方案；输出特性为可变转矩特性，实际转矩比 $T_6/T_4=1.39$，功率比 $P_6/P_4=0.926$，也接近于恒功率输出。应用实例有 YD225S-6/4YD 系列变极多速三相异步电动机。

9.2.40 72槽8/6极($y=9$)△/2丫联结双速绕组

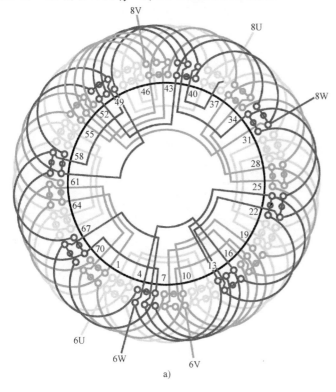

a)

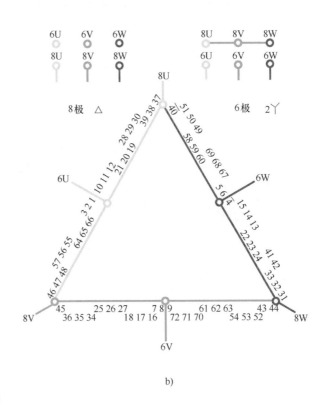

b)

图 9.2.40

1. 绕组结构参数

定子槽数	$Z=72$	每组圈数	$S=3$、2、1
电机极数	$2p=8/6$	绕组型式	双层叠绕
绕组接法	△/2丫	线圈节距	$y=9$
总线圈数	$Q=72$	出线根数	$c=6$
线圈组数	$u=28$	绕组系数	$K_{dp8}=0.96$ $K_{dp6}=0.784$

2. 特点及应用   本例采用反向法变极，即以8极的正规60°相带绕组为基准，反向法得6极绕组，因此，6极时的绕组系数较低。此绕组是非倍极比变极，故其结构不甚规整，绕组中有单圈组、双圈组和三圈组，而且线圈组数也较多。此外，三相的构成也不相同，其中U相全部（8组）均由三圈组串联而成，而V相和W相则由圈数不等的线圈组构成。因此，整个绕组接线比较繁琐、复杂。此绕组是按同转向设计，但6极受出力所限，故适用于低速时功率要求较高的使用场合。

主要应用实例有JDO3-81-8/6多速电动机。

9.2.41 *72 槽 8/6 极 （y=10）Y/2Y联结双速绕组

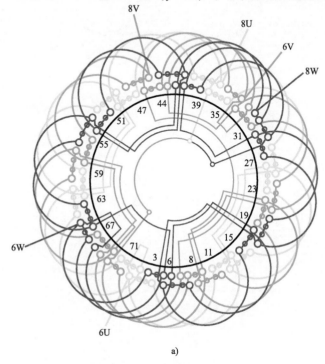

a)

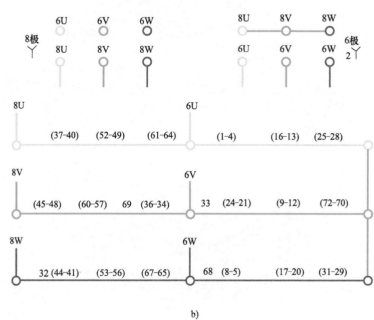

b)

图 9.2.41

1. 绕组结构参数

定子槽数　$Z=72$	双速极数　$2p=8/6$
总线圈数　$Q=72$	变极接法　Y/2Y
线圈组数　$u=22$	每组圈数　$S=4、3、1$
每槽电角　$\alpha=20°/15°$	线圈节距　$y=10$
绕组极距　$\tau=9/12$	极相槽数　$q=3/4$
分布系数　$K_{d8}=0.708$	$K_{d6}=0.957$
节距系数　$K_{p8}=0.985$	$K_{p6}=0.966$

绕组系数　$K_{dp8}=0.698$　　$K_{dp6}=0.924$

出线根数　$c=6$

2. 绕组布线接线特点　　本例采用反向法变极正规分布方案，以6极为基准，反向法获得8极，所以低速（8极）时绕组系数较低。绕组由四圈组、三圈组及单圈组构成，但每相主要用三、四圈组较多，但绕组接线仍较简练。

本例72槽8/6极Y/2Y联结双速绕组接线原理如图9.2.41b所示，双速变极绕组端面布线接线则如图9.2.41a所示。

9.2.42　72 槽 14/8 极（$y = 7$）⅄/2△联结双速绕组

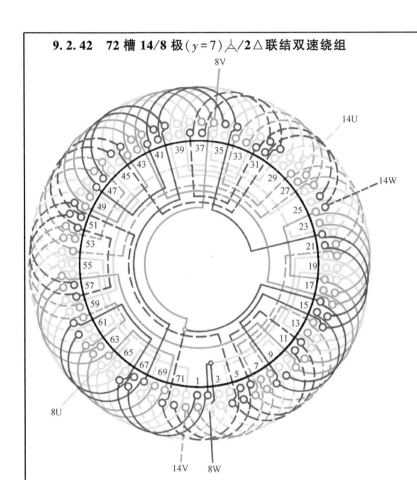

a)

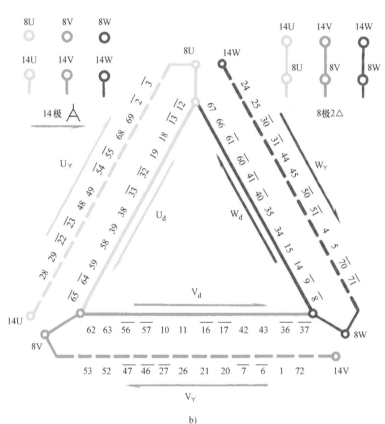

b)

图　9.2.42

线圈节距　$y = 7$

1. 绕组结构参数

定子槽数　$Z = 72$　　电机极数　$2p = 14/8$　　绕组系数　$K_{dp14} = 0.745$

总线圈数　$Q = 72$　　绕组接法　⅄/2△　　　　　　　　$K_{dp8} = 0.769$

线圈组数　$u = 36$　　每组圈数　$S = 2$

2. 特点与应用　本绕组是反向变极的特种接法。每相仅有两个变极组，而且采用相同规格线圈布线而具有较好的工艺性。此接法适用于远极比双速电动机。

9.2.43 72槽16/6极($y=13$)人/2△联结双速绕组

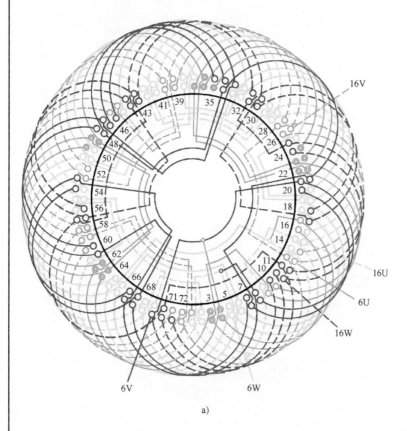

a)

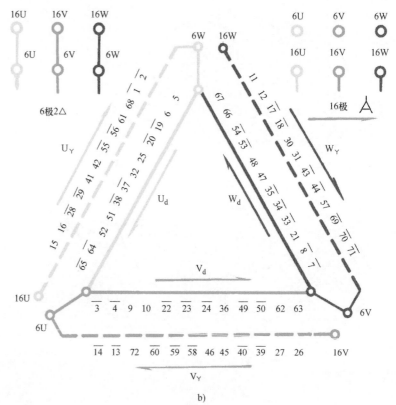

b)

图 9.2.43

1. 绕组结构参数

定子槽数 $Z = 72$　电机极数 $2p = 16/6$　绕组系数 $K_{dp16} = 0.858$

总线圈数 $Q = 72$　绕组接法 人/2△　$K_{dp6} = 0.829$

线圈组数 $u = 38$　每组圈数 $S = 1、2、3$

线圈节距 $y = 13$

2. 特点与应用　本例是远极比同转向反向变极方案。Y形联结和△形联结均采用同规格线圈。适用于大转动惯量的直驱式离心脱水机等专用电动机。

9.3 三相变极非常规接法双速绕组布线接线图

非常规接法是变极双速组第 2 种接法类型，9.1 节开头已对常规接法做过分析和定义，而非常规的最大特征是双速变极采用两种相同的接法，例如 4/2 极 △/△ 联结。为了使非基准极的气隙磁密不致偏出允许范围，同样可以采用合理选择基准极气隙磁密和改变线圈节距进而改变绕组系数来满足双速绕组对磁密的要求。其实，对于如 6/4、8/6、12/10 之类的近极比双速绕组，单就改变线圈节距就基本能使非基准极的气隙磁密达到合理值。所以，本书把这种采用相同接法的双速称为非常规变极接法。这种接法实例不多，国产系列中仅见用 4/2 极 △/△ 接法；而专用双速电机则有采用 3Y/3Y 及 2Y/2Y 联结的。除此之外，非常规联结还有 △/△ 和 2△/2△ 等，但这都是近年在修理中发现的新接法型式。

本节非常规接法共收入双速绕组 21 例，其中包括新增绕组 15 例。

9.3.1 ＊24 槽 4/2 极 （$y=6$） 2Y/2Y 联结双速绕组

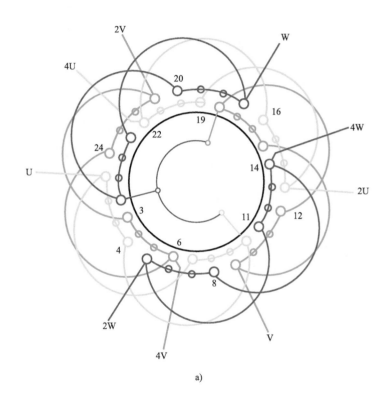

图 9.3.1

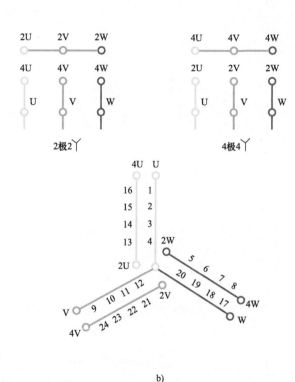

1. 绕组结构参数

定子槽数	$Z = 24$	双速极数	$2p = 4/2$
总线圈数	$Q = 24$	变极接法	$2\curlyvee/2\curlyvee$
线圈组数	$u = 6$	每组圈数	$S = 4$
每槽电角	$\alpha = 30°/15°$	线圈节距	$y = 6$
绕组极距	$\tau = 6/12$	极相槽数	$q = 2/4$
分布系数	$K_{d4} = 0.83$		$K_{d4} = 0.96$
节距系数	$K_{p4} = 1.0$		$K_{p2} = 0.707$
绕组系数	$K_{dp4} = 0.83$		$K_{dp2} = 0.68$
出线根数	$c = 9$		

2. 绕组布线接线特点　　本例是倍极比双速绕组，2 极是 60° 相带绕组，以 2 极为基准，用反向法取得 4 极，两种极数采用反转向方案；绕组变极接线采用 $2\curlyvee/2\curlyvee$ 非常规变极。实际输出功率比 $P_4/P_2 = 1.22$，转矩比 $T_4/T_2 = 2.44$。

本例 24 槽 4/2 极 $2\curlyvee/2\curlyvee$ 联结是非常规接法变极，双速绕组接线原理如图 9.3.1b 所示；双速绕组端面布线接线如图 9.3.1a 所示。

图　9.3.1（续）

9.3.2　24槽4/2极(y=7)2丫/2丫联结双速绕组

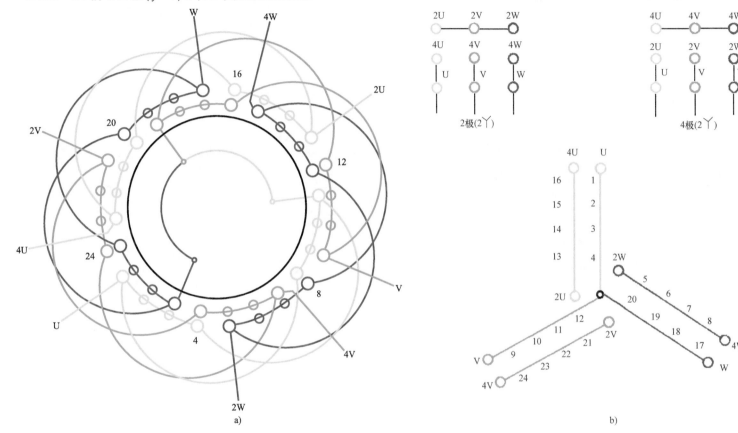

图　9.3.2

1. 绕组结构参数

定子槽数 $Z = 24$　　总线圈数 $Q = 24$　　分布系数 $K_{d4} = 0.83$　$K_{d2} = 0.96$

电机极数 $2p = 4/2$　　线圈组数 $u = 6$　　节距系数 $K_{p4} = 0.966$　$K_{p2} = 0.79$

绕组接法 2丫/2丫　　每组圈数 $S = 4$　　绕组系数 $K_{dp4} = 0.802$　$K_{dp2} = 0.76$

　　　　　　　　　　　线圈节距 $y = 7$

2. 嵌线方法　　采用交叠法嵌线,嵌线顺序从略。

3. 特点及应用　　本例为倍极比变极,且接线采用 2丫/2丫联结;适用于恒功率输出场合,输出比 $P_4/P_2 = 1.22$,转矩比 $T_4/T_2 = 2.44$。绕组为反转向变极方案。目前无产品,仅供改绕参考。

9.3.3　*24槽8/4极（$y=3$）△/△联结（换相变极）双速绕组

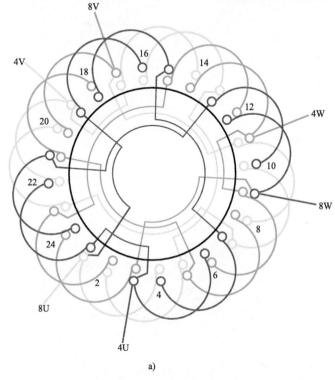

a)

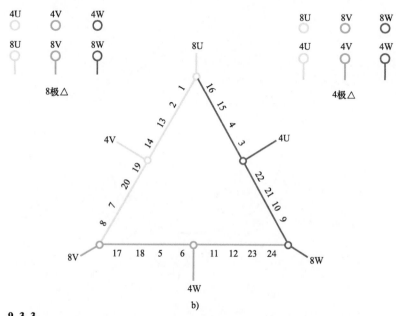

b)

图　9.3.3

1. 绕组结构参数

定子槽数　$Z=24$	双速极数　$2p=8/4$
总线圈数　$Q=24$	变极接法　△/△
线圈组数　$u=12$	每组圈数　$S=2$
每槽电角　$\alpha=60°/30°$	线圈节距　$y=3$
绕组极距　$\tau=3/6$	极相槽数　$q=1/2$
分布系数　$K_{d8}=0.866$	$K_{d4}=0.966$
节距系数　$K_{p8}=1.0$	$K_{p4}=0.707$
绕组系数　$K_{dp8}=0.866$	$K_{dp4}=0.683$

出线根数　$c=9$

2. 绕组布线接线特点　本例是新近出现的变极接法，属换相变极方案，本绕组由双圈组构成，每相有4组线圈，因此，8极时是120°相带，4组线圈同极性串联；换相变4极后则变成两组对称的线圈，也是120°相带。此绕组引出线少，控制也方便。

本例24槽8/4极△/△联结也属非常规接法，而且采用换相变极，双速绕组接线原理如图9.3.3b所示；变极双速绕组端面布线接线则如图9.3.3a所示。

9.3.4　36槽 4/2 极($y=9$)△/△联结（换相变极）双速绕组

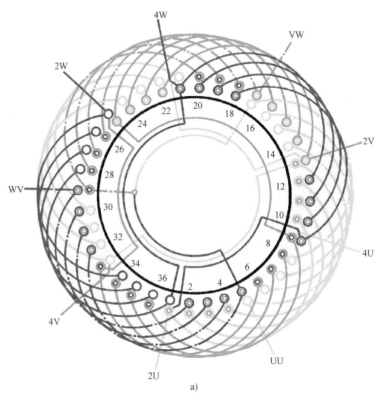

a)

图　9.3.4

b)

1. 绕组结构参数

定子槽数　$Z=36$	电机极数　$2p=4/2$
总线圈数　$Q=36$	绕组接法　△/△
线圈组数　$u=9$	每组圈数　$S=4$
线圈节距　$y=9$	出线根数　$c=9$
绕组系数　$K_{dp4Y}=0.925$	$K_{dp4D}=0.911$
$K_{dp2Y}=0.694$	$K_{dp2D}=0.683$

2. 特点及应用　本例采用换相变极，两种极数均为内星角形（△）接法，即绕组分为角形部分和星形部分。其中星形占每相绕组的1/3，U相在变极时不换相，而只将 V、W 两相作星形交换相位。角形部分变极时相位改变幅度较大，具体如图 9.3.4b 所示。

由于两种极数均为 60°相带分布，绕组系数较高，布线接线都简便，引出线 9 根，控制线路较繁。本例为同转向变极方案，适用于要求出力较高的恒功率场合。

9.3.5 *36槽 4/2 极（$y = 10$）△/△联结（换相变极）双速绕组

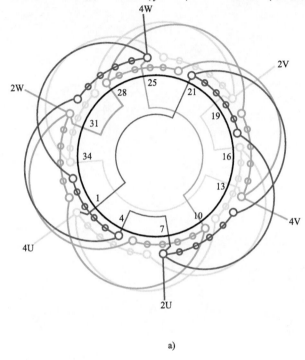

a)

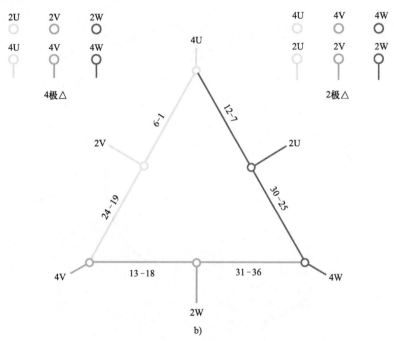

b)

图 9.3.5

1. 绕组结构参数

定子槽数 $Z = 36$	双速极数 $2p = 4/2$
总线圈数 $Q = 36$	变极接法 △/△
线圈组数 $u = 6$	每组圈数 $S = 6$
每槽电角 $\alpha = 20°/10°$	线圈节距 $y = 10$
绕组极距 $\tau = 9/18$	极相槽数 $q = 2/4$
分布系数 $K_{d4} = 0.831$	$K_{d2} = 0.828$
节距系数 $K_{p4} = 0.985$	$K_{p2} = 0.766$
绕组系数 $K_{dp4} = 0.819$	$K_{dp2} = 0.634$

出线根数 $c = 6$

2. 绕组布线接线特点 本例属倍极比 △/△ 联结的双速绕组，这是新近出现在修理场所的一种新的变极接法，属 120° 相带换相变极，即两种极数都是庶极绕组。绕组结构较简单，而且调速控制也方便，只是绕组系数略显偏低。

本例 36 槽 4/2 极采用换相变极 △/△ 联结，也属非常规接法，双速绕组接线原理如图 9.3.5b 所示；双速绕组端面布线接线如图 9.3.5a 所示。

9.3.6 36槽8/4极($y=5$)△/△联结（换相变极）双速绕组

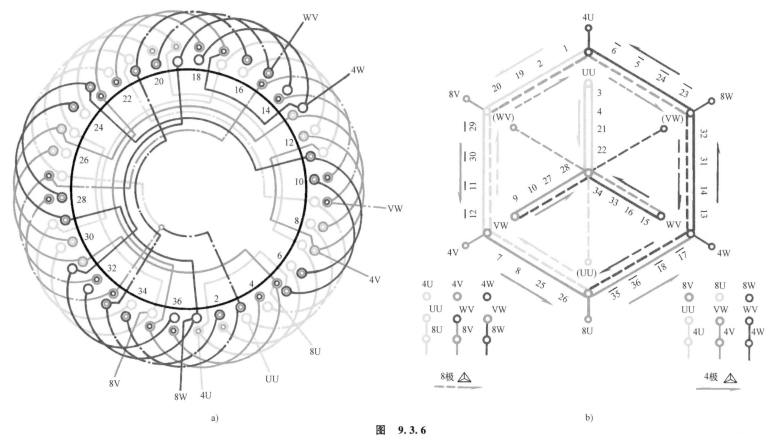

图 9.3.6

1. 绕组结构参数

定子槽数	$Z=36$	电机极数	$2p=8/4$
总线圈数	$Q=36$	绕组接法	△/△
线圈组数	$u=18$	每组圈数	$S=2$
线圈节距	$y=5$	出线根数	$c=9$
绕组系数	$K_{dp8}=0.916$	$K_{dp4}=0.747$	

2. 特点及应用　本例是采用内星角形联结的换相变极绕组，两种极数绕组均是60°相带安排，故其绕组系数均较高，且谐波分量较低。但换相线圈较多，具体如图9.3.6b所示，而且分组也较多，不过按图接线并不算复杂。此绕组应用于低速挡，要求有较高出力的使用场合。

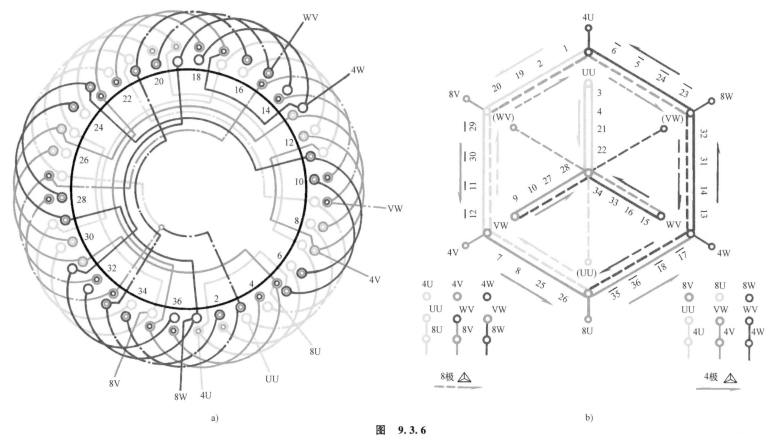

9.3.7 *36槽 8/4极（$y=5$）△/△联结（换相变极）双速绕组

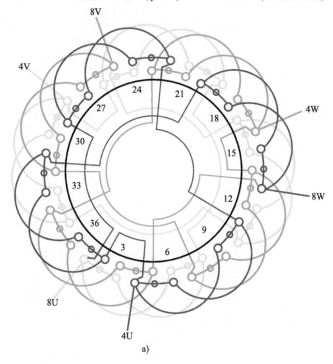

a)

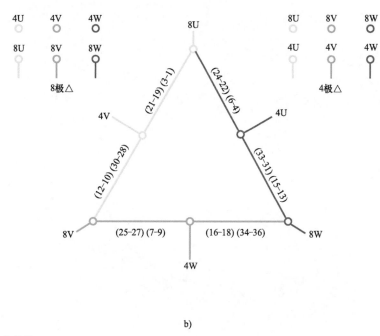

b)

图 9.3.7

1. 绕组结构参数

定子槽数 $Z=36$	双速极数 $2p=8/4$
总线圈数 $Q=36$	变极接法 △/△
线圈组数 $u=12$	每组圈数 $S=3$
每槽电角 $\alpha=40°/20°$	线圈节距 $y=5$
绕组极距 $\tau=4.5/9$	极相槽数 $q=1.5/3$
分布系数 $K_{d8}=0.844$	$K_{d4}=0.831$
节距系数 $K_{p8}=0.985$	$K_{p4}=0.766$
绕组系数 $K_{dp8}=0.831$	$K_{dp4}=0.637$

出线根数 $c=6$

2. 绕组布线接线特点 本例是△/△联结的换相变极双速绕组，每相有4组线圈，每组由3个线圈连绕而成。此绕组是近年出现的新变极型式，它具有出线少、结构简单等优点，只需两台接触器便能控制调速。

本例 36 槽 8/4 极△/△联结是换相变极非常规接法，双速绕组接线原理如图 9.3.7b 所示；双速绕组端面布线接线则如图 9.3.7a 所示。

9.3.8 *36槽 12/6 极（$y=3$）△/△联结（换相变极）双速绕组

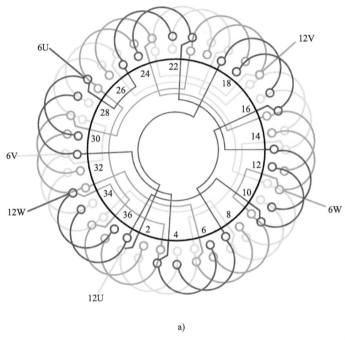

a)

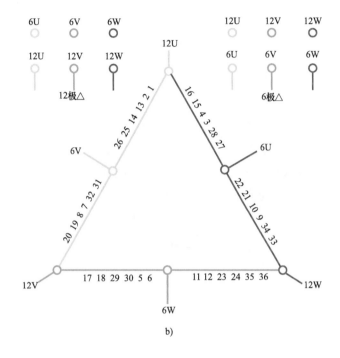

图 9.3.8

b)

1. 绕组结构参数

定子槽数	$Z=36$	双速极数	$2p=12/6$
总线圈数	$Q=36$	变极接法	△/△
线圈组数	$u=18$	每组圈数	$S=2$
每槽电角	$\alpha=60°/30°$	线圈节距	$y=3$
绕组极距	$\tau=4.5/9$	极相槽数	$q=1.5/3$
分布系数	$K_{d12}=0.866$		$K_{d6}=0.836$
节距系数	$K_{p12}=1.0$		$K_{p6}=0.707$
绕组系数	$K_{dp12}=0.866$		$K_{dp6}=0.591$

出线根数 $c=6$

2. 绕组布线接线特点

本绕组是倍极比双速绕组，不同的是本例采用新型的△/△换相变极联结，12极和6极都是1△接线，且都属庶极绕组。绕组结构较简单，每组由2圈组成，每相分两个变极组段，而每个变极段由3组线圈顺串而成。

本例是36槽12/6极双速绕组，绕组采用△/△换相变极联结，也属非常规变极接法，双速绕组接线原理如图9.3.8b所示；绕组端面布线接线则如图9.3.8a所示。

9.3.9　*36 槽 12/4 极（$y=8$）△/△-Ⅱ联结双速绕组

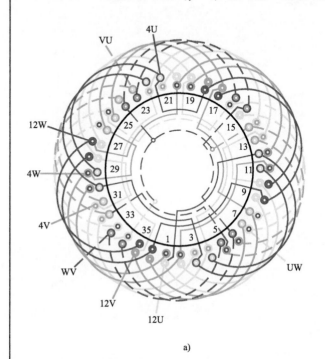

a)

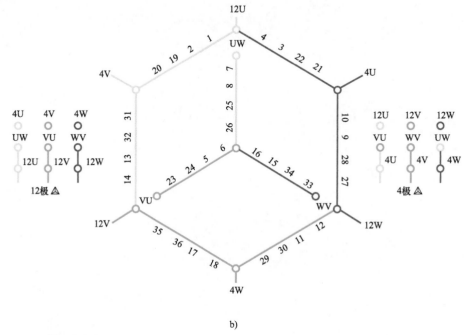

b)

图　9.3.9

1. 绕组结构参数

定子槽数　$Z=36$	双速极数　$2p=12/4$
总线圈数　$Q=36$	变极接法　△/△-Ⅱ
线圈组数　$u=18$	每组圈数　$S=2$
每槽电角　$\alpha=60°/20°$	线圈节距　$y=8$
绕组极距　$\tau=3/9$	极相槽数　$q=1/3$
分布系数　$K_{d12}=0.866$	$K_{d4}=0.831$
节距系数　$K_{p12}=0.866$	$K_{p4}=0.985$
绕组系数　$K_{dp12}=0.75$	$K_{dp4}=0.819$

出线根数　$c=9$

2. 绕组布线接线特点

本例倍极比为奇数 3，双速绕组采用作者新创的△/△-Ⅱ换相变极接法，每相分为三个变极段，每段由两个双圈串联而成，虽然其接法仍是△/△，不同的是本绕组Y部分在变极时三相均需变相，而原有的△/△变极的Y绕组 U 相是不变相的，故特将此△/△接法定位为Ⅱ型，以资区别。

本例 36 槽 12/4 极△/△-Ⅱ联结是新的变极接法，其接线原理如图 9.3.9b 所示；双速绕组端面布线接线如图 9.3.9a 所示。

9.3.10 *36 槽 6/4 极（$y=5$）△/△联结（换相变极）双速绕组

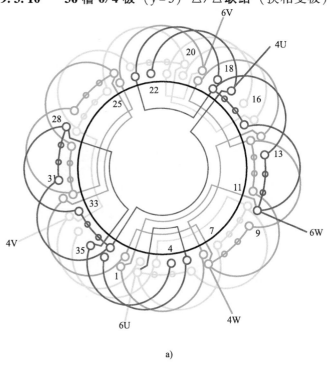

a)

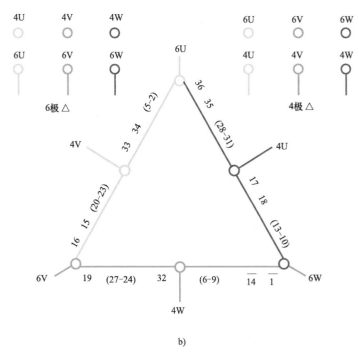

出线根数 $c=6$

b)

图 9.3.10

1. 绕组结构参数

定子槽数	$Z=36$	双速极数	$2p=6/4$
总线圈数	$Q=36$	变极接法	△/△
线圈组数	$u=14$	每组圈数	$S=1、2、4$
每槽电角	$\alpha=30°/20°$	线圈节距	$y=5$
绕组极距	$\tau=6/9$	极相槽数	$q=2/3$
分布系数	$K_{d6}=0.88$		$K_{d4}=0.72$
节距系数	$K_{p6}=0.966$		$K_{p4}=0.766$
绕组系数	$K_{dp6}=0.85$		$K_{dp4}=0.55$

2. 绕组布线接线特点

本例是采用△/△换相变极联结的双速绕组。绕组由单圈组、双圈组和 4 圈组构成，绕组结构比较简练，引出线也少，只有 6 根，故调速控制也较简单，但不能实施不断电变换。这是 2017 年读者修理中发现的新颖变极接法。

本例 36 槽 6/4 极△/△联结是属非常规换相变极接法，双速绕组接线原理如图 9.3.10b 所示；双速绕组端面布线接线如图 9.3.10a 所示。

9.3.11 *36槽 6/4极（y=6）△/△联结（换相变极）双速绕组

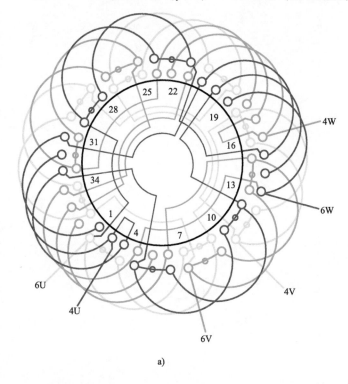

a)

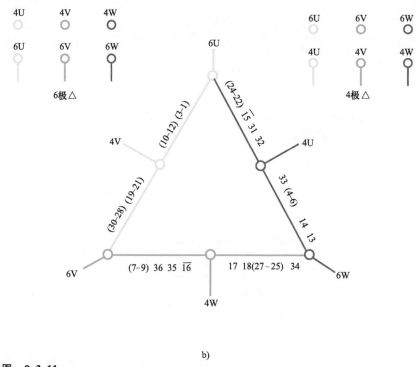

b)

图 9.3.11

1. 绕组结构参数

定子槽数 $Z=36$	双速极数 $2p=6/4$
总线圈数 $Q=36$	变极接法 $\triangle/\triangle$
线圈组数 $u=16$	每组圈数 $S=1、2、3$
每槽电角 $\alpha=30°/20°$	线圈节距 $y=6$
绕组极距 $\tau=6/9$	极相槽数 $q=2/3$
分布系数 $K_{d6}=0.644$	$K_{d4}=0.831$
节距系数 $K_{p6}=1.0$	$K_{p4}=0.866$

绕组系数 $K_{dp6}=0.644$　　$K_{dp4}=0.72$

出线根数 $c=6$

2. 绕组布线接线特点

本例采用新颖的换相变极 △/△ 联结。绕组由单圈组、双圈组及三圈组构成。虽然绕组结构并不复杂，但由于每组线圈不等，故嵌线时特别要注意按图嵌入。此型式接法是近年来修理中发现的，国产系列未见使用。

本例 36槽 6/4极 是采用 △/△ 联结换相变极绕组，双速绕组接线原理如图 9.3.11b 所示；变极绕组端面布线接线如图 9.3.11a 所示。

9.3.12 36槽 6/4 极($y=7$)3 Y/3 Y联结双速绕组

1. 绕组结构参数

定子槽数 $Z=36$　　总线圈数 $Q=36$　　绕组型式　双层叠绕
电机极数 $2p=6/4$　　线圈组数 $u=24$　　线圈节距 $y=7$
绕组接法 3 Y/3 Y　　每组圈数 $S=3、2、1$　　绕组系数 $K_{dp6}=0.808$
　　　　　　　　　　　　　　　　　　　　　　　$K_{dp4}=0.911$

2. 特点及应用

本例采用换相变极 3 Y/3 Y接线方案。每相有 3 个并联的变极组，每个变极组由 4 只线圈分两组串联而成。6 极时其线圈(组)相属如图 9.3.12a 所示，而且 U 相每个变极组由双圈组成；V、W 两相则由单、三圈组成。4 极时，原来每相中除保留一原相变极组不变外，其余两组均需变相，这时各线圈相属便如图 9.3.12b 所示。

本例是换相变极绕组中接线较为简便、引出线较少的方案。因其星点由三个并列的星点构成，故无需另行外接星点。但重绕时如果接头焊接不良，将会导致电动机发生振动，甚至不能起动。此外，6/4 极绕组还有其他接法，重绕时必须查明实际是本绕组，才予套用本例。

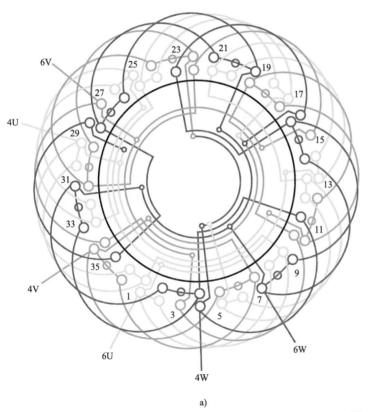

a)

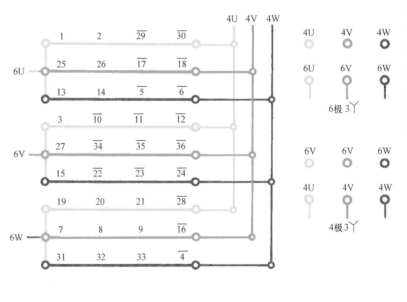

b)

图　9.3.12

9.3.13 *36槽 8/6 极（$y=5$）△/△联结（换相变极）双速绕组

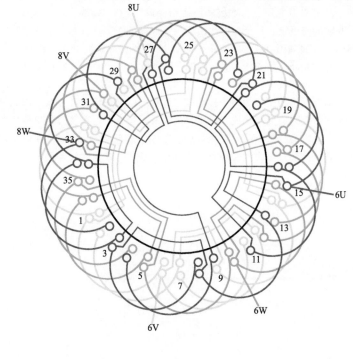

a)

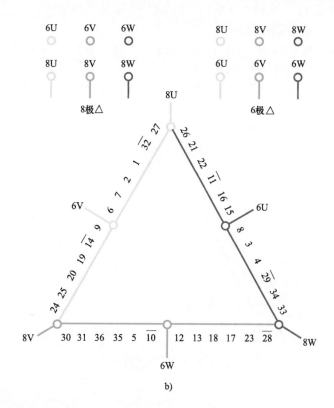

b)

图 9.3.13

1. 绕组结构参数

定子槽数 $Z=36$	双速极数 $2p=8/6$
总线圈数 $Q=36$	变极接法 △/△
线圈组数 $u=24$	每组圈数 $S=2、1$
每槽电角 $\alpha=40°/30°$	线圈节距 $y=5$
绕组极距 $\tau=4.5/6$	极相槽数 $q=1.5/2$
分布系数 $K_{d8}=0.819$	$K_{d6}=0.622$
节距系数 $K_{p8}=0.985$	$K_{p6}=0.966$

绕组系数 $K_{dp8}=0.807$ $K_{dp6}=0.60$
出线根数 $c=6$

2. 绕组布线接线特点

本例是换相变极双速绕组，采用△/△联结，即两种极数均为一路△形联结。因是采用8极为基准，所以6极时的绕组系数偏低。此双速绕组由单圈和双圈构成，故全绕组的线圈组数显多，再加上是非倍极比变极，使布线接线也略显复杂。

本例36槽8/6极△/△联结是非常规换相变极接法，双速绕组接线原理如图9.3.13b所示；双速绕组端面布线接线如图9.3.13a所示。

9.3.14 *48 槽 4/2 极 （$y = 12$） △/△联结（换相变极）双速绕组

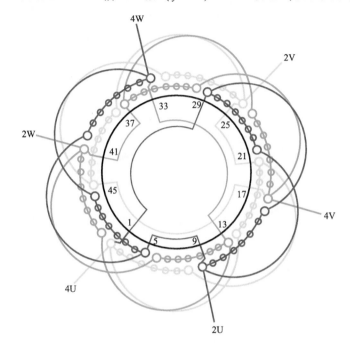

a)

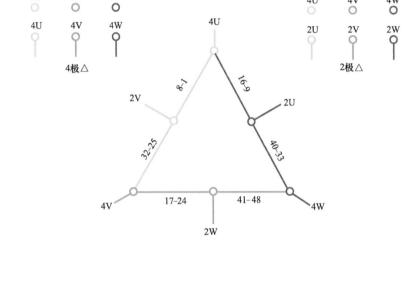

b)

图 9.3.14

1. 绕组结构参数

定子槽数 $Z = 48$	双速极数 $2p = 4/2$
总线圈数 $Q = 48$	变极接法 △/△
线圈组数 $u = 6$	每组圈数 $S = 8$
每槽电角 $\alpha = 15°/7.5°$	线圈节距 $y = 12$
绕组极距 $\tau = 12/24$	极相槽数 $q = 4/8$
分布系数 $K_{d4} = 0.874$	$K_{d2} = 0.829$
节距系数 $K_{p4} = 1.0$	$K_{p2} = 0.707$

绕组系数　$K_{dp4} = 0.874$　　$K_{dp2} = 0.585$

出线根数　$c = 6$

2. 绕组布线接线特点

本例属庶极式换相变极双速绕组，绕组由 6 组八联线圈构成，4 极和 2 极都是庶极。4 极时两组线圈安排在对称位置，而 2 极则是两组线圈相邻紧靠且极性相同，使之形成庶极 2 极。此双速结构简单，转速控制也极方便。

本例 48 槽 4/2 极 △/△联结是非常规换相变极，双速绕组接线原理如图 9.3.14b 所示；变极双速绕组端面布线接线则如图 9.3.14a 所示。

9.3.15　*48 槽 8/4 极（$y=6$）△／△联结（换相变极）双速绕组

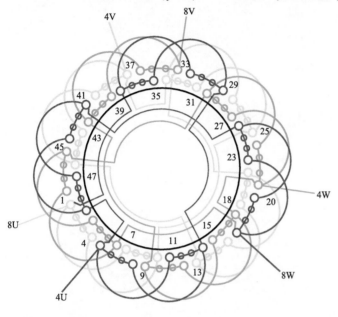

a)

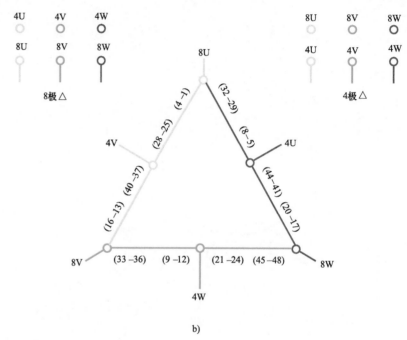

b)

图　9.3.15

1. 绕组结构参数

定子槽数	$Z=48$	双速极数	$2p=8/4$
总线圈数	$Q=48$	变极接法	△／△
线圈组数	$u=12$	每组圈数	$S=4$
每槽电角	$\alpha=30°/15°$	线圈节距	$y=6$
绕组极距	$\tau=6/12$	极相槽数	$q=2/4$
分布系数	$K_{d8}=0.837$		$K_{d4}=0.833$
节距系数	$K_{p8}=1.0$		$K_{p4}=0.707$

绕组系数　$K_{dp8}=0.837$　　$K_{dp4}=0.589$

出线根数　$c=6$

2. 绕组布线接线特点　　本例是倍极比双速绕组，采用△／△联结，每组由 4 个线圈连绕，每相则有 4 组线圈。由于 8 极和 4 极均是 120°相带，且 4 极时绕组系数较低，故适合于低速工作，高速辅助工作。

本例是 48 槽 8/4 极△／△联结，属非常规换相变极，双速绕组接线原理如图 9.3.15b 所示；双速绕组端面布线接线如图 9.3.15a 所示。

9.3.16 *48 槽 6/4 极（y = 7）△/△联结（换相变极）双速绕组

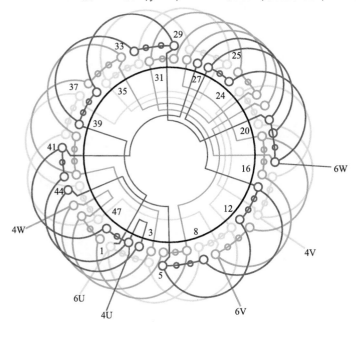

a)

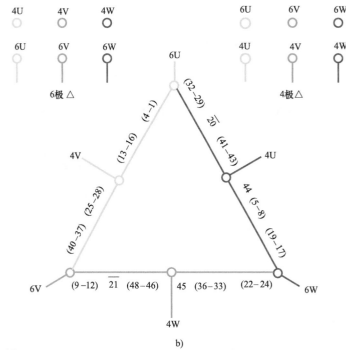

b)

图 9.3.16

1. 绕组结构参数

定子槽数	$Z = 48$	双速极数	$2p = 6/4$
总线圈数	$Q = 48$	变极接法	△/△
线圈组数	$u = 16$	每组圈数	$S = 4$、3、1
每槽电角	$\alpha = 22.5°/15°$	线圈节距	$y = 7$
绕组极距	$\tau = 8/12$	极相槽数	$q = 2.67/4$
分布系数	$K_{d6} = 0.64$	$K_{d4} = 0.829$	
节距系数	$K_{p6} = 0.98$	$K_{p4} = 0.793$	
绕组系数	$K_{dp6} = 0.628$	$K_{dp4} = 0.657$	

出线根数　$c = 6$

2. 绕组布线接线特点

本例采用新颖的△/△联结换相变极，双速绕组以 4 极为基准，换相排出 6 极。三相绕组结构不尽相同，即绕组由 4 圈组、3 圈组和单圈组构成。所以嵌线时需按布接线圈嵌入，如一旦嵌错便无法接线而造成返工。

本例 48 槽 6/4 极△/△联结是非倍极比非常规换相变极，双速绕组接线原理如图 9.3.16b 所示；双速绕组端面布线接线则如图 9.3.16a 所示。

9.3.17 54 槽 12/6 极($y=5$) △/△ 联结（换相变极）双速绕组

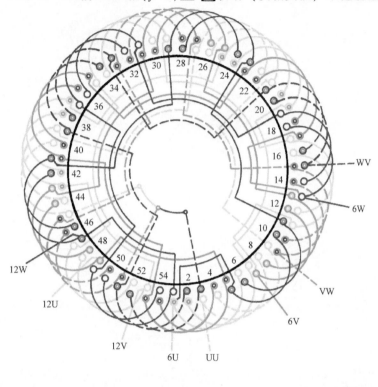

a)

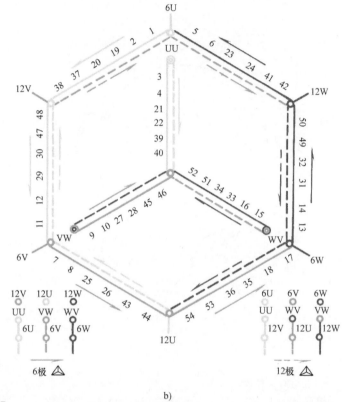

图 9.3.17

b)

1. 绕组结构参数

定子槽数 $Z=54$　　　电机极数 $2p=12/6$

总线圈数 $Q=54$　　　绕组接法 △/△

线圈组数 $u=27$　　　每组圈数 $S=2$

线圈节距 $y=5$

绕组系数 $K_{dp12}=0.916$　　$K_{dp6}=0.747$

2. 特点及应用　本例采用换相法变极。每相由外角边和星形边

组成，其中角形边分两段，每段均有 3 个双圈组构成，中间抽头；星形部分则由 3 个双圈组串联。由于两种极数均是 60° 相带，故绕组系数较高，适合于两种转速要求较大输出的场合。

但变极时线圈所处相位比较复杂，故本图线圈以 6 极为基准绘制，变换成 12 极时各线圈的相属以槽中线圈的内层小圆的相色表示；变极时不变相的线圈则用单圈表示。另外，属丫形部分的线圈端部用虚线画出，以示区别。

9.3.18 *60槽 4/2 极（$y=15$）△/△联结（换相变极）双速绕组

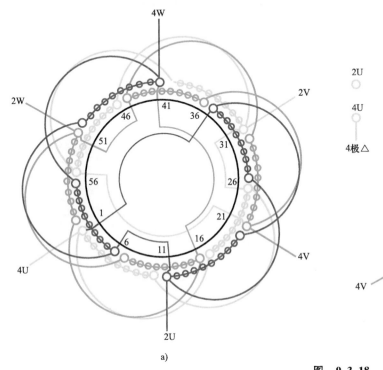

a)

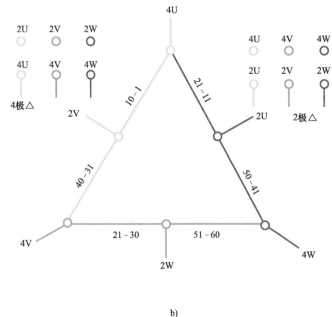

b)

图 9.3.18

1. 绕组结构参数

定子槽数　$Z=60$	双速极数　$2p=4/2$
总线圈数　$Q=60$	变极接法　△/△
线圈组数　$u=6$	每组圈数　$S=10$
每槽电角　$\alpha=12°/6°$	线圈节距　$y=15$
绕组极距　$\tau=15/30$	极相槽数　$q=5/10$
分布系数　$K_{d4}=0.829$	$K_{d2}=0.827$
节距系数　$K_{p4}=1.0$	$K_{p2}=0.707$
绕组系数　$K_{dp4}=0.829$	$K_{dp2}=0.585$

出线根数　$c=6$

2. 绕组布线接线特点

本例绕组采用庶极分布，属于一种新型的换相变极接法，即 2 极和 4 极都是一种△形联结。绕组结构和接线都较简单，而且引出线只有 6 根，又无需星点连接，只要两台接触器就可进行调速控制。

本例 60 槽 4/2 极△/△联结是换相变极接法，双速绕组接线原理如图 9.3.18b 所示；变极双速绕组端面布线接线如图 9.3.18a 所示。

9.3.19 *72槽 8/4 极（$y=11$）△/△联结（换相变极）双速绕组

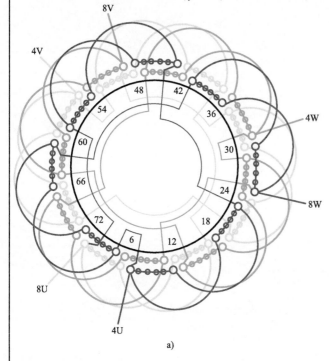

a)

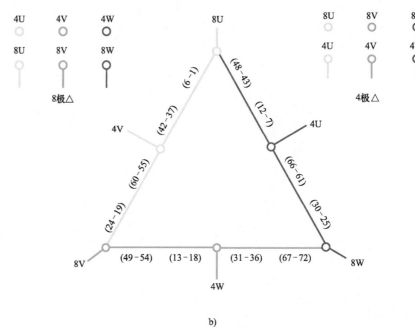

b)

图 9.3.19

1. 绕组结构参数

定子槽数 $Z=72$	双速极数 $2p=8/4$
总线圈数 $Q=72$	变极接法 △/△
线圈组数 $u=12$	每组圈数 $S=6$
每槽电角 $\alpha=20°/10°$	线圈节距 $y=11$
绕组极距 $\tau=9/18$	极相槽数 $q=3/6$
分布系数 $K_{d8}=0.831$	$K_{d4}=0.828$
节距系数 $K_{p8}=0.94$	$K_{p4}=0.819$
绕组系数 $K_{dp8}=0.78$	$K_{dp4}=0.678$

出线根数 $c=6$

2. 绕组布线接线特点

本例是采用△/△联结的换相变极双速绕组。绕组由六联组构成，每相有4组线圈。此种变极不但绕组内部接线简单，而且外部控制接线也简单，是近年在修理中发现的新型双速接法。本绕组是根据其原理，由作者拓展设计而成。

本例 72 槽 8/4 极 △/△联结双速绕组接线原理如图 9.3.19b 所示，双速绕组端面布线接线则如图 9.3.19a 所示。

9.3.20 *72槽12/6极（$y=8$）△/△联结（换相变极）双速绕组

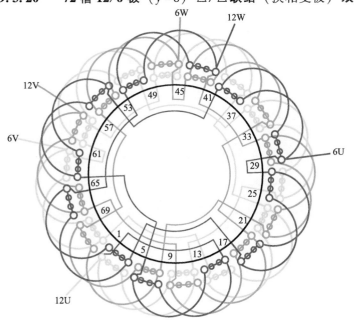

a)

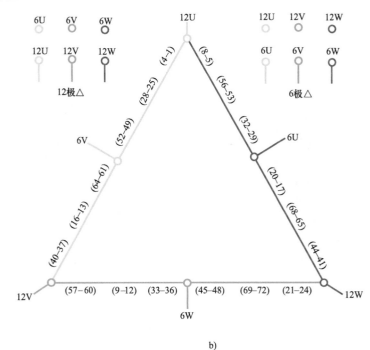

b)

图 9.3.20

1. 绕组结构参数

定子槽数	$Z=72$	双速极数	$2p=12/6$
总线圈数	$Q=72$	变极接法	△/△
线圈组数	$u=18$	每组圈数	$S=4$
每槽电角	$\alpha=30°/15°$	线圈节距	$y=8$
绕组极距	$\tau=6/12$	极相槽数	$q=2/4$
分布系数	$K_{d12}=0.861$	$K_{d6}=0.836$	
节距系数	$K_{p12}=0.866$	$K_{p6}=0.866$	
绕组系数	$K_{dp12}=0.746$	$K_{dp6}=0.724$	

出线根数　$c=6$

2. 绕组布线接线特点　本例双速绕组由四联组构成，每相6组线圈，分置于两个变极段。双速绕组采用△/△接法换相变极，12极时从12U、12V、12W接入电源；6极则由6U、6V、6W进电源。变极时将有一半线圈换相，但不反向。

本例72槽12/6极△/△联结是非常规换相变极，双速绕组接线原理如图9.3.20b所示；双速绕组端面布线接线如图9.3.20a所示。

9.3.21 72槽6/4极($y = 12$)3丫/3丫联结（换相变极）双速绕组

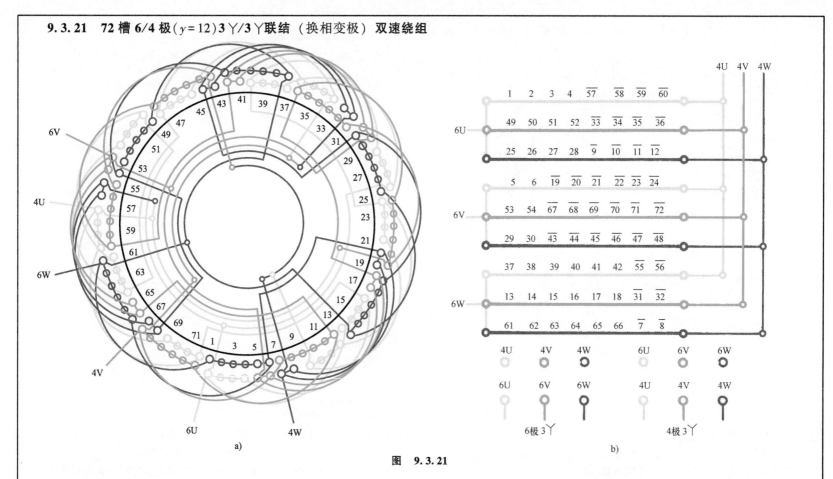

图 9.3.21

1. 绕组结构参数

定子槽数 $Z = 72$	电机极数 $2p = 6/4$	绕组系数 $K_{dp6} = 0.829$
总线圈数 $Q = 72$	绕组接法 3丫/3丫	$K_{dp4} = 0.828$
线圈组数 $u = 18$	每组圈数 $S \neq$	
线圈节距 $y = 12$		

2. 特点与应用　本例是换相法变极，4极和6极均是3丫联结。

此绕组与24极单链配套构成4/6/24极三速绕组，用于塔吊。应用实例有 YQTD200L-4/6/24（非标产品）双绕组三速电动机的配套双速绕组等。

9.4 三相变极非常规补偿接法双速绕组布线接线图

由前可知，常规接法双速绕组是可以通过改变绕组参数使其满足磁密要求，但并不代表它能解决所有双速绕组的磁密问题。有时，即使把基准极的磁密设定在允许范围的极值（最高值或最低值），有的非基准极仍可能偏出允许范围；再者，就算落到范围之内，这样，双速绕组可选择的磁密裕度就很窄。而气隙磁密对电动机性能有直接关系，如果这台双速电动机设计条件是基准极要求较高的输出特性，则必须选定相应的磁密和线圈节距以确保其工作性能，这就势必导致另一极数磁密超标。对此就引入匝数补偿问题，从而出现了Y+3Y/3Y等补偿接法。

图 9.4.3 是一个具有非常规接法补偿的双速绕组，由图 9.4.3b 可见，4 极时电源从 4U、4V、4W 输入，每相绕组均有 3 个支路，并构成 a、b、c 三组星点，即接法为 3Y；当变换到 6 极时，定子气隙极面变窄，如果仍按 3Y 运行，则气隙磁密会超标。为使 6 极磁密降下来，就在 3Y 之外串联部分匝数，使 6 极的串联总匝数增加，从而就形成这种非常规补偿接法。其中，3Y/3Y 部分是基本绕组，而多极数时串入的绕组（Y）是附加调整的补偿绕组。

非常规补偿接法还有 3Y/4Y、△/△ 等几种，其中 3Y/4Y 补偿的接线结构虽然不同，它的基本绕组仍是 3Y/3Y，而补偿绕组是由 4Y 分离出来的 1Y 部分。而△/△的基本绕组是△/△，补偿绕组是Y形（延边）部分。此外，2Y+3Y/3Y是Y+3Y/3Y的并联型式，即补偿绕组采用（2Y）并联法。本节实际应用不多，收入非常规补偿共有 8 例，其中仅 2 新例。

9.4.1 36 槽 6/4 极 ($y = 6$) 3 Y/4 Y 联结双速绕组

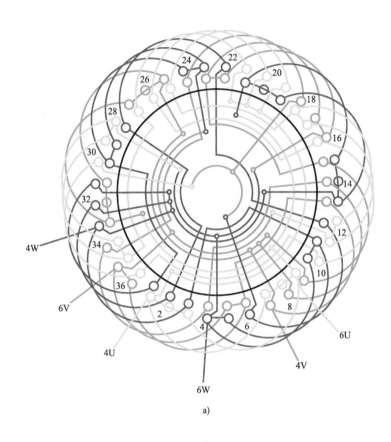

图 9.4.1

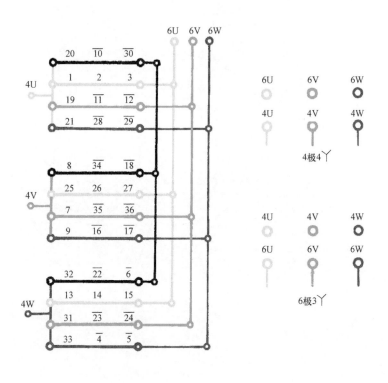

6U 6V 6W

4U

4V

4W

b)

6U 6V 6W

4U 4V 4W

4极4丫

6U 6V 6W

4U 4V 4W

6U 6V 6W

6极3丫

1. 绕组结构参数

定子槽数 $Z=36$	总线圈数 $Q=36$	绕组型式　双层叠绕
电机极数 $2p=6/4$	线圈组数 $u=24$	线圈节距 $y=6$
绕组接法 3丫/4丫	每组圈数 $S=3$、2、1	绕组系数 $K_{dp6}=0.91$
		$K_{dp4}=0.831$

2. 特点及应用　　本例采用换相变极,其中 4 极是正规 60°相带分布,每相极下有 3 个线圈,并接成四路并联,各线圈极性分布由图 9.4.1a 可见。6 极时将原 4 极三相中一个支路短接使电流为零,而每相其余三组线圈中有两组分别换相,这时 4(U、V、W)自成星点,电源从 6(U、V、W)接入,构成三路丫联结,各组线圈换相如图 9.4.1b 相色所示。

此绕组采用交叠法嵌线,但由于绕组有三种线圈组,嵌线要参照图 9.4.1a 安排。绕组实际应用不多,主要实例有 JZTT-51-6/4 等电磁调速拖动用的双速电动机。

此外,本例是根据相关修理资料整理绘成。采用这种 3丫/4丫变极接线,如果外施电压不平衡、定转子气隙不均匀、线圈接头焊接不良等都会因 6 极(3丫)时的部分绕组短接而引起内部环流,造成电流增大、振动和噪声现象。另外,6/4 极还有其他接法,修理时必须“查明正身”,否则胡乱套用绕组,将致重绕失败。

图　**9.4.1**（续）

9.4.2 36槽6/4极(y=7)3丫/4丫联结双速绕组

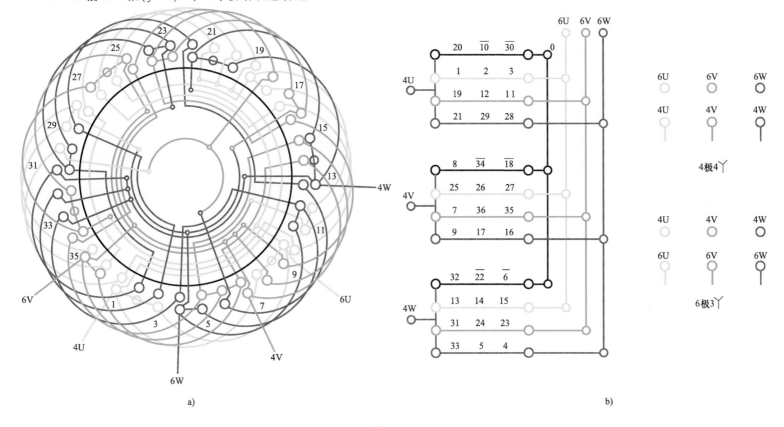

a)

b)

图 9.4.2

1. 绕组结构参数

定子槽数 $Z = 36$　　电机极数 $2p = 6/4$　　总线圈数 $Q = 36$

绕组接法 $3丫/4丫$　　线圈组数 $u = 24$　　绕组型式 双层叠绕

每组圈数 $S = 3、2、1$　　线圈节距 $y = 7$

绕组系数 $K_{dp6} = 0.879$　　$K_{dp4} = 0.902$

2. 特点及应用　　绕组采用换相变极，绕组结构特点与上例相同，但本例选用长一槽的节距，使两种极数下的绕组系数更加接近，更适宜要求两种转速下有较高功率的场合使用。

· 149 ·

9.4.3 36槽6/4极($y=7$)丫+3丫/3丫联结（换相变极）双速绕组

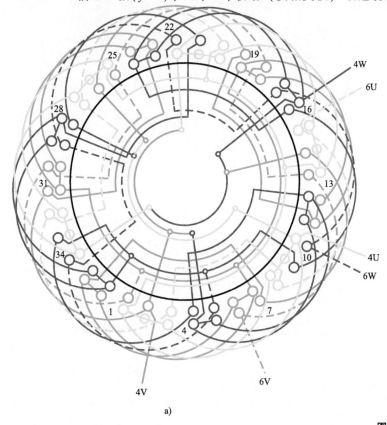

a)

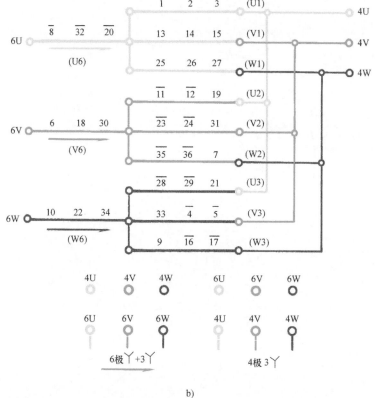

b)

图 9.4.3

绕组系数 $K_{\mathrm{dp6}} = 0.901$ $K_{\mathrm{dp4}} = 0.902$

1. 绕组结构参数

定子槽数 $Z=36$ 电机极数 $2p=6/4$

总线圈数 $Q=36$ 绕组接法 丫+3丫/3丫

线圈组数 $u=24$ 每组圈数 $S=1、2、3$

线圈节距 $y=7$ 出线根数 $c=6$

2. 特点及应用 本例是在3丫/3丫联结的基础上进行改进的换相变极绕组，详细可参考本节前述说明。

本绕组在两种极数下有很高的绕组系数，在避免环流上也优于3丫/3丫联结，有利于提高功率因数和降低温升。

9.4.4 *36 槽 12/4 极（$y=8$）人/△-Ⅱ联结双速绕组

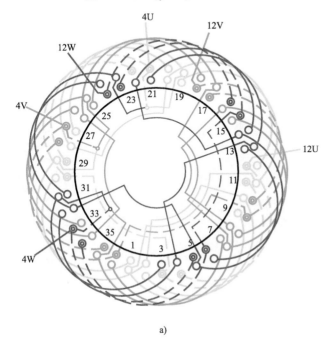

a)

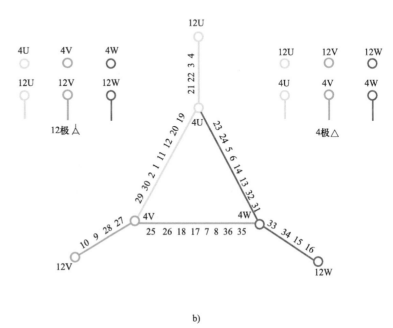

b)

图 9.4.4

1. 绕组结构参数

定子槽数	$Z=36$	双速极数	$2p=12/4$
总线圈数	$Q=36$	变极接法	人/△-Ⅱ
线圈组数	$u=18$	每组圈数	$S=2$
每槽电角	$\alpha=60°/20°$	线圈节距	$y=8$
绕组极距	$\tau=3/9$	极相槽数	$q=1/3$
分布系数	$K_{d12}=0.955$	$K_{d4}=0.866$	
节距系数	$K_{p12}=0.866$	$K_{p4}=0.866$	
绕组系数	$K_{dp12}=0.827$	$K_{dp4}=0.75$	
出线根数	$c=6$		

2. 绕组布线接线特点 若干年前在网上从一电机铭牌获悉 12/4 极双速规格，但未能查得其他任何数据，作者曾用 36 槽定子设计出 12/4 极双速，但要用引出线 9 根，调速控制极其不便。为此直至 2019 年才设计出 6 根引线的本例。但未知是否能与铭牌机吻合。仅供读者参考。

本例属反向法变极，因采用的人/△联结与前面介绍的换相变极不同，故将本例定为人/△-Ⅱ型，以区别。本绕组由双圈组构成，4 极时每相 4 组，三相构成△形联结，是基本绕组；而 12 极在此基础上将附加补偿绕组接成延边部分。

本双速绕组接线原理参考图 9.4.4b，双速绕组端面布线接线则如图 9.4.4a 所示。

9.4.5　72槽 8/6 极 $(y=10)$ 2Y+3Y/3Y联结（换相变极）双速绕组

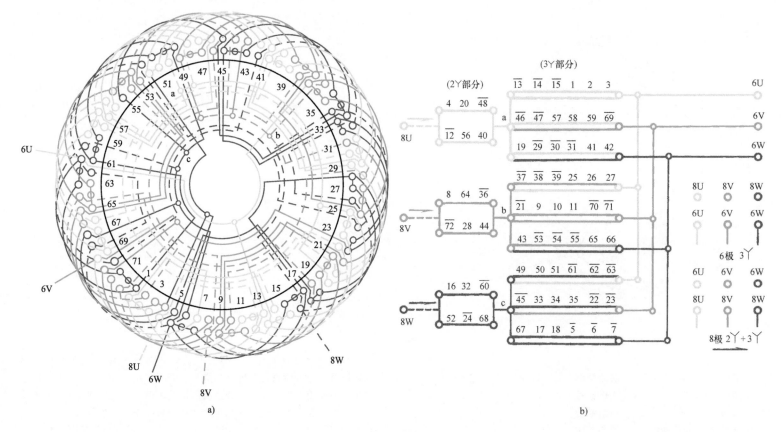

图　9.4.5

1. 绕组结构参数

定子槽数　$Z=72$　　电机极数　$2p=8/6$　　绕组系数　$K_{dp8}=0.856$

总线圈数　$Q=72$　　绕组接法　2Y+3Y/3Y　　　　　　　$K_{dp6}=0.944$

线圈组数　$u=42$　　每组圈数　$S=3、2、1$

线圈节距　$y=10$

2. 特点与应用

本例是换相变极方案。线圈规格相同。适用于双速功率接近于恒定的中型电动机。

9.4.6 72槽10/8极(y=8)ㅅ/△联结（换相变极）双速绕组

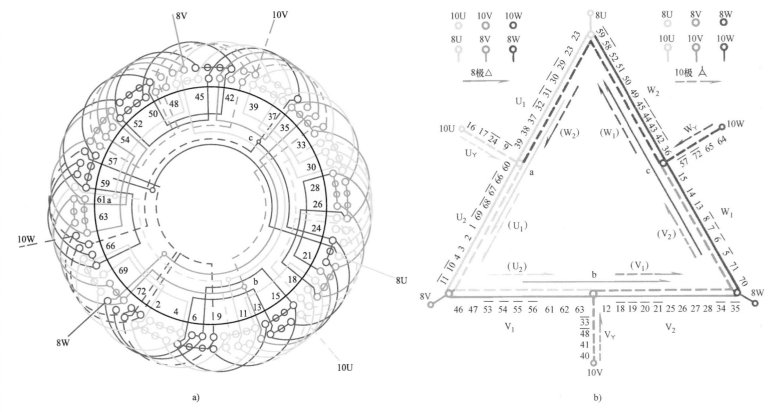

图 9.4.6

线圈节距 y=8

1. 绕组结构参数

定子槽数 Z=72　电机极数 2p=10/8　绕组系数　$K_{dp10}=0.875$

总线圈数 Q=72　绕组接法 ㅅ/△　　　　　 $K_{dp8}=0.847$

线圈组数 u=30　每组圈数 S≠

2. 特点与应用　本例是近极比反转向的换相变极方案。8极是△形联结，10极是ㅅ形联结。主要应用于火电厂引风机的双速电机。

9.4.7 90槽 12/10 极 $(y=8)$ 丫+3 丫/3 丫联结（换相变极）双速绕组

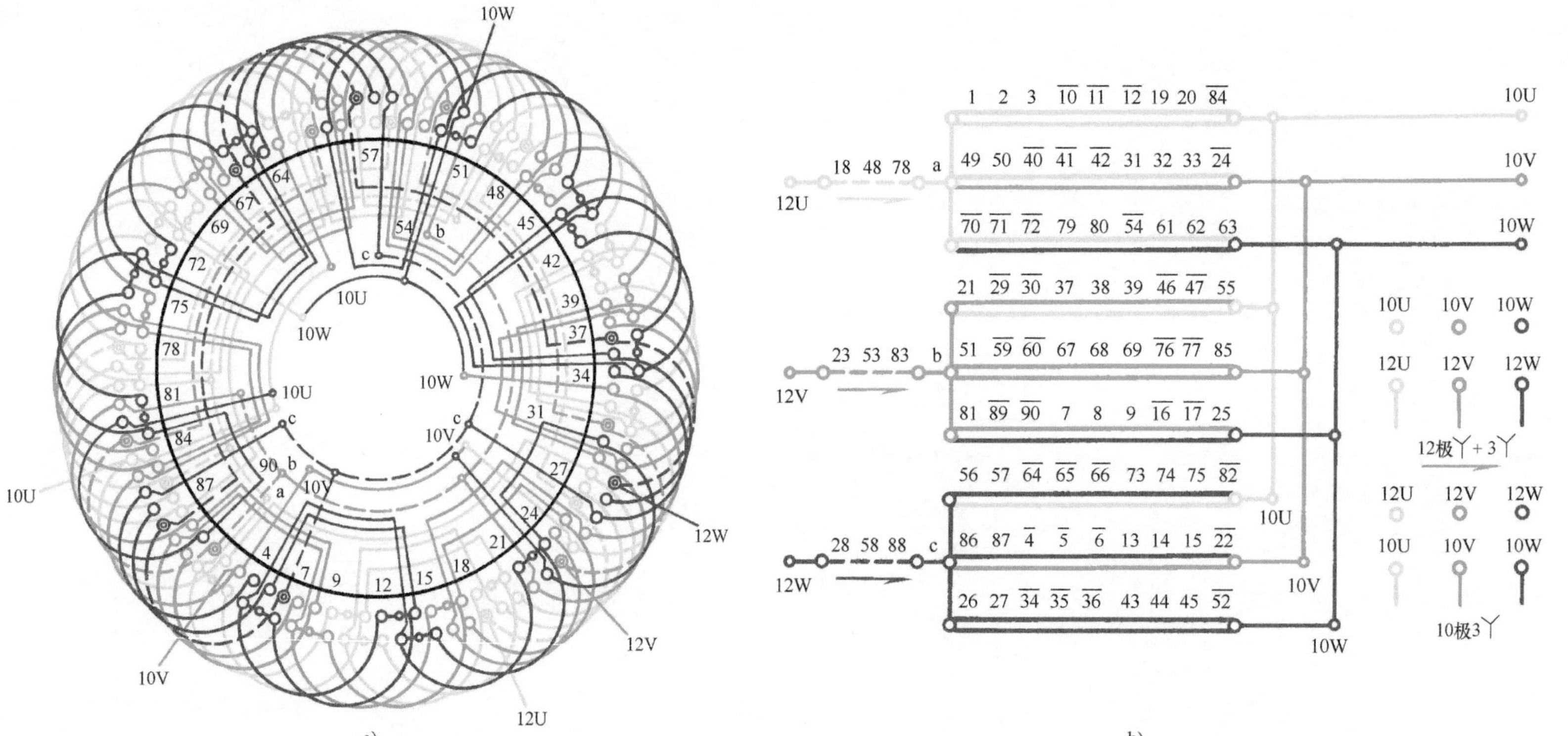

图 9.4.7

1. 绕组结构参数

定子槽数	$Z=90$	电机极数	$2p=12/10$
总线圈数	$Q=90$	绕组接法	丫+3 丫/3 丫
线圈组数	$u=48$	每组圈数	$S=3、2、1$

绕组系数 $K_{dp12}=0.869$

$K_{dp10}=0.945$

线圈节距 $y=8$

2. 特点与应用 本例是换相变极反转向方案。两种极数的绕组系数都较高。

9.4.8 *96槽 8/4 极（$y=12$）△/2Y+2Y联结（常规补偿）双速绕组

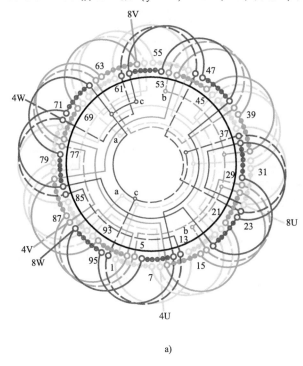

a)

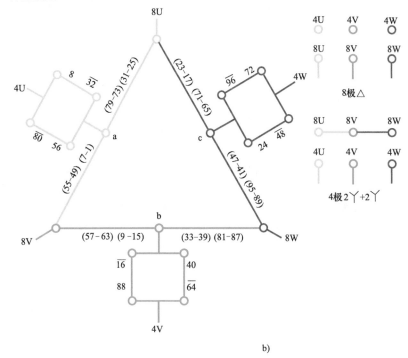

b)

图 9.4.8

1. 绕组结构参数

定子槽数 $Z=96$	双速极数 $2p=8/4$
总线圈数 $Q=96$	变极接法 △/2Y+2Y
线圈组数 $u=12$	每组圈数 $S=7$、1
每槽电角 $\alpha=15°/7.5°$	线圈节距 $y=12$
绕组极距 $\tau=11.25/24$	极相槽数 $q=4/8$
分布系数 $K_{d8}=0.88$	$K_{d4}=0.983$
节距系数 $K_{p8}=0.995$	$K_{p4}=0.707$
绕组系数 $K_{dp8}=0.875$	$K_{dp4}=0.695$

出线根数 $c=6$

2. 绕组布线接线特点　本例属于新近发现的一种采用特殊接法的塔吊用电动机。它的基本绕组是△/2Y，原属常规接法的绕组，然而，奇怪的是它将本该补偿给8极的匝数（2Y）加在少数极（4极）绕组，如图9.4.8b所示。作者认为这种补偿极为反常，无论它的基准极选在4极或8极，都无法同时使双速都能获得正常的运行性能。只因它取自实修资料，故也就依样画葫，收入本书，以供参考。

本例96槽 8/4 极△/2Y+2Y联结是常规补偿双速绕组，接线原理如图9.4.8b所示；双速绕组端面布线接线则如图9.4.8a所示。

9.5 三相变极反常规接法双速绕组布线接线图

国产系列双速电动机绕组为了顺应电磁规律适应极数的变化，采用常规变极接法，如8/4极用Y/2Y或Y/2△联结。然而近年在修理中发现有的双速电动机逆此而为，如8/4极用2Y/Y或2Y/△联结，其接法与常规接法相反。即8极对应是多路并联，而4极对应用单路。对此，本书将其称之为反常规接法。为了说明反常规接法双绕组的特性，特用一台双速电动机进行分析说明。

此是一台4/8/24极三速塔式起重用电动机，铭牌上型号为YZ-TD200L$_3$-4/8/24；功率为18/18/-kW，电流为38/42A。拆线记录：槽数$Z=72$、节距$y=11$、铁心内径$D=24$cm、铁心长度$L=37$cm、轭高$h_c=3$cm、齿宽$b_t=0.4$cm、导线5—0.90mm、每槽线数$S_n=14$。本机24极用于货物就位，是一套独立的单速绕组；而8/4极双速绕组采用2Y/△联结，其中8极为起升负载运行，4极辅助工作。本双速绕组如图9.5.3所示，查得绕组系数$K_{dp8}=0.781$，$K_{dp4}=0.783$。

8极为2Y联结，即$a=2$、$U_\phi=U/\sqrt{3}=220$V

$$B_{g8}=\frac{120U_\phi 2pa}{ZS_n DLK_{dp}}=\frac{120\times 220\times 8\times 2}{72\times 14\times 24\times 37\times 0.781}\text{T}=0.604\text{T}$$

4极是△接法，即$a=1$、$U_\phi=U=380$V

$$B_{g4}=\frac{120\times 380\times 4\times 1}{72\times 14\times 24\times 37\times 0.783}\text{T}=0.26\text{T}$$

由此可见，8极时气隙磁密在合理范围而4极时气隙磁密过低。故可认为8极是基准极，而且本机并没有按双速规范进行设计，其实质就是一台8极的单速电机，所以，8极有良好的输出特性和输出功率。而4极则处于严重欠电压状态工作，只能带动极轻的负载。也就是说，反常规接法的双速绕组只适用于起重机械，即8极起升负载，4极空钩快速回位。如果按铭牌标示的功率18/18kW使用则必烧毁无疑。

反常规接法变极双速电动机是近年才出现的电机产品，而且应用范围极其有限，故实际应用不多。本节共收集反常规接法双速电动机绕组6例，其中5例是读者提供拆线记录整理而成的新例。

9.5.1 *36 槽 4/2 极（$y=10$）2丫/丫联结双速绕组

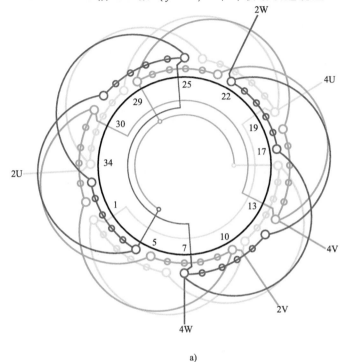

a)

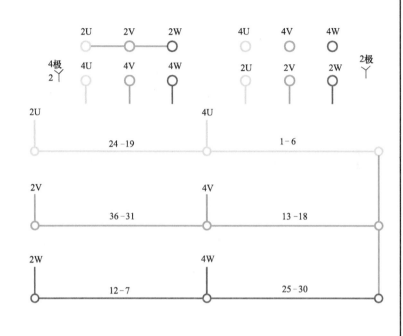

图 9.5.1

b)

1. 绕组结构参数

定子槽数 $Z=36$	双速极数 $2p=4/2$
总线圈数 $Q=36$	变极接法 2丫/丫
线圈组数 $u=6$	每组圈数 $S=6$
每槽电角 $\alpha=20°/10°$	线圈节距 $y=10$
绕组极距 $\tau=9/18$	极相槽数 $q=3/6$
分布系数 $K_{d2}=0.956$	$K_{d4}=0.831$
节距系数 $K_{p2}=0.766$	$K_{p4}=0.985$
绕组系数 $K_{dp2}=0.732$	$K_{dp4}=0.819$
出线根数 $c=6$	

2. 绕组布线接线特点　　本例 4/2 极接线采用反常规方案，常规 4/2 极是丫/2丫，而本绕组接法反之用 2丫/丫。因此它只适宜低速正常出力而高速只能做辅助工作。例如本例用于车床，4 极作为进刀切削，故设计时以 4 极为基准，当 4 极磁场正常时，2 极则处于磁密过低导致欠电压运行，所以 2 极常用作快速退刀运行。

　　本例 36 槽 4/2 极 2丫/丫是反常规联结，双速绕组接线原理如图 9.5.1b 所示；双速绕组端面布线接线则如图 9.5.1a 所示。

9.5.2 *36 槽 4/2 极（$y=10$）2Y/△联结双速绕组

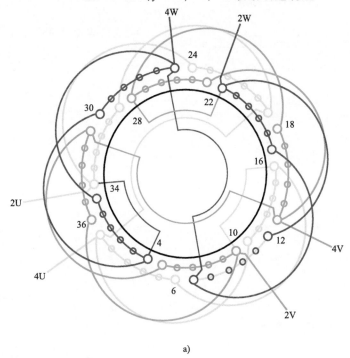

a)

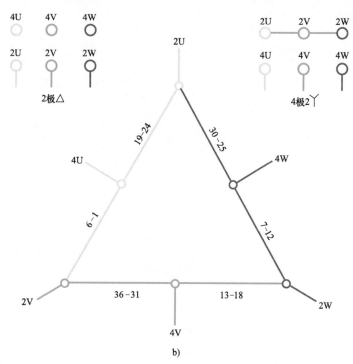

b)

图 9.5.2

1. 绕组结构参数

定子槽数	$Z=36$	双速极数	$2p=4/2$
总线圈数	$Q=36$	变极接法	$2Y/\triangle$
线圈组数	$u=6$	每组圈数	$S=6$
每槽电角	$\alpha=20°/10°$	线圈节距	$y=10$
绕组极距	$\tau=9/18$	极相槽数	$q=3/6$
分布系数	$K_{d4}=0.831$		$K_{d2}=0.956$
节距系数	$K_{p4}=0.985$		$K_{p2}=0.766$
绕组系数	$K_{dp4}=0.819$		$K_{dp2}=0.732$

出线根数　$c=6$

2. 绕组布线接线特点　　本例绕组与上例都是反常规接线方案。常规合理的双速联结应是 4/2 极 △/2Y，而这种反常规接线将使功率输出只顾一头；如上例用于车床是以 4 极为基准，而本例用途不详，但按铭牌得知功率 1.5/1.5kW，如双速按此运行，则其中必有一转速会出问题。因此，这种绕组只能用于专用设备，不能作一般用途使用。

本例 36 槽 4/2 极 2Y/△ 是反常规联结，双速绕组接线原理如图 9.5.2b 所示；双速绕组端面布线接线如图 9.5.2a 所示。

9.5.3 *72槽 8/4 极（$y=11$）2Y/△ 联结双速绕组

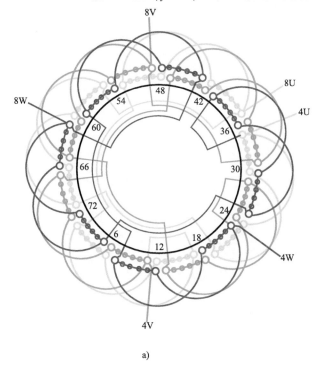

a)

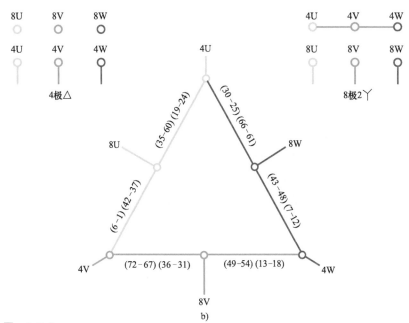

图 9.5.3

1. 绕组结构参数

定子槽数	$Z=72$	双速极数	$2p=8/4$
总线圈数	$Q=72$	变极接法	2Y/△
线圈组数	$u=12$	每组圈数	$S=6$
每槽电角	$\alpha=20°/10°$	线圈节距	$y=11$
绕组极距	$\tau=9/18$	极相槽数	$q=3/6$
分布系数	$K_{d8}=0.831$		$K_{d4}=0.956$
节距系数	$K_{p8}=0.94$		$K_{p4}=0.819$
绕组系数	$K_{dp8}=0.781$		$K_{dp4}=0.783$

出线根数　$c=6$

2. 绕组布线接线特点　本例绕组取自 YZTD200L3-4/8/24 型塔式起重用三速电动机的 8/4 极双速绕组。本绕组采用反常规接法，即 8 极是 2Y 联结，4 极是△形联结。故只能塔吊专用，若移至工作特性不同的场合则必毁无疑。

本例 72 槽 8/4 极采用 2Y/△ 反常规联结，双速绕组接线原理如图 9.5.3b 所示；变极绕组端面布线接线如图 9.5.3a 所示。

9.5.4　*96 槽 8/4 极（$y=11$）4Y/2△联结双速绕组

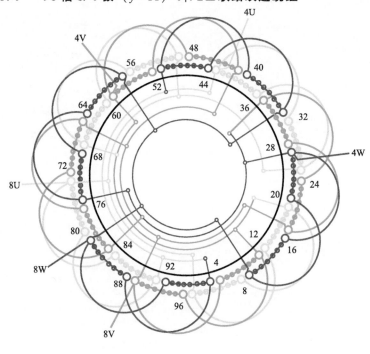

a)

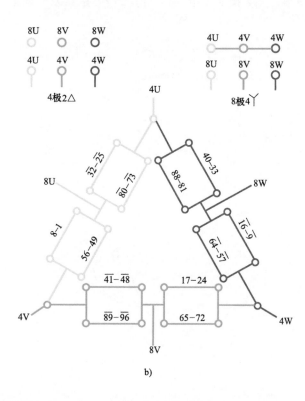

b)

图 9.5.4

1. 绕组结构参数

定子槽数 $Z=96$	双速极数 $2p=8/4$
总线圈数 $Q=96$	变极接法 4Y/2△
线圈组数 $u=12$	每组圈数 $S=8$
每槽电角 $\alpha=15°/7.5°$	线圈节距 $y=11$
绕组极距 $\tau=12/24$	极相槽数 $q=4/8$
分布系数 $K_{d8}=0.829$	$K_{d4}=0.956$
节距系数 $K_{p8}=0.991$	$K_{p4}=0.659$
绕组系数 $K_{dp8}=0.822$	$K_{dp4}=0.63$

出线根数　$c=6$

2. 绕组布线接线特点

本例属于反常规接线的双速绕组，它是 2Y/△ 联结的并联型式，适用于功率较大的同类型双速电动机。8 极是 4Y 联结，4 极是 2△ 联结，这样，无论是以 8 极或 4 极为基准，都会导致另一极数下的磁密过低或过高，故只能专机专用。

本例 96 槽 8/4 极 4Y/2△ 联结是 2Y/△ 的并联绕组，属反常规变极接法，绕组接线原理如图 9.5.4b 所示；双速绕组端面布线接线则如图 9.5.4a 所示

9.5.5 *96 槽 8/4 极（$y=11$）2丫/丫联结双速绕组

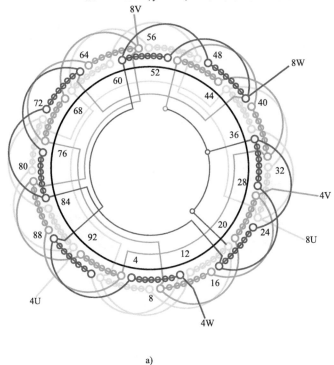

a)

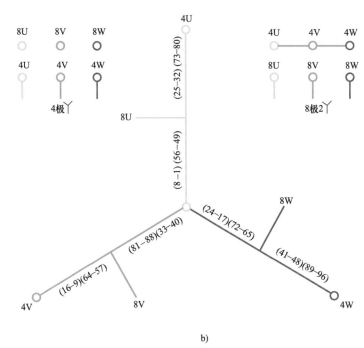

b)

图 9.5.5

1. 绕组结构参数

定子槽数	$Z=96$	双速极数	$2p=8/4$
总线圈数	$Q=96$	变极接法	2丫/丫
线圈组数	$u=12$	每组圈数	$S=8$
每槽电角	$\alpha=15°/7.5°$	线圈节距	$y=11$
绕组极距	$\tau=12/24$	极相槽数	$q=4/8$
分布系数	$K_{d8}=0.829$		$K_{d4}=0.956$
节距系数	$K_{p8}=0.991$		$K_{p4}=0.659$
绕组系数	$K_{dp8}=0.822$		$K_{dp4}=0.63$

出线根数 $c=6$

2. 绕组布线接线特点　本例是反常规接线，即 8 极采用 2丫联结，4 极为丫联结，这样无论基准极选 8 极或 4 极，都会导致非基准极的磁密超标（即过高或过低）。因此，这种反常规接法的双速电动机只适宜于基准极数为正常负载，而非基准极数为短时空载或极轻负载的工作场合使用。

本例 96 槽 8/4 极 2丫/丫联结是反常规变极，双速绕组接线原理如图 9.5.5b 所示；变极绕组端面布线接线如图 9.5.5a 所示。

9.5.6 96槽8/4极(y=12)2Y/△联结双速绕组

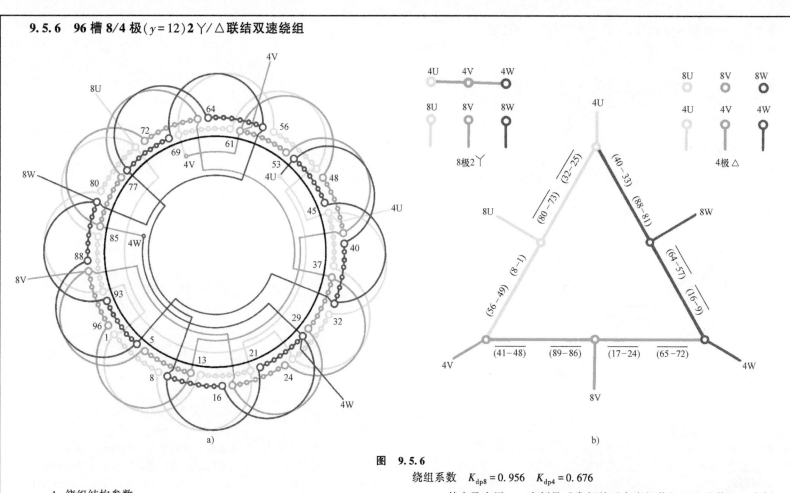

图 9.5.6

绕组系数 $K_{dp8} = 0.956$ $K_{dp4} = 0.676$

1. 绕组结构参数

定子槽数 $Z = 96$ 电机极数 $2p = 8/4$

绕组接法 $2Y/\triangle$ 总线圈数 $Q = 96$

线圈组数 $u = 12$ 每组圈数 $S = 8$

绕组型式 双层叠绕   线圈节距 $y = 12$

2. 特点及应用   本例是反常规的反向变极倍极比双速绕组。本例是由读者提供资料绘制而成。本例槽数过多，线条过密，但采用等圈线圈组，嵌线接线都比较方便。因是反常规接法双速，只能专机专用。

9.6 三相变极反常规补救接法双速绕组布线接线图

9.5节是以多极数（8极）为基准设计的反常规双速推算，这时，非基准极（4极）就会严重欠电压，无法带动负载运行。反过来要是设计条件4极为主运行时，也可以设4极为基准设计。由于手头缺乏铁心数据的资料，下面仍用9.5节举例进行探讨。这时，4极是△形联结，即 $a=1$、$U_\phi=U=380\text{V}$；若选气隙磁密 $B_{g4}=0.63\text{T}$，则每槽导线数（根/槽）应为

$$S_n = \frac{120U_\phi 2pa}{ZDLB_{g4}K_{dp4}} = \frac{120\times380\times4\times1}{72\times24\times37\times0.63\times0.783} = 5.78$$

取 $S_n=6$ 根/槽。这时8极为2丫联结，即 $a=2$、$U_\phi=U/\sqrt{3}=220\text{V}$。气隙磁密为

$$B_{g8} = \frac{120U_\phi 2pa}{ZS_n DLK_{dp8}} = \frac{120\times220\times8\times2}{72\times6\times24\times37\times0.781}\text{T} = 1.41\text{T}$$

显然，气隙磁密远高于允许范围，由此可见若取4极为基准，非基准极则处于磁饱和状态，一通电即发热烧毁，无法工作。对此就有必要采取补救措施，使8极的气隙磁密降下来，从而就产生了增加绕组匝数的反常规补救接法。增加匝数有两个方案：一个是全增补；另一个是局增补。全增补要满足气隙磁密返回合理范围，故增加匝数较多，但能获得如基准极相当的运行性能；而局部增补使电动机设计于短时工作制，其匝数多少要根据设计要求而定，持续率低则增补匝数少，反之则增补匝数就多。

匝数增补与非常规补偿作用相似，但反常规双速不作匝数增补就根本无法正常运行。所以，它的补偿作用更迫切，故称之为反常规补救。不过，作者认为反常规补救接法有画蛇添足之嫌。其实采用常规双速设计完全能获得反常规补救的效果，而根本没有必要进行反常规补救。这样做的效果只不过是厂家故弄玄虚，给修理者人为地制造一点麻烦而已。然而它的代价是降低了铁心的利用率，增加用铜量，导致铜损增加而效率下降。

反常规补救有丫+2丫/△、丫+2丫/丫联结，其中2丫/△和2丫/丫部分是基本绕组，而多极数串入的匝数（丫）是附加调整的补救绕组。反常规补救接法双速电动机也主要用于起重设备。由于它是近年出现的产品，故其规格和应用都不多。本节仅收入绕组7例，其中6例是近年出现的新绕组，供读者参考。

9.6.1 *60 槽 8/4 极（$y=8$）Y+2 Y/△联结双速绕组

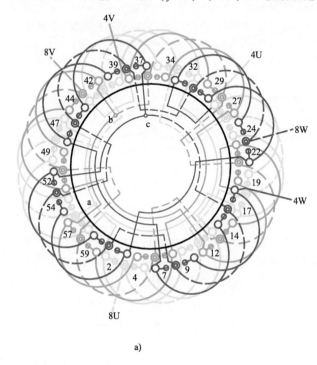

a)

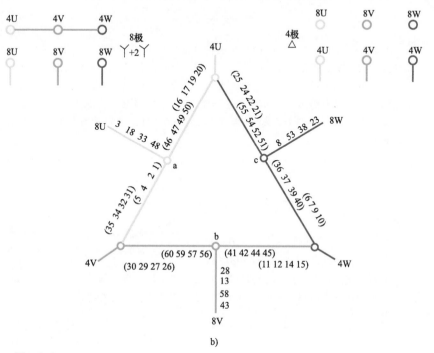

b)

图 9.6.1

1. 绕组结构参数

定子槽数 $Z=60$	双速极数 $2p=8/4$
总线圈数 $Q=60$	变极接法 Y+2 Y/△
线圈组数 $u=24$	每组圈数 $S=4、1$
每槽电角 $\alpha=24°/12°$	线圈节距 $y=8$
绕组极距 $\tau=7.5/15$	极相槽数 $q=2.5/5$
分布系数 $K_{d8}=0.946$	$K_{d4}=0.833$
节距系数 $K_{p8}=0.957$	$K_{p4}=0.958$
绕组系数 $K_{dp8}=0.905$	$K_{dp4}=0.798$

出线根数 $c=6$

2. 绕组布线接线特点　　本例是应读者要求，并根据修理者描述进行探索、设计而成。绕组由单圈和四圈（将两个隔开一槽的双联连绕成四圈组；单圈置于两个双联之间）构成。4 极时接成一路△形联结，弃用单圈组。变 8 极时 4U、4V、4W 连成星点构成 2 Y联结，电源从 8U、8V、8W 进入，使单圈组与 2 Y串联，从而使接法变成 Y+2 Y的补救接法。

本例 60 槽 8/4 极 Y+2 Y/△是反常规补救接法，双速绕组接线原理如图 9.6.1b 所示；变极双速端面布线接线如图 9.6.1a 所示。

· 164 ·

9.6.2 *60 槽 8/4 极（$y=8$）2 丫+2 丫/△联结双速绕组

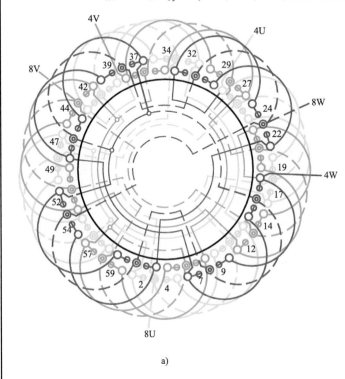

a)

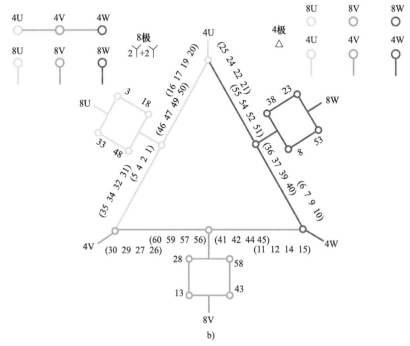

b)

图 9.6.2

1. 绕组结构参数

定子槽数	$Z=60$	双速极数	$2p=8/4$
总线圈数	$Q=60$	变极接法	2 丫+2 丫/△
线圈组数	$u=24$	每组圈数	$S=4、1$
每槽电角	$\alpha=24°/12°$	线圈节距	$y=8$
绕组极距	$\tau=7.5/15$	极相槽数	$q=2.5/5$
分布系数	$K_{d8}=0.946$	$K_{d4}=0.833$	
节距系数	$K_{p8}=0.957$	$K_{p4}=0.958$	
绕组系数	$K_{dp8}=0.905$	$K_{dp4}=0.798$	

出线根数 $c=6$

2. 绕组布线接线特点　本例绕组结构与上例基本相同，即绕组由单圈组和四圈组构成，即单圈置于四圈中间。4 极时由四圈组接成一路△形，单圈部分不通电；变 8 极时将原△形联结部分变换成 2 丫联结，而单圈部分接成两路构成补救部分的 2 丫，则电源从 8U、8V、8W 接入，从而使补救部分的 2 丫与角形变换的 2 丫串联，构成 2 丫+2 丫的联结。此绕组也取自实修，应用于塔吊。

本例是 60 槽 8/4 极 2 丫+2 丫/△反常规补救联结，双速绕组接线原理如图 9.6.2b 所示；变极绕组端面布线接线则如图 9.6.2a 所示。

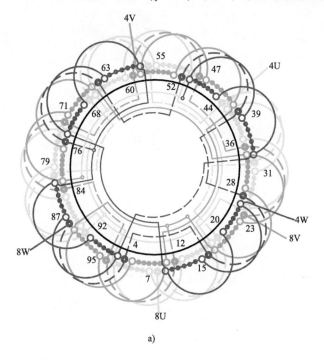

a)

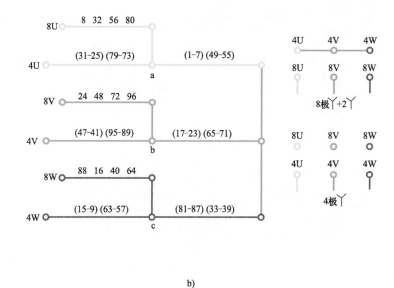

b)

图　9.6.3

1. 绕组结构参数

定子槽数	$Z = 96$	双速极数	$2p = 8/4$
总线圈数	$Q = 96$	变极接法	丫+2丫/丫
线圈组数	$u = 12$	每组圈数	$S = 7$、1
每槽电角	$\alpha = 15°/7.5°$	线圈节距	$y = 11$
绕组极距	$\tau = 12/24$	极相槽数	$q = 4/8$
分布系数	$K_{d8} = 0.829$		$K_{d4} = 0.956$
节距系数	$K_{p8} = 0.991$		$K_{p4} = 0.659$

绕组系数　$K_{dp8} = 0.822$　　$K_{dp4} = 0.63$

出线根数　$c = 6$

2. 绕组布线接线特点　本例由基本绕组（2丫/丫）和调整补救绕组（丫）组成，因其2丫/丫属反常规接法，其结果将导致电机磁路的磁密过高，进而使8极处于过电压运行状态，为了缓解过电压而引起绕组过热烧毁，而在8极绕组中串入调整绕组，如图9.6.3a中双圆虚线所示。

本例96槽8/4极丫+2丫/丫是反常规补救联结，变极绕组接线原理如图9.6.3b所示；双速绕组端面布线接线如图9.6.3b所示。

9.6.4 *96槽 8/4 极（$y=11$）2 $\curlyvee$ +2 $\curlyvee$ / $\curlyvee$ 联结双速绕组

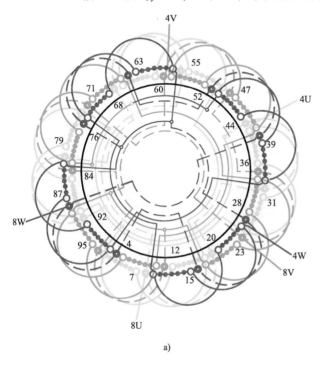

a)

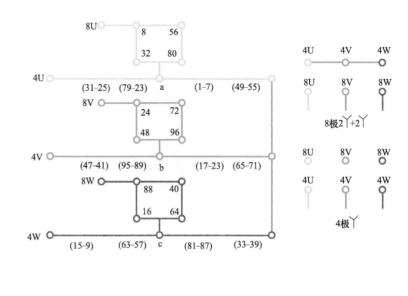

b)

图 9.6.4

1. 绕组结构参数

定子槽数	$Z=96$	双速极数	$2p=8/4$
总线圈数	$Q=96$	变极接法	$2\curlyvee+2\curlyvee/\curlyvee$
线圈组数	$u=12$	每组圈数	$S=7、1$
每槽电角	$\alpha=15°/7.5°$	线圈节距	$y=11$
绕组极距	$\tau=12/24$	极相槽数	$q=4/8$
分布系数	$K_{d8}=0.829$	$K_{d4}=0.956$	
节距系数	$K_{p8}=0.991$	$K_{p4}=0.659$	
绕组系数	$K_{dp8}=0.822$	$K_{dp4}=0.63$	

出线根数 $c=6$

2. 绕组布线接线特点 本绕组与上例类似，不同的是调整绕组采用两路并联（2$\curlyvee$）。绕组由七联组和单圈组构成，七联组是基本绕组，接成一路$\curlyvee$形联结；而单圈组在图 9.6.4a 中用虚线表示，是调整绕组。一般来说，若调整绕组为 2$\curlyvee$ 时，其线圈匝数和线径与基本绕组相同。若调整绕组为$\curlyvee$形联结，则其导致截面积选大一倍，线圈匝数则减少一半。

本例 96槽 8/4 极与上例一样都是反常规补救接法，但本例的补救绕组采用两路并联（2$\curlyvee$）。双速绕组接线原理如图 9.6.4b 所示；变极双速端面布线接线则如图 9.6.4a 所示。

9. 6. 5 *96槽8/4极（$y=11$）2丫+4丫/2△联结双速绕组

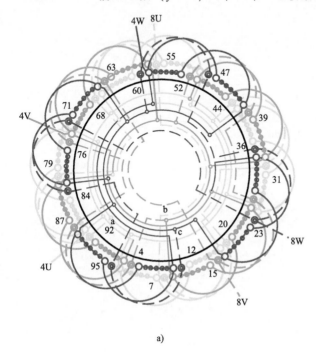

a)

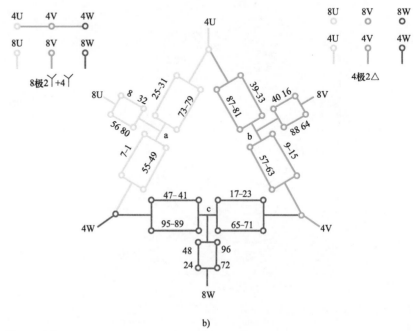

b)

图 9. 6. 5

1. 绕组结构参数

定子槽数	$Z=96$	双速极数	$2p=8/4$
总线圈数	$Q=96$	变极接法	$2丫+4丫/2△$
线圈组数	$u=12$	每组圈数	$S=7、1$
每槽电角	$\alpha=15°/7.5°$	线圈节距	$y=11$
绕组极距	$\tau=12/24$	极相槽数	$q=4/8$
分布系数	$K_{d8}=0.829$		$K_{d4}=0.956$
节距系数	$K_{p8}=0.991$		$K_{p4}=0.659$
绕组系数	$K_{dp8}=0.822$		$K_{dp4}=0.63$
出线根数	$c=6$		

2. 绕组布线接线特点　　本例双速绕组也是反常规变极接线，其中4丫/2△是基本绕组，是2丫/△的并联联结；而附加的调整绕组采用并联（2丫）接线。绕组由七联组和单圈组构成，而每相七联组（基本绕组）4组和单圈组4组分别进行接线。由于本双速绕组属反常规接法，一般只宜用于专用设备配套。

本例96槽8/4极也与上例相同，也是反常规补救接法，但它是两路并联（4丫/2△）型式，而补救部分也是2丫。双速绕组接线原理如图9.6.5b所示；变极绕组端面布线接线如图9.6.5a所示。

9.6.6 *96槽 8/4 极（$y=12$）2 丫+2 丫/△联结双速绕组

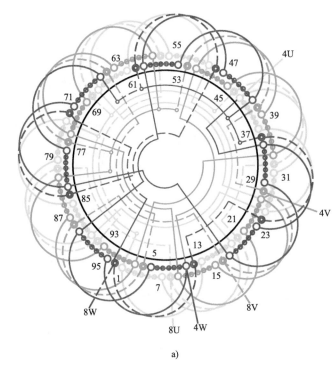

a)

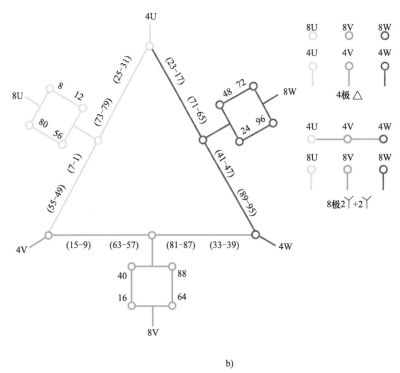

b)

图 9.6.6

1. 绕组结构参数

定子槽数 $Z=96$	双速极数 $2p=8/4$
总线圈数 $Q=96$	变极接法 2 丫+2 丫/△
线圈组数 $u=12$	每组圈数 $S=7$、1
每槽电角 $\alpha=15°/7.5°$	线圈节距 $y=12$
绕组极距 $\tau=12/24$	极相槽数 $q=4/8$
分布系数 $K_{d8}=0.829$	$K_{d4}=0.956$
节距系数 $K_{p8}=1.0$	$K_{p4}=0.707$
绕组系数 $K_{dp8}=0.829$	$K_{dp4}=0.676$

出线根数 $c=6$

2. 绕组布线接线特点 本例是反常规补救接线的双速绕组。绕组由七联组和单圈组构成。由简化图（图9.6.6b）可见，4 极时电源从 4U、4V、4W 输入，弃用调整绕组（2 丫），即绕组呈一路 △ 形运行；8 极时 4U、4V、4W 连成星点，三相接成 2 丫后再与调整绕组（2 丫）串联，再接入电源，构成 2 丫+2 丫联结。

本例 96 槽 8/4 极 2 丫+2 丫/△联结是反常规补救双速绕组，接线原理如图 9.6.6b 所示；变极绕组端面布线接线则如图 9.6.6a 所示。

9.6.7 96槽8/4极($y=12$)丫+2丫/△联结双速绕组

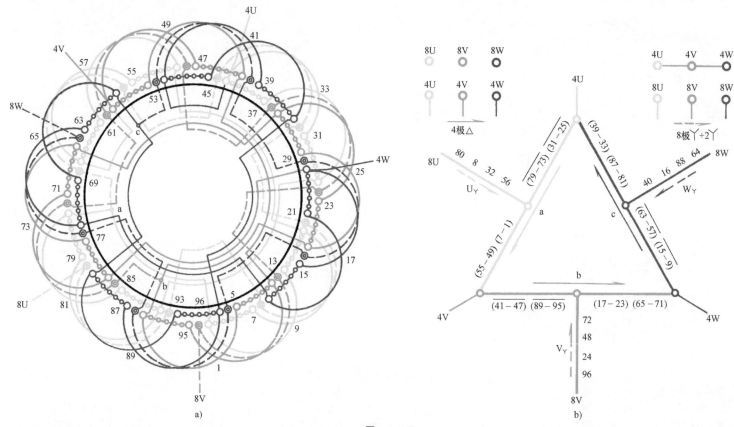

图 9.6.7

1. 绕组结构参数

定子槽数 $Z=96$	电机极数 $2p=8/4$
绕组接法 丫+2丫/△	总线圈数 $Q=96$
线圈组数 $u=24$	每组圈数 $S=7$、1
绕组型式 双层叠绕	线圈节距 $y=12$

绕组系数 $K_{dp8}=0.954$ $K_{dp4}=0.674$

2. 特点及应用 本例属于不按常规设计的绕组。本例槽数较多且每组线圈数多。

本例96槽8/4极丫+2丫/△是反常规补救接线，双速绕组接线原理如图9.6.7b所示；端面布线接线则如图9.6.7a所示。

9.7 三相变极电梯及塔吊主机双速绕组布线接线图

交流电梯电动机早期是用双绕组双速，即定子中放置两套完全独立的绕组，用于电梯起动、运行的 6 极绕组置于槽的下层，而作为平层停车用的 24 极、32 极绕组则嵌于上层。随后，国产 JTD 系列采用了单绕组变极双速。通常，电梯双速选用 72 槽定子，轻型电梯也有用 54 槽定子。塔吊是改革开放以来迅速发展起来的基建设备，其工作特性与电梯基本相同，即负载起动及运行都用 6 极，而 24 极仅用于货物就位。目前，塔吊主机有采用 24/8/4 极或 32/8/4 极双绕组三速机，其中慢速（24、32极）是单速绕组，有用双层布线，也有用单层布线的，嵌置于定子面层。8/4 为变极双速，以 8 极为基准主吊工作；4 极主要用作空钩回位。除主机外，塔吊还有回转、行走，电梯则有开门等辅机，它们有的用单速，有的用双速，但其绕组是普通结构型式，已分别编入前面各节，故连同主机的 8/4 极绕组均不再收入本节。

通常，塔吊与电梯主机双速的转子都采用磷铜合金等高阻率材料制成单笼型绕组。但近年修理的塔吊双速转子则有采用绕线式的单绕组转子，这不能不说是电机技术的进步，但由于各个厂家有各自规范，起初还是很有规矩地依据常规套路设计绕组，之后，绕组的型式就五花八门，绕组的接法变得既不省工，也不省线，出现了很多接法型式怪异的绕组。对此，作者从修理者提供的资料中整理出各式绕线式转子的双速绕组若干例，留至附录专述。而本节收入绕组 18 例，供读者参考。

9.7.1 54 槽 24/6 极 $(y=7、S=1)$ 丫/2 丫联结双速绕组

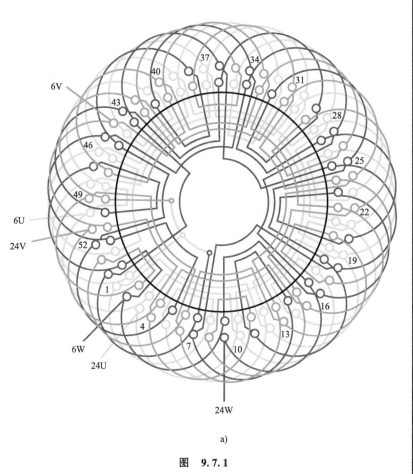

a)

图 9.7.1

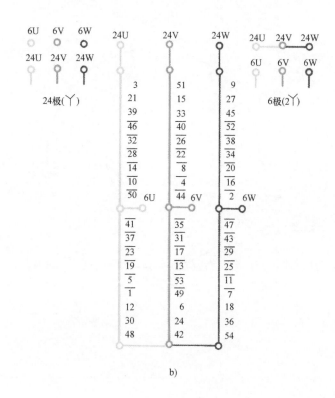

1. 绕组结构参数

定子槽数 $Z = 54$ 　　电机极数 $2p = 24/6$

总线圈数 $Q = 54$ 　　绕组接法 $Y/2Y$

线圈组数 $u = 54$ 　　每组圈数 $S = 1$

线圈节距 $y = 7$

绕组系数 $K_{dp24} = 0.951$ 　 $K_{dp6} = 0.793$

2. 特点与应用　　本例虽槽数较少，但接线极繁。采用$Y/2Y$联结同转向变极方案，属恒转矩输出。转矩比 $T_{24}/T_6 = 0.963$，功率比 $P_{24}/P_6 = 0.481$。本绕组应用于交流电梯。

b)

图　9.7.1（续）

9.7.2 *54槽24/6极（y=7）△/△联结（换相变极）双速绕组

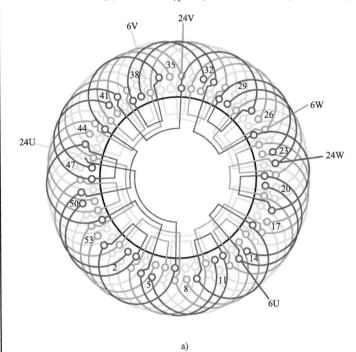

a)

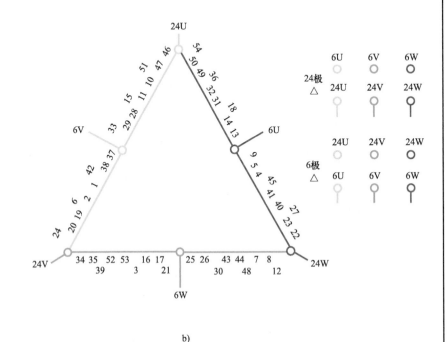

b)

图 9.7.2

1. 绕组结构参数

定子槽数 $Z=54$	双速极数 $2p=24/6$
总线圈数 $Q=54$	变极接法 $\triangle/\triangle$
线圈组数 $u=36$	每组圈数 $S=1$、2
每槽电角 $\alpha=80°/20°$	线圈节距 $y=7$
绕组极距 $\tau=2.25/9$	极相槽数 $q=0.75/3$
分布系数 $K_{d24}=0.844$	$K_{d6}=0.705$
节距系数 $K_{p24}=0.985$	$K_{p6}=0.94$
绕组系数 $K_{dp24}=0.831$	$K_{dp6}=0.691$

出线根数 $c=6$

2. 绕组布线接线特点　本例双速绕组是采用新型的换相变极接法，24极为基准极120°相带绕组，再用△/△换相获得6极（底极）。绕组由单、双圈组成一个单元，而每相有6个串联单元，分置于两个变极段（组），变极时其中一个变极段需要变相，但不用反向。此双速绕组引出线仅为6根，控制调速只需改接电源，故其控制极其方便。

本例54槽24/6极△/△联结是非常规换相变极绕组，接线原理如图9.7.2b所示；双速绕组端面布线接线如图9.7.2a所示。

9.7.3 54槽 24/6 极($y=7$、$S=2$、1,正规分布)Y/2 Y联结双速绕组

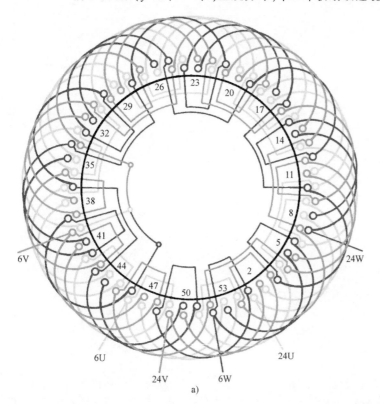

a)

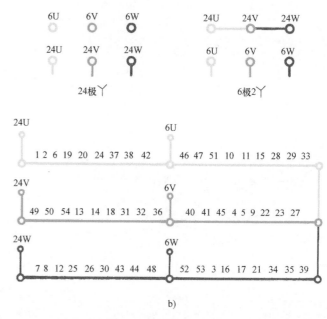

b)

图 9.7.3

1. 绕组结构参数

定子槽数	$Z=54$	线圈组数 $u=36$	绕组系数 $K_{dp24}=0.831$
电机极数	$2p=24/6$	每组圈数 $S=2$、1	$K_{dp6}=0.663$
绕组接法	Y/2 Y	绕组型式 双层叠绕	
总线圈数	$Q=54$	线圈节距 $y=7$	

2. 特点及应用

本例采用正规分布的反向变极方案,绕组由单圈和双圈组成,三相绕组的结构和接线均相同,是 24/6 极电动机中接线最简单的变极绕组。但该绕组是以 24 极为基准按庶极排出,并用反向法排出 6 极,故其绕组系数相差很大,而 6 极时仅为 0.663,对工作于电梯的电动机来说,会影响其正常工作的运行特性。为此,重绕时定要查清原绕组的接线实属本例,否则不要随意套用,以避免电动机重绕后不能正常投入工作。

9.7.4 54槽 24/6极($y=7$、$S=1$,非正规分布)$\curlyvee/2\curlyvee$联结双速绕组

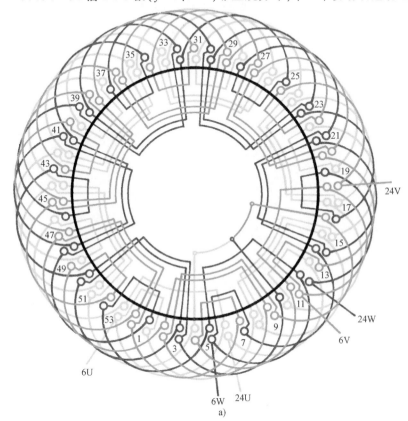

a)

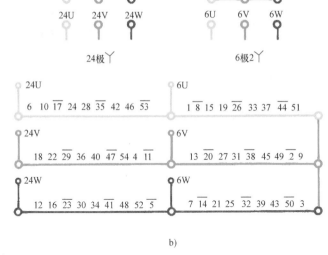

b)

图 9.7.4

1. 绕组结构参数

定子槽数	$Z=54$	线圈组数 $u=54$	绕组系数 $K_{dp24}=0.951$
电机极数	$2p=24/6$	每组圈数 $S=1$	$K_{dp6}=0.793$
绕组接法	$\curlyvee/2\curlyvee$	绕组型式 双层叠绕	
总线圈数	$Q=54$	线圈节距 $y=7$	

2. 特点及应用 本例绕组两种极数均采用非正规分布排列,在两种转速下获得较接近的绕组系数。绕组全部由单圈组构成,故总线圈组数较多,使接线较繁,但较之同是每组单圈的 9.7.1 节来说,本例着重接线设计的合理性,不但使之"过线"较短,而且每相接线更具规律性。即每个变极组由 3 个接线单元组成,其中变极反向段是两圈顺、一圈反;不反向段则由正、反、正 3 圈组成。

9.7.5 54槽 24/6 极($y=7$、$S=1$、2,正规分布)$\curlyvee/2\curlyvee$联结双速绕组

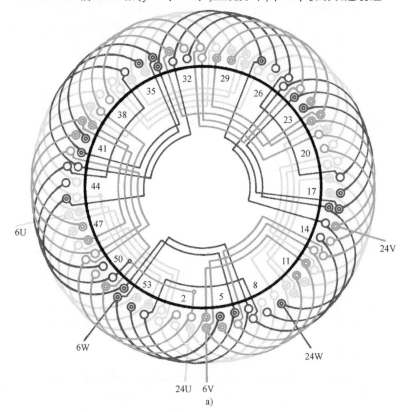

a)

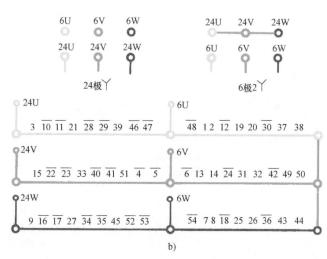

b)

图 9.7.5

1. 绕组结构参数

定子槽数 $Z=54$	线圈组数 $u=36$	绕组系数 $K_{dp24}=0.442$
电机极数 $2p=24/6$	每组圈数 $S=1$、2	$K_{dp6}=0.929$
绕组接法 $\curlyvee/2\curlyvee$	绕组型式 双层叠绕	
总线圈数 $Q=54$	线圈节距 $y=7$	

2. 特点及应用 本例 6 极为 60°相带正规分布,用反向法获得 24

极是非正规排列。绕组每相带占 3 槽,但相连 3 个线圈则分属两个变极组,即绕组实由单、双圈组成。为便于读图,特将代表线圈有效边的小圆加以区分,其中单小圆是变极时不改变极性的线圈,双小圆则是变极需反向的线圈。绕组接线宜从 24 极进线起接,并使变极组中的线圈组按正、反交替串联而成。由于线圈组数较上例减少 1/3,使绕组连接的"过线"也少 18 根,从而具有接线较简单的优点。

9.7.6 *54 槽 24/6 极（$y=7$、$S=2$、1）△/2丫联结（正规分布）电梯双速绕组

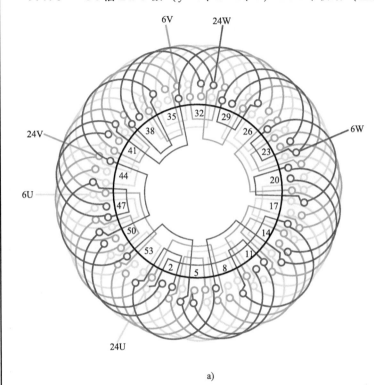

a)

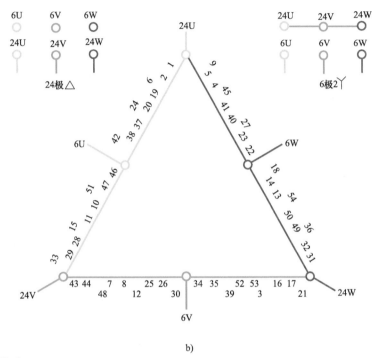

b)

图 9.7.6

1. 绕组结构参数

定子槽数	$Z=54$	电机极数	$2p=24/6$
总线圈数	$Q=54$	变极接法	△/2丫
线圈组数	$u=36$	每组圈数	$S=2$、1
每槽电角	$\alpha=80°/20°$	线圈节距	$y=7$
绕组极距	$\tau=2.25/9$	极相槽数	$q=0.75/3$
分布系数	$K_{d24}=0.844$	$K_{d6}=0.705$	
节距系数	$K_{p24}=0.985$	$K_{p6}=0.94$	

绕组系数 $K_{dp24}=0.831$ $K_{dp6}=0.663$
出线根数 $c=6$

2. 绕组布线接线特点   本例是正规分布反向变极双速绕组，由单、双联构成，三相绕组结构相同，故在电梯用电动机绕组中，属于接线比较简便的型式。双速是以 24 极为基准，用反向法获得 6 极。

本例 54 槽 24/6 极 △/2丫联结双速绕组接线原理如图 9.7.6b 所示，电梯双速绕组端面布线接线如图 9.7.6a 所示。

9.7.7 72槽24/6极($y=9$、$S=2$)丫/2丫联结双速绕组

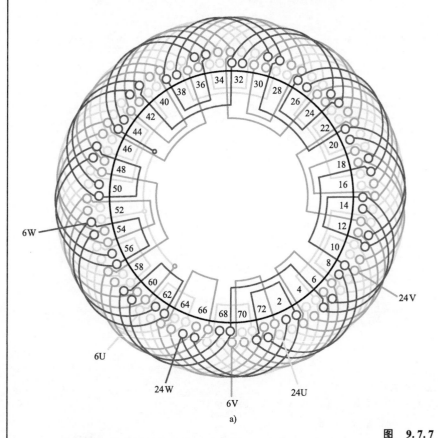

a)

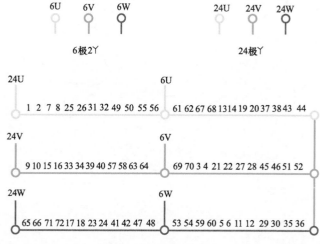

b)

图 9.7.7

1. 绕组结构参数

定子槽数	$Z=72$	电机极数	$2p=24/6$
总线圈数	$Q=72$	绕组接法	丫/2丫
线圈组数	$u=36$	每组圈数	$S=2$
线圈节距	$y=9$		

绕组系数　$K_{\mathrm{dp24}}=0.866$　$K_{\mathrm{dp6}}=0.648$

2. 特点与应用

本例属正规分布反向变极，恒转矩输出特性。转矩比 $T_{24}/T_6=1.336$，功率比 $P_{24}/P_6=0.668$。应用实例有 JTD-333 电梯用双速电动机。

9.7.8 *72槽 24/6极（y=9）人/2人联结双速绕组

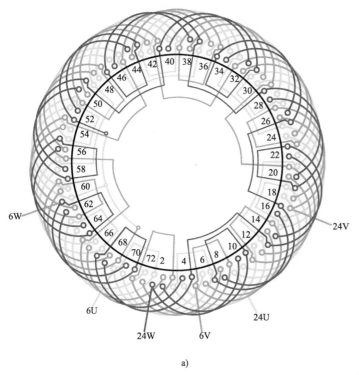

a)

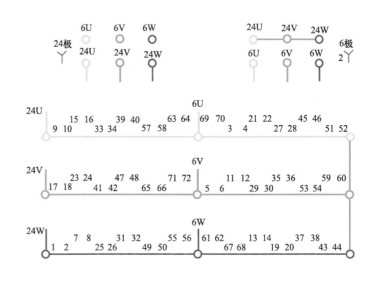

b)

图 9.7.8

1. 绕组结构参数

定子槽数 $Z=72$	双速极数 $2p=24/6$
总线圈数 $Q=72$	变极接法 $\curlyvee/2\curlyvee$
线圈组数 $u=36$	每组圈数 $S=2$
每槽电角 $\alpha=60°/15°$	线圈节距 $y=9$
绕组极距 $\tau=3/12$	极相槽数 $q=1/4$
分布系数 $K_{d24}=0.866$	$K_{d6}=0.701$
节距系数 $K_{p24}=1.0$	$K_{p6}=0.924$

绕组系数 $K_{dp24}=0.866$ $K_{dp6}=0.648$
出线根数 $c=6$

2. 绕组布线接线特点 本例双速绕组是正规分布反向变极方案，属恒转矩输出特性。转矩比 $T_{24}/T_6=1.34$，功率比 $P_{24}/P_6=0.668$。主要应用于国产早期电梯系列产品，如 JTD-333 等。

本例 72槽 24/6极$\curlyvee/2\curlyvee$是常规接法电梯用双速绕组，接线原理如图 9.7.8b 所示；双速绕组端面布线接线如图 9.7.8a 所示。

9.7.9 *72槽 24/6极（y=9）△/△联结（换相变极）双速绕组

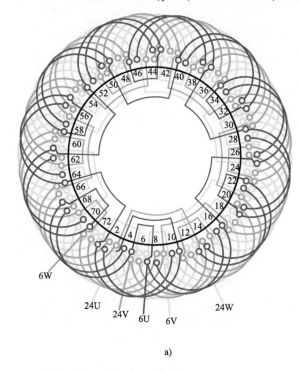

a)

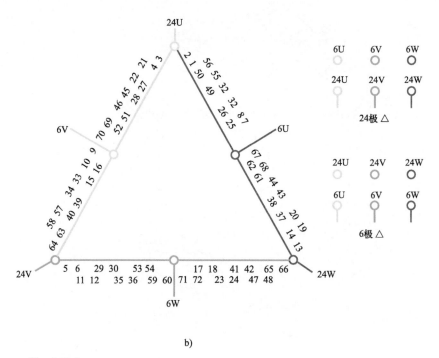

b)

图 9.7.9

1. 绕组结构参数

定子槽数	$Z=72$	双速极数	$2p=24/6$
总线圈数	$Q=72$	变极接法	$△/△$
线圈组数	$u=36$	每组圈数	$S=2$
每槽电角	$α=60°/15°$	线圈节距	$y=9$
绕组极距	$τ=3/12$	极相槽数	$q=1/4$
分布系数	$K_{d24}=0.866$	$K_{d6}=0.766$	
节距系数	$K_{p24}=1.0$	$K_{p6}=0.924$	
绕组系数	$K_{dp24}=0.866$	$K_{dp6}=0.708$	

出线根数　$c=6$

2. 绕组布线接线特点

本例是换相变极双速绕组，以120°相带的24极为基准，换相取得60°相带6极绕组。绕组由双圈组构成，每相有12组线圈，分别安排在两个变极段。双速绕组采用△/△变极联结，即24极和6极均是一路△形联结。

本例72槽24/6极是电梯用双速绕组，采用△/△联结，属非常规换相变极，双速绕组接线原理如图9.7.9b所示；端面布接线则如图9.7.9a所示。

9.7.10 72槽 24/6 极 $(y=10 、 S=2) \curlyvee/2\curlyvee$联结双速绕组

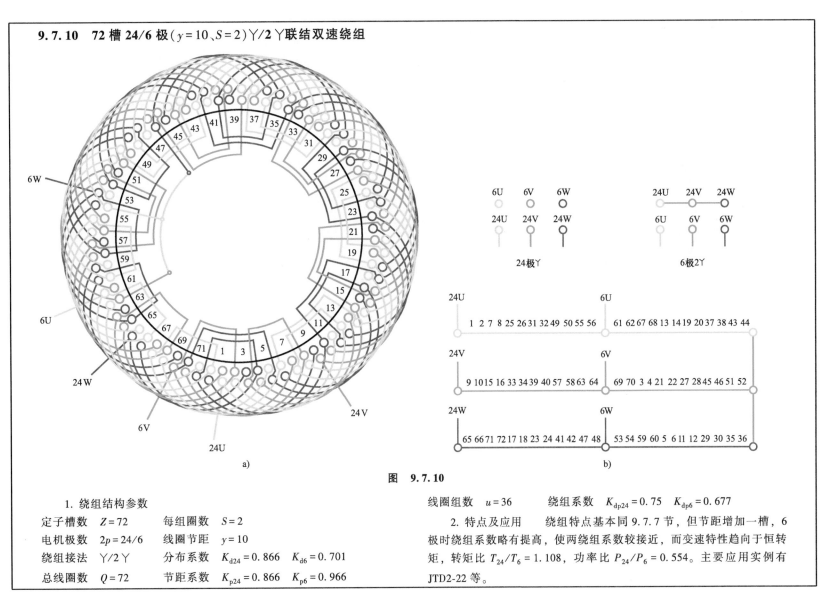

图 9.7.10

1. 绕组结构参数

定子槽数	$Z=72$	
电机极数	$2p=24/6$	
绕组接法	$\curlyvee/2\curlyvee$	
总线圈数	$Q=72$	

每组圈数	$S=2$	
线圈节距	$y=10$	
分布系数	$K_{d24}=0.866$	$K_{d6}=0.701$
节距系数	$K_{p24}=0.866$	$K_{p6}=0.966$

线圈组数　$u=36$　　绕组系数　$K_{dp24}=0.75$　$K_{dp6}=0.677$

2. 特点及应用　绕组特点基本同 9.7.7 节，但节距增加一槽，6 极时绕组系数略有提高，使两绕组系数较接近，而变速特性趋向于恒转矩，转矩比 $T_{24}/T_6=1.108$，功率比 $P_{24}/P_6=0.554$。主要应用实例有 JTD2-22 等。

9.7.11 72槽 24/6极($y=9$、$S=1$、2)$\curlyvee/2\curlyvee$联结双速绕组

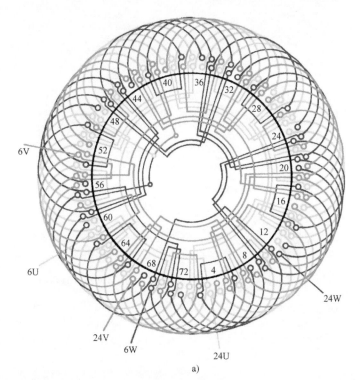

a)

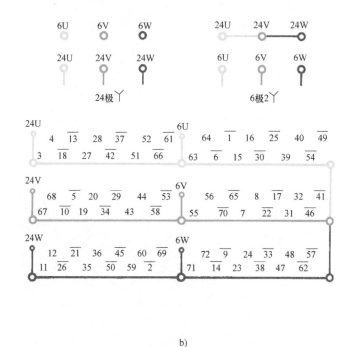

b)

图 9.7.11

1. 绕组结构参数

定子槽数 $Z=72$	线圈组数 $u=54$	绕组系数 $K_{dp24}=0.866$
电机极数 $2p=24/6$	每组圈数 $S=1$、2	$K_{dp6}=0.824$
绕组接法 $\curlyvee/2\curlyvee$	绕组型式 双层叠绕	
总线圈数 $Q=72$	线圈节距 $y=9$	
分布系数 $K_{d24}=0.866$	$K_{d6}=0.892$	
节距系数 $K_{p24}=1$	$K_{p6}=0.924$	

2. 特点及应用　本例采用变极方案,但改用下层边槽号为线圈号,且对绕组的接线进行重新设计,即将每相绕组两个变极组的连接次序统一,而且三相接线相同,使变极绕组的接线变得较有规律而显得简练、合理。绕组采用$\curlyvee/2\curlyvee$联结,属恒转矩变极,两种转速下的转矩比$T_{24}/T_6=1.05$,功率比$P_{24}/P_6=0.525$。电动机以6极运行,24极仅作慢速平层之用。本绕组适用于 YTD 系列的 24/6 极电梯电动机重绕。

9.7.12 72槽 24/6 极 Y/2 Y 联结单层双节距双速绕组

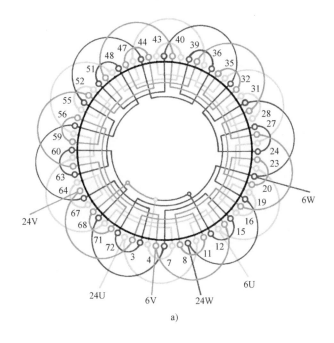

a)

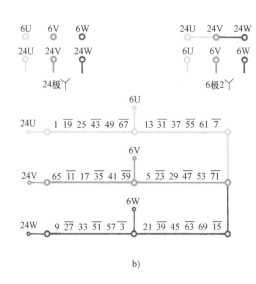

b)

图 9.7.12

1. 绕组结构参数

定子槽数 $Z = 72$	电机极数 $2p = 24/6$
绕组接法 Y/2 Y	总线圈数 $Q = 36$
线圈组数 $u = 36$	每组圈数 $S = 1$
线圈节距 $y_1 = 9$ $y_2 = 3$	
绕组极距 $\tau = 3/12$	每槽电角 $\alpha = 60°/15°$
分布系数 $K_{d24} = 1.0$ $K_{d6} = 0.654$	
节距系数 $K_{p24} = 1.0$ $K_{p6} = 0.707$	

绕组系数 $K_{dp24} = 1.0$ $K_{dp6} = 0.462$

2. 绕组特点 本例双速绕组是近年在电梯电动机中出现的绕组型式。绕组为单层布线，它由两种节距的线圈构成类似于同心绕组的布线，但实际不属同心线圈组，而是大小两线圈分别归属于不同的变极组，即大小线圈是各自独立的线圈，其接线必须按图进行。

此双速绕组具有嵌线方便、端部交叠较少等特点。嵌线时先将大线圈交叠嵌入相应槽内，吊边数为2。完成后把小线圈整嵌于面。此绕组取自引进生产线的国产电梯电动机。

9.7.13 *72槽 24/6 极 △/2丫联结单层双节距双速绕组

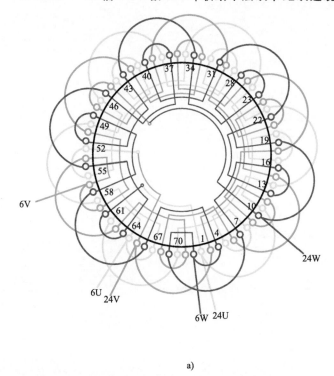

a)

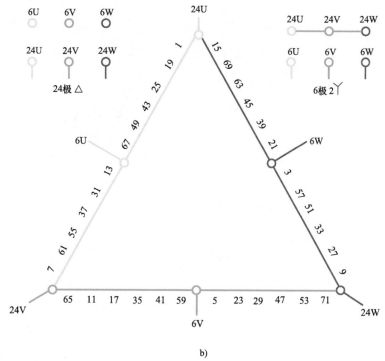

b)

图 9.7.13

1. 绕组结构参数

定子槽数	$Z=72$	双速极数	$2p=24/6$
总线圈数	$Q=36$	变极接法	△/2丫
线圈组数	$u=36$	每组匝数	$S=1$
每槽电角	$\alpha=60°/15°$	线圈节距	$y=9$、3
绕组极距	$\tau=3/12$	极相槽数	$q=1/4$
分布系数	$K_{d24}=1.0$	$K_{d6}=0.654$	
节距系数	$K_{p24}=1.0$	$K_{p6}=0.707$	
绕组系数	$K_{dp24}=1.0$	$K_{dp6}=0.462$	

出线根数 $c=6$

2. 绕组布线接线特点　本例是近年来在电梯用电动机中出现的绕组型式。绕组采用单层双节距布线，它由两种节距的线圈构成类似于同心线圈布线，但实际是大小同心线圈各分别归属于不同变极组，接线时大圈为正，而邻近小圈反接，即同单元大小圈极性相反。

本例72槽24/6极是电梯用双速绕组，采用△/2丫联结，单层双节距变极，其接线原理如图9.7.13b所示；双速绕组端面布线接线则如图9.7.13a所示。

9.7.14　*72槽24/6极（$y=9$）2△/2△联结（换相变极）双速绕组

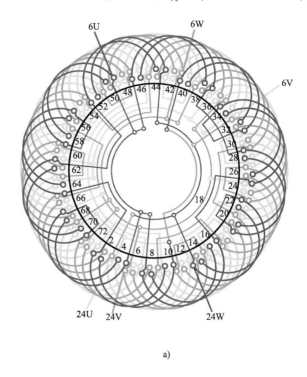

a)

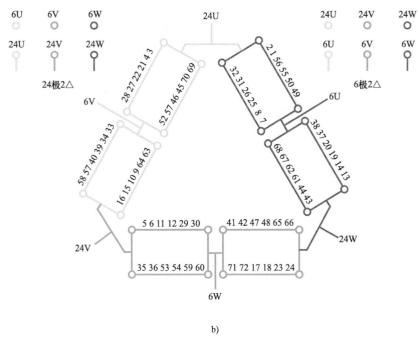

b)

图　9.7.14

1. 绕组结构参数

定子槽数	$Z=72$	双速极数	$2p=24/6$
总线圈数	$Q=72$	变极接法	$2\triangle/2\triangle$
线圈组数	$u=36$	每组圈数	$S=2$
每槽电角	$\alpha=60°/15°$	线圈节距	$y=9$
绕组极距	$\tau=3/12$	极相槽数	$q=1/4$
分布系数	$K_{d24}=0.866$	$K_{d6}=0.766$	
节距系数	$K_{p24}=1.0$	$K_{p6}=0.924$	
绕组系数	$K_{dp24}=0.866$	$K_{dp6}=0.708$	

出线根数　$c=6$

2. 绕组布线接线特点

本例是换相变极双速绕组，以120°相带的24极为基准，换相取得120°相带6极绕组，为适应大功率电机而采用并联接线，即变极联结为2△/2△。绕组由双圈组构成，每相有12组线圈，分别安排在两个变极段，而每个变极段则分成2个支路，从而构成2△/2△换相变极联结，即24极和6极都是两路△形。

本例是72槽24/6极非常规接法换相变极△/△联结的并联型式，其接线原理如图9.7.14b所示；双速绕组端面布线接线则如图9.7.14a所示。

9.7.15 *72 槽 24/8 极（$y = 9$）△/△-Ⅱ（换相变极）联结双速绕组

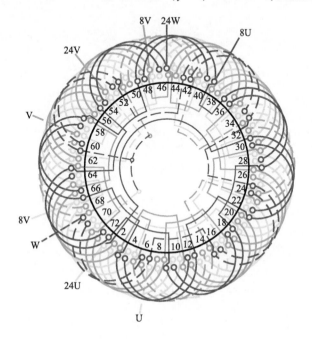

a)

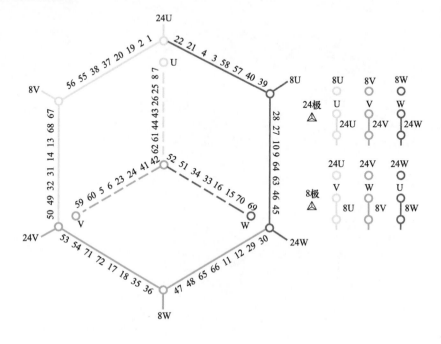

图 9.7.15

b)

1. 绕组结构参数

定子槽数	$Z = 72$	双速极数	$2p = 24/8$
总线圈数	$Q = 72$	变极接法	△/△-Ⅱ
线圈组数	$u = 36$	每组圈数	$S = 2$
每槽电角	$\alpha = 60°/20°$	线圈节距	$y = 9$
绕组极距	$\tau = 3/9$	极相槽数	$q = 1/3$
分布系数	$K_{d24} = 0.866$	$K_{d8} = 0.831$	
节距系数	$K_{p24} = 1.0$	$K_{p8} = 1.0$	
绕组系数	$K_{dp24} = 0.866$	$K_{dp8} = 0.831$	

出线根数　$c = 9$

2. 绕组布线接线特点　本例绕组是 24/8 极双速绕组，由双联组构成，每相有 3 个变极组，分别安排 4 组线圈。本例采用的△/△联结与常规采用的不同，即变极时三相的丫形部分全部换相。本绕组是作者原创，故定型为Ⅱ型以资区别。本绕组选用节距 $y = 9$，能使 $K_{d24} = K_{d8} = 1$，故其绕组系数较高且接近，利于两种转速下出力均匀。

本例是 72 槽 24/8 极电梯用双速绕组，采用换相变极△/△-Ⅱ联结，双速绕组接线原理如图 9.7.15b 所示；变极绕组端面布线接线如图 9.7.15a 所示。

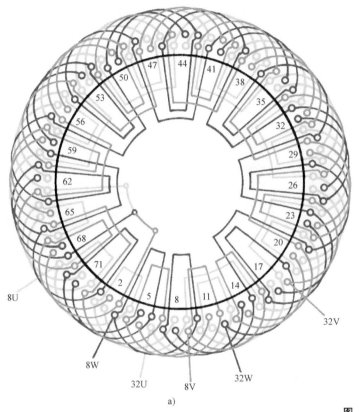

a)

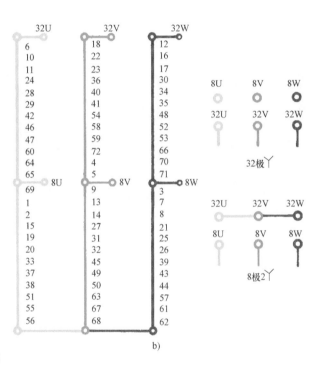

b)

图　9.7.16

1. 绕组结构参数

定子槽数　$Z = 72$	线圈组数　$u = 48$	绕组系数	$K_{dp32} = 0.831$
电机极数　$2p = 32/8$	每组圈数　$S = 1$、2		$K_{dp8} = 0.672$
绕组接法　丫/2 丫	绕组型式　双层叠绕		
总线圈数　$Q = 72$	线圈节距　$y = 7$		

2. 特点及应用　本例绕组 32 极时每极相槽数 $q = 3/4 < 1$，在普通电动机中也不多见，由于要用 24 个线圈构成 32 极，必须安排部分线圈形成庶极，故属特殊型式的变极绕组。绕组全部由单、双圈组成，并按 1、2、1、2 分布规律循环布线。每相由两个变极组组成，变极组接线方法相同，即从 32 极起接，把相邻单、双圈顺串，跨过两组再次串入单、双圈便完成一个变极组。其余类推。此绕组是新近出现的双速型式，实际见用于合资电梯厂家的电动机。

9.7.17 72槽32/8极($y=7$、$S=2$、1,非正规分布)丫/2丫联结双速绕组

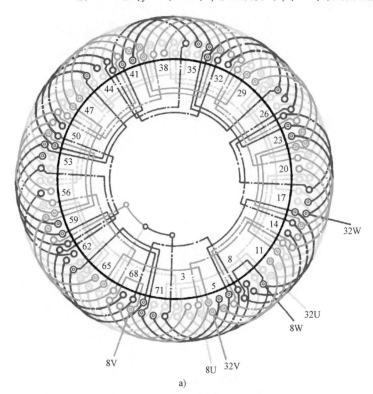

a)

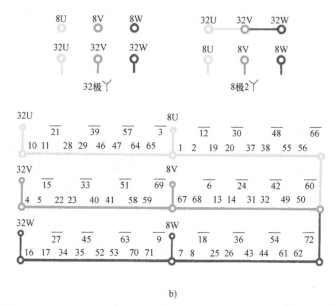

b)

图 9.7.17

1. 绕组结构参数

定子槽数	$Z=72$	线圈组数	$u=48$	绕组系数 $K_{dp32}=0.442$
电机极数	$2p=32/8$	每组圈数	$S=2$、1	$K_{dp8}=0.724$
绕组接法	丫/2丫	绕组型式	双层叠绕	
总线圈数	$Q=72$	线圈节距	$y=7$	

2. 特点及应用 本例采用非正规分布变极,以 8 极排出 60°相带绕组,利用非正规反向法安排 32 极。因此,从图 9.7.17a 看去是同相安排 3 槽连号,其实是分作单圈和双圈两组,本例则用实线和点划线予以区分,重绕时要按图嵌入,以免误嵌而返工。此绕组是以电梯负载工作而设计,故其高速时绕组系数较高,以适应正常的运行;低速用于停车前的平层运行。但毕竟 32 极的绕组系数过低,将影响其出力,所以要查实所修电机绕组与此相同才采用本例,否则,盲目套用便可能使重绕的电动机不适应原来的工作条件。

9.7.18 72槽32/8极($y=7$、$S=1$)丫/2丫联结双速绕组

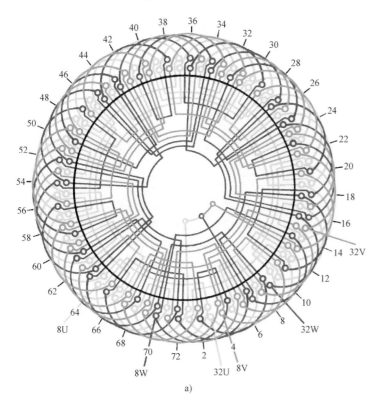

a)

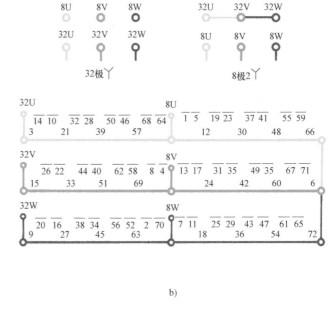

b)

图 9.7.18

1. 绕组结构参数

定子槽数 $Z=72$	线圈组数 $u=72$	绕组系数	$K_{dp32}=0.946$
电机极数 $2p=32/8$	每组圈数 $S=1$		$K_{dp8}=0.793$
绕组接法 丫/2丫	绕组型式 双层叠绕		
总线圈数 $Q=72$	线圈节距 $y=7$		

2. 特点及应用 本例是非正规分布绕组，每个线圈组仅有 1 只线圈，每个变极组由 4 个连接单元组成，而一正二反的 3 个线圈构成一个单元。由于线圈组数多，使绕组接线非常繁琐，属 32/8 极中接线最繁琐的一例，但三相连接规律相同。本例属恒转矩输出，两种转速下的功率比 $P_{32}/P_8=0.481$，转矩比 $T_{32}/T_8=0.963$。此变极电动机两种转速下的绕组系数较接近，但都比较低。重绕时要查明绕组接线才能应用。

9.8 三相变极电动机单层布线双速绕组

单层绕组每槽只有一个线圈边，绕组的构成比较简单，电流分析的来龙去脉也直观显见，所以，单绕组变极电动机研发之初都采用单层布线。但由于单层绕组在布线安排上有诸多限制，而每组线圈的安排不能连续，必须隔槽分布，使得电动机的绕组分布系数很低，从而增加了电动机绕组的用铜量，则电动机铜损耗增加，导致电动机性能下降且成本增加。所以，随着双速电动机进入实际应用，单绕组双速电动机都采用经济、技术性能都较好的双层绕组。

然而，随着变极电动机应用广度的发展，结合单层绕组具有较优的工艺性，而且变极绕组已不局限于普通单层绕组的全节距，而可选用适当的节距来抑制谐波的干扰。所以，近年来在进口配套设备中，时遇单层布线的双速电动机，特别是在电梯、起重设备中，常见用于双绕组多速电动机配用的单层布线双速绕组。估计是因其端部交叠少而薄，有利于端部整形的原因。

本节的单层布线各型式双速绕组共 10 例，供读者参考。此外，单层线圈无上下层之分，故将奇数槽号作为线圈号。

9.8.1 24槽4/2极（$y=7$）△/2丫联结单层叠式双速绕组

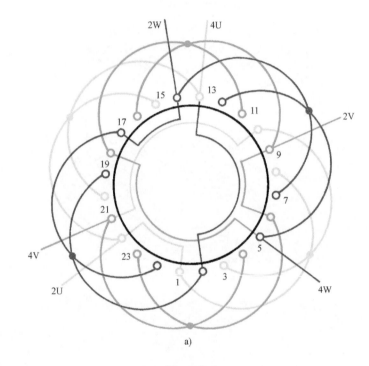

a)

图 9.8.1

4U 4V 4W 2U 2V 2W

4极△　　　　2极2丫

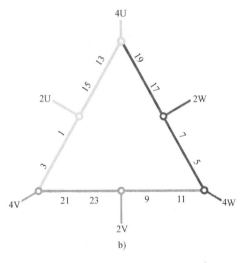

b)

图 9.8.1（续）

1. 绕组结构参数

定子槽数	$Z = 24$	电机极数	$2p = 4/2$
绕组接法	$\triangle/2\curlyvee$	总线圈数	$Q = 12$
线圈组数	$u = 6$	每组圈数	$S = 2$
线圈节距	$y = 7$	绕组极距	$\tau = 6/12$
每槽电角	$\alpha_4 = 30°$	$\alpha_2 = 15°$	
分布系数	$K_{d4} = 0.808$	$K_{d2} = 0.766$	
节距系数	$K_{p4} = 0.966$	$K_{p2} = 0.79$	
绕组系数	$K_{dp4} = 0.78$	$K_{dp2} = 0.605$	

2. 绕组特点　　本例是倍极比正规分布反向变极的单层布线、$\triangle$／2丫联结的双速绕组。每相由两个变极组构成，每个变极组只有一组隔槽串联的双联组。双速绕组引出线 6 根，4 极时，2U、2V、2W 不接，电源从 4U、4V、4W 接入，三相接成 $\triangle$ 形联结，全部线圈极性为正；换接到 2 极时，电源换接到 2U、2V、2W，并将 4U、4V、4W 接成星点，三相构成 2丫联结，则每相有一半线圈反向为负。

此绕组具有线圈组少，采用相同规格线圈，嵌线和接线都较方便，但绕组系数较低。图中端部记号"·"表示隔槽同组线圈。

9.8.2 24 槽 8/2 极 △/2 丫联结单层双节距双速绕组

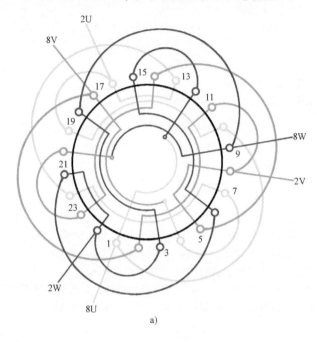

a)

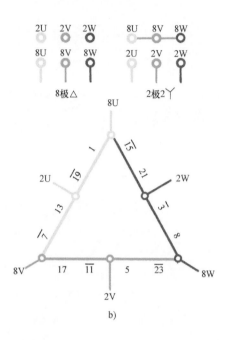

b)

图 9.8.2

1. 绕组结构参数

定子槽数 $Z=24$	电机极数 $2p=8/2$	分布系数 $K_{d8}=1.0$
绕组接法 △/2丫	总线圈数 $Q=12$	$K_{d2}=0.654$
线圈组数 $u=12$	每组圈数 $S=1$	节距系数 $K_{p8}=1.0$
线圈节距 $y_1=9$ $y_2=3$		$K_{p2}=0.707$
绕组极距 $\tau=3/12$	每槽电角 $\alpha=60°/15°$	绕组系数 $K_{dp8}=1.0$
		$K_{dp2}=0.462$

2. 绕组特点　本例采用的单层布线比较特殊，从图中粗看，它近似同心绕组，其实它的两种节距线圈分属于两个单圈组，故称"双节距"。本绕组以奇数槽号代表线圈号，各线圈接线如图 9.8.2b 所示。此

绕组的接线也比较特别，我们且把每一个双节距线圈称作一个单元，则接线从 8 极开始，进入单元 1 的大圈，与单元 2 的小圈反串后抽出 2 极引出线，则一个变极组接线完成，随之进入另一个变极组，即串入此单元的大圈，再反串单元 1 的小线圈则一相完成。其余两相接法相同。由此可见，同一单元的大小线圈的极性相反。

此双速组分解成单层叠式，则 8 极时，其等效节距相当于 $y_8=3$；2 极时 $y_2=6$，其绕组系数也由此计算。由于 2 极绕组系数很低，故适合低速正常工作，而高速适合辅助运行的场合。

这种布线型式可把线圈交叠减至最小，从而减薄端部厚度。故常应用于双绕组多速电动机配套使用。图 9.8.2 为 72 槽绕组的基本模型。

9.8.3 *24槽8/2极（$S=2$） △/2丫联结单层同心式双速绕组

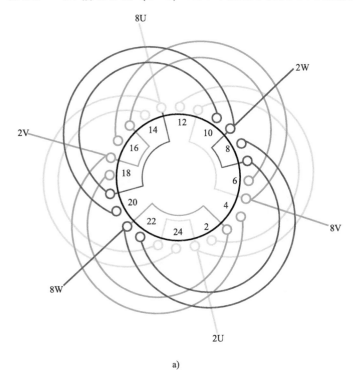

a)

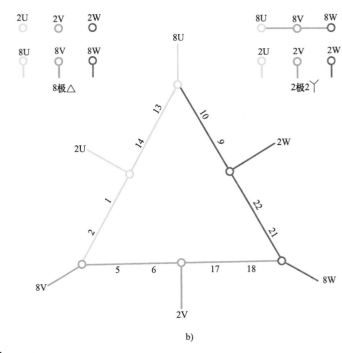

b)

图 9.8.3

1. 绕组结构参数

定子槽数	$Z=24$	双速极数	$2p=8/2$
总线圈数	$Q=12$	变极接法	△/2丫
线圈组数	$u=6$	每组圈数	$S=2$
每槽电角	$\alpha=60°/15°$	线圈节距	$y=11、9$
绕组极距	$\tau=3/12$	极相槽数	$q=1/4$
分布系数	$K_{d8}=0.75$	$K_{d2}=0.957$	
节距系数	$K_{p8}=0.866$	$K_{p2}=1.0$	

绕组系数 $K_{dp8}=0.65$ $K_{dp2}=0.957$

出线根数 $c=6$

2. 绕组布线接线特点 本例是单层同心式布线双速绕组，绕组结构简单；全绕组由 6 组同心双圈组成，每相只有 2 组线圈。接线以 8 极为基准，使两组线圈同极性串联，再接成一路 △形联结；而 2 极时电源从每相中点接入，并把 8U、8V、8W 连成星点，从而构成两路丫形联结。

本例 24 槽 8/2 极 △/2丫联结是常规变极绕组，采用单层同心式布线，双速接线原理如图 9.8.3b 所示；双速绕组端面布线接线如图 9.8.3a 所示。

9.8.4　36槽6/4极($y=7$)△/2丫联结单层（不规则）双速绕组

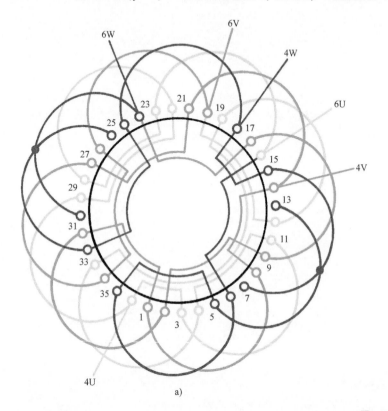

a)

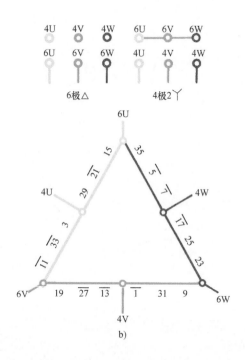

b)

图　9.8.4

1. 绕组结构参数

定子槽数　$Z=36$	电机极数　$2p=6/4$	每组圈数　$S=1.2$
绕组接法　△/2丫	总线圈数　$Q=18$	绕组极距　$\tau=6/9$
线圈组数　$u=16$	线圈节距　$y=7$	每槽电角　$\alpha=30°/20°$
分布系数　$K_{d6}=0.85$　$K_{d4}=0.691$		
节距系数　$K_{p6}=0.966$　$K_{p4}=0.94$		

绕组系数　$K_{dp6}=0.821$　$K_{dp4}=0.65$

2. 绕组特点　本例是非倍极比变极方案，以4极为基准，采用反向法非正规分布安排6极，从而使两种转速下能有较接近的绕组系数。

本绕组的三相采用不同的布线，U相和V相各由6个单圈组构成，而W相则有两个双圈组，分别安排在W相的两个变极组中。为识别单圈组与双圈组，图9.8.4a特将双圈组线圈端部交汇处加"·"表示。

9.8.5　36 槽 6/4 极 丫/2 丫 联结单层 （不规则） 同心交叉式双速绕组

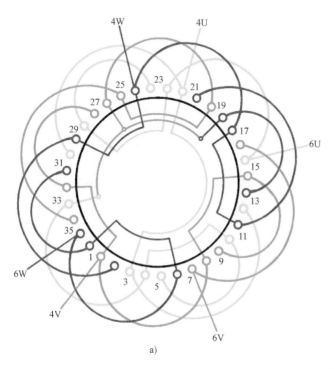

a)

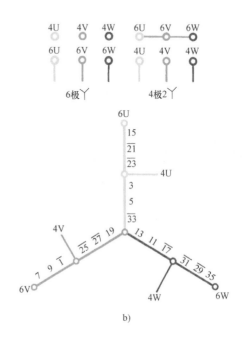

b)

图　9.8.5

1. 绕组结构参数

定子槽数　$Z=36$	每槽电角　$\alpha=30°/20°$	同心节距　$y_2=9$、5
绕组接法　丫/2 丫	电机极数　$2p=6/4$	绕组极距　$\tau=6/9$
线圈组数　$u=12$	总线圈数　$Q=18$	
单圈节距　$y_1=7$	每组圈数　$S=2.1$	
分布系数　$K_{db}=0.85$	$K_{d4}=0.691$	
节距系数　$K_{p6}=0.966$	$K_{p4}=0.94$	
绕组系数　$K_{dp6}=0.821$	$K_{dp4}=0.65$	

2. 绕组特点　本例是非倍极比变极方案，为使高速时的绕组系数不致过低，本绕组以 4 极为基准，再用反向法非正规分布安排 6 极绕组。绕组三相布线相同，即采用单层同心交叉布线，每相由 2 个同心线圈组和一个单圈组成，其线圈平均节距 $y_p=7$。采用同心线圈布线可减少端部交叠，减少绕组端部的厚度，也利于整嵌工艺，但双速绕组的同心线圈是隔槽安排的，故不同于普通电动机的单层同心式。但是，采用不同节距线圈，不利于工艺的简化，而且，同心大线圈增大跨度也可能增加电动机的铜损耗。

9.8.6　*36槽8/2极（S=3）△/2丫联结单层同心式双速绕组

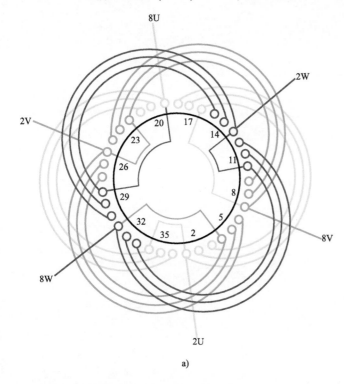

a)

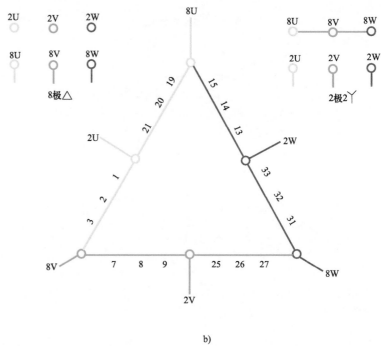

b)

图　9.8.6

1. 绕组结构参数

定子槽数	$Z=36$	双速极数	$2p=8/2$
总线圈数	$Q=18$	变极接法	△/2丫
线圈组数	$u=6$	每组圈数	$S=3$
每槽电角	$\alpha=40°/10°$	线圈节距	$y=17、15、13$
绕组极距	$\tau=4.5/18$	极相槽数	$q=1.5/6$
分布系数	$K_{d8}=0.765$	$K_{d2}=0.956$	
节距系数	$K_{p8}=0.866$	$K_{p2}=1.0$	

绕组系数　$K_{dp8}=0.663$　$K_{dp2}=0.956$

出线根数　$c=6$

2. 绕组布线接线特点　本例绕组采用单层布线，绕组由三联同心线圈组成，每相2组线圈。接线时以8极为基准，将2组线圈顺接串联，即"尾接头"；然后再连成一路△形。2极电源从角形中间抽头2U、2V、2W接入，并将8U、8V、8W连成星点，构成2丫联结。

本例36槽8/2极△/2丫联结双速绕组采用单层同心式布线，绕组接线原理如图9.8.6b所示；双速变极绕组端面布线接线如图9.8.6a所示。

9.8.7 36槽8/6极(y=5)△/2丫联结单层叠式双速绕组

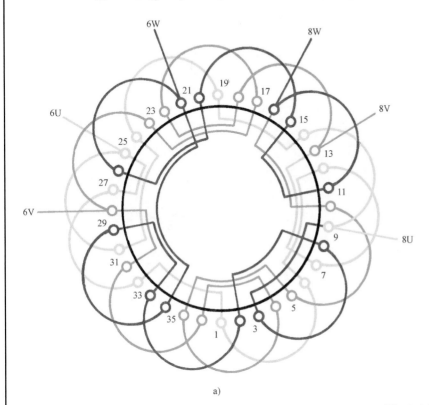

a)

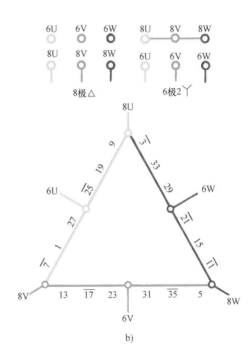

b)

图 9.8.7

1. 绕组结构参数

定子槽数 $Z=36$	线圈节距 $y=5$	每组圈数 $S=1$
绕组接法 △/2丫	总线圈数 $Q=18$	绕组极距 $\tau=4.5/6$
线圈组数 $u=18$	电机极数 $2p=8/6$	每槽电角 $\alpha=40°/30°$

分布系数 $K_{d8}=0.892$ $K_{d6}=0.833$

节距系数 $K_{p8}=0.985$ $K_{p6}=0.966$

绕组系数 $K_{dp8}=0.879$ $K_{dp6}=0.805$

2. 绕组特点 本例为非正规分布变极绕组。8极是带分数槽的基准极,6极采用非正规分布,故能获得集中度较高的线圈分布,使两种极数下的绕组系数较为接近。本绕组每组圈数均为1,与单链相同,但布线却有局部交叠,这与单链不同,故仍归到单叠绕组。所以,嵌线时可采用整嵌法,逐相整嵌。

9.8.8 48槽8/4极（$S=2$）△/2丫联结单层同心式双速绕组

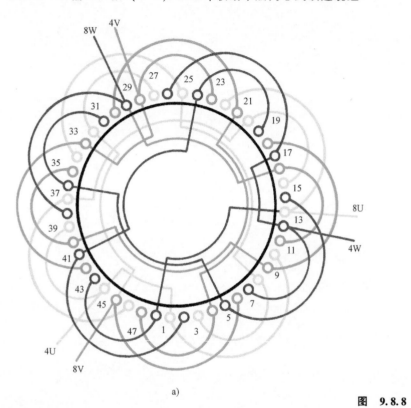

a)

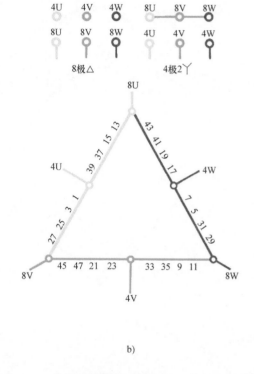

b)

图 9.8.8

1. 绕组结构参数

定子槽数 $Z=48$　　线圈节距 $y=9$、5　　总线圈数 $Q=24$
绕组接法 △/2丫　　每槽电角 $\alpha=30°/15°$　　每组圈数 $S=2$
线圈组数 $u=12$　　电机极数 $2p=8/4$　　绕组极距 $\tau=6/12$
分布系数 $K_{d8}=0.837$　$K_{d4}=0.767$
节距系数 $K_{p8}=0.966$　$K_{p4}=0.793$
绕组系数 $K_{dp8}=0.809$　$K_{dp4}=0.608$

2. 绕组特点　　本例为倍极比正规分布的双速绕组。绕组由隔槽同心双联线圈组构成，每相由4组线圈对称分布，接线也简单，即8极进线后隔组顺接串联，抽出4极出线后，进入另两组线圈的串联。三相连接相同，最后将三相接成一路△形即可。

本例是以4极为基准排列的双速绕组，所以两种极数的分布系数比较接近，故适用于两种转速下都要求出力接近的场合。

9.8.9 48槽16/4极丫/2丫联结单层双节距双速绕组

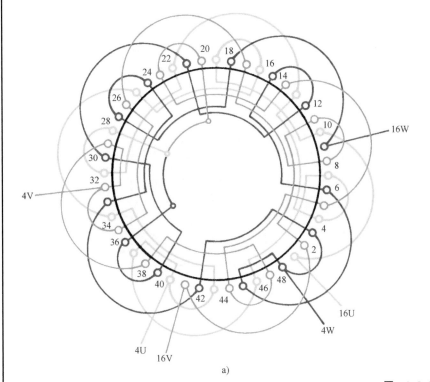

a)

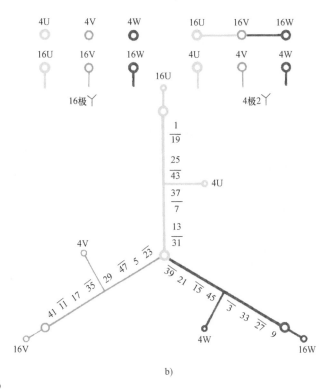

b)

图 9.8.9

1. 绕组结构参数

定子槽数	$Z = 48$	每组圈数	$S = 1$
电机极数	$2p = 16/4$	绕组型式	单层双节距
绕组接法	丫/2丫	线圈节距	$y = 9、3$
总线圈数	$Q = 24$	绕组系数	$K_{dp16} = 1.0$
线圈组数	$u = 24$		$K_{dp4} = 0.462$

2. 特点及应用

本例采用单层双节距布线,从端部外观看似每结构单元是同心线圈,其实它的大小线圈不是同一结构单元,而是分属于不同的两个单圈组。若接线从16极端开始,为方便说明,这里仅以"单元"相称,即每相4个线圈(组)是"单元"1大圈与"单元"2小圈反串,再与"单元"3大圈顺串,最后与"单元"4小圈反串。由此可见,绕组的接线特点是,同一"单元"的大小线圈没有直接关联,而各大线圈极性与小线圈相反。此绕组用于货物起重设备电动机。

9.8.10 72槽6/4极3丫/3丫联结单层（不规则）同心交叉式双速绕组

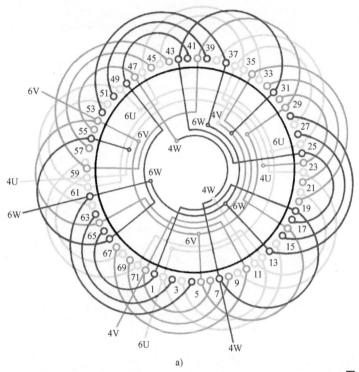

a)

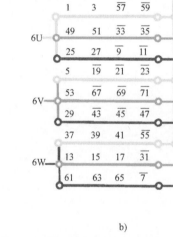

b)

图 9.8.10

1. 绕组结构参数

定子槽数 $Z=72$	线圈节距 $y\neq$	总线圈数 $Q=36$
绕组接法 $3丫/3丫$	每槽电角 $\alpha=15°/10°$	每组圈数 $S=3、2、1$
线圈组数 $u=18$	电机极数 $2p=6/4$	绕组极距 $\tau=12/18$
分布系数 $K_{d6}=0.829$ $K_{d4}=0.786$		
节距系数 $K_{p6}=0.991$ $K_{p4}=0.819$		
绕组系数 $K_{dp6}=0.822$ $K_{dp4}=0.644$		

2. 绕组特点　本例是采用换相法变极，6极和4极均是3丫联结，绕组图中相色是以6极时各线圈所处的相位绘制的。这时，如图9.8.10b所示，接到6U的3个支路的线圈（组）属U相，V、W类推。若变换到4极时，则接到4U的3个支路为U相，以此类推。由此可见，每相中除1个支路不变外，其余两个支路都改变了相位。

本绕组布线采用同心交叉式，不但线圈组规格多，有单圈、双圈和三圈，而且线圈规格竟有五种之多，故其工艺性较差。所以绕制线圈组和嵌线要特别注意，勿使弄错。

第10章 三相单绕组三速及单相变极电动机绕组

三速电动机有两种结构型式：一种是复合式，即定子槽中放置两套完全独立的绕组，其中一套是双速绕组，再加一套单速绕组，从而使电动机获得三种转速；另一种是单绕组变极的三速绕组。本章所列图例就是后一种型式。单绕组三速常以某极数为基准，通过现有的变极方法获得其他两种极数。而三速绕组常用的变极接法有如下几种：

1）2Y/2Y/2Y联结 它常用于非倍极比变极，即三种极数中，有一个变极组合是非倍极比，但另一个组合是倍极比，如8/6/4变极。它属于典型的反向法变极，通常是在非倍极比组合中选倍极比关联的少极数为基准，如本例选4极为基准，并以60°相带安排4极绕组，然后用反向法排出6极；最后仍以4极为基准，再用反向庶极法取得8极的120°相带绕组，也就是庶极绕组。由此可见，运用反向法获得三速最为简单，也最为成熟。采用2Y/2Y/2Y联结时，引出线9根，外部控制变速接线也较简单；但非基准极的绕组系数过低，从而影响其功率的发挥，不能满足两种转速下均衡出力的要求。

2）3Y/△/△联结 反向变极只改变部分线圈的极性（电流方向），而不改变线圈的相位。而3Y/△/△则属换相变极。它是把三种极数中的两种极数按正规60°相带的槽电势分布的方法来安排绕组，这样必定造成某些线圈可能反向，而且还可能会改变相属，所以称为换相变极。既然它的两种极数都是60°相带，故其分布系数都很高，所以能使两种甚至三种极数的绕组获得较高的绕组系数；而换相变极电动机的内部接线是变

极绕组中最为简练的，但引出线特多，故外部控制接线相当复杂。所以其推广应用受到一定的限制。

3）2Y/2△/2△联结 这种接法的特点介于前两者之间，它既可用反向法变极，也可用换相变极。如果一台8/4/2极电动机，主要工作在高速，而且要求出力较大，按反向法变极原理则宜选2极为基准，再反向得4极，但这时的4极已是120°相带，按以往的反向法就无法再变8极，为此则可用双节距法。即把一组的线圈分成两部分，如图10.2.3所示，一部分采用小节距线圈，另一部分用大节距线圈，这样再用反向法便可获得8极。这种方法则称为双节距变极法。它是根据反向法改进而成的一种特殊的变极方法。双节距的线圈组一般为双层叠式，但也可改变其端部形式而成为同心式线圈组的双节距绕组，如图10.2.4所示。

此外，2Y/2△/2△联结还可运用于换相变极，如图10.2.2所示。它是以4极为基准，换相法获得2极后，再以基准极反向取得8极的庶极绕组。这样可使2极和4极都得到较高的绕组系数，从而使其都获得较大的出力。但它仍然继承换相变极的特点，即内部接线简单面外部接线多，变速控制复杂。

三速绕组实际应用不多，本章共收入绕组图23例，并分三节介绍，其中新增绕组15例。其中包含单绕组四速电动机2例。

此外，本章还收入单相变极电动机双速绕组12例，除个别取材于书刊杂志外，大部分均是作者原创设计。

10.1 8/6/4极三速绕组布线接线图

8/6/4极三速是反向法变极，国产系列中仅见36槽定子规格，并采用2Y/2Y/2Y联结；而另一种变极联结2Y/2△/2△则主要用于非系列的专用产品，其定子除用36槽之外，还用48、60、72等槽规格。本节8/6/4极三速共收入绕组9例，其中新增绕组6例。

10.1.1　36 槽 ($y=4$) 8/6/4 极 2丫/2丫/2丫联结三速绕组

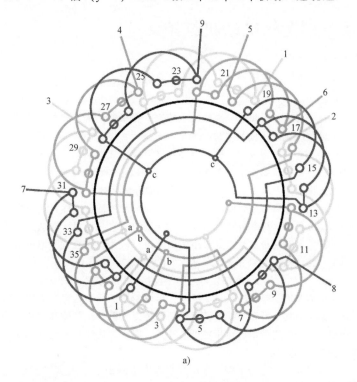

a)

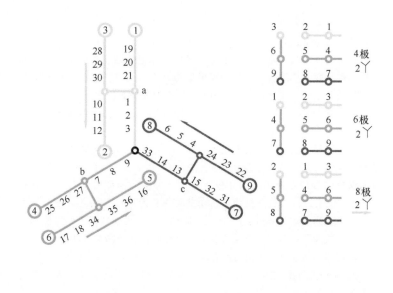

b)

图　10.1.1

1. 绕组结构参数

定子槽数　$Z=36$	每组圈数　$S=3$、2、1
电机极数　$2p=8/6/4$	绕组型式　双层叠式
绕组接法　2丫/2丫/2丫	线圈节距　$y=4$
总线圈数　$Q=36$	引出线数　$c=9$
线圈组数　$u=16$	
绕组系数　$K_{dp8}=0.831$　$K_{dp6}=0.558$　$K_{dp4}=0.617$	

2. 特点及应用　　本例 4 极为 60°相带正规分布，将部分线圈反向得 6 极，再用庶极法由 4 极反向得 8 极。本绕组每组元件数不等，除 U 相全部 4 组由三联组组成外，其余两相各由单圈、双圈和三圈等 6 组构成。所以线圈绕制及嵌线时须谨慎，参照绕组图进行，其相对位置不得嵌错。绕组 4、6 极为同转向，8 极是反转向。绕组内部接线较简单，引出线 9 根。主要应用实例有 JDO2-42-8/6/4、JDO3-140-8/6/4 等。

10.1.2 36槽（$y=5$）8/6/4极 2Y/2Y/2Y联结三速绕组

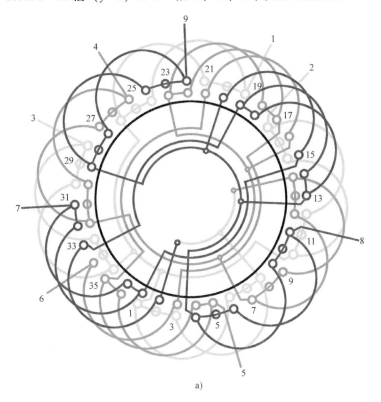

a)

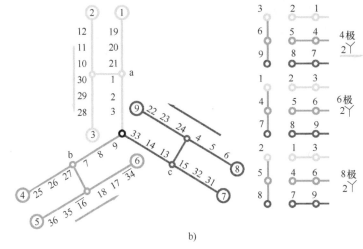

b)

图 10.1.2

1. 绕组结构参数

定子槽数	$Z=36$	每组圈数	$S=3$、2、1
电机极数	$2p=8/6/4$	绕组型式	双层叠式
绕组接法	2Y/2Y/2Y	绕组节距	$y=5$
总线圈数	$Q=36$	引出线数	$c=9$
线圈组数	$u=16$		

绕组系数　$K_{dp4}=0.735$　$K_{dp6}=0.622$　$K_{dp8}=0.831$

2. 特点及应用　　本绕组采用反向变极方案。4极是60°相带正规绕组，用反向法获得6极。两种极数的转向相同，但绕组系数较低，且较接近。8极是在4极的基础上用反向法取得，故属120°相带的庶极绕组，但8极是反转向，且绕组系数较高，适用于低速正常工作的场合。

主要应用实例有 JDO3-100S-8/6/4、JDO2-42-8/6/4 等。

10.1.3 *36 槽（$y=5$）8/6/4 极 2丫/2△/2△ 联结三速绕组

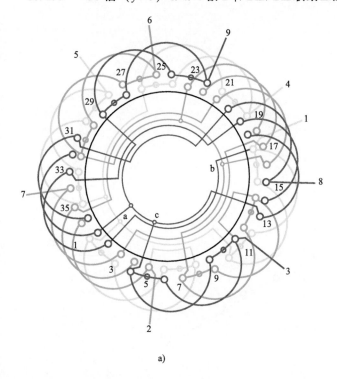

a)

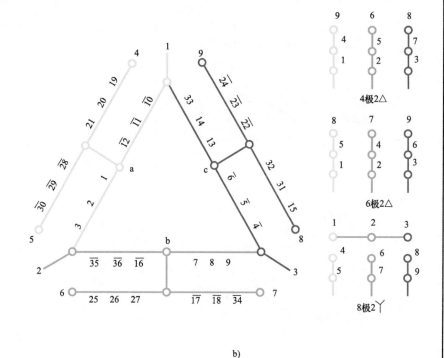

b)

图 10.1.3

1. 绕组结构参数

定子槽数 $Z=36$	双速极数 $2p=8/6/4$
总线圈数 $Q=36$	变极接法 2丫/2△/2△
线圈组数 $u=16$	每组圈数 $S=1$、2、3
每槽电角 $\alpha=40°/30°/20°$	线圈节距 $y=5$
绕组系数（8 极）	$K_{dp8}=0.844\times0.985=0.831$
（6 极）	$K_{dp6}=0.644\times0.966=0.622$
（4 极）	$K_{dp4}=0.96\times0.766=0.735$

出线根数　$c=9$

2. 绕组布线接线特点　本例是 2丫/2△/2△ 联结，本例以 4 极为基准 60° 相带绕组，反向法得 6 极，而 8 极是 4 极的庶极绕组。由于 4、6 极磁密比较合理，故本绕组适用于高速时要求有较高出力的三速电动机。

本例 36 槽 8/6/4 极 2丫/2△/2△ 联结三速绕组接线原理如图 10.1.3b 所示，三速变极绕组端面布线接线则如图 10.1.3a 所示。

10.1.4 *48槽（y=7）8/6/4极 2 丫/2 丫/2 丫联结三速绕组

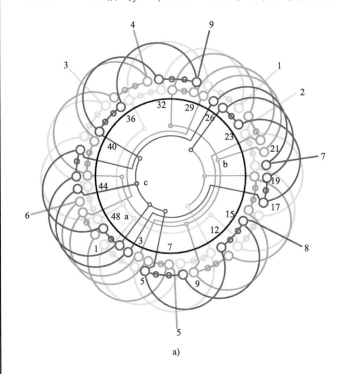

a)

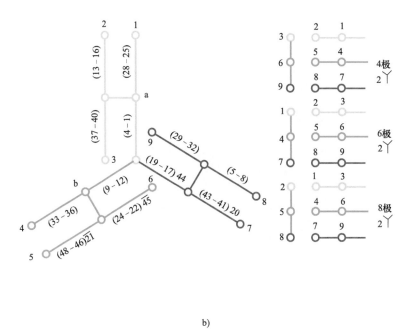

b)

图 10.1.4

1. 绕组结构参数

定子槽数 $Z=48$	双速极数 $2p=8/6/4$
总线圈数 $Q=48$	变极接法 2 丫/2 丫/2 丫
线圈组数 $u=16$	每组圈数 $S=4、3、1$
每槽电角 $\alpha=30°/22.5°/15°$	线圈节距 $y=7$
绕组系数（8极）	$K_{dp8}=0.837×0.966=0.809$
（6极）	$K_{dp6}=0.906×0.981=0.889$
（4极）	$K_{dp4}=0.957×0.793=0.76$

出线根数　$c=9$

2. 绕组布线接线特点　本例三速绕组是反向变极方案，绕组由四联组、三联组及单圈组构成，三速绕组采用 2 丫/2 丫/2 丫联结，每相有 4 个变极组，其中 U 相均由四联组构成，而 V、W 相则每相有 2 个变极组是四联组，其余则由三联组加单圈组成变极组。

本例 48 槽 8/6/4 极 2 丫/2 丫/2 丫联结三速绕组接线原理如图 10.1.4b 所示，三速绕组端面布线接线如图 10.1.4a 所示。

10.1.5 *48 槽（$y=7$）8/6/4 极 2 $\curlyvee$/2 $\triangle$/2 $\triangle$ 联结三速绕组

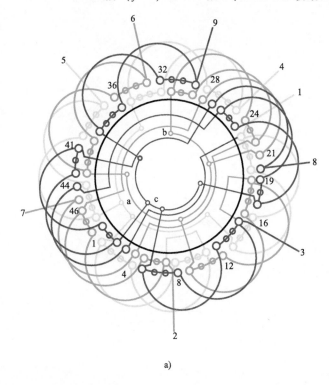

a)

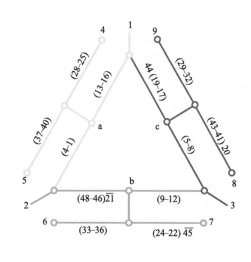

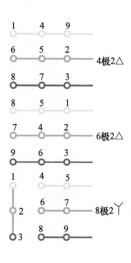

b)

图 10.1.5

1. 绕组结构参数

定子槽数 $Z=48$	双速极数 $2p=8/6/4$
总线圈数 $Q=48$	变极接法 2 $\curlyvee$/2 $\triangle$/2 $\triangle$
线圈组数 $u=16$	每组圈数 $S=4、3、1$
每槽电角 $\alpha=30°/22.5°/15°$	线圈节距 $y=7$
绕组系数（8 极）	$K_{dp8}=0.837×0.966=0.809$
（6 极）	$K_{dp6}=0.64×0.981=0.628$
（4 极）	$K_{dp4}=0.957×0.793=0.759$

出线根数 $c=9$

2. 绕组布线接线特点

本例三速绕组是反向法变极，三相结构不尽相同，其中 U 相是由 4 个四联组分布于 4 个变极组；而 V、W 两相则有两个变极组用四联组，另两个变极组是一个三联组加一个单圈，也就是说，每个变极组的线圈数必须相等。

本例 48 槽 8/6/4 极 2 $\curlyvee$/2 $\triangle$/2 $\triangle$ 联结三速绕组接线原理如图 10.1.5b 所示，三速绕组端面布线接线如图 10.1.5a 所示。

10.1.6 *60 槽（$y = 9$）8/6/4 极 2 $\curlyvee$/2 $\curlyvee$/2 $\curlyvee$ 联结三速绕组

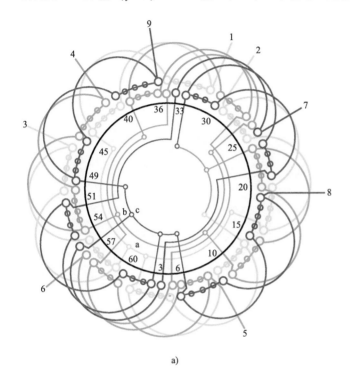

a)

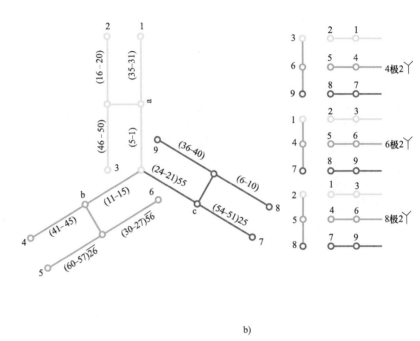

b)

图 10.1.6

1. 绕组结构参数

定子槽数 $Z = 60$	双速极数 $2p = 8/6/4$
总线圈数 $Q = 60$	变极接法 2 $\curlyvee$/2 $\curlyvee$/2 $\curlyvee$
线圈组数 $u = 16$	每组圈数 $S = 5$、4、1
每槽电角 $\alpha = 24°/18°/12°$	线圈节距 $y = 9$
绕组系数（8 极）	$K_{dp8} = 0.833 \times 0.951 = 0.724$
（6 极）	$K_{dp6} = 0.642 \times 0.988 = 0.634$
（4 极）	$K_{dp4} = 0.957 \times 0.809 = 0.774$

出线根数 $c = 9$

2. 绕组布线接线特点 本例三速绕组是反向变极，三种极数均是 2 $\curlyvee$ 联结。每相由 4 个变极组构成，其中 V、W 相结构相同，每相均有 2 个五联组和 2 个四联组加单圈组成；而 U 相则 4 个变极组均由五联组成。故嵌线时要注意按图 10.1.6a 嵌入。

本例 60 槽 8/6/4 极 2 $\curlyvee$/2 $\curlyvee$/2 $\curlyvee$ 联结三速绕组接线原理如图 10.1.6b 所示，三速绕组端面布线接线则如图 10.1.6a 所示。

10.1.7 *60 槽 ($y=9$) 8/6/4 极 2$\curlyvee$/2$\triangle$/2$\triangle$联结三速绕组

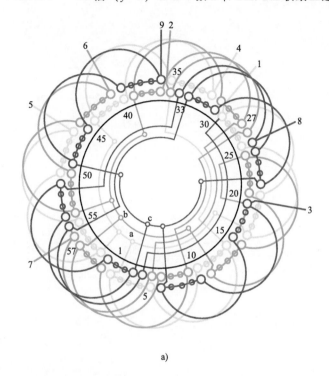

a)

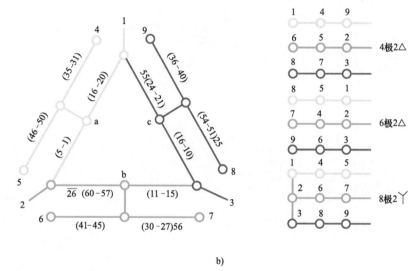

b)

图 10.1.7

1. 绕组结构参数

定子槽数 $Z=60$	双速极数 $2p=8/6/4$
总线圈数 $Q=60$	变极接法 2$\curlyvee$/2$\triangle$/2$\triangle$
线圈组数 $u=16$	每组圈数 $S=5$、4、1
每槽电角 $\alpha=24°/18°/12°$	线圈节距 $y=9$
绕组系数 (8极)	$K_{dp8}=0.833×0.95=0.722$
(6极)	$K_{dp6}=0.642×0.988=0.634$
(4极)	$K_{dp4}=0.957×0.809=0.774$

出线根数 $c=9$

2. 绕组布线接线特点

本例双速绕组采用反向变极方案，并用 2$\curlyvee$/2$\triangle$/2$\triangle$三速联结。绕组仍由五联组、四联组和单圈构成。其中U相 4个五联组均布于变极组；V、W相结构相同，即每相中有 2 个五联变极组和 2 个四联组加单圈的变极组。

60槽 8/6/4 极 2$\curlyvee$/2$\triangle$/2$\triangle$ 联结属反向法变极，接线原理如图 10.1.7b 所示，三速绕组端面布线接线则如图 10.1.7a 所示。

10.1.8 *72槽（$y=12$）8/6/4极2丫/2丫/2丫联结三速绕组

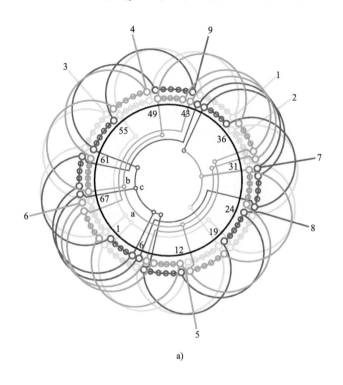

a)

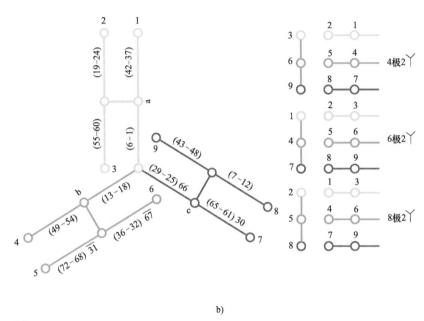

b)

图 10.1.8

1. 绕组结构参数

定子槽数 $Z=72$	双速极数 $2p=8/6/4$
总线圈数 $Q=72$	变极接法 2丫/2丫/2丫
线圈组数 $u=16$	每组圈数 $S=6$、5、1
每槽电角 $\alpha=20°/15°/10°$	线圈节距 $y=12$
绕组系数（8极）	$K_{dp8}=0.831×0.866=0.72$
（6极）	$K_{dp6}=0.638×1=0.638$
（4极）	$K_{dp4}=0.956×0.866=0.828$

出线根数　$c=9$

2. 绕组布线接线特点　本例三速绕组是反向法变极，绕组由六联组、五联组及单圈构成。每相有 4 个变极组，除 U 相每个变极组均安排一个六联组之外，其余 2 相均由 2 个六联组和 2 个五联组加单圈组成。因为每组线圈数不等，故重绕时，嵌入线圈组的规格要参考图 10.1.8a 进行。

本例 72 槽 8/6/4 极 2丫/2丫/2丫联结三速绕组接线原理如图 10.1.8b 所示，三速绕组端面布线接线则如图 10.1.8a 所示。

10.1.9 72 槽（$y=12$）8/6/4 极 2 Y/2 △/2 △联结三速绕组

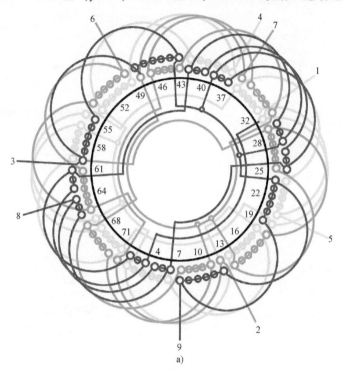

a)

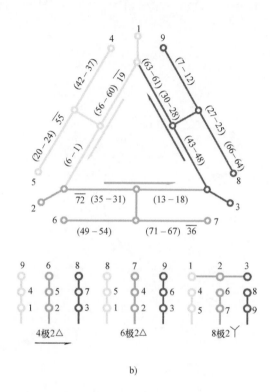

b)

图 10.1.9

1. 绕组结构参数

定子槽数	$Z=72$	每组圈数	$S\neq$
电机极数	$2p=8/6/4$	绕组型式	双层叠式
绕组接法	2 Y/2 △/2 △	线圈节距	$y=12$
总线圈数	$Q=72$	出线根数	$c=9$
线圈组数	$u=18$		
绕组系数	$K_{dp8}=0.72$	$K_{dp6}=0.638$	$K_{dp4}=0.828$

2. 特点及应用 本例是非倍极比变速绕组，三速采用反向法变

极。它以 4 极的 60°相带绕组为基准，用反向法得 180°相带的 6 极绕组；再以 4 极为基准，获得 8 极的庶极绕组。根据对磁场校验，4 极和 8 极都能形成规整的磁场，而 6 极形成的磁场则不够规整，但这也是非倍极比变极带来的通病，所以起动、运行时会产生振动和噪声。本绕组 6、8 极是同转向，并与 4 极反转向。

本例绕组每组圈数不等，每组有 6 圈、5 圈、3 圈和单圈 4 种。嵌线和绕线时应以注意。

10.2 8/4/2 极三速绕组布线接线图

本节是倍极比 8/4/2 极三速绕组，变极接法主要采用 2 $\curlyvee$/2 $\triangle$/2 $\triangle$

联结，但变极型式多样，有反向法、换相法和双节距法；而双节距变极的布线则有双层叠式、双层同心式等。本节收入三速绕组共 7 例，其中新增图 3 例。

10.2.1 *36 槽（$y=6$）8/4/2 极 2 $\curlyvee$/2 $\triangle$/2 $\triangle$ 联结三速绕组

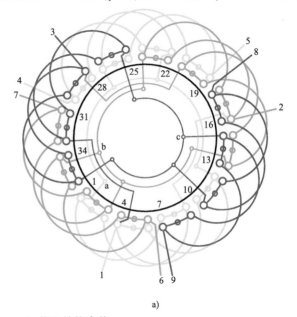

a)

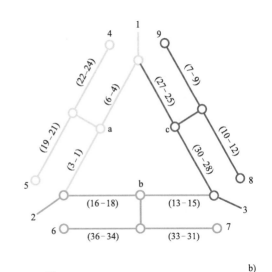

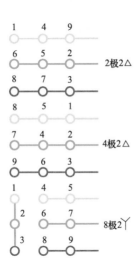

图 10.2.1

b)

1. 绕组结构参数

定子槽数 $Z=36$	双速极数 $2p=8/4/2$
总线圈数 $Q=36$	变极接法 $2\curlyvee/2\triangle/2\triangle$
线圈组数 $u=12$	每组圈数 $S=3$
每槽电角 $\alpha=40°/20°/10°$	线圈节距 $y=6$

绕组系数（8 极）　$K_{dp8}=0.422×0.866=0.365$

　　　　（4 极）　$K_{dp4}=0.831×0.866=0.72$

　　　　（2 极）　$K_{dp2}=0.956×0.5=0.478$

出线根数　$c=9$

2. 绕组布线接线特点　本例 2 $\curlyvee$/2 $\triangle$/2 $\triangle$ 联结是反向法变极，此绕组 2、8 极为同转向，4 极为反转向。绕组结构比较简单，全部都用三圈组，故每相 4 个变极组均由三圈组构成。由于三速绕组采用反向法变极，其分布系数相差悬殊，故很难同时满足三种转速下都能达到理想的输出特性。

36 槽 8/4/2 极 2 $\curlyvee$/2 $\triangle$/2 $\triangle$ 联结三速绕组接线原理如图 10.2.1b 所示，绕组端面布线接线如图 10.2.1a 所示。

10.2.2 36槽(y=6)8/4/2极2丫/2△/2△联结（换相变极）三速绕组

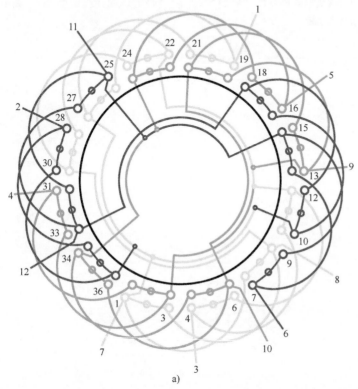

a)

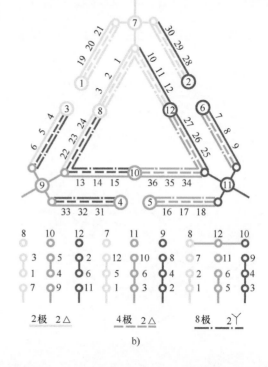

b)

图 10.2.2

1. 绕组结构参数

定子槽数 $Z=36$	每组圈数 $S=3$
电机极数 $2p=8/4/2$	绕组型式 双层叠绕
绕组接法 $2丫/2△/2△$	线圈节距 $y=6$
总线圈数 $Q=36$	引出线数 $c=12$
线圈组数 $u=12$	

绕组系数 $K_{dp2}=0.478$ $K_{dp4}=0.831$ $K_{dp8}=0.731$

2. 特点及应用 本绕组是换相变极三速绕组。2、4极是正规安排的60°相带绕组；8极则是在4极基础上用反向法获得的庶极绕组。2、4极为同转向，8极是反转向。绕组出线虽多，但内部接线却较简单。由于采用换相变极，各绕组换相情况如简化图所示，即外层线条（实线）相色代表2极，中间线条（虚线）相色是4极，内层点划线则是8极的相色。

主要应用实例有 JDO2-32-8/4/2、JDO2-51-8/4/2 等。

10.2.3 36槽($y=12$、6)$8/4/2$极 2丫/2△/2△联结（双节距变极）双叠布线三速绕组

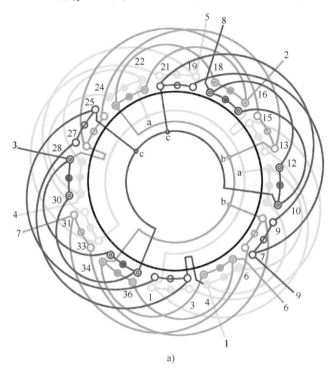

a)

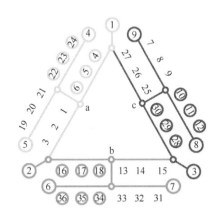

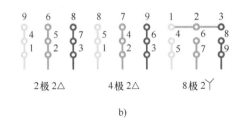

2极2△　　　4极2△　　　8极2丫

b)

图 10.2.3

1. 绕组结构参数

定子槽数	$Z=36$	每组圈数 $S=3$
电机极数	$2p=8/4/2$	绕组型式　特种双层叠式
绕组接法	2丫/2△/2△	线圈节距 $y_1=12$　$y_2=6$
总线圈数	$Q=36$	引出线数 $c=9$
线圈组数	$u=12$	绕组系数 $K_{dp2}=0.676$　$K_{dp4}=0.831$
		$K_{dp8}=0.633$

2. 特点及应用

本绕组采用特殊型式的变极方案，即将绕组线圈变换设计成两种节距的线圈组，如本例采用大节距 $y_1=12$ 和小节距 $y_2=6$ 的两种线圈（简化接线图中，用圈标示的线圈号为小节距线圈）。

在三速绕组中，2极是 60°相带正规分布绕组，即显极式绕组；用反向法得 4极，属 120°相带的庶极绕组；然后采用双节距法获得 8极。此种三速绕组无需换相，由 9根引出线通过改接变换极数。它具有绕组系数较高的特点，但由于绕组结构所限，其应用受到一定的限制。此绕组 2、8极为同转向，4 极是反转向。主要应用实例有 JDO2-42-8/4/2、JDO3-112L-8/4/2 等。

10.2.4 36槽 8/4/2 极 2Y/2△/2△联结（双节距变极双同心布线）三速绕组

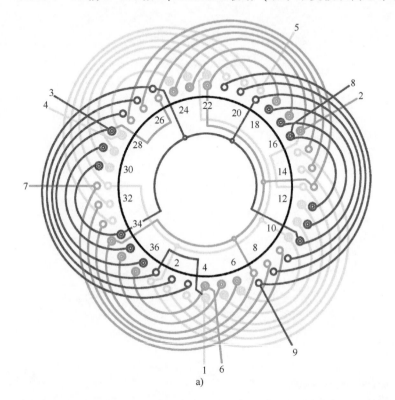

a)

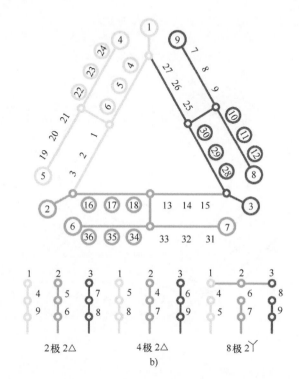

2极 2△   4极 2△   8极 2Y

b)

图 10.2.4

1. 绕组结构参数

定子槽数 $Z = 36$	每组圈数 $S = 3$
电机极数 $2p = 8/4/2$	绕组型式 双节距同心式
绕组接法 $2Y/2△/2△$	大组节距 $y_1 = 14、12、10$
小组节距 $y_2 = 8、6、4$	总线圈数 $Q = 36$
引出线数 $c = 9$	线圈组数 $u = 12$

绕组系数 $K_{dp2} = 0.676$ $K_{dp4} = 0.831$ $K_{dp8} = 0.633$

2. 特点及应用

本例也是双节距变极三速绕组，它是从上例演变而来，即把每组的3个交叠线圈改为同心线圈组，故其绕组变极特点与上例相同。此绕组应用于个别厂家生产的 JDO3-100L-8/4/2 等三速电动机。

10.2.5 48槽 8/4/2 极 2Y/2△/2△联结（双节距变极）三速绕组

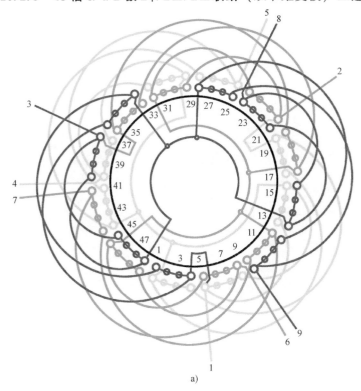

a)

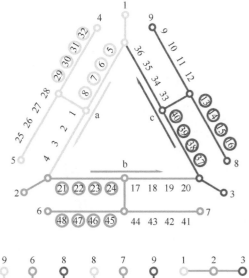

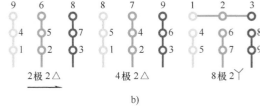

2极2△   4极2△   8极2Y

b)

图 10.2.5

1. 绕组结构参数

定子槽数	$Z = 48$	每组圈数	$S = 4$
电机极数	$2p = 8/4/2$	绕组型式	特种双叠
绕组接法	$2Y/2△/2△$	线圈节距	$y_1 = 16$ $y_2 = 8$
总线圈数	$Q = 48$	出线根数	$c = 9$
线圈组数	$u = 12$		
绕组系数	$K_{dp8} = 0.664$	$K_{dp4} = 0.824$	$K_{dp2} = 0.675$

2. 特点及应用

本例是倍极比三速绕组。采用双节距变极方案。其中 2 极是 60°相带，并以此为基准反向法获得 120°庶极的 4 极绕组，这时再不能用庶极的方法来获得 8 极，所以改用双节距法，即由原来每极相 8 槽线圈分为大小节距的两组，并将其中一半逆反再形成 60°相带的 8 极。本方案中 2、8 极为同转向，4 极为反转向。本绕组具有嵌线方便，绕组内接较简单且引出线较少等优点。常用于倍极比三速绕组，常见于 JDO3-100S-8/4/2、JDO2-42-8/4/2 等。

10.2.6 *48 槽（$y=16$、8）8/4/2 极 2Y/2△/2△联结（双节距变极）三速绕组

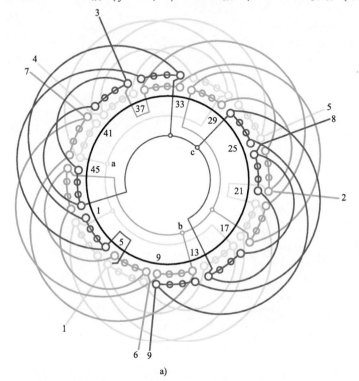

a)

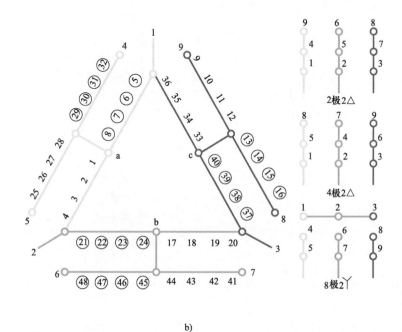

2极2△

4极2△

8极2Y

b)

图 10.2.6

1. 绕组结构参数

定子槽数 $Z=48$	双速极数 $2p=8/4/2$
总线圈数 $Q=48$	变极接法 2Y/2△/2△
线圈组数 $u=12$	每组圈数 $S=4$
每槽电角 $\alpha=30°/15°/7.5°$	线圈节距 $y=16$、8

绕组系数（8 极） $K_{dp8}=0.837×0.793=0.664$

（4 极） $K_{dp4}=0.824×1=0.824$

（2 极） $K_{dp2}=0.955×0.707=0.675$

出线根数 $c=9$

2. 绕组布线接线特点

本例是倍极比三速绕组，采用双层双节距布线。2 极是 60°相带，反向法获得庶极 4 极，再用双节距法变换到 8 极。2、8 极为同转向，4 极为反转向。此组具有结构简单、嵌线方便的优点。应用实例有 JD03-100S-8/4/2 等。

48 槽 8/4/2 极 2Y/2△/2△联结三速绕组接线原理如图 10.2.6b 所示，三速端面布线接线则如图 10.2.6a 所示。

10.2.7　*60 槽（$y = 15$、10）8/4/2 极 2 Y/2 △/2 △联结（双节距变极）三速绕组

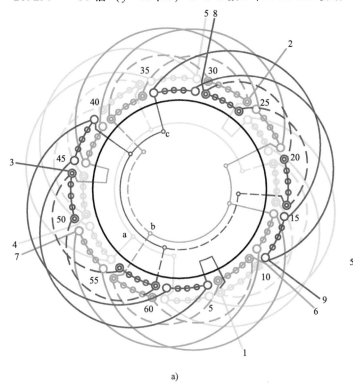

a)

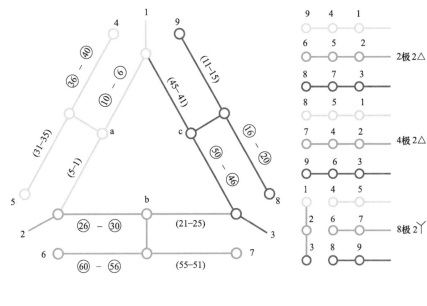

b)

图 10.2.7

1. 绕组结构参数

定子槽数　$Z = 60$	双速极数　$2p = 8/4/2$
总线圈数　$Q = 60$	变极接法　2 Y/2 △/2 △
线圈组数　$u = 12$	每组圈数　$S = 5$
每槽电角　$\alpha = 24°/12°/6°$	线圈节距　$y = 15$、10

绕组系数（8 极）　　$K_{dp8} = 0.761 \times 0.866 = 0.659$

　　　　（4 极）　　$K_{dp4} = 0.829 \times 0.966 = 0.80$

　　　　（2 极）　　$K_{dp2} = 0.96 \times 0.69 = 0.662$

出线根数　$c = 9$

2. 绕组布线接线特点　　本例是采用双节距 $y_D = 15$、$y_S = 10$ 的双层双节距三速绕组。2 极是 60° 相带绕组，反向法得 120° 相带的 4 极绕组，再采用双节距法获取 8 极。此三速结构简单，绕组系数也相对较高且接近。三速 2、8 极为同转向，4 极为反转向。

60 槽 8/4/2 极 2 Y/2 △/2 △联结三速绕组接线原理如图 10.2.7b 所示，端面布线接线如图 10.2.7a 所示。

10.3 6/4/2 极及其他极数三、四速绕组布线接线图

本节包括 6/4/2 极三速绕组 4 例、16/8/4 极三速绕组 1 例和 12/8/6/4 极四速绕组 2 例，主要采用 3Y/△/△ 换相变极联结。但除 10.3.1 节取自国产系列之外，其余均为非系列产品。而单绕组四速则是换相变极采用 3Y/△/2△/△ 联结。本节含新增绕组 6 例。

10.3.1 36 槽（y = 6）6/4/2 极 3Y/△/△ 联结（换相变极）三速绕组

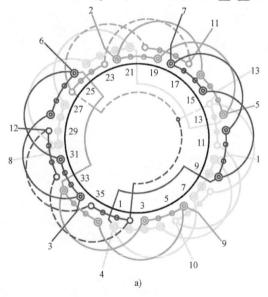

a)

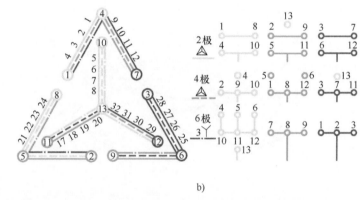

b)

图 10.3.1

1. 绕组结构参数

定子槽数 $Z = 36$	每组圈数 $S = 4$
电机极数 $2p = 6/4/2$	绕组型式 双层叠绕
绕组接法 3Y/△/△	线圈节距 $y = 6$
总线圈数 $Q = 36$	引出线数 $c = 13$
线圈组数 $u = 9$	

绕组系数 $K_{dpd2} = 0.483$　$K_{dpy2} = 0.49$　$K_{dpd4} = 0.789$　$K_{dpy4} = 0.801$

$K_{dp6} = 0.836$

2. 特点及应用

本例采用换相变极。2 极和 4 极均用 △ 形接联结，6 极是 3Y 联结并呈庶极形式。三种极数的转向相同。绕组布接线是以 2 极为准表示相色，其中单圆和虚线代表 △ 形中的 Y 形绕组，双圆和实线为 △ 形绕组。另外，在简化接线图中，外层线条是 2 极时的相色，中间线条为 4 极，内层线条是相色代表 6 极时线圈（组）的相别。

主要应用实例有 JDO2-41-6/4/2、JDO3-140M-6/4/2 等。

10.3.2 *45 槽（y=7）6/4/2 极 3 Y/△/△联结（换相变极）三速绕组

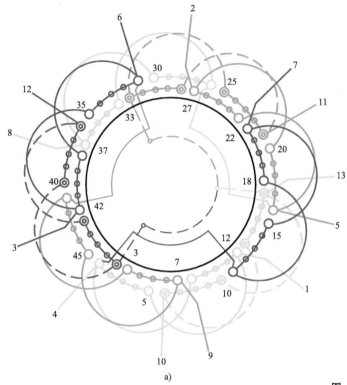

a)

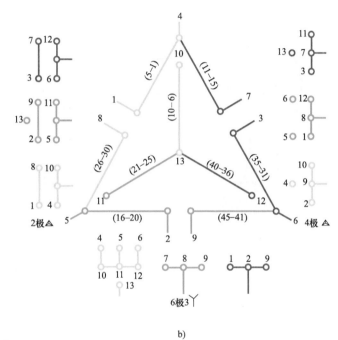

b)

图 10.3.2

1. 绕组结构参数

定子槽数 $Z=45$	三速极数 $2p=6/4/2$
总线圈数 $Q=45$	变极接法 $3Y/△/△$
线圈组数 $u=9$	每槽电角 $α=24°/16°/8°$
线圈节距 $y=7$	每组圈数 $S=5$
出线根数 $c=13$	

绕组系数（6极） $K_{dp6}=0.833×0.995=0.828$

（4极） $K_{dp4}=0.849×0.829=0.704$

（2极） $K_{dp2}=0.97×0.469=0.455$

2. 绕组布线接线特点

本例 4/2 极采用 △/△ 形联结，是换相变极同转向方案；6 极则采用 3Y 联结，转向也相同。此绕组变极原理看似较繁琐，但具体接线则显得简单，不过引出线还是太多，达 13 根，故其调速控制并不方便。本例简化接线图及端面图的相色是根据 2 极时的形态画出。

本例 45 槽 6/4/2 极 3Y/△/△联结换相变极三速绕组，接线原理如图 10.3.2b 所示；三速绕组端面布线接线如图 10.3.2a 所示。

10.3.3 *54 槽（$y=12$）6/4/2 极 3 $\curlyvee$/$\triangle$/$\triangle$ 联结（换相变极）三速绕组

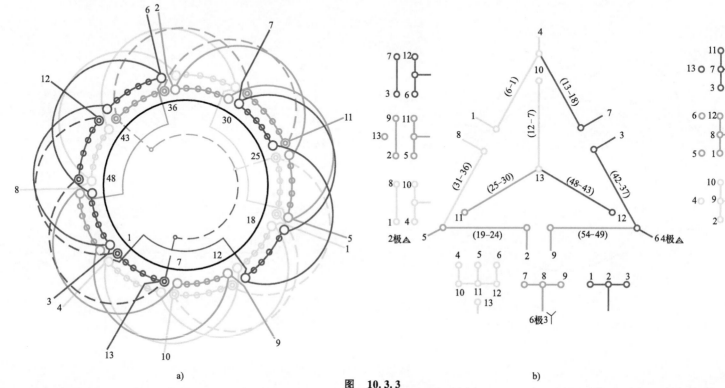

a)

图 10.3.3

b)

1. 绕组结构参数

定子槽数 $Z=54$	双速极数 $2p=6/4/2$
总线圈数 $Q=54$	变极接法 3 $\curlyvee$/$\triangle$/$\triangle$
线圈组数 $u=9$	每组圈数 $S=6$
每槽电角 $\alpha=20°/13.3°/6.67°$	线圈节距 $y=12$

绕组系数（6极） $K_{dp6}=0.831\times0.866=0.72$

（4极） $K_{dp4}=0.92\times0.985=0.906$

（2极） $K_{dp2}=0.95\times0.643=0.611$

出线根数 $c=13$

2. 绕组布线接线特点

本例绕组全部由六联组构成，每相有 3 组线圈，其中 2 组是角形部分，另一组则是内星形部分。本例三速 4/2 极采用 $\triangle$/$\triangle$ 联结换相变极，6 极则是反向法获得，三种转速的转向相同。此三速绕组内部接线极简单，但引出线多达 13 根，故调速控制不方便。

本例 54 槽 6/4/2 极 3 $\curlyvee$/$\triangle$/$\triangle$ 联结换相变极绕组接线原理如图 10.3.3b 所示，三速绕组端面布线接线如图 10.3.3a 所示。

10.3.4 *54槽（y=12）6/4/2极6丫/2△/2△联结（换相变极）三速绕组

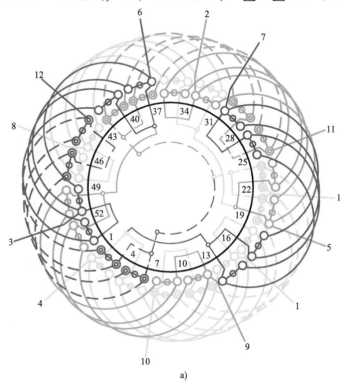

a)

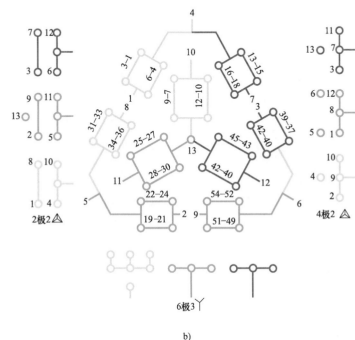

b)

图 10.3.4

1. 绕组结构参数

定子槽数 $Z = 54$	双速极数 $2p = 6/4/2$
总线圈数 $Q = 54$	变极接法 6丫/2△/2△
线圈组数 $u = 18$	每组圈数 $S = 3$
每槽电角 $\alpha = 20°/13.3°/6.67°$	线圈节距 $y = 12$

绕组系数（6极） $K_{dp6} = 0.831 \times 0.866 = 0.72$

（4极） $K_{dp4} = 0.92 \times 0.985 = 0.906$

（2极） $K_{dp2} = 0.95 \times 0.643 = 0.611$

出线根数 $c = 13$

2. 绕组布线接线特点

本例54槽6/4/2极三速绕组是3丫/△/△的并联接线，故将原来每组线圈一分为二，所以线圈组数增至18组，即每组3圈。而原来三速的出线就多，再加上并联后的每相内部连接变得复杂，故其工艺性变差，但它适合于功率较大的三速电动机选用。

本例54槽6/4/2极6丫/2△/2△联结是上例的并联接线，三速换相变极绕组接线原理如图10.3.4b所示；三速绕组端面布线接线则如图10.3.4a所示。

10.3.5 *72 槽（y=12、6）16/8/4 极 2Υ/2△/2△ 联结（双节距变极）三速绕组

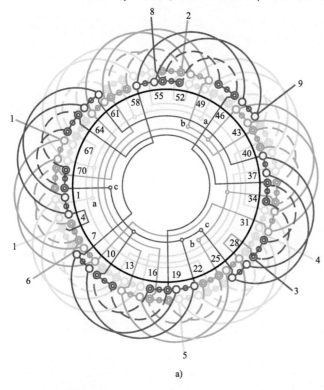

a)

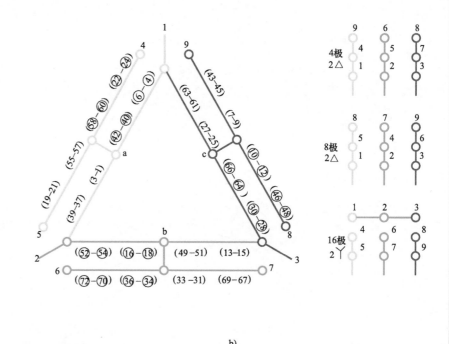

b)

图 10.3.5

1. 绕组结构参数

定子槽数　$Z=72$	双速极数　$2p=16/8/4$
总线圈数　$Q=72$	变极接法　$2Υ/2△/2△$
线圈组数　$u=24$	每组圈数　$S=3$
每槽电角　$\alpha=40°/20°/10°$	线圈节距　$y=12、6$

绕组系数（16 极）　$K_{dp16}=0.731×0.866=0.632$

　　　　（8 极）　$K_{dp8}=0.832×1=0.832$

　　　　（4 极）　$K_{dp4}=0.956×0.707=0.676$

出线根数　$c=9$

2. 绕组布线接线特点

本例采用双层布线的双节距变极，大节距 $y_1=12$，小节距 $y_2=6$（简化图中用圈标示的线圈号为小节距线圈）。三速中，4 极是 60° 相带，反向法取得 8 极，然后再用双节距法获得 16 极。其中 4、16 极为同转向，8 极为反转向。此绕组取自网络信息，有实际应用。

本例 72 槽 16/8/4 极 2Υ/2△/2△ 联结是双节距变极，三速变极绕组接线原理如图 10.3.5b 所示；三速绕组端面布线接线则如图 10.3.5a 所示。

10.3.6 *36槽（$y=3$）12/8/6/4极 3 $\curlyvee$/$\triangle$/2$\triangle$/$\triangle$联结（换相变极反转向）四速绕组

1. 绕组结构参数

定子槽数 $Z=36$　　　四速极数 $2p=12/8/6/4$

总线圈数 $Q=36$　　　变极接法 $3\curlyvee/\triangle/2\triangle/\triangle$

线圈组数 $u=18$　　　每槽电角 $\alpha=60°/40°/30°/20°$

线圈节距 $y=3$　　　每组圈数 $S=2$

绕组系数（12极）　$K_{dp12}=0.866\times1=0.866$

（8极）　$K_{dp8}=0.933\times0.866=0.808$

（6极）　$K_{dp6}=0.966\times0.707=0.683$

（4极）　$K_{dp4}=0.978\times0.5=0.489$

出线根数　$c=25$

2. 绕组布线接线特点

本例取自专著《三相鼠笼式单绕组多速电动机》单绕组四速。4、6、8极采用换相法变极，12极是底极绕组。而4、8、12极为同转向，6极为反转向。由于单绕组四速电机出线多达25根，变速控制相当繁琐，故其实际应用极少。故国产系列的四速机均用双绕组四极。

36槽12/8/6/4极四速绕组接线原理可参考图10.3.6b。四速绕组端面布线接线则如图10.3.6a所示。而本例是换相变极，图中相色是根据8极时绕组相属画出。

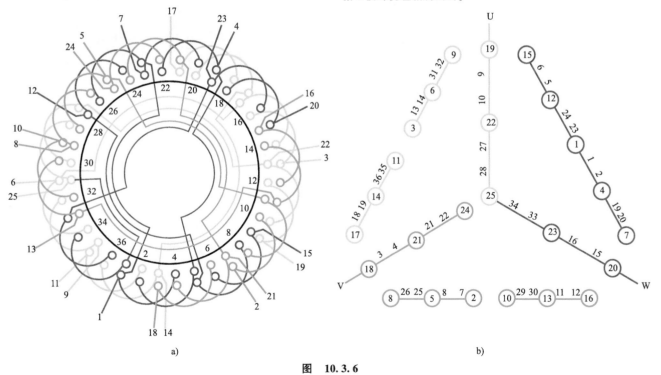

a)

b)

图 10.3.6

四速端子接线如图 10.3.6c 所示。

　　12/8/6/4 极四速绕组 3 Y/△/2△/△ 分档接线后构成的典型接线示
意图如图 10.3.6d 所示。

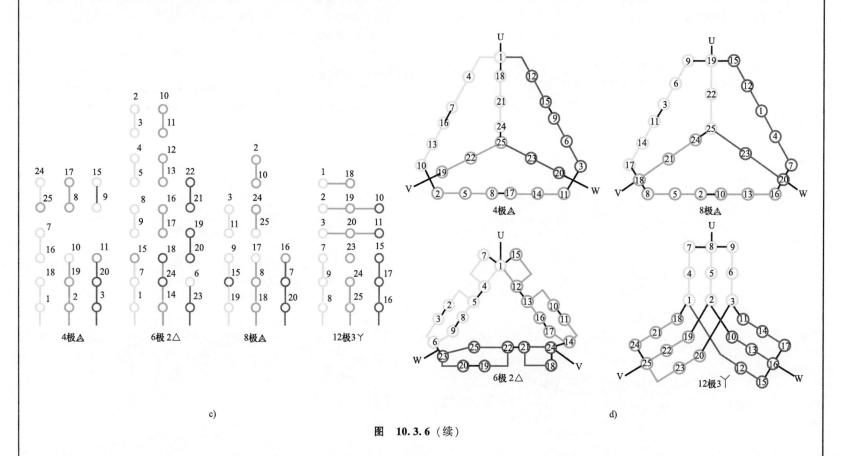

c)

图 10.3.6 （续）

10.3.7 *54 槽（$y=3$）12/8/6/4 极 3 $\curlyvee$/$\triangle\!\triangle$/2$\triangle$/$\triangle\!\triangle$ 联结（换相变极同转向）四速绕组

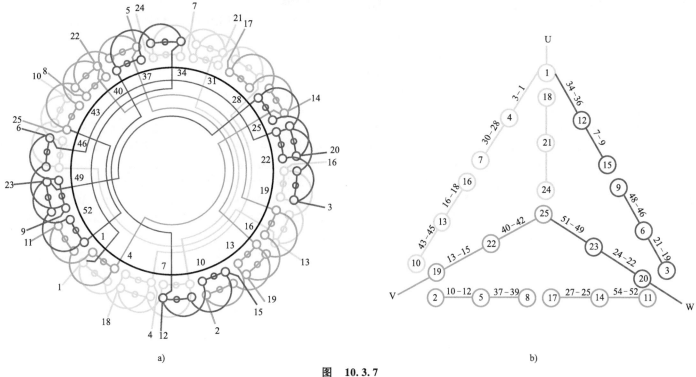

图 10.3.7

1. 绕组结构参数

定子槽数 $Z=54$ 四速极数 $2p=12/8/6/4$

总线圈数 $Q=54$ 变极接法 3$\curlyvee$/$\triangle\!\triangle$/2$\triangle$/$\triangle\!\triangle$

线圈组数 $u=18$ 每槽电角 $\alpha=40°/26.7°/20°/13.3°$

线圈节距 $y=3$ 每组圈数 $S=3$

绕组系数（12极）$K_{dp12}=0.844\times0.866=0.731$

（8极）$K_{dp8}=0.923\times0.643=0.593$

（6极）$K_{dp6}=0.96\times0.5=0.48$

（4极）$K_{dp4}=0.975\times0.342=0.333$

出线根数 $c=25$

2. 绕组布线接线特点　　本例四速绕组与上例同取于专著《三相鼠笼式单绕组多速电动机》，绕组由三联组构成。属换相变极同转向方案，即 4 个极数的转向相同。绕组四速的简化接线如图 10.3.7b 所示；四速绕组端面布线接线则如图 10.3.7a 所示。此外，因与上例变极方案相同，故四速端子接线可参考上例图 10.3.6c，而四速接线后的典型示意图也可参考图 10.3.6d 所示。

10.4 单相变极调速电动机绕组布线接线图

前面所列的抽头调速电动机绕组只适合于电扇类负载的应用，它是基于负载随风扇转速降低而迅速减小，从而达到新的平衡点，并利用类似于串联电抗器，以降低输入到主绕组的电压来达到减速的一种调速方式。因此，对于空载运行或负载不随转速改变的场合，抽头调速就不能成立而无效。这时，如果需要调速，可采用变极调速。

众所周知，交流感应电动机的转速大致取决于绕组极（对）数，即 $n \approx 60f/p$，改变电动机绕组的极对数 p 就可改变电动机转速。而变极是可通过绕组的特殊设计，再通过外部改接线（如串联、并联），改变一相绕组中的部分线圈极性（电流方向）来实现的。通常，改变绕组极数除反向法（改变电流方向）外，还有改变线圈原来的相属来获得，即换相变极。

单相电动机变极绕组的调速特点如下：

1）变极调速是用一套变极绕组通过外部改换接线来获得两种极数的转速，其调速方便有效。

2）变极电动机只能变极数改变转速，即只能按极数变速而无法得到均匀的调速。

3）单相变极绕组主要是倍极比调速，但也可设计成非倍极比调速。

4）变极调速较之抽头调速具有机械特性硬、效率高等优点，而且可根据负载特性而选用恒转矩、恒功率等调速特性。

5）变极绕组只适用于笼型转子的感应电动机。

单相变极双速电动机在国内极少应用，但随着对外交流，近年在修理中也偶有见用，而国产并无系列产品。因为没有系列资料参考，又使用不多，故本书收入除个别绕组图例从网上收集整理而成之外，大部分图例是作者近年研发而绘制，实属作者原创之作。虽然所创单相变极双速电动机未经实践检验，但却经理论上反复验正无误，证明其变极是成立的，如果能合理选配绕组数据，则变极运行应无问题。

此外，单相双速标题是作者自定义，它由电机极数与绕组变极接法对应表示，如 4/2 极 1/2—L 表示 4 极是 1 路 L 形接线，2 极是 2 路 L 形接线。

本书删去原有引出线多，使用、控制不便的绕组。而收入包括 4/2 极、8/4 极新研发的绕组，共计 12 例，其中新增单相双速绕组 9 例。

10.4.1 单相16槽4/2极（y=4）1/2—L₁接法(单电容运行型)双速绕组

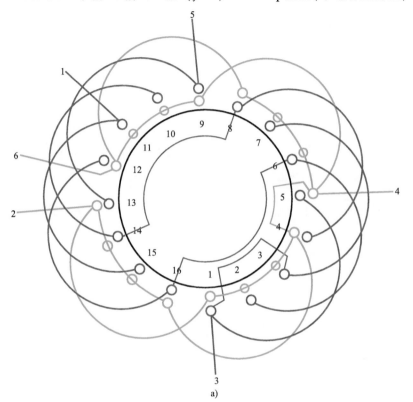

a)

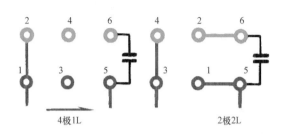

4极1L   2极2L

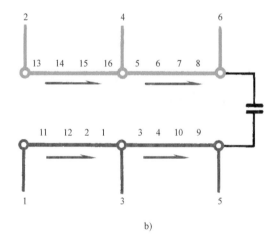

b)

图 10.4.1

1. 绕组结构参数

定子槽数 $Z=16$	主相圈数 $S_m=8$	主相组数 $u_m=4$
电机极数 $2p=4/2$	副相圈数 $S_a=8$	副相组数 $u_a=2$
总线圈数 $Q=16$	绕组极距 $\tau=4/8$	出线根数 $c=6$
线圈组数 $u=6$	线圈节距 $y=4$	
绕线系数 $K_{dp4}=0.854$	$K_{dp2}=0.753$	

2. 绕组结构特点　　本例是双层叠式双速绕组。主绕组有 8 个线圈，分 4 组，每组由 2 个线圈组成；副绕组也是 8 个线圈，但只有两组，每组 4 个线圈。绕组 4 极时是 1L 接法，即把引出线端 1 与 2 连接，而 5 与 6 接入电容器，电源从 1、5 端进入，电流方向如箭头所示。变换 2 极时为 2L 接法，这时分别将 3 与 4、2 与 6、1 与 5 连通，电源改至 3 和 5 进入。

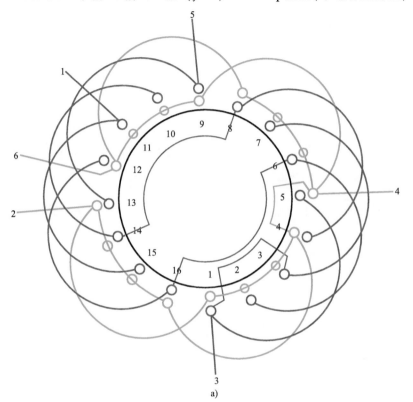

10.4.2 *单相 16 槽 4/2 极（$y=6$）1/2—L 接法（运行型）双速绕组

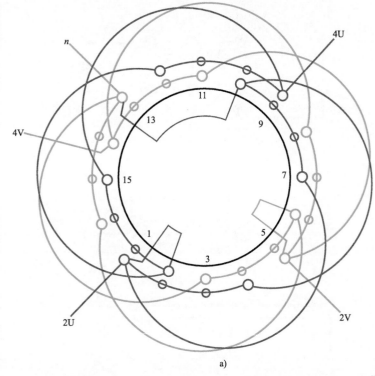

a)

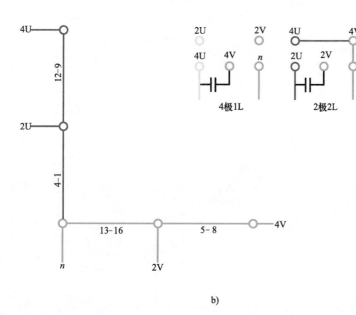

b)

图 10.4.2

1. 绕组结构参数

定子槽数	$Z=16$	双速极数	$2p=4/2$
总线圈数	$Q=16$	变极接法	1/2—L
线圈组数	$u=4$	绕组极距	$\tau=4/8$
每槽电角	$\alpha=45°/22.5°$	线圈节距	$y=6$
主相圈数	$S_m=8$	主相组数	$u_m=2$
副相圈数	$S_a=8$	副相组数	$u_a=2$
绕组系数	$K_{dp4}=0.83$	$K_{dp2}=0.68$	

出线根数　$c=5$

2. 绕组结构特点　　本例是最新设计的单相双速绕组，主、副绕组均由 8 个线圈组成，各分 2 组，每组由 4 个交叠线圈连绕而成。此双速结构简单且出线较少。起动运行可采用单电容或双电容。

单相 4/2 极 1/2—L 接法双速绕组原理接线可参考图 10.4.2b，双速绕组端面布线接线则如图 10.4.2a 所示。

10.4.3 *单相 18 槽 4/2 极（$y = 5$）1/2—L 接法（起动型）双速绕组

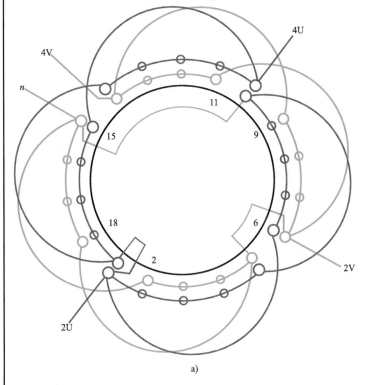

a)

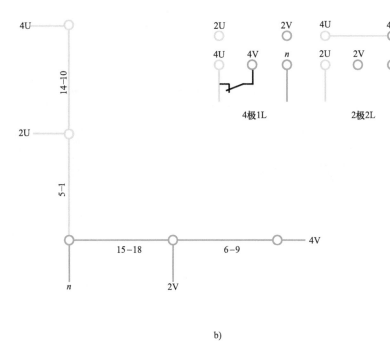

b)

图 10.4.3

1. 绕组结构参数

定子槽数	$Z = 18$	双速极数	$2p = 4/2$
总线圈数	$Q = 18$	变极接法	$1/2$—L
线圈组数	$u = 8$	绕组极距	$\tau = 4.5/9$
每槽电角	$\alpha = 40°/20°$	线圈节距	$y = 5$
主相圈数	$S_m = 10$	主相组数	$u_m = 2$
副相圈数	$S_a = 8$	副相组数	$u_a = 2$
绕组系数	$K_{dp4} = 0.567$	$K_{dp2} = 0.676$	

出线根数 $c = 5$

2. 绕组结构特点 本例采用双层叠式布线，属反向法变极的单相双速绕组。主、副绕组占槽不等，即主绕组占 10 槽，副绕组占 8 槽。故主绕组每组 5 圈，副绕组每组 4 圈，在定子上交替分布。此双速结构简单，调速控制也方便。

单相 4/2 极 1/2—L 接法双速绕组接线原理如图 10.4.3b 所示，双速绕组端面布线接线如图 10.4.3a 所示。

10.4.4 单相 24 槽 4/2 极 （$y=8$） 1/1—L 接法（起动型）双速绕组

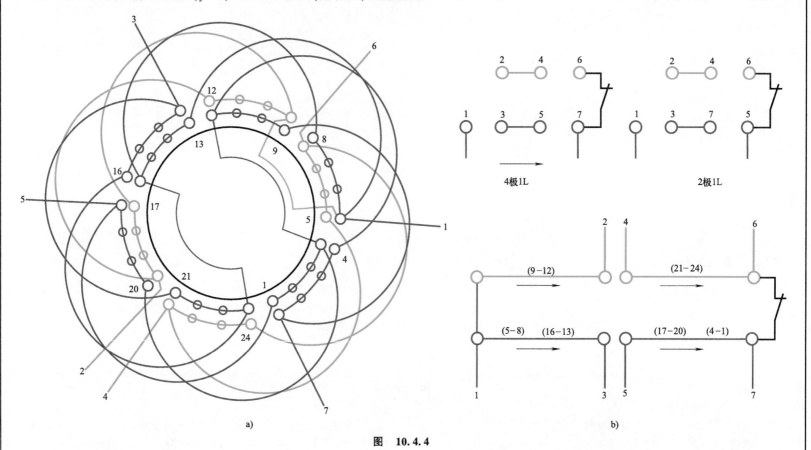

a)

4极1L   2极1L

b)

图 10.4.4

1. 绕组结构参数

定子槽数 $Z=24$	主相圈数 $S_m=16$	绕组极距 $\tau=6/12$
电机极数 $2p=4/2$	副相圈数 $S_a=8$	线圈节距 $y=8$
总线圈数 $Q=24$	主相组数 $u_m=4$	出线根数 $c=7$
线圈组数 $u=6$	副相组数 $u_a=2$	

2. 绕组结构特点 本例是反向变极双速绕组，采用双层叠式布线，主、副绕组的占槽比是 2:1，故属起动型绕组，引出线 7 根。4/2 极双速绕组采用相同的接法，4 极时引出线端 2 与 4、3 与 5 连通，电源从 1 和 7 接入；变换 2 极时，电源改由 1 和 5 接入，再把 3 与 7、2 与 4 连通。

10.4.5 *单相 24 槽 4/2 极（$y=8$）1/2—L_2 接法（起动型）双速绕组

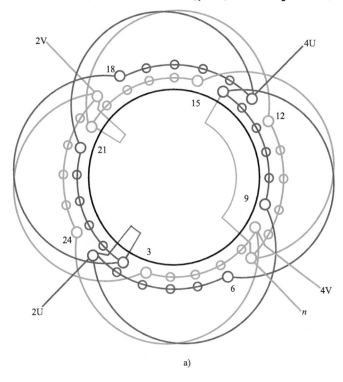

a)

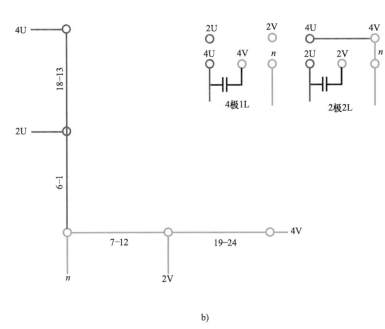

b)

图　10.4.5

1. 绕组结构参数

定子槽数	$Z=24$	双速极数	$2p=4/2$
总线圈数	$Q=24$	变极接法	1/2—L_2
线圈组数	$u=4$	绕组极距	$\tau=6/12$
每槽电角	$\alpha=30°/15°$	线圈节距	$y=8$
主相圈数	$S_m=12$	主相组数	$u_m=2$
副相圈数	$S_a=12$	副相组数	$u_a=2$
绕组系数	$K_{dp4}=0.627$	$K_{dp2}=0.782$	

出线根数　$c=5$

2. 绕组结构特点　　本例是反向法 4/2 极绕组，主、副绕组结构相同，均由 2 个六联组构成。4 极时为一路 L 形（1L），变 2 极则是两路 L 形（2L）。本双速绕组结构较简单，引出线少至 5 根，故调速控制都较方便，但起动、运行采用双电容。

单相 4/2 极 1/2—L_2 接法绕组接线原理如图 10.4.5b 所示，双速绕组端面布线接线如图 10.4.5a 所示。

10.4.6 单相 24 槽 4/2 极（$y_d = 6$）1/2—L_1 接法（运行型）双速绕组

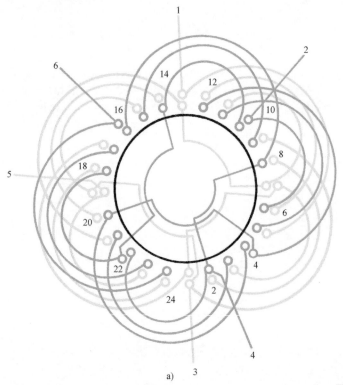

a)

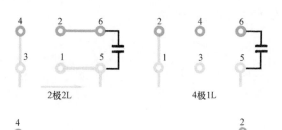

2极2L   4极1L

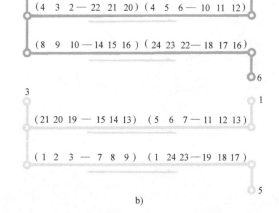

b)

图 10.4.6

1. 绕组结构参数

定子槽数 $Z = 24$	主相圈数 $S_m = 12$	绕组极距 $\tau = 6/12$
电机极数 $2p = 4/2$	副相圈数 $S_a = 12$	线圈节距 $y = 8$、7、6
总线圈数 $Q = 24$	主相组数 $u_m = 4$	出线根数 $c = 6$
线圈组数 $u = 8$	副相组数 $u_a = 4$	

2. 绕组结构特点

本例主、副绕组均用相同的布线，每组由 3 只同心线圈组成，每相有两个变极组，每个变极组包括 2 组线圈，如图 10.4.6b 所示。双速绕组引出线 6 根，采用反向法变极。4 极时端号 1 与 2 连通，3、4 不接，电源从 1 和 5 进入时，绕组为 1L 接线。变换 2 极时，改使 3 与 4、2 与 6、1 与 5 连通，电源由 1 和 5 接入，绕组为 2L 接线。

10.4.7 *单相 32 槽 4/2 极（$y=8$）1/2—L$_2$ 接法（双电容运行型）双速绕组

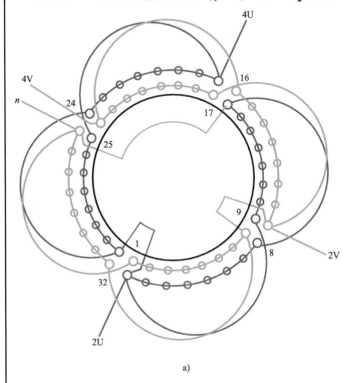

a)

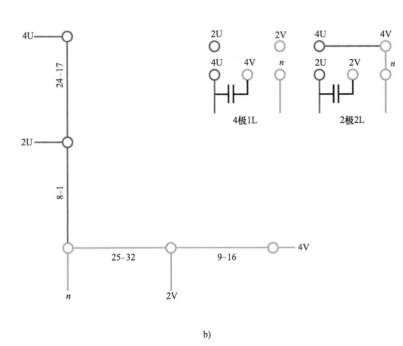

b)

图 10.4.7

1. 绕组结构参数

定子槽数	$Z=32$	双速极数	$2p=4/2$
总线圈数	$Q=32$	变极接法	$1/2—L_2$
线圈组数	$u=4$	绕组极距	$\tau=8/16$
每槽电角	$\alpha=22.5°/11.3°$	线圈节距	$y=8$
主相圈数	$S_m=16$	主相组数	$u_m=2$
副相圈数	$S_a=16$	副相组数	$u_a=2$
绕组系数	$K_{dp4}=0.641$	$K_{dp2}=0.637$	

出线根数　$c=5$

2. 绕组结构特点

本例双速绕组是反向变极方案，主、副绕组结构相同，每相均由 2 组八联线圈组成，故宜用于运行型双速电动机。本双速结构简单，引出线也少，但调速控制接线比较麻烦，且要用双电容。

单相 4/2 极 1/2—L$_2$ 接法绕组接线原理如图 10.4.7b 所示，双速绕组端面布线接线如图 10.4.7a 所示。

10.4.8　*单相 16 槽 8/4 极（$y=2$）1/2—L_2 接法（双电容运行型）双速绕组

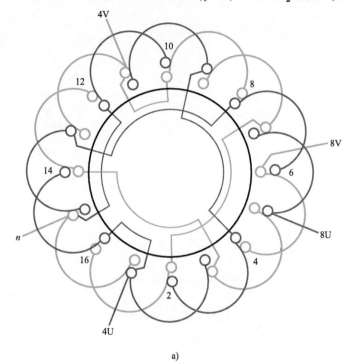

a)

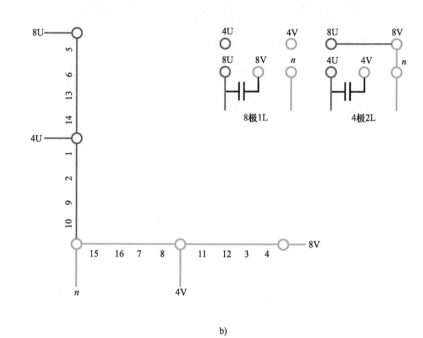

b)

图　10.4.8

1. 绕组结构参数

定子槽数　$Z=16$	双速极数　$2p=8/4$
总线圈数　$Q=16$	变极接法　$1/2$—L_2
线圈组数　$u=8$	绕组极距　$\tau=2/4$
每槽电角　$\alpha=90°/45°$	线圈节距　$y=2$
主相圈数　$S_m=8$	主相组数　$u_m=4$
副相圈数　$S_a=8$	副相组数　$u_a=4$
绕组系数　$K_{dp8}=0.707$　$K_{dp4}=0.653$	

出线根数　$c=5$

2. 绕组结构特点

本例双速采用反向变极方案，绕组由双圈组成，主、副绕组结构相同，均由两个变极组构成，每个变极组由 2 组同极性线圈串联而成。此绕组具有结构简单、节距短等优点。但控制接线比较麻烦。

单相 8/4 极 1/2—L_2 接法绕组接线原理可参考图 10.4.8b，双速绕组端面布线接线如图 10.4.8a 所示。

10.4.9 *单相 24 槽 8/4 极（*y* = 3）1/2—L₂ 接法（双电容运行型）双速绕组

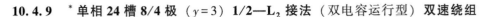

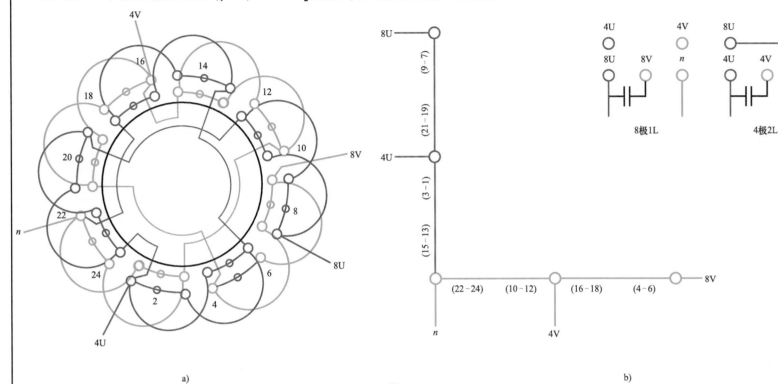

a)

b)

图 10.4.9

1. 绕组结构参数

定子槽数	$Z = 24$	双速极数	$2p = 8/4$
总线圈数	$Q = 24$	变极接法	$1/2—L_2$
线圈组数	$u = 8$	绕组极距	$\tau = 3/6$
每槽角角	$\alpha = 60°/30°$	线圈节距	$y = 3$
主相圈数	$S_m = 12$	主相组数	$u_m = 4$
副相圈数	$S_a = 12$	副相组数	$u_a = 4$

绕组系数　　$K_{dp8} = 0.676$　　$K_{dp4} = 0.643$

出线根数　　$c = 5$

2. 绕组结构特点　　本例绕组是 8/4 极双速结构，主、副绕组均有 12 个线圈，分别分成 4 组，即每组 3 圈；而每相两个变极组则分别安排于定子几何对称。此绕组也是采用双电容运行，控制接线较繁琐。

单相 8/4 极 1/2—L₂ 接法的绕组接线原理如图 10.4.9b 所示，双速绕组端面布线接线如图 10.4.9a 所示。

· **235** ·

10.4.10 *单相 32 槽 8/4 极（$y=4$）1/2—L_2 接法（起动型）双速绕组

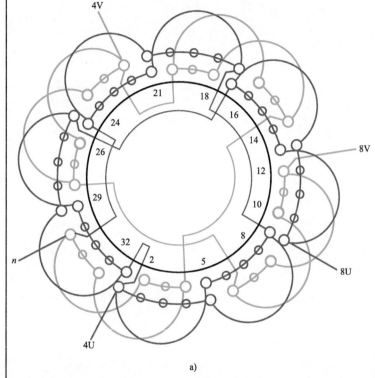

a)

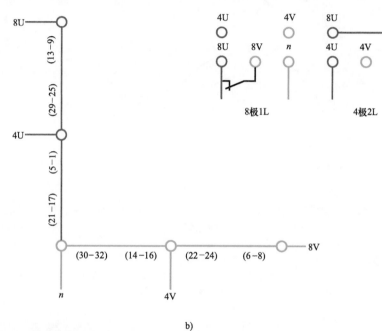

图 10.4.10

b)

出线根数　$c=5$

1. 绕组结构参数

定子槽数	$Z=32$	双速极数	$2p=8/4$
总线圈数	$Q=32$	变极接法	1/2—L_2
线圈组数	$u=8$	绕组极距	$\tau=4/8$
每槽电角	$\alpha=45°/22.5°$	线圈节距	$y=4$
主相圈数	$S_m=20$	主相组数	$u_m=4$
副相圈数	$S_a=12$	副相组数	$u_a=4$
绕组系数	$K_{dp8}=0.723$	$K_{dp4}=0.654$	

2. 绕组结构特点　本例定子是采用单相电动机专用铁心，绕组属于起动型，故主、副绕组圈数不同，即主绕组每组 5 圈，共 20 圈，副绕组在起动后便断开电源，不参与运行，故占槽较少，只有 12 圈，即每组 3 圈。

单相 8/4 极 1/2—L_2 接法的绕组接线原理如图 10.4.10b 所示，双速绕组端面布线接线则如图 10.4.10a 所示。

10.4.11 * 单相 32 槽 8/4 极 （$y=4$） 1/2—L$_2$ 接法（双电容运行型）双速绕组

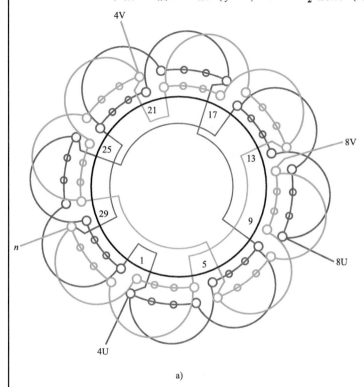

a)

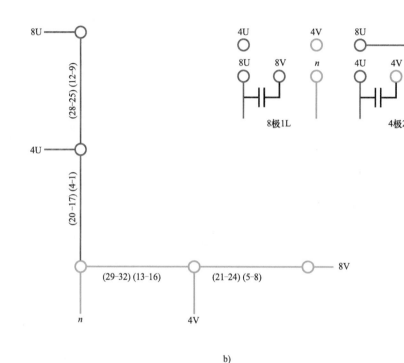

b)

图 10.4.11

1. 绕组结构参数

定子槽数	$Z=32$	双速极数	$2p=8/4$
总线圈数	$Q=32$	变极接法	$1/2—L_2$
线圈组数	$u=8$	绕组极距	$\tau=4/8$
每槽电角	$\alpha=45°/22.5°$	线圈节距	$y=4$
主相圈数	$S_m=16$	主相组数	$u_m=4$
副相圈数	$S_a=16$	副相组数	$u_a=4$
绕组系数	$K_{dp8}=0.653$	$K_{dp4}=0.641$	

出线根数　$c=5$

2. 绕组结构特点

本例采用单相电动机专用的 32 槽定子，绕组由四联组构成，主、副绕组结构相同，属于运行型双速结构。绕组每相有 4 组线圈，分别安排在两个变极组（段），而每个变极组内则由两组几何对称的线圈构成。此绕组结构简单，但控制接线较繁琐。

单相 8/4 极 1/2—L$_2$ 接法的绕组接线原理如图 10.4.11b 所示，双速绕组端面布线接线如图 10.4.11a 所示。

10.4.12 *单相 36 槽 8/4 极（$y = 5$）1/2—L$_2$ 接法（起动型）双速绕组

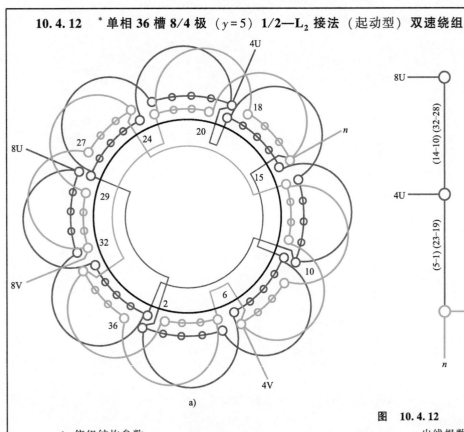

a)

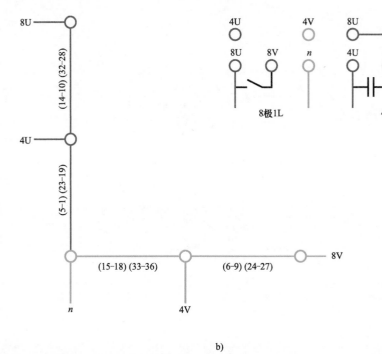

b)

图 10.4.12

1. 绕组结构参数

定子槽数	$Z = 36$	双速极数	$2p = 8/4$
总线圈数	$Q = 36$	变极接法	$1/2—L_2$
线圈组数	$u = 8$	绕组极距	$\tau = 4.5/9$
每槽电角	$\alpha = 40°/20°$	线圈节距	$y = 5$
主相圈数	$S_m = 20$	主相组数	$u_m = 4$
副相圈数	$S_a = 16$	副相组数	$u_a = 4$
绕组系数	$K_{dp8} = 0.567$	$K_{dp4} = 0.72$	

出线根数　$c = 5$

2. 绕组结构特点　本例主、副绕组采用不同的分布，主绕组占 20 槽，每组有 5 个线圈，副绕组占 16 槽，每组是 4 圈。此双速绕组适用于起动型单相电动机，但也可用于运行型双速电动机。

单相 8/4 极 1/2—L$_2$ 接法的绕组接线原理如图 10.4.12b 所示，双速绕组端面布线接线如图 10.4.12a 所示。

第 11 章　单相交流电动机常规布线绕组

单相常规布线绕组的主要特征是同相每槽匝数相等，也就是说，主绕组和副绕组是分别由等距线圈构成；而主、副线圈匝数一般不等，但也可以匝数相等。

单相交流电动机按运行型式可分为分相运行型和分相起动型。绕组常规采用的布线型式有单层布线和双层布线，其中单层包括叠式、链式和同心式；双层则有叠式、链式两种，此外还有非正弦的单双层混合的布线型式。它们主要用于一般用途的单相电动机。

本章主要收入上述绕组的单相电动机应用实例，也包括目前在国外应用的一些新颖的绕组型式。图例以潘氏画法绘制，为便于读图，特作说明如下：

1) 单相电动机布线接线图用彩色线条绘制。各线圈有效边在槽内的导体用彩色小圆表示；单层为一层小圆，双层为两层小圆，均布于铁心圆周。

2) 例图中同一绕组用同色表示，如主绕组用红色(或黄色)，副绕组用绿色，使之明显区分。

3) 槽与槽间导体(小圆)的连接弧线是线圈端部，所跨槽数则为节距。

4) 单相绕组一般为小容量电机绕组，通常仅用一路串联接法，如无例外，各图参数中不再说明。

5) 单相电动机绕组的连接以彩色细线向内画出；四根引出线(主绕组 U1、U2；副绕组 V1、V2)向外引出。

6) 单相电动机为顺时针旋转时，其引出线接法如图所示。

11.1　单相单层叠式绕组布线接线图

单层叠式绕组是由每(极相)组线圈数大于 1 的交叠等距线圈组构成，简称单叠绕组。通常单相单叠绕组是对应绕组而言，而且线圈组除交叠特征之外，每组圈数也要相等。而每组圈数不等则归分于交叉式，但因其实际应用不变，故本书仍将其归入本节。

一、绕组参数

1) 总线圈数 Q

$$Q = (S_U + S_V)u/2$$

2) 线圈组数　它根据运行型式(起动型或运行型)、布线型式(显极或庶极)以及主副绕组等决定其数目。

3) 每组圈数　是指每一个线圈组的线圈数。主、副组可相等也可不等布线。

4) 极距　与三相电机相同，即 $\tau = Z/2p$

5) 绕组系数　单叠绕组为全距，节距系数 $K_p = 1$，故绕组系数等于分布系数，即

$$K_{dp} = K_d = \frac{\sin(180°pq_x)}{q_x \sin(180°p/Z)}$$

式中　S_U、S_V——主、副绕组每组圈数；

　　　　p——绕组极对数；

　　　　q_x——主绕组(q_U)或副绕组(q_V)占槽；

　　　　Z——定子槽数。

二、绕组特点

1) 主、副绕组可采用相同或不相同的布线方案；起动型有的副绕组每组圈数为 1，而主绕组仍为叠式时，仍归入本节介绍，而副绕组则用括号作注。

2) 运行型主、副绕组系数相等，但起动型的副绕组系数略高。

3) 单叠绕组槽满率较高，但电磁性能较差，一般仅用于容量极小的电动机。目前有被性能优良的正弦绕组取代的趋势。

三、绕组嵌线

除个别绕组交叠嵌线外，一般多采用逐相分层嵌线形成双平面绕组。

四、绕组连接

显极布线为反向串联，庶极为顺接串联。

11.1.1 12槽2极单层叠式(等距布线)绕组

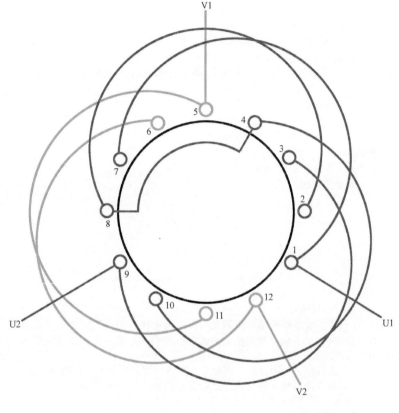

图 11.1.1

1. 绕组结构参数

定子槽数 $Z=12$	线圈组数 $u=3$	绕组极距 $\tau=6$
电机极数 $2p=2$	每组圈数 $S=2$	线圈节距 $y=1-7$
总线圈数 $Q=6$	极相槽数 $q_U=4$	绕组系数 $K_{dpU}=0.837$
	$q_V=2$	$K_{dpV}=0.966$

2. 嵌线方法　嵌绕工艺可采用两种方法,但分相整嵌不但端部极不美观,而且线圈的机械强度也较弱。为使绕组端部紧凑、美观,一般都用交叠法嵌线,吊边数为2。嵌线顺序见表11.1.1。

表 11.1.1

嵌线顺序		1	2	3	4	5	6	7	8	9	10	11	12
槽号	沉边	2	1	10		9		6		5			
	浮边				4		3		12		11	7	8

3. 绕组特点与应用　主、副绕组采用不同的布线型式。主绕组是显极布线,由两组等距交叠线圈构成;每组2个线圈,组间采用反极性串接形成2极绕组。副绕组只有1组交叠双线圈,为庶极布线。此绕组全部线圈节距相等,可用同一规格线模绕制,故绕线方便;但限于结构上的原因,线圈采用的节距等于极距。线圈匝长较之其他型式绕组所耗费的铜线较多,不但使电动机的铜耗增加,运行温度上升,而且给小功率电机的嵌线增加难度。故此绕组不是理想的型式,一般极少应用,仅见用于老式的300mm风扇电动机。

11.1.2 12槽2极单层叠式(不等距布线)绕组

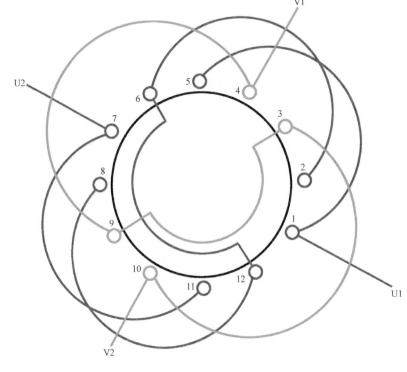

图 11.1.2

1. 绕组结构参数

定子槽数 $Z=12$　每组圈数 $S_U=2$　$S_V=1$　线圈节距 $y_U=1—5$

电机极数 $2p=2$　极相槽数 $q_U=4$　$q_V=2$　$y_V=1—6$

总线圈数 $Q=6$　线圈组数 $u=4$　绕组系数 $K_{dpU}=0.837$

绕组极距 $\tau=6$　$K_{dpV}=0.966$

2. 嵌线方法 本例绕组的线圈对称分布,采用交叠嵌线反使绕组端部不规整、不美观,故不宜采用。通常用分相整嵌,即先将主绕组逐个嵌入相应槽内,垫好相间绝缘,再将副绕组嵌入相应槽内,从而形成双平面绕组。嵌线顺序见表11.1.2。

表 11.1.2

嵌线顺序		1	2	3	4	5	6	7	8	9	10	11	12
槽号	下层	2	6	1	5	8	12	7	11				
	上层									4	9	10	3

3. 绕组特点与应用 本例为显极式布线。主、副绕组线圈不等距,且副绕组每组只有1个线圈,实质应归属于交叉式绕组。主绕组由2组交叠线圈组成,组间接线均为反向串联,即"尾与尾"相接。主、副绕组占槽比为2:1,较适用于起动型单相电动机。此外,绕组为全距,如采用短节距线圈,较之上例节省铜线,同时绕组嵌绕也方便、省时。因绕组仅用于微小容量的电机,应用不多,仅见于FTA-250通风用电动机。

11.1.3 16槽2极单层叠式(等距布线)绕组

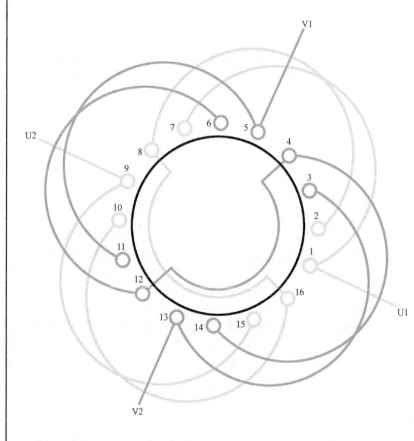

图 11.1.3

1. 绕组结构参数

定子槽数 $Z=16$	线圈组数 $u=4$	绕组极距 $\tau=8$
电机极数 $2p=2$	每组圈数 $S=2$	线圈节距 $y=1$—7
总线圈数 $Q=8$	极相槽数 $q_U=4$	绕组系数 $K_{dpU}=0.902$
	$q_V=4$	$K_{dpV}=0.902$

2. 嵌线方法   嵌线可采用两种方法:

1) 整嵌法   采用分相嵌入,即把主绕组先嵌入相应槽内,然后再嵌副绕组,使主、副绕组的线圈端部分置于上、下平面。嵌线顺序见表11.1.3a。

表 11.1.3a 整嵌法

嵌线顺序		1	2	3	4	5	6	7	8	9	10	11	12	13	14	15	16
槽号	下层	2	8	1	7	10	16	9	15								
	上层									6	12	5	11	14	4	13	3

2) 交叠法   采用交叠嵌线,吊边数为2,较少应用。嵌线顺序见表11.1.3b。

表 11.1.3b 交叠法

嵌线顺序		1	2	3	4	5	6	7	8	9	10	11	12	13	14	15	16
槽号	沉边	2	1	14		13		10		9		6		5			
	浮边				4		3		16		15		12		11	8	7

3. 绕组特点与应用   本例采用显极布线,主、副绕组均由两组等距交叠式线圈组成,属正规布线的单叠绕组。同相组间是反极性串联,即"尾与尾"相接。主、副绕组占槽比相等,故适用于运行型单相电动机。应用实例有国外 AOЛДO-11/2 等电容运转电动机。

11.1.4　*16槽2极(起动型)单层叠式（交叉布线）绕组

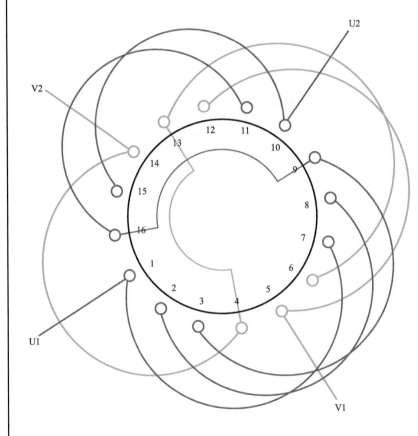

图　11.1.4

1. 绕组结构参数

定子槽数　$Z=16$　　电机极数　$2p=2$　　总线圈数　$Q=8$

线圈组数　$u=4$　　主相每组圈数　$S_U=2\frac{1}{2}$　副相每组圈数　$S_V=1\frac{1}{2}$

绕组极距　$\tau=8$　　主圈节距　$y_U=8、6、4$　副圈节距　$y_V=8、6$

每槽电角　$\alpha=22.5°$　绕组系数　$K_{dp}=0.852$

2. 嵌线方法　本例绕组采用整嵌法，先将主绕组嵌入相应槽内，其端部构成下平面，再把副绕组嵌入，形成双平面结构。嵌线顺序见表11.1.4。

表 11.1.4　整嵌法

嵌线顺序		1	2	3	4	5	6	7	8	9	10	11	12	13	14	15	16	17	18
槽号	下平面	3	9	2	8	1	7	11	16	10	15								
	上平面											6	13	5	12	14	4		

3. 绕组特点与应用　本例主、副绕组均采用显极布线，但布线方案不同。主绕组由5个线圈组成，分2组，即每组为三圈和双圈，两组之间的连接是反极性串联。副绕组则只有3个线圈，是单、双圈结构，两组之间也是反接串联。此绕组具有结构简单、线圈数少、接线方便等优点，熟练者可采用一相连绕工艺，免去接线工序，即可节省工时，又能免除因焊接不良造成故障的隐患。

此绕组的主、副相占槽比相差较大，一般只宜用于起动型，如分相电动机或电容分相起动电动机等。

11.1.5　*24槽4极(运行型)单层叠式（交叉布线）绕组

1. 绕组结构参数

定子槽数　$Z=24$	电机极数　$2p=4$	总线圈数　$Q=12$
线圈组数　$u=8$	主相每组圈数　$S_U=1\frac{1}{2}$	副相每组圈数　$S_V=1\frac{1}{2}$
绕组极距　$\tau=6$	主圈节距　$y_U=5、4$	副圈节距　$y_V=5、4$
每槽电角　$\alpha=30°$	绕组系数　$K_{dp}=0.91$	

2. 嵌线方法　　本例采用分相整嵌，无需吊边。嵌线时是分相嵌入，即先把主绕组嵌入相应槽后，再把副绕组嵌入，使两个绕组在端部构成双平面结构。嵌线顺序见表11.1.5。

表 11.1.5　分相整嵌法

嵌线顺序		1	2	3	4	5	6	7	8	9	10	11	12	13	14	15	16
槽号	下平面	20	24	14	19	13	18	8	12	2	7	1	6				
	上平面													23	3	17	22
嵌线顺序		17	18	19	20	21	22	23	24								
槽号	下平面																
	上平面	16	21	11	15	5	10	4	9								

3. 绕组特点与应用　　本例原应是标准的24槽4极运行型交叉式绕组，因本书不另分项而归到单叠绕组。主、副绕组布线相同，均由2大（双圈）、2小（单圈）组成，而单、双圈交替轮换安排，属显极布线，即同相相邻线圈组的极性相反，故接线时是"头接头"或"尾接尾"。

此绕组主要应用于运行型，如电容运转电动机，但也有用于起动型电动机的。

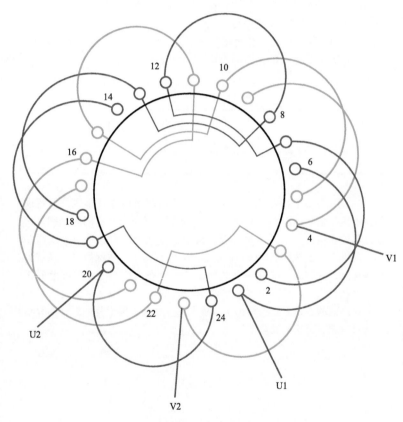

图　11.1.5

11.1.6　24槽4极(起动型)单层叠式绕组

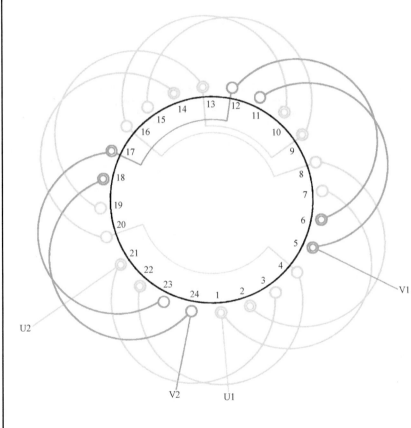

图　11.1.6

1. 绕组结构参数

定子槽数　$Z=24$　　线圈组数　$u=6$　　绕组极距　$\tau=6$
电机极数　$2p=4$　　每组圈数　$S=2$　　线圈节距　$y=1-7$
总线圈数　$Q=12$　　极相槽数　$q_{\mathrm{U}}=4$　　绕组系数　$K_{\mathrm{dpU}}=0.837$
　　　　　　　　　　　　　　　　$q_{\mathrm{V}}=2$　　　　　　　$K_{\mathrm{dpV}}=0.966$

2. 嵌线方法　　绕组采用交叠法嵌线,即按嵌2槽,退空2槽,再嵌2槽的规律嵌线,嵌线吊边数为2。嵌线顺序见表11.1.6。

表11.1.6　交叠法

嵌线顺序		1	2	3	4	5	6	7	8	9	10	11	12	13	14	15	16	17	18	19	20	21	22	23	24
槽号	沉边	2	1	22		21		18		17		14		13		10		9		6		5			
	浮边				4		3		24		23		20		19		16		15		12		11	8	7

3. 绕组特点与应用　　24槽4极交叠式的正规布线为不等距,而本例采用等距线圈,故属特殊型式的安排。主、副绕组占槽比为2,即主绕组每极占4槽,副绕组每极占2槽,但每组线圈数均为2,而主绕组用4组线圈以显极布线,组间连接是"头与头"或"尾与尾"相接,副绕组则是庶极布线,对称安排,组间是顺接串联,用两组线圈构成4极。此绕组线圈等节距,可用同规格线模绕制线圈,但线圈节距增长为全距,从而增加了整机用铜量。由于线圈数少,嵌绕比较方便,目前在国内外单相排风扇等专用分相电动机中还有应用。

11.1.7 24槽4极（起动型）单层叠式（可分割不等距布线）绕组

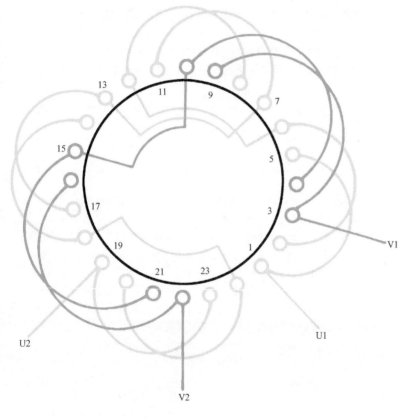

图 11.1.7

1. 绕组结构参数

定子槽数 $Z=24$	线圈组数 $u=6$	绕组极距 $\tau=6$
电机极数 $2p=4$	主相每组圈数 $S_U=2$	线圈节距 $y=4$、6
总线圈数 $Q=12$	副相每组圈数 $S_V=2$	绕组系数 $K_{dpU}=0.958$

2. 嵌线方法　本例采用整嵌法，先把主绕组分组整嵌入相应槽内，完成后再把副绕组嵌入，从而使主绕组和副绕组构成两个具有交叠端部的双平面绕组。嵌线顺序见表 11.1.7。

表 11.1.7　整嵌法

嵌线顺序		1	2	3	4	5	6	7	8	9	10	11	12	13	14
下平面槽号		2	6	1	5	20	24	19	23	14	18	13	17	8	12
嵌线顺序		15	16	17	18	19	20	21	22	23	24				
槽号	下平面	7	11												
	上平面			4	10	3	9	16	22	15	21				

3. 绕组特点与应用　本例主、副绕组均由交叠双圈构成，并采用不同的布线形式，主绕组有线圈 4 组，是显极布线，副绕组仅有线圈两组，且采用同极性串联的接法，故属庶极布线。此外，主、副线圈节距也不相同，即主线圈为短节距，$y_U=4$，副线圈则是全距，$y_V=6$。此绕组主要应用于起动型电动机，但实际应用不多，见用于国外产品的单相电动机。

11.1.8 24槽4极(起动型)单层交叠(链)式绕组

1. 绕组结构参数

定子槽数 $Z=24$	线圈组数 $u=8$	线圈节距 $y=1—6$
电机极数 $2p=4$	绕组极距 $\tau=6$	每组圈数 $S_U=2$
		$S_V=1$
总线圈数 $Q=12$	极相槽数 $q_U=4$	绕组系数 $K_{dpU}=0.837$
	$q_V=2$	

2. 嵌线方法 绕组采用交叠法嵌线，嵌线规律是，嵌1槽，退空1槽，再嵌1槽。嵌线顺序见表11.1.8。

表 11.1.8 交叠法

嵌线顺序		1	2	3	4	5	6	7	8	9	10	11	12	13	14	15	16	17	18	19	20	21	22	23	24
槽号	沉边	3	1	23		21		19		17		15		13		11		9		7		5			
	浮边				4		2		24		22		20		18		16		14		12		10	8	6

3. 绕组特点与应用 本例为特殊型式的单链绕组。一般单链的每组只有1个线圈，故24槽定子不能排出4极单链，为此本例将副绕组按正规单链布线，而将余下的16槽安排两套相邻的单链绕组，并把隔槽相邻的线圈连接为一组，从而使主绕组为每组2个线圈不连续分布的特殊型式。从整个绕组布线看，它相当于把主绕组奇数编号的线圈和偶数编号的线圈分别组成两个单链绕组交叉重叠在一起，故称"交叠链式"。

这种绕组全部线圈为单层，线圈数较双层少一半，线圈节距较短，且为等节距，不但嵌绕省时方便，还可节省铜线，但绕组系数较低。目前国内极为罕见，此型式取自国外资料介绍。主要应用于分相起动电动机。

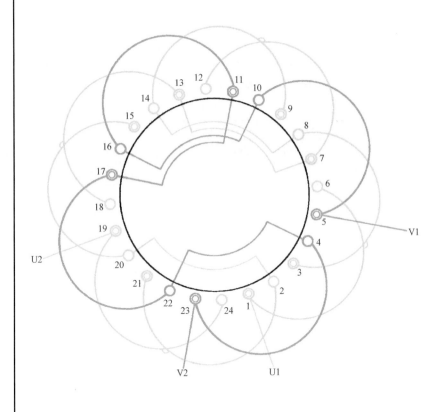

图 11.1.8

11.1.9 24槽4极(起动型)单层叠式(不等距)绕组

1. 绕组结构参数

定子槽数 $Z=24$　每组圈数 $S_U=2$　$S_V=1$　线圈节距 $y_U=1—5$

电机极数 $2p=4$　极相槽数 $q_U=4$　$q_V=2$　$y_V=1—6$

总线圈数 $Q=12$　线圈组数 $u=8$　绕组系数 $K_{dpU}=0.837$

绕组极距 $\tau=6$　$K_{dpV}=0.966$

2. 嵌线方法　嵌线采用整嵌法，先将主绕组嵌入相应槽内，再把副绕组嵌入，使副绕组和主绕组分处于两个层次的平面上，从而形成双平面绕组。绕组嵌线顺序见表 11.1.9。

表　11.1.9

嵌线顺序		1	2	3	4	5	6	7	8	9	10	11	12	13	14	15	16	17	18	19	20	21	22	23	24
槽号	下层	2	6	1	5	20	24	19	23	14	18	13	17	8	12	7	11								
	上层																	4	9	22	3	16	21	10	15

3. 绕组特点与应用　本例属显极式绕组。主、副绕组每组线圈数不相等，实质属于交叉式布线，而且主、副绕组节距也不相等，即主绕组每组由 $y_U=4$ 的双圈组成，副绕组则由 $y_V=5$ 的单圈组成，但接线形式相同，即同相组间为"尾与尾"或"头与头"相接，使其相邻线圈组的极性相反。此绕组常应用于起动型电动机，如国外 AOЛБ-12/4 等电阻起动单相电动机，但也有用于电容运转电动机，如 400mm 通风用排气扇电动机。

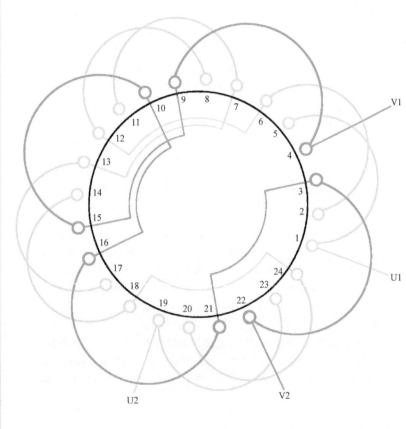

图　11.1.9

11.1.10　24槽4极（起动型）单层叠式（等距）绕组

1. 绕组结构参数

| 定子槽数 | $Z=24$ | 线圈组数 $u=6$ | 绕组极距 $\tau=6$ |

定子槽数　$Z=24$　　线圈组数　$u=6$　　绕组极距　$\tau=6$

电机极数　$2p=4$　　每组圈数　$S=2$　　线圈节距　$y=1\text{—}7$

总线圈数　$Q=12$　　极相槽数　$q_U=4$　　绕组系数　$K_{dpU}=0.837$

　　　　　　　　　　　　　　　　$q_V=2$　　　　　　　$K_{dpV}=0.966$

2. 嵌线方法　　绕组采用交叠法嵌线，即按嵌2槽，退空2槽，再嵌2槽的规律嵌线，嵌线吊边数为2。嵌线顺序见表11.1.10。

表 11.1.10　交叠法

嵌线顺序	1	2	3	4	5	6	7	8	9	10	11	12	13	14	15	16	17	18	19	20	21	22	23	24
槽号 沉边	2	1	22		21		18		17		14		13		10		9		6		5			
槽号 浮边				4		3		24		23		20		19		16		15		12		11	8	7

3. 绕组特点与应用　　24槽4极交叠式的正规布线为不等距，而本例采用等距线圈，故属特殊型式的安排。主、副绕组占槽比为2，即主绕组每极占4槽，副绕组每极占2槽，但每组线圈数均为2，而主绕组用4组线圈以显极布线，组间连接是"头与头"或"尾与尾"相接，副绕组则是庶极布线，对称安排，组间是顺接串联，用两组线圈构成4极。此绕组线圈等节距，可用同规格线模绕制线圈，但线圈节距增长为全距，从而增加了整机用铜量。由于线圈数少，嵌绕比较方便，目前在国内外单相排风扇等专用分相电动机中还有应用。

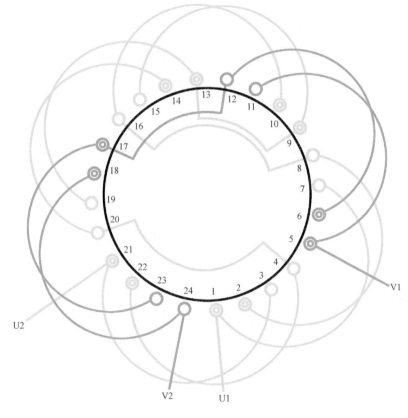

图　11.1.10

11.1.11 24槽4极(运行型)单层叠式(长等距交叉)绕组

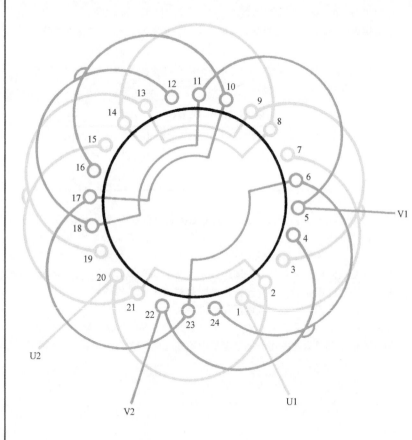

图 11.1.11

1. 绕组结构参数

定子槽数 $Z=24$	线圈组数 $u=8$	绕组极距 $\tau=6$
电机极数 $2p=4$	主相每组圈数 $S_U=1\frac{1}{2}$	线圈节距 $y=6$
总线圈数 $Q=12$	副相每组圈数 $S_V=1\frac{1}{2}$	绕组系数 $K_{dpU}=0.96$

2. 嵌线方法 本例应采用交叠嵌法,但嵌线起点应有所选择,如先嵌双圈需吊起3边,若从单圈起则可减少一个吊边。嵌线的基本规律是,嵌入单边退空两槽,再嵌单边退空1槽。嵌线顺序见表11.1.11。

表 11.1.11 交叠法

嵌线顺序		1	2	3	4	5	6	7	8	9	10	11	12	13	14
槽号	沉边	20	17	15		13		12		10		8		5	
	浮边				21		19		18		16		14		11
嵌线顺序		15	16	17	18	19	20	21	22	23	24				
槽号	沉边	3		1		24		22							
	浮边		9		7		6		4	2	23				

3. 绕组特点与应用 本例绕组采用等节距交叠布线,主、副绕组结构相同,均由单、双圈线圈组构成,双圈是交叠联,但两个线圈在定子上的安排为不连续,即隔开一槽布线。绕组属显极,故同相相邻线圈组为反极性串联。本例虽然节距较长,但嵌线仍较方便。此绕组主要应用于运行型单相电动机,但国内尚未见实例。

11.1.12 24槽4极（起动型）单层叠式(庶极可分割)绕组

1. 绕组结构参数

定子槽数 $Z=24$	线圈组数 $u=4$	绕组极距 $\tau=6$
电机极数 $2p=4$	主相每组圈数 $S_U=4$	线圈节距 $y=6$
总线圈数 $Q=12$	副相每组圈数 $S_V=2$	绕组系数 $K_{dpU}=0.958$

2. 嵌线方法

本例采用分两组整嵌，即相继将副、主绕组的一组嵌入构成一个结构大组，然后再把另一个大组嵌入。嵌线顺序见表11.1.12。

表 11.1.12 分组整嵌法

嵌线顺序	1	2	3	4	5	6	7	8	9	10	11	12
槽号	6	12	5	11	4	10	3	9	2	8	1	7
嵌线顺序	13	14	15	16	17	18	19	20	21	22	23	24
槽号	18	24	17	23	16	22	15	21	14	20	13	19

3. 绕组特点与应用

本例绕组采用全距叠式，全部线圈为等节距，并用庶极布线，使两组线圈顺接串联构成4极。由于绕组整体安排为两部分，故线圈端部不能做到整齐美观，但两大组线圈不存在交叠，所以，此绕组也称作分割式布线。

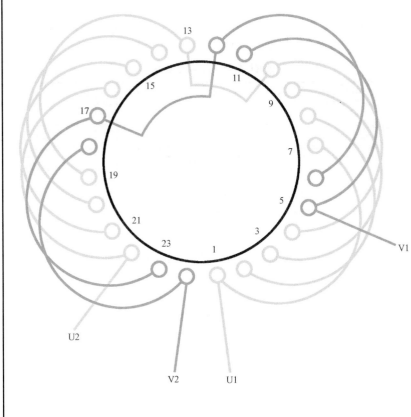

图 11.1.12

11.1.13 24槽4极(起动型)单层叠式(副链)绕组

1. 绕组结构参数

定子槽数 $Z=24$	线圈组数 $u=8$	绕组极距 $\tau=6$
电机极数 $2p=4$	主相每组圈数 $S_U=2$	线圈节距 $y=6$、5
总线圈数 $Q=12$	副相每组圈数 $S_V=1$	绕组系数 $K_{dpU}=0.958$

2. 嵌线方法　此绕组嵌法有多种,这里介绍的是分层嵌入,即把主绕组分两大组嵌入,形成两个具有交叠端部的结构,然后再把副绕组嵌于面。嵌线顺序见表11.1.13。

表 11.1.13　分层交叠法

嵌线顺序		1	2	3	4	5	6	7	8	9	10	11	12	13	14
槽号	沉边	6	12	5	11	2		1		18	24	17	23	14	
	浮边						8		7						20

嵌线顺序		15	16	17	18	19	20	21	22	23	24
槽号	沉边	13									
	浮边		19	22	3	16	21	10	15	4	9

3. 绕组特点与应用　本绕组排列方案与11.1.9节相同,均是显极式布线,但主绕组采用长节距,故使每两组线圈端部呈交叠状,而副绕组则每组仅一圈,4个线圈用链式布线,故称为"副链"。此外,主、副线圈也采用不同节距,即主线圈 $y_U=6$,副线圈 $y_V=5$,故嵌线时要注意分清线圈规格。本例主绕组虽用较长节距,但对绕组系数不产生影响,却因交叠端部而增加了嵌线难度,同时还使平均匝长增加,电动机铜损耗也增加,故不是理想的方案。本绕组仅作为结构型式的示例。

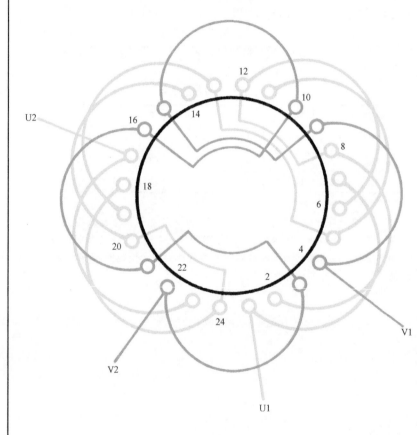

图　11.1.13

11.1.14　24槽4极(起动型)单层叠式(副同心)绕组

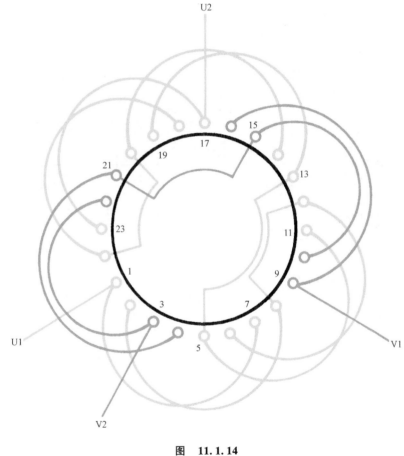

图　11.1.14

1. 绕组结构参数

定子槽数　$Z = 24$	线圈组数　$u = 6$	绕组极距　$\tau = 6$
电机极数　$2p = 4$	主相每组圈数　$S_U = 2$	线圈节距　$y = 6$、5、7
总线圈数　$Q = 12$	副相每组圈数　$S_V = 2$	绕组系数　$K_{dpU} = 0.958$

2. 嵌线方法　绕组采用分层整嵌法。先将主绕组嵌入相应槽内,使其端部形成下平面,再把副绕组整嵌构成上平面。嵌线顺序见表 11.1.14。

表 11.1.14　分层整嵌法

嵌线顺序		1	2	3	4	5	6	7	8	9	10	11	12	13	14	15	16
槽号	下平面	18	24	17	23	14	20	13	19	6	12	5	11	2	8	1	7
嵌线顺序		17	18	19	20	21	22	23	24								
槽号	上平面	22	3	21	4	10	15	9	16								

3. 绕组特点与应用　本例主、副绕组采用不同的布线型式,主绕组是全节距交叠布线,每组是双圈,4组分两部分交叠,其缺口由副绕组填补。副绕组为庶极布线,并采用同心双圈。此绕组线圈数少,嵌绕都比较方便,主要应用于单相起动型电动机。

11.1.15 *24槽4极(起动型)单层叠式（短等距）绕组

1. 绕组结构参数

定子槽数 $Z=24$	电机极数 $2p=4$	总线圈数 $Q=12$
线圈组数 $u=8$	主相每组圈数 $S_U=2$	副相每组圈数 $S_V=1$
绕组极距 $\tau=6$	主圈节距 $y_U=4$	副圈节距 $y_V=5$
绕组系数 $K_{dp}=0.837$	每槽电角 $\alpha=30°$	

2. 嵌线方法　本例采用整嵌法，先将主绕组嵌入相应槽内，再把副绕组嵌入，使主、副绕组分处于上、下两个层面。嵌线顺序见表11.1.15。

表 11.1.15　整嵌法

嵌线顺序		1	2	3	4	5	6	7	8	9	10	11	12	13	14	15	16	17	18
槽号	下层	2	6	1	5	20	24	19	23	14	18	13	17	8	12	7	11		
	上层																	4	9
嵌线顺序		19	20	21	22	23	24												
槽号	下层																		
	上层	22	3	16	21	10	15												

3. 绕组特点与应用　本例属显极布线，是24槽4极电动机的常规布线型式。主、副绕组的每组圈数和选用节距都不相等，但接法相同，即同相组间为"尾接尾"或"头接头"，使其相邻线圈组间极性相反。此绕组应用于起动型电动机，应用实例如国外的 АОЛБ-12/4 等电阻起动型单相电动机。

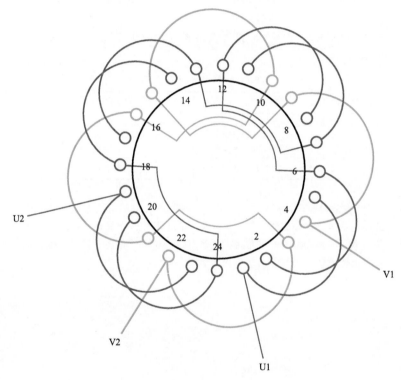

图　11.1.15

11.1.16 *32槽4极(起动型)单层叠式(交叉布线)绕组

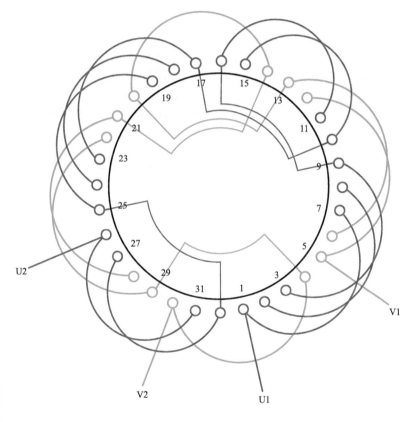

图 11.1.16

1. 绕组结构参数

定子槽数 $Z = 32$	电机极数 $2p = 4$	总线圈数 $Q = 16$
线圈组数 $u = 8$	主相每组圈数 $S_U = 2\frac{1}{2}$	副相每组圈数 $S_V = 1\frac{1}{2}$
绕组极距 $\tau = 8$	主圈节距 $y_U = 6、5$	副圈节距 $y_V = 7、6$
每槽电角 $\alpha = 22.5°$	绕组系数 $K_{dp} = 0.852$	

2. 嵌线方法　本绕组嵌线采用分层整嵌，先嵌入主绕组于相应槽内，使其处于下平面，然后再嵌副绕组于面，从而构成双平面端部结构。嵌线顺序见表11.1.16。

表 11.1.16　分层整嵌法

嵌线顺序		1	2	3	4	5	6	7	8	9	10	11	12	13	14	15	16	17	18
槽号	下平面	27	32	26	31	19	25	18	24	17	23	11	16	10	15	3	9	2	8
	上平面																		
嵌线顺序		19	20	21	22	23	24	25	26	27	28	29	30	31	32				
槽号	下平面	1	7																
	上平面			30	4	22	29	21	28	14	20	6	13	5	12				

3. 绕组特点与应用　本例属起动型绕组，主绕组每组圈数 $S_U = 2\frac{1}{2}$，将½圈归并后，以三、双圈交替安排呈交叉式布局，即主绕组在4极之下分布为3232，副绕组占12槽，单、双圈分布为2121。因属显极布线，故同相相邻线圈组为反方向，即"尾接尾"或"头接头"。本绕组主、副占槽比为5：3，一般宜作起动型单相电动机绕组。

11.2 单相单层链式绕组布线接线图

单层链式绕组又称单链绕组，每组只有 1 只线圈，且同相相邻两槽线圈端部出槽后反折，绕组构成单圈相扣的形式，故称单链绕组。它是单层绕组中应用较多的绕组型式之一。实用上只采用每极线圈数为 1 的绕组，而且主、副绕组布线型式相同，故常用于运行型电动机。

一、绕组参数

1）总线圈数　单链绕组属单层绕组，总线圈数为总槽数的一半，即

$$Q = Z/2$$

2）线圈组数

显极：每极相线圈数为 1，所以

$$u = 4p$$

庶极：在一相中，每一线圈形成两极性，所以

$$u = 2p$$

3）每组圈数　单链绕组每组线圈数均为 1，即

$$S = Q/u = 1$$

4）线圈节距　显极时 $y = 3$，庶极时 $y = 2$

5）绕组系数　由于单链绕组每组线圈数和线圈节距是固定的，显极布线 $q = 2$，庶极布线 $q = 1$，故绕组分布系数也是不变的，而节距系数均为 1，则绕组系数：

显极：$K_{dpU} = K_{dpV} = 0.924$

庶极：$K_{dpU} = K_{dpV} = 1$

其余各符号意义同上节。

二、绕组特点

1）绕组有显极布线（$Q/2p = 2$）和庶极布线（$Q/2p = 1$）两种型式。

2）绕组为单层，全部线圈等节距，且每组只有一只线圈，便于采用连绕、连嵌工艺，以省去组间连接工序。

3）绕组是全距绕组，但线圈端部短，特别是显极布线时线圈节距短于极距，可节省铜线，但谐波分量较大，电磁性能较差。

三、绕组嵌线

绕组嵌线只用整嵌法，主绕组先嵌于下层平面，副绕组则嵌于上层平面，层间再衬垫绝缘。

四、绕组连接

显极布线时，同相相邻线圈（组）间为反接串联，庶极布线则是顺向串联。

11.2.1　8槽2极单层链式绕组

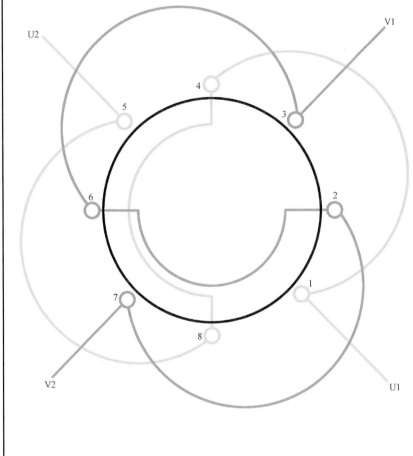

1. 绕组结构参数

定子槽数　$Z=8$	每组圈数　$S=1$	线圈节距　$y=1-4$
电机极数　$2p=2$	极相槽数　$q=2$	绕组系数　$K_{dpU}=0.924$
总线圈数　$Q=4$	绕组极距　$\tau=4$	$K_{dpV}=0.924$
线圈组数　$u=4$	并联路数　$a=1$	

2. 嵌线方法　采用逐相分层嵌线，一般是先将主绕组的两个线圈嵌入相应槽内，再嵌副绕组的两个线圈，使主绕组和副绕组的线圈端部分别处于下层平面和上层平面。嵌线顺序可参考表11.2.1。

表 11.2.1　分层整嵌法

嵌线顺序		1	2	3	4	5	6	7	8	9	10	11	12
槽号	下层	1	4	5	8								
	上层					3	6	7	2				

3. 绕组特点与应用　绕组为显极式布线，每极相槽数 $q=2$，主、副绕组均由2个线圈构成，两只线圈为反接串联以形成2极，全套绕组仅4个线圈。由于线圈数少，线圈节距相等且小于极距，嵌线比较方便，通常都采用同相连绕工艺，可省去接线工序的耗时。此绕组适合于小功率单相电动机，主要应用实例有仪表盘用 200mm 排风扇单相电容电动机。

图　11.2.1

11.2.2　16槽4极单层链式(电风扇)绕组

1. 绕组结构参数

定子槽数　$Z=16$	每组圈数　$S=1$	线圈节距　$y=1$—4
电机极数　$2p=4$	极相槽数　$q=2$	绕组系数　$K_{dpU}=0.924$
总线圈数　$Q=8$	绕组极距　$\tau=4$	$K_{dpV}=0.924$
线圈组数　$u=8$	并联路数　$a=1$	

2. 嵌线方法　采用分层整嵌,即先将主绕组线圈逐个嵌入相应槽内,再把副绕组逐个嵌入,使两套绕组分置于上、下两层,形成双平面绕组。嵌线顺序见表11.2.2。

表11.2.2　分层整嵌法

嵌线顺序		1	2	3	4	5	6	7	8	9	10	11	12	13	14	15	16
槽号	下平面	13	16	9	12	5	8	1	4								
	上平面									15	2	11	14	7	10	3	6

3. 绕组特点与应用　本例为显极布线,绕组节距相等,可采用连绕工艺省去线圈(组)间接线;线圈实际节距小于极距,较省铜线。主、副绕组占槽比相等,各由4个线圈构成,同相线圈之间的连接是"尾与尾"或"头与头"相接,使同相相邻线圈极性相反。此绕组适用于电容运行单相电动机,常用作单速电扇电动机和外接电抗器的调速电扇电动机。但若接线在风扇后端,则宜将U1与V2接成中点,引出线3根,使电动机沿纸面为逆时针旋转,而电扇叶为顺时针旋转。此绕组是家用调速电风扇的基本型式。主要应用实例有JXD5-4台扇电动机、FA3-6及CFP-1-120等单相排风扇。

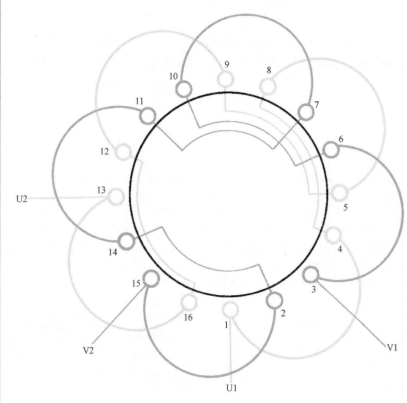

图　11.2.2

11.2.3　18槽4极单层链式(空两槽不等距)绕组

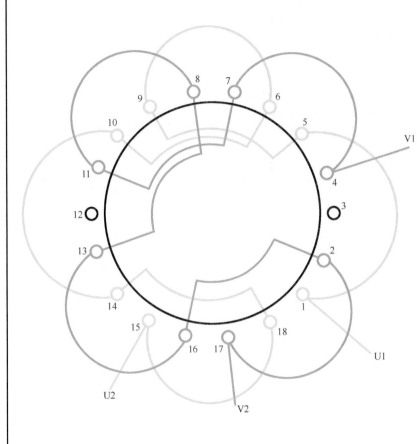

图 11.2.3

1. 绕组结构参数

定子槽数　$Z=18$　　主相圈数　$S_U=4$　　线圈节距　$y_1=1\text{—}4$　$y_2=1\text{—}5$

电机极数　$2p=4$　　副相圈数　$S_V=4$　　绕组系数　$K_{dpU}=0.94$

总线圈数　$Q=8$　　极相槽数　$q=1\frac{1}{2}$　　　　　　　$K_{dpV}=0.924$

线圈组数　$u=8$　　绕组极距　$\tau=4\frac{1}{2}$

2. 嵌线方法

主、副绕组分层嵌线，先将主绕组线圈嵌入相应槽内，衬垫好绝缘后再把副绕组线圈嵌入，使两绕组端部形成双平面层次。嵌线顺序见表 11.2.3。

表 11.2.3　分层整嵌法

嵌线顺序		1	2	3	4	5	6	7	8	9	10	11	12	13	14	15	16
槽号	下层	1	5	15	18	10	14	6	9								
	上层									4	7	17	2	13	16	8	11

3. 绕组特点与应用

18 槽单层绕组最多安排 9 个线圈，但 4 极绕组显极布线仅需 8 个，占 16 槽，故只能留空 2 槽，从而造成对称 2 个主绕组多跨 1 槽，使绕组线圈使用两种节距布线。每相绕组 4 个线圈，各自采用反接串联接线，即同相相邻线圈是"尾接尾"或"头接头"。

此绕组在国外非正规系列产品中曾有应用。

11.2.4　*18 槽 6 极(起动型)单层链式绕组

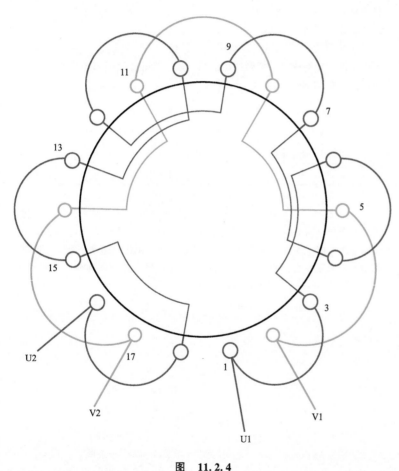

图　11.2.4

1. 绕组结构参数

定子槽数　$Z=18$	电机极数　$2p=6$	总线圈数　$Q=9$
线圈组数　$u=9$	主相每组圈数　$S_U=1$	副相每组圈数　$S_V=1$
绕组极距　$\tau=3$	主相节距　$y_U=2$	副相节距　$y_V=3$
绕组系数　$K_{dp}=0.866$	每槽电角　$\alpha=60°$	

2. 嵌线方法　　本例绕组结构简单且层次分明,故其嵌线宜用分层整嵌法,即先嵌主绕组 6 只线圈,垫衬端部绝缘后,再嵌入副绕组 3 只线圈于面层,从而使主、副绕组形成双平面结构。嵌线顺序见表 11.2.4。

表 11.2.4　分层整嵌法

嵌线顺序		1	2	3	4	5	6	7	8	9	10	11	12	13	14	15	16	17	18
槽号	下平面	16	18	13	15	10	12	7	9	4	6	1	3						
	上平面													14	17	8	11	2	5

3. 绕组特点与应用　　本例主、副绕组采用不同的布线结构,主绕组是显极布线,绕组由 6 个单圈组成,并按相邻反极性串联而成;副绕组则只有 3 个单圈,按庶极布线,即 3 个线圈同向串联,从而形成 6 极。此外,主、副绕组的线圈节距也不相同,线圈绕制时应予注意。此绕组主要用于起动型单相电动机,是 18 槽 6 极绕组单相电动机的最简洁型式。

11.2.5 24槽6极单层链式绕组

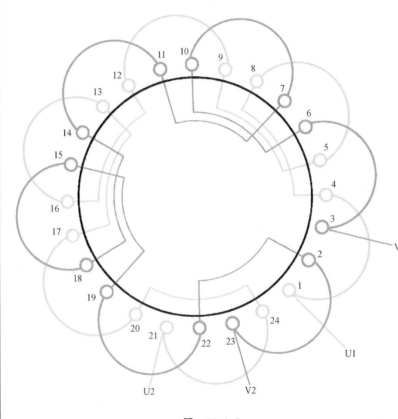

图 11.2.5

1. 绕组结构参数

定子槽数 $Z=24$	每组圈数 $S=1$	线圈节距 $y=1—4$
电机极数 $2p=6$	极相槽数 $q=2$	绕组系数 $K_{dpU}=0.924$
总线圈数 $Q=12$	绕组极距 $\tau=4$	$K_{dpV}=0.924$
线圈组数 $u=12$	并联路数 $a=1$	

2. 嵌线方法

主、副绕组采用分层整嵌，即先将主绕组嵌入相应槽内，再将副绕组也嵌入相应槽中，使先嵌线圈形成一个层面，而后嵌的副绕组在其上面，形成双平面绕组。嵌线顺序见表 11.2.5。

表 11.2.5　分层整嵌法

嵌线顺序		1	2	3	4	5	6	7	8	9	10	11	12	13	14	15	16	17	18	19	20	21	22	23	24
槽号	下层	1	4	21	24	17	20	13	16	9	12	5	8												
	上层													3	6	23	2	19	22	15	18	11	14	7	10

3. 绕组特点与应用

本例为显极布线，主、副绕组分别由8个线圈组成，线圈间的连接是"尾接尾"或"头接头"，使同相相邻线圈的极性相反。此绕组的线圈实际节距小于极距，较为节省铜线。因每组为单圈，24槽定子的内腔也较大，故嵌绕都方便。本例绕组常用于单相电容运转电动机，主要应用实例有 F-400 扇风机、400mm 轴流通风机及 500mm 排风扇等单相电容电动机。

11.2.6 *24槽12极单层链式(庶极吊扇)绕组

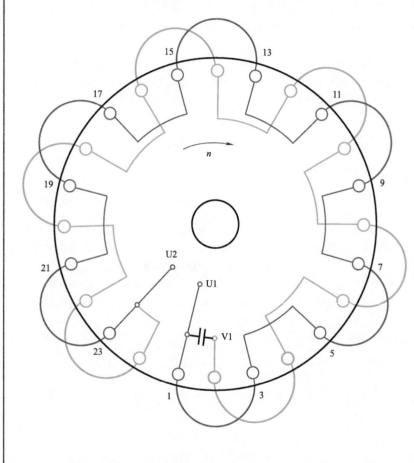

图 11.2.6

1. 绕组结构参数

定子槽数 $Z=24$	电机极数 $2p=12$	总线圈数 $Q=12$
线圈组数 $u=12$	主相每组圈数 $S_U=1$	副相每组圈数 $S_V=1$
绕组极距 $\tau=2$	主圈节距 $y_U=2$	副圈节距 $y_V=2$
每槽电角 $\alpha=90°$	绕组系数 $K_{dp}=1$	

2. 嵌线方法　庶极吊扇嵌线可用两种方法,下面分别介绍。

1)分层整嵌法　先嵌主绕组,再嵌副绕组于面。嵌线顺序见表11.2.6a。

表 11.2.6a　分层整嵌法

嵌线顺序	1	2	3	4	5	6	7	8	9	10	11	12
下层槽号	3	1	7	5	11	9	15	13	19	17	23	21
嵌线顺序	13	14	15	16	17	18	19	20	21	22	23	24
上层槽号	4	2	8	6	12	10	16	14	20	18	24	22

2)分组整嵌法　将主、副绕组交替嵌入。嵌线顺序见表11.2.6b。

表 11.2.6b　分组整嵌法

嵌线顺序		1	2	3	4	5	6	7	8	9	10	11	12	13	14	15	16	17	18
槽号	下层	1	3			5	7			9	11			13	15			17	19
	上层			2	4			6	8			10	12			14	16		
嵌线顺序		19	20	21	22	23	24												
槽号	下层			21	23														
	上层	18	20			22	24												

3. 绕组特点与应用　吊扇电动机是内定子铁心,有显极和庶极两种布线,本例采用单层庶极,所以同相相邻线圈是顺接串联。由于庶极所用线圈数较显极少一半,故具有嵌线省时、方便等优点。此绕组应用于900mm及900mm以下规格的电容式吊扇电动机。

11.2.7 28槽14极单层链式(庶极吊扇)绕组

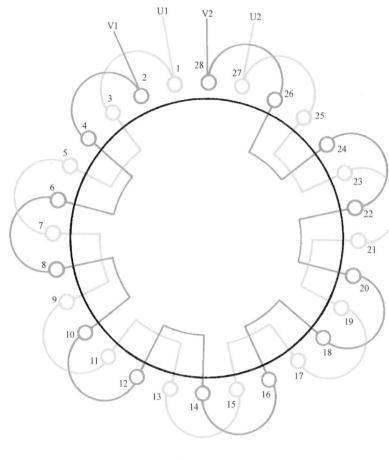

图 11.2.7

1. 绕组结构参数

定子槽数 $Z=28$	每组圈数 $S=1$	线圈节距 $y=1—3$
电机极数 $2p=14$	极相槽数 $q=1$	绕组系数 $K_{dpU}=1$
总线圈数 $Q=14$	绕组极距 $\tau=2$	$K_{dpV}=1$
线圈组数 $u=14$	并联路数 $a=1$	

2. 嵌线方法　因此绕组主要应用于电容式吊扇电动机的内定子铁心,嵌线时将定子竖起从上面嵌线,而且常用前进式工艺,并可采用两种嵌法:

1) 分组整嵌　将主、副绕组交替嵌入,嵌线顺序见表11.2.7a。

表 11.2.7a　分组整嵌

嵌线顺序		1	2	3	4	5	6	7	8	9	10	11	12	13	14
槽号	下层	1	3			5	7			9	11			13	15
	上层			2	4			6	8			10	12		
嵌线顺序		15	16	17	18	19	20	21	22	23	24	25	26	27	28
槽号	下层			17	19			21	23			25	27		
	上层	14	16			18	20			22	24			26	28

2) 分层整嵌　先嵌主绕组,再嵌副绕组于上面。嵌线顺序见表11.2.7b。

表 11.2.7b　分层整嵌

嵌线顺序	1	2	3	4	5	6	7	8	9	10	11	12	13	14
下层槽号	3	1	7	5	11	9	15	13	19	17	23	21	27	25
嵌线顺序	15	16	17	18	19	20	21	22	23	24	25	26	27	28
上层槽号	4	2	8	6	12	10	16	14	20	18	24	22	28	26

3. 绕组特点与应用　本例为庶极布线,同相相邻线圈极性相同,故应采用顺向串联形成14极。由于线圈数较同极数的显极绕组少一半,故嵌线省时、方便。主要应用实例有900mm电容式吊扇电动机。

11.2.8 32槽16极单层链式(庶极吊扇)绕组

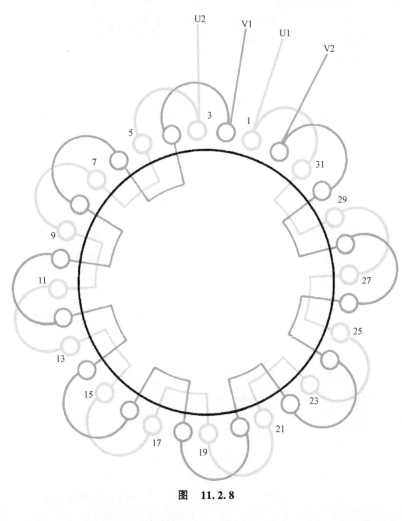

图 11.2.8

1. 绕组结构参数

定子槽数 $Z = 32$	每组圈数 $S = 1$	线圈节距 $y = 1-3$
电机极数 $2p = 16$	极相槽数 $q = 1$	绕组系数 $K_{dpU} = 1$
总线圈数 $Q = 16$	绕组极距 $\tau = 2$	$K_{dpV} = 1$
线圈组数 $u = 16$	并联路数 $a = 1$	

2. 嵌线方法　采用整圈嵌线,有两种方法:

1) 分层整嵌　先嵌主绕组,嵌完后再嵌副绕组于面层。前进式嵌线顺序见表11.2.8a。

表 11.2.8a　分层整嵌

嵌线顺序	1	2	3	4	5	6	7	8	9	10	11	12	13	14	15	16
下层槽号	1	31	5	3	9	7	13	11	17	15	21	19	25	23	29	27
嵌线顺序	17	18	19	20	21	22	23	24	25	26	27	28	29	30	31	32
上层槽号	4	2	8	6	12	10	16	14	20	18	24	22	28	26	32	30

2) 分组整嵌　以主、副绕组各1个线圈为一组,主绕组线圈嵌入相应槽后再嵌副绕组线圈,逐组嵌入。前进式嵌线顺序见表11.2.8b。

表 11.2.8b　分组整嵌

嵌线顺序		1	2	3	4	5	6	7	8	9	10	11	12	13	14	15	16
槽号	下层	5	3			9	7			13	11			17	15		
	上层			4	2			8	6			12	10			16	14
嵌线顺序		17	18	19	20	21	22	23	24	25	26	27	28	29	30	31	32
槽号	下层	21	19			25	23			29	27			1	31		
	上层			20	18			24	22			28	26			32	30

3. 绕组特点与应用　本例为16极,采用庶极布线,每相由8个线圈顺向串联形成16极。绕组嵌绕省工省时,是16极吊扇电动机常用型式。主要应用有1200mm、1400mm吊扇电动机内定子绕组。

11.2.9 36槽18极单层链式(庶极吊扇)绕组

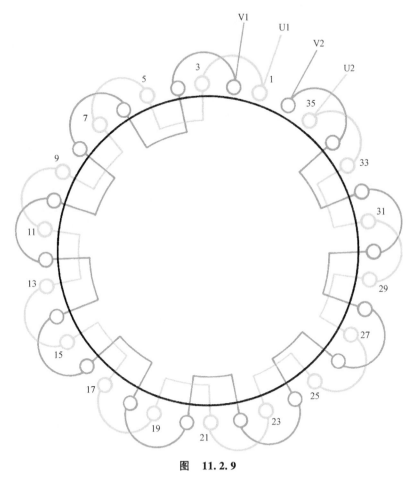

图 11.2.9

1. 绕组结构参数

定子槽数 $Z=36$	每组圈数 $S=1$	线圈节距 $y=1—3$
电机极数 $2p=18$	极相槽数 $q=1$	绕组系数 $K_{dpU}=1$
总线圈数 $Q=18$	绕组极距 $\tau=2$	$K_{dpV}=1$
线圈组数 $u=18$	并联路数 $a=1$	

2. 嵌线方法　嵌线采用前进式,具体操作有两种方法:

1) 分组整嵌　以主、副绕组各一只线圈为一组,先嵌主绕组线圈、后嵌副绕组线圈,逐组嵌入。嵌线顺序见表11.2.9a。

表 11.2.9a　分组整嵌

嵌线顺序		1	2	3	4	5	6	7	8	9	10	11	12	13	14	15	16	17	18
槽号	下层	3	1			7	5			11	9			15	13			19	17
	上层			4	2			8	6			12	10			16	14		

嵌线顺序		19	20	21	22	23	24	25	26	27	28	29	30	31	32	33	34	35	36
槽号	下层			23	21			27	25			31	29			35	33		
	上层	20	18			24	22			28	26			32	30			36	34

2) 分层整嵌　嵌线是先把主绕组线圈全部嵌入相应槽内,再嵌入副绕组线圈。嵌线顺序见表11.2.9b。

表 11.2.9b　分层整嵌

嵌线顺序	1	2	3	4	5	6	7	8	9	10	11	12	13	14	15	16	17	18
下层槽号	3	1	7	5	11	9	15	13	19	17	23	21	27	25	31	29	35	33
嵌线顺序	19	20	21	22	23	24	25	26	27	28	29	30	31	32	33	34	35	36
上层槽号	4	2	8	6	12	10	16	14	20	18	24	22	28	26	32	30	36	34

3. 绕组特点与应用　绕组采用庶极布线,每相由9个线圈顺向串联构成18极。应用实例有1400mm电容式吊扇电动机。

11.2.10 *40槽20极单层链式(庶极吊扇)绕组

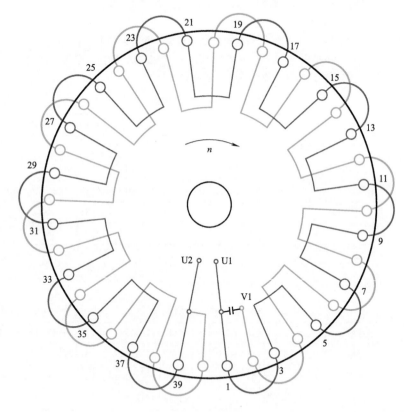

图 11.2.10

1. 绕组结构参数

定子槽数　$Z=40$	电机极数　$2p=20$	总线圈数　$Q=20$
线圈组数　$u=20$	主相每组圈数　$S_U=1$	副相每组圈数　$S_V=1$
绕组极距　$\tau=2$	主圈节距　$y_U=2$	副圈节距　$y_V=2$
每槽电角　$\alpha=90°$	绕组系数　$K_{dp}=1$	

2. 嵌线方法　本例采用分组整嵌法,嵌线时先将某主绕组线圈整嵌,随后再把同一单元的副绕组线圈嵌入。嵌线顺序见表11.2.10

表 11.2.10　分组整嵌法

嵌线顺序		1	2	3	4	5	6	7	8	9	10	11	12	13	14	15	16	17	18
槽号	下层	1	3			5	7			9	11			13	15			17	19
	上层			2	4			8	6			8	12			14	16		
嵌线顺序		19	20	21	22	23	24	25	26	27	28	29	30	31	32	33	34	35	36
槽号	下层			21	23			25	27			29	31			33	35		
	上层	18	20			22	24			26	28			30	32			34	36
嵌线顺序		37	38	39	40														
槽号	下层	37	39																
	上层			38	40														

3. 绕组特点与应用　本例是国产以外的特殊规格,用40槽铁心绕制吊扇是20极,最高转速仅为270r/min左右,属于柔风慢速型吊扇。本绕组资料取自实修的印度生产的吊扇。

11.3 单相单层同心式绕组布线接线图

单相单层同心式绕组是由大小相套的单层同心线圈构成，故简称单同心绕组。它由单层叠式绕组改变线圈组端部的形式演变而来，它有两种形式：一种是每组线圈数相等的同心绕组；另一种是由单、双同心圈或三、双同心圈构成的同心交叉式，但其应用实例较少，故亦归纳为同心式绕组。此外，单层同心仅对主绕组而言，若副绕组采用非同心布线则另作说明。

一、绕组参数

1）总线圈数　　　$Q = (S_U + S_V) u / 2$

2）线圈组数

　　　显极　　　$u = 4p$

3）每组圈数　　　$S = Q / u$

当 S 为整数时构成每组圈数相等的同心式绕组；若 S 不为整数则构成同心交叉式绕组。

4）绕组系数

$$K_{dp} = \frac{\sin\left(180° \dfrac{pq_x}{Z}\right)}{q_x \sin\left(180° \dfrac{p}{Z}\right)}$$

符号意义同 11.1 节。

二、绕组特点

1）单层同心式绕组用显极布线。特殊布线可用短节距，构成可分割的特殊型式，但除特殊场合外，一般极少应用。

2）绕组可应用于运行型和起动型单相电动机。通常，主、副绕组占槽相等时多用于运行型；主、副绕组占槽比为 2 时常用于起动型。

3）同心式线圈组端部处在同一平面，故嵌绕成型后的绕组层次分明，没有交叠，绝缘衬垫比叠式绕组方便。

4）运行型主、副绕组系数相同，起动型的主绕组系数低于副绕组。

5）同心线圈组的平均匝长较长，不但耗费线材，而且增加有功损耗。

6）由于线圈节距不等，线圈要用不同规格线模绕制，使制作工艺较繁琐而费工费时。

三、绕组嵌线

同心式绕组均采用整嵌法嵌线，主、副绕组分置于底层和面层而构成双平面绕组。

四、绕组连线

绕组接线要根据布线形式确定，显极布线为反向串联，使同相相邻线圈组的极性相反，即"尾与尾"或"头与头"相接。

11.3.1 16槽2极单层同心式绕组

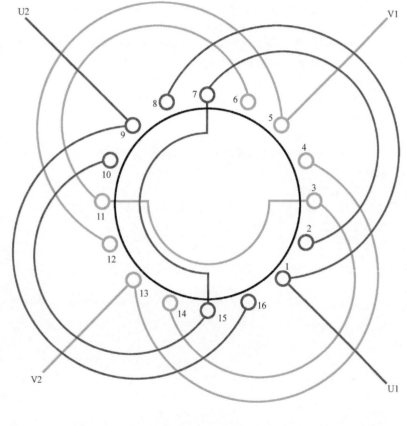

图 11.3.1

1. 绕组结构参数

定子槽数 $Z = 16$　每组圈数 $S_U = 2$　$S_V = 2$　线圈节距 $y_1 = 1—8$

电机极数 $2p = 2$　极相槽数 $q_U = 6$　$q_V = 4$　　　　$y_2 = 2—7$

总线圈数 $Q = 8$　线圈组数 $u = 4$　　绕组系数 $K_{dpU} = 0.906$

　　　　　　　　绕组极距 $\tau = 8$　　$K_{dpV} = 0.906$

2. 嵌线方法　绕组采用分层嵌线,先将主绕组的线圈嵌入相应槽内,再把副绕组嵌入相应槽内,使主、副绕组的线圈端部分置于下、上两平面。在一组线圈中,习惯上先嵌小线圈,后嵌大线圈,逐组嵌入。嵌线顺序见表11.3.1。

表 11.3.1　整嵌法

嵌线顺序		1	2	3	4	5	6	7	8	9	10	11	12	13	14	15	16
槽号	下层	2	7	1	8	10	15	9	16								
	上层									6	11	5	12	14	3	13	4

3. 绕组特点与应用　本例绕组的主、副绕组占槽相等,绕组系数也相等。主、副绕组均由两组同心线圈组成,每组有两只线圈,整套绕组呈对称分布。此绕组较适合运行型电动机采用,但实际应用不多,仅见于进口配套设备液泵单相电动机。

11.3.2 18槽2极单层同心式(交叉布线)绕组

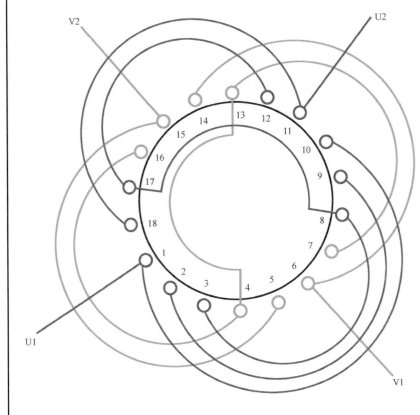

图 11.3.2

1. 绕组结构参数

定子槽数 $Z=18$	每组圈数 $S_U=2\frac{1}{2}$ $S_V=2$	绕组极距 $\tau=9$	
电机极数 $2p=2$	极相槽数 $q_U=5$	线圈节距 $y_U=9$、7、5	
	$q_V=4$	$y_V=8$、6	
总线圈数 $Q=9$	线圈组数 $u=4$	绕组系数 $K_{dpU}=0.882$	
		$K_{dpV}=0.925$	

2. 嵌线方法 绕组采用分层逐组整嵌, 嵌线时先嵌主绕组, 后嵌副绕组于面, 使两套绕组分置于上、下两平面。一组线圈则先嵌同心小线圈, 再嵌大线圈。嵌线顺序见表 11.3.2。

表 11.3.2 整嵌法

嵌线顺序		1	2	3	4	5	6	7	8	9	10	11	12	13	14	15	16	17	18
槽号	下平面	3	8	2	9	1	10	12	17	11	18								
	上平面											7	13	6	14	16	4	15	5

3. 绕组特点与应用 本例主绕组每极相占 5 槽, 每极线圈为分数, 故每组线圈不等分配, 即一组为三圈, 另一组是双圈。副绕组每极占 4 槽, 每极线圈是整数, 故两组线圈数相等, 分别由 2 个同心线圈组成。因此本绕组实质属同心交叉式绕组, 可用于运行型或起动型电动机, 实际曾用于小型罩极式电动机改绕电容运转电动机。

11.3.3 18槽2极单层同心式(空两槽布线)绕组

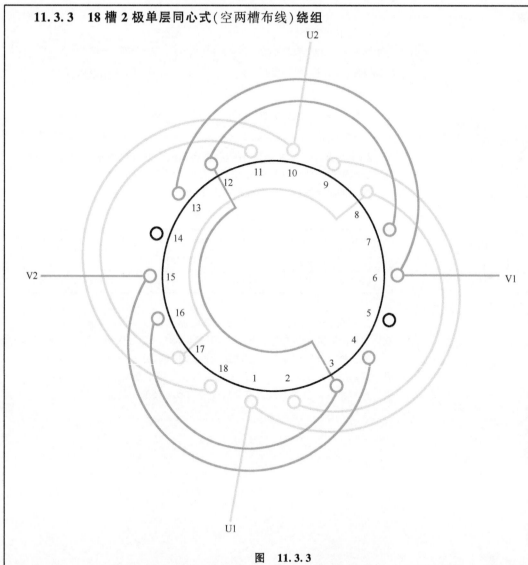

图 11.3.3

1. 绕组结构参数

定子槽数	$Z = 18$	副相圈数	$S_V = 4$
电机极数	$2p = 2$	线圈节距	$y_U = 8 \、 6$
			$y_V = 7 \、 5$
总线圈数	$Q = 8$	绕组极距	$\tau = 9$
线圈组数	$u = 4$	绕组系数	$K_{dpU} = 0.926$
主相圈数	$S_U = 4$		$K_{dpV} = 0.882$

2. 嵌线方法　本例绕组宜用整嵌法，先嵌主绕组，后嵌副绕组，使两个绕组分处上、下平面上。嵌线顺序见表 11.3.3。

表 11.3.3　分层整嵌法

嵌线顺序		1	2	3	4	5	6	7	8	9	10	11	12	13	14	15	16	17	18
槽号	下平面	2	8	1	9	11	17	10	18										
	上平面									7	12	6	13	16	3	15	4		

3. 绕组特点与应用　本例属于非正规布线的电动机绕组。按正规安排单相同心式2极绕组用显极布线时，每相为2组，每组均由2个同心线圈组成，则绕组共占16槽，故嵌绕单相电容运转电动机时将多出的两槽留空。绕组接线是反接串联，即同相两组线圈是"尾与尾"相接。本绕组电气性能并不理想，也没有正规产品，仅作为空槽布线的示例。主要应用于小型三相电动机改绕单相作为小型鼓风电动机。为了提高电动机的性能，最好改绕成布线为3/2-A/B的正弦绕组。

11.3.4 18槽2极(起动型)单层同心式绕组

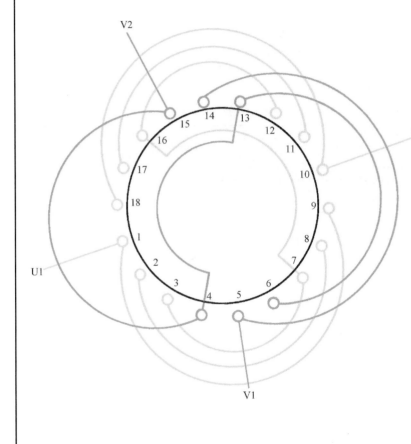

图 11.3.4

1. 绕组结构参数

定子槽数 $Z = 18$ 每组圈数 $S_U = 3$ $S_V = 1\frac{1}{2}$ 绕组极距 $\tau = 9$

电机极数 $2p = 2$ 极相槽数 $q_U = 6$ 线圈节距 $y_U = 8、6、4$

$q_V = 3$ $y_V = 9、7$

总线圈数 $Q = 9$ 线圈组数 $u = 4$ 绕组系数 $K_{dpU} = 0.679$

$K_{dpV} = 0.96$

2. 嵌线方法 绕组采用整嵌法嵌线，先嵌主绕组，后嵌副绕组，使两个绕组的线圈端部分置于两个层次的平面上。对一组同心线圈嵌线则先嵌小线圈后嵌大线圈。嵌线顺序见表11.3.4。

表 11.3.4 整嵌法

嵌线顺序		1	2	3	4	5	6	7	8	9	10	11	12	13	14	15	16	17	18
槽号	下层	3	7	2	8	1	9	12	16	11	17	10	18						
	上层													6	13	5	14	15	4

3. 绕组特点与应用 本例是显极布线，主、副绕组占槽比为 2:1，主绕组每极占 6 槽，两极线圈组均由 3 个同心线圈组成；副绕组每极占 3 槽，只有 3 个线圈，每组线圈数为分数，故只能将½圈归并而按同心交叉式安排分布。同相绕组接线是反接串联，即"尾与尾"相接，使两组线圈极性相反。故方案适用于起动型单相电动机。主要应用实例有国外 АОЛГО-12/2 电动机等。

11.3.5 24 槽 2 极(起动型)单层同心式绕组

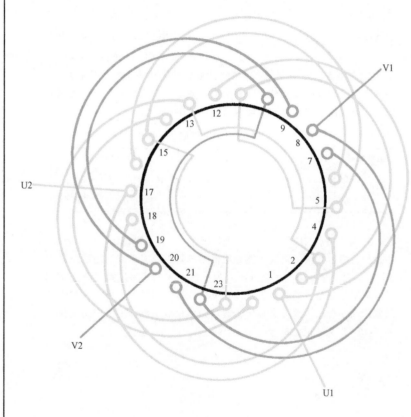

图　11.3.5

1. 绕组结构参数

定子槽数　$Z = 24$　　　线圈组数　$u = 6$　　　绕组极距　$\tau = 12$

电机极数　$2p = 2$　　　主相每组圈数　$S_U = 2$　　　线圈节距　$y = 11、9$

总线圈数　$Q = 12$　　　副相每组圈数　$S_V = 2$　　　绕组系数　$K_{dpU} = 0.83$

2. 嵌线方法　绕组可用交叠法或整嵌法。交叠嵌线是，嵌 2 槽退空 2 槽，需吊边数为 4。整嵌则无需吊边，而是分别将主、副绕组先后嵌入。嵌线顺序见表 11.3.5。

表 11.3.5　整嵌法

嵌线顺序	1	2	3	4	5	6	7	8	9	10	11	12	13	14	15	16
槽号 下平面	18	3	17	4	14	23	13	24	6	15	5	16	2	11	1	12
嵌线顺序	17	18	19	20	21	22	23	24								
槽号 上平面	22	7	21	8	10	19	9	20								

3. 绕组特点与应用　本绕组具有同心式和交叠式的特色，是从德国进口设备电动机修理中绘制的绕组，虽属较为新颖的型式，但由于线圈使用长节距，要比普通同心式绕组费线，故不是优秀的绕组型式。其唯一好处是不用重绕而改接成三相绕组，故是单、三相绕组的通用型式。

11.3.6 *24槽2极(运行型)单层同心式绕组

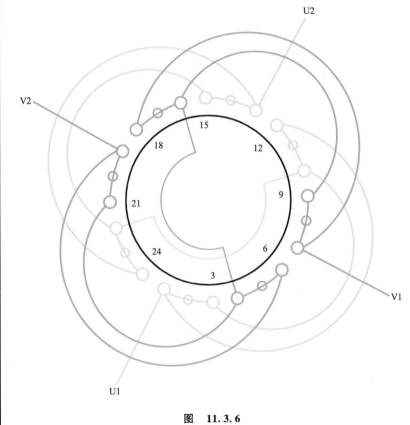

图 11.3.6

1. 绕组结构参数

定子槽数 $Z=24$	总线圈数 $Q=12$	主相每组圈数 $S_U=3$
绕组极距 $\tau=12$	线圈节距 $y=11$、9、7	副相每组圈数 $S_V=3$
电机极数 $2p=2$	线圈组数 $u=4$	绕组系数 $K_{dp}=0.994$
每槽电角 $\alpha=15°$		

2. 嵌线方法 本例绕组可用交叠法或整嵌法嵌线。交叠法是，嵌3槽退空3槽，需吊边数为3。整嵌法则无需吊边，嵌线是分别将主、副绕组先后嵌入。嵌线顺序见表11.3.6。

表 11.3.6 整嵌法

嵌线顺序		1	2	3	4	5	6	7	8	9	10	11	12	13	14	15	16
槽号	下平面	3	2	1	10	11	12	15	14	13	22	23	24				
	上平面													9	8	7	16
嵌线顺序		17	18	19	20	21	22	23	24								
槽号	下平面																
	上平面	17	18	21	20	19	4	5	6								

3. 绕组特点与应用 本例是运行型显极式常规布线的同心式绕组。主、副绕组占槽相等，绕组布线结构也相同，即每相均由2个3圈同心联组成，组间采用"尾与尾"相接，从而使同相相邻线圈组极性相反。本例具有绕组系数高，绕组结构简练，接线方便等优点。

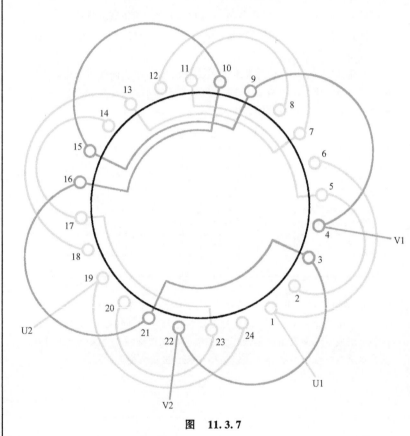

图　11.3.7

1. 绕组结构参数

定子槽数 $Z = 24$　　每组圈数 $S_U = 2$　$S_V = 1$　　绕组极距 $\tau = 6$

电机极数 $2p = 4$　　极相槽数 $q_U = 4$　　　　　线圈节距 $y_U = 1{-}6$、$2{-}5$

　　　　　　　　　　　　$q_V = 2$　　　　　　　　　$y_V = 1{-}6$

总线圈数 $Q = 12$　　线圈组数 $u = 8$　　　　　绕组系数 $K_{dpU} = 0.682$

　　　　　　　　　　　　　　　　　　　　　　　　$K_{dpV} = 0.965$

2. 嵌线方法　　绕组采用分层整嵌，嵌线是先把主绕组线圈逐组嵌入相应槽内，完成后衬垫相间绝缘，再把副绕组嵌入相应槽内，使两个绕组的线圈端部分置于上、下层次的平面上。嵌线顺序见表 11.3.7。

表 11.3.7　整嵌法

嵌线顺序	1	2	3	4	5	6	7	8	9	10	11	12	13	14	15	16	17	18	19	20	21	22	23	24
槽号　下层	2	5	1	6	20	23	19	24	14	17	13	18	8	11	7	12								
槽号　上层																	4	9	22	3	16	21	10	15

3. 绕组特点与应用　　本例采用显极布线，同相组间连接是反接串联，即"尾与尾"或"头与头"相接，使同相相邻两个线圈组极性相反。主、副绕组采用不同的布线型式，主绕组为全距绕组的短节距同心线圈，每组由大小两个线圈组成，副绕组每组仅有 1 个线圈，故属单链布线型式。主、副绕组均属全距绕组，但线圈节距都小于极距，故绕组用线较省。本绕组既用于运行型也用于起动型单相电动机。主要应用实例有 XDC-X 型洗衣机用单相电容电动机、国外 AOЛБ-11/4 型单相电阻起动电动机等。

11.3.8 24槽4极(运行型)单层同心式(交叉)绕组

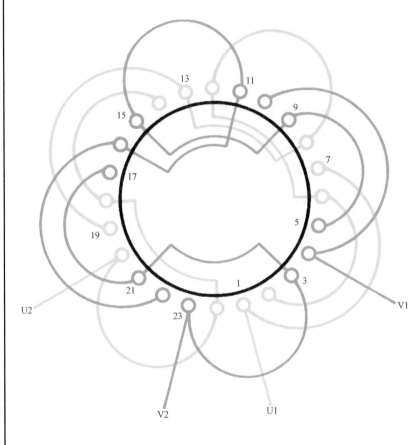

图   11.3.8

1. 绕组结构参数

定子槽数 $Z=24$	线圈组数 $u=8$	绕组极距 $\tau=6$
电机极数 $2p=4$	主相每组圈数 $S_U=1\frac{1}{2}$	线圈节距 $y=6$ 、4
总线圈数 $Q=12$	副相每组圈数 $S_V=1\frac{1}{2}$	绕组系数 $K_{dpU}=0.96$

2. 嵌线方法   本例绕组嵌线可用交叠法或整嵌法,考虑绕组采用的是同心线圈组,故推荐选用分层整嵌。嵌线顺序见表 11.3.8。

表 11.3.8   分层整嵌法

嵌线顺序	1	2	3	4	5	6	7	8	9	10	11	12
下平面槽号	2	6	1	7	20	24	14	18	13	19	8	12
嵌线顺序	13	14	15	16	17	18	19	20	21	22	23	24
上平面槽号	23	3	17	21	16	22	11	15	5	9	4	10

3. 绕组特点与应用   本例由交叉式绕组演变而来,它是把绕组中的交叠联改作同心联,改变后绕组性能不变,而绕组端部变薄,采用整嵌可使层次分明而形成双平面结构。本例主、副绕组为显极布线,而且结构相同,均由两个单、双联组成,同相接线则是相邻线圈组反向串接。此绕组用于运行型单相电动机,主要应用实例有 500 型单相电容排风扇。

11.3.9 24槽4极(起动型)单层同心式(交叠)绕组

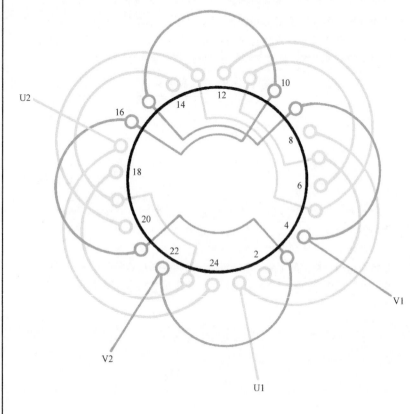

图　11.3.9

1. 绕组结构参数

定子槽数　$Z=24$	线圈组数　$u=8$	绕组极距　$\tau=6$
电机极数　$2p=4$	主相每组圈数　$S_U=2$	线圈节距　$y=7$、5
总线圈数　$Q=12$	副相每组圈数　$S_V=1$	绕组系数　$K_{dpU}=0.958$

2. 嵌线方法　绕组采用分层整嵌，先把主绕组嵌入相应槽构成下平面，再将副绕组嵌入上平面。嵌线顺序见表11.3.9。

表 11.3.9　分层整嵌法

嵌线顺序		1	2	3	4	5	6	7	8	9	10	11	12	13	14
下平面槽号		18	23	17	24	14	19	13	20	6	11	5	12	2	7
嵌线顺序		15	16	17	18	19	20	21	22	23	24				
槽号	下平面	1	8												
	上平面			22	3	16	21	10	15	4	9				

3. 绕组特点与应用　绕组采用显极布线，同相相邻是反极性，即"尾与尾"或"头与头"相接。主、副绕组采用不同布线，主绕组采用长节距同心线圈组，每组由双圈组成；副绕组是单圈，并安排为单链布线。主绕组虽仍属全距绕组，但较之11.3.7节耗费铜线，故不是理想型式。此绕组主要用于起动型单相电动机，应用实例有东欧地区矿山设备附属的散热排风扇分相电动机。

11.3.10 24 槽 4 极(起动型)单层同心式绕组

1. 绕组结构参数

定子槽数 $Z=24$　　线圈组数 $u=6$　　　　绕组极距 $\tau=6$

电机极数 $2p=4$　　主相每组圈数 $S_U=2$　　线圈节距 $y=7、5、3$

总线圈数 $Q=12$　　副相每组圈数 $S_V=2$　　绕组系数 $K_{dpU}=0.682$

2. 嵌线方法　　本例采用整嵌法,即先嵌主绕组构成下平面,再嵌副绕组构成上平面,完成后其端部形成双平面结构。嵌线顺序见表 11.3.10。

表 11.3.10　分层整嵌法

嵌线顺序		1	2	3	4	5	6	7	8	9	10	11	12	13
下平面槽号		5	2	6	1	11	8	12	7	17	14	18	13	23
嵌线顺序		14	15	16	17	18	19	20	21	22	23	24		
槽号	下平面	20	24	19										
	上平面				9	4	10	3	21	16	22	15		

3. 绕组特点与应用　　本例是由上例 11.3.7 演变而来。其主绕组 4 组同心线圈不变,而把原来副绕组的 4 个单圈归并为两组同心线圈,形成庶极布线,主绕组较之上例节距缩短,可在一定程度上节省用线;另外,副绕组改用庶极,总线圈组数也减少了,从而也简化了接线。此绕组应用于起动型单相电动机。

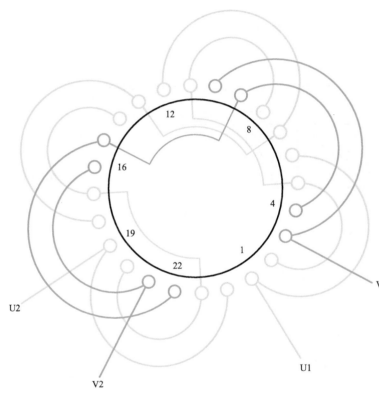

图　11.3.10

11.3.11 24槽4极单层同心式(可分割布线)绕组

1. 绕组结构参数

定子槽数 $Z=24$　　每组圈数 $S_U=2$　$S_V=1$　　绕组极距 $\tau=6$

电机极数 $2p=4$　　极相槽数 $q_U=2$　　　　　　线圈节距 $y_U=1{-}5$、$2{-}4$

　　　　　　　　　　　　　$q_V=1$　　　　　　　　　　$y_V=1{-}4$

总线圈数 $Q=12$　　线圈组数 $u=8$　　　　绕组系数 $K_{dpU}=0.682$

　　　　　　　　　　　　　　　　　　　　　　　　$K_{dpV}=0.707$

2. 嵌线方法　　嵌线可采用两种方法:

1) 分相整嵌　先嵌主绕组,后嵌副绕组。嵌线顺序见表11.3.11a。

表11.3.11a 分相整嵌法

嵌线顺序		1	2	3	4	5	6	7	8	9	10	11	12	13	14	15	16	17	18	19	20	21	22	23	24
槽号	下层	2	4	1	5	20	22	19	23	14	16	13	17	8	10	7	11								
	上层																	6	9	24	3	18	21	12	15

2) 分组整嵌　每一个主、副线圈组为一组,分4组嵌入。嵌线顺序见表11.3.11b。

表11.3.11b 分组整嵌法

嵌线顺序		1	2	3	4	5	6	7	8	9	10	11	12	13	14	15	16	17	18	19	20	21	22	23	24
槽号	下层	2	4	1	5			20	22	19	23			14	16	13	17			8	10	7	11		
	上层					24	3					18	21					12	15					6	9

3. 绕组特点与应用　本例是逆时针旋转方案,并采用显极布线特殊安排的可分割式绕组。它具有如下特点:

1) 主绕组是同心双圈,副绕组是单圈,并构成一个交叠形式线圈组。

2) 线圈节距最短,不但可省线材,而且嵌线也特别方便。

3) 绕组为断续相带分布,绕组系数较低,电机性能也较差。

此绕组仅见用于国外小型单相电动机,国内极为罕见,仅供参考。

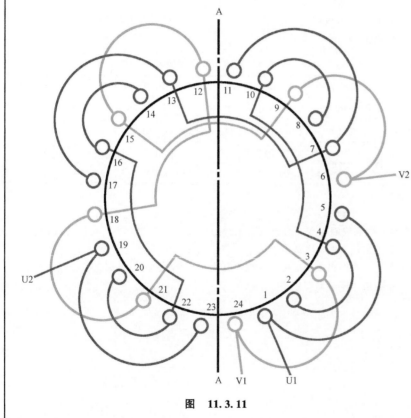

图 11.3.11

11.3.12　*32槽4极（运行型）单层同心式绕组

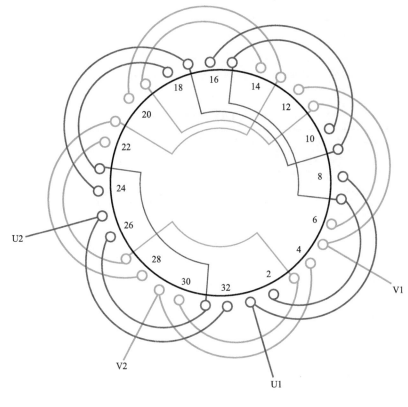

图　11.3.12

1. 绕组结构参数

定子槽数　$Z = 32$　　　总线圈数　$Q = 16$　　　主相每组圈数　$S_U = 2$

绕组极距　$\tau = 8$　　　副圈节距　$y_V = 7.5$　　　副相每组圈数　$S_V = 2$

电机极数　$2p = 4$　　　线圈组数　$u = 8$　　　绕组系数　$K_{dp} = 0.908$

主圈节距　$y_U = 7.5$　　　每槽电角　$\alpha = 22.5°$

2. 嵌线方法　　本例嵌线可用两种方法：一种是交叠法，但嵌线时需吊起 2 边。另一种是整嵌法，无需吊边，嵌线是分相整嵌，先嵌主绕组，其端部构成下平面，完成后再嵌副绕组，使两相线圈分置于两个端部平面上。嵌线顺序见表 11.3.12。

表 11.3.12　分相整嵌法

嵌线顺序		1	2	3	4	5	6	7	8	9	10	11	12	13	14	15	16	17	18
槽号	下平面	26	31	25	32	18	23	17	24	10	15	9	16	2	7	1	8		
	上平面																	30	3
嵌线顺序		19	20	21	22	23	24	25	26	27	28	29	30	31	32				
槽号	下平面																		
	上平面	29	4	22	27	21	28	14	19	13	20	6	11	5	12				

3. 绕组特点与应用　　本例主、副绕组均为显极布线，而且采用相同布线方案，即每相均由 4 组双同心线圈构成，故属主、副相占槽相等的运行型绕组。因是显极，主、副绕组内部接线均为相邻反极性串联，也即"尾接尾"或"头接头"。此绕组没有产品，曾用于 32 槽改绕。

11.3.13 *32 槽 4 极（起动型）单层同心式（交叉）绕组

1. 绕组结构参数

定子槽数　$Z=32$	总线圈数　$Q=16$	主相每组圈数　$S_U=2\frac{1}{2}$
绕组极距　$\tau=8$	副圈节距　$y_V=8.6$	副相每组圈数　$S_V=1\frac{1}{2}$
电机极数　$2p=4$	线圈组数　$u=8$	绕组系数　$K_{dp}=0.852$
主圈节距　$y_U=8$、6、4		每槽电角　$\alpha=22.5°$

2. 嵌线方法　本例采用分层整嵌，先把主绕组嵌入相应槽内，使其端部处于下平面，再嵌副绕组构成端部上平面。嵌线顺序见表 11.3.13。

表 11.3.13　分层整嵌法

嵌线顺序		1	2	3	4	5	6	7	8	9	10	11	12	13	14	15	16	17	18
槽号	下平面	27	31	26	32	19	23	18	24	17	25	11	15	10	16	3	7	2	8
	上平面																		
嵌线顺序		19	20	21	22	23	24	25	26	27	28	29	30	31	32				
槽号	下平面	1	9																
	上平面			30	4	22	28	21	29	14	20	8	12	5	13				

3. 绕组特点与应用　本例是起动型绕组，但也宜用于运行型。主、副绕组各用不同的方案布线，主绕组占 20 槽，绕组由三、双圈交叉布线，余下 12 槽安排副绕组，所以只能安排单、双圈交替轮换。因是显极布线，故同相相邻线圈组必须极性相反，即组与组之间的连接是"尾与尾"或"头与头"相接。此外，由于采用的是同心式线圈，线圈规格较多，可能使工艺成本增加。

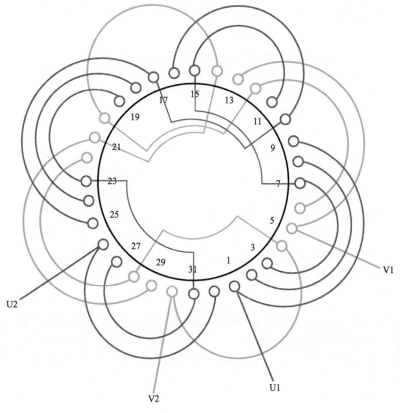

图　11.3.13

11.3.14 32槽6极（运行型）单层同心式（分数）绕组

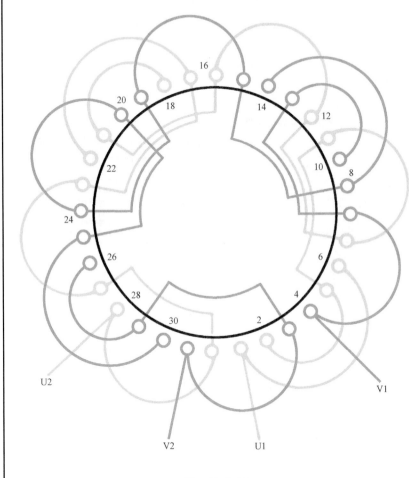

图　11.3.14

1. 绕组结构参数

定子槽数　$Z=32$	线圈组数　$u=12$	绕组极距　$\tau=5\frac{1}{3}$
电机极数　$2p=6$	主相每组圈数　$S_U=1\frac{1}{3}$	线圈节距　$y=5$、3、4
总线圈数　$Q=16$	副相每组圈数　$S_V=1\frac{1}{3}$	绕组系数　$K_{dpU}=0.914$

2. 嵌线方法　本绕组采用分层整嵌法，先嵌主绕组于下平面，再把副绕组嵌入形成双平面结构。嵌线顺序见表 11.3.14。

表 11.3.14　整嵌法

嵌线顺序	1	2	3	4	5	6	7	8	9	10	11	12	13	14	15	16
下平面槽号	2	5	1	6	28	32	23	27	18	21	17	22	12	16	7	11
嵌线顺序	17	18	19	20	21	22	23	24	25	26	27	28	29	30	31	32
上平面槽号	31	3	26	29	25	30	20	24	15	19	10	13	9	14	4	8

3. 绕组特点与应用　本例主、副绕组均用相同的显极布线，每相由 2 个同心圈和 4 个单圈对称分布。因此，严格来说既不是完整的同心式，也不是正规的交叉式，而是带⅓分数圈具有特殊形式的同心交叉绕组。主、副组接线也相同，即相邻组间为反极性串联。此绕组具有结构简单、线圈数少、接线方便等特点。主要应用于配电盘散热冷却用的单相电容电动机。

11.3.15 *36槽4极（起动型）单层同心式（交叉）绕组

1. 绕组结构参数

定子槽数 $Z = 36$	主圈节距 $y_U = 9、7、5$	主相每组圈数 $S_U = 2\frac{1}{2}$
绕组极距 $\tau = 9$	副圈节距 $y_V = 8.6$	副相圈数圈数 $S_V = 2$
电机极数 $2p = 4$	线圈组数 $u = 8$	绕组系数 $K_{dp} = 0.882$
总线圈数 $Q = 18$	每槽电角 $\alpha = 20°$	

2. 嵌线方法　本例嵌线采用分层整嵌，使主、副绕组分别处于下平面和上平面。嵌线顺序见表 11.3.15。

表 11.3.15　分层整嵌法

嵌线顺序		1	2	3	4	5	6	7	8	9	10	11	12	13	14	15	16	17	18
槽号	下平面	30	35	29	36	21	26	20	27	19	28	12	17	11	18	3	8	2	9
	上平面																		

嵌线顺序		19	20	21	22	23	24	25	26	27	28	29	30	31	32	33	34	35	36
槽号	下平面	1	10																
	上平面			34	4	33	5	25	31	24	32	16	22	15	23	7	13	6	14

3. 绕组特点与应用　本绕组既可用于起动型，也可用于运行型，故称为通用型的同心交叉式布线绕组。主、副绕组采用不同的布线方案。主绕组是三、双圈交叉、占20槽，而副绕组占16槽，故安排同心双圈。因为主、副绕组占槽比相差不大，故在运行型和起动型电动机中都有实际应用。但此绕组有5种规格的线圈而需调制5种线模，故其工艺性较差，工艺成本也较高。

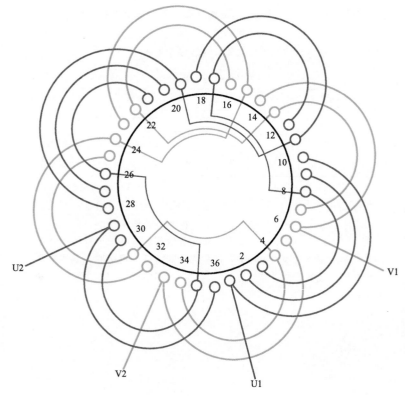

图　11.3.15

11.3.16 *36槽4极（起动型）单层同心式绕组

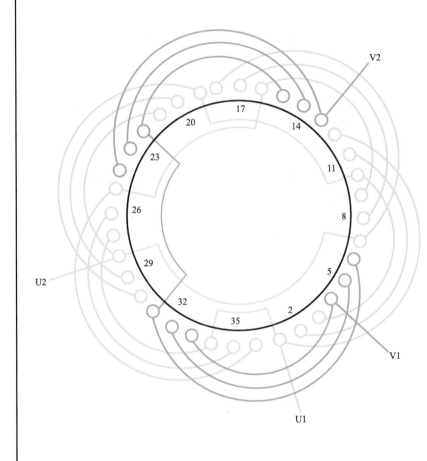

图 11.3.16

1. 绕组结构参数

定子槽数 $Z=36$	总线圈数 $Q=18$	极相槽数 $q_U=6$
		$q_V=3$
线圈节距 $y=7$、9、11	线圈组数 $u=6$	电机极数 $2p=4$
每组圈数 $S_U=S_V=3$	绕组极距 $\tau=9$	
绕组系数 $K_{dpU}=0.831$		

2. 嵌线方法 本例绕组可用交叠法嵌线，嵌线是嵌入 3 槽沉边，退空 3 槽，然后就可整嵌 3 槽线圈。嵌线吊边数仅为 3。嵌线顺序见表 11.3.16。

表 11.3.16 交叠法

嵌线顺序		1	2	3	4	5	6	7	8	9	10	11	12	13	14	15	16	17	18
槽号	沉边	3	2	1	33		32		31		27		26		25		21		20
	浮边				4		5		6		34		35		36		28		
嵌线顺序		19	20	21	22	23	24	25	26	27	28	29	30	31	32	33	34	35	36
槽号	沉边		19		15		14		13		9		8		7				
	浮边	29		30		22		23		24		16		17		18	10	11	12

3. 绕组特点与应用 本例是由读者于 2019 年实修的一台设备配套的德国产品电动机，属起动型绕组。采用单层同心式布线，每组由 3 圈组成。但主、副绕组采用不同的布线，即主绕组有 4 组线圈，按显极布线，接成两路并联；副绕组则只有 2 组线圈，是庶极分布，一路串联。此绕组选用的线圈节距较大，比较耗费铜线，而且绕组系数偏低。唯一好处就是线圈组规格相同，便于嵌绕。

11.4　单相双层叠式绕组布线接线图

单相双层叠式绕组简称双叠绕组，是由形状、大小相同的等节距线圈构成，每只线圈的两条有效边分置于不同槽的上、下层，故线圈端部形成交叠状。

一、绕组参数

1）总线圈数　双层绕组每只线圈两条有效边跨于异槽上下层而各占半槽，故线圈数与槽数相等，即

$$Q = Z$$

2）线圈组数　由于双层绕组均用显极布线，故绕组线圈组数为

$$u = 4p$$

3）每组圈数　　主绕组：$S_U = Q_U/u$

副绕组：$S_V = Q_V/u$

式中　Q_U、Q_V——主、副绕组线圈数。

4）线圈节距　为消除三次谐波，一般单相双叠绕组宜选用缩短极距约 1/3 槽数的短节距。

5）绕组系数　可根据主、副绕组占槽比由下式计算：

$q_U = q_V$ 时　　$K_{dp} = \dfrac{0.707}{C\sin(45°/C)}\sin\left(90°\dfrac{y}{\tau}\right)$

$q_U \neq q_V$ 时　　$K_{dp} = \dfrac{\sin(180°pq/Z)}{q\sin(180°p/Z)}\sin\left(90°\dfrac{y}{\tau}\right)$

式中　q——主（副）绕组每极占槽数；

　　　C——每极相槽数的假分数形式（$q = C/d$）中不可约分的假分子。

以上各式其余符号意义同 11.1 节。

二、绕组特点

1）单相双叠绕组可构成显极绕组和庶极绕组，但实用上只采用显极布线。

2）双叠绕组可任意选用短距绕组，以消除高次谐波磁势，故电机可获得较好的起动和运行性能。

3）运行型电机采用主、副绕组占槽相等的布线方案。

4）双叠绕组槽满率低，影响铁心的有效利用率。

5）双层较之单层绕组的线圈多一倍，绕制较费工时，而且嵌线时吊边数多，操作十分不便，对小电机嵌线特感困难，故目前多为性能更优的正弦绕组所替代。

三、绕组嵌线

单相双叠绕组均采用交叠法嵌线，嵌法与三相双叠绕组相同，即嵌入一槽往后退，再嵌一槽再后退，吊边数为 y，以后可整嵌。

四、绕组连接

单相双叠绕组是显极布线，同相相邻组间极性应相反，故为"尾与尾"或"头与头"相接。

11.4.1　16槽4极($y=3$)双层叠式(运行型)绕组

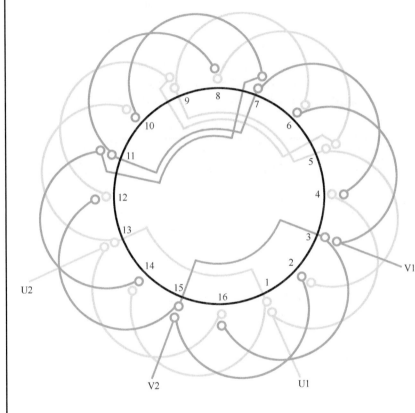

图　11.4.1

1. 绕组结构参数

定子槽数 $Z=16$　每组圈数 $S_U=2$　$S_V=2$　线圈极距 $\tau=4$

电机极数 $2p=4$　极相槽数 $q_U=2$　$q_V=2$　线圈节距 $y=1—4$

总线圈数 $Q=16$　线圈组数 $u=8$　绕组系数 $K_{dpU}=0.85$

$K_{dpV}=0.85$

2. 嵌线方法　绕组采用交叠法嵌线,吊边数为3,即嵌好一槽向后退,连续嵌入3个线圈单边后(线圈另一有效边吊起,暂不嵌入),从第4只线圈开始整嵌,并依次逐槽嵌至完成。嵌线顺序见表11.4.1。

表 11.4.1　交叠法

嵌线顺序		1	2	3	4	5	6	7	8	9	10	11	12	13	14	15	16
槽号	下层	2	1	16	15		14		13		12		11		10		9
	上层					2		1		16		15		14		13	
嵌线顺序		17	18	19	20	21	22	23	24	25	26	27	28	29	30	31	32
槽号	下层	8		7		6		5		4		3					
	上层	12		11		10		9		8		7		6	5	4	3

3. 绕组特点与应用　本例为主、副绕组占槽比相等的布线方案,而且每组线圈数相等,均由两个交叠线圈组成。绕组采用缩短¼极距的短节距线圈,能比较有效地削减3、5次谐波影响而获得较好的运行性能。此绕组适用于运行型单相电动机,应用实例有早期生产的400型排风扇单相电容运转电动机。

11.4.2　18 槽 4 极($y=4$)双层叠式(起动型)绕组

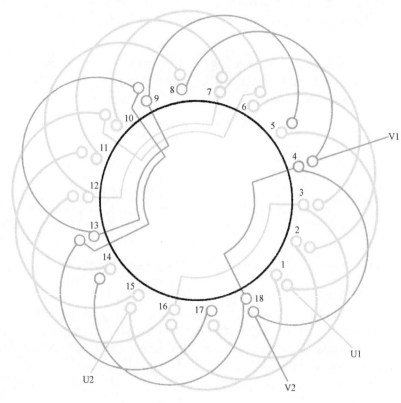

图　11.4.2

1. 绕组结构参数

定子槽数 $Z=18$　每组圈数 $S_U=3$　$S_V=1\frac{1}{2}$　绕组极距 $\tau=4\frac{1}{2}$

电机极数 $2p=4$　极相槽数 $q_U=3$　$q_V=1\frac{1}{2}$　绕组系数 $K_{dpU}=0.831$

$K_{dpV}=0.939$

总线圈数 $Q=18$　线圈组数 $u=8$　　线圈节距 $y=1—5$

2. 嵌线方法　　本例采用交叠法嵌线，吊边数为 4，即嵌好一槽向后退，连续嵌入 4 槽线圈边后开始整嵌，依次将线圈逐个顺次嵌至完成。嵌线顺序见表 11.4.2。

表 11.4.2　交叠法

嵌线顺序		1	2	3	4	5	6	7	8	9	10	11	12	13	14	15	16	17	18
槽号	下层	3	2	1	18	17		16		15		14		13		12		11	
	上层						3		2		1		18		17		16		15
嵌线顺序		19	20	21	22	23	24	25	26	27	28	29	30	31	32	33	34	35	36
槽号	下层	10		9		8		7		6		5		4					
	上层		14		13		12		11		10		9		8	7	6	5	4

3. 绕组特点与应用　　本例为分数槽绕组，主、副绕组占槽比为 2，主绕组采用整数槽安排，即每极相线圈数为 3，副绕组每极相槽数 $q_V=1\frac{1}{2}$，只能按分数线圈分布，即绕组由单、双圈交替轮换分布，从而成为标准形式的起动型绕组。此绕组在国外产品 AOЛБO-12/4 及国产早期产品中采用，但现已被正弦绕组代替。

11.4.3　24槽4极($y=4$)双层叠式(运行型)绕组

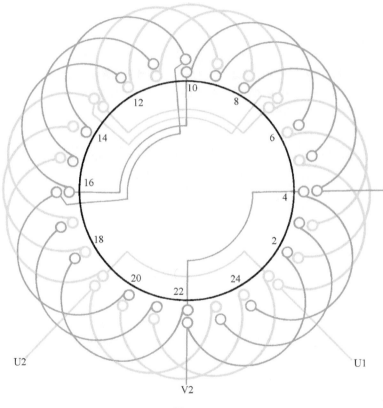

图　11.4.3

1. 绕组结构参数

定子槽数　$Z=24$　每组圈数　$S_U=3$　$S_V=3$　线圈节距　$y=1-5$

电机极数　$2p=4$　极相槽数　$q_U=3$　$q_V=3$

总线圈数　$Q=24$　绕组系数　$K_{dpU}=0.788$

　　　　　　　　　　　　　　$K_{dpV}=0.788$

2. 嵌线方法　嵌线采用交叠法,吊边数为4,即连续嵌入4个线圈边后,从第5槽开始整嵌,并依次逐槽嵌至完成。但线圈绕制和嵌线时必须注意线圈数相同而参数不同的主、副绕组线圈的区分,不能混淆。嵌线顺序见表11.4.3。

表 11.4.3　交叠法

嵌线顺序		1	2	3	4	5	6	7	8	9	10	11	12	13	14	15	16	17	18	19	20	21	22	23	24
槽号	下层	3	2	1	24	23		22		21		20		19		18		17		16		15		14	
	上层				3		2		1		24		23		22		21		20		19		18
嵌线顺序		25	26	27	28	29	30	31	32	33	34	35	36	37	38	39	40	41	42	43	44	45	46	47	48
槽号	下层	13		12		11		10		9		8		7		6		5		4					
	上层		17		16		15		14		13		12		11		10		9		8	7	6	5	4

3. 绕组特点与应用　本例为主、副绕组占槽相等的绕组分布方案,每组均由3个交叠线圈组成。线圈采用缩短⅓极距,能有效地消除3次谐波干扰,但绕组系数低。绕组接线是反接串联,即同相相邻线圈组的"尾与尾"或"头与头"相接,使相邻两组线圈极性相反。由于双层布线的线圈数比单层多一倍,嵌绕很费工时,除早期产品采用外,目前已极少应用。主要应用实例有国外的AOЛД-22/4型单相双电容电动机。

11.4.4 24槽4极($y=4$)双层叠式(起动型)绕组

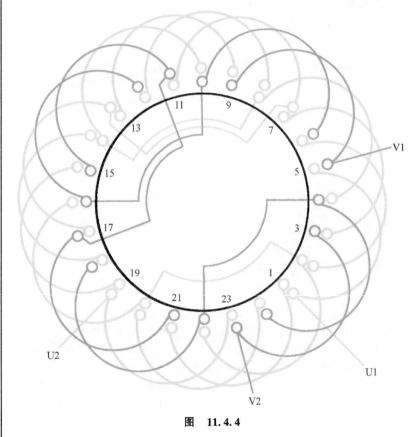

图 11.4.4

1. 绕组结构参数

定子槽数 $Z=24$ 每组圈数 $S_U=4$ $S_V=2$ 绕组极距 $\tau=6$

电机极数 $2p=4$ 极相槽数 $q_U=4$ $q_V=2$ 绕组系数 $K_{dpU}=0.725$

$K_{dpV}=0.837$

总线圈数 $Q=24$ 线圈组数 $u=8$ 线圈节距 $y=1—5$

2. 嵌线方法 绕组采用交叠法嵌线,吊边数为4,即嵌好一槽向后退,连续嵌入4个线圈单边后,从第5个线圈开始整嵌,并依次逐槽嵌至完成。但嵌线时要区分主、副绕组,使4联组与2联组交替嵌入。嵌线顺序见表11.4.4。

表 11.4.4 交叠法

嵌线顺序		1	2	3	4	5	6	7	8	9	10	11	12	13	14	15	16	17	18	19	20	21	22	23	24
槽号	下层	4	3	2	1	24		23		22		21		20		19		18		17		16		15	
	上层						4		3		2		1		24		23		22		21		20		19
嵌线顺序		25	26	27	28	29	30	31	32	33	34	35	36	37	38	39	40	41	42	43	44	45	46	47	48
槽号	下层	14		13		12		11		10		9		8		7		6		5					
	上层		18		17		16		15		14		13		12		11		10		9	8	7	6	5

3. 绕组特点与应用 本例为起动型单相电动机绕组方案,两绕组采用不同的占槽数,主绕组占16槽,并由16个线圈组成,分4组,每组有4个线圈;副绕组只占8槽,每2个线圈为一组。线圈节距较极距短2槽,绕组系数较低,但能有效地消除3次谐波的干扰而获得较好的电气性能。主要应用实例有国外的 AOЛБ-11/4 型电阻起动单相电动机;国内矿山使用的挖掘机附属通风电动机也有用此绕组,但目前多已改用正弦绕组重新绕制。

11.4.5　24槽6极($y=3$)双层叠式(运行型)绕组

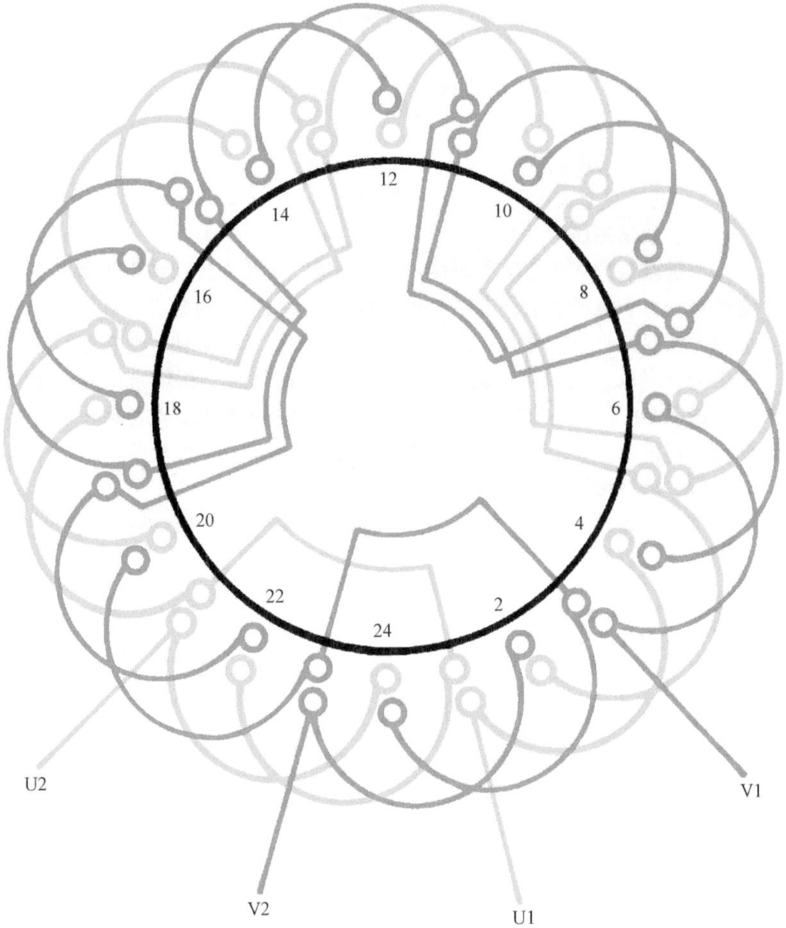

图　11.4.5

1. 绕组结构参数

定子槽数 $Z=24$	线圈组数 $u=12$	绕组极距 $\tau=4$
电机极数 $2p=6$	主相每组圈数 $S_U=2$	线圈节距 $y=3$
总线圈数 $Q=24$	副相每组圈数 $S_V=2$	绕组系数 $K_{dpU}=0.76$

2. 嵌线方法　　本例采用交叠法,嵌线吊边数为3。嵌线顺序见表11.4.5。

表 11.4.5　交叠法

嵌线顺序		1	2	3	4	5	6	7	8	9	10	11	12	13	14	15	16	17
槽号	下层	22	21	20	19		18		17		16		15		14		13	
	上层					22		21		20		19		18		17		16

嵌线顺序		18	19	20	21	22	23	...	41	42	43	44	45	46	47	48
槽号	下层	12		11		10		...	24		23					
	上层		15		14		13	...		4		3	2	1	24	23

3. 绕组特点与应用　　本例是运行型绕组,主、副绕组线圈数相等,均由6组线圈按反极性串联而成,每组则由2个交叠线圈组成。本绕组采用节距较短,仅为全距的¾,能有效消除3次谐波的干扰,但绕组系数偏低。绕组主要应用于排风扇等辅助设备的单相电容运转电动机。

11.5 单相双层链式绕组布线接线图

单相双层链式绕组是双叠绕组的特殊型式，简称双链绕组。它的每组线圈仅有一只元件，是正弦绕组不可替代的常用绕组型式之一，但实用范例不多。双链绕组采用显极布线，线圈节距较短，且固定不变，即 $y=2$。

一、绕组参数

1）总线圈数　双链绕组属双层绕组，故线圈数等于槽数，即

$$Q = Z$$

2）线圈组数　绕组显极布线时每相线圈组数等于极数，故主、副绕组共有线圈组数为

$$u = 4p$$

3）每组圈数　双链绕组线圈数固定为 1，即 $S=1$。

4）线圈节距　双链绕组属双层全距绕组，但线圈节距则是不变的，即

$$y = Z/2p = \tau = 2$$

5）绕组系数　因属全距绕组，且每组圈数为 1，故绕组系数 $K_{dp} = 1$

以上各式中其余符号意义同 11.1 节。

二、绕组特点

1）单相双层链式绕组只采用显极布线。

2）双链绕组一般只能构成整距绕组，但节距较短，仅跨 2 槽，嵌线不会困难。

3）绕组为双层布线，线圈数多，嵌线较费工时，而且槽内需隔层间绝缘，槽满率较低。

4）主、副绕组占槽相等，宜用于运行型的单相电动机。

5）此绕组型式目前主要应用于外转子吊扇用电容式电动机。

三、绕组嵌线

双链绕组的嵌线方法有两种。一种是用交叠法嵌线，每个线圈两条有效边分置于异槽的上、下层，其线圈端部呈交叠状的整齐排列，这种嵌线方法属正规布线方法；另一种是整嵌法，属简便嵌法，它将主、副绕组分开嵌线，先嵌主绕组，后嵌副绕组，而且在一相绕组中对称嵌入，使一半线圈两条有效边处在槽底，另一半处于槽面。此种嵌法的好处是无需吊边，方便操作，但线圈端部层次较多，整体性较差。

四、绕组连接

单相双层链式绕组是显极布线，同相相邻线圈间的极性必须相反，故接线时应"头与头"或"尾与尾"相接。

11.5.1 8槽4极双层链式(电风扇)绕组

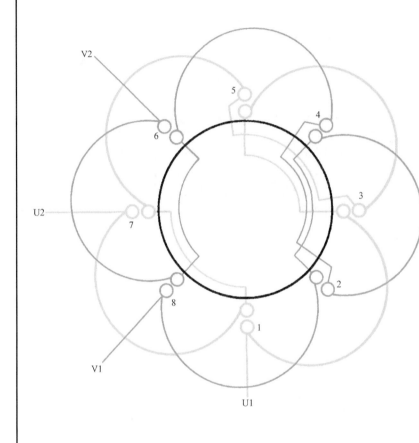

图 11.5.1

1. 绕组结构参数

定子槽数 $Z=8$	线圈组数 $u=8$	绕组极距 $\tau=2$
电机极数 $2p=4$	每组圈数 $S=1$	线圈节距 $y=1—3$
总线圈数 $Q=8$	极相槽数 $q=1$	绕组系数 $K_{dpU}=1$
		$K_{dpV}=1$

2. 嵌线方法 本绕组可采用两种嵌线方法:

1) 交叠法 属正规布线方法,本例布线图即按此嵌法绘制。它的每个线圈两条有效边分别嵌置于两槽的上下层,使绕组端部结构紧密,但每个线圈端部均需衬隔绝缘。嵌线顺序见表11.5.1a。

表 11.5.1a 交叠法

嵌线顺序		1	2	3	4	5	6	7	8	9	10	11	12	13	14	15	16
槽号	下层	1	8	7		6		5		4		3		2			
	上层				1		8		7		6		5		4	3	2

2) 整嵌法 属简便嵌法。嵌线是先嵌主绕组,后嵌副绕组,使两个绕组端部分置于上下平面层次,每一个绕组的线圈则要对称嵌入。嵌线顺序见表11.5.1b。

表 11.5.1b 整嵌法

嵌线顺序		1	2	3	4	5	6	7	8	9	10	11	12	13	14	15	16
槽号	下层	1	3	5	7					8	2	4	6				
	上层					7	1	3	5					6	8	2	4

3. 绕组特点与应用

绕组8个线圈嵌于8槽定子,由于节距短,嵌线比较容易,是家用外调速电扇电动机常用的典型绕组型式之一。常用于400mm台扇、落地扇等。

11.5.2 28槽14极双层链式(吊扇)绕组

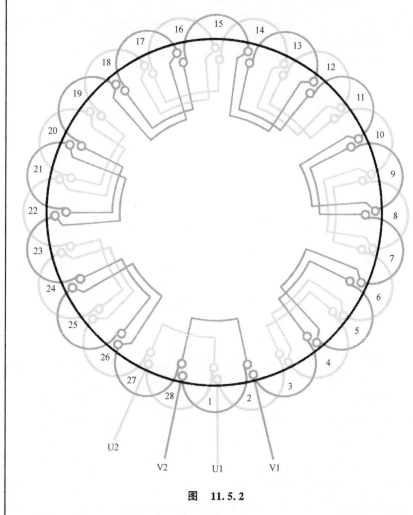

图 11.5.2

1. 绕组结构参数

定子槽数 $Z=28$　线圈组数 $u=28$　绕组极距 $\tau=2$
电机极数 $2p=14$　每组圈数 $S=1$　线圈节距 $y=1{-}3$
总线圈数 $Q=28$　极相槽数 $q=1$　绕组系数 $K_{dpU}=1$
　　　　　　　　　　　　　　　　　　　　　$K_{dpV}=1$

2. 嵌线方法　　本例嵌线采用交叠法，吊边数为2。嵌线顺序见表 11.5.2。

表 11.5.2　交叠法(前进式嵌线)

嵌线顺序	1	2	3	4	5	6	7	8	9	10	11	12	13	14	15	16	17	18	19
槽号 下层	1	2	3		4		5		6		7		8		9		10		11
槽号 上层				1		2		3		4		5		6		7		8	

嵌线顺序	20	21	22	23	24	25	26	27	28	29	30	31	32	33	34	35	36	37	38
槽号 下层		12		13		14		15		16		17		18		19		20	
槽号 上层	9		10		11		12		13		14		15		16		17		18

嵌线顺序	39	40	41	42	43	44	45	46	47	48	49	50	51	52	53	54	55	56
槽号 下层	21		22		23		24		25		26		27		28			
槽号 上层		19		20		21		22		23		24		25		26	27	28

3. 绕组特点与应用　　本例为小容量的多极数电动机绕组，每组只有1个线圈，线圈绕制可采用连绕、连嵌工艺，这样既可省去组(线圈)间的连接麻烦，也可节省工时，提高工效而降低成本。本方案常用于外转子式吊扇电容电动机。主要应用实例有 900mm 吊扇用电容电动机。

11.5.3　28槽14极双层链式(深槽吊扇)绕组

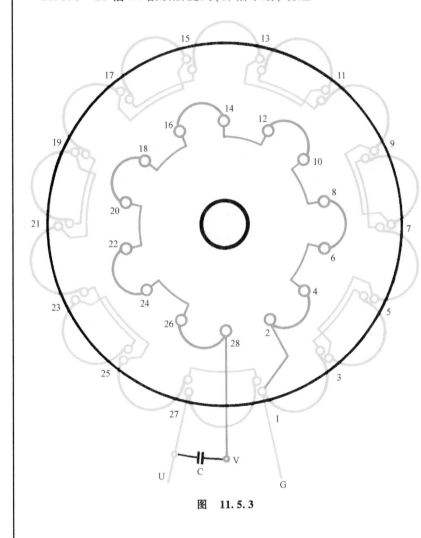

图　11.5.3

1. 绕组结构参数

定子槽数　$Z=28$　　线圈组数　$u=21$　　绕组极距　$\tau=2$
电机极数　$2p=14$　　每组圈数　$S=1$　　线圈节距　$y=1—3$
总线圈数　$Q=21$　　极相槽数　$q=1$　　绕组系数　$K_{dp}=1$

2. 嵌线方法　　一般先嵌副绕组于深槽,然后再嵌主绕组。由于副绕组深槽的槽口狭长,通常是用于绕嵌线,但若槽口偏宽,则也可用绕制线圈进行整嵌,而线模厚度要求较宽,约取$(1.2\sim1.4)h_n$,其中h_n为槽深。绕组的嵌线顺序见表11.5.3。

表 11.5.3　分层嵌线

嵌线顺序	1	2	3	4	5	6	7	8	9	10	11	12	13	14	15	16
副绕组槽号	2	4	6	8	10	12	14	16	18	20	22	24	26	28		

嵌线顺序		17	18	19	20	21	22	23	24	25	26	27	28	29	30	31	32
主绕组槽号	下层	3	5		7		9		11		13		15		17		19
	上层			3		5		7		9		11		13		15	

嵌线顺序		33	34	35	36	37	38	39	40	41	42	43	44
主绕组槽号	下层		21		23		25		27		1		
	上层	17		19		21		23		25		27	

3. 绕组特点与应用　　本例内定子铁心有两层槽,每层12槽,外层在表缘,另一层深入到铁心内部,故称深槽式;两层槽间隔排列,但槽号统一顺序编写。内层嵌入副绕组,采用单层庶极接线,即7个线圈顺序串联构成14极;外层嵌入主绕组,是显极接线,采用双层布线,交叠嵌入。此绕组应用于某型号吊扇,它具有较好的起动和运行性能,但线圈嵌线极费工时,工艺性较差。

11.5.4 32槽16极双层链式(吊扇)绕组

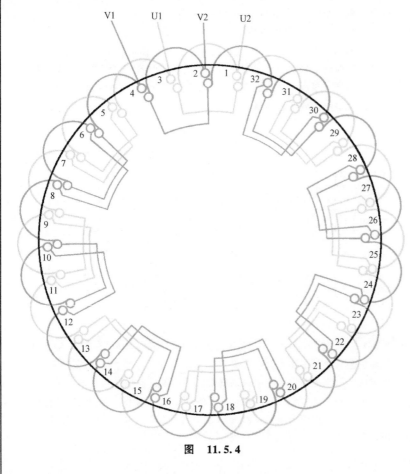

图 11.5.4

1. 绕组结构参数

定子槽数 $Z=32$　　线圈组数 $u=32$　　绕组极距 $\tau=2$
电机极数 $2p=16$　　每组圈数 $S=1$　　线圈节距 $y=1—3$
总线圈数 $Q=32$　　极相槽数 $q=1$　　绕组系数 $K_{dpU}=1$
　　　　　　　　　　　　　　　　　　　　　$K_{dpV}=1$

2. 嵌线方法　　绕组采用交叠法嵌线。对吊扇内定子嵌线时常用前进式嵌线，嵌线顺序见表11.5.4。

表 11.5.4　交叠法(前进式嵌线)

嵌线顺序		1	2	3	4	5	6	7	8	9	10	11	12	13	14	15	16	17	18	19	20	21	22
槽号	下层	1	2	3		4		5		6		7		8		9		10		11		12	
	上层				1		2		3		4		5		6		7		8		9		10
嵌线顺序		23	24	25	26	27	28	29	30	31	32	33	34	35	36	37	38	39	40	41	42	43	44
槽号	下层	13		14		15		16		17		18		19		20		21		22		23	
	上层		11		12		13		14		15		16		17		18		19		20		21
嵌线顺序		45	46	47	48	49	50	51	52	53	54	55	56	57	58	59	60	61	62	63	64		
槽号	下层	24		25		26		27		28		29		30		31		32					
	上层		22		23		24		25		26		27		28		29		30	31	32		

3. 绕组特点与应用　　主、副绕组分别由16个线圈组成，线圈节距均为2槽，嵌线比较方便。因属显极式布线，同相相邻线圈极性必须相反，故接线是"尾与尾"或"头与头"相接，使之极性相反。此绕组只用于单相电容运转电动机，应用实例有1200~1400mm吊扇用电容电动机。

11.5.5　36槽18极双层链式(吊扇)绕组

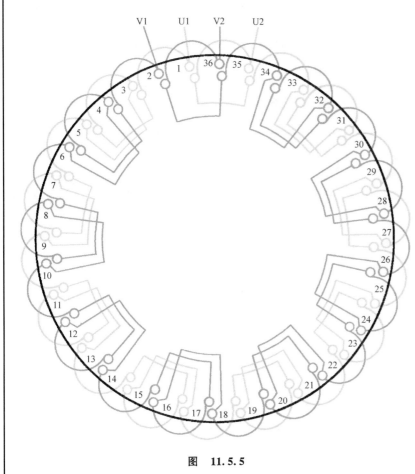

图　11.5.5

1. 绕组结构参数

定子槽数　$Z=36$	线圈组数　$u=36$	绕组极距　$\tau=2$
电机极数　$2p=18$	每组圈数　$S=1$	线圈节距　$y=1—3$
总线圈数　$Q=36$	极相槽数　$q=1$	绕组系数　$K_{dpU}=1$
		$K_{dpV}=1$

2. 嵌线方法　本例采用前进式交叠嵌线，吊边数为2，即嵌入1槽吊起1边往前推，再嵌1槽再吊起1边再往前推，以后线圈开始整嵌，但嵌线时注意主、副绕组线圈要交替嵌入。嵌线顺序见表11.5.5。

表 11.5.5　交叠法(前进式嵌线)

嵌线顺序	1	2	3	4	5	6	7	8	9	10	11	12	13	14	15	16	17	18	19	20	21	22	23	24
槽号 下层	1	2	3		4		5		6		7		8		9		10		11		12		13	
槽号 上层				1		2		3		4		5		6		7		8		9		10		11

嵌线顺序	25	26	27	28	29	30	31	32	33	34	35	36	37	38	39	40	41	42	43	44	45	46	47	48
槽号 下层	14		15		16		17		18		19		20		21		22		23		24		25	
槽号 上层		12		13		14		15		16		17		18		19		20		21		22		23

嵌线顺序	49	50	51	52	53	54	55	56	57	58	59	60	61	62	63	64	65	66	67	68	69	70	71	72
槽号 下层	26		27		28		29		30		31		32		33		34		35		36			
槽号 上层		24		25		26		27		28		29		30		31		32		33		34	35	36

3. 绕组特点与应用　本例为显极布线，为慢速电容吊扇采用。主、副绕组分别由18个线圈按相邻反极性串联成18极。主要应用实例有1200~1500mm吊扇用电容电动机。

11.5.6　*40 槽 20 极双层链式(吊扇)绕组

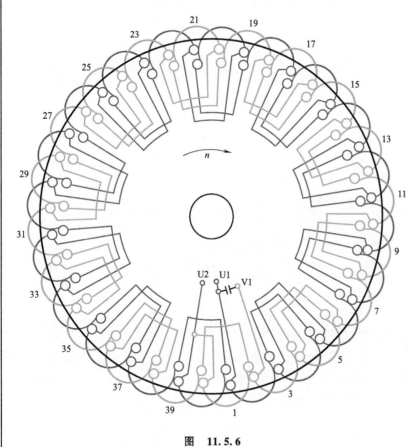

图　11.5.6

1. 绕组结构参数

定子槽数　$Z=40$	总线圈数　$Q=40$	主相每组圈数　$S_U=1$
绕组极距　$\tau=2$	每槽电角　$\alpha=90°$	电机极数　$2p=20$
线圈组数　$u=40$	副相每组圈数　$S_V=1$	线圈节距　$y=2$
绕组系数　$K_{dp}=1$		

2. 嵌线方法　本绕组用于吊扇的内定子铁心，故嵌线时采用前进式交叠法嵌线，吊边数为 2。嵌线顺序见表 11.5.6。

表 11.5.6　交叠法

嵌线顺序		1	2	3	4	5	6	7	8	9	10	11	12	13	14	15	16	17	18	19	20
槽号	下层	1	2	3		4		5		6		7		8		9		10		11	
	上层				1		2		3		4		5		6		7		8		9
嵌线顺序		21	22	23	24	25	26	27	28	29	30	31	32	33	34	35	36	37	38	39	40
槽号	下层	12		13		14		15		16		17		18		19		20		21	
	上层		10		11		12		13		14		15		16		17		18		19
嵌线顺序		41	42	43	44	45	46	47	48	49	50	51	52	53	54	55	56	57	58	59	60
槽号	下层	22		23		24		25		26		27		28		29		30		31	
	上层		20		21		22		23		24		25		26		27		28		29
嵌线顺序		61	62	63	64	65	66	67	68	69	70	71	72	73	74	75	76	77	78	79	80
槽号	下层	32		33		34		35		36		37		38		39		40			
	上层		30		31		32		33		34		35		36		37		38	39	40

3. 绕组特点与应用　本例是电容运转电动机绕组，主、副绕组各有 20 个线圈，属显极布线，即同相相邻线圈 (组) 的极性相反。此绕组取自印度产的吊扇用电容电动机。

11.6 单相单双层混合式绕组布线接线图

单相单双层混合式绕组是由单层和双层线圈构成的同心式绕组,它是由双层叠式短距绕组演变而来,即将双叠绕组中同相、同槽的部分双层线圈有效边归并为单层槽,从而使绕组具有两种线圈结构的绕组型式。单相单双层绕组又分 A、B 两类:A 类的同相大节距线圈为双层布线;B 类的同心大节距线圈用单层布线。此外,还有非正交分布的型式,均在本节图例中介绍。

一、绕组参数

1) 总线圈数 单双层绕组总线圈数介于单层和双层绕组之间,并视单层线圈的量而定,即单层线圈越多则总线圈数越少。通常由于主、副绕组每组线圈数相等,故绕组的总线圈数为

$$Q = S'u$$

式中 S'——绕组每组线圈的自然个数,即整槽和半槽线圈均为 1 个。

2) 线圈组数 单双层绕组是显极布线,每相线圈组数等于极数,故

$$u = 4p$$

3) 每组圈数 每组线圈中包括单层和双层线圈,由下式表示:

$$S = Z/(8p)$$

它的计算值为带分数,其中整数代表单层(整槽)线圈数目,分数为½,代表一只双层(半槽)线圈,但采用特殊异形槽的绕组例外。

4) 绕组系数 因单双层绕组属短距绕组,绕组系数由下式确定:

$$K_{dp} = \frac{0.707}{C\sin(45°/C)}\sin\left(90°\frac{y_p}{\tau}\right)$$

式中 C——每极相槽数($q = C/d$)不可约分假分数中的分子;
y_p——同心绕组平均节距。

二、绕组特点

单双层混合式绕组是从单相双叠短距绕组演化而来(除个别特殊设计的异形槽铁心外)的同心式绕组,其特点如下:

1) 线圈数介于单层和双层之间,而目前实际应用中的主、副绕组每组线圈数相等。

2) 它具有单层绕组槽满率高的特点,同时又具有双层绕组可任意选用线圈节距的特点。

3) 它还可改善磁势波形,具有起动性能良好等优点。

4) 它可构成运行型和起动型布线方案,但实用上多应用于运行型电动机。

5) 绕组有单、双层线圈,嵌绕工艺较复杂。

三、绕组嵌线

采用整嵌法嵌线构成不规整双平面绕组。

四、绕组连接

单双层绕组是显极布线,同相线圈组间的极性应相反,即接线是"头与头"或"尾与尾"相接。

11.6.1　12槽2极$(y_p = 5)$单双层(A 类运行型)绕组

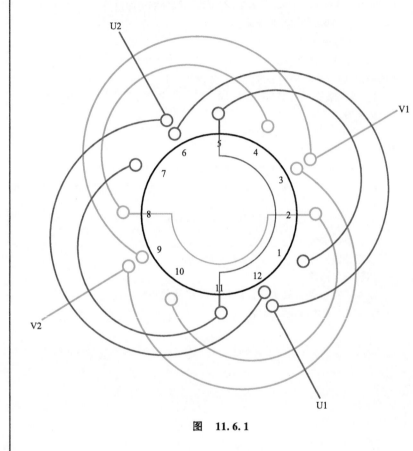

图　11.6.1

1. 绕组结构参数

定子槽数　$Z = 12$　　线圈组数　$u = 4$　　线圈节距　$y_1 = 1\text{—}7$　$y_2 = 2\text{—}6$

电机极数　$2p = 2$　　每组圈数　$S = 1\frac{1}{2}$　　绕组极距　$\tau = 6$

总线圈数　$Q = 8$　　极相槽数　$q = 3$　　绕组系数　$K_{dpU} = 0.91$

$K_{dpV} = 0.91$

2. 嵌线方法　　绕组采用分层整圈嵌线，先嵌主绕组，后嵌副绕组。因绕组既有单层线圈，又有双层线圈，故对一组线圈的嵌线宜先嵌单层小线圈，而双层大线圈则有两种布线：一种是用交叠布线，即线圈两条有效边分置于两槽的不同层次(上、下层)；另一种是如图 11.6.1 所用的整嵌布线，使双层大线圈两条有效边分置于相同层次(上层或下层)。但主、副绕组嵌好后，其端部均形成双平面层次。嵌线顺序见表 11.6.1。

表 11.6.1　整嵌法

嵌线顺序		1	2	3	4	5	6	7	8	9	10	11	12	13	14	15	16
单层槽号	沉边	1	5			7	11										
	浮边									10	2			4	8		
双层槽号	下层			12	6							9	3				
	上层							6	12							3	9

3. 绕组特点与应用　　绕组为显极布线，大线圈为双层线圈，属 A 类。主、副绕组占槽相等，每组有 $1\frac{1}{2}$ 槽线圈分布于对称位置，是 12 槽 2 极单相电动机较合理的布线型式，常用于运行型电机绕组。主要应用实例有抽油烟机用小型电动机。

11.6.2 12槽4极($y_p = 2$)单双层(非正交运行型)绕组

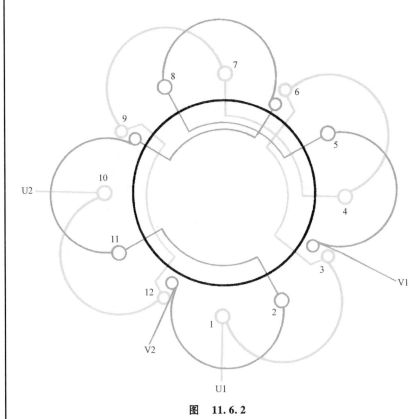

图 11.6.2

1. 绕组结构参数

定子槽数 $Z = 12$	线圈组数 $u = 8$	线圈节距 $y = 1$—3
电机极数 $2p = 4$	每组圈数 $S = \frac{3}{4}$	绕组极距 $\tau = 3$
总线圈数 $Q = 8$	极相槽数 $q = 1\frac{1}{2}$	绕组系数 $K_{dpU} = 0.91$
		$K_{dpV} = 0.91$

2. 嵌线方法　绕组采用整嵌法,将主绕组线圈嵌入相应槽内,完成后再嵌副绕组。嵌线顺序见表 11.6.2。

表 11.6.2　整嵌法

嵌线顺序		1	2	3	4	5	6	7	8	9	10	11	12	13	14	15	16
槽号	下层	1	3	10	12	7	9	4	6								
	上层									3	5	12	2	9	11	6	8

3. 绕组特点与应用　此绕组每组线圈数为分数,即无整数槽的单层线圈,绕组方案属特殊型式布线,原见于国外产品,但近年在国内家用电器上已有应用。本绕组用于运行型电动机,为使主、副绕组占槽相等,在 12 槽中安排 8 个线圈,故必有 4 个槽用双层布线。为此将铁心设计成方形,并将四角处的 3、6、9、12 号槽设计为大截面积的异形槽,使其嵌入双层线圈边,这样,无论单层或双层线圈的匝数均相等,铁心能得到充分利用。此外,绕组用短节距线圈布线,不但嵌线方便、用料节省,而且能有效地削弱高次谐波影响而获得 8 槽电动机的运行性能,是一种较新颖的绕组型式。主要应用实例有抽油烟机用电动机。

11.6.3 *18槽2极($y_p = 6$)单双层(A/B类起动型)绕组

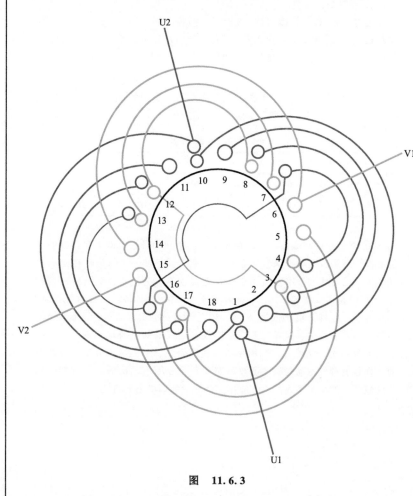

图 11.6.3

1. 绕组结构参数

定子槽数 $Z = 18$ 主圈节距 $y_U = 9$、7、5、3 主相每组圈数 $S_U = 4$

绕组极距 $\tau = 9$ 副圈节距 $y_V = 8$、6、4 副相每组圈数 $S_V = 3$

电机极数 $2p = 2$ 线圈组数 $u = 4$ 绕组系数 $K_{dp} = 0.727$

总线圈数 $Q = 14$ 每槽电角 $\alpha = 20°$

2. 嵌线方法 本例采用分层嵌线,先嵌主绕组于下平面,再嵌副绕组于其面层。嵌线顺序见表 11.6.3。

表 11.6.3 分层法

嵌线顺序		1	2	3	4	5	6	7	8	9	10	11	12	13	14	15	16	17	18
槽号	下平面	4	7	3	8	2	9	1	13	16	12	17	11	18	10				
	上平面															1	10	8	12
嵌线顺序		19	20	21	22	23	24	25	26	27	28	29	30	31	32	33	34	35	36
槽号	下平面																		
	上平面	7	13	6	14	17	3	16	4	15	5								

3. 绕组特点与应用 本例主、副绕组采用不同的布线方案,主绕组每极有4个同心线圈,且最大节距线圈是同相双层,故属 A 类布线;副绕组每极 3 圈,但最大线圈是单层,应属 B 类布线。但主、副绕组都是显极,故同相相邻线圈组是反极性,即连接是"尾与尾"相接。此绕组不但线圈数多,而且线圈规格也超多,故其工艺性较差。

11.6.4 24槽4极($y_p = 3$)单双层(B类起动型)绕组

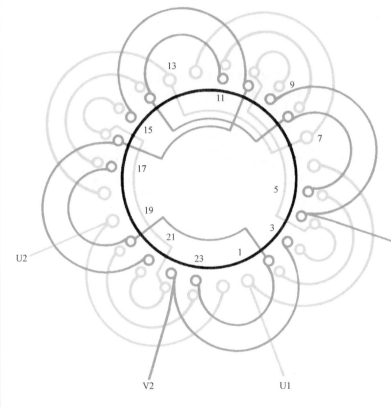

图 11.6.4

1. 绕组结构参数

定子槽数 $Z = 24$	线圈组数 $u = 8$	绕组极距 $\tau = 6$
电机极数 $2p = 4$	主相每组圈数 $S_U = 3$	线圈节距 $y = 5$、3、1
总线圈数 $Q = 20$	副相每组圈数 $S_V = 2$	绕组系数 $K_{dpU} = 0.725$

2. 嵌线方法 嵌线采用整嵌法，先将主绕组嵌入相应槽内，其端面构成下层面；再把副绕组嵌入构成上层面。嵌线顺序见表 11.6.4。

表 11.6.4 整嵌法

嵌线顺序		1	2	3	4	5	6	7	8	9	10	11	12	13	14	15	16	17	18	19	20
槽号	下层	21	22	20	23	19	24	15	16	14	17	13	18	9	10	8	11	7	12	3	4
	上层																				

嵌线顺序		21	22	23	24	25	26	27	28	29	30	31	32	33	34	35	36	37	38	39	40
槽号	下层	2	5	1	6																
	上层					23	2	22	3	17	20	16	21	11	14	10	15	5	8	4	9

3. 绕组特点与应用 本例是由平均节距 $y_p = 3$ 的双叠绕组演变而来，它的线圈数要比双叠绕组减少 4 个，并且在嵌法上可采用整嵌而无需吊边，利于嵌线。此外，还可改变匝数的分布而成为正弦绕组，从而更进一步改善电动机性能。此绕组用于某品牌洗衣机的单相电容电动机。

11.6.5 24槽4极单双层(B类同心布线)绕组

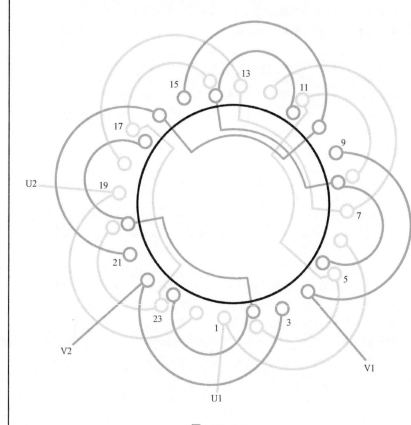

图 11.6.5

1. 绕组结构参数

定子槽数 $Z = 24$ 线圈组数 $u = 8$ 线圈节距 $y_1 = 1—6$
$y_2 = 2—5$

电机极数 $2p = 4$ 每组圈数 $S = 1\frac{1}{2}$ 绕组极距 $\tau = 6$

总线圈数 $Q = 16$ 极相槽数 $q = 2$ 绕组系数 $K_{dpU} = 0.879$
$K_{dpV} = 0.879$

2. 嵌线方法

绕组采用整嵌法嵌线,先将主绕组嵌入相应槽内,衬垫层间绝缘后再嵌副绕组,使主、副绕组端部置于上、下平面层次。嵌线顺序见表 11.6.5。

表 11.6.5 整嵌法

嵌线顺序	1	2	3	4	5	6	7	8	9	10	11	12	13	14	15	16
下层槽号	2	5	1	6	20	23	19	24	14	17	13	18	8	11	7	12
嵌线顺序	17	18	19	20	21	22	23	24	25	26	27	28	29	30	31	32
上层槽号	5	8	4	9	23	2	22	3	17	20	16	21	11	14	10	15

3. 绕组特点与应用

主、副绕组均采用相同型式的短节距线圈布线,每组由两个同心线圈组成,其中大线圈为单层,小线圈为双层。因大线圈节距小于极距,在单双层中属 B 类绕组安排。每相绕组中的线圈组数等于极数,属显极式布线,故同相线圈间应为反极性,即采用"尾与尾"或"头与头"相接。由于线圈节距短,不但节省铜线,嵌线也较方便,而且杂散损耗较小,电动机运行性能也较好。常用于普及型洗衣机的电容运转电动机。

11.6.6 32槽4极($y_p = 6$)单双层(B类运行型)绕组

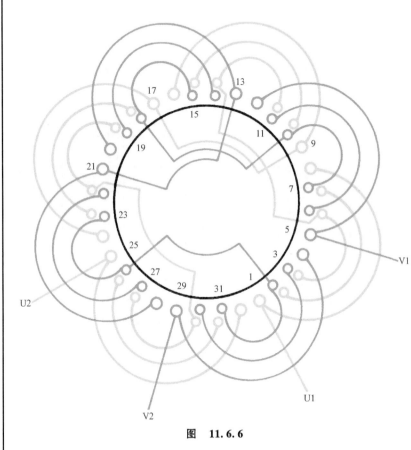

图 11.6.6

1. 绕组结构参数

定子槽数 $Z = 32$ 线圈组数 $u = 8$ 绕组极距 $\tau = 8$
电机极数 $2p = 4$ 主相每组圈数 $S_U = 3$ 线圈节距 $y = 7$、5、3
总线圈数 $Q = 24$ 副相每组圈数 $S_V = 3$ 绕组系数 $K_{dpU} = 0.883$

2. 嵌线方法 本例采用分层整嵌,先嵌主绕组,完成后再把副绕组线圈嵌入相应槽,使其线圈端部形成上层平面。嵌线顺序见表 11.6.6。

表 11.6.6 整嵌法

嵌线顺序		1	2	3	4	5	6	7	8	9	10	11	12	13	14	15	16	17	18
下层槽号		3	6	2	7	1	8	27	30	26	31	25	32	19	22	18	23	17	24
嵌线顺序		19	20	21	22	23	24	25	26	27	28	29	30	31	32	33	34	35	36
槽号	下层	11	14	10	15	9	16												
	上层							31	2	30	3	29	4	23	26	22	27	21	28
嵌线顺序		37	38	39	40	41	42	43	44	45	46	47	48						
上层槽号		15	18	14	19	13	20	7	10	6	11	5	12						

3. 绕组特点与应用 本例为显极式绕组,分上、下层面布线。主、副绕组采用相同的分布方案,每组由 3 个同心线圈组成,其最大节距线圈为单层,故其布线结构属 B 类。此绕组每槽匝数相等,即双层线圈匝数是单层的一半,重绕修理时可考虑重新分配匝数,改成 3/3-B 正弦绕组,以改善电机性能。

11.6.7 24槽6极($y_p = 3$)单双层(交叉布线)绕组

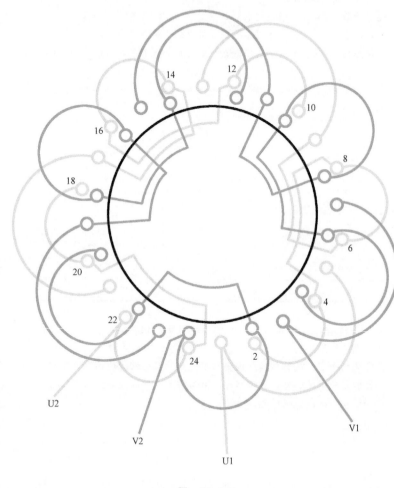

图 11.6.7

1. 绕组结构参数

定子槽数 $Z = 24$ 　　线圈组数 $u = 6$ 　　　绕组极距 $\tau = 4$

电机极数 $2p = 6$ 　　主相每组圈数 $S_U = 1\frac{1}{2}$ 　　线圈节距 $y = 4$、2

总线圈数 $Q = 18$ 　　副相每组圈数 $S_V = 1\frac{1}{2}$ 　　绕组系数 $K_{dpU} = 0.76$

2. 嵌线方法　　本例采用分层整嵌，先把主绕组嵌入相应槽内，使其端部呈现于同一平面，再将副绕组按图嵌入构成上层平面。嵌线顺序见表11.6.7。

表 11.6.7　整嵌法

嵌线顺序		1	2	3	4	5	6	7	8	9	10	11	12	13	14	15	16	17	18
槽号	下层	22	24	18	20	17	21	14	16	10	12	9	13	6	8	2	4	1	5
	上层																		

嵌线顺序		19	20	21	22	23	24	25	26	27	28	29	30	31	32	33	34	35	36
槽号	下层																		
	上层	24	2	20	22	19	23	16	18	12	14	11	15	8	10	4	6	3	7

3. 绕组特点与应用　　本例是从节距3槽的双叠绕组演变而来，构成单双圈交叉形式的单双层绕组。每相由单、双圈交替分布，6组线圈显极布线，即相邻线圈组极性相反。此绕组较双叠布线可减少6个线圈，同时还可采用分层整嵌，从而缩短了重绕的工时。本例为运行型绕组，可用于单相电容运转电动机。

11.6.8 36槽4极($y_p=9$)单双层(A/B类运行型)绕组

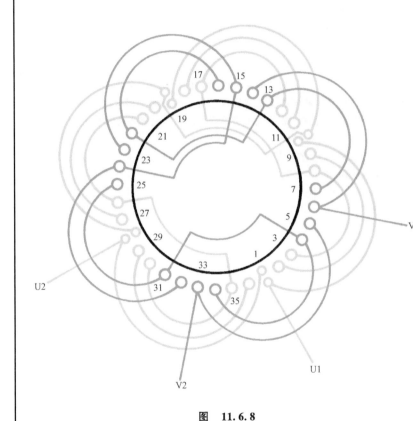

图 11.6.8

1. 绕组结构参数

定子槽数 $Z=36$　　线圈组数 $u=8$　　　绕组极距 $\tau=9$
电机极数 $2p=4$　　主相每组圈数 $S_U=3$　　线圈节距 $y=9$、7、5
总线圈数 $Q=20$　　副相每组圈数 $S_V=2$　　绕组系数 $K_{dpU}=0.957$

2. 嵌线方法　　绕组采用整嵌法,先把主绕组嵌入相应槽内,为了端部整齐美观,宜把最大节距线圈进行交叠布线,故需吊起1边。副绕组是 B 类布线,没有交叠的线圈,故衬垫绝缘后即可嵌入构成上层面。嵌线顺序见表11.6.8。

表 11.6.8　分层法

嵌线顺序		1	2	3	4	5	6	7	8	9	10	11	12	13	14	15	16
槽号	下层	30	35	29	36	28	21	26	20	27	19		12	17	11	18	10
	上层											28					
嵌线顺序		17	18	19	20	21	22	23	24	25	26	27	28	29	30	31	32
槽号	下层		3	8	2	9	1										
	上层	19						10	1	34	4	33	5	25	31	24	32
嵌线顺序		33	34	35	36	37	38	39	40								
上层槽号		16	22	15	23	7	13	6	14								

3. 绕组特点与应用　　本例是显极绕组,是由双叠绕组演变而来,总线圈数要比双层减少近半,故具有较好的嵌绕工艺性。此外,主、副绕组采用不同的布线形式,主绕组是 A 类布线,最大节距线圈为双层,而副绕组为单层,即属 B 类。本例虽属运行型绕组,但也可用于起动型单相电动机。

11.7 单相、三相通用电动机绕组布线接线图

为使电动机性能达到最佳状态，现代的电动机都是根据设定的运行条件设计的，一般不允许改变电动机的运行条件。但早年由于科技不够发达，特别是单相电动机欠缺，单相电动机损坏后缺乏备件造成设备无法运行。为了应付生产，在不得已的情况下产生了三相改单相的"江湖术"，从此使这种改接成为固定型式。然而，三相改单相的使用并不是科学合理的方法，改单相后，其输出功率将会降低很多，即使移相电容器选配合理，最多也只能达到原来三相功率的 60%~70%，还会导致无功功率增加，则功率因数和效率下降，显然对节能不利。所以，只能作为一种应急的权宜措施。此外，三相改单相只宜应用于小功率电动机，如果功率过大，很难选配到适合的电容器，且其运行性能更差。

随着科技的进步，单相电动机已成系列发展而普及使用，一般就无需用三相改单相了，但它的接线型式却被保留下来，如国产单相系列产品中仍有采用△形接法的；而家用电器某产品也借用Y形接法的型式运用于正反转单相电动机。而若干年前在国外，对单三相通用绕组仍有研究，并设计出单相可改接用于三相的绕组型式，如图 11.7.5 所示。然而，就目前来说，单三相通用只是对绕组的型式而言，所谓"通用"，仅指绕组型式上的通用，而并非此绕组一定能在三相与单相电源中通用，除非它是专为单三相通用而设计的（但目前似未见）产品。一般而言，为了追求电机的品质，即使单相电动机采用△形或Y形通用的绕组型式，也只能在单相电源上正常运行，而不能回到三相电源上使用；但三相电动机则可通过改变接线用于单相电源，不过其性能如何就另当别论了。

由于三相改单相在电机发展史中存在过，也曾发挥过作用，为此本节收入绕组 6 例，以供参考。本节绕组参数意义同三相，可参考所述。

11.7.1 12槽4极双层链式单、三相通用(△联结)绕组

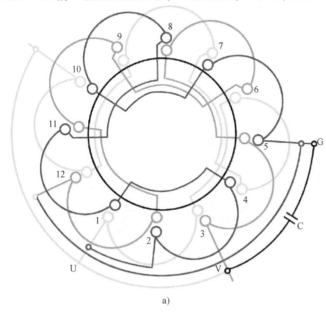

a)

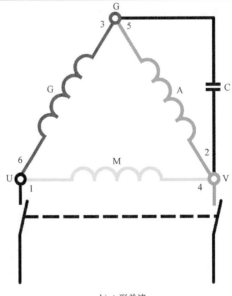

b) △形单速

图 11.7.1

1. 绕组结构参数

定子槽数 $Z=12$　线圈组数 $u=12$　附加圈数 $S_g=4$

电机极数 $2p=4$　主相圈数 $S_m=4$　绕组极距 $\tau=3$

总线圈数 $Q=12$　副相圈数 $S_a=4$　线圈节距 $y=1\text{—}3$

2. 嵌线方法　本例绕组结构属三相双层链式绕组，故嵌线方法同双叠绕组，采用交叠法嵌线，嵌线吊边数为 2。嵌线顺序见表 11.7.1。

表 11.7.1　交叠法

嵌线顺序		1	2	3	4	5	6	7	8	9	10	11	12	13	14	15	16	17	18	19	20	21	22	23	24
槽号	下层	1	12	11		10		9		8		7		6		5		4		3		2			
	上层				1		12		11		10		9		8		7		6		5		4	3	2

3. 绕组特点与应用　本例为单相绕组的特殊形式。它采用三相布线，三相线圈组数相同，每相分 4 组，每组仅 1 个线圈，故属三相双层链式结构型式，因应用于单相电源，归入空间相差 120° 电角的非正交单相绕组。绕组可设计成三相参数完全相同的三相、单相通用型式；也可根据使用性能设计成各相绕组参数不同的单相绕组，以达到较好的经济技术指标。绕组采用三角形接法，用作单相电动机的接线原理见图 11.7.1b，它以一相为主相绕组(M)，并接于电源，其余两相串联后也并于电源，其中副绕组(A)的两端并联移相电容器 C。

此绕组在国外应用于电扇用单相电容电动机。

11.7.2 18槽2极单双层同心式单、三相通用(△联结)绕组

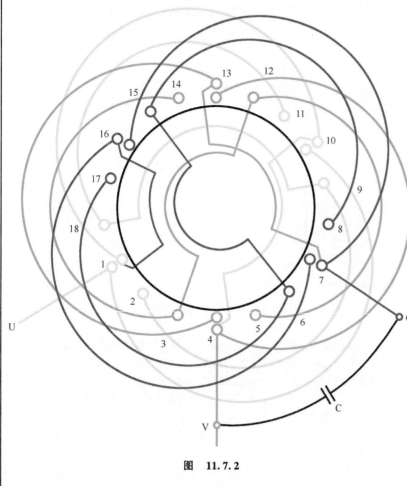

图 11.7.2

1. 绕组结构参数

定子槽数 $Z=18$ 　主相圈数 $S_U=4$ 　绕组极距 $\tau=9$

电机极数 $2p=2$ 　副相圈数 $S_V=4$ 　线圈节距 $y=1\text{—}10$

总线圈数 $Q=12$ 　附加圈数 $S_g=4$ 　　　　　2—9

绕组组数 $u=6$ 　极相槽数 $q=3$

2. 嵌线方法　绕组采用交叠法嵌线,嵌线顺序见表11.7.2。

表 11.7.2　交叠法

嵌线顺序		1	2	3	4	5	6	7	8	9	10	11	12
槽号	下层	2	9	1	17	6	16	14	3	13	11	18	10
	上层												
嵌线顺序		13	14	15	16	17	18	19	20	21	22	23	24
槽号	下层		8	15	7		5	12	4				
	上层	1				16				13	10	7	4

3. 绕组特点与应用　本例为特殊型式,单相绕组按三相形式安排,并采用单双层混合式布线。每相2组线圈,每组由2个同心线圈组成,同相组间是反接串联,即"尾与尾"相接。三相绕组可设计成相同参数而通用于三相或单相电源;也可设计成各相参数不同,只用于单相电源。但整个绕组的内部接线形式与普通三相电动机△形联结完全相同,即三相连环顺接串联成△形联结。单相电动机接线原理如图11.7.1b所示。图中U是主绕组(M)的出线;V是副相绕组(A)的出线;G则是附加(副相)绕组(G)的出线。单相电源从U—V接入;移相电容并于V—G之间。此绕组主要用于微小容量电动机,如JXO7A-2、JXO7B-2等单相电容电动机。

11.7.3 18槽4极单层同心交叉式单、三相通用(△联结庶极)绕组

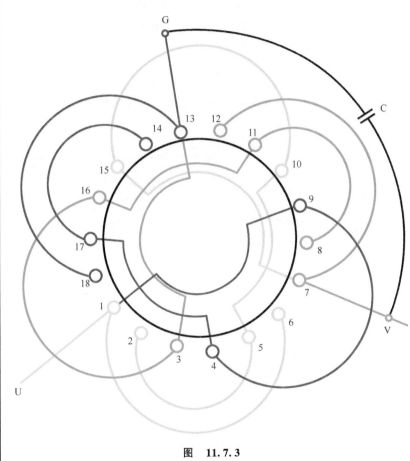

图 11.7.3

1. 绕组结构参数

定子槽数 $Z=18$	主相圈数 $S_U=3$	绕组极距 $\tau=4\frac{1}{2}$
电机极数 $2p=4$	副相圈数 $S_V=3$	线圈节距 $y_1=1—6$、$2—5$
总线圈数 $Q=9$	附加圈数 $S_g=3$	$y_2=10—15$
绕圈组数 $u=6$	极相槽数 $q=1\frac{1}{2}$	

2. 嵌线方法　本例绕组有两种嵌线方法：

1) 交叠法　嵌法与普通绕组相同，即嵌2槽，退空2槽，嵌1槽，退空1槽，嵌2槽…。嵌线顺序见表11.7.3a。

表 11.7.3a　交叠法

嵌线顺序		1	2	3	4	5	6	7	8	9	10	11	12	13	14	15	16	17	18
槽号	沉边	2	1	16		14		13		10		8		7		4			
	浮边				3		17		18		15		11		12		9	5	6

2) 整嵌法　先嵌同心线圈于底，后嵌单圈于面，使之形成双平面绕组。嵌线顺序见表11.7.3b。

表 11.7.3b　整嵌法

嵌线顺序		1	2	3	4	5	6	7	8	9	10	11	12	13	14	15	16	17	18
槽号	下平面	2	5	1	6	14	17	13	18	8	11	7	12						
	上平面													4	9	16	3	10	15

3. 绕组特点与应用　绕组的安排与△形联结的特点同上例。但本例为单层庶极布线，每相4极仅用2组线圈，同相组间连接是顺接串联，即"尾与头"相接，使两组线圈形成4极。单相△形联结电动机如图11.7.1b所示，单相电源从U—V接入，使主绕组(M)并接于电源；移相电容器则与副绕组(A)并联。此绕组用于运行型电机，应用实例有JX07B-4单相电容运转电动机。

11.7.4 18槽4极双层叠式单、三相通用(△联结)绕组

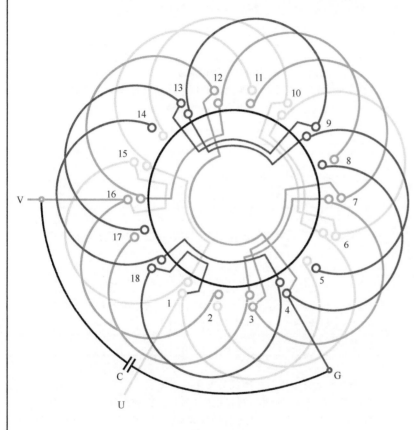

图　11.7.4

1. 绕组结构参数

定子槽数　$Z=18$	主相圈数　$S_U=6$	绕组极距　$\tau=4\frac{1}{2}$
电机极数　$2p=4$	副相圈数　$S_V=6$	绕圈节距　$y=1—5$
总线圈数　$Q=18$	附加圈数　$S_g=6$	
线圈组数　$u=12$	极相槽数　$q=1\frac{1}{2}$	

2. 嵌线方法　本例为双层叠式绕组,采用交叠法嵌线,即嵌入一槽向后退,再嵌一槽再后退,吊边数为4,第5个线圈开始整嵌。嵌线顺序见表11.7.4。

表 11.7.4　交叠法

嵌线顺序		1	2	3	4	5	6	7	8	9	10	11	12	13	14	15	16	17	18
槽号	下层	2	1	18	17	16		15		14		13		12		11		10	
	上层						2		1		18		17		16		15		14
嵌线顺序		19	20	21	22	23	24	25	26	27	28	29	30	31	32	33	34	35	36
槽号	下层	9		8		7		6		5		4		3					
	上层		13		12		11		10		9		8		7	6	5	4	3

3. 绕组特点与应用　本绕组为单相△形联结,三相绕组相同,电动机接线原理如图11.7.4所示,绕组特点可参考11.7.2节。但本绕组采用双层叠式布线,因每极每相所占槽数 $q=1\frac{1}{2}$,绕组采用分数绕组,即每相及三相线圈组均由单双圈构成,并按2、1、2、1规律安排;同相相邻线圈组间接线则是反接串联,即"头与头"或"尾与尾"相接。此绕组主要应用于单相电容运转电动机,主要应用实例有JXO7A-4单相电容运转电动机等。

11.7.5 24槽2极单层同心式单、三相通用L型绕组

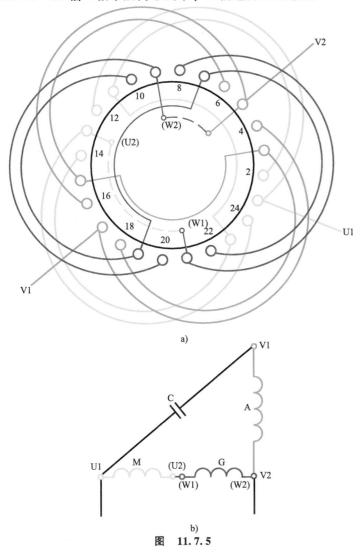

a)

图 11.7.5

b)

1. 绕组结构参数

定子槽数	$Z=24$	线圈组数	$u=6$	绕组极距	$\tau=12$
电机极数	$2p=2$	每组圈数	$S=2$	线圈节距	$y=1—12$
					$2—11$
总线圈数	$Q=12$	极相槽数	$q_U=8$	绕组系数	$K_{dpU}=0.83$
			$q_V=4$		

2. 嵌线方法 本例可采用两种嵌法:

1）交叠法 嵌线规律是，嵌2槽退空2槽，再嵌2槽空2槽，吊边数为4。嵌线顺序见表11.7.5a。

表 11.7.5a 交叠法

嵌线顺序		1	2	3	4	5	6	7	8	9	10	11	12	13	14	15	16	17	18	19	20	21	22	23	24
槽号	沉边	2	1	22	21	18		17		14		13		10		9		6		5					
	浮边						3		4		23		24		19		20		15		16	11	12	7	8

2）分层法 主、副绕组分层嵌线，但主绕组交叠嵌入，副绕组则整嵌于面。嵌线顺序见表11.7.5b。

表 11.7.5b 分层法

嵌线顺序		1	2	3	4	5	6	7	8	9	10	11	12	13	14	15	16	17	18	19	20	21	22	23	24
槽号	下层	2	1	18	3	17	4	14	23	13	24	6	15	5	16	11	12								
	上层																	22	7	21	8	10	19	9	20

3. 绕组特点与应用 本绕组同时具有同心式和交叠式绕组的特色，线圈节距比普通的同心式稍短，故较节省铜线，而且能较方便地改成单相、三相通用形式，但接线比同心式复杂。

绕组适用于槽数较多、线圈跨距大的起动型电动机。目前国内尚未有应用，取自德国进口设备机电产品，属于新的绕组型式。

11.7.6　24槽4极单层链式单、三相通用(丫联结)绕组

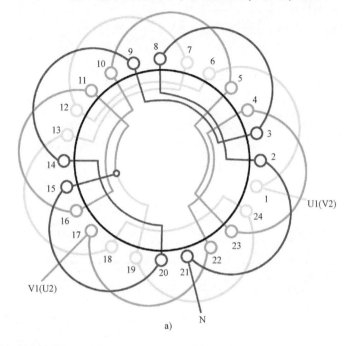

a)

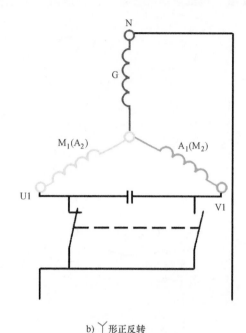

b) 丫形正反转

图　11.7.6

1. 绕组结构参数

定子槽数　$Z=24$　　主相圈数　$S_U=4$　　绕组极距　$\tau=6$

电机极数　$2p=4$　　副相圈数　$S_V=4$　　线圈节距　$y=1{-}6$

总线圈数　$Q=12$　　附加圈数　$S_g=4$

线圈组数　$u=12$　　极相槽数　$q=3$

2. 嵌线方法　　可采用两种嵌法，但较多采用交叠法。

表 11.7.6　交叠法

嵌线顺序		1	2	3	4	5	6	7	8	9	10	11	12	13	14	15	16	17	18	19	20	21	22	23	24
槽号	沉边	1	23	21		19		17		15		13		11		9		7		5		3			
	浮边				2		24		22		20		18		16		14		12		10		8	6	4

交叠法　　交叠嵌线吊边数为 2，嵌线顺序见表 11.7.6。

3. 绕组特点与应用

小型三相丫形联结电动机可改接用于单相电源，但实际应用中的单相丫形联结的电动机，除三绕组按互差 120°电角分布外，它要求各绕组参数不同，以获得较好的电气性能。本例绕组常应用于需正、反转工作的电动机，为使两个转向具有同样的运行性能，要求主绕组(M)和副绕组(A)的参数完全相同，而公共绕组(G)的匝数较少，其接线原理如图 11.7.6b 所示。此外，为了节省原材料和合理利用铁心，正规设计的定子铁心是方圆形冲片，并将公共绕组(图中黄色)各槽冲成小截面积槽，安排在相对应的方圆形冲片窄边上。此绕组主要应用于洗衣机。

第12章 单相电动机正弦绕组

正弦绕组是每极匝数按正弦规律分布，并采用单双层混合布线的同心式绕组。

一、绕组参数

1) 总线圈数 $Q = 2p(S_U + S_V)$

式中 S_U——主绕组每组线圈数；

S_V——副绕组每组线圈数。

2) 线圈组数 $u = 4p$

3) 每组圈数 正弦绕组完善的安排为双层形式，即总线圈数等于槽数，图例中称为"满圈"；也可安排部分单层线圈，称为"缺圈"。正弦绕组每组圈数由正弦布线方案确定。

4) 线圈匝比 $K_u = W_p / W_n \times 100\%$

式中 W_p——每极匝数；

W_n——线圈匝数。

此外，绕组系数可根据选用的正弦绕组方案通过查表或计算求取；因其计算复杂，且图例中均已列举，故而从略。

二、图例的标题

正弦绕组的标题除以槽数、极数等编排外，还表示布线类型，如

3/2—A/B

├── 线圈安排类型。其中分子表示主绕组为 A 类（最大线圈节距等于极距）双层安排；分母表示副绕组为 B 类（最大线圈节距等于极距减1）单层安排。

└── 线圈分布规格。其中分子表示主绕组每极（组）由 3 只线圈组成；分母表示副绕组每极（组）由 2 只线圈组成。

此外，若主、副绕组安排类型同为 B 时，可标示为 3/2—B。

三、绕组特点

1) 正弦绕组具有普通单层和双层绕组的综合特征，其组合形式变化甚多，可根据不同需要选用相宜方案。

2) 正弦绕组具有削减高次谐波干扰的特性，从而使电机的损耗降低、效率提高并改善起动、运行性能等优点。目前已为一般单相电动机及家用电动机普遍采用。

3) 由于线圈匝数不等，槽满率也不相同，铁心不能充分利用，且给嵌绕工艺带来一定困难。

四、绕组嵌线

正弦绕组可用整嵌法或局部交叠法嵌线，但主要采用整圈分层嵌线，即将主绕组嵌于下（底）层，绝缘后再把副绕组嵌于上面，使两个绕组端部分置于上、下平面层次，构成双平面绕组。仅有 A 类安排的绕组采用上下层交叠法嵌入最大节距线圈。

五、绕组接线

正弦绕组只采用显极布线，故同相相邻线圈组间均为反接串联，即"尾与尾"或"头与头"相接，使两组极性相反。

12.1 单相国产系列电动机正弦绕组布线接线图

由于正弦绕组可使气隙磁势接近于正弦波形，能基本消除 3 次谐波，

并能对其余谐波加以抑制，从而有效地改善电动机的起动和运行性能。所以，目前在通用型单相电动机中已被普遍采用。构成正弦绕组的布线方案很多，本节所列仅为国产系列一般用途电动机所用的单相电动机正弦绕组。

12.1.1 12槽2极3/3—A正弦绕组

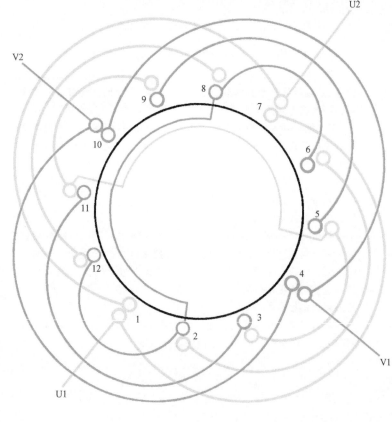

图 12.1.1

1. 绕组结构参数

定子槽数 $Z=12$　　线圈组数 $u=4$　　极相槽数 $q=3$

电机极数 $2p=2$　　每槽电角 $\alpha=30°$　　绕组极距 $\tau=6$

总线圈数 $Q=12$　　每组圈数 $S_U=3$

　　　　　　　　　　　　　　　$S_V=3$

主、副绕组布线方案及每极线圈匝比见表 12.1.1a。

表 12.1.1a　每极线圈匝比

主　绕　组				副　绕　组			
布线类型	节距	$K_u(\%)$	K_{dpU}	布线类型	节距	$K_u(\%)$	K_{dpV}
3A	1—7	26.8	0.804	3A	4—10	26.8	0.804
	2—6	46.4			5—9	46.4	
	3—5	26.8			6—8	26.8	

2. 嵌线方法　　本例正弦绕组为满圈布线,各槽均按双层安排,采用分层整嵌法布线时,最大节距线圈无需交叠。嵌线顺序见表 12.1.1b。

表 12.1.1b　分层整嵌法

嵌线顺序		1	2	3	4	5	6	7	8	9	10	11	12	13	14	15	16	17	18	19	20	21	22	23	24
槽号	下层	3	5	2	6	1	9	11	8	12	7						4					10			
	上层											1	7	6	8	5	9		12	2	11	3		4	10

3. 绕组特点与应用　　主、副绕组均采用 A 类满圈的正弦布线方案。绕组占槽率高,可基本消除高次谐波而使气隙获得较理想的正弦波磁势;但绕组系数较低,且线圈数多,槽内需隔层间绝缘,故电机槽满率偏低,嵌绕工艺也费工时。主要应用实例有 DO2-5012 单相电容运转电动机。

12.1.2　12槽2极3/3—B正弦绕组

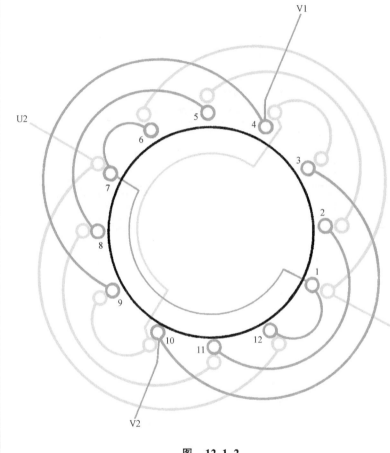

图　12.1.2

1. 绕组结构参数

定子槽数　$Z=12$	线圈组数　$u=4$	极相槽数　$q=3$
电机极数　$2p=2$	每槽电角　$\alpha=30°$	绕组极距　$\tau=6$
总线圈数　$Q=12$	每组圈数　$S_U=3$	
	$S_V=3$	

主、副绕组布线方案及每极线圈匝比见表12.1.2a。

表12.1.2a　每极线圈匝比

主　绕　组				副　绕　组			
布线类型	节距	$K_u(\%)$	K_{dpU}	布线类型	节距	$K_u(\%)$	K_{dpV}
3B	1—6	50	0.776	3B	4—9	50	0.776
	2—5	36.6			5—8	36.6	
	3—4	13.4			6—7	13.4	

2. 嵌线方法　绕组采用分层整嵌法，先嵌主绕组，再嵌副绕组，使其分置于上下两平面。嵌线顺序见表12.1.2b。

表12.1.2b　分层整嵌法

嵌线顺序		1	2	3	4	5	6	7	8	9	10	11	12	13	14	15	16	17	18	19	20	21	22	23	24
槽号	下层	3	4	2	5	1	6	9	10	8	11	7	12												
	上层													6	7	5	8	4	9	12	1	11	2	10	3

3. 绕组特点与应用　主、副绕组采用相同的布线方案，即每极均由3个同心线圈组成，最大节距线圈小于绕组极距，且全部槽中均为上下层结构，故属 B 类满圈正弦绕组。绕组占槽率高，能基本消除高次谐波影响而获得较好的正弦波磁势；最大线圈无需交叠，嵌线较为方便，但绕组系数略低于上例。主要应用实例有 DO-4512、JX-5022 单相电容运转电动机。

12.1.3 16槽2极3/3—B正弦绕组

1. 绕组结构参数

定子槽数 $Z = 16$ 　　 线圈组数 $u = 4$ 　　 极相槽数 $q = 4$

电机极数 $2p = 2$ 　　 每槽电角 $\alpha = 20°$ 　　 绕组极距 $\tau = 8$

总线圈数 $Q = 12$ 　　 每组圈数 $S_U = 3$

$S_V = 3$

主、副绕组布线方案及每极线圈匝比见表12.1.3a。

表12.1.3a 每极线圈匝比

主　绕　组				副　绕　组			
布线类型	节距	$K_u(\%)$	K_{dpU}	布线类型	节距	$K_u(\%)$	K_{dpV}
3B	1—8	41.1	0.827	3B	5—12	41.1	0.827
	2—7	35.1			6—11	35.1	
	3—6	23.8			7—10	23.8	

2. 嵌线方法 绕组采用分层整圈嵌线，嵌线顺序见表12.1.3b。

表12.1.3b 分层整嵌法

嵌线顺序		1	2	3	4	5	6	7	8	9	10	11	12	13	14	15	16	17	18	19	20	21	22	23	24
槽号	下层	3	6	2	7	1	8	11	14	10	15	9	16												
	上层													7	10	6	11	5	12	15	2	14	3	13	4

3. 绕组特点与应用 本例绕组是主、副绕组同方案，均采用B类缺圈布线，每组由3个同心线圈组成，最大线圈节距小于绕组极距，并安排为单层布线，故绕组有8个单边槽，气隙正弦波磁势分布不够规整而存在3、5、7次谐波干扰，但绕组系数稍高。此外，因没有同相的双层线圈的槽，嵌线无需吊边而比较方便。主要应用实例有JX06A-2单相电容运转电动机。

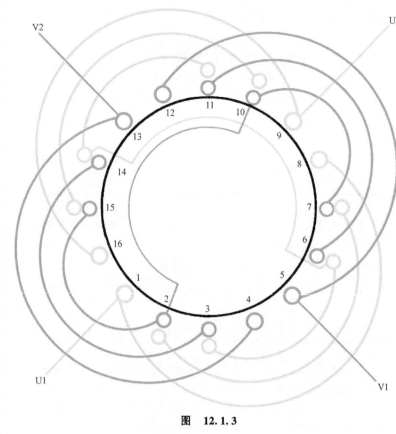

图 12.1.3

12.1.4　18槽2极3/2—A/B正弦绕组

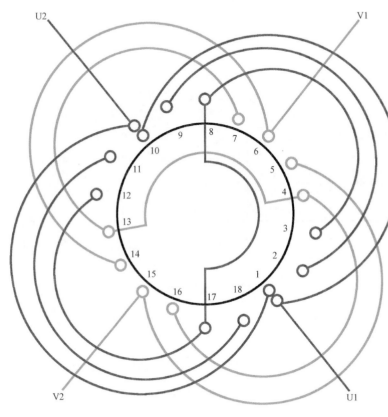

图　12.1.4

1. 绕组结构参数

定子槽数 $Z = 18$	线圈组数 $u = 4$	极相槽数 $q = 4\frac{1}{2}$
电机极数 $2p = 2$	每槽电角 $\alpha = 20°$	绕组极距 $\tau = 9$
总线圈数 $Q = 10$	每组圈数 $S_U = 3$	
	$S_V = 2$	

主、副绕组布线方案及每极线圈匝比见表12.1.4a。

表 12.1.4a　每极线圈匝比

主　绕　组				副　绕　组			
布线类型	节距	$K_u(\%)$	K_{dpU}	布线类型	节距	$K_u(\%)$	K_{dpV}
	1—10	22.7			6—14	52.2	
3A	2—9	42.6	0.893	2B	7—13	47.8	0.928
	3—8	34.7					

2. 嵌线方法　绕组分层整嵌，但主绕组的最大节距线圈为同相同槽，可用交叠嵌法或整嵌法，本例选用整嵌法。嵌线顺序见表12.1.4b。

表 12.1.4b　分层整嵌法

嵌线顺序		1	2	3	4	5	6	7	8	9	10	11	12	13	14	15	16	17	18	19	20
槽号	下层	3	8	2	9	1	12	17	11	18	10										
	上层											1	10	13	7	14	6	16	4	15	5

3. 绕组特点与应用　本例主、副绕组采用不同类型的布线方案，主绕组为A类，最大线圈节距等于极距，是同相同槽线圈，副绕组为B类安排。绕组缺圈较多，除主绕组大线圈为双层外，其余线圈均为单层，虽便于嵌绕，但不能完全削减高次谐波影响，尤以3次谐波分量较大，但绕组系数较高。此绕组应用较少，曾见于BO系列阻抗起动电动机。

12.1.5 18槽2极4/4—B/A 正弦绕组

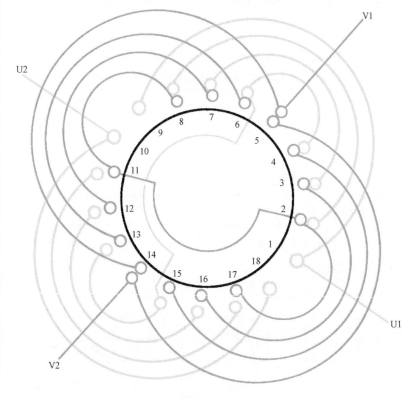

图 12.1.5

1. 绕组结构参数

定子槽数 $Z=18$	线圈组数 $u=4$	极相槽数 $q=4\frac{1}{2}$
电机极数 $2p=2$	每槽电角 $\alpha=20°$	绕组极距 $\tau=9$
总线圈数 $Q=16$	每组圈数 $S_U=4$	
	$S_V=4$	

主、副绕组布线方案及每极线圈匝比见表12.1.5a。

表 12.1.5a 每极线圈匝比

主 绕 组				副 绕 组			
布线类型	节距	$K_u(\%)$	K_{dpU}	布线类型	节距	$K_u(\%)$	K_{dpV}
4B	1—9	34.6	0.793	4A	5—14	18.5	0.82
	2—8	30.6			6—13	34.7	
	3—7	22.7			7—12	28.3	
	4—6	12.1			8—11	18.5	

2. 嵌线方法 绕组采用分层嵌线,但副绕组的最大线圈是同相同槽,故用交叠嵌法。嵌线顺序见表12.1.5b。

表 12.1.5b 分层交叠法

嵌线顺序	1	2	3	4	5	6	7	8	9	10	11	12	13	14	15	16
槽号 下层	4	6	3	7	2	8	1	9	13	15	12	16	11	17	10	18
上层																

嵌线顺序	17	18	19	20	21	22	23	24	25	26	27	28	29	30	31	32
槽号 下层							5							14		
上层	8	11	7	12	6	13		17	2	16	3	15	4		5	14

3. 绕组特点与应用 主、副绕组采用不同的布线方案。主绕组为 B 类满圈正弦布线,能有效地削减 3、5、7 次谐波分量,但绕组系数较低。副绕组为 A 类布线,安排缺 1 圈,存在一定的 3 次谐波影响,但此绕组多用于起动型电机,对电机运行性能影响不大。主要应用实例有 JZ08A-2、JZ08B-2 等阻抗分相起动的单相电动机。

12.1.6 24槽2极5/4—A 正弦绕组

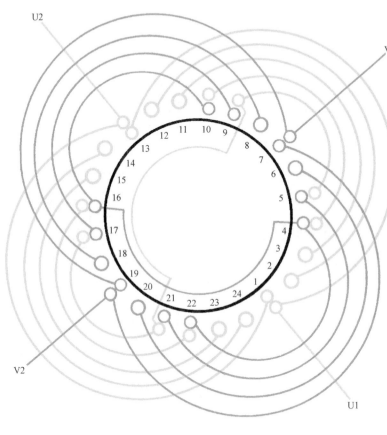

图 12.1.6

1. 绕组结构参数

定子槽数 $Z=24$　　线圈组数 $u=4$　　极相槽数 $q=6$

电机极数 $2p=2$　　每槽电角 $\alpha=15°$　　绕组极距 $\tau=12$

总线圈数 $Q=18$　　每组圈数 $S_U=5$

 $S_V=4$

主、副绕组布线方案及每极线圈匝比见表 12.1.6a。

表 12.1.6a　每极线圈匝比

主　绕　组				副　绕　组			
布线类型	节距	$K_u(\%)$	K_{dpU}	布线类型	节距	$K_u(\%)$	K_{dpV}
5A	1—13	14.1	0.829	4A	7—19	16.4	0.883
	2—12	27.3			8—18	31.8	
	3—11	24.5			9—17	28.5	
	4—10	20			10—16	23.3	
	5—9	14.1					

2. 嵌线方法　　两绕组分层嵌线，但最大节距线圈交叠布线。嵌线顺序见表 12.1.6b。

表 12.1.6b　分层交叠法

嵌线顺序		1	2	3	4	5	6	7	8	9	10	11	12	13	14	15	16	17	18
槽号	下层	5	9	4	10	3	11	2	12	1	17	21	16	22	15	23	14	24	13
	上层																		

嵌线顺序		19	20	21	22	23	24	25	26	27	28	29	30	31	32	33	34	35	36
槽号	下层									7							19		
	上层	1	13	10	16	9	17	8	18		22	4	21	5	20	6		7	19

3. 绕组特点与应用　　主、副绕组均采用 A 类缺圈正弦布线方案，主、副绕组分别缺 1 圈和 2 圈。主绕组能较好地削减高次谐波影响，但仍不能完全消除，副绕组则存在较大的 3、5 次谐波。绕组单层边较多，便于嵌线，但铁心有效利用率稍低。主要应用实例有 DO-5012、DO-5022 单相电容运转电动机。

12.1.7 24槽2极5/5—B正弦绕组

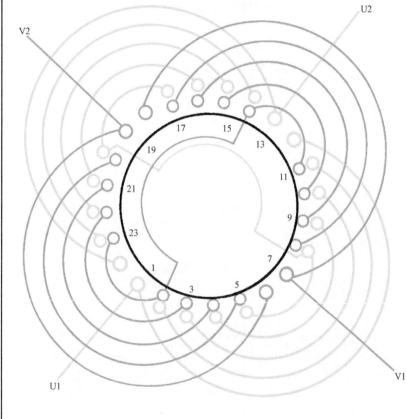

图 12.1.7

1. 绕组结构参数

定子槽数 $Z=24$	线圈组数 $u=4$	极相槽数 $q=6$
电机极数 $2p=2$	每槽电角 $\alpha=15°$	绕组极距 $\tau=12$
总线圈数 $Q=20$	每组圈数 $S_U=5$	
	$S_V=5$	

主、副绕组布线方案及每极线圈匝比见表 12.1.7a。

表 12.1.7a 每极线圈匝比

主 绕 组				副 绕 组			
布线类型	节距	$K_u(\%)$	K_{dpU}	布线类型	节距	$K_u(\%)$	K_{dpV}
5B	1—12	26.8	0.806	5B	7—18	26.8	0.806
	2—11	25			8—17	25	
	3—10	21.4			9—16	21.4	
	4—9	16.5			10—15	16.5	
	5—8	10.3			11—14	10.3	

2. 嵌线方法 采用分层整嵌法,嵌线顺序见表 12.1.7b。

表 12.1.7b 分层整嵌法

嵌线顺序		1	2	3	4	5	6	7	8	9	10	11	12	13	14	15	16	17	18	19	20
槽号	下层	5	8	4	9	3	10	2	11	1	12	17	20	16	21	15	22	14	23	13	24
	上层																				

嵌线顺序		21	22	23	24	25	26	27	28	29	30	31	32	33	34	35	36	37	38	39	40
槽号	下层									7	18									19	6
	上层	11	14	10	15	9	16	8	17			23	2	22	3	21	4	20	5		

3. 绕组特点与应用 主、副绕组均为 B 类正弦布线,但舍去 1 槽距的最小线圈,使嵌线较为方便,且能有效地削弱 3、5、7 次谐波影响。本方案在电机产品中应用较多,既可用于起动型电机,也适用于运行型电机。主要应用实例有 JZ1B-2、BO-7112 阻抗起动分相电动机,JY1A-2、CO-7122 电容分相起动电动机,FB-505 冰箱压缩机电动机和 QX-50 单相潜水泵电动机等。

12.1.8 24 槽 2 极 6/4—B 正弦绕组

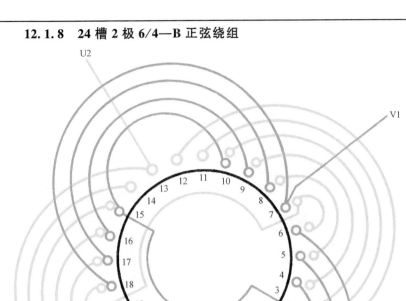

图 12.1.8

1. 绕组结构参数

定子槽数 $Z=24$	线圈组数 $u=4$	极相槽数 $q=6$
电机极数 $2p=2$	每槽电角 $\alpha=15°$	绕组极距 $\tau=12$
总线圈数 $Q=20$	每组圈数 $S_U=6$	
	$S_V=4$	

主、副绕组布线方案及每极线圈匝比见表 12.1.8a。

表 12.1.8a 每极线圈匝比

主 绕 组				副 绕 组			
布线类型	节距	$K_u(\%)$	K_{dpU}	布线类型	节距	$K_u(\%)$	K_{dpV}
6B	1—12	25.9	0.783	4B	7—18	29.9	0.855
	2—11	24.1			8—17	27.8	
	3—10	20.7			9—16	24	
	4—9	15.9			10—15	18.3	
	5—8	10					
	6—7	3.4					

2. 嵌线方法　采用分层嵌线，先嵌主绕组，后嵌副绕组。嵌线顺序见表 12.1.8b。

表 12.1.8b 分层整嵌法

嵌线顺序		1	2	3	4	5	6	7	8	9	10	11	12	13	14
槽号	下平面	6	7	5	8	4	9	3	10	2	11	1	12	18	19
嵌线顺序		15	16	17	18	19	20	21	22	23	24	25	26	27	28
槽号	下平面	17	20	16	21	15	22	14	23	13	24				
	上平面											10	15	9	16
嵌线顺序		29	30	31	32	33	34	35	36	37	38	39	40	41	42
槽号	上平面	8	17	7	18	22	3	21	4	20	5	19	6		

3. 绕组特点与应用　主、副绕组均为 B 类正弦布线，其中主绕组安排满圈，可基本消除高次谐波分量；副绕组安排缺 2 圈，存在一定的谐波干扰。本例绕组具有较好的运行性能和起动性能，比较适用于起动型单相电动机。主要应用实例有 YC90L-2、CO2-90S-2、C2-90L2、CO2-90-2 等单相电容起动电动机。

12.1.9 24槽2极6/5—B正弦绕组

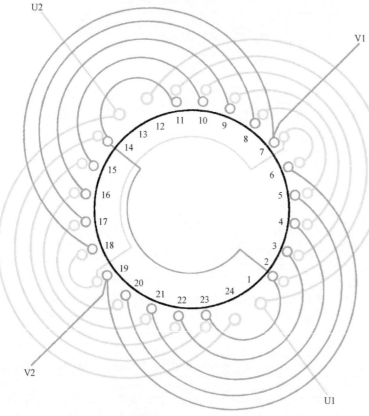

图 12.1.9

1. 绕组结构参数

定子槽数 $Z=24$ 　　线圈组数 $u=4$ 　　极相槽数 $q=6$

电机极数 $2p=2$ 　　每槽电角 $\alpha=15°$ 　　绕组极距 $\tau=12$

总线圈数 $Q=22$ 　　每组圈数 $S_U=6$

　　　　　　　　　　　　　　　　$S_V=5$

主、副绕组布线方案及每极线圈匝比见表12.1.9a。

表 12.1.9a　每极线圈匝比

主　绕　组				副　绕　组			
布线类型	节距	$K_u(\%)$	K_{dpU}	布线类型	节距	$K_u(\%)$	K_{dpV}
6B	1—12	25.9	0.783	5B	7—18	26.8	0.806
	2—11	24.1			8—17	25	
	3—10	20.7			9—16	21.4	
	4—9	15.9			10—15	16.5	
	5—8	10			11—14	10.3	
	6—7	3.4					

2. 嵌线方法　　本例采用分层整嵌法，嵌线顺序见表12.1.9b。

表 12.1.9b　分层整嵌法

嵌线顺序	1	2	3	4	5	6	7	8	9	10	11	12	13	14	15	16	17	18	19	20	21	22
槽号 下层	6	7	5	8	4	9	3	10	2	11	1	12	18	19	17	20	16	21	15	22	14	23
上层																						
嵌线顺序	23	24	25	26	27	28	29	30	31	32	33	34	35	36	37	38	39	40	41	42	43	44
槽号 下层	13	24																				
上层			11	14	10	15	9	16	8	17	7	18	23	2	22	3	21	4	20	5	19	6

3. 绕组特点与应用　　主绕组为满圈B类安排，副绕组是缺1圈B类，基本能消除高次谐波的干扰，电动机运行和起动性能都较好。本方案可用于运行型电动机，也适用于要求起动性能较好的起动型电动机。主要应用实例有 BO-6312、ZYB7112、25DB-18 单相阻抗分相起动电动机和 CO2-90S2 电容分相起动电动机等。

12.1.10　24槽2极6/6—B正弦绕组

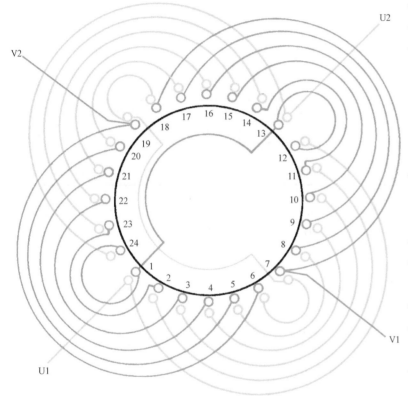

图 12.1.10

1. 绕组结构参数

定子槽数　$Z=24$　　线圈组数　$u=4$　　极相槽数　$q=6$

电机极数　$2p=2$　　每槽电角　$\alpha=15°$　　绕组极距　$\tau=12$

总线圈数　$Q=24$　　每组圈数　$S_U=6$

　　　　　　　　　　　　　　　　$S_V=6$

主、副绕组布线方案及每极线圈匝比见表12.1.10a。

表 12.1.10a　每极线圈匝比

主 绕 组				副 绕 组			
布线类型	节距	$K_u(\%)$	K_{dpU}	布线类型	节距	$K_u(\%)$	K_{dpV}
6B	1—12	25.9	0.783	6B	7—18	25.9	0.783
	2—11	24.1			8—17	24.1	
	3—10	20.7			9—16	20.7	
	4—9	15.9			10—15	15.9	
	5—8	10			11—14	10	
	6—7	3.4			12—13	3.4	

2. 嵌线方法　　本例采用整嵌法，嵌线顺序见表12.1.10b。

表 12.1.10b　分层整嵌法

嵌线顺序		1	2	3	4	5	6	7	8	9	10	11	12	13	14	15	16	17	18	19	20	21	22	23	24
槽号	下层	6	7	5	8	4	9	3	10	2	11	1	12	18	19	17	20	16	21	15	22	14	23	13	24
	上层																								
嵌线顺序		25	26	27	28	29	30	31	32	33	34	35	36	37	38	39	40	41	42	43	44	45	46	47	48
槽号	下层																								
	上层	12	13	11	14	10	15	9	16	8	17	7	18	24	1	23	2	22	3	21	4	20	5	19	6

3. 绕组特点与应用　　主、副绕组均采用B类正弦满圈布线方案，绕组系数较低，但能基本消除3、5、7次谐波影响。因线圈多，且有1槽节距小线圈，故嵌线较难而耗费工时。主要应用实例有DO-6312、DO2-6312单相电容运转电动机，BO2-7112单相阻抗分相电动机及40BZ6-16D、60BZHZ-3.2P单相水泵电动机等。

12.1.11 12槽4极2/1—A/B正弦绕组

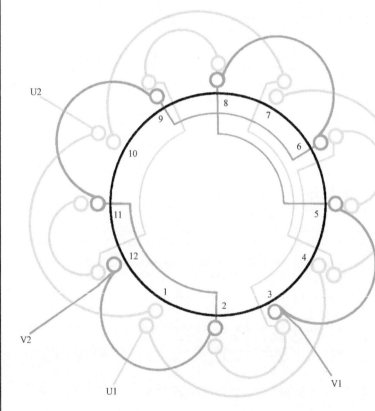

图 12.1.11

1. 绕组结构参数

定子槽数 $Z=12$　　线圈组数 $u=8$　　极相槽数 $q=1\frac{1}{2}$

电机极数 $2p=4$　　每槽电角 $\alpha=60°$　　绕组极距 $\tau=3$

总线圈数 $Q=12$　　每组圈数 $S_U=2$

　　　　　　　　　　　　　　　　$S_V=1$

主、副绕组布线方案及每极线圈匝比见表 12.1.11a。

表 12.1.11a　每极线圈匝比

主　绕　组				副　绕　组			
布线类型	节距	$K_u(\%)$	K_{dpU}	布线类型	节距	$K_u(\%)$	K_{dpV}
2A	1—4	50	0.75	单链	3—5	100	0.866
	2—3	50					

2. 嵌线方法　采用分层嵌线，但主绕组的大节距线圈为同槽上、下层属同相，故可采用整嵌或交叠布线，本例为交叠布线，如图 12.1.11 所示。嵌线顺序见表 12.1.11b。

表 12.1.11b　分层交叠法

嵌线顺序		1	2	3	4	5	6	7	8	9	10	11	12	13	14	15	16	17	18	19	20	21	22	23	24
槽号	下层	2	3	1	11	12	10		8	9	7		5	6	4										
	上层							1				10				7	4	3	5	12	2	9	11	6	8

3. 绕组特点与应用　本例为正弦绕组的特殊型式，主绕组为 A 类安排，每组由 2 个线圈组成，余下 8 个半槽则只能安排 B 类，但每极只有 1 个线圈，故副绕组实属单链布线。因定子槽数较少，绕成 4 极电动机时，无论主、副绕组均不能形成完整的正弦波形气隙磁势，故高次谐波干扰大，绕组系数也低。绕组相对线圈数少，线圈节距也短，容易嵌线，故常为小容量单相电动机采用。主要应用实例有 DO-4514、DO-5024、DO2-5014 单相电容运转电动机及 JX-4524、JX-4514 等电动机。

12.1.12 16槽4极 2/2—A 正弦绕组

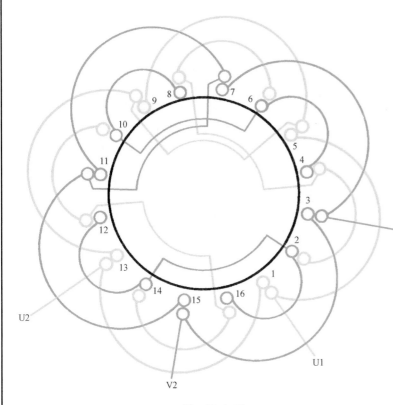

图 12.1.12

1. 绕组结构参数

定子槽数 $Z=16$	线圈组数 $u=8$	极相槽数 $q=2$
电机极数 $2p=4$	每槽电角 $\alpha=45°$	绕组极距 $\tau=4$
总线圈数 $Q=16$	每组圈数 $S_U=2$	
	$S_V=2$	

主、副绕组布线方案及每极线圈匝比见表 12.1.12a。

表 12.1.12a 每极线圈匝比

主 绕 组				副 绕 组			
布线类型	节距	$K_u(\%)$	K_{dpU}	布线类型	节距	$K_u(\%)$	K_{dpV}
2A	1—5	41.4	0.828	2A	3—7	41.4	0.828
	2—4	58.6			4—6	58.1	

2. 嵌线方法 本例绕组为 A 类安排，大节距线圈是同相双层，故可采用整嵌法或分层交叠法嵌线，如图 12.1.12 所示。嵌线顺序见表 12.1.12b。

表 12.1.12b 分层交叠法

嵌线顺序		1	2	3	4	5	6	7	8	9	10	11	12	13	14	15	16
槽号	下层	2	4	1	14	16	13		10	12	9		6	8	5		
	上层							1				13				9	5

嵌线顺序		17	18	19	20	21	22	23	24	25	26	27	28	29	30	31	32
槽号	下层			3			15				11				7		
	上层	4	6		16	2		3	12	14		15	8	10		11	7

3. 绕组特点与应用 主、副绕组均采用 A 类满圈安排的正弦布线方案，每相由 4 组线圈组成，同相相邻组间的极性相反，即反向串联接线，每组均由大、小两个同心线圈构成。绕组为全部双层布线，槽利用率高，且能较大程度地削减3、5次谐波干扰，但7次以上高次谐波强度仍较大。主要应用实例有 JX06A-4、JX06B-4 等单相电容运转电动机。

12.1.13 24槽4极3/2—A正弦绕组

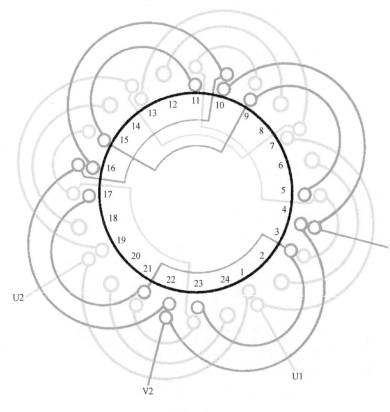

图 12.1.13

1. 绕组结构参数

定子槽数 $Z=24$	线圈组数 $u=8$	极相槽数 $q=3$
电机极数 $2p=4$	每槽电角 $\alpha=30°$	绕组极距 $\tau=6$
总线圈数 $Q=20$	每组圈数 $S_U=3$	
	$S_V=2$	

主、副绕组布线方案及每极线圈匝比见表 12.1.13a。

表 12.1.13a 每极线圈匝比

主 绕 组				副 绕 组			
布线类型	节距	$K_u(\%)$	K_{dpU}	布线类型	节距	$K_u(\%)$	K_{dpV}
3A	1—7	26.8	0.804	2A	4—10	36.6	0.915
	2—6	46.4			5—9	63.4	
	3—5	26.8					

2. 嵌线方法

嵌线采用交叠法。嵌线顺序见表 12.1.13b。

表 12.1.13b 分层交叠法

嵌线顺序		1	2	3	4	5	6	7	8	9	10	11	12	13	14	15	16	17	18	19	20
槽号	下层	3	5	2	6	1	21	23	20	24	19		15	17	14	18	13		9	11	8
	上层											1					19				
嵌线顺序		21	22	23	24	25	26	27	28	29	30	31	32	33	34	35	36	37	38	39	40
槽号	下层	12	7					4				22				16				10	
	上层			13	7	5	9		23	3		4	17	21		22	11	15		16	10

3. 绕组特点与应用

主、副绕组采用不同的 A 类正弦布线方案。主绕组每极 3 圈，为满圈安排，占槽率高，谐波分量较小，具有较好的电气性能；副绕组则是缺 1 圈，每极只有 2 圈，槽的利用率低于主绕组，高次谐波分量也较大，但绕组系数较高。此绕组适用于起动型单相电动机。主要应用实例有 JZ6324 阻抗起动单相电动机和 CO2-8014 电容起动单相电动机。

12.1.14 24槽4极3/3—A正弦绕组

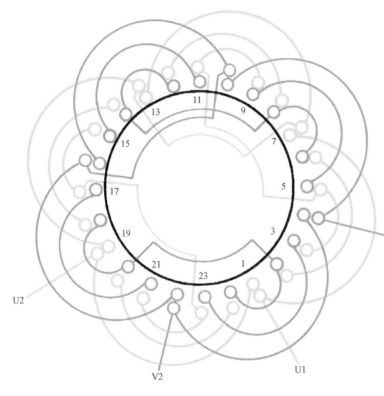

图 12.1.14

1. 绕组结构参数

定子槽数 $Z=24$　　线圈组数 $u=8$　　极相槽数 $q=3$

电机极数 $2p=4$　　每槽电角 $\alpha=30°$　　绕组极距 $\tau=6$

总线圈数 $Q=24$　　每组圈数 $S_U=3$

　　　　　　　　　　　　　　　　$S_V=3$

主、副绕组布线方案及每极线圈匝比见表12.1.14a。

表 12.1.14a　每极线圈匝比

主　绕　组				副　绕　组			
布线类型	节距	$K_u(\%)$	K_{dpU}	布线类型	节距	$K_u(\%)$	K_{dpV}
3A	1—7	26.8	0.804	3A	4—10	26.8	0.804
	2—6	46.4			5—9	46.4	
	3—5	26.8			6—8	26.8	

2. 嵌线方法　　绕组可采用两种嵌法，本例为分层交叠嵌线。嵌线顺序见表12.1.14b。

表 12.1.14b　分层交叠法

嵌线顺序	1	2	3	4	5	6	7	8	9	10	11	12	13	14	15	16	17	18	19	20	21	22	23	24
下层	3	5	2	6	1	21	23	20	24	19		15	17	14	18	13			9	11	8	12	7	
上层											1								19				13	7
嵌线顺序	25	26	27	28	29	30	31	32	33	34	35	36	37	38	39	40	41	42	43	44	45	46	47	48
下层					4					22							16					10		
上层	6	8	5	9		24	2	23	3		4	18	20	17	21		22	12	14	11	15		16	10

3. 绕组特点与应用　　主、副绕组均采用相同的A类满圈安排，槽的利用率较高，正弦绕组能基本消除3、5、7次谐波干扰而获得良好的电气性能。此方案既适用于起动型，也宜用于运行型。主要应用实例有阻抗起动的 JZ09A-4、BO-6324、BO2-8024，电容起动的 JY09A-4、CO-6334 和电容运转的 DO-6314、DO2-7124 等单相电动机。

12.1.15 36槽4极4/2—A/B正弦绕组

1. 绕组结构参数

定子槽数　$Z=36$　　线圈组数　$u=8$　　　极相槽数　$q=4\frac{1}{2}$

电机极数　$2p=4$　　每槽电角　$\alpha=20°$　　绕组极距　$\tau=9$

总线圈数　$Q=24$　　每组圈数　$S_U=4$　　$S_V=2$

主、副绕组布线方案及每极线圈匝比见表12.1.15a。

表 12.1.15a 每极线圈匝比

主　绕　组				副　绕　组			
布线类型	节距	$K_u(\%)$	K_{dpU}	布线类型	节距	$K_u(\%)$	K_{dpV}
4A	1—10	18.5	0.82	2B	6—14	52.2	0.928
	2—9	34.7			7—13	47.8	
	3—8	28.3					
	4—7	18.5					

2. 嵌线方法

主绕组为 A 类布线，最大线圈采用交叠嵌线，吊边数为 1。副绕组为 B 类布线，可进行整嵌，主、副绕组分层嵌入，嵌线顺序见表12.1.15b。

表 12.1.15b 分层交叠法

嵌线顺序		1	2	3	4	5	6	7	8	9	10	11	12	13	14	15	16
槽号	下层	4	7	3	8	2	9	1	31	34	30	35	29	36	28		22
	上层															1	
嵌线顺序		17	18	19	20	21	22	23	24	25	26	27	28	29	30	31	32
槽号	下层	25	21	26	20	27	19		13	16	12	17	11	18	10		
	上层							28								19	10
嵌线顺序		33	34	35	36	37	38	39	40	41	42	43	44	45	46	47	48
槽号	上层	7	13	6	14	34	4	33	5	25	31	24	32	16	22	15	23

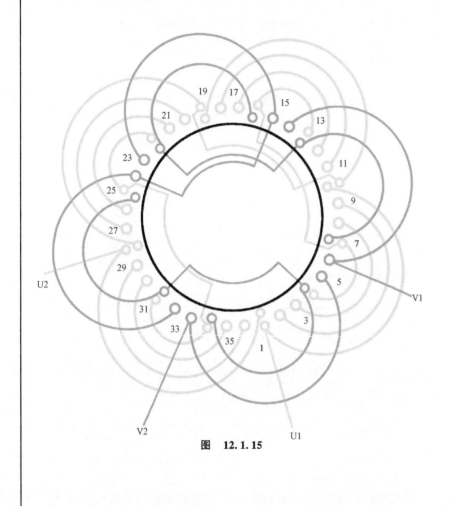

图　12.1.15

3. 绕组特点与应用

主、副绕组采用不同布线类型。主绕组为 A 类缺 1 圈，可基本消除 3、5、7 次谐波干扰；副绕组为 B 类缺 2 圈安排，存在较强的谐波分量。本方案适用于起动型电机。主要应用实例有 CO-8014 单相电容起动电动机。

12.1.16 36 槽 4 极 4/3—A/B 正弦绕组

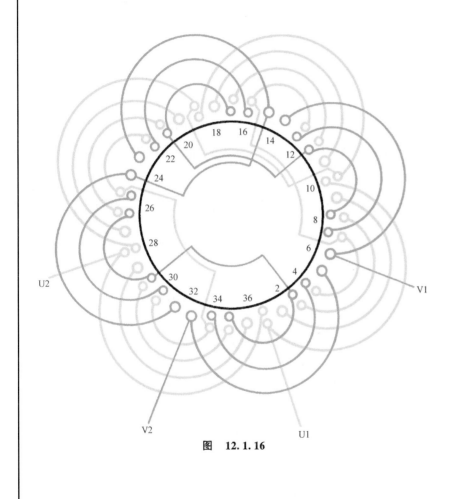

图 12.1.16

1. 绕组结构参数

定子槽数 $Z=36$ 　线圈组数 $u=8$ 　极相槽数 $q=4\frac{1}{2}$
电机极数 $2p=4$ 　每槽电角 $\alpha=20°$ 　绕组极距 $\tau=9$
总线圈数 $Q=28$ 　每组圈数 $S_U=4$ 　$S_V=3$

主、副绕组布线方案及每极线圈匝比见表 12.1.16a。

表 12.1.16a　每极线圈匝比

主 绕 组				副 绕 组			
布线类型	节距	$K_u(\%)$	K_{dpU}	布线类型	节距	$K_u(\%)$	K_{dpV}
4A	1—10	18.5	0.82	3B	6—14	39.5	0.856
	2—9	34.7			7—13	34.8	
	3—8	28.3			8—12	25.7	
	4—7	18.5					

2. 嵌线方法　采用分层嵌线，主绕组最大线圈交叠嵌入。嵌线顺序见表 12.1.16b。

表 12.1.16b　分层交叠法

嵌线顺序		1	2	3	4	5	6	7	8	9	10	11	12	13	14	15	16	17	18	19	20
槽号	下层	4	7	3	8	2	9	1	31	34	30	35	29	36	28		22	25	21	26	20
	上层															1					
嵌线顺序		21	22	23	24	25	26	27	28	29	30	31	32	33	34	35	36	37	38	39	40
槽号	下层	27	19		13	16	12	17	11	18	10										
	上层			28								19	10	8	12	7	13	6	14	35	3
嵌线顺序		41	42	43	44	45	46	47	48	49	50	51	52	53	54	55	56	57	58	59	60
槽号	下层																				
	上层	34	4	33	5	26	30	25	31	24	32	17	21	16	22	15	23				

3. 绕组特点与应用　本例采用不同的正弦布线，主绕组为 A 类，每极 4 圈；副绕组是 B 类，每极 3 圈。此绕组能有效地削减高次谐波分量而适用于起动型和运行型电机。主要应用实例有 CO-8024 单相电容起动电动机。

12.1.17　36槽4极 4/3—B/A 正弦绕组

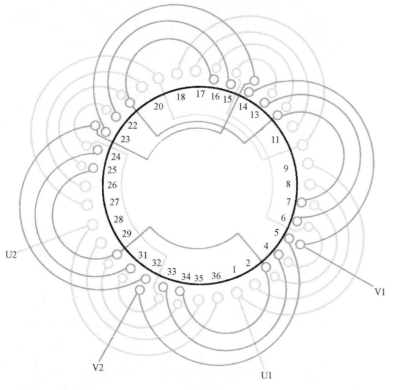

图 12.1.17

表 12.1.17a　每极线圈匝比

主　绕　组				副　绕　组			
布线类型	节距	$K_u(\%)$	K_{dpU}	布线类型	节距	$K_u(\%)$	K_{dpV}
4B	1—9	34.6	0.793	3A	5—14	22.7	0.893
	2—8	30.6			6—13	42.6	
	3—7	22.7			7—12	34.7	
	4—6	12.1					

1. 绕组结构参数

定子槽数　$Z=36$　　线圈组数　$u=8$　　极相槽数　$q=4\frac{1}{2}$
电机极数　$2p=4$　　每槽电角　$\alpha=20°$　　绕组极距　$\tau=9$
总线圈数　$Q=28$　　每组圈数　$S_U=4$
　　　　　　　　　　　　　　　　$S_V=3$

主、副绕组布线方案及每极线圈匝比见表12.1.17a。

2. 嵌线方法　　主绕组于底层整嵌,副绕组最大线圈则交叠嵌入。嵌线顺序见表12.1.17b。

表 12.1.17b　分层交叠法

嵌线顺序		1	2	3	4	5	6	7	8	9	10	11	12	13	14	15	16	17	18	19
槽号	下层	4	6	3	7	2	8	1	9	31	33	30	34	29	35	28	36	22	24	21
	上层																			
嵌线顺序		20	21	22	23	24	25	26	27	28	29	30	31	32	33	34	35	36	37	38
槽号	下层	25	20	26	19	27	13	15	12	16	11	17	10	18						5
	上层														7	12	6	13		34
嵌线顺序		39	40	41	42	43	44	45	46	47	48	49	50	51	52	53	54	55		56
槽号	下层			32						23						14				
	上层	3	33	4		5	25	30	24	31		32	16	21	15	22		23		14

3. 绕组特点与应用　　主、副绕组采用与上例相反的布线。主绕组是正弦B类满圈安排,占槽率高,但绕组系数低,能基本消除3、5、7次谐波干扰。副绕组是缺1圈A类,绕组系数稍高,但存在高次谐波分量。此方案既适用于起动型,也宜用于运行型电机,但产品中只见于起动型,如JZ1B-4单相阻抗起动电动机,JY1A-4、CO_2-90S4、CO_2-90L4单相电容起动电动机等。

12.2 单相专用型电动机正弦绕组布线接线图

单相专用型电动机主要包括电冰箱、空调器、洗衣机及其他家用电器专用的电动机，此类电动机主要选用正弦绕组或调速绕组，个别也用常规布线的单相绕组。本节所列是单相电动机正弦绕组的布线接线图。

由于专用型 24 槽 2 极的 5/5—B、6/4—B、6/6—B 型等与通用型重复而未被录入本节，修理时可从上节查阅。

12.2.1 12 槽 2 极 2/2—A 正弦绕组

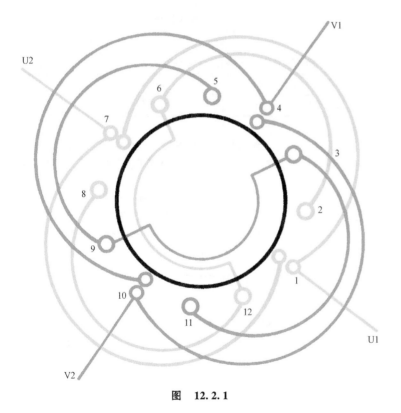

图 12.2.1

1. 绕组结构参数

定子槽数 $Z=12$　　线圈组数 $u=4$　　每组圈数 $S_U=2$

电机极数 $2p=2$　　每槽电角 $\alpha=30°$　　　　　$S_V=2$

总线圈数 $Q=8$　　绕组极距 $\tau=6$　　极相槽数 $q=3$

主、副绕组布线方案及每极线圈匝比见表 12.2.1。

表 12.2.1　每极线圈匝比

主 绕 组			副 绕 组		
布线类型	节距	$K_u(\%)$	K_{dpU}	布线类型	节距	$K_u(\%)$	K_{dpV}

主 绕 组				副 绕 组			
布线类型	节距	$K_u(\%)$	K_{dpU}	布线类型	节距	$K_u(\%)$	K_{dpV}
2A	1—7	36.6	0.915	2A	4—10	36.6	0.915
	2—6	63.4			5—9	63.4	

2. 嵌线方法

本例采用分层交叠嵌法，即先嵌主绕组，后嵌副绕组，但每组先把小线圈整嵌，然后再将大线圈交叠嵌入。

3. 绕组特点与应用

本例是 12 槽 2 极正弦布线，每组只有两个线圈，其中小线圈为单层，大线圈为同相双层，属 A 类安排。此绕组主要应用于洗衣机用的排水泵电动机，也用于户内排风扇及厨用抽油烟机电动机等。

12.2.2 12槽2极2/2—B正弦绕组

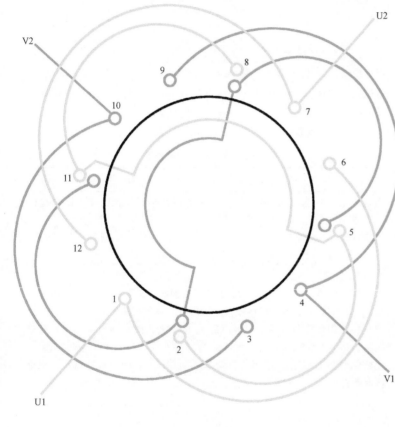

图　12.2.2

1. 绕组结构参数

定子槽数　$Z=12$	线圈组数　$u=4$	极相槽数　$q=3$
电机极数　$2p=2$	每槽电角　$\alpha=30°$	绕组极距　$\tau=6$
总线圈数　$Q=8$	每组圈数　$S_U=2$	
	$S_V=2$	

主、副绕组布线方案及每极线圈匝比见表 12.2.2a。

表 12.2.2a　每极线圈匝比

主 绕 组				副 绕 组			
布线类型	节距	$K_u(\%)$	K_{dpU}	布线类型	节距	$K_u(\%)$	K_{dpV}
2B	1—6	0.577	0.856	2B	4—9	0.577	0.856
	2—5	0.423			5—8	0.423	

2. 嵌线方法　绕组采用分层整嵌法，即先将主绕组嵌入相应槽内，再嵌副绕组于面层，使两个绕组端部分置于上下两平面。嵌线顺序见表 12.2.2b。

表 12.2.2b　分层整嵌法

嵌线顺序		1	2	3	4	5	6	7	8	9	10	11	12	13	14	15	16
槽号	下平面	2	5	1	6	8	11	7	12								
	上平面									5	8	4	9	11	2	10	3

3. 绕组特点与应用　主、副绕组布线方案相同，均采用 B 类缺 1 圈布线。绕组占槽率较低，消除高次谐波的效果不够理想，但绕组系数较高，且线圈数较少，嵌绕比较方便。一般应用较少，主要应用实例有 F-16 型仪用风扇单相电容电动机。

12.2.3 18槽2极4/4—A/B正弦绕组

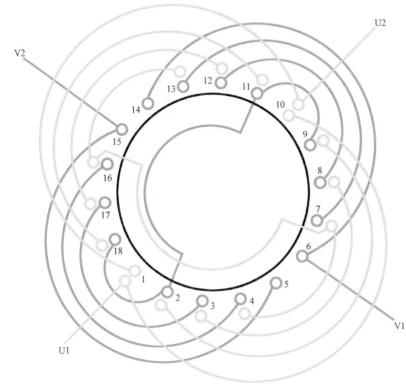

图 12.2.3

1. 绕组结构参数

定子槽数 $Z=18$　　　线圈组数 $u=4$　　　极相槽数 $q=4\frac{1}{2}$

电机极数 $2p=2$　　　每槽电角 $\alpha=20°$　　绕组极距 $\tau=9$

总线圈数 $Q=16$　　　每组圈数 $S_U=4$

　　　　　　　　　　　　　　　　　　　$S_V=4$

主、副绕组布线方案及每极线圈匝比见表12.2.3a。

表 12.2.3a　每极线圈匝比

主 绕 组			副 绕 组		
布线类型	节距	$K_u(\%)$	K_{dpU}	布线类型	节距	$K_u(\%)$	K_{dpV}

主 绕 组				副 绕 组			
布线类型	节距	$K_u(\%)$	K_{dpU}	布线类型	节距	$K_u(\%)$	K_{dpV}
4A	1—10	18.5	0.82	4B	6—14	34.6	0.793
	2—9	34.7			7—13	30.6	
	3—8	28.3			8—12	22.7	
	4—7	18.5			9—11	12.1	

2. 嵌线方法　绕组采用分层嵌线,但主绕组最大节距线圈有两种嵌法,本例采用交叠嵌线。嵌线顺序见表12.2.3b。

表 12.2.3b　分层交叠法

嵌线顺序		1	2	3	4	5	6	7	8	9	10	11	12	13	14	15	16
槽号	下层	4	7	3	8	2	9	1	13	16	12	17	11	18	10		
	上层															1	10
嵌线顺序		17	18	19	20	21	22	23	24	25	26	27	28	29	30	31	32
槽号	下层																
	上层	9	11	8	12	7	13	6	14	18	2	17	3	16	4	15	5

3. 绕组特点与应用　主、副绕组采用不同的布线方案。主绕组为A类布线,缺1圈,不能完全消除3、5、7次谐波分量;副绕组为满圈B类布线,绕组系数稍低于主绕组,但能较有效地削减高次谐波干扰。主要应用实例有CFP-1-120砂轮机用单相电动机。

12.2.4 24槽2极4/2—B正弦绕组

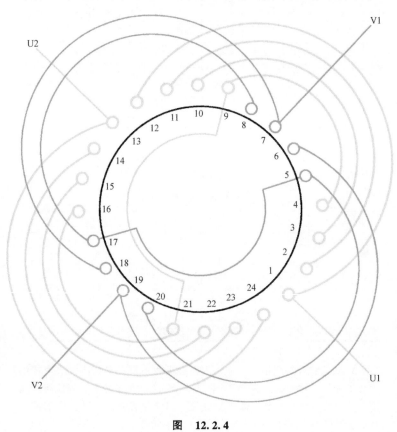

图 12.2.4

1. 绕组结构参数

定子槽数 $Z=24$ 线圈组数 $u=4$ 极相槽数 $q=6$
电机极数 $2p=2$ 每槽电角 $\alpha=15°$ 绕组极距 $\tau=12$
总线圈数 $Q=12$ 每组圈数 $S_U=4$
$S_V=2$

主、副绕组布线方案及每极线圈匝比见表12.2.4a。

表 12.2.4a 每极线圈匝比

主 绕 组				副 绕 组			
布线类型	节距	$K_u(\%)$	K_{dpU}	布线类型	节距	$K_u(\%)$	K_{dpV}
4B	1—12	29.9	0.855	2B	7—18	51.8	0.959
	2—11	27.8			8—17	48.2	
	3—10	24					
	4—9	18.3					

2. 嵌线方法 本绕组采用分层整嵌，嵌线顺序见表12.2.4b。

表 12.2.4b 分层整嵌法

嵌线顺序		1	2	3	4	5	6	7	8	9	10	11	12	13	14	15	16	17	18	19	20	21	22	23	24
槽号	下层	4	9	3	10	2	11	1	12	16	21	15	22	14	23	13	24								
	上层																	8	17	7	18	20	5	19	6

3. 绕组特点与应用 主、副绕组采用不同的 B 类缺圈正弦绕组布线方案。主绕组占槽率高于副绕组，占槽率为 2:1，全部为单层布线，故嵌线比较方便。副绕组每极只有 2 圈，绕组系数很高，但 3、5、7 次谐波干扰大；主绕组每极为 4 圈，缺 2 圈，故绕组系数略低，但高次谐波分量较小。此绕组适用于分相起动型电动机。主要应用实例有电冰箱压缩机组用 KL-12M 电容分相起动单相电动机及 BO2 单相水泵电动机等。

12.2.5 24槽2极4/3—B正弦绕组

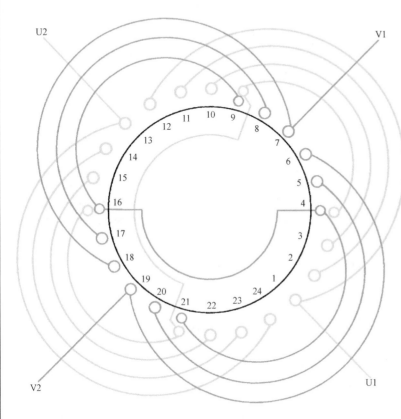

图 12.2.5

1. 绕组结构参数

定子槽数 $Z=24$ 线圈组数 $u=4$ 极相槽数 $q=6$
电机极数 $2p=2$ 每槽电角 $\alpha=15°$ 绕组极距 $\tau=12$
总线圈数 $Q=14$ 每组圈数 $S_U=4$
$S_V=3$

主、副绕组布线方案及每极线圈匝比见表12.2.5a。

表 12.2.5a 每极线圈匝比

主 绕 组				副 绕 组			
布线类型	节距	$K_u(\%)$	K_{dpU}	布线类型	节距	$K_u(\%)$	K_{dpV}
4B	1—12	29.9	0.855	3B	7—18	36.6	0.91
	2—11	27.8			8—17	34.1	
	3—10	24			9—16	29.3	
	4—9	18.3					

2. 嵌线方法 本例绕组无交叠线圈，故采用整嵌法分层嵌线。嵌线顺序见表12.2.5b。

表 12.2.5b 分层整嵌法

嵌线顺序		1	2	3	4	5	6	7	8	9	10	11	12	13	14
槽号	下层	4	9	3	10	2	11	1	12	16	21	15	22	14	23
	上层														
嵌线顺序		15	16	17	18	19	20	21	22	23	24	25	26	27	28
槽号	下层	13	24												
	上层			9	16	8	17	7	18	21	4	20	5	19	6

3. 绕组特点与应用 主、副绕组均为B类布线，但主绕组每极4圈，缺2圈；副绕组每极3圈，缺3圈，都存在3、5、7次谐波影响。虽然3次谐波对副绕组干扰较大，但此绕组主要用于起动型电机，如电冰箱压缩机组HQ-651-BQ单相阻抗分相起动电动机采用本例布线型式。

12.2.6 24槽2极4/4—A 正弦绕组

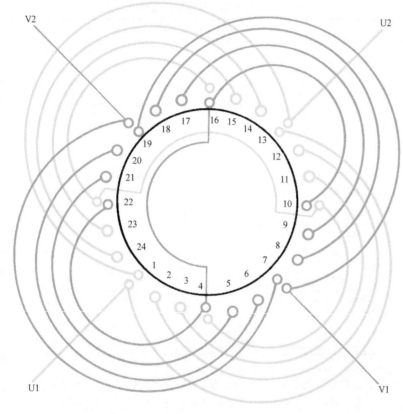

图 12.2.6

1. 绕组结构参数

定子槽数 $Z=24$　　线圈组数 $u=4$　　极相槽数 $q=6$

电机极数 $2p=2$　　每槽电角 $\alpha=15°$　　绕组极距 $\tau=12$

总线圈数 $Q=16$　　每组圈数 $S_U=4$　　$S_V=4$

主、副绕组布线方案及每极线圈匝比见表12.2.6a。

表 12.2.6a　每极线圈匝比

主　绕　组				副　绕　组			
布线类型	节距	$K_u(\%)$	K_{dpU}	布线类型	节距	$K_u(\%)$	K_{dpV}
4A	1—13	16.4	0.883	4A	7—19	16.4	0.883
	2—12	31.8			8—18	31.8	
	3—11	28.5			9—17	28.5	
	4—10	23.3			10—16	23.3	

2. 嵌线方法　　采用分层嵌线，但因最大节距线圈为同相同槽双层安排，故本例采用如图12.2.6所示的交叠布线。嵌线顺序见表12.2.6b。

表 12.2.6b　分层交叠法

嵌线顺序		1	2	3	4	5	6	7	8	9	10	11	12	13	14	15	16
槽号	下平面	4	10	3	11	2	12	1	16	22	15	23	14	24	13		
	上平面															1	13

嵌线顺序		17	18	19	20	21	22	23	24	25	26	27	28	29	30	31	32
槽号	下平面							7							19		
	上平面	10	16	9	17	8	18		22	4	21	5	20	6		7	19

3. 绕组特点与应用　　本例主、副绕组均采用相同的 A 类正弦缺圈布线方案。最大和最小节距线圈安排双层；每极线圈数为4，缺2圈，绕组存在3、5、7次谐波干扰。因主、副组同方案，电动机起动性能较好而运行性能稍差，故宜用于起动型非连续运行的电动机。主要应用实例有电冰箱压缩机用阻抗分相起动的 LD-1 单相电动机。

12.2.7 24槽2极4/4—B正弦绕组

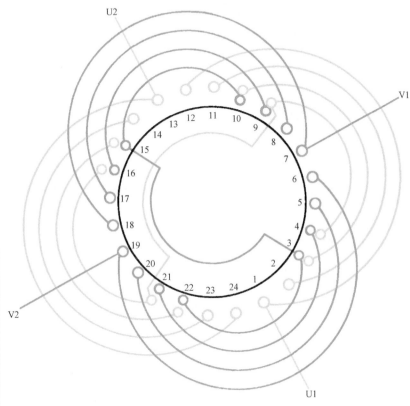

图 12.2.7

1. 绕组结构参数

定子槽数 $Z=24$　　线圈组数 $u=4$　　极相槽数 $q=6$

电机极数 $2p=2$　　每槽电角 $\alpha=15°$　　绕组极距 $\tau=12$

总线圈数 $Q=16$　　每组圈数 $S_U=4$　$S_V=4$

主、副绕组布线方案及每极线圈匝比见表 12.2.7a。

表 12.2.7a　每极线圈匝比

主　绕　组				副　绕　组			
布线类型	节距	$K_u(\%)$	K_{dpU}	布线类型	节距	$K_u(\%)$	K_{dpV}
4B	1—12	29.9	0.855	4B	7—18	29.9	0.855
	2—11	27.8			8—17	27.8	
	3—10	24			9—16	24	
	4—9	18.3			10—15	18.3	

2. 嵌线方法　　绕组采用分层整嵌，先嵌主绕组、后嵌副绕组，使两绕组分置于不同层次。嵌线顺序见表 12.2.7b。

表 12.2.7b　分层整嵌法

嵌线顺序		1	2	3	4	5	6	7	8	9	10	11	12	13	14	15	16
槽号	下层	4	9	3	10	2	11	1	12	16	21	15	22	14	23	13	24
	上层																

嵌线顺序		17	18	19	20	21	22	23	24	25	26	27	28	29	30	31	32
槽号	下层																
	上层	10	15	9	16	8	17	7	18	22	3	21	4	20	5	19	6

3. 绕组特点与应用　　主、副绕组均采用相同的 B 类缺圈正弦布线方案，虽不能完全消除 3、5、7 次谐波影响，但绕组系数较高。宜用于不连续运行的电动机。此绕组应用较多，主要应用实例有 QX、QD3-15J、QD6-9J、QD7.8-5J 单相潜水电泵电动机及 LD1-6、ДХК-240 电冰箱压缩机用单相电动机等。

12.2.8 24槽2极5/3—A正弦绕组

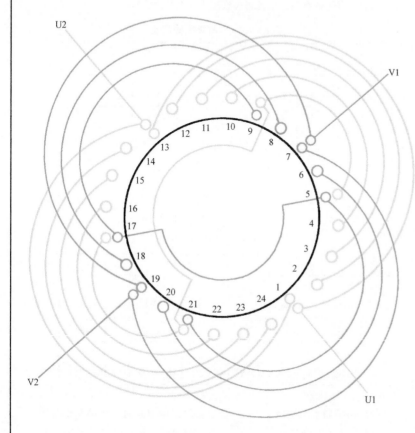

图 12.2.8

1. 绕组结构参数

定子槽数 $Z = 24$　线圈组数 $u = 4$　极相槽数 $q = 6$
电机极数 $2p = 2$　每槽电角 $\alpha = 15°$　绕组极距 $\tau = 12$
总线圈数 $Q = 16$　每组圈数 $S_U = 5$　$S_V = 3$

主、副绕组布线方案及每极线圈匝比见表12.2.8a。

表12.2.8a　每极线圈匝比

主 绕 组				副 绕 组			
布线类型	节距	$K_u(\%)$	K_{dpU}	布线类型	节距	$K_u(\%)$	K_{dpV}
5A	1—13	14.1	0.829	3A	7—19	21.4	0.936
	2—12	27.3			8—18	41.4	
	3—11	24.5			9—17	37.2	
	4—10	20					
	5—9	14.1					

2. 嵌线方法　采用分层嵌线，但最大线圈交叠嵌入。嵌线顺序见表12.2.8b。

表12.2.8b　分层交叠法

嵌线顺序		1	2	3	4	5	6	7	8	9	10	11	12	13	14	15	16	17	18
槽号	下层	5	9	4	10	3	11	2	12	1	17	21	16	22	15	23	14	24	13
	上层																		
嵌线顺序		19	20	21	22	23	24	25	26	27	28	29	30	31	32	33	34	35	36
槽号	下层							7					19						
	上层	1	13	9	17	8	18		21	5	20	6		7	19				

3. 绕组特点与应用　主、副绕组采用缺圈 A 类正弦绕组布线方案。主绕组每极 5 圈，缺 1 圈，绕组系数较低，但能较好地削弱高次谐波干扰；副绕组缺 3 圈，存在较大的高次谐波影响，但绕组系数较高。从整体而言，安排的单层线圈过多，降低了铁心利用率。主要应用实例有电冰箱压缩机用单相阻抗分相起动电动机，如 ND-750BX 等。

12.2.9 24槽2极5/3—B正弦绕组

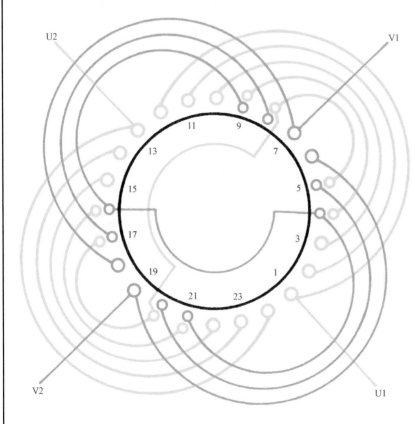

图 12.2.9

1. 绕组结构参数

定子槽数 $Z=24$	线圈组数 $u=4$	极相槽数 $q=6$
电机极数 $2p=2$	每槽电角 $\alpha=15°$	绕组极距 $\tau=12$
总线圈数 $Q=16$	每组圈数 $S_U=5$	
	$S_V=3$	

主、副绕组布线方案及每极线圈匝比见表12.2.9a。

表 12.2.9a 每极线圈匝比

主 绕 组				副 绕 组			
布线类型	节距	$K_u(\%)$	K_{dpU}	布线类型	节距	$K_u(\%)$	K_{dpV}
5B	1—12	26.8	0.806	3B	7~18	36.6	0.91
	2~11	25			8~17	34.1	
	3~10	21.4			9~16	29.3	
	4~9	16.5					
	5~8	10.3					

2. 嵌线方法

绕组采用整嵌法，先嵌主绕组，后嵌副绕组，使两绕组线圈端部构成双平面结构。嵌线顺序见表12.2.9b。

表 12.2.9b 整嵌法

嵌线顺序		1	2	3	4	5	6	7	8	9	10	11	12	13	14	15	16
下层槽号		5	8	4	9	3	10	2	11	1	12	20	16	21	15	22	
嵌线顺序		17	18	19	20	21	22	23	24	25	26	27	28	29	30	31	32
槽号	下层	14	23	13	24												
	上层					21	4	20	5	19	6	9	16	8	17	7	18

3. 绕组特点与应用

本例是B类布线的正弦绕组，主绕组由5个同心线圈串联而成，副绕组则用3个线圈。同相两组间接线是反极性。此绕组的主绕组电气性能优于副绕组，但主绕组的绕组系数偏低，一般宜用于起动型的单相电动机，主要应用实例有电冰箱用单相电动机。

12.2.10 24槽2极5/4—B正弦绕组

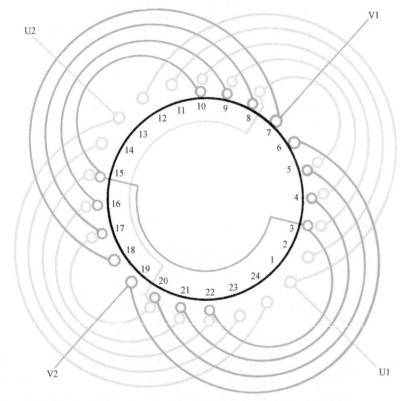

图 12.2.10

1. 绕组结构参数

定子槽数 $Z=24$　线圈组数 $u=4$　极相槽数 $q=6$

电机极数 $2p=2$　每槽电角 $\alpha=15°$　绕组极距 $\tau=12$

总线圈数 $Q=18$　每组圈数 $S_U=5$　$S_V=4$

主、副绕组布线方案及每极线圈匝比见表12.2.10a。

表 12.2.10a　每极线圈匝比

主 绕 组				副 绕 组			
布线类型	节距	$K_u(\%)$	K_{dpU}	布线类型	节距	$K_u(\%)$	K_{dpV}
5B	1—12	26.8	0.806	4B	7—18	29.9	0.855
	2—11	25			8—17	27.8	
	3—10	21.4			9—16	24	
	4—9	16.5			10—15	18.3	
	5—8	10.3					

2. 嵌线方法　主、副绕组均属 B 类，没有同相同槽交叠线圈，故采用分层整圈嵌线。嵌线顺序见表12.2.10b。

表 12.2.10b　分层整嵌法

嵌线顺序		1	2	3	4	5	6	7	8	9	10	11	12	13	14	15	16	17	18
槽号	下层	5	8	4	9	3	10	2	11	1	12	17	20	16	21	15	22	14	23
	上层																		

嵌线顺序		19	20	21	22	23	24	25	26	27	28	29	30	31	32	33	34	35	36
槽号	下层	13	24							7	18							19	6
	上层			10	15	9	16	8	17			22	3	21	4	20	5		

3. 绕组特点与应用　主、副绕组均采用不同的缺圈 B 类正弦布线方案，不能完全消除 3、5、7 次谐波，但起动、运行性能尚可。常用于短期工作的起动型电动机，如电冰箱压缩机用的阻抗分相起动电动机，主要应用有 FB-517Ⅱ、V1001R、QF-21 等电动机。

12.2.11　24槽2极6/6—A正弦绕组

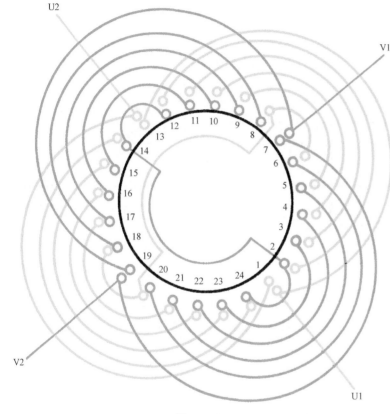

图　12.2.11

1. 绕组结构参数

定子槽数 $Z=24$	线圈组数 $u=4$	极相槽数 $q=6$
电机极数 $2p=2$	每槽电角 $\alpha=15°$	绕组极距 $\tau=12$
总线圈数 $Q=24$	每组圈数 $S_U=6$	
	$S_V=6$	

主、副绕组布线方案及每极线圈匝比见表12.2.11a。

表12.2.11a　每极线圈匝比

主　绕　组				副　绕　组			
布线类型	节距	$K_u(\%)$	K_{dpU}	布线类型	节距	$K_u(\%)$	K_{dpV}
6A	1—13	13.2	0.79	6A	7—19	13.2	0.79
	2—12	25.4			8—18	25.4	
	3—11	22.8			9—17	22.8	
	4—10	18.6			10—16	18.6	
	5—9	13.2			11—15	13.2	
	6—8	6.8			12—14	6.8	

2. 嵌线方法　主、副绕组分层嵌线，但最大节距线圈是同相同槽，本例采用交叠布线。嵌线顺序见表12.2.11b。

表12.2.11b　分层交叠法

嵌线顺序		1	2	3	4	5	6	7	8	9	10	11	12	13	14	15	16
槽号	下层	6	8	5	9	4	10	3	11	2	12	1	18	20	17	21	16
嵌线顺序		17	18	19	20	21	22	23	24	25	26	27	28	29	30	31	32
槽号	下层	22	15	23	14	24	13										
	上层							1	13	12	14	11	15	10	16	9	17
嵌线顺序		33	34	35	36	37	38	39	40	41	42	43	44	45	46	47	48
槽号	下层		7												19		
	上层	8	18		24	2	23	3	22	4	21	5	20	6		7	19

3. 绕组特点与应用　主、副绕组均用A类正弦满圈布线。每极线圈均为6，能完全消除高次谐波干扰，且有良好的起动和运行性能；但绕组系数较低，而且线圈数多，嵌绕耗费工时。此绕组既适用于起动型，也可用于运行型。主要应用实例有BB/M-1单相微型电动机。

12.2.12 24槽4极2/2—A正弦绕组

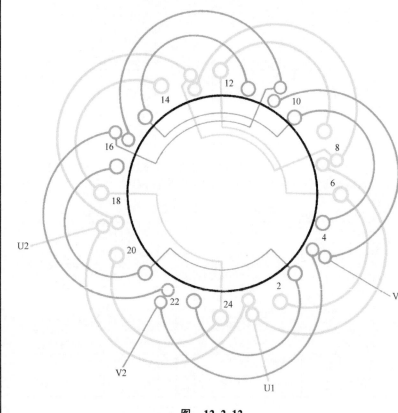

图 12.2.12

1. 绕组结构参数

定子槽数 $Z=24$　　线圈组数 $u=8$　　极相槽数 $q=3$
电机极数 $2p=4$　　每槽电角 $\alpha=30°$　　绕组极距 $\tau=6$
总线圈数 $Q=16$　　每组圈数 $S_U=2$　　$S_V=2$

主、副绕组布线方案及每极线圈匝比见表12.2.12a。

表 12.2.12a　每极线圈匝比

主 绕 组				副 绕 组			
布线类型	节距	$K_u(\%)$	K_{dpU}	布线类型	节距	$K_u(\%)$	K_{dpV}
2A	1—7	36.6	0.915	2A	4—10	36.6	0.915
	2—6	63.4			5—9	63.4	

2. 嵌线方法　　绕组分层嵌线，最大节距线圈交叠嵌入。嵌线顺序见表12.2.12b。

表 12.2.12b　分层交叠法

嵌线顺序		1	2	3	4	5	6	7	8	9	10	11	12	13	14	15	16
槽号	下层	2	6	1	20	24	19		14	18	13		8	12	7		
	上层							1				19				13	7
嵌线顺序		17	18	19	20	21	22	23	24	25	26	27	28	29	30	31	32
槽号	下层			4			22				16				10		
	上层	5	9		23	3		4	17	21		22	11	15		16	10

3. 绕组特点与应用　　主、副绕组均采用A类缺圈正弦布线方案。虽然每极仅缺1圈，但因每极圈数少，显得缺圈比率较大，故槽的有效利用率较低，但嵌线方便，绕组系数也高；不过，高次谐波对气隙磁势的干扰大，正弦效果不理想，宜用于不经常工作的电机。主要应用实例有洗衣机用单相电容电动机，如JXX-90B、XDS-90等。

12.2.13 24槽4极2/2—B正弦绕组

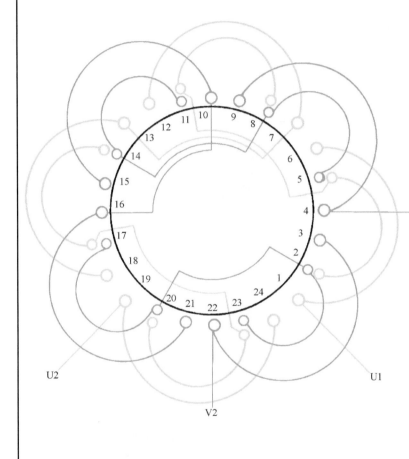

图 12.2.13

1. 绕组结构参数

定子槽数 $Z = 24$　　线圈组数 $u = 8$　　极相槽数 $q = 3$

电机极数 $2p = 4$　　每槽电角 $\alpha = 30°$　　绕组极距 $\tau = 6$

总线圈数 $Q = 16$　　每组圈数 $S_U = 2$　$S_V = 2$

主、副绕组布线方案及每极线圈匝比见表12.2.13a。

表 12.2.13a　每极线圈匝比

主　绕　组			副　绕　组		
布线类型	节距	$K_u(\%)$	K_{dpU}	布线类型	节距	$K_u(\%)$	K_{dpV}
2B	1—6	57.7	0.856	2B	4—9	57.7	0.856
	2—5	42.3			5—8	42.3	

2. 嵌线方法　绕组最大节距线圈是单层布线，没有同相同槽安排，故宜用分层整嵌法嵌线，即先嵌主绕组，再嵌副绕组，从而构成双平面绕组。嵌线顺序见表12.2.13b。

表 12.2.13b　分层整嵌法

嵌线顺序	1	2	3	4	5	6	7	8	9	10	11	12	13	14	15	16
下层槽号	2	5	1	6	20	23	19	24	14	17	13	18	8	11	7	12
嵌线顺序	17	18	19	20	21	22	23	24	25	26	27	28	29	30	31	32
上层槽号	5	8	4	9	23	2	22	3	17	20	16	21	11	14	10	15

3. 绕组特点与应用　主、副绕组均采用缺1圈的B类正弦布线，绕组系数较相应A类低，因可采用整圈嵌线，无须吊边，故较上例的嵌线更为方便；但绕组存在较大的高次谐波干扰，宜用于不连续工作的电机。主要应用实例有洗衣机用XD-120单相电容电动机。

12.2.14 32槽4极3/2—B正弦绕组

1. 绕组结构参数

定子槽数 $Z=32$　　线圈组数 $u=8$　　极相槽数 $q=4$

电机极数 $2p=4$　　每槽电角 $\alpha=22.5°$　　绕组极距 $\tau=8$

总线圈数 $Q=20$　　每组圈数 $S_U=3$

　　　　　　　　　　　　　　　　$S_V=2$

主、副绕组布线方案及每极线圈匝比见表12.2.14a。

表 12.2.14a　每极线圈匝比

主　绕　组				副　绕　组			
布线类型	节距	$K_u(\%)$	K_{dpU}	布线类型	节距	$K_u(\%)$	K_{dpV}
3B	1—8	41.1	0.827	2B	5—12	54.2	0.912
	2—7	35.1			6—11	45.8	
	3—6	23.8					

2. 嵌线方法

绕组没有同相同槽的双层线圈，故可用整圈嵌线。嵌线顺序见表12.2.14b。

表 12.2.14b　分层整嵌法

嵌线顺序		1	2	3	4	5	6	7	8	9	10	11	12	13	14	15	16	17	18	19	20
槽号	下层	3	6	2	7	1	8	27	30	26	31	25	32	19	22	18	23	17	24	11	14
	上层																				

嵌线顺序		21	22	23	24	25	26	27	28	29	30	31	32	33	34	35	36	37	38	39	40
槽号	下层	10	15	9	16			5	12			29	4			21	28			13	20
	上层					6	11			30	3			22	27			14	19		

3. 绕组特点与应用

主、副绕组均采用不同缺圈的B类正弦布线方案。单层线圈较多，嵌线方便，但槽利用率低，且不能完全消除高次谐波干扰，尤其在副绕组中存在的3次谐波强度很大，故本方案不宜用于运行型电动机。主要应用实例有电冰箱压缩机用FB-515阻抗分相电动机。

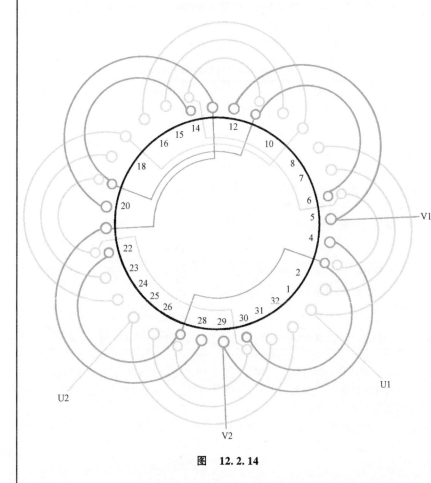

图 12.2.14

12.2.15 32槽4极 3/3—A正弦绕组

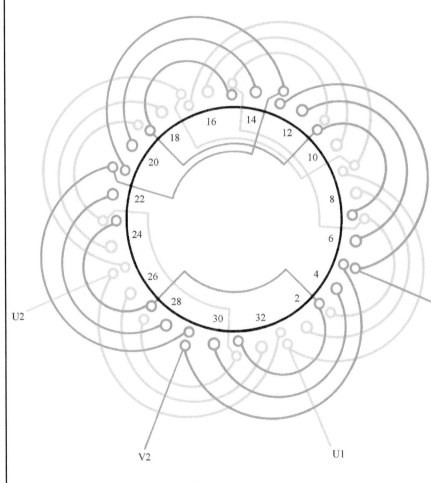

图 12.2.15

1. 绕组结构参数

定子槽数 $Z=32$	线圈组数 $u=8$	极相槽数 $q=4$
电机极数 $2p=4$	每槽电角 $\alpha=22.5°$	绕组极距 $\tau=8$
总线圈数 $Q=24$	每组圈数 $S_U=3$	$S_V=3$

主、副绕组布线方案及每极线圈匝比见表12.2.15a。

表 12.2.15a　每极线圈匝比

主 绕 组				副 绕 组			
布线类型	节距	$K_u(\%)$	K_{dpU}	布线类型	节距	$K_u(\%)$	K_{dpV}
3A	1—9	23.5	0.87	3A	5—13	23.5	0.87
	2—8	43.4			6—12	43.4	
	3—7	33.1			7—11	33.1	

2. 嵌线方法　最大线圈为同相同槽，为美观起见，本例采用分层交叠法嵌线。嵌线顺序见表12.2.15b。

表 12.2.15b　分层交叠法

嵌线顺序		1	2	3	4	5	6	7	8	9	10	11	12	13	14	15	16
槽号	下层	3	7	2	8	1	27	31	26	32	25	19		23	18	24	17
	上层												1				
嵌线顺序		17	18	19	20	21	22	23	24	25	26	27	28	29	30	31	32
槽号	下层		11	15	10	16	9							5			
	上层	25						17	9	7	11	6	12		31	3	30
嵌线顺序		33	34	35	36	37	38	39	40	41	42	43	44	45	46	47	48
槽号	下层		29						21						13		
	上层	4		5	23	27	22	28		29	15	19	14	20		21	13

3. 绕组特点与应用　主、副绕组采用相同的 A 类正弦布线，每极 3 个线圈，是缺 1 圈安排，槽的利用率低些，且存在高次谐波干扰。绕组系数则略高于相应的 B 类，而最大节距线圈为交叠布线，故嵌线又难于 B 类。此方案应用较少，主要用于电冰箱压缩机用电机，应用实例有 5608-I 分相电动机。

12.2.16　32槽4极3/3—B正弦绕组

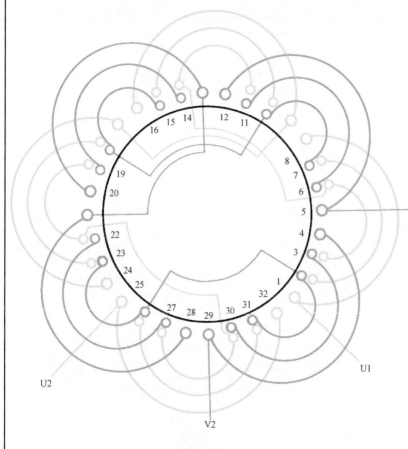

图　12.2.16

1. 绕组结构参数

定子槽数　$Z=32$	线圈组数　$u=8$	极相槽数　$q=4$
电机极数　$2p=4$	每槽电角　$\alpha=22.5°$	绕组极距　$\tau=8$
总线圈数　$Q=24$	每组圈数　$S_U=3$	
	$S_V=3$	

主、副绕组布线方案及每极线圈匝比见表 12.2.16a。

表 12.2.16a　每极线圈匝比

主　绕　组				副　绕　组			
布线类型	节距	$K_u(\%)$	K_{dpU}	布线类型	节距	$K_u(\%)$	K_{dpV}
3B	1—8	41.1	0.827	3B	5—12	41.1	0.827
	2—7	35.1			6—11	35.1	
	3—6	23.8			7—10	23.8	

2. 嵌线方法　本例采用分层整嵌法，嵌线顺序见表 12.2.16b。

表 12.2.16b　分层整嵌法

嵌线顺序	1	2	3	4	5	6	7	8	9	10	11	12	13	14	15	16	17	18	19	20	21	22	23	24
下层槽号	3	6	2	7	1	8	27	30	26	31	25	32	19	22	18	23	17	24	11	14	10	15	9	16
嵌线顺序	25	26	27	28	29	30	31	32	33	34	35	36	37	38	39	40	41	42	43	44	45	46	47	48
上层槽号	7	10	6	11	5	12	31	2	30	3	29	4	23	26	22	27	21	28	15	18	14	19	13	20

3. 绕组特点与应用　主、副绕组均采用缺 1 圈的 B 类安排正弦布线。每极 3 个线圈，且最大节距线圈为单层布线，利于采用整圈嵌线。绕组虽不能完全消除高次谐波干扰，但能较有效地削弱 3、5、7 次谐波分量，仍具有较好的起动性能，但绕组系数略低于上例 A 类布线。本例绕组主要用于电冰箱压缩机用的单相阻抗分相起动电动机，如 FB-516、FB-517-Ⅰ 等。

12.2.17 32槽4极4/3—A正弦绕组

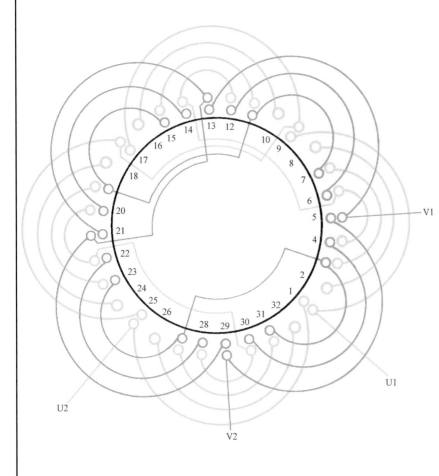

图 12.2.17

1. 绕组结构参数

定子槽数 $Z=32$	线圈组数 $u=8$	绕组极距 $\tau=8$
电机极数 $2p=4$	每槽电角 $\alpha=22.5°$	每组圈数 $S_U=4$
总线圈数 $Q=28$	极相槽数 $q=4$	$S_V=3$

主、副绕组布线方案及每极线圈匝比见表12.2.17a。

表 12.2.17a　每极线圈匝比

主 绕 组				副 绕 组			
布线类型	节距	$K_u(\%)$	K_{dpU}	布线类型	节距	$K_u(\%)$	K_{dpV}
4A	1—9	19.9	0.796	3A	5—13	23.5	0.87
	2—8	36.8			6—12	43.4	
	3—7	28			7—11	33.1	
	4—6	15.3					

2. 嵌线方法

主、副绕组分层嵌入，最大节距线圈则交叠嵌线。嵌线顺序见表12.2.17b。

表 12.2.17b　分层交叠法

嵌线顺序		1	2	3	4	5	6	7	8	9	10	11	12	13	14	15	16	17	18	19
槽号	下层	4	6	3	7	2	8	1	28	30	27	31	26	32	25		20	22	19	23
	上层															1				

嵌线顺序		20	21	22	23	24	25	26	27	28	29	30	31	32	33	34	35	36	37	38
槽号	下层	18	24	17		12	14	11	15	10	16	9						5		
	上层				25									17	9	7	11	6	12		13

嵌线顺序		39	40	41	42	43	44	45	46	47	48	49	50	51	52	53	54	55	56
槽号	下层				29							21				13			
	上层	31	3	30	4		5	23	27	22	28		29	15	19	14	20		21

3. 绕组特点与应用

主绕组为A类满圈正弦布线，能基本削减高次谐波干扰，但绕组系数偏低。副绕组是缺1圈A类正弦，不能完全消除高次谐波分量，但绕组系数略高。本方案适用于要求起动性能较高的起动型电机。主要应用实例有LD-5801电冰箱压缩机用电动机。

12.2.18 36槽6极2/2—B正弦绕组

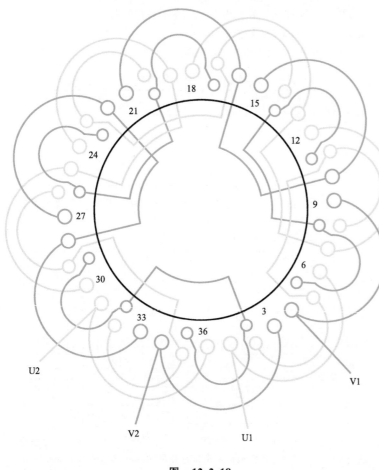

图 12.2.18

1. 绕组结构参数

定子槽数 $Z = 36$　　电机极数 $2p = 6$　　总线圈数 $Q = 24$

线圈组数 $u = 12$　　每组圈数 $S_U = 2$

　　　　　　　　　　　　　　　　$S_V = 2$

每槽电角 $\alpha = 30°$　　极相槽数 $q = 3$　　绕组极距 $\tau = 6$

线圈节距 $y = 5、3$

主、副绕组布线方案及每极线圈匝比见表 12.2.18a。

表 12.2.18a　每极线圈匝比

主 绕 组				副 绕 组			
布线类型	节距	$K_u(\%)$	K_{dpU}	布线类型	节距	$K_u(\%)$	K_{dpV}
2B	1—6	57.7	0.856	2B	4—9	57.7	0.856
	2—5	42.3			5—8	42.3	

2. 嵌线方法　　本例采用整嵌法，先嵌主绕组形成下平面，再嵌副绕组于上平面，从而构成双平面结构。嵌线顺序见表 12.2.18b。

表 12.2.18b　整嵌法

嵌线顺序		1	2	3	4	5	6	7	8	9	10	11	12	13	14	15	16
槽号	下平面	32	35	31	36	26	29	25	30	20	23	19	24	14	17	13	18
	上平面																
嵌线顺序		17	18	19	20	21	22	23	24	25	26	27	28	29	30	31	32
槽号	下平面	8	11	7	12	2	5	1	6								
	上平面									35	2	34	3	29	32	28	33
嵌线顺序		33	34	35	36	37	38	39	40	41	42	43	44	45	46	47	48
槽号	下平面																
	上平面	23	26	22	27	17	20	16	21	11	14	10	15	5	8	4	9

3. 绕组特点与应用　　本例是进口设备辅机用的电动机，采用 2/2—B 正弦布线，全部是双圈组，其中大线圈为单层，小线圈为双层。

12.2.19 36槽6极3/2—A正弦绕组

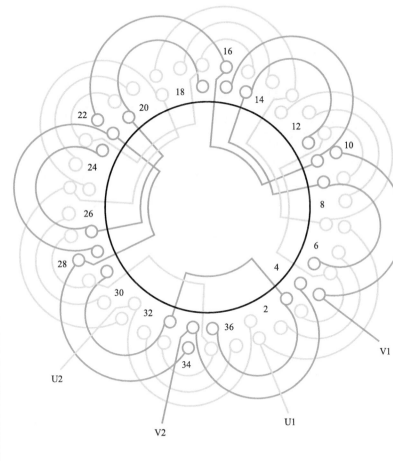

图 12.2.19

1. 绕组结构参数

定子槽数 $Z=36$　　电机极数 $2p=6$　　总线圈数 $Q=30$

线圈组数 $u=12$　　每组圈数 $S_U=3$

　　　　　　　　　　　　　　　　$S_V=2$

每槽电角 $\alpha=30°$　　极相槽数 $q=3$　　绕组极距 $\tau=6$

线圈节距 $y=6$、4、2

主、副绕组布线方案及每极线圈匝比见表 12.2.19a。

表 12.2.19a　每极线圈匝比

主 绕 组			副 绕 组		
布线类型	节距	$K_u(\%)$	K_{dpU}	布线类型	节距	$K_u(\%)$	K_{dpV}
3A	1—7	26.8	0.804	2A	4—10	36.6	0.915
	2—6	46.4			5—9	63.4	
	3—5	26.8					

2. 嵌线方法　采用分相整嵌，嵌线顺序见表 12.2.19b。

表 12.2.19b　整嵌法

嵌线顺序	1	2	3	4	5	6	7	8	9	10	11	12	13	14	15	16	17	18
槽号　下平面	3	5	2	6	1	7	33	35	32	36	1̇	27	29	26	30	25	31	31̇

嵌线顺序	19	20	21	22	23	24	25	26	27	28	29	30	31	32	33	34	35	36
槽号　下平面	21	23	20	24	25̣	15	17	14	18	15	19̇	9	11	8	12	7̇	13̇	

嵌线顺序	37	38	39	40	41	42	43	44	45	46	47	48	49	50	51	52	53	54
槽号　上平面	5	9	4̣	10̣	35	3	4	29	33	28̣	34̣	34	23	27	28	17	21	16̣

嵌线顺序	55	56	57	58	59	60	注：1̇ 表示 1 号槽的上层边，其余类同。
槽号　上平面	22	22̣	11	15	10	16	4̣ 表示 4 号槽的下层边，其余类同。

3. 绕组特点与应用　本例取自国外电动机，主绕组由三圈组成；副绕组是双圈。主绕组的绕组系数低于上例，但正弦效果较优。

12.2.20　36槽6极 3/3—A 正弦绕组

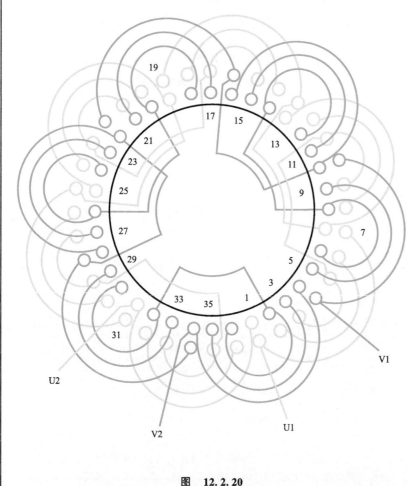

图　12.2.20

1. 绕组结构参数

定子槽数　$Z=36$	电机极数　$2p=6$	总线圈数　$Q=36$
线圈组数　$u=12$	每组圈数　$S_U=3$	
	$S_V=3$	
每槽电角　$\alpha=30°$	极相槽数　$q=3$	绕组极距　$\tau=6$
线圈节距　$y=6、4、2$		

主、副绕组布线方案及每极线圈匝比见表 12.2.20a。

表 12.2.20a　每极线圈匝比

主　绕　组				副　绕　组			
布线类型	节距	$K_u(\%)$	K_{dpU}	布线类型	节距	$K_u(\%)$	K_{dpV}
3A	1—7	26.8	0.804	3A	4—10	26.8	0.804
	2—6	46.4			5—9	46.4	
	3—5	26.8			6—8	26.8	

2. 嵌线方法　采用分相整嵌，先嵌主绕组、后嵌副绕组。嵌线顺序见表 12.2.20b。

表 12.2.20b　整嵌法

嵌线顺序	1	2	3	4	5	6	7	8	9	10	11	12	13	14	15	16	17	18
槽号　下平面	3	5	2	6	1	7	33	35	32	36	1·	27	29	26	30	25	31	31·
嵌线顺序	19	20	21	22	23	24	25	26	27	28	29	30	31	32	33	34	35	36
槽号　下平面	21	23	20	24	25·	15	17	14	18	13	19·	9	11	8	12·	7·	13·	
嵌线顺序	37	38	39	40	41	42	43	44	45	46	47	48	49	50	51	52	53	54
槽号　上平面	6	8	5	9	4·	10·	36	2	35	3	4	30	32	29	33	28·	34·	34
嵌线顺序	55	56	57	58	59	60	61	62	63	64	65	66	67	68	69	70	71	72
槽号　上平面	24	26	23	27	28	18	20	17	21	16·	22·	22	12	14	11	15	10	16

3. 绕组特点与应用　本例主、副绕组均为满圈正弦安排，绕组系数稍低，但正弦效果较好。此外，本绕组（包括上例）是按单组连绕设计进行嵌线的，故图 12.2.20 中采用短跳接线。如果用长跳则可将三组连绕，并隔组嵌线。这样可免吊边，又省去接线，提高工效。

12.2.21 36槽 2/12极(双绕组)L/Y联结双速绕组

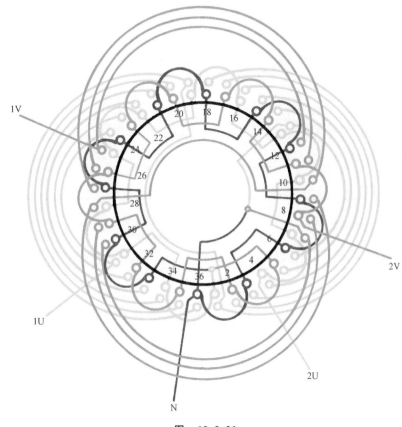

图 12.2.21

1. 绕组结构参数

定子槽数 $Z=36$　　　12极组数 $u_{12}=18$　　　12极节距 $y_{12}=1$—4

电机极数 $2p=2/12$　　12极圈数 $Q_{12}=18$　　2极圈数 $Q_2=18$

总线圈数 $Q=36$　　　12极极距 $\tau_{12}=3$　　　2极极距 $\tau_2=18$

2极绕组正弦布线参数见表12.2.21a。

表 12.2.21a　2极绕组正弦布线参数

主　绕　组				副　绕　组			
布线类型	节距	$K_u(\%)$	K_{dpm}	布线类型	节距	$K_u(\%)$	K_{dpa}
6B	1—18	20.1	0.855	3B	10—27	34.7	0.958
	2—17	19.5			11—26	33.7	
	3—16	18.2			12—25	31.6	
	4—15	16.5					
	5—14	14.2					
	6—13	11.5					

2. 嵌线方法　　本例宜先嵌2极,再嵌12极于面。嵌线顺序见表12.2.21b。

表 12.2.21b　分层整嵌法

嵌线顺序		1	2	3	4	5	6	7	8	9	10	11	12	13	14	15	16	17	18
槽号	下层	6	13	5	14	4	15	3	16	2	17	1	18	24	31	23	32	22	33
嵌线顺序		19	20	21	22	23	24	25	26	27	28	29	30	31	32	33	34	35	36
槽号	下层	21	34	20	35	19	36	30	7	29	8	28	9	12	25	11	26	10	27
嵌线顺序		37	38	39	40	41	42	43	44	45	46	47	48	49	50	51	52	53	54
槽号	沉边	34	32		30		28		26		24		22		20		18		16
	浮边			35		33		31		29		27		25		23		21	
嵌线顺序		55	56	57	58	59	60	61	62	63	64	65	66	67	68	69	70	71	72
槽号	沉边		14		12		10		8		6		4		2		36		
	浮边	19		17		15		13		11		9		7		5		3	1

3. 绕组特点与应用　　本例是高级洗衣机用双绕组双速电动机。12极低速是Y联结庶极绕组,用于洗涤工作;2极绕组为起动型,采用L型6/3—B正弦布线,是作高速甩干脱水用。电动机接线原理如图14.2(15)所示。

12.2.22 48槽 2/16 极(双绕组)L/丫联结双速绕组

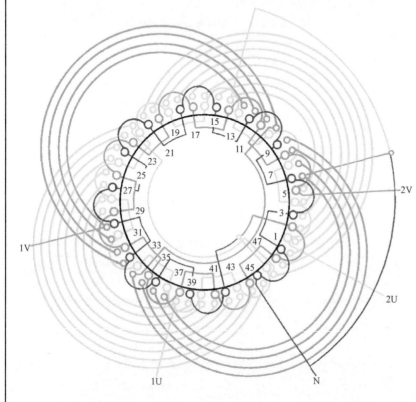

图 12.2.22

1. 绕组结构参数

定子槽数 $Z=48$　　16极组数 $u_{16}=24$　　16极节距 $y_{16}=1—4$

电机极数 $2p=2/16$　16极圈数 $Q_{16}=24$　2极圈数 $Q_2=24$

总线圈数 $Q=48$　　16极极距 $\tau_{16}=3$　2极极距 $\tau_2=24$

2极绕组正弦布线参数见表12.2.22a。

表 12.2.22a　2极绕组正弦布线参数

主　绕　组				副　绕　组			
布线类型	节距	$K_u(\%)$	K_{dpm}	布线类型	节距	$K_u(\%)$	K_{dpa}
8B	1—24	15.1	0.854	4B	13—36	26.1	0.957
	2—23	14.8			14—35	25.6	
	3—22	14.3			15—34	24.8	
	4—21	13.5			14—33	23.5	
	5—20	12.6					
	6—19	11.3					
	7—18	10					
	8—17	8.4					

2. 嵌线方法　　先嵌2极,后嵌16极。嵌线顺序见表12.2.22b。

表 12.2.22b　分层整嵌法

嵌线顺序	1	2	3	4	5	6	7	8	9	10	11	12	13	14	15	16	17	18	19	20	21	22	23	24
下层槽号	5	14	4	15	3	16	2	17	1	18	48	19	47	20	46	21	29	38	28	39	27	40	26	41
嵌线顺序	25	26	27	28	29	30	31	32	33	34	35	36	37	38	39	40	41	42	43	44	45	46	47	48
下层槽号	25	42	24	43	23	44	22	45	37	6	36	7	35	8	34	9	13	10	12	31	11	32	10	33
嵌线顺序	49	50	51	52	53	54	55	56	57	58	59	60	61	62	63	64	65	66	67	68	69	70	71	72
沉边槽号	1	47		45		43		41		39		37		35		33		31		29		27		25
浮边槽号		2		48		46		44		42		40		38		36		34		32		30	
嵌线顺序	73	74	75	76	77	78	79	80	81	82	83	84	85	86	87	88	89	90	91	92	93	94	95	96
沉边槽号	23		21		19		17		15		13		11		9		7		5		3		
浮边槽号	28		26		24		22		20		18		16		14		12		10		8		6	4

3. 绕组特点与应用　　本例为全自动高级洗衣机电容电动机。它由独立的两套单绕组组成,低速为16极,用于洗涤工作,为庶极链式丫联结;高速时为2极,用作脱水工作,采用正弦布线,L联结。绕组能有效地削弱3次谐波磁势而获得较好性能。绕组线圈虽多,但大小线圈分层嵌线互不干扰,故工艺性也较好。电动机接线原理如图14.2(15)所示。

第 13 章 单相罩极电动机绕组

单相罩极电动机绕组有凸极型集中式绕组和隐极型分布式绕组，它们都由主、副绕组构成。前者主绕组是每极单圈，套于凸出的磁极上；副绕组是用粗铜线焊制成短路环镶嵌于铁心罩极部分，其绕组型式没有变化。后者是本节介绍的内容，它的主绕组有两种：一种是用正弦布线；另一种是分布式等匝布线。目前产品中两种布线都有应用。但由于正弦绕组可削减高次谐波分量，改善并提高电动机性能，所以，重绕时可考虑改绕正弦布线。副绕组不与电源直接交连而自行短接闭合，是由绝缘导线嵌绕于极面槽内，罩住 1/3 ~ 3/4 极面，故称罩极绕组，无论主绕组或罩极绕组，其布线形式有很多变化。

一、绕组参数

1）主线圈数 Q 主绕组总线圈数
$$Q = 2pS_U$$

2）主圈组数 u 主绕组线圈组的组数
$$u = 2p$$

3）每组圈数 S_U 主绕组每极线圈数，由选定的正弦布线方案决定。

4）罩极圈数 S_j 罩极绕组线圈总数。

5）每槽电角 α 由下式确定：
$$\alpha = 2p \times 180°/Z$$

6）罩极偏角 θ 罩极与主绕组磁极中心的偏移角度。一般取 $\theta = 45°$ 可兼顾起动与运行性能。若 θ 值偏大，则起动性能较优而运行性能较差；若 θ 值偏小，则性能反之。

7）分布式罩极电动机绕组标题含义：

```
5A/3
 │ │ └── 罩极绕组每极线圈数
 │ └──── 正弦绕组布线类型（A 类），如无字母则属分布式
 │        等匝布线
 └────── 主绕组每极（组）线圈数
```

二、绕组特点

1）主绕组为显极布线，相邻组间连接是反向串联，即"尾接尾"或"头接头"。

2）罩极线圈有单匝或多匝、单圈及多圈；在分布形式上又有短距或长距等，修理时一般都不宜改动。

3）罩极绕组的安排直接影响罩极电动机性能好坏，重绕时要做好记录，修理复原。

4）主绕组正弦布线特点可参考第 12 章开篇介绍。

三、绕组嵌线

罩极电动机采用分层整嵌。主绕组用线模绕制线圈后嵌入相应槽的下层，其端部形成下平面结构；对正弦绕组或同心线圈组，嵌线宜从小节距线圈先嵌，逐级嵌入。罩极线圈最多也仅数匝，一般是用手将绝缘导线直接入相应槽的上层，并采用连绕工艺，即绕完 1 个线圈后不把导线剪断，而继续绕第 2、第 3 个线圈，绕完后将首、尾端绞接焊完，形成闭合回路。

四、应用

罩极电动机是起动转矩小、运行效率低而能耗大的品种，但它的结构简单，成本较低，若使用合理则故障甚少。在一些出力不大的场合仍不失为一种可用机种。目前主要应用于小型鼓风机、吹风机之类。

此外，必须注意，罩极电动机转向与外部接线无关，其旋转方向取决于罩极与主绕组的相对位置，即转向是从主绕组轴线（磁场中心线）转向邻近罩极线圈轴线。

本章例图由双色绘制，黄色代表主绕组，绿色代表罩极绕组。

13.1 单相罩极正弦绕组布线接线图

罩极电动机与通常的单相电动机绕组有较大的区别，虽同属于隐极式绕组，但其副绕组嵌置并罩住部分极面，而且不与电源直接交连而自行首尾短路闭合。主绕组采用同心式线圈组，目前大多数用不等匝的正弦绕组，但也有用等匝线圈的同心式布线。所以在修理时不能只看布线形式，而必须点清各线圈匝数。当然，为了改善电动机性能，也可将每极匝数按正弦规律重新分配，改绕成正弦绕组。改绕的节距和线圈所占每极匝数比 K_u（%）可参考图例的正弦布线方案表。

13.1.1 12 槽 2 极（空 4 槽）2B/1 正弦分布罩极式绕组

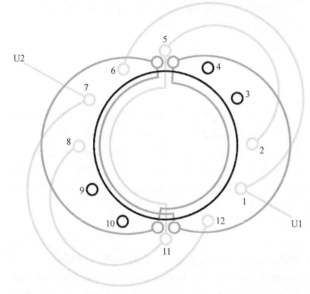

图 13.1.1

1. 绕组结构参数

定子槽数 $Z = 12$ 主圈组数 $u = 2$ 每槽电角 $\alpha = 30°$
电机极数 $2p = 2$ 每组圈数 $S_U = 2$ 罩极偏角 $\theta = 45°$
主线圈数 $Q_U = 4$ 罩极圈数 $S_j = 2$

主绕组正弦布线方案见表 13.1.1a。

表 13.1.1a 主绕组正弦布线方案

布线类型	极距 τ	节距 y	K_u（%）	K_{dp}
2B[①]	6	1—6	57.7	0.856
		2—5	42.3	

① 同正弦绕组。

2. 嵌线方法 采用分层嵌线。主绕组整嵌入相应槽内，衬垫绝缘后再手绕嵌于面。主绕组的嵌线顺序见表 13.1.1b。

表 13.1.1b 整嵌法

嵌线顺序		1	2	3	4	5	6	7	8	9	10	11	12
槽号	下层	2	5	1	6	8	11	7	12				
	上层									11	5	11	5

3. 绕组特点与应用

1) 每极只用 2 个线圈，绕组系数较高，但定子空出 4 槽，铁心有效利用率较低。

2) 主绕组采用 2B 正弦布线安排，仍然存在较强的 3、5、7 次谐波分量。

3) 罩极线圈采用长跨距布线，有利于在有限圈数的条件下获得较大的绕组电阻，而且全部安排在主绕组匝数较少的槽，使槽的有效截面积能较充分利用。

4) 罩极绕组磁极偏角满足 45° 的要求，能使电动机获得相应的起动、运行性能。

此方案主要用于微型电机，常作为小型仪表盘的风扇电动机。

13.1.2 12槽2极3A/1正弦分布罩极式绕组

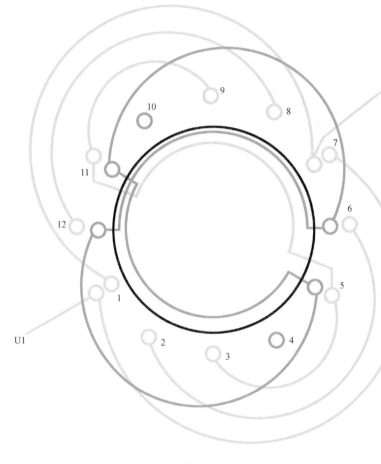

图 13.1.2

1. 绕组结构参数

定子槽数 $Z = 12$ 主圈组数 $u = 2$ 每槽电角 $\alpha = 30°$

电机极数 $2p = 2$ 每组圈数 $S_U = 3$ 罩极偏角 $\theta = 45°$

主线圈数 $Q_U = 6$ 罩极圈数 $S_j = 2$

主绕组正弦布线方案见表13.1.2a。

表 13.1.2a 主绕组正弦布线方案

布线类型	极距 τ	节距 y	$K_u(\%)$	K_{dp}
3A	6	1—7	26.8	0.804
		2—6	46.4	
		3—5	26.8	

2. 嵌线方法

主绕组采用整圈嵌线,嵌线顺序见表13.1.2b。

表 13.1.2b 整嵌法

嵌线顺序		1	2	3	4	5	6	7	8	9	10	11	12	13	14	15	16
槽号	下层	3	5	2	6	1	7	9	11	8	12						
	上层											7	1	12	5	11	6

3. 绕组特点与应用

1) 主绕组为 A 类正弦布满圈布线,每极由 3 个线圈组成,能有效地消除 3、5、7、9 次谐波干扰,可明显地改善电动机性能。

2) 电动机主绕组极面拓宽后,电动机旋转运行比较稳静,但绕组系数较低。

3) 罩极线圈安排在 4 个槽内,既满足罩极 45°偏角的要求,又能较好地利用槽的有效面积。本例绕组曾用于罩极电动机改绕。

13.1.3 16槽2极（空2槽）3B/1正弦分布罩极式绕组

1. 绕组结构参数

定子槽数 $Z=16$　　主圈组数 $u=2$　　每槽电角 $\alpha=22.5°$

电机极数 $2p=2$　　每组圈数 $S_U=3$　　罩极偏角 $\theta=45°$

主线圈数 $Q_U=3$　　罩极圈数 $S_j=2$

主绕组正弦布线方案见表 13.1.3a。

表 13.1.3a　主绕组正弦布线方案

布线类型	极距 τ	节距 y	$K_u(\%)$	K_{dp}
3B	8	1—8	41.1	0.827
		2—7	35.1	
		3—6	23.8	

2. 嵌线方法

主绕组宜用塔模绕制线圈组，嵌线则用整嵌法，线圈从小到大逐个嵌入，嵌完后再用手绕法把罩极绕组绕进相应槽内，然后再将其首尾短接。嵌线顺序见表 13.1.3b。

表 13.1.3b　整嵌法

嵌线顺序		1	2	3	4	5	6	7	8	9	10	11	12	13	14	15	16
槽号	下平面	3	6	2	7	1	8	11	14	10	15	9	16				
	上平面													1	5	13	8

3. 绕组特点与应用

本例是显极布线的正弦绕组，主绕组分2组，每组由3个同心不等匝线圈组成，因最大线圈为单层，故属3B布线类型。罩极2组各为一圈，偏角 $\theta=45°$，能兼顾电动机起动和运行性能。此绕组也有采用等匝布线，重绕时建议改为正弦布线，以提高电动机性能。

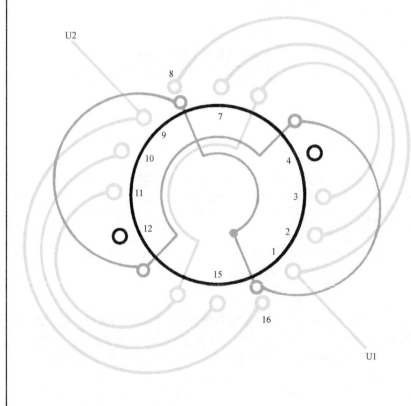

图　13.1.3

13.1.4 16槽2极4B/1正弦分布罩极式绕组

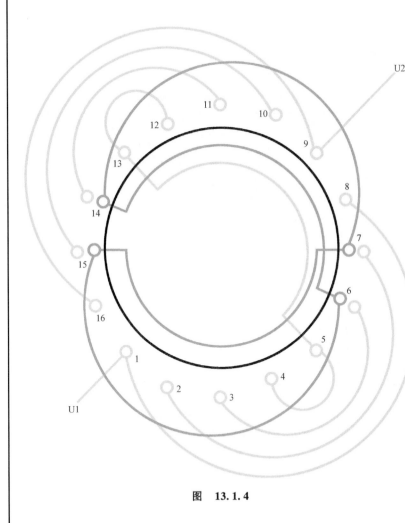

图 13.1.4

1. 绕组结构参数

定子槽数 $Z=16$　主圈组数 $u=2$　每槽电角 $\alpha=22.5°$

电机极数 $2p=2$　每组圈数 $S_{\mathrm{U}}=4$　罩极偏角 $\theta=45°$

主线圈数 $Q_{\mathrm{U}}=8$　罩极圈数 $S_{\mathrm{j}}=2$

主绕组正弦布线方案见表13.1.4a。

表 13.1.4a　主绕组正弦布线方案

布线类型	极距 τ	节距 y	$K_{\mathrm{u}}(\%)$	K_{dp}
4B	8	1—8	38.3	0.78
		2—7	32.4	
		3—6	21.7	
		4—5	7.6	

2. 嵌线方法　先嵌主绕组,后绕罩极绕组,嵌线顺序见表13.1.4b。

表 13.1.4b　嵌线顺序

嵌线顺序		1	2	3	4	5	6	7	8	9	10	11	12	13	14	15	16	17	18	19	20
槽号	下层	4	5	3	6	2	7	1	8	12	13	11	14	10	15	9	16				
	上层																	7	14	6	15

3. 绕组特点与应用

1) 主绕组为B类满圈安排,能基本消除高次谐波影响,电机有较好的电气性能。

2) 绕组占槽率高、无空槽,铁心有效利用率也高,但绕组系数低,铜耗较大。

3) 主绕组线圈多而需4个塔模绕制,且有节距为1槽的小线圈,嵌绕费工费时。

4) 罩极绕组安排于匝数较少的槽中,槽面积能合理利用。

5) 罩极绕组偏角满足45°,能兼顾到起动和运行性能。

本方案主要应用于小型鼓风机的单相电动机。

13.1.5 16槽2极4B/2正弦分布罩极式绕组

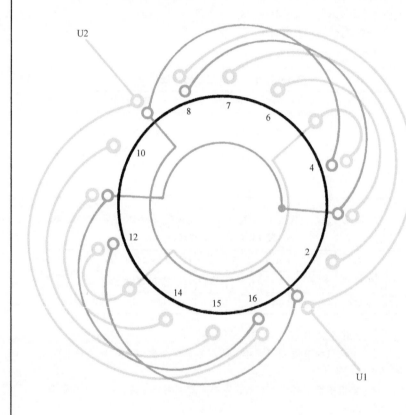

图 13.1.5

1. 绕组结构参数

定子槽数 $Z=16$	主圈组数 $u=2$	每槽电角 $\alpha=22.5°$
电机极数 $2p=2$	每组圈数 $S_U=4$	罩极偏角 $\theta=33.75°$
主线圈数 $Q_U=8$	罩极圈数 $S_j=4$	

主绕组正弦分布方案见表13.1.5a。

表13.1.5a 主绕组正弦分布方案

布线类型	极 距 τ	节 距 y	$K_u(\%)$	K_{dp}
4B	8	1—8	38.3	0.78
		2—7	32.4	
		3—6	21.7	
		4—5	7.6	

2. 嵌线方法　采用分组整嵌,先嵌主绕组,完成后再用手绕嵌罩极绕组。嵌线顺序见表13.1.5b。

表13.1.5b 整嵌法

嵌线顺序	1	2	3	4	5	6	7	8	9	10	11	12	13	14	15	16
下平面槽号	4	5	3	6	2	7	1	8	12	13	11	14	10	15	9	16
嵌线顺序	17	18	19	20	21	22	23	24								
上平面槽号	3	8	4	9	11	16	12	1								

3. 绕组特点与应用　本例主绕组采用同心式或正弦布线,每组由4只线圈组成,两组线圈为显极接法,即反极性串联。罩极绕组由交叠双圈组成,每极一组与主绕组呈33.75°交角安排。此绕组偏角小于45°,其运行性能好于起动性能,故适用于空载起动的场合。本例是由每组4圈、节距为 $y=4$ 的交叠绕组演变而来,如重绕,宜将其改为正弦布线,以改善电动机的工作性能。

13.1.6 18槽2极（空2槽）3B/2正弦分布(交叠)罩极式绕组

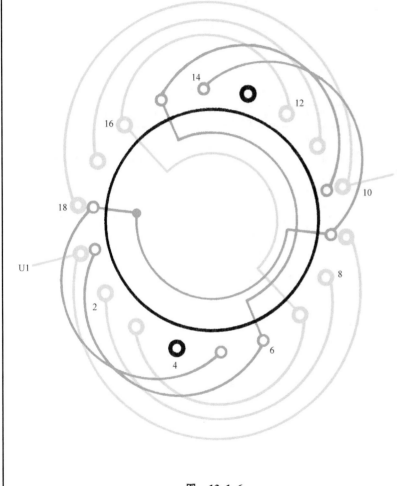

图 13.1.6

1. 绕组结构参数

定子槽数 $Z=18$ 主圈组数 $u=2$ 每槽电角 $\alpha=20°$

电机极数 $2p=2$ 每组圈数 $S_U=3$ 罩极偏角 $\theta=40°$

主线圈数 $Q_U=6$ 罩极圈数 $S_j=4$

主绕组正弦布线方案见表13.1.6a。

表 13.1.6a 主绕组正弦布线方案

布线类型	极 距 τ	节 距 y	$K_u(\%)$	K_{dp}
3B	9	1—9	39.5	0.856
		2—8	34.8	
		3—7	25.7	

2. 嵌线方法　本例采用整嵌法，先嵌主绕组构成下层面，再嵌绕罩极绕组于上层面。嵌线顺序见表13.1.6b。

表 13.1.6b 整嵌法

嵌线顺序	1	2	3	4	5	6	7	8	9	10	11	12
下层槽号	3	7	2	8	1	9	12	16	11	17	10	18
嵌线顺序	13	14	15	16	17	18	19	20				
上层槽号	18	5	1	6	15	10	14	9				

3. 绕组特点与应用　主绕组每极由3圈组成同心线圈，实际占12槽，罩极绕组除独占4槽外，还有4槽与主绕组共槽，故全空2槽。罩极绕组为交叠线圈，主、罩极绕组偏角为40°，基本能兼顾到起动和运行的性能。本例绕组主要应用于单相鼓风用电动机。

13.1.7 18槽2极（空4槽）3B/2正弦分布(同心)罩极式绕组

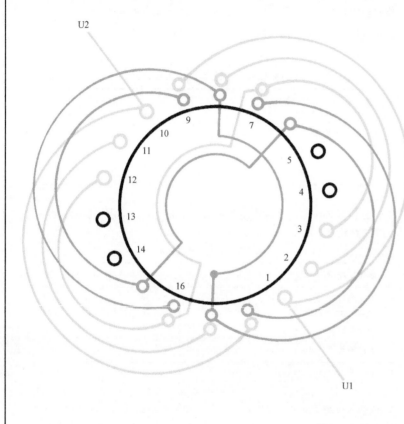

图 13.1.7

1. 绕组结构参数

定子槽数 $Z=18$ 　主圈组数 $u=2$ 　每槽电角 $\alpha=20°$

电机极数 $2p=2$ 　每组圈数 $S_U=3$ 　罩极偏角 $\theta=40°$

主线圈数 $Q_U=6$ 　罩极圈数 $S_j=4$

主绕组正弦布线方案见表13.1.7a。

表 13.1.7a　主绕组正弦布线方案

布线类型	极距 τ	节距 y	$K_u(\%)$	K_{dp}
3B	9	1—9	39.5	0.856
		2—8	34.8	
		3—7	25.7	

2. 嵌线方法　绕组采用整嵌法，先嵌主绕组，完成后再把罩极绕组用手绕入相应槽内。嵌线顺序见表13.1.7b。

表 13.1.7b　整嵌法

嵌线顺序	1	2	3	4	5	6	7	8	9	10	11	12
下层槽号	3	7	2	8	1	9	12	16	11	17	10	18
嵌线顺序	13	14	15	16	17	18	19	20				
上层槽号	18	6	17	7	9	15	8	16				

3. 绕组特点与应用　本例主绕组为显极，每组由3个同心线圈组成并采用正弦分布匝数。罩极共有4圈，每极2圈也是同心式布线，平均节距则大于上例，故有4个空槽。此绕组偏角也是40°，尚能兼顾起动和运行性能。主要用于单相罩极鼓风机。

13.1.8 20槽2极5B/2正弦分布($\theta=36°$)罩极式绕组

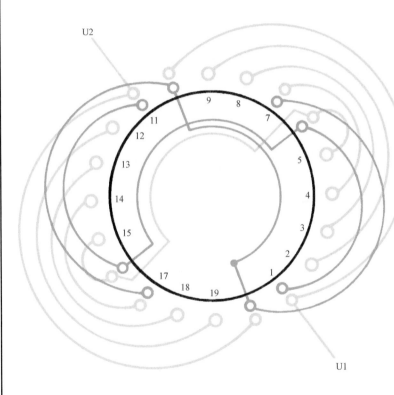

图 13.1.8

1. 绕组结构参数

定子槽数 $Z=20$	主圈组数 $u=2$	每槽电角 $\alpha=18°$
电机极数 $2p=2$	每组圈数 $S_U=5$	罩极偏角 $\theta=36°$
主线圈数 $Q_U=10$	罩极圈数 $S_j=4$	

主绕组正弦布线方案见表13.1.8a。

表 13.1.8a 主绕组正弦布线方案

布线类型	极距 τ	节距 y	$K_u(\%)$	K_{dp}
5B	10	1—10	30.9	0.798
		2—9	27.9	
		3—8	22.1	
		4—7	14.2	
		5—6	4.9	

2. 嵌线方法 绕组采用整嵌法,先嵌主绕组,再嵌罩极绕组,嵌线顺序见表13.1.8b。

表 13.1.8b 整嵌法

嵌线顺序	1	2	3	4	5	6	7	8	9	10	11	12	13	14	15	16
下层槽号	5	6	4	7	3	8	2	9	1	10	15	16	14	17	13	18

嵌线顺序		17	18	19	20	21	22	23	24	25	26	27	28
槽号	下层	12	19	11	20								
	上层					1	6	20	7	11	16	10	17

3. 绕组特点与应用 本例采用较少见的定子槽数,属特殊设计的罩极电动机定子。主绕组正弦安排每极5个线圈,极面较宽,且正弦效果较好,能获得理想的正弦磁势。罩极由2个同心线圈(线匝)构成,罩极安排的偏角较小,仅为36°,故利于运行而用于空载起动场合。

13.1.9 20 槽 2 极 5B/2 正弦分布($\theta = 45°$)罩极式绕组

1. 绕组结构参数

定子槽数 $Z = 20$ 　 主圈组数 $u = 2$ 　 每槽电角 $\alpha = 15°$

电机极数 $2p = 2$ 　 每组圈数 $S_U = 5$ 　 罩极偏角 $\theta = 45°$

主线圈数 $Q_U = 10$ 　 罩极圈数 $S_j = 4$

主绕组正弦布线方案见表 13.1.9a。

表 13.1.9a 主绕组正弦布线方案

布线类型	极 距 τ	节 距 y	$K_u(\%)$	K_{dp}
5B	10	5—6	4.9	0.798
		4—7	14.2	
		3—8	22.1	
		2—9	27.9	
		1—10	30.9	

2. 嵌线方法　绕组采用整嵌法,先把主绕组嵌入相应槽内,完成后再嵌入罩极绕组。嵌线顺序见表 13.1.9b。

表 13.1.9b 整嵌法

嵌线顺序		1	2	3	4	5	6	7	8	9	10	11	12	13	14	15	16
下层槽号		5	6	4	7	3	8	2	9	1	10	15	16	14	17	13	18
嵌线顺序		17	18	19	20	21	22	23	24	25	26	27	28				
槽号	下层	12	19	11	20												
	上层					18	7	19	6	8	17	9	16				

3. 绕组特点与应用　本例定子铁心实为 24 槽,但设计成 20 槽冲片(舍去 4 槽)。主绕组为 5B 布线,即每极由 5 个线圈组成正弦绕组,具有较强的消除高次谐波干扰的能力;罩极每组 2 圈同心布线,罩极偏角 $\theta = 45°$,能兼顾电动机的起动和运行性能。此绕组主要应用实例有 QSD15-10-0.75 型单相罩极潜水电泵。

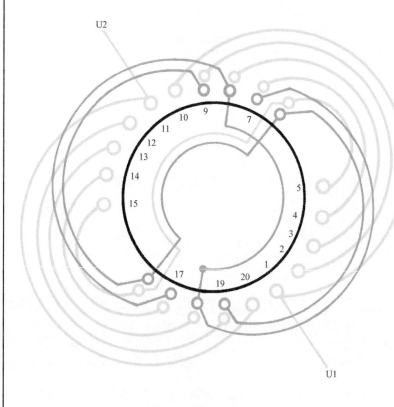

图 13.1.9

13.1.10 24槽2极（空2槽）4B/3正弦分布罩极式绕组

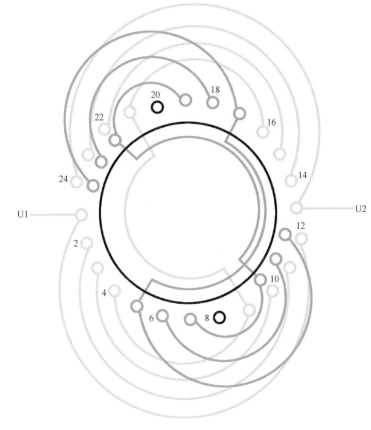

图 13.1.10

1. 绕组结构参数

定子槽数 $Z=24$ 　主圈组数 $u=2$ 　每槽电角 $\alpha=15°$

电机极数 $2p=2$ 　每组圈数 $S_U=4$ 　罩极偏角 $\theta=30°$

主线圈数 $Q_U=8$ 　罩极圈数 $S_j=6$

主绕组正弦布线方案见表13.1.10a。

表 13.1.10a　主绕组正弦布线方案

布线类型	极 距 τ	节 距 y	$K_u(\%)$	K_{dp}
4B	12	1—12	29.9	0.855
		2—11	27.8	
		3—10	24	
		4—9	18.3	

2. 嵌线方法　先嵌主绕组，嵌线顺序见表13.1.10b，衬垫绝缘后用手绕嵌罩极绕组。

表 13.1.10b　整嵌法

嵌线顺序	1	2	3	4	5	6	7	8	9	10	11	12	13	14	15	16
下层槽号	4	9	3	10	2	11	1	12	16	21	15	22	14	23	13	24
嵌线顺序	17	18	19	20	21	22	23	24	25	26	27	28				
上层槽号	5	12	6	11	7	10	22	19	23	18	24	17				

3. 绕组特点与应用

1）主绕组采用正弦 B 类缺 2 圈布线，但每极槽数多，气隙仍能形成近似正弦磁势，但仍有 3 次谐波影响。

2）定子有 2 个空槽及 6 个单层半空槽，占槽率和铁心利用率都较低。

3）罩极采用多圈长距布线，每极圈数为 3 圈，串联线匝较长，故常用较粗的绝缘导线绕制。

4）罩极偏角仅为 30°，只适用于空载起动场合。若嫌起动转矩不足，可将罩极线圈组逆时针移动 1 槽，使偏角达到 45°，将有利于改善电动机的起动性能。

本例绕组取材于食堂煤炉鼓风机用的单相电动机。

13.1.11 24槽2极（空2槽）5A/2正弦分布罩极式绕组

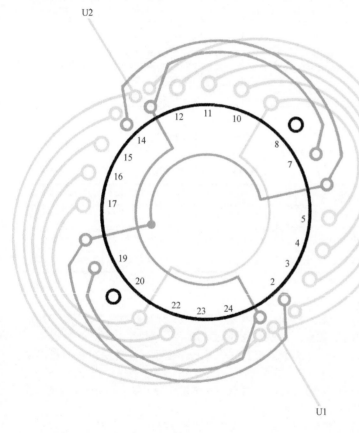

图　13.1.11

1. 绕组结构参数

定子槽数　$Z = 24$　　主圈组数　$u = 2$　　每槽电角　$\alpha = 15°$

电机极数　$2p = 2$　　每组圈数　$S_U = 5$　　罩极偏角　$\theta = 45°$

主线圈数　$Q_U = 10$　　罩极圈数　$S_j = 4$

主绕组正弦布线方案见表 13.1.11a。

表 13.1.11a　主绕组正弦布线方案

布线类型	极距 τ	节距 y	$K_u (\%)$	K_{dp}
5A	12	1—13	14.1	0.829
		2—12	27.3	
		3—11	24.5	
		4—10	20.0	
		5—9	14.1	

2. 嵌线方法　绕组采用分层整嵌法，先嵌主绕组，完成后再用手绕嵌罩极绕组，最后把罩极线匝的首尾绞接焊牢。嵌线顺序见表 13.1.11b。

表 13.1.11b　分层整嵌法

嵌线顺序		1	2	3	4	5	6	7	8	9	10	11	12	13	14	15	16
下层槽号		5	9	4	10	3	11	2	12	1	13	17	21	16	22	15	23
嵌线顺序		17	18	19	20	21	22	23	24	25	26	27	28				
槽号	下层	14	24	13	1												
	上层					6	14	7	13	18	2	19	1				

3. 绕组特点与应用　本例主绕组采用 A 类布线，即最大节距线圈安排双层，且其节距等于极距。绕组每极 5 圈，各线圈匝数按正弦规律分配匝数。罩极布线形式是同心式，嵌线用手绕。此绕组空出 2 槽，主绕组和罩极偏角能满足 45°要求，故其性能可兼顾起动和运行。本例绕组曾用于吹风机用 368W 单相罩极电动机改绕。

13.1.12 24槽2极5B/3正弦分布罩极式绕组

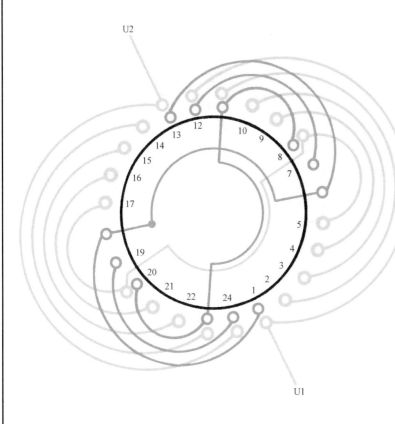

图 13.1.12

1. 绕组结构参数

定子槽数 $Z = 24$　　　主圈组数 $u = 2$　　　每槽电角 $\alpha = 15°$

电机极数 $2p = 2$　　　每组圈数 $S_U = 5$　　　罩极偏角 $\theta = 45°$

主线圈数 $Q_U = 10$　　　罩极圈数 $S_j = 6$

主绕组正弦布线方案见表13.1.12a。

表 13.1.12a　主绕组正弦布线方案

布线类型	极 距 τ	节 距 y	K_u(%)	K_{dp}
5B	12	1—12	26.8	0.806
		2—11	25.0	
		3—10	21.4	
		4—9	16.5	
		5—8	10.3	

2. 嵌线方法

本例采用整嵌法,先嵌主绕组,完成后用手绕法嵌入罩极绕组。嵌线顺序见表13.1.12b。

表 13.1.12b　整嵌法

嵌线顺序		1	2	3	4	5	6	7	8	9	10	11	12	13	14	15	16
下层槽号		5	8	4	9	3	10	2	11	1	12	17	20	16	21	15	22
嵌线顺序		17	18	19	20	21	22	23	24	25	26	27	28	29	30	31	32
槽号	下层	14	23	13	24												
	上层					6	13	7	12	8	11	18	1	19	24	20	23

3. 绕组特点与应用

主绕组是 B 类正弦布线,它由 5 个线圈构成,最大节距小于极距,且用单层布线(不计罩极线圈);罩极每组 3 圈采用同心线匝。罩极偏角 $\theta = 45°$,能兼顾电动机的运行与起动性能。此绕组主要应用于单相罩极鼓风用电动机。

13.1.13 24槽2极6A/2正弦分布罩极式绕组

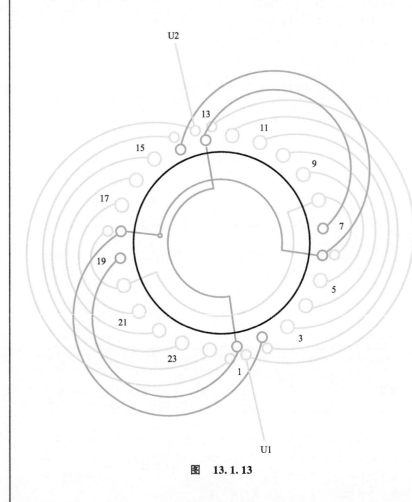

U2

13
11
15
9
17
7
19
5
21
3
23
1

U1

图 13.1.13

1. 绕组结构参数

定子槽数 $Z=24$	电机极数 $2p=2$	主线圈数 $Q_U=12$
主圈组数 $u=2$	每组圈数 $S_U=6$	罩极圈数 $S_j=4$
每槽电角 $\alpha=15°$	罩极偏角 $\theta=45°$	

主绕组正弦布线方案见表13.1.13a。

表 13.1.13a 主绕组正弦布线方案

布线类型	极距 τ	节距 y	$K_u(\%)$	K_{dp}
6A	12	1—13	13.2	0.79
		2—12	25.4	
		3—11	22.8	
		4—10	18.6	
		5—9	13.2	
		6—8	6.8	

2. 嵌线方法

本例采用整嵌法,先嵌主绕组,再用手绕嵌入罩极绕组。嵌线顺序见表13.1.13b。

表 13.1.13b 整嵌法

嵌线顺序		1	2	3	4	5	6	7	8	9	10	11	12	13	14	15	16
下层槽号		6	8	5	9	4	10	3	11	2	12	1	13	18	20	17	21
嵌线顺序		17	18	19	20	21	22	23	24	25	26	27	28	29	30	31	32
槽号	下层	16	22	15	23	14	24	13	1								
	上层									19	1	18	2	7	13	6	14

3. 绕组特点与应用

主绕组是 A 类正弦布线,每组由 6 个同心线圈组成,并按正弦规律分布匝数。罩极也用同心线圈,偏角 $\theta=45°$,能兼顾到起动和运行性能,是罩极电动机中较好的布线型式。

13.1.14 12槽4极2A/1正弦分布罩极式绕组

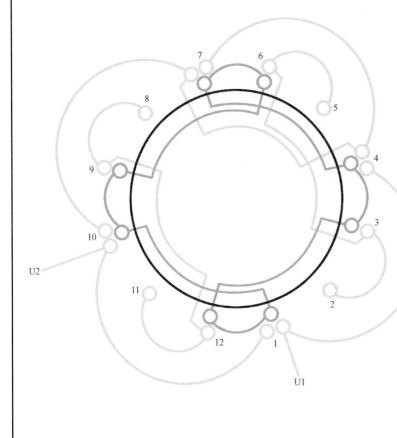

图 13.1.14

1. 绕组结构参数

定子槽数 $Z=12$ 　　主圈组数 $u=4$ 　　每槽电角 $\alpha=60°$
电机极数 $2p=4$ 　　每组圈数 $S_U=2$ 　　罩极偏角 $\theta=60°$
主线圈数 $Q_U=8$ 　　罩极圈数 $S_j=4$

主绕组正弦布线方案见表13.1.14a。

表13.1.14a　主绕组正弦布线方案

布线类型	极距 τ	节距 y	$K_u(\%)$	K_{dp}
2A	3	1—4	50	0.75
		2—3	50	

2. 嵌线方法　　先将主绕组嵌入相应槽内，衬垫绝缘后再用手绕法直接把罩极绕组的规定匝数绕嵌在相应槽的面层。主绕组的整嵌顺序见表13.1.14b。

表13.1.14b　整嵌法

嵌线顺序		1	2	3	4	5	6	7	8	9	10	11	12	13	14	15	16	17	18	19	20	21	22	23	24
槽号	下层	2	3	1	4	11	12	10	1	8	9	7	10	5	6	4	7								
	上层																	4	3	12	1	10	9	6	7

3. 绕组特点与应用

1）12槽定子绕制4极电机，每极仅占1⅓槽，由于每极槽数少，虽用A类布线，仍无法形成完整的正弦磁势，故电气性能不够理想。

2）每极只有2个线圈，而且大、小线圈的线径、匝数相同，绕制较方便。

3）绕组占槽率高，且每槽电角度也高，故绕组系数很低，将会因匝数增加而使电机铜损增大。

4）罩极绕组为每极单圈短节距安排，无法满足45°偏角的要求，起动性能较好但未能兼顾到运行性能。

此绕组只适用于微容量、轻负载的场合，仅用于仪用扇风机。

13.1.15　12槽4极2A/1正弦分布罩极式(双转向)绕组

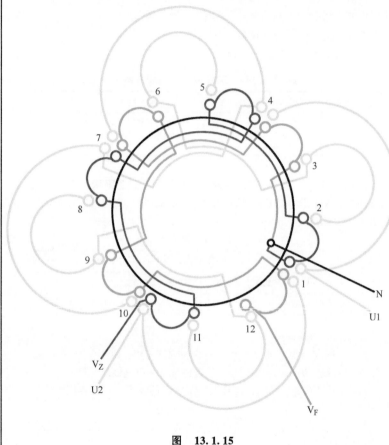

图　13.1.15

1. 绕组结构参数

定子槽数 $Z=12$	主圈组数 $u=4$	每槽电角 $\alpha=60°$
电机极数 $2p=4$	每组圈数 $S_U=2$	罩极偏角 $\theta=60°$
主线圈数 $Q_U=8$	罩极圈数 $S_j=8$	

主绕组正弦布线方案见表 13.1.15a。

表 13.1.15a　主绕组正弦布线方案

布线类型	极距 τ	节距 y	$K_u(\%)$	K_{dp}
2A	3	1—4	50	0.75
		2—3	50	

2. 嵌线方法

先嵌主绕组,嵌线顺序见表 13.1.15b。罩极绕组分两组,分别按图 13.1.15 用手绕嵌。

表 13.1.15b　整嵌法

嵌线顺序	1	2	3	4	5	6	7	8	9	10	11	12	13	14	15	16
下层槽号	2	3	1	4	11	12	10	1	8	9	7	10	5	6	4	7
嵌线顺序	17	18	19	20	21	22	23	24	25	26	27	28	29	30	31	32
上层槽号	12	1	10	9	6	7	4	3	10	11	8	7	4	5	2	1

3. 绕组特点与应用

绕组特点同上例。但本例为双转向罩极方案,罩极绕组有两套:一套为正转(图中红色线圈),引出线 V_Z;另一套为反转(图中绿色线圈),引出线 V_F;两组另一端联结为公共点,并引出线 N。因此,本例绕组与一般罩极绕组不同,它的首尾不是自行短接,而是通过外部附加的双投开关进行短路。即正转时将 V_Z 和 N 短接,使 V_Z-N 罩极绕组工作;若 V_F-N 短接,则电动机反转。

本例无产品,但曾用于某展览馆立体模型而改绕的双转向罩极电动机。

13.1.16 24槽4极（空8槽）2B/2正弦分布罩极式绕组

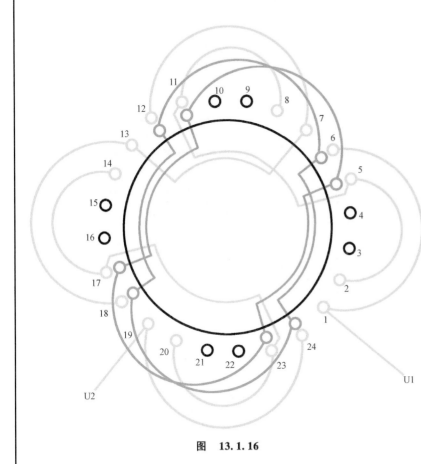

图 13.1.16

1. 绕组结构参数

定子槽数 $Z = 24$　　主圈组数 $u = 4$　　每槽电角 $\alpha = 30°$

电机极数 $2p = 4$　　每组圈数 $S_U = 2$　　罩极偏角 $\theta = 30°$

主线圈数 $Q_U = 8$　　罩极圈数 $S_j = 4$

主绕组正弦布线方案见表 13.1.16a。

表 13.1.16a　主绕组正弦布线方案

布线类型	极距 τ	节距 y	$K_u(\%)$	K_{dp}
2B	6	1—6	57.7	0.856
		2—5	42.3	

2. 嵌线方法　　先嵌主绕组，后绕罩极绕组。主绕组嵌线顺序见表 13.1.16b。

表 13.1.16b　整嵌法

嵌线顺序		1	2	3	4	5	6	7	8	9	10	11	12	13	14	15	16	17	18	19	20	21	22	23	24
槽号	下层	2	5	1	6	20	23	19	24	14	17	13	18	8	11	7	12								
	上层																	6	12	18	24	5	11	17	23

3. 绕组特点与应用

1）主绕组采用 B 类正弦绕组缺圈布线，气隙不能形成完整的正弦磁势，且高次谐波分量较大。

2）主绕组每极只有 2 个线圈，嵌绕比较方便，且绕组系数较高，但空槽多，铁心槽的利用率较低。

3）罩极绕组采用长节距线圈，其布线形式近似于庶极，它的匝长适中，两组线圈交叉接成两个自行闭合的回路，是一种较新颖的罩极形式。

4）罩极绕组偏角较小，仅为 30°，电动机运行性能较好，但只适用于空载起动的场合。

本绕组见于通风机用的单相电动机。

13.1.17 24槽4极（空4槽）3A/1正弦分布罩极式绕组

主绕组正弦布线方案见表13.1.17a。

表13.1.17a 主绕组正弦布线方案

布线类型	极距 τ	节距 y	$K_u(\%)$	K_{dp}
3A	6	1—7	26.8	0.804
		2—6	46.4	
		3—5	26.8	

2. 嵌线方法 主绕组先嵌入相应槽内，嵌线顺序见表13.1.17b。

表13.1.17b 整嵌法

嵌线顺序		1	2	3	4	5	6	7	8	9	10	11	12	13	14	15	16
槽号	下层	3	5	2	6	1	7	21	23	20	24	19	1	15	17	14	18
	上层																

嵌线顺序		17	18	19	20	21	22	23	24	25	26	27	28	29	30	31	32
槽号	下层	13	19	9	11	8	12	7	13								
	上层									7	5	23	1	19	17	11	13

3. 绕组特点与应用

1) 主绕组为正弦 A 类满圈布线，能基本消除 3、5、7、9 次谐波干扰而获得较好的电气性能。

2) 由于绕组构成原因使定子空出 4 槽，并呈 90° 几何对称分布，从而降低了铁心利用率。

3) 罩极采用单圈短距布线，罩极偏角 θ 达到 60°，故具有较大的起动转矩；若在空载起动的场合，也可改为 45° 偏角，即将罩极线圈节距增长 1 槽，使原来双层的罩极边移入空槽，则对电动机运行性能有所改善。

主要应用实例有鼓风机。

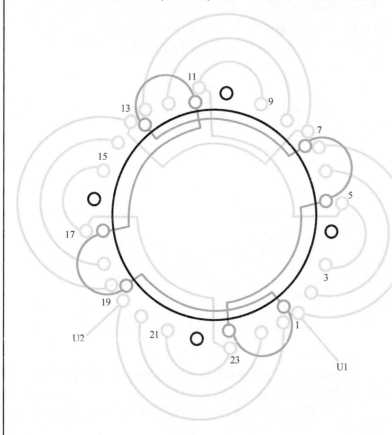

图 13.1.17

1. 绕组结构参数

定子槽数 $Z=24$　　主圈组数 $u=4$　　每槽电角 $\alpha=30°$

电机极数 $2p=4$　　每组圈数 $S_U=3$　　罩极偏角 $\theta=60°$

主线圈数 $Q_U=12$　　罩极圈数 $S_j=4$

13.1.18 24槽4极3A/2正弦分布罩极式绕组

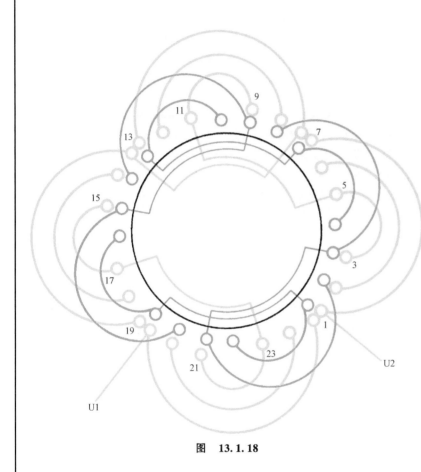

图 13.1.18

1. 绕组结构参数

定子槽数 $Z=24$　　主圈组数 $u=4$　　每槽电角 $\alpha=30°$

电机极数 $2p=4$　　每组圈数 $S_U=3$　　罩极偏角 $\theta=45°$

主线圈数 $Q_U=12$　　罩极圈数 $S_j=8$

主绕组正弦布线方案见表13.1.18a。

表 13.1.18a　主绕组正弦布线方案

布线类型	极距 τ	节距 y	K_u(%)	K_{dp}
3A	6	1—7	26.8	0.804
		2—6	46.4	
		3—5	26.8	

2. 嵌线方法　　主绕组采用整嵌法，嵌线顺序见表13.1.18b。罩极绕组用手绕于面层。

表 13.1.18b　整嵌法

嵌线顺序		1	2	3	4	5	6	7	8	9	10	11	12	13	14	15	16	17	18	19	20
槽号	下层	3	5	2	6	1	7	21	23	20	24	19	1	15	17	14	18	13	19	9	11
	上层																				

嵌线顺序		21	22	23	24	25	26	27	28	29	30	31	32	33	34	35	36	37	38	39	40
槽号	下层	8	12	7	13																
	上层					7	4	8	3	21	2	22	1	19	16	20	15	9	14	10	13

3. 绕组特点与应用　　主绕组特点同上例。本例罩极绕组则改用长跨距双圈布线，使原来的4个空槽嵌入罩极线圈边，铁心槽的利用率有所提高，但罩极线圈增加，嵌绕时需要多耗工时。此外，罩极绕组偏角能满足45°的要求。电动机的起动和运行性能都相对较好，是24槽4极罩极电动机常用的绕组形式，主要应用于单相鼓风机。

13.2 罩极电动机等匝分布的绕组布线接线图

除上节正弦绕组外，罩极电动机主绕组也采用等匝线圈分布的绕组，其型式有如类似于正弦布线的同心式，还有就是本节介绍的叠式等匝绕组。其特点就是每只线圈规格相同，故其线模制作和线圈绕制都较简便。但毕竟其绕组性能不及正弦，因此，若重绕后遇到起动不畅，不妨改绕正弦布线，或许会获得意想不到的效果。改绕方法与同心式绕组改正弦一样，不同的是同心式绕组不用改变布线型式，只按正弦规律重新分配匝数即可；而叠式改正弦则不但要更改线圈匝数，而且还要更改绕组布线型式。改绕计算如下。

1) 计算原绕组每极匝数 W'_p（匝）

$$W'_p = N'S'_u$$

式中 N'——原绕组等匝线圈的匝数（匝）；

S'_u——原主绕组每组线圈数。

2) 算出正弦绕组每极匝数 W_p（匝/极）

$$W_p = W'_p \frac{K'_{dp}}{K_{dp}}$$

式中 K'_{dp}——原主绕组绕组系数；

K_{dp}——选用正弦方案的主绕组系数。

3) 确定正弦绕组各线圈匝数 $N_{(x-x')}$（匝）

$$N_{(x-x')} = W_p K_u$$

式中 K_u——正弦绕组线圈 $(x-x')$ 占每极匝数的比值。

例如，拆修罩极电动机绕组布线，如图 13.2.1 所示，查得等匝原线圈匝数 $N' = 65$ 匝，今拟改绕正弦绕组，试求改绕参数。

1) 原主绕组每极匝数 由拆线记录查得主绕组每组线圈数 $S'_u = 4$，则每极匝数为

$$W'_p = N'S'_u = 65×4 = 260 \text{ 匝/极}$$

2) 换算正弦绕组每极匝数 由资料查得原绕组系数 $K'_{dp} = 0.653$。选用主绕组布线槽位相同的正弦方案如 13.1.5 节，并查得 $K_{dp} = 0.78$，各线圈比值为 $K_{u1} = 0.383$、$K_{u2} = 0.324$、$K_{u3} = 0.217$、$K_{u4} = 0.076$，则正弦绕组每极匝数应为

$$W_p = W'_p(K'_{dp}/K_{dp}) = 260×(0.653/0.78) = 217.7 \text{ 匝/极}$$

3) 正弦绕组各线圈匝数

$N_{1-8} = W_p K_{u1} = 217.7×0.383 = 83.4$（取 83 匝）

$N_{2-7} = W_p K_{u2} = 217.7×0.324 = 70.5$（取 71 匝）

$N_{3-6} = W_p K_{u3} = 217.7×0.217 = 47.2$（取 47 匝）

$N_{4-5} = W_p K_{u4} = 217.7×0.076 = 16.5$（取 17 匝）

主绕组线径不变或选稍大截面积；罩极绕组线径不变，而布线仍按图 13.2.1 嵌绕相应槽内。

13.2.1 16槽2极4/2分布（θ＝33.75°）罩极式改正弦绕组

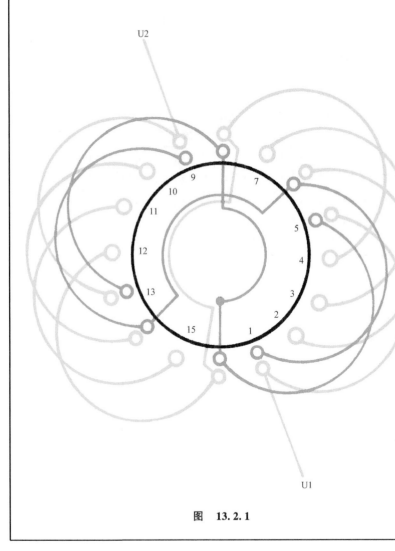

图 13.2.1

1. 绕组结构参数

定子槽数 $Z=16$	每组圈数 $S_U=4$	主圈节距 $y=4$
电机极数 $2p=2$	罩极圈数 $S_j=4$	绕组系数 $K_{dpU}=0.653$
主线圈数 $Q_U=8$	每槽电角 $\alpha=22.5°$	
主圈组数 $u=2$	罩极偏角 $\theta=33.75°$	

2. 嵌线方法

本例采用分组整嵌法，即把主绕组两组先后嵌好后，再用手绕入罩极绕组。因主绕组的两组无交叠，故可整嵌。具体嵌线顺序见表13.2.1a。

表 13.2.1a 分组整嵌法

嵌线顺序	1	2	3	4	5	6	7	8	9	10	11	12	13	14
下层槽号	4	8	3	7	2	6	1	5	12	16	11	15	10	14

嵌线顺序		15	16	17	18	19	20	21	22	23	24
槽号	下层	9	13								
	上层			1	6	16	5	9	14	8	13

3. 绕组特点与应用

主绕组为叠式布线，每组由4个等距线圈组成；罩极也是等距叠式布线，偏角小于45°，故其起动性能较差而运行性能较好，适用于空载起动的场合。如重绕则建议将主绕组改为正弦布线，如图13.1.5所示，以提高电动机的性能。

主绕组改绕正弦布线方案见表13.2.1b。

表 13.2.1b 主绕组改绕正弦布线方案

布线类型	极距 τ	节距 y	$K_u(\%)$	K_{dp}
4B	8	1—8	38.3	0.78
		2—7	32.4	
		3—6	21.7	
		4—5	7.6	

13.2.2 20槽2极5/2分布（θ=36°）罩极式改正弦绕组

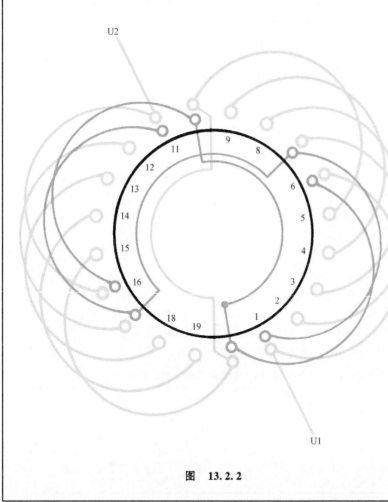

图 13.2.2

1. 绕组结构参数

定子槽数 $Z=20$　每组圈数 $S_U=4$　主圈节距 $y=5$

电机极数 $2p=2$　罩极圈数 $S_j=4$　绕组系数 $K_{dpU}=0.457$

主线圈数 $Q_U=8$　每槽电角 $\alpha=18°$

主圈组数 $u=2$　罩极偏角 $\theta=36°$

2. 嵌线方法　本例采用整嵌法，按图将主绕组逐个整嵌，完成后再用手绕法把罩极绕组绕入相应槽内。嵌线顺序见表13.2.2a。

表13.2.2a　分组整嵌法

嵌线顺序	1	2	3	4	5	6	7	8	9	10	11	12	13	14	15	16
下层槽号	5	10	4	9	3	8	2	7	1	6	15	20	14	19	13	18

嵌线顺序		17	18	19	20	21	22	23	24	25	26	27	28				
槽号	下层	12	17	11	16												
	上层					20	6	1	7	17	11	16	10				

3. 绕组特点与应用　本例20槽定子是专用铁心。主绕组每极有5个交叠线圈，节距较短且同相无交叠，故可用整嵌而无需吊边。罩极也是叠式布线，但每极只有2圈。此绕组属等匝分布，为提高电动机性能，建议重绕时改用正弦布线，具体可参考图13.1.8的主绕组布线。

主绕组改绕正弦布线方案见表13.2.2b。

表13.2.2b　主绕组改绕正弦布线方案

布线类型	极距 τ	节距 y	$K_u(\%)$	K_{dp}
5B	10	1—10	30.9	0.798
		2—9	27.9	
		3—8	22.1	
		4—7	14.2	
		5—6	4.9	

13.2.3 24槽2极5/2分布($\theta = 60°$)罩极式改正弦绕组

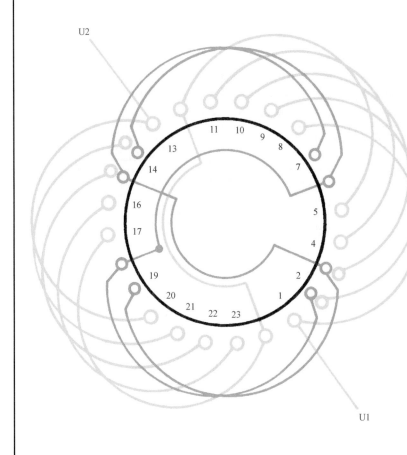

图 13.2.3

1. 绕组结构参数

定子槽数 $Z = 24$	每组圈数 $S_U = 5$	主圈节距 $y = 7$
电机极数 $2p = 2$	罩极圈数 $S_j = 4$	绕组系数 $K_{dpU} = 0.591$
主线圈数 $Q_U = 10$	每槽电角 $\alpha = 15°$	
主圈组数 $u = 2$	罩极偏角 $\theta = 60°$	

2. 嵌线方法 采用分组整嵌法,先把主绕组一组线圈按整嵌方法嵌入,完成后再嵌另一组,最后用手绕嵌入罩极绕组。嵌线顺序见表13.2.3a。

表13.2.3a 分组整嵌法

嵌线顺序	1	2	3	4	5	6	7	8	9	10	11	12	13	14	15	16
下层槽号	5	12	4	11	3	10	2	9	1	8	17	24	16	23	15	22
嵌线顺序	17	18	19	20	21	22	23	24	25	26	27	28				

槽号		17	18	19	20	21	22	23	24	25	26	27	28				
	下层	14	21	13	20												
	上层					6	14	7	15	3	19	2	18				

3. 绕组特点与应用 主绕组分两组,每组由5个交叠的等距线圈组成,属显极布线;罩极也分两组,采用长距布线,被罩部分占去极面的4/5,其偏角达到 $\theta = 60°$,故其起动性能好而运行性能较差,适用于要求起动转矩较高的场合。如重绕,可考虑改为正弦布线,具体可参照图13.1.12主绕组布线。

主绕组改绕正弦布线方案见表13.2.3b。

表13.2.3b 主绕组改绕正弦布线方案

布线类型	极距 τ	节距 y	$K_u(\%)$	K_{dp}
5B	12	1—12	26.8	0.806
		2—11	25.0	
		3—10	21.4	
		4—9	16.5	
		5—8	10.3	

13.2.4 24槽2极5/2分布(θ=45°)罩极式改正弦绕组

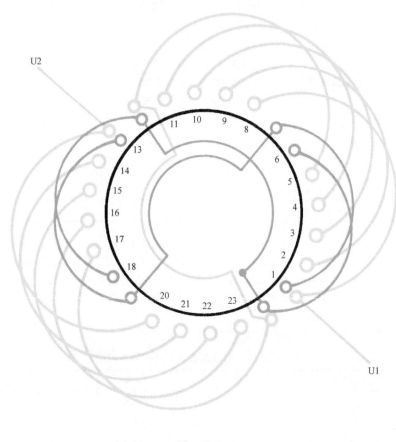

图 13.2.4

1. 绕组结构参数

定子槽数 $Z=24$　　每组圈数 $S_U=5$　　主圈节距 $y=7$

电机极数 $2p=2$　　罩极圈数 $S_j=4$　　绕组系数 $K_{dpU}=0.591$

主线圈数 $Q_U=10$　　每槽电角 $\alpha=15°$

主圈组数 $u=2$　　罩极偏角 $\theta=45°$

2. 嵌线方法　本例采用分组整嵌法,先把主绕组分两组逐个线圈嵌入,完成后再用手绕法将罩极绕组嵌入。嵌线顺序见表13.2.4a。

表 13.2.4a　分组整嵌法

嵌线顺序		1	2	3	4	5	6	7	8	9	10	11	12	13	14	15	16
下层槽号		5	12	4	11	3	10	2	1	8	17	24	16	23	15	22	
嵌线顺序		17	18	19	20	21	22	23	24	25	26	27	28				
槽号	下层	14	21	13	20												
	上层					24	6	1	7	19	13	18	12				

3. 绕组特点与应用　主绕组由5个等节距线圈串联而成,其布线接线与上例相同;罩极绕组每极也用2个交叠圈,但选用节距较短,安排偏角也缩小至45°,故能兼顾到起动和运行性能适中。此绕组应用于单相罩极吹风机,如重绕,建议改绕正弦绕组,具体可参考图13.1.12主绕组布线。

主绕组改绕正弦布线方案见表13.2.4b。

表 13.2.4b　主绕组改绕正弦布线方案

布线类型	极距 τ	节距 y	$K_u(\%)$	K_{dp}
5B	12	1—12	26.8	0.806
		2—11	25.0	
		3—10	21.4	
		4—9	16.5	
		5—8	10.3	

13.2.5　24槽2极5/2分布($\theta = 52.5°$)罩极式改正弦绕组

1. 绕组结构参数

定子槽数 $Z = 24$	每组圈数 $S_U = 5$	主圈节距 $y = 7$
电机极数 $2p = 2$	罩极圈数 $S_j = 4$	绕组系数 $K_{dpU} = 0.591$
主线圈数 $Q_U = 10$	每槽电角 $\alpha = 15°$	
主圈组数 $u = 2$	罩极偏角 $\theta = 52.5°$	

2. 嵌线方法　本绕组采用分组整嵌法，主绕组分两组，逐个整嵌，完成后再用手绕法绕入罩极绕组。嵌线顺序见表13.2.5a。

表 13.2.5a　分组整嵌法

嵌线顺序	1	2	3	4	5	6	7	8	9	10	11	12	13	14	15	16
下层槽号	5	12	4	11	3	10	2	9	1	17	24	16	23	15	22	
嵌线顺序	17	18	19	20	21	22	23	24	25	26	27	28				
槽号 下层	14	21	13	20												
槽号 上层					6	13	7	14	2	19	1	18				

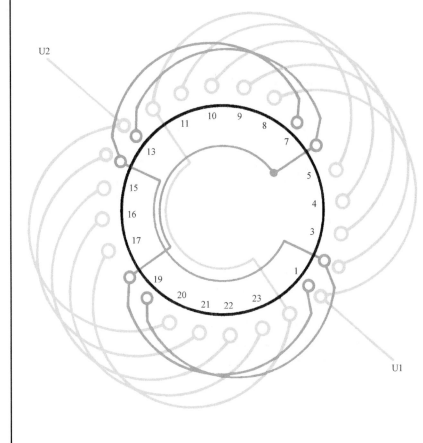

U2

U1

图 13.2.5

3. 绕组特点与应用　本例主绕组布线与上例相同，只是罩极绕组安排旋移90°方位，导致与上例相反的转向，此外，罩极偏角也大于上例而达到52.5°，故电动机起动转矩有所提高，但运行性能则逊于上例。本例取材于罩极电吹风机，如重绕修理，也宜改绕正弦绕组，以改善其运行性能。正弦绕组布线可参照图13.1.12中主绕组所示。

主绕组改绕正弦布线方案见表13.2.5b。

表 13.2.5b　主绕组改绕正弦布线方案

布线类型	极距 τ	节距 y	$K_u(\%)$	K_{dp}
5B	12	5—8	10.3	0.806
		4—9	16.5	
		3—10	21.4	
		2—11	25.0	
		1—12	26.8	

13.2.6 24槽2极（空6槽）5/2分布（$\theta = 22.5°$）罩极式改正弦绕组

1. 绕组结构参数

定子槽数 $Z = 24$ 每组圈数 $S_U = 5$ 主圈节距 $y = 8$

电机极数 $2p = 2$ 罩极圈数 $S_j = 4$ 绕组系数 $K_{dpU} = 0.646$

主线圈数 $Q_U = 10$ 每槽电角 $\alpha = 15°$

主圈组数 $u = 2$ 罩极偏角 $\theta = 22.5°$

2. 嵌线方法 采用分层嵌线，但由于大线圈是同相同槽，故用交叠嵌入，以示整齐美观，完成后再用手绕嵌罩极绕组。嵌线顺序见表13.2.6。

表 13.2.6 分层交叠法

嵌线顺序		1	2	3	4	5	6	7	8	9	10	11	12	13	14
槽号	下层	5	4	12	3	11	2	10	1	9	17		16	24	15
	上层											1			
嵌线顺序		15	16	17	18	19	20	21	22	23	24	25	26	27	28
槽号	下层	23	14	22	13	21									
	上层						13	3	13	4	14	15	1	16	2

3. 绕组特点与应用 因最外侧线圈为同相同槽布线，故形成一槽为双层，为使端部整齐，宜将其交叠嵌入，其余线圈则整嵌。本例主绕组每组5圈，故使定子空出6槽对称分布；而罩极采用长节距交叠双圈，使平均匝长增加以增加罩极电阻，从而限制短路电流。此绕组罩极偏角为22.5°，偏角较小且罩极范围过宽，故其起动及运行性能均不够理想。本例取自单相罩极吹风机。重绕时为改善性能宜改绕正弦绕组，改绕方案可参照13.1.11节进行。

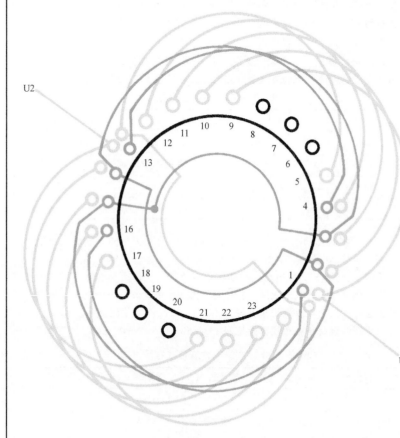

图 13.2.6

13.2.7 24 槽 2 极（空 6 槽）5/2 分布（θ = 37.5°）罩极式改正弦绕组

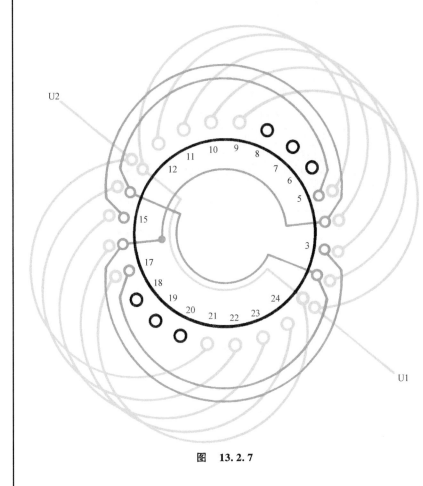

图 13.2.7

1. 绕组结构参数

定子槽数 $Z = 24$　　每组圈数 $S_U = 5$　　主圈节距 $y = 8$

电机极数 $2p = 2$　　罩极圈数 $S_j = 4$　　绕组系数 $K_{dpU} = 0.646$

主线圈数 $Q_U = 10$　　每槽电角 $\alpha = 15°$

主圈组数 $u = 2$　　罩极偏角 $\theta = 37.5°$

2. 嵌线方法　本例绕组有同相同槽线圈，为使其端部整齐美观，宜将其交叠嵌入，故需吊一边；罩极则手绕嵌入。嵌线顺序见表 13.2.7a。

表 13.2.7a　分层交叠法

嵌线顺序		1	2	3	4	5	6	7	8	9	10	11	12	13	14	15
槽号	下层	5	4	12	3	11	2	10	1	9	17		16	24	15	23
	上层											1				
嵌线顺序		16	17	18	19	20	21	22	23	24	25	26	27	28			
槽号	下层	14	22	13	21												
	上层					13	5	14	4	15	16	3	17	2			

3. 绕组特点与应用　因主绕组有一线圈为双层布线，故绕组具有单双层特点。罩极绕组选用长距，并采用同心布线，罩极偏角为 37.5°，其起动性能较上例有所改善。上例与本例的长距罩极对运行性能不利，重绕时可考虑改善并改绕正弦绕组。改绕的主绕组可参照图 13.1.11 所示。

主绕组正弦布线方案见表 13.2.7b。

表 13.2.7b　主绕组正弦布线方案

布线类型	极距 τ	节距 y	$K_u(\%)$	K_{dp}
5A	12	1—13	14.1	0.829
		2—12	27.3	
		3—11	24.5	
		4—10	20.0	
		5—9	14.1	

13.2.8 24槽2极6/2分布($\theta = 45°$)罩极式改正弦绕组

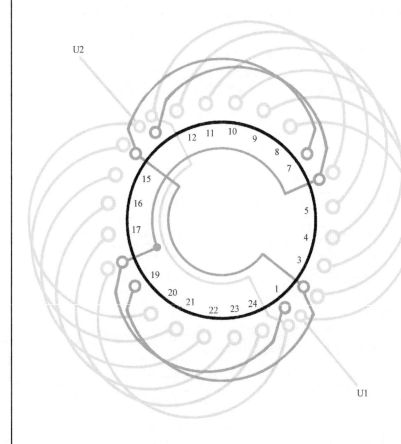

图 13.2.8

1. 绕组结构参数

定子槽数	$Z = 24$	每组圈数	$S_U = 6$	主圈节距	$y = 7$
电机极数	$2p = 2$	罩极圈数	$S_j = 4$	绕组系数	$K_{dpU} = 0.51$
主线圈数	$Q_U = 12$	每槽电角	$\alpha = 15°$		
主圈组数	$u = 2$	罩极偏角	$\theta = 45°$		

2. 嵌线方法　采用分组交叠法,需吊起双层线圈一个边。罩极则用手绕嵌。嵌线顺序见表13.2.8a。

表 13.2.8a　分组交叠法

嵌线顺序	1	2	3	4	5	6	7	8	9	10	11	12	13	14	15	16
下层槽号	6	5	12	4	11	3	10	2	9	1	8	18	1	17	24	16

嵌线顺序		17	18	19	20	21	22	23	24	25	26	27	28	29	30	31	32
槽号	下层	23	15	22	14	21	13	20									
	上层								13	6	13	7	14	2	19	1	18

3. 绕组特点与应用　主绕组由6个等距线圈串联而成,布线为显极式,主绕组为满圈布线,所剩2槽由罩极嵌入。罩极绕组采用中跨距交叠布线,罩住极面的1/2,其罩极偏角满足45°要求,故能同时兼顾起动性能和运行性能,属设计比较合理的通用罩极电动机。但如能在重绕时改绕正弦布线则更理想。改绕时主绕组可参考图13.1.13的布线。

主绕组改绕正弦布线方案见表13.2.8b。

表 13.2.8b　主绕组改绕正弦布线方案

布线类型	极 距 τ	节 距 y	$K_u(\%)$	K_{dp}
6A	12	1—13	13.2	0.79
		2—12	25.4	
		3—11	22.8	
		4—10	18.6	
		5—9	13.2	
		6—8	6.8	

13.2.9　24 槽 2 极 6/2 分布($\theta=37.5°$)罩极式改正弦绕组

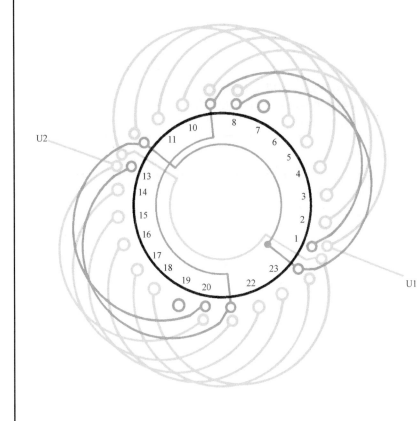

图　13.2.9

1. 绕组结构参数

定子槽数 $Z=24$	每组圈数 $S_U=6$	主圈节距 $y=7$
电机极数 $2p=2$	罩极圈数 $S_j=4$	绕组系数 $K_{dpU}=0.51$
主线圈数 $Q_U=12$	每槽电角 $\alpha=15°$	
主圈组数 $u=2$	罩极偏角 $\theta=37.5°$	

2. 嵌线方法　绕组分层整嵌，但主绕组有一双层线圈，为使端部规整，此线圈采用交叠嵌入。罩极采用手绕。嵌线顺序见表 13.2.9a。

表 13.2.9a　分组交叠法

嵌线顺序		1	2	3	4	5	6	7	8	9	10	11	12	13	14	15	16
槽号	下层	6	5	12	4	11	3	10	2	9	1	8	18		17	24	16
	上层													1			

嵌线顺序		17	18	19	20	21	22	23	24	25	26	27	28	29	30	31	32
槽号	下层	23	15	22	14	21	13	20									
	上层								13	24	8	1	9	21	13	20	12

3. 绕组特点与应用　主绕组每极有 6 个等距线圈组成，其布线与上例相同；罩极仍用交叠双圈，但安排方位不同于上例，故其旋转方向与上例相反，即本例转子按顺时针转向。此外，罩极面扩宽 1 槽，偏角也小于 45°，故其起动性能较差而运行性能略好。为进一步提高其总体性能，重绕可改为正弦布线。具体可参考图 13.1.13 的主绕组布线。

主绕组改绕正弦布线方案见表 13.2.9b。

表 13.2.9b　主绕组改绕正弦布线方案

布线类型	极距 τ	节距 y	$K_u(\%)$	K_{dp}
6A	12	1—13	13.2	0.79
		2—12	24.4	
		3—11	22.8	
		4—10	18.6	
		5—9	13.2	
		6—8	6.8	

第14章　单相电动机抽头调速型绕组

单相调速电动机是在定子上增绕一个近似于内置电抗器的调速绕组，并利用抽头的形式改变其串联匝数进行调速。调速绕组（T）可以与主绕组串联，也可与副绕组串联。若与主绕组安排同相位时称"1"型；若与副绕组同相则为"2"型。然而，单相电动机的抽头调速都是在额定转速之内调降转速的。因其适宜于转速随负载下降的特性，所以只能应用于风扇类负载。

本章是单相调速电动机绕组，调速绕组除包括家用电风扇调速、家用电器电动机调速等抽头调速外，还有单相电动机的变极调速；此外，本次修订还增设牛角扇及工业调速排风扇一节，以供修理者参考。

14.1　单相电风扇抽头式调速绕组布线接线图

单相调速电风扇是电容运转电动机的一种特殊型式，它是在8槽4极双链绕组和16槽4极单链绕组的基础上，在额定转速之内调降转速的。本节收入调速绕组25例，以供参考。

一、绕组参数

1）总线圈数　抽头调速电动机主要是4极绕组并采用8槽或16槽定子，近年有部分也用其他槽数定子。一般来说，主绕组为显极，无论是单层或双层布线都有4只线圈；而副绕组既有显极，也有庶极，故有用4只线圈或2只线圈。调速绕组线圈数与极数无关，一般在2~8只线圈，视具体调速型式而定。

2）绕组组数　普通电机的绕组以线圈组为单位接线，每组线圈数有多只线圈；而调速电扇为单圈组，即每组只有一只线圈且无变化。所以本节绕组参数是以主绕组、副绕组、调速绕组及其分组的组数为单位来表达其结构特征。因此，双速电动机就有三绕组，而三速电动机则有四绕组。

3）绕组节距与绕组系数　电扇用抽头调速电机绕组节距是固定的，即 $y = \tau = 2$，其绕组系数 $K_{dp} = 1$。

4）为使参数标排整齐，本节主绕组和副绕组也用主相和副相别称。

二、绕组特点

1）抽头调速可免除外接电抗器，总体而言可节省材料、减轻风扇整机重量，使成本降低。

2）如设计合理则可提高功率因数，而有一定的节能效果。

3）出线较多，使电机绕组的嵌绕和接线显得较复杂，从而又降低了绕制工效。

4）只能用于扇类负载，而且因抽头多，也不便在吊扇上使用，故其应用范围较窄。

三、绕组嵌线

抽头式调速电动机嵌线一般是先嵌主绕组，再嵌副绕组，最后嵌入调速绕组。但并非绝对，如对图14.1(1)而言，则宜先嵌副绕组，然后再嵌主绕组和调速绕组。

四、绕组调速接线

绕组的主相是显极接线，副相及调速绕组视具体型式而定。此外，电动机调速接线则通过挡位开关控制，并根据接线型式而各不相同。具体接线可按图14.1进行。

五、标题含义

抽头调速绕组的标题是用主、副、调三绕组的布线和接线特征来表示，其标题含义如下：

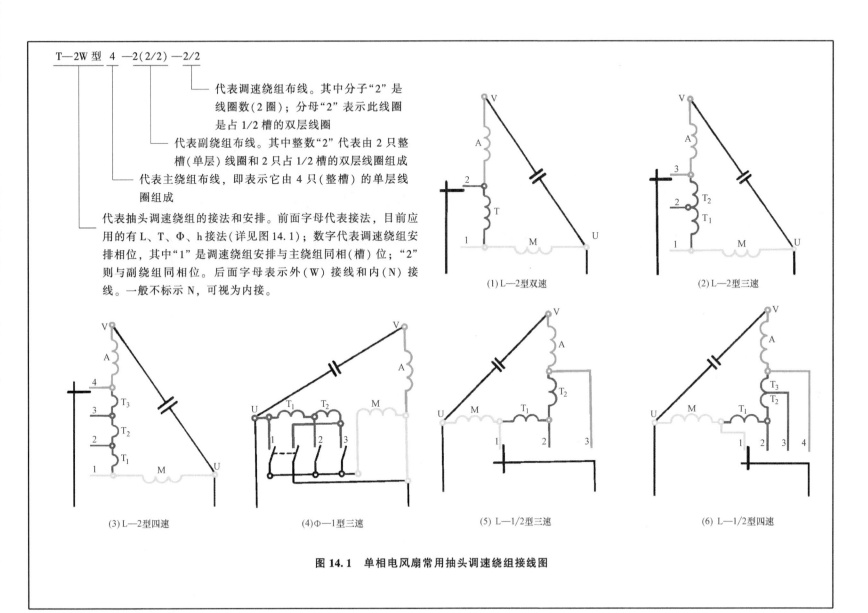

T—2W 型 4 —2(2/2)—2/2

└─ 代表调速绕组布线。其中分子"2"是
线圈数(2圈);分母"2"表示此线圈
是占 1/2 槽的双层线圈

└─ 代表副绕组布线。其中整数"2"代表由 2 只整
槽(单层)线圈和 2 只占 1/2 槽的双层线圈组成

└─ 代表主绕组布线,即表示它由 4 只(整槽)的单层线
圈组成

└─ 代表抽头调速绕组的接法和安排。前面字母代表接法,目前应
用的有 L、T、Φ、h 接法(详见图 14.1);数字代表调速绕组安
排相位,其中"1"是调速绕组安排与主绕组同相(槽)位;"2"
则与副绕组同相位。后面字母表示外(W)接线和内(N)接
线。一般不标示 N,可视为内接。

(1) L—2型双速

(2) L—2型三速

(3) L—2型四速

(4) Φ—1型三速

(5) L—1/2型三速

(6) L—1/2型四速

图 14.1 单相电风扇常用抽头调速绕组接线图

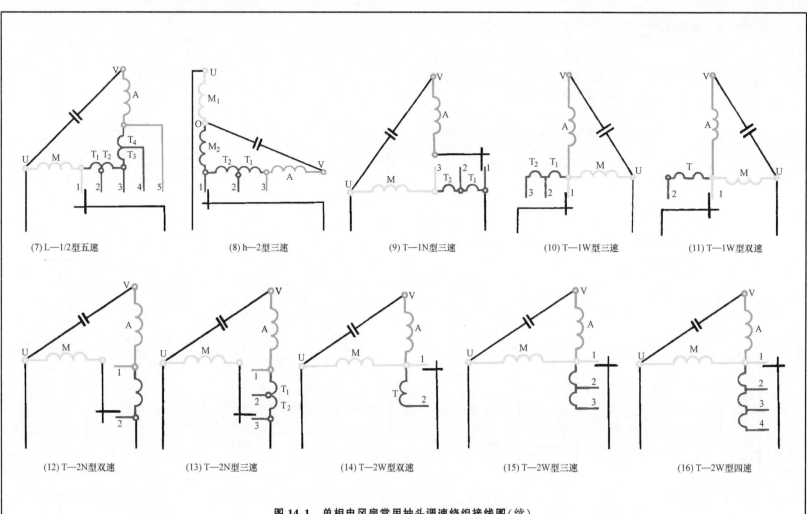

(7) L—1/2型五速　　　(8) h—2型三速　　　(9) T—1N型三速　　　(10) T—1W型三速　　　(11) T—1W型双速

(12) T—2N型双速　　　(13) T—2N型三速　　　(14) T—2W型双速　　　(15) T—2W型三速　　　(16) T—2W型四速

图 14.1　单相电风扇常用抽头调速绕组接线图(续)

14.1.1　8槽4极 L—2 型 4/2—2/2—2/2 双速绕组

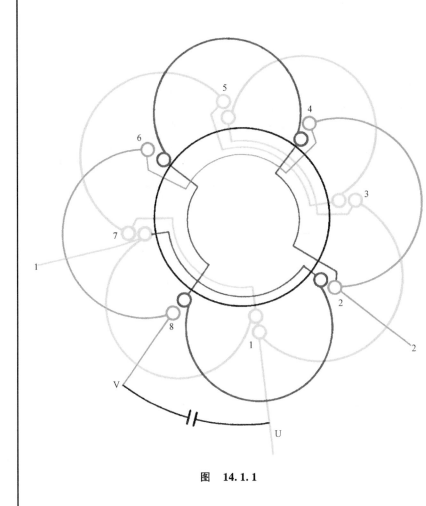

图　14.1.1

1. 绕组结构参数

定子槽数 $Z=8$	主相圈数 $S_m=4$	线圈节距 $y=1\text{—}3$
电机极数 $2p=4$	副相圈数 $S_a=2$	绕组系数 $K_{dpm}=1$
总线圈数 $Q=8$	调速圈数 $S_t=2$	$K_{dpa}=1$
绕组组数$^{\ominus}$　$u=3$	绕组极距　$\tau=2$	

2. 嵌线方法　本例绕组属双层链式,嵌线有整嵌法或交叠嵌法,但实用上多采用整嵌法,即将线圈对称整圈嵌入,既容易嵌线,又便于处理层间绝缘。嵌线顺序见表 14.1.1。

表 14.1.1　对称整嵌法

嵌线顺序		1	2	3	4	5	6	7	8	9	10	11	12	13	14	15	16
槽号	下层	1	3	5	7					2	4	6	8				
	上层					3	5	7	1					4	6	8	2

3. 绕组特点与应用　本例绕组虽属双层链式布线,但 8 个线圈分 3 组构成双速电机。除 4 个线圈的主(相)绕组外,其余两组由原来副绕组分裂而成,即一组保留 2 个线圈仍为副(相)绕组(图中绿色线圈);另一组的 2 个线圈则改为调速绕组(图中红色线圈),从而构成调速型式为 L—2 型 4/2—2/2—2/2 布线。

电动机接线原理如图 14.1(1)所示。这时电机是逆时针旋转(从定子绕组接线端视向。下同),故要求副绕组进线(V)在 U 线相邻槽的左侧,而且副绕组和调速绕组两线圈应各自按庶极连接为同极性,但两绕组必须为异极性。

此绕组槽数少,嵌线方便,但谐波磁势较大,性能稍差,目前趋向于用 16 槽或 12 槽定子所代替。本例常应用于台式、立式电风扇的电容电动机。

$\ominus$　绕组组数是指主副绕组、调速绕组及其分组数(下同)。

14.1.2　8槽4极 L—2型 4/2—4/3—2/3 双速绕组

1. 绕组结构参数

定子槽数	$Z=8$	主相圈数	$S_m=4$	线圈节距	$y=1-3$
电机极数	$2p=4$	副相圈数	$S_a=4$	绕组系数	$K_{dpm}=1$
总线圈数	$Q=10$	调速圈数	$S_t=2$		$K_{dpm}=1$
绕组组数	$u=3$	绕组极距	$\tau=2$		

2. 嵌线方法　先嵌主绕组，再嵌副绕组，最后嵌入调速绕组。嵌线时采用对边整嵌，嵌线顺序见表 14.1.2。

表 14.1.2　对称整嵌法

嵌线顺序		1	2	3	4	5	6	7	8	9	10	11	12	13	14	15	16	17	18	19	20
	下层	1	3	5	7					8	2	4	6								
槽号	中层													6	8	2	4				
	上层					3	5	7	1									8	2	4	6

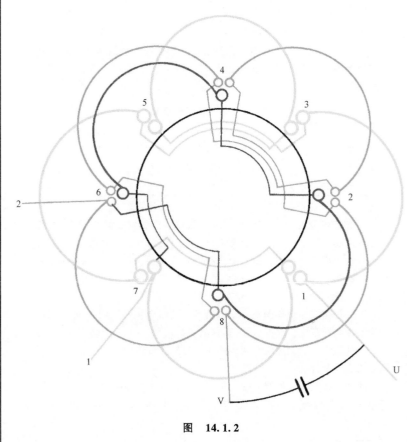

图　14.1.2

3. 绕组特点与应用　定子 8 槽 4 极绕制双层时为 8 个线圈。采用 L—2 型调速接线，所增加的调速绕组(图中红色线圈)与副绕组(图中绿色线圈)同相位，故副绕组槽内有 3 个有效边，构成 4/2—4/3—2/3 布线。

调速电机接线原理如图 14.1(1)所示。V 绕组进线在 U 线左侧，本方案是逆时针方向接线。主绕组和副绕组均为显极布线，分别由 4 个线圈组成，相邻线圈应"尾与尾"或"头与头"相接；调速绕组只有两个线圈，对称分布并安排在与副绕组同相位槽中，它是庶极布线，使两线圈电流方向相同，即"尾与头"顺接串联，而且，线圈在高速挡时的电流方向应与同槽副绕组线圈相同。

本例部分槽层次多，槽满率稍高；谐波影响较大，性能稍差于 12 槽或 16 槽电机。主要应用于两挡调速电扇电容电动机。

14.1.3 8槽4极 L—2型 4/2—4/4—4/4 三速绕组

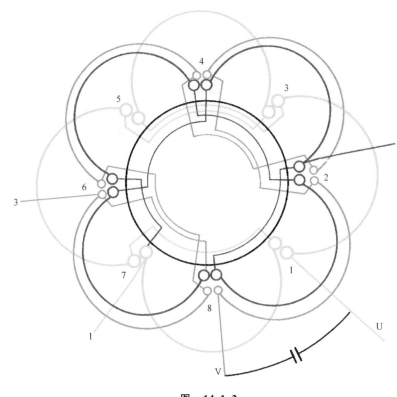

图 14.1.3

1. 绕组结构参数

定子槽数 $Z=8$	主相圈数 $S_m=4$	线圈节距 $y=1—3$
电机极数 $2p=4$	副相圈数 $S_a=4$	绕组系数 $K_{dpm}=1$
总线圈数 $Q=12$	调速圈数 $S_t=2+2$	$K_{dpa}=1$
绕组组数 $u=4$	绕组极距 $\tau=2$	

2. 嵌线方法 采用分层布线，即先将主绕组嵌入相应槽内，其端部处于底层，再嵌副绕组于中层，然后将调速绕组覆于其面。嵌线顺序见表14.1.3。

表 14.1.3 对称整嵌法

嵌线顺序		1	2	3	4	5	6	7	8	9	10	11	12	13	14	15	16	17	18	19	20	21	22	23	24
槽号	下层	1	3	5	7					2	4	8	2	6	8	4	6								
	上层					3	5	7	1									2	4	8	2	6	8	4	6

3. 绕组特点与应用 本例是三速绕组，主绕组和副绕组布线接线与上例相同，均由4个线圈按显极布线。调速绕组则较上例增加一挡，并由两组构成，每组由两个安排在对称位置的底极线圈构成，因此，同组两线圈的极性相同，而且它的极性与同槽副绕组线圈的极性一样，即在高速挡时两组调速线圈的极性必须相反。三挡调速电动机的接线原理如图14.1(2)所示。

副绕组槽中有4个元件边，层次多，层间绝缘占去槽面积的比例较大，使有效槽满率降低，且线圈数多，接线也较繁琐复杂，嵌绕工艺也费工时。主要用于老式台扇改绕三速绕组。

14.1.4 8槽4极L—2型4/2—2/3—4/3三速绕组

1. 绕组结构参数

定子槽数 $Z = 8$	主相圈数 $S_m = 4$	线圈节距 $y = 2$
电机极数 $2p = 4$	副相圈数 $S_a = 2$	绕组系数 $K_{dpm} = 1$
总线圈数 $Q = 10$	调速圈数 $S_t = 4$	线圈组数 $u = 4$
绕组极距 $\tau = 2$		

2. 嵌线方法　本例嵌线是先嵌主绕组，再嵌副绕组，最后嵌入调速绕组。嵌线顺序见表14.1.4。

表 14.1.4　分层交叠法

嵌线顺序		1	2	3	4	5	6	7	8	9	10	11	12	13	14	15	16	17	18	19	20
槽号	下层	7	5		3		1			2	4	6	8								
	中层													8	2	4	6				
	上层			7		5		3	1									2	4	6	8

3. 绕组特点与应用　本例主绕组和调速绕组均有4个线圈，主绕组用交叠法嵌于底层，调速绕组覆其上，最后将两个占槽1/3的副绕组置于上层。主绕组是显极布线，4个线圈按相邻反极性连接；副绕组为庶极，两个线圈极性相同，即连接是顺向串联；调速绕组虽属显极，但为了满足挡位切换时保持磁场的对称，特将其对称分组，接线时使2个线圈同极性，即每组呈庶极，但两调速组必须反极性，从而使整个调速4个线圈呈显极要求。此绕组层次较多，嵌绕费事，但调速效果较好，且运行平稳。本例三速电动机接线如图14.1(2)所示。

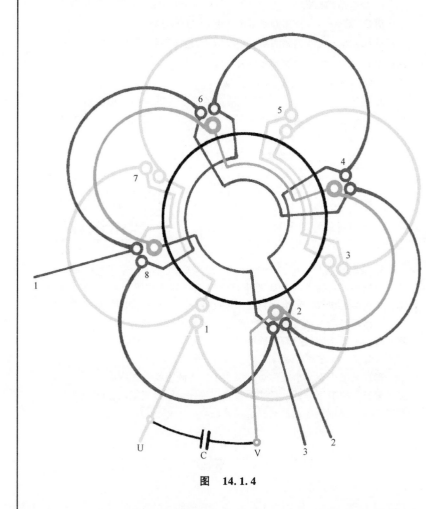

图 14.1.4

14.1.5 12槽4极L—2型(异形槽)单双层双速绕组

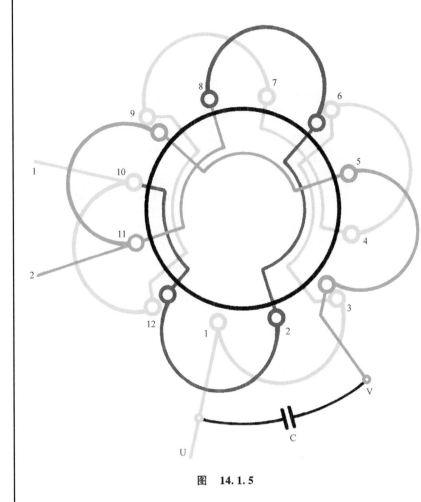

图 14.1.5

1. 绕组结构参数

定子槽数 $Z=12$	主相圈数 $S_m=4$	线圈节距 $y=2$
电机极数 $2p=4$	副相圈数 $S_a=2$	总线圈数 $Q=8$
调速圈数 $S_t=2$	线圈组数 $u=3$	绕组极距 $\tau=3$

2. 嵌线方法　本例宜用分层整嵌，即先把主绕组逐个嵌入相应槽内形成下层面绕组，然后再把副绕组和调速绕组分别嵌入，从而构成上层面。嵌线顺序见表14.1.5。

表 14.1.5　整嵌法

嵌线顺序		1	2	3	4	5	6	7	8	9	10	11	12	13	14	15	16
槽号	下层	10	12	7	9	4	6	1	3								
	上层									5	3	9	11	6	8	12	2

3. 绕组特点与应用　本例绕组的定子铁心为方圆形，即把4个圆角位置的槽设计为大截面积槽，故可安排2个有效边，如图中的3、6、9、12号槽。本例主绕组由4个线圈按显极布线，使相邻线圈反极性连接；副绕组只有两个线圈呈庶极布线，安排在相对位置，采用同向串联形成4极；调速绕组2个线圈与副绕组同相，但相距90°电角度，也是庶极布线。此绕组总线圈数较少，节距也小，嵌绕都比较方便，是近年推荐采用的绕组型式。主要用于小型通风机及转页扇电动机。本例双速电动机接线如图14.1(1)所示。

14.1.6　16 槽 4 极 L—1 型 4/2—4—4/2 三速绕组

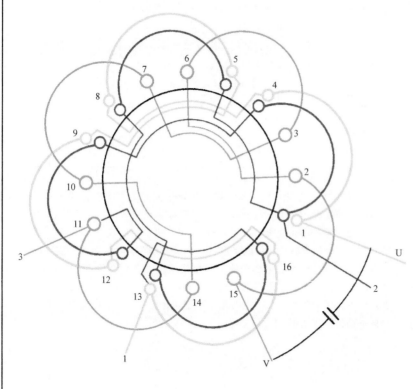

图　14.1.6

1. 绕组结构参数

定子槽数	$Z=16$	主相圈数	$S_m=4$	线圈节距	$y=1—4$
电机极数	$2p=4$	副相圈数	$S_a=4$	绕组系数	$K_{dp}=0.924$
总线圈数	$Q=12$	调速圈数	$S_t=2+2$	绕组组数	$u=4$
绕组极距	$\tau=4$				

2. 嵌线方法　采用分层整嵌法，先嵌主绕组，再嵌调速绕组，最后嵌副绕组。嵌线顺序见表 14.1.6。

表 14.1.6　分层整嵌法

嵌线顺序		1	2	3	4	5	6	7	8	9	10	11	12	13	14	15	16	17	18	19	20	21	22	23	24
槽号	下层	1	4	13	16	9	12	5	8																
	上层									1	4	13	16	9	12	5	8	15	2	11	14	7	10	3	6

3. 绕组特点与应用　本例是 L—1 型布线，即调速绕组安排与主绕组同相位（同槽）。全套绕组分 4 组：一组是主绕组，它由 4 个双层槽的（1/2）线圈组成，嵌于槽的底层（图中黄色线圈）；一组是副绕组（如图中绿色线圈），与主绕组偏移 90°电角度，由 4 个单层线圈组成；调速绕组则分为两组，每组两个线圈按庶极分布对称安排。从而构成 L—1 型 4/2—4—4/2 布线型式。电动机接线原理如图 14.2(1)所示。

由于调速绕组与主绕组同相位串联，电容器选用必须要有很高的耐压，从而使电机装配体积增大及成本增加，故一般只宜用于电压较低的场合使用的电风扇。主要应用实例有 FD7B 型落地式电扇电动机等。

14.1.7　16槽4极 L—2型 4—2—2 双速绕组

1. 绕组结构参数

定子槽数 $Z=16$　　主相圈数 $S_m=4$　　线圈节距 $y=1—4$

电机极数 $2p=4$　　副相圈数 $S_a=2$　　绕组系数 $K_{dpm}=0.924$

总线圈数 $Q=8$　　调速圈数 $S_t=2$

绕组组数 $u=3$　　绕组极距 $\tau=4$

2. 嵌线方法　　绕组采用分层嵌线，先嵌主绕组线圈，再嵌副绕组，最后嵌入调速绕组，使主绕组线圈端部处于下层，其余线圈则在上层。嵌线顺序见表14.1.7。

表 14.1.7　分层整嵌法

嵌线顺序		1	2	3	4	5	6	7	8	9	10	11	12	13	14	15	16
槽号	下层	1	4	13	16	9	12	5	8								
	上层									7	10	15	2	11	14	3	6

3. 绕组特点与应用　　本例绕组为单层布线。绕组由主绕组、副绕组、调速绕组线圈构成，主绕组占4个整槽线圈，是显极式布线，相邻线圈间的连接是"头与头"或"尾与尾"相接；副绕组只占2个整槽线圈，采用庶极布线安排在对称位置，线圈是顺接串联，即"尾与头"相接；调速绕组也是庶极布线，且与副绕组同相位，但不同槽安排，故构成 L—2 双速绕组。接线原理如图 14.1(1)所示。本例常用于双速电扇电容电动机，应用实例为 FT1-40 型 400mm 台扇等。

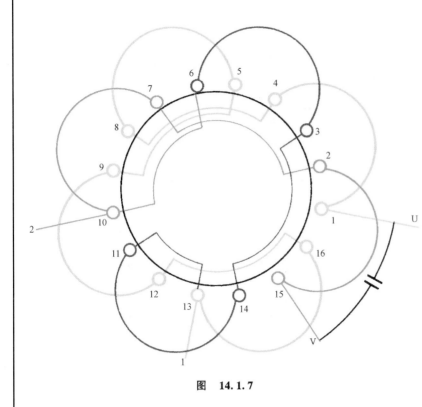

图　14.1.7

14.1.8 16 槽 4 极 L—2 型 4—2(2/2)—2/2 双速绕组

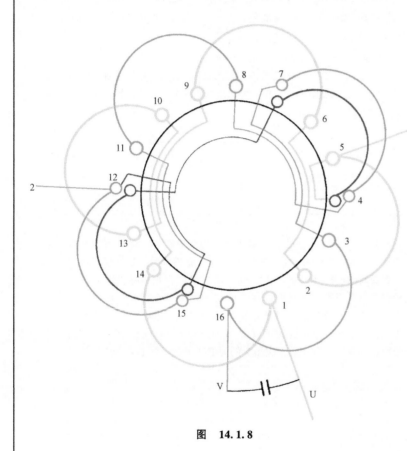

图 14.1.8

1. 绕组结构参数

定子槽数 $Z=16$	主相圈数 $S_m=4$	线圈节距 $y=1$—4
电机极数 $2p=4$	副相圈数 $S_a=4$	绕组系数 $K_{dpm}=0.924$
总线圈数 $Q=10$	调速圈数 $S_t=2$	
绕组组数 $u=3$	绕组极距 $\tau=4$	

2. 嵌线方法 采用分层整嵌法，主、副绕组线圈端部分处双平面上，而调速线圈嵌于副绕组槽的上层，从而构成不规整的三平面绕组。嵌线顺序见表 14.1.8。

表 14.1.8 分层整嵌法

嵌线顺序		1	2	3	4	5	6	7	8	9	10	11	12	13	14	15	16	17	18	19	20
槽号	下层	2	5	14	1	10	13	6	9	4	7	16	3	12	15	8	11				
	上层																	4	7	12	15

3. 绕组特点与应用 本例是 L—2 型布线，调速绕组与副绕组同相安排，故有对称的两个副绕组线圈与调速线圈安排双层，其余两个则是单层线圈。调速绕组是庶极接线，使两个线圈顺接串联，但高速时的线圈极性与同槽副绕组极性相同；主绕组由 4 个整槽线圈组成，和副绕组均是显极布线。此绕组单层线圈较多，铁心、槽的有效利用率较高，嵌线也较方便，谐波干扰也较 8 槽定子少，是取代 8 槽定子的电扇绕组型式。接线原理见图 14.1(1)。主要应用实例有 FS6 落地扇电容电动机。

14.1.9　16槽4极 L—2型 4—4/2—4/2 三速绕组

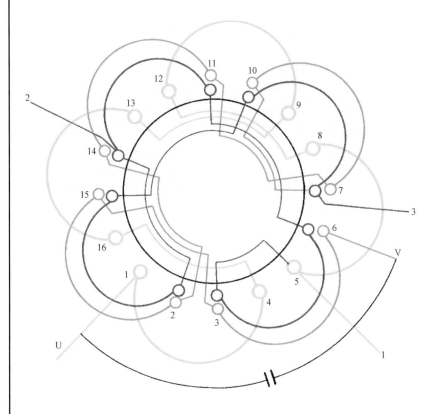

图　14.1.9

1. 绕组结构参数

定子槽数 $Z=16$	主相圈数 $S_m=4$	线圈节距 $y=1-4$
电机极数 $2p=4$	副相圈数 $S_a=4$	绕组系数 $K_{dpm}=0.924$
总线圈数 $Q=12$	调速圈数 $S_t=4$	
绕组组数 $u=4$		绕组极距 $\tau=4$

2. 嵌线方法　采用分层整嵌法，先嵌主绕组，再嵌副绕组，最后嵌调速绕组线圈于副绕组线圈槽的上层。嵌线顺序见表 14.1.9。

表 14.1.9　分层整嵌法

嵌线顺序	1	2	3	4	5	6	7	8	9	10	11	12	13	14	15	16	17	18	19	20	21	22	23	24
槽号　下层	1	4	13	16	9	12	5	8	3	6	15	2	11	14	7	10								
上层																	3	6	15	2	11	14	7	10

3. 绕组特点与应用　本例调速绕组与副绕组同相，故属 L—2 型布线，三速电动机接线原理如图 14.1(2) 所示。绕组由主绕组、副绕组各 1 组及 2 组调速绕组构成，其中主绕组线圈 4 个，为单层布线；副绕组和调速绕组各 4 个，用双层布线，三绕组均为显极式，要求同相相邻线圈极性相反。为使调速绕组对称切换，调速绕组则采用对称同极性相接。此绕组的双层槽占去一半，嵌线及接线工艺较繁琐，但谐波影响较小，是取代 8 槽同类电机的绕组型式，常用于三速电扇电动机，应用实例有 KYT2-30 转页扇、FS3-40 落地扇电动机等。

14.1.10 16槽4极 L—2型 4—4/3—8/3 三速绕组

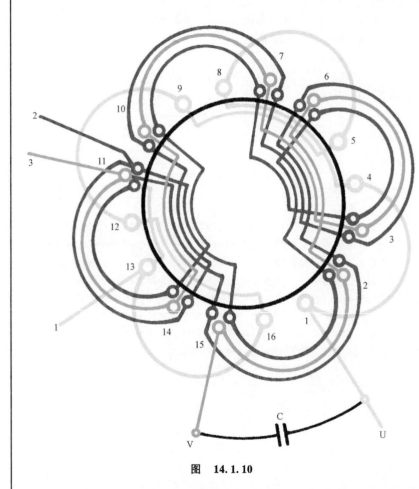

图 14.1.10

1. 绕组结构参数

定子槽数 $Z=16$	主相圈数 $S_m=4$	线圈节距 $y=3$
电机极数 $2p=4$	副相圈数 $S_a=4$	总线圈数 $Q=16$
调速圈数 $S_t=8$	线圈组数 $u=4$	绕组极距 $\tau=4$

2. 嵌线方法　绕组采用分层整嵌法，先嵌主绕组，再嵌副绕组，然后嵌入调速绕组 T_1(参考图 14.1(2))的 4 个线圈，最后嵌 T_2 的 4 个线圈。嵌线顺序见表 14.1.10。

表 14.1.10　分层整嵌法

嵌线顺序		1	2	3	4	5	6	7	8	9	10	11	12	13	14	15	16	17
槽号	下一层	13	16	9	12	5	8	1	4									
	下二层									11	14	7	10	3	6	15	2	
嵌线顺序		18	19	20	21	22	23	24	25	26	27	28	29	30	31	32	33	
槽号	上二层	11	14	7	10	3	6	15	2									
	上一层									11	14	7	10	3	6	15	2	

3. 绕组特点与应用　本例调速绕组与副绕组同相位，故属 L—2型绕组。主绕组 4 个线圈采用显极布线；副绕组 4 个线圈与调速绕组 8 个线圈同槽安排，故每槽均有 3 个线圈边。副绕组、调速绕组也是显极，而调速绕组分两组，每组 4 圈，换挡时 4 个线圈同时切换，不致造成因换挡而产生气隙磁场的局部畸变，就此而言则优于其他抽头调速。但线圈太多，嵌线非常费事，难以推广应用。本例调速接线参考图 14.1(2)。

14.1.11 16槽4极L—2型4—2—4/2三速绕组

1. 绕组结构参数

定子槽数 $Z = 16$	主相圈数 $S_m = 4$	线圈节距 $y = 3$
电机极数 $2p = 4$	副相圈数 $S_a = 2$	总线圈数 $Q = 10$
调速圈数 $S_t = 4$	线圈组数 $u = 4$	绕组极距 $\tau = 4$

2. 嵌线方法　绕组采用分层整嵌法，先嵌主绕组构成下平面，副绕组与调速绕组没有交叠而处于上平面。嵌线顺序见表14.1.11。

表 14.1.11　分层整嵌法

嵌线顺序		1	2	3	4	5	6	7	8	9	10	11	12	13	14	15	16	17	18	19	20
槽号	下平面	13	16	9	12	5	8	1	4												
	上平面									15	2	7	10	11	14	3	6	11	14	3	6

3. 绕组特点与应用　绕组由10个线圈构成，其中主绕组有4个单层线圈，显极布线；副绕组仅有2个单层线圈对称安排，呈庶极布线；调速绕组占4槽，安排4个双层线圈，也是庶极布线，为了满足对称切换挡位，特把调速线圈分为两个下层线圈和两个上层线圈，各组成一个调速组，如图14.1.11所示。此绕组调速性能较好，在国产电扇电动机中有应用。三速绕组接线可参考图14.1(2)。

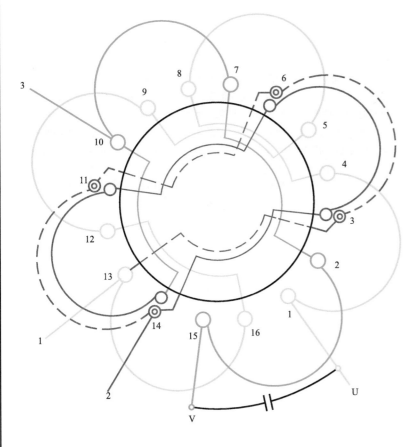

图　14.1.11

14.1.12 16槽4极L—1W型4/2—4—4/2三速绕组

1. 绕组结构参数

定子槽数 $Z=16$ 主相圈数 $S_m=4$ 线圈节距 $y=3$

电机极数 $2p=4$ 副相圈数 $S_a=4$ 总线圈数 $Q=12$

调速圈数 $S_t=4$ 线圈组数 $u=4$ 绕组极距 $\tau=4$

2. 嵌线方法
本例采用分层整嵌法,即先嵌主绕组于相应槽的下层,完成后再把调速绕组按相对称嵌于其上层,最后把副绕组嵌于面层。嵌线顺序见表14.1.12。

表 14.1.12 分层整嵌法

嵌线顺序		1	2	3	4	5	6	7	8	9	10	11	12	13	14	15	16
槽号	下层	13	16	9	12	5	8	1	4								
	上层									1	4	9	12	5	8	13	16
嵌线顺序		17	18	19	20	21	22	23	24								
槽号	上平面	11	14	7	10	3	6	15	2								

3. 绕组特点与应用
绕组各由4个线圈组成主绕组、副绕组、调速绕组,而且均为显极布线,但调速绕组分为对称两组,同组2个线圈则是同极性串联,而两组之间则极性相反。

本例绕组有别于前述几例,它虽属L型,但调速绕组不与主绕组交接,而是接于副绕组另一侧,并通过挡位开关与电容器闭合来形成L三角形,如图14.1.12b所示,故称为外(W)接形式。主绕组与调速绕组同相位,是以增加主相阻抗来达到调速目的,因效果不理想,故极少应用,绕组仅作为一种调速型式介绍给读者。

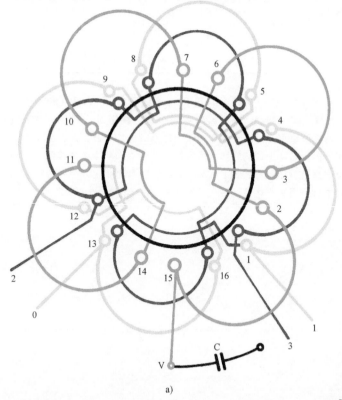

a)

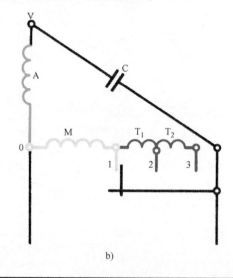

b)

图 14.1.12

14.1.13 16槽4极 T—1N 型 2(2/2)—4—2/2 双速绕组

1. 绕组结构参数

定子槽数　$Z=16$　　主相圈数　$S_m=4$　　线圈节距　$y=3$

电机极数　$2p=4$　　副相圈数　$S_a=4$　　总线圈数　$Q=10$

调速圈数　$S_t=2$　　线圈组数　$u=3$　　绕组极距　$\tau=4$

2. 嵌线方法

本例绕组采用分层法嵌线，因属"1"型，调速绕组与主绕组同相，分层嵌线时先嵌主绕组，衬垫好绝缘后嵌入调速绕组，最后再嵌副绕组，完成后绕组端部形成三平面。嵌线顺序见表14.1.13。

表 14.1.13　分层法

嵌线顺序		1	2	3	4	5	6	7	8	9	10	11	12	13	14	15	16	17	18	19	20
槽号	下平面	13	16	9	12	5	8	1	4												
	中平面									1	4	9	12								
	上平面													11	14	7	10	3	6	15	2

3. 绕组特点与应用

绕组是 T—1N 型布线接线，即调速绕组与主绕组同相位"1"，"N"则代表"内"，即当为挡位"1"时，调速绕组 T 处于主、副绕组之"内"，如图 14.1.13b 所示，故称主相内抽头调速。主、副绕组均由4个线圈安排显极；而调速绕组两个线圈与主绕组同槽且安排在相对称空间，故属庶极接线。本例是通过改变抽头，把主绕组部分线圈（即调速绕组）化作共同支路，增加电压降进行调速的，此种调速效果不理想，故本绕组仅作为此型式调速的示例。

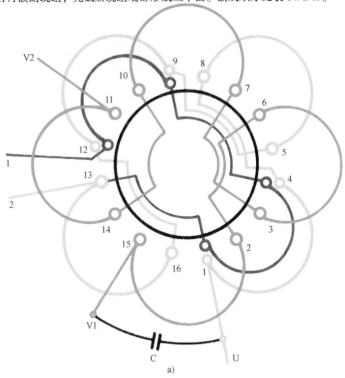

a)

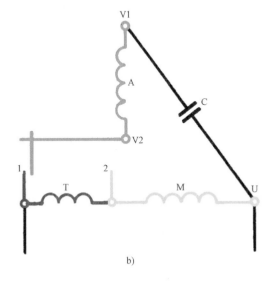

b)

图　14.1.13

14.1.14 16槽4极 T—1W 型 2(2/2)—4—2/2 双速绕组

1. 绕组结构参数

定子槽数 $Z=16$ 主相圈数 $S_m=4$ 线圈节距 $y=3$

电机极数 $2p=4$ 副相圈数 $S_a=4$ 总线圈数 $Q=10$

调速圈数 $S_t=2$ 线圈组数 $u=3$ 绕组极距 $\tau=4$

2. 嵌线方法

绕组采用分层整嵌法逐组整嵌，嵌线是先嵌主绕组，然后再把同相安排的调速绕组嵌入相应槽的上层，最后才把副绕组嵌入。嵌线顺序见表14.1.14。

表 14.1.14 分层整嵌法

嵌线顺序		1	2	3	4	5	6	7	8	9	10	11	12	13	14	15	16	17	18	19	20
槽号	下平面	13	16	9	12	5	8	1	4												
	中平面									9	12	1	4								
	上平面													11	14	7	10	3	6	15	2

3. 绕组特点与应用

本例调速绕组与主绕组同相位，故仍属 T 型 1 类，但接线则是外 W 抽头调速，即接线如图14.1.14b 所示。在任何挡位，调速绕组均在主、副联结点之外，故称主相外抽头调速。主绕组有两个单层线圈和两个双层线圈；调速绕组则用两个双层线圈，呈庶极布接线；副绕组是 4 个单层线圈，并与主绕组接线相同，即相邻极性必须相反。

此绕组相当于在 L—1 型外加部分线圈来降压以达到调速的目的，但所需匝数较多，不但耗费铜线，还导致电动机输出减小。但此型绕组在风扇电动机中有实例。

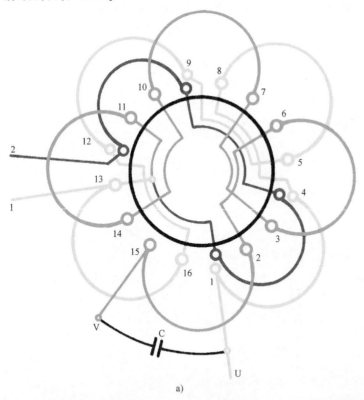

a)

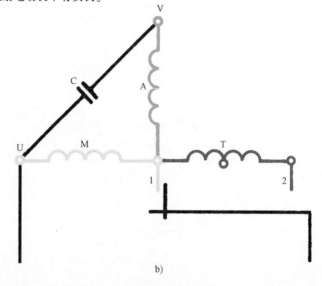

b)

图 14.1.14

14.1.15 16槽4极 T—1N 型 4/2—4—4/2 三速绕组

1. 绕组结构参数

定子槽数 $Z=16$　　线圈组数 $u=4$　　调速圈数 $S_t=4$

电机极数 $2p=4$　　主相圈数 $S_m=4$　　绕组极距 $\tau=4$

总线圈数 $Q=12$　　副相圈数 $S_a=4$　　线圈节距 $y=3$

2. 嵌线方法

绕组采用分层整嵌法，先把主绕组嵌入相应槽的下层，其端部处于下平面，然后把调速绕组按对称位置嵌入主绕组的槽的上层构成中平面，最后嵌入副绕组形成上平面。嵌线顺序见表14.1.15。

表14.1.15　分层整嵌法

嵌线顺序		1	2	3	4	5	6	7	8	9	10	11	12	13	14	15	16
槽号	下平面	13	16	9	12	5	8	1	4								
	中平面									13	16	5	8	1	4	9	12

嵌线顺序	17	18	19	20	21	22	23	24
槽号　上平面	11	14	7	10	3	6	15	2

3. 绕组特点与应用

本例由12个线圈构成，主绕组、副绕组、调速绕组各用4个，均为显极布线，但调速绕组分为两组，每组2个线圈呈对称安排，每组则采用庶极接法，即2个线圈为顺接串联。

调速绕组与主绕组同相位，且调速绕组在联结点"1"之内，故属 T 型主相内抽头调速，三速调速接线原理如图14.1.15b所示。

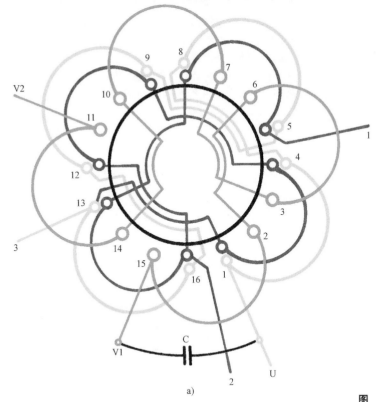

a)

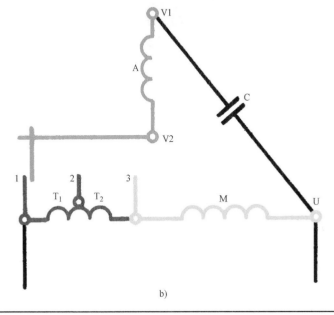

b)

图　14.1.15

14.1.16 16槽4极T—2N型4—4/2—4/2三速绕组

1. 绕组结构参数

定子槽数 $Z=16$ 线圈组数 $u=4$ 调速圈数 $S_t=4$

电机极数 $2p=4$ 主相圈数 $S_m=4$ 绕组极距 $\tau=4$

总线圈数 $Q=12$ 副相组数 $S_a=4$ 线圈节距 $y=3$

2. 嵌线方法 绕组嵌线采用分层整嵌法，即把主绕组嵌入相应槽，其端部成为下平面；再嵌副绕组于相应槽的下层，端部形成中平面；最后把调速绕组嵌于副绕组槽的上层，则成为上平面端部。嵌线顺序见表14.1.16。

表 14.1.16 分层整嵌法

嵌线顺序		1	2	3	4	5	6	7	8	9	10	11	12	13	14	15	16
槽号	下平面	13	6	9	12	5	8	1	4								
	中平面									11	14	7	10	3	6	15	2

嵌线顺序		17	18	19	20	21	22	23	24								
槽号	上平面	15	2	7	10	11	14	3	6								

3. 绕组特点与应用 本例是T—2型副相内抽头调速绕组，调速接线如图14.1.16b所示。其原理属副相内抽头调速，但本例则把调速增加一挡，即将调速绕组增加两个线圈，对称分布，切换挡位时对称切换，从而成为三速绕组。由于调速匝数与副绕组同槽，槽满率设计较合理，且调速效果较明显，故在电扇电动机中常有应用。

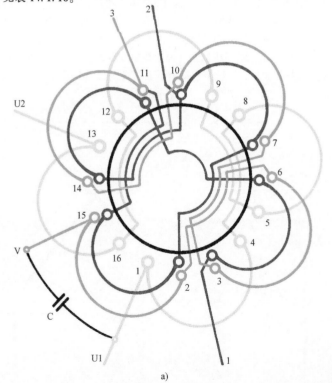

a)

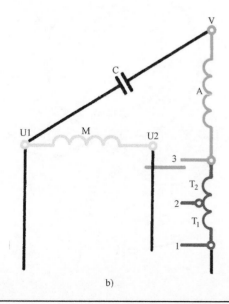

b)

图 14.1.16

14.1.17 16槽4极 T—2N 型 4—2(2/2)—2/2 双速绕组

1. 绕组结构参数

定子槽数 $Z = 16$　　主相圈数 $S_m = 4$　　线圈节距 $y = 3$

电机极数 $2p = 4$　　副相圈数 $S_a = 4$　　总线圈数 $Q = 10$

调速圈数 $S_t = 2$　　线圈组数 $u = 3$　　绕组极距 $\tau = 4$

2. 嵌线方法

绕组采用分层整嵌法，因主绕组、调速绕组同相，故嵌完主绕组后再嵌调速绕组于相应槽的上层，最后才嵌副绕组。嵌线顺序见表14.1.17。

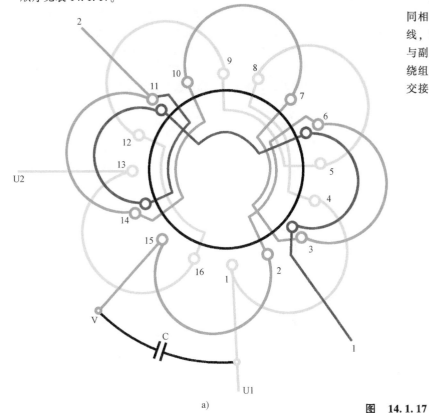

a)

图 14.1.17

表 14.1.17　分层整嵌法

表 14.1.17　分层整嵌法

嵌线顺序		1	2	3	4	5	6	7	8	9	10	11	12	13	14	15	16	17	18	19	20
槽号	下层	13	16	19	12	5	8	1	4												
	中层									11	14	3	6								
	上层													11	14	7	10	3	6	15	2

3. 绕组特点与应用

本例为 T 型 2 类布线，即调速绕组与副绕组同相位，属副相内抽头调速。主绕组和副绕组均有 4 个线圈，显极布线，调速绕组仅两只线圈对称安排为庶极，即 2 个线圈是顺接串联，并与副绕组串联，如图 14.1.17b 所示。当为 "1" 挡时，通过抽头 1 与主绕组交接而成为副绕组的一部分；当为 "2" 挡时，则抽头 2 与主绕组交接，这时构成明显的 "T" 型接线。

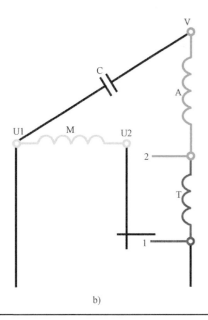

b)

14.1.18　16 槽 4 极 T—2N 型 4—2—2 双速绕组

1. 绕组结构参数

定子槽数　$Z=16$　　　主相圈数　$S_m=4$　　　线圈节距　$y=3$

电机极数　$2p=4$　　　副相圈数　$S_a=2$　　　总线圈数　$Q=8$

调速圈数　$S_t=2$　　　线圈组数　$u=3$　　　绕组极距　$\tau=4$

2. 嵌线方法

本例采用分层整嵌法，先嵌主绕组，再嵌副绕组，最后嵌入调速绕组，因副绕组、调速绕组线圈无交叠而处于同一平面，故绕组端部呈双平面结构。嵌线顺序见表 14.1.18。

表 14.1.18　分层整嵌法

嵌线顺序		1	2	3	4	5	6	7	8	9	10	11	12	13	14	15	16
槽号	下平面	13	16	9	12	5	8	1	4								
	上平面									15	2	7	10	6	3	11	14

3. 绕组特点与应用

绕组由 8 个线圈构成，其中主绕组 4 个线圈为显极布线；副绕组和调速绕组各有两只线圈，并呈庶极布线接线，即各自顺接串联而成，最后将其串联，并抽出调速"1""2"挡线，如图 14.1.18b 所示。此绕组的调速绕组、副绕组同相，故属"2"类，而主绕组尾端 U2 不与副绕组直接交接则有别于 L 型接法，而且在"1"挡时调速绕组在交接点之内，故称副相内(N)抽头调速。

此绕组全是单层，线圈数少，嵌线方便，而且把副绕组一部分作为共同支路降压的同时，也增大主回路的阻抗，故其调速效果尚可。

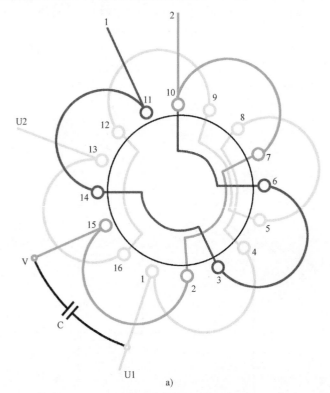

a)

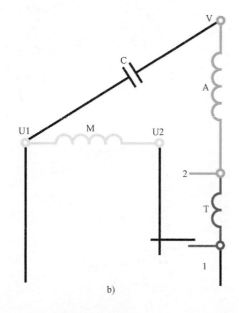

b)

图　14.1.18

14.1.19 16槽4极 T—2W 型 4—2(2/2)—2/2 双速绕组

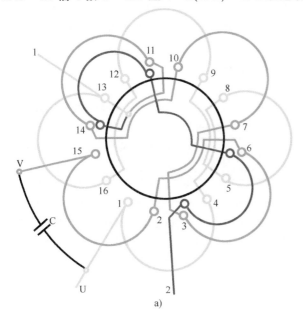

a)

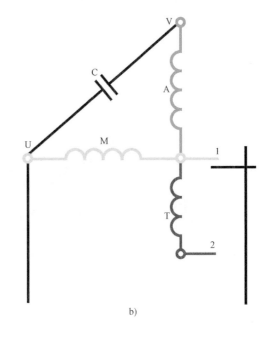

b)

图 14.1.19

1. 绕组结构参数

定子槽数 $Z = 16$　　　线圈组数 $u = 3$　　　调速圈数 $S_t = 2$

电机极数 $2p = 4$　　　主相圈数 $S_m = 4$　　　绕组极距 $\tau = 4$

总线圈数 $Q = 10$　　　副相圈数 $S_a = 4$　　　线圈节距 $y = 3$

2. 嵌线方法　　绕组采用分层整嵌法,先嵌主绕组,再嵌副绕组,使主、副绕组端部呈两平面。最后将调速绕组嵌入副绕组相应槽的上层,从而构成不规整的三平面结构。嵌线顺序见表14.1.19。

表 14.1.19　分层整嵌法

嵌线顺序		1	2	3	4	5	6	7	8	9	10	11	12	13	14	15	16	17	18	19	20
槽号	下平面	13	16	9	12	5	8	1	4												
	下平面									11	14	7	10	3	6	15	2				
	上平面																	11	14	3	6

3. 绕组特点与应用　　本例是调速绕组与副绕组同相位,属 T 型 2 类绕组,由图14.1.19b可见,调速绕组在主、副公共点"1"之外,故是副相外抽头调速。此绕组由 4 个单层线圈组成主绕组;副绕组则由两只单层和 2 个双层线圈构成;调速绕组则有两个双层线圈,呈庶极分布对称安排。本绕组具有线圈较少、嵌绕方便的特点。由于外抽头的调速绕组类似于外附电抗器,其减速效果取决于附加匝数。

14.1.20 16槽4极 T—2W 型 4—2—2 双速绕组

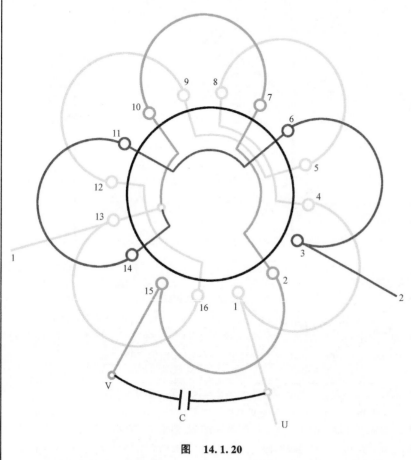

图 14.1.20

1. 绕组结构参数

定子槽数　$Z = 16$　　线圈组数　$u = 3$　　调速圈数　$S_t = 2$

电机极数　$2p = 4$　　主相圈数　$S_m = 4$　　绕组极距　$\tau = 4$

总线圈数　$Q = 8$　　副相圈数　$S_a = 2$　　线圈节距　$y = 3$

2. 嵌线方法　本绕组宜用分层整嵌法，先嵌主绕组构成下平面；再嵌副绕组和调速绕组，构成上平面端部。嵌线顺序见表 14.1.20。

表 14.1.20　分层整嵌法

嵌线顺序		1	2	3	4	5	6	7	8	9	10	11	12	13	14	15	16
槽号	下平面	13	16	9	12	5	8	1	4								
	上平面									15	2	7	10	3	6	11	14

3. 绕组特点与应用　本绕组全部线圈都用单层布线，其中主绕组 4 圈，为显极布线，副绕组和调速绕组同相安排，均用两个线圈构成庶极。绕组采用 T 型 2 类，因主、副绕组公共点在电机内部连接而把调速绕组排除在公共点之外，故属"W"型，即副相外抽头调速，其接线可参考图 14.1（14）。

本例为单层且用线圈数少，嵌绕极为方便，但调速绕组匝数较多。

14.1.21　16槽4极 T—2W 型 4—4/2—4/2 三速绕组

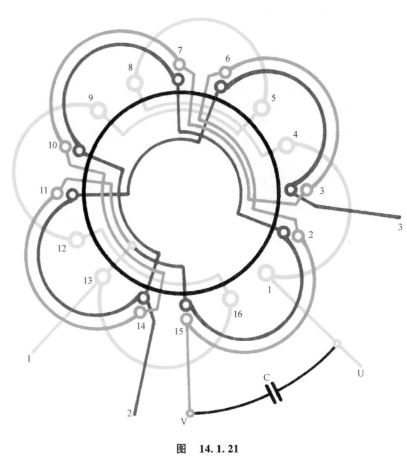

图　14.1.21

1. 绕组结构参数

定子槽数　$Z = 16$　　线圈组数　$u = 4$　　调速圈数　$S_t = 4$

电机极数　$2p = 4$　　主相圈数　$S_m = 4$　　绕组极距　$\tau = 4$

总线圈数　$Q = 12$　　副相组数　$S_a = 4$　　线圈节距　$y = 3$

2. 嵌线方法　　本例采用分层整嵌法，先把主绕组嵌入相应槽形成下平面；再嵌副绕组于相应槽的下层形成中平面；最后把调速绕组两对称线圈相继嵌入副绕组槽的上层，使绕组端部形成三平面。嵌线顺序见表14.1.21。

表 14.1.21　分层整嵌法

嵌线顺序	1	2	3	4	5	6	7	8	9	10	11	12	13	14
槽号 下平面	13	16	9	12	5	8	1	4						
中平面									11	14	7	10	3	6

嵌线顺序	15	16	17	18	19	20	21	22	23	24
槽号 中平面	15	2								
上平面			11	14	3	6	15	2	7	10

3. 绕组特点与应用　　本例调速绕组与副绕组同相位，其调速接线如图14.1(15)所示，属 T 型副相外调速。调速时主、副绕组匝比不变，仅在外部增加阻抗使电流减少而达到减速的目的，其调速效果并不十分理想，偶见于国外电扇电动机，国内未见实例。

14.1.22 16槽4极 T—1W 型 4/2—4—4/2 三速绕组

1. 绕组结构参数

定子槽数　$Z=16$　　主相圈数　$S_m=4$　　线圈节距　$y=1-4$

电机极数　$2p=4$　　副相圈数　$S_a=4$　　绕组系数　$K_{dpm}=0.924$

总线圈数　$Q=12$　　调速圈数　$S_t=4$

绕组组数　$u=4$　　　绕组极距　$\tau=4$

2. 嵌线方法　采用分层布线，因主绕组与调速绕组同槽，故宜先将主绕组嵌入相应槽的下层后，再嵌调速绕组线圈于其上层，最后把副绕组嵌入相应槽内。嵌线顺序见表 14.1.22。

表 14.1.22　分层整嵌法

嵌线顺序		1	2	3	4	5	6	7	8	9	10	11	12	13	14	15	16	17	18	19	20	21	22	23	24
槽号	下层	1	4	13	16	9	12	5	8																
	上层									1	4	13	16	9	12	5	8	3	6	15	2	11	14	7	10

3. 绕组特点与应用　T 型绕组的调速绕组与主绕组同相位，并与副绕组呈 90°分布而构成"T"字。三速绕组的接线原理如图 14.1(10) 所示。副绕组为单层线圈；主绕组、调速绕组为双层线圈，均由 4 个线圈显极布线，但调速绕组为满足对称调速而分成对称的两组，接线时应将对称两线圈顺接串联，但必须使相邻线圈反极性，而且低速时的同槽主线圈极性相同。此绕组线圈较多，接线也较复杂，主要应用于三速电扇及小型空调风扇的电容电动机。应用实例有 D40TH 型 400mm 台扇。

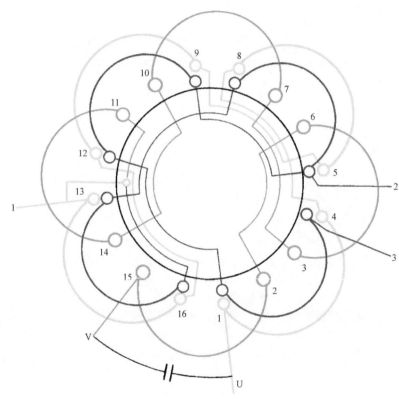

图　14.1.22

14.1.23 16槽4极 Φ—1型 4/2—4—4/2 三速绕组

1. 绕组结构参数

定子槽数 $Z=16$	主相圈数 $S_m=4$	线圈节距 $y=1—4$	
电机极数 $2p=4$	副相圈数 $S_a=4$	绕组系数 $K_{dpm}=0.924$	
总线圈数 $Q=12$	调速圈数 $S_t=4$		
绕组组数 $u=4$	绕组极距 $\tau=4$		

2. 嵌线方法　采用分层整嵌法，主绕组嵌于槽的下层，垫好绝缘再把调速绕组嵌于槽的上层，最后把副绕组嵌于面。嵌线顺序见表 14.1.23。

表 14.1.23　分层整嵌法

嵌线顺序		1	2	3	4	5	6	7	8	9	10	11	12	13	14	15	16	17	18	19	20	21	22	23	24
槽号	下层	1	4	13	16	9	12	5	8																
	上层									1	4	13	16	9	12	5	8	3	6	15	2	11	14	7	10

3. 绕组特点与应用　Φ型即串并联。它的调速绕组与主绕组同相，并通过开关转换与主绕组串联(慢速)或并联(快速)来改变主绕组整个回路的阻抗来获得调速。其接线原理如图 14.1(4)所示。

各绕组均由 4 个线圈组成显极布线，但调速绕组分为 2 组，呈对称分布，以满足换挡时气隙磁场的对称性。此绕组的调速性能和节电效果都较好，在同样条件下还可节省铜线。过去因限于开关元件不配套而极少采用，目前已有适用的控制开关，故绕组已为多种牌号电扇所采用。主要应用实例有 400mm 立式电扇。

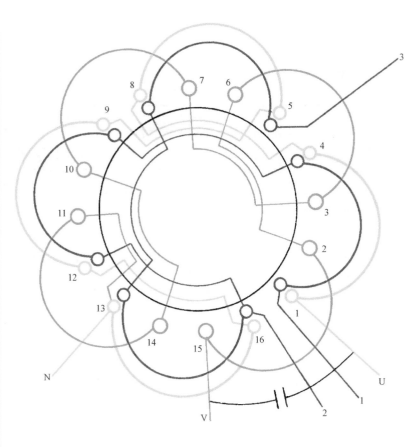

图　14.1.23

14.1.24 16槽4极 h—2型 4—2/2—2(2/2)三速绕组

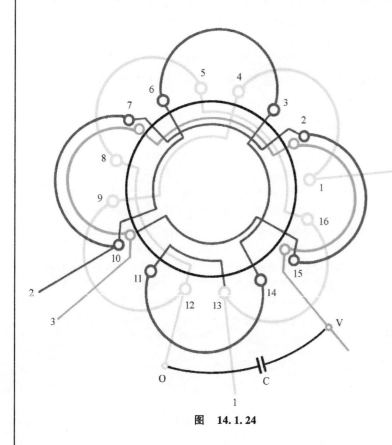

图 14.1.24

1. 绕组结构参数

定子槽数　$Z=16$　主相圈数　$S_m=4$　线圈节距　$y=1-4$

电机极数　$2p=4$　副相圈数　$S_a=2$　绕组系数　$K_{dpm}=0.924$

总线圈数　$Q=10$　调速圈数　$S_t=4$

绕组组数　$u=4$　绕组极距　$\tau=4$

2. 嵌线方法　采用分层整嵌法，先嵌主绕组，再嵌调速绕组，最后嵌副绕组。嵌线顺序见表14.1.24。

表 14.1.24　分层整嵌法

嵌线顺序		1	2	3	4	5	6	7	8	9	10	11	12
槽号	下层	9	12	1	4	13	16	5	8	11	14	3	6
	上层												
嵌线顺序		13	14	15	16	17	18	19	20	21	22	23	24
槽号	下层	15	2	7	10								
	上层					7	10	15	2				

3. 绕组特点与应用　h型的调速绕组与副绕组同相，副绕组2个半槽线圈用庶极布线；调速绕组由2个整槽线圈和2个半槽线圈对称分布成两组；主绕组也是显极布线，但4个单层整槽线圈也分成两组，并对称分布于定子上，同组线圈是同向顺串，而两组极性必须相反。移相电容器一端接于V，另一端则接在U相的中间抽头O点，接线如图14.1(8)所示。

此绕组具有调速方便，性能良好，且可节省能源的优点；但绕组结构较复杂，嵌绕较费工时。可应用于运行型电动机。应用实例有FT-40型调速台扇。

14.1.25 16槽4极 T/L—2型 4—4/2—4/2 三速绕组

1. 绕组结构参数

定子槽数 $Z=16$　　线圈组数 $u=4$　　调速圈数 $S_t=4$

电机极数 $2p=4$　　主相圈数 $S_m=4$　　绕组极距 $\tau=4$

总线圈数 $Q=12$　　副相圈数 $S_a=4$　　线圈节距 $y=3$

2. 嵌线方法

本例采用分层整嵌法，主绕组 4 个线圈嵌入相应槽形成下平面；再于相应槽下层嵌入副绕组；最后将调速绕组嵌于其上层，使三绕组端部形成三平面结构。嵌线顺序见表 14.1.25。

表 14.1.25　分层整嵌法

嵌线顺序		1	2	3	4	5	6	7	8	9	10	11	12	13	14
槽号	下平面	13	16	9	12	5	8	1	4						
	中平面									11	4	7	10	3	6
嵌线顺序		15	16	17	18	19	20	21	22	23	24				
槽号	中平面	15	2												
	上平面			11	14	3	6	15	2	7	10				

3. 绕组特点与应用

本例绕组的副绕组、调速绕组同相，应属 "2" 类安排，但主绕组分成两部分，如图 14.1.25b 所示。其中一部分 M_1 由对称两个线圈组成，与副绕组和调速绕组构成 L 型；而另一部分 M_2 则通过开关与调速挡位相接，从而构成 T 型。可见它是 T 型和 L 型的复合形式，故本书称其为 T/L-2 型抽头调速。此种型式不常见，在国内未见实例，仅供参考。

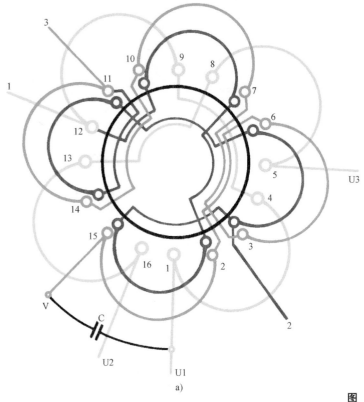

a)

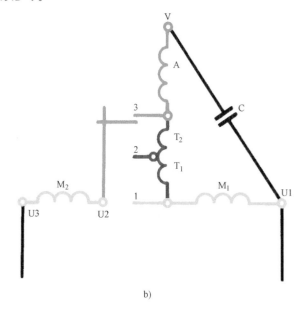

b)

图　14.1.25

14.2　单相抽头调速正弦绕组布线接线图

本节是应读者要求而增设，本版又根据修理资料做了较大的变动。内容主要包括空调器及其他家用电器配套调速电风扇的抽头调速正弦布线的绕组，其调速接线原理如图 14.2 所示。它与上节基本相同。但上节的主、副绕组以单链绕组为基础，而本节则以正弦绕组为基础，即每组线圈由多只线圈组成，并按正弦规律分布匝数。单相抽头调速正弦绕组标题说明如下：

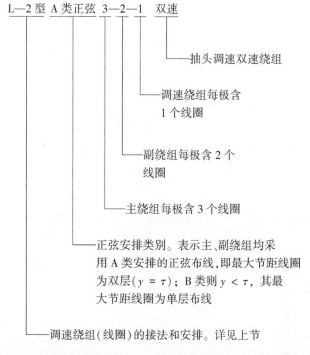

电动机调速控制接线原理，如图 14.2 所示。

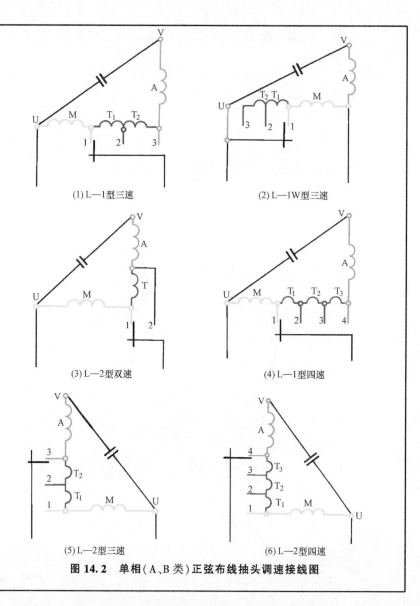

(1) L—1型三速 (2) L—1W型三速

(3) L—2型双速 (4) L—1型四速

(5) L—2型三速 (6) L—2型四速

图 14.2　单相(A、B类)正弦布线抽头调速接线图

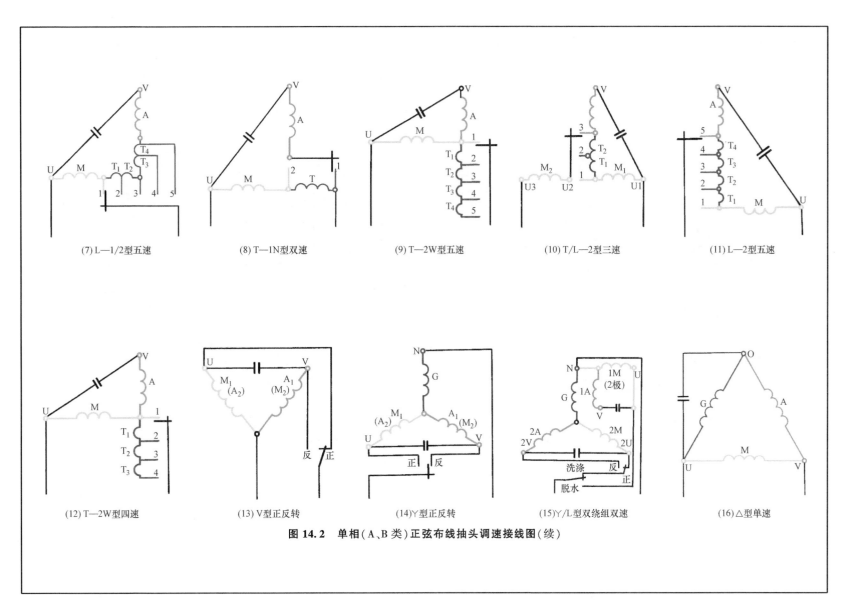

(7) L—1/2型五速　　(8) T—1N型双速　　(9) T—2W型五速　　(10) T/L—2型三速　　(11) L—2型五速

(12) T—2W型四速　　(13) V型正反转　　(14) Y型正反转　　(15) Y/L型双绕组双速　　(16) △型单速

图 14.2　单相(A、B 类)正弦布线抽头调速接线图(续)

14.2.1 12槽2极 L—2型 B 类正弦 2—1—1 双速绕组

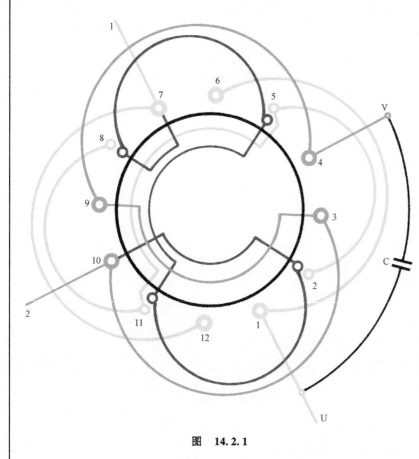

图 14.2.1

1. 绕组结构参数

定子槽数 $Z = 12$ 　绕组组数 $u = 3$ 　调速圈数 $S_t = 2$

电机极数 $2p = 2$ 　主相圈数 $S_m = 4$ 　绕组极距 $\tau = 6$

总线圈数 $Q = 8$ 　副相圈数 $S_a = 2$

正弦绕组布线方案见表 14.2.1a。

表 14.2.1a　正弦绕组布线方案

主 绕 组				副 绕 组				调速绕组		
布线类型	节距	$K_u(\%)$	K_{dpm}	布线类型	节距	$K_u(\%)$	K_{dpa}	安排类型	节距	$K_u(\%)$
2B	1—6	57.7	0.856	1B	4—9	100	0.966	2	5—8	100
	2—5	42.3								

2. 嵌线方法　嵌线采用分层嵌线，先嵌主绕组，再嵌调速绕组，最后嵌入副绕组。但同心线圈嵌线习惯先嵌小线圈。具体嵌线顺序见表 14.2.1b。

表 14.2.1b　整嵌法

嵌线顺序		1	2	3	4	5	6	7	8	9	10	11	12	13	14	15	16
槽号	下平面	2	5	1	6	8	11	7	12								
	上平面									11	2	5	8	10	3	4	9

3. 绕组特点与应用　12 槽抽头调速是出现较晚的新规格。绕组有等匝和正弦两种布线。本例主绕组为 2B 布线，它由 2 个单、双层同心线圈组成；副绕组每极为单圈，并安排单层，两线圈为反极性连接。调速绕组与副绕组同相安排，故属 L—2 型，它由 2 个线圈按反极性串联。双速电机的调速接线如图 14.2(3)所示。本例主要用于小型排风扇电动机。

14.2.2 12槽2极L—2型(异形槽)A类正弦2—2—1三速绕组

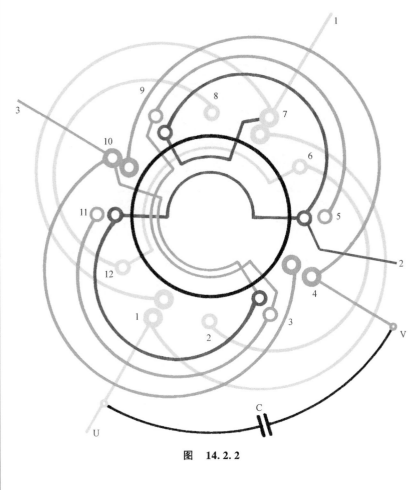

图 14.2.2

1. 绕组结构参数

定子槽数 $Z = 12$ 主相圈数 $S_m = 4$ 线圈节距 $y = 6.4$

电机极数 $2p = 2$ 副相圈数 $S_a = 4$ 总线圈数 $Q = 10$

调速圈数 $S_t = 2$ 绕组组数 $u = 4$ 绕组极距 $\tau = 6$

正弦绕组布线方案见表14.2.2a。

表 14.2.2a 正弦绕组布线方案

主 绕 组			副 绕 组			调速绕组		
布线类型	节距	$K_u(\%)$	K_{dpm}	布线类型	节距	$K_u(\%)$	K_{dpa}	安排类型	节距	$K_u(\%)$

布线类型	节距	$K_u(\%)$	K_{dpm}	布线类型	节距	$K_u(\%)$	K_{dpa}	安排类型	节距	$K_u(\%)$
2A	1—7	36.6	0.915	2A	4—10	36.6	0.915	2	5—9	100
	2—6	63.4			5—9	63.4				

2. 嵌线方法 本例采用分层交叠法,即先嵌主绕组于下层,但大节距线圈呈交叠嵌法;副绕组嵌法与主绕组相同;调速线圈则嵌于副绕组两层。嵌线顺序见表14.2.2b。

表 14.2.2b 分层交叠法

嵌线顺序		1	2	3	4	5	6	7	8	9	10	11	12	13	14	15	16	17	18	19	20
槽号	下层	2	6	1	8	12	7			5	9	4	11	3	10						
	上层							1	7							4	10	5	9	11	3

3. 绕组特点与应用 本例与上例同是12槽2极绕组,但定子采用异形槽,而且绕制成三速。主、副绕组是单双层同心线圈,其中大线圈为双层,因是等匝线圈,为充分发挥定子铁心效能,特将定子中的槽1、4、7、10设计成大截面积的异形槽。主、副绕组均为显极布线,即同相相邻线圈组反极性串联。调速绕组与副绕组同相,即为快速"1"挡时与副绕组串联,其极性与副绕组同相位线圈相同。此绕组采用不对称切换调速,由于电机容量较小,实际使用并无明显异状。调速控制接线如图14.2(5)所示。本例绕组应用于小型转页扇电动机。

413

14.2.3　24槽4极L—2型A类正弦3—2—1双速绕组

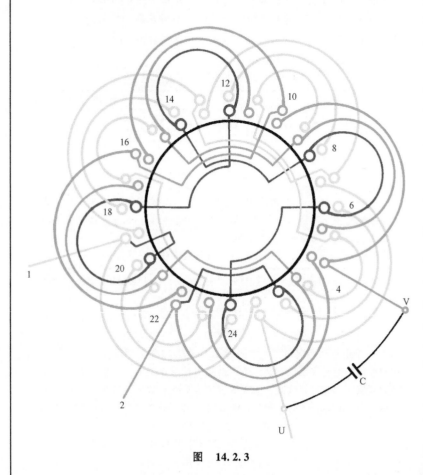

图　14.2.3

1. 绕组结构参数

定子槽数　$Z=24$	绕组组数　$u=3$	调速圈数　$S_t=4$
电机极数　$2p=4$	主相圈数　$S_m=12$	绕组极距　$\tau=6$
总线圈数　$Q=24$	副相圈数　$S_a=8$	

正弦绕组布线方案见表14.2.3a。

表 14.2.3a　正弦绕组布线方案

主绕组			副绕组			调速绕组		
布线类型	节距	$K_u(\%)$	K_{dpm}	布线类型	节距	$K_u(\%)$	K_{dpa}	安排类型	节距	$K_u(\%)$

布线类型	节距	$K_u(\%)$	K_{dpm}	布线类型	节距	$K_u(\%)$	K_{dpa}	安排类型	节距	$K_u(\%)$
3A	1—7	26.8	0.804	2A	4—10	36.6	0.915	2	6—8	100
	2—6	46.4			5—9	63.4				
	3—5	26.8								

2. 嵌线方法　绕组采用分层整嵌法，嵌入次序是主绕组、副绕组、调速绕组。嵌线顺序见表14.2.3b。

表 14.2.3b　分层整嵌法

嵌线顺序	1	2	3	4	5	6	7	8	9	10	11	12	13	14	15	16
槽号 下平面	21	23	20	24	19	1	9	11	8	12	7	13	3	5	2	6

嵌线顺序	17	18	19	20	21	22	23	24	25	26	27	28	29	30	31	32
槽号 下平面	1	7	15	17	14	18	13	19								
中平面									23	3	22	4	11	15	10	16

嵌线顺序	33	34	35	36	37	38	39	40	41	42	43	44	45	46	47	48
槽号 中平面	5	9	4	10	17	21	16	22								
上平面									18	20	12	14	6	8	24	2

3. 绕组特点与应用　本例是L型抽头调速，调速绕组与副绕组同相，故为"2"型；主、副、调速绕组每极线圈分别由3—2—1个线圈组成，而线圈可以是等匝，也可用正弦分布，因主、副绕组每极最大线圈为双层，故属A类安排。本绕组应用于两挡调速的单相电容电动机，其调速接线原理可参考图14.2(3)。

14.2.4 24槽4极L—2型A类正弦3—2—1(对称)三速绕组

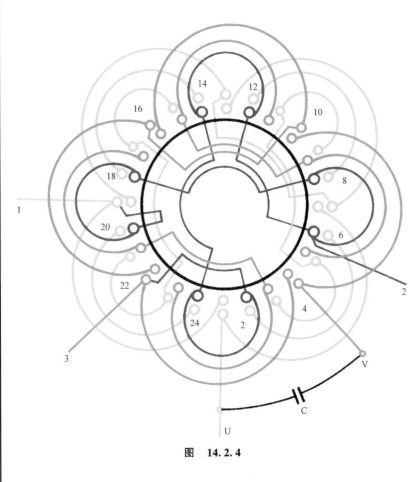

图 14.2.4

1. 绕组结构参数

定子槽数 $Z=24$	绕组组数 $u=4$	调速圈数 $S_t=4$
电机极数 $2p=4$	主相圈数 $S_m=12$	绕组极距 $\tau=6$
总线圈数 $Q=24$	副相圈数 $S_a=8$	

正弦绕组布线方案见表14.2.4a。

表 14.2.4a　正弦绕组布线方案

主 绕 组				副 绕 组				调 速 绕 组		
布线类型	节距	$K_u(\%)$	K_{dpm}	布线类型	节距	$K_u(\%)$	K_{dpa}	安排类型	节距	$K_u(\%)$
3A	1—7	26.8	0.804	2A	4—10	36.6	0.915	2	6—8	100
	2—6	46.4			5—9	63.4				
	3—5	26.8								

2. 嵌线方法　本例布线与上例相同，除可用分层整嵌外，因A型具有同槽交叠线圈，故也可用分层交叠嵌线，其嵌线顺序仍是主绕组、副绕组、调速绕组。嵌线顺序见表14.2.4b。

表 14.2.4b　分层交叠法

嵌线顺序		1	2	3	4	5	6	7	8	9	10	11	12	13	14	15	16
槽号	下层	21	23	20	24	19	15	17	14	18	13		9	11	8	12	7
	上层											19					
嵌线顺序		17	18	19	20	21	22	23	24	25	26	27	28	29	30	31	32
槽号	下层		3	5	2	6	1					22		16			
	上层	13				7	1	23	3		17	21			22	11	
嵌线顺序		33	34	35	36	37	38	39	40	41	42	43	44	45	46	47	48
槽号	下层		10			4											
	上层	15		16	5	9		10	4	24	2	18	20	12	14	6	8

3. 绕组特点与应用　本例布线特点与上例基本相同，但为三挡调速，即调速用的4个线圈布线与上例相同，但分为2组，即相对称的两只同极性线圈为一组，这样在换挡时就能对称切换，确保电动机在不同转速下稳定运行。此绕组应用于三速单相电容电动机，其调速接线原理如图14.2(5)所示。

14.2.5 24槽4极L—2型A类正弦3—2—2(对称)三速绕组

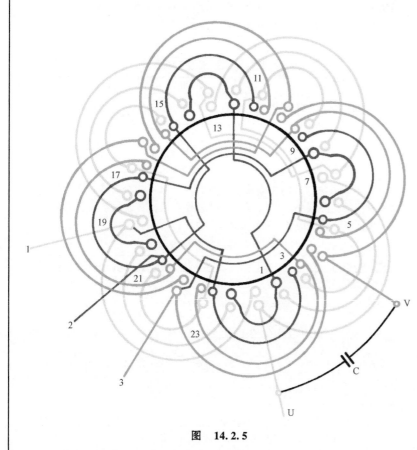

图　14.2.5

1. 绕组结构参数

定子槽数　$Z = 24$　　绕组组数　$u = 4$　　调速圈数　$S_t = 8$

电机极数　$2p = 4$　　主相圈数　$S_m = 12$　　绕组极距　$\tau = 6$

总线圈数　$Q = 28$　　副相圈数　$S_a = 8$

正弦绕组布线方案见表14.2.5a。

表14.2.5a　正弦绕组布线方案

主　绕　组			副　绕　组			调　速　绕　组		
布线类型	节距	$K_u(\%)$	K_{dpm}	布线类型	节距	$K_u(\%)$	K_{dpa}	安排类型	节距	$K_u(\%)$
3A	1—7	26.8	0.804	2A	4—10	36.6	0.915	2	5—9	(40)
	2—6	46.4			5—9	63.4			6—8	(60)
	3—5	26.8								

2. 嵌线方法　本绕组采用分层整嵌法，先将主绕组对称组嵌入，完成后同样对称嵌入副绕组，最后才嵌调速绕组，使三个绕组端部呈三平面结构。嵌绕顺序见表14.2.5b。

表14.2.5b　分层整嵌法

嵌线顺序		1	2	3	4	5	6	7	8	9	10	11	12	13	14	15	16	17	18	19
槽号	下平面	3	5	2	6	1	7	15	17	14	18	13	19	9	11	8	12	7	13	21
嵌线顺序		20	21	22	23	24	25	26	27	28	29	30	31	32	33	34	35	36	37	38
槽号	下平面	23	20	24	19	1														
	中平面						5	9	4	10	17	21	16	22	11	15	10	16	23	3
嵌线顺序		39	40	41	42	43	44	45	46	47	48	49	50	51	52	53	54	55	56
槽号	中平面	22	4																
	上平面			6	8	5	9	24	2	23	3	18	20	17	21	12	14	11	15

3. 绕组特点与应用　本例调速绕组与副绕组同相，属L—2型A类。调速绕组每极两圈呈同心布线，并将其对称的两组线圈同极性串联成T_1和T_2两调速组，使调速时将T_1或T_2对称切换，确保气隙磁场对称分布而运行稳定。此外，正弦方案中括号内数值是根据占槽情况设定的，重绕修理应参考原始数据进行。本例是三挡调速，调速接线原理如图14.2(5)所示。

14.2.6 24槽4极L—2型A类正弦3—2—2(均衡)三速绕组

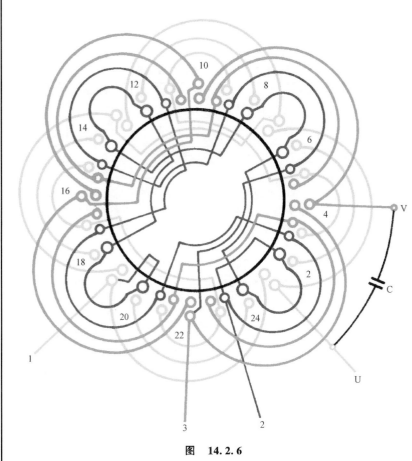

图 14.2.6

1. 绕组结构参数

定子槽数 $Z = 24$　　绕组组数 $u = 4$　　调速圈数 $S_t = 8$

电机极数 $2p = 4$　　主相圈数 $S_m = 12$　　绕组极距 $\tau = 6$

总线圈数 $Q = 28$　　副相圈数 $S_a = 8$

正弦绕组布线方案见表14.2.6。

表14.2.6　正弦绕组布线方案

主　绕　组			副　绕　组				调　速　绕　组		
布线类型	节距	$K_u(\%)$	K_{dpm}	布线类型	节距	$K_u(\%)$	K_{dpa}	安排类型	节距	$K_u(\%)$
3A	1—7	26.8	0.804	2A	4—10	36.6	0.915	2	5—9	(40)
	2—6	46.4			5—9	63.4			6—8	(60)
	3—5	26.8								

2. 嵌线方法　　绕组采用分层整嵌，先将主绕组按对称两组嵌入，同样方法嵌好副绕组，最后嵌入调速绕组。嵌线顺序可参考上例。

3. 绕组特点与应用　　本例绕组布线与上例相同，即是正弦布线，主绕组由4个三圈组组成，副绕组有4个双圈组。而调速绕组也是每极两圈，但它的两个线圈接线时是各自为一单元，即4个大线圈按显极串联成 T_1 调速组，4个小线圈为 T_2 调速组。所以，在换挡时同时切换的线圈是均匀分布于四极，故称"均衡"切换。这样切换可保证任何挡位上，电机气隙磁势能均匀分布，从而避免对称切换造成磁场畸变的缺陷。所以这种调速更加稳静，但绕组接线较繁琐。电动机调速接线原理如图14.2(5)所示。

14.2.7 24槽4极L—2型B类正弦3—2—1双速绕组

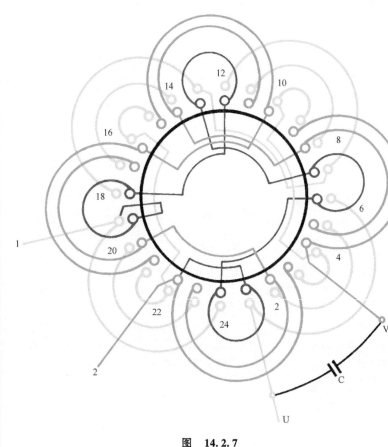

图 14.2.7

1. 绕组结构参数

定子槽数 $Z=24$	绕组组数 $u=3$	调速圈数 $S_t=4$
电机极数 $2p=4$	主相圈数 $S_m=12$	绕组极距 $\tau=6$
总线圈数 $Q=24$	副相圈数 $S_a=8$	

正弦绕组布线方案见表14.2.7a。

表 14.2.7a　正弦绕组布线方案

主 绕 组				副 绕 组				调速绕组		
布线类型	节距	$K_u(\%)$	K_{dpm}	布线类型	节距	$K_u(\%)$	K_{dpa}	安排类型	节距	$K_u(\%)$
3B	1—6	50.0	0.776	2B	4—9	57.7	0.856	2	6—7	100
	2—5	36.6			5—8	42.3				
	3—4	13.4								

2. 嵌线方法　本例属B类正弦，即最大节距线圈为单层，而无同相交叠，故采用整嵌法可构成完整的三平面绕组。嵌线顺序见表14.2.7b。

表 14.2.7b　整嵌法

嵌线顺序	1	2	3	4	5	6	7	8	9	10	11	12	13	14	15	16
槽号 下平面	21	22	20	23	19	24	15	16	14	17	13	18	9	10	8	11

嵌线顺序	17	18	19	20	21	22	23	24	25	26	27	28	29	30	31	32
槽号 下平面	7	12	3	4	2	5	1	6								
中平面									23	2	22	3	17	20	16	21

嵌线顺序	33	34	35	36	37	38	39	40	41	42	43	44	45	46	47	48
槽号 中平面	11	14	10	15	5	8	4	9								
上平面									24	1	18	19	12	13	6	7

3. 绕组特点与应用　主绕组有4组正弦分布的三联同心圈，按显极布线接线；副绕组由双同心圈组成，主、副绕组均是B类，同相线圈无交叠；调速绕组只有一组，由4个单圈按副绕组线圈极性独自串联，即调速绕组与副绕组同相，故属"2"类安排。本绕组应用于国外家电产品电动机。调速控制接线原理如图14.2(3)所示。

14.2.8 24槽4极L—2型B类正弦3—2—2(对称)三速绕组

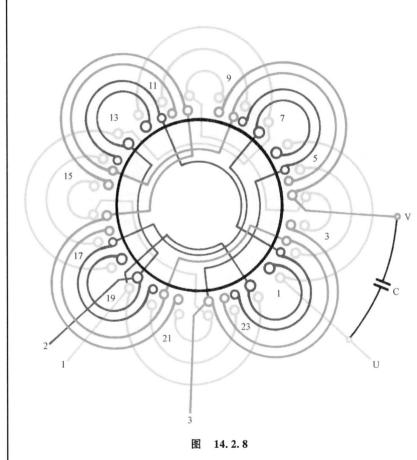

图 14.2.8

1. 绕组结构参数

定子槽数 $Z=24$　　绕组组数 $u=4$　　调速圈数 $S_t=8$

电机极数 $2p=4$　　主相圈数 $S_m=12$　　绕组极距 $\tau=6$

总线圈数 $Q=28$　　副相圈数 $S_a=8$

正弦绕组布线方案见表14.2.8a。

表14.2.8a　正弦绕组布线方案

主 绕 组				副 绕 组				调 速 绕 组		
布线类型	节距	$K_u(\%)$	K_{dpm}	布线类型	节距	$K_u(\%)$	K_{dpa}	安排类型	节距	$K_u(\%)$
3B	1—6	50.0	0.766	2B	4—9	57.7	0.856	2	5—8	(35)
	2—5	36.6			5—8	42.3			6—7	(65)
	3—4	13.4								

2. 嵌线方法　本例采用整嵌法，即主、副、调速三绕组先后嵌入相应槽内形成下、中、上三个端部层次的平面。嵌线顺序见表14.2.8b。

表14.2.8b　整嵌法

嵌线顺序	1	2	3	4	5	6	7	8	9	10	11	12	13	14	15	16	17	18	19
槽号 下平面	21	22	20	23	19	24	15	16	14	17	13	18	9	10	8	11	7	12	3

嵌线顺序	20	21	22	23	24	25	26	27	28	29	30	31	32	33	34	35	36	37	38
槽号 下平面	4	2	5	1	6														
中平面						23	2	22	3	17	20	16	21	11	14	10	15	9	8

嵌线顺序	39	40	41	42	43	44	45	46	47	48	49	50	51	52	53	54	55	56
槽号 中平面	4	9																
上平面			6	7	5	8	24	1	23	2	18	19	17	20	12	13	11	14

3. 绕组特点与应用　本例主绕组由三圈组组成显极布线；副绕组由双圈组组成，而调速绕组与副绕组同相，故为"2"型。主、副组均为B类正弦，即最大线圈为单层。调速绕组同极性两圈为一组，并与对称安排一组同极性串联为一调速组，故4组双圈构成 T_1 和 T_2 两调速组，使换挡时能对称切换，从而达到稳定切换调速的目的。电动机调速控制原理电路如图14.2(5)所示。

14.2.9 24 槽 4 极 L—2 型 B 类正弦 3—3—2(对称)三速绕组

1. 绕组结构参数

定子槽数 $Z = 24$	绕组组数 $u = 4$	调速圈数 $S_t = 8$
电机极数 $2p = 4$	主相圈数 $S_m = 12$	绕组极距 $\tau = 6$
总线圈数 $Q = 32$	副相圈数 $S_a = 12$	

正弦绕组布线方案见表 14.2.9。

表 14.2.9 正弦绕组布线方案

主 绕 组			副 绕 组				调 速 绕 组		
布线类型	节距	$K_u(\%)$	K_{dpm}	布线类型	节距	$K_u(\%)$	K_{dpa}	安排类型	节距	$K_u(\%)$
3B	1—6	50.0	0.766	3B	4—9	50.0	0.766	2	5—8	(50)
	2—5	36.6			5—8	36.6			6—7	(50)
	3—4	13.4			6—7	13.4				

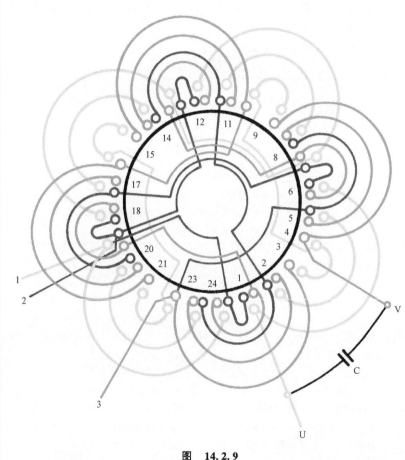

图 14.2.9

2. 嵌线方法 本例绕组是 B 类正弦，没有同相交叠的线圈，所以可采用嵌线方便的整嵌法，即先把主绕组逐个线圈组嵌入相应槽的底层，其端部处于同一平面；再把副绕组逐组嵌入相应槽，其端部形成中平面；最后才嵌入调速绕组，使整个绕组的端视呈现三平面结构。但必须注意，各绕组嵌完后都必须衬垫绝缘以防止短路。嵌线顺序可参考前面各例，本例从略。

3. 绕组特点与应用 本例绕组线圈较多，主、副绕组每极均用 3 个线圈，属满圈安排；而调速绕组与副绕组同相，每极也有 2 个线圈，并采用对称接线，即同极两圈为一组，与对称一组串接成同极性的调速组；另一对称组连接成同一反极性的调速组。电动机三速接线原理可参考图 14.2(5)。此绕组工艺性较差，但主、副绕组均能获得较优的正弦效果，有效地消除 3 次等谐波干扰，使电动机有较好的电气性能。

14.2.10 24槽4极T—1W型A类正弦3—2—2(对称)三速绕组

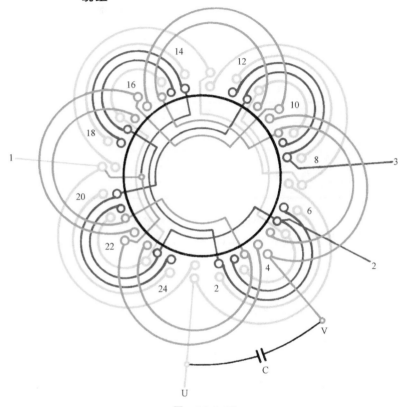

图 14.2.10

1. 绕组结构参数

定子槽数 $Z = 24$　　绕组组数 $u = 4$　　调速圈数 $S_t = 8$

电机极数 $2p = 4$　　主相圈数 $S_m = 12$　　绕组极距 $\tau = 6$

总线圈数 $Q = 28$　　副相圈数 $S_a = 8$

正弦绕组布线方案见表14.2.10a。

表 14.2.10a　正弦绕组布线方案

主 绕 组			副 绕 组				调 速 绕 组		
布线类型	节距	$K_u(\%)$	K_{dpm}	布线类型	节距	$K_u(\%)$	K_{dpa}	安排类型	节距	$K_u(\%)$
3A	1—7	26.8	0.804	2A	4—10	36.6	0.915	1	2—6	(65)
	2—6	46.4			5—9	63.4			3—5	(35)
	3—5	26.8								

2. 嵌线方法　　为使整嵌后的端部整齐对称,特将各绕组对称嵌入。使主绕组构成下平面,再嵌副绕组处于中平面,最后嵌调速绕组于上平面。嵌线顺序见表14.2.10b。

表 14.2.10b　分层整嵌法

嵌线顺序		1	2	3	4	5	6	7	8	9	10	11	12	13	14	15	16	17	18	19
槽号	下平面	3	5	2	6	1	7	15	17	14	18	13	19	9	11	8	12	7	13	21
嵌线顺序		20	21	22	23	24	25	26	27	28	29	30	31	32	33	34	35	36	37	38
槽号	下平面	23	20	24	19	1														
	中平面						5	9	4	10	17	21	16	22	11	15	10	16	23	3
嵌线顺序		39	40	41	42	43	44	45	46	47	48	49	50	51	52	53	54	55	56
槽号	中平面	22	4																
	上平面			3	5	2	6	15	17	14	18	9	11	8	12	21	23	20	24

3. 绕组特点与应用　　本例是T型抽头调速绕组,而且安排与主绕组同相,即所谓"1"类安排;同时接线将其排除在主、副绕组构成的"L"形之外(W)。电动机三速接线原理如图14.1(10)所示。T-1W型调速绕组虽有不少应用实例,因其调速效果和经济效益并不占优,故不是理想的调速方案。

14.2.11 24槽4极 T—2W 型 B 类正弦 3—2—2(对称)三速绕组

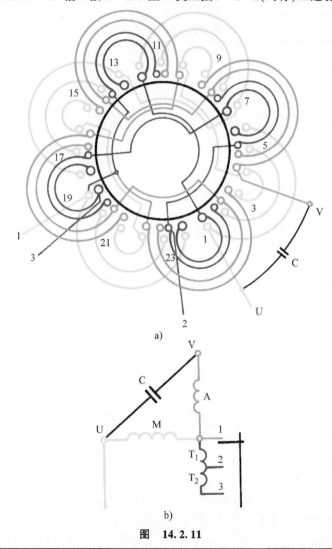

a)

图 14.2.11

1. 绕组结构参数

定子槽数 $Z = 24$　　绕组组数 $u = 4$　　调速圈数 $S_t = 8$

电机极数 $2p = 4$　　主相圈数 $S_m = 12$　　绕组极距 $\tau = 6$

总线圈数 $Q = 28$　　副相圈数 $S_a = 8$

正弦绕组布线方案见表 14.2.11a。

表 14.2.11a　正弦绕组布线方案

主 绕 组				副 绕 组				调 速 绕 组		
布线类型	节距	$K_u(\%)$	K_{dpm}	布线类型	节距	$K_u(\%)$	K_{dpa}	安排类型	节距	$K_u(\%)$
3B	1—6	50.0	0.776	2B	4—9	57.7	0.856	2	5—8	(40)
	2—5	36.6			5—8	42.3			6—7	(60)
	3—4	13.4								

2. 嵌线方法　　本例是 B 类正弦，采用整嵌法可构成完整的三平面绕组。嵌线顺序见表 14.2.11b。

表 14.2.11b　整嵌法

嵌线顺序		1	2	3	4	5	6	7	8	9	10	11	12	13	14	15	16	17	18	19
槽号	下平面	21	22	20	23	19	24	15	16	14	17	13	18	9	10	8	11	7	12	3
嵌线顺序		20	21	22	23	24	25	26	27	28	29	30	31	32	33	34	35	36	37	38
槽号	下平面	4	2	5	1	6														
	中平面						23	2	22	3	17	20	16	21	11	14	10	15	5	8
嵌线顺序		39	40	41	42	43	44	45	46	47	48	49	50	51	52	53	54	55	56
槽号	中平面	4	9																
	上平面			6	7	8	18	19	17	20	12	13	11	14	24	1	23	2	

3. 绕组特点与应用　　本例绕组结构与上例基本相同，主绕组每极三圈、副绕组每极两圈，均为显极式布线接线；调速绕组每极也是两圈，但与副绕组同相，故属 T—2W 型。本例为三速，采用对称切换，即由相对称的两组调速线圈分别构成 T_1 和 T_2，使换挡时气隙磁势保持对称平衡。电动机调速控制线路原理如图 14.2.11b 所示。

14.2.12 24槽4极 T—2W 型 B 类正弦 3—2—2(均衡)三速绕组

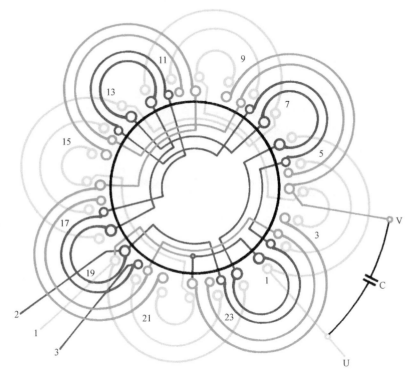

图 14.2.12

1. 绕组结构参数

定子槽数 $Z=24$ 绕组组数 $u=4$ 调速圈数 $S_t=8$

电机极数 $2p=4$ 主相圈数 $S_m=12$ 绕组极距 $\tau=6$

总线圈数 $Q=28$ 副相圈数 $S_a=8$

正弦绕组布线方案见表 14.2.12a。

表 14.2.12a 正弦绕组布线方案

主 绕 组				副 绕 组				调 速 绕 组		
布线类型	节距	$K_u(\%)$	K_{dpm}	布线类型	节距	$K_u(\%)$	K_{dpa}	安排类型	节距	$K_u(\%)$
3B	1—6	50.0	0.776	2B	4—9	57.7	0.856	2	5—8	(40)
	2—5	36.6			5—8	42.3			6—7	(60)
	3—4	13.4								

2. 嵌线方法 绕组采用 B 类正弦布线，同相线圈无交叠，故宜用整嵌法。嵌线从主绕组开始，每极先嵌小线圈，逐组(极)嵌好后衬垫相间绝缘，再按上法逐组嵌入副绕组，最后才嵌调速绕组。嵌线顺序见表 14.2.12b。

表 14.2.12b 整嵌法

嵌线顺序	1	2	3	4	5	6	7	8	9	10	11	12	13	14	15	16	17	18	19
槽号 下平面	21	22	20	23	19	24	15	16	14	17	13	18	9	10	8	11	7	12	3

嵌线顺序	20	21	22	23	24	25	26	27	28	29	30	31	32	33	34	35	36	37	38
槽号 下平面	4	2	5	1	6														
中平面						23	2	22	3	17	20	16	21	11	14	10	15	5	8

嵌线顺序	39	40	41	42	43	44	45	46	47	48	49	50	51	52	53	54	55	56
槽号 中平面	4	9																
上平面				18	19	12	13	6	7	1	17	20	11	14	5	8	23	2

3. 绕组特点与应用 主、副绕组结构与上例完全相同，但调速是采用均衡调速，调速组 T_1 和 T_2 分别由每极下的小节距线圈和大线圈按显极极性串联而成，即换挡时均匀地切去每极下的同样匝数，使电动机调速更稳静进行。调速接线原理可参考图 14.1(15)。

14.2.13 24槽4极L—2型B类正弦2—1½—1(对称调速) 双速绕组

1. 绕组结构参数

定子槽数 $Z=24$　　绕组组数 $u=3$　　调速圈数 $S_t=2$

电机极数 $2p=4$　　主相圈数 $S_m=8$　　线圈节距 $y=5$、3

总线圈数 $Q=16$　　副相圈数 $S_a=8$　　绕组极距 $\tau=6$

2. 嵌线方法　采用分相整嵌法，即先嵌主绕组于相应槽内，再嵌副绕组，最后把两个调速线圈嵌入相应槽的上层，如图14.2.13所示。

3. 绕组特点与应用　本绕组与上例基本相同，主绕组也是按单双层双圈同心式布线。但副绕组略有不同，它由两个单圈和两组双圈反极性串联而成。而调速绕组仅用两个线圈呈对称安排，使之调速时对称接入或撤出，故称对称调速。主绕组也可改用正弦布线，每极线圈匝比见表14.2.13。

表14.2.13　主绕组改绕正弦方案及每极线圈匝比

布 线 类 型	节　　距	$K_u(\%)$	K_{dpm}
2B	1—6	57.7	0.856
	2—5	42.3	

此绕组应用于抽风机用调速电动机。绕组调速接线原理可参考图14.2（3）。

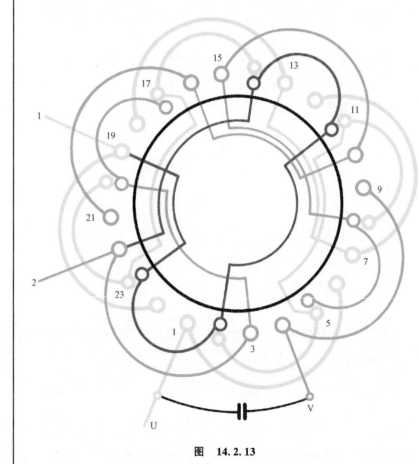

图　14.2.13

14.2.14 24槽4极L—2型B类正弦2—1—1(均衡调速)双速绕组

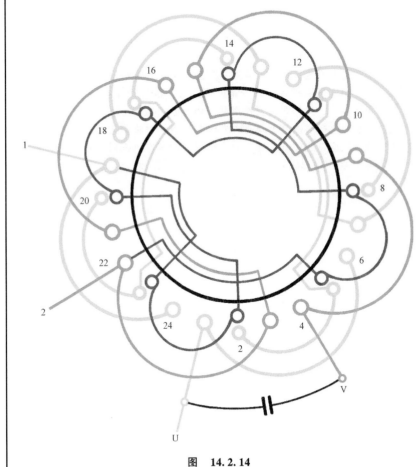

图　14.2.14

1. 绕组结构参数

定子槽数　$Z = 24$　　绕组组数　$u = 3$　　调速圈数　$S_t = 4$

电机极数　$2p = 4$　　主相圈数　$S_m = 8$　　线圈节距　$y = 5、3$

总线圈数　$Q = 16$　　副相圈数　$S_a = 4$　　绕组极距　$\tau = 6$

2. 嵌线方法　　绕组采用分层嵌线。先嵌入主绕组，衬垫端部绝缘后嵌入副绕组，最后将调速绕组嵌到相应槽的上层。

3. 绕组特点与应用　　本例绕组采用单、双层布线。主绕组由4组同心双圈组成，其中大线圈是单层线圈，小线圈是双层线圈，并与调速线圈同槽安排；副绕组每极仅1个单层线圈；调速绕组则由4个双层线圈组成。主、副、调速三绕组各自按相邻反极性串联，其调速接线是L—2型，即调速绕组与副绕组同相，接线如图14.2(3)所示。

此绕组应用于调速抽风机电动机。主绕组原为等匝槽的单双层，必要时也可改为正弦布线，其线圈分布匝数可见上例。

14.2.15 24槽4极L—2型B类正弦2—1—1(对称调速)三速绕组

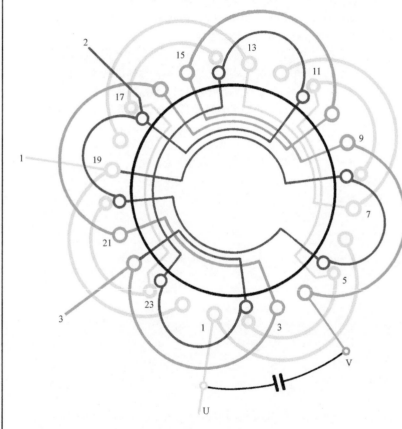

图 14.2.15

1. 绕组结构参数

定子槽数 $Z=24$ 绕组组数 $u=4$ 调速圈数 $S_t=4$

电机极数 $2p=4$ 主相圈数 $S_m=8$ 线圈节距 $y=5$、3

总线圈数 $Q=16$ 副相圈数 $S_a=4$ 绕组极距 $\tau=6$

2. 嵌线方法 绕组采用分层整嵌，先嵌主绕组构成下平面，再嵌副绕组于其上，完成后把调速绕组分为对称安排的两组，分别嵌入相应槽的上层。

3. 绕组特点与应用 本例主绕组布线与上两例相同，为提高绕组系数，也可采用正弦布线，其正弦匝数分布可参考表14.2.1a。副绕组每极单圈，按相邻反极性串联。调速分两组，每组对称安排，故换挡时也对称撤换。由于调速两组线圈是隔组对称，其极性相同，若用连绕嵌线应特别注意极性。此绕组用于调速通风机用电动机。调速线路可参考图14.2(5)。

14.2.16　24 槽 6 极 T—2W 型 A 类正弦 2—1—1(相对均衡)三速绕组

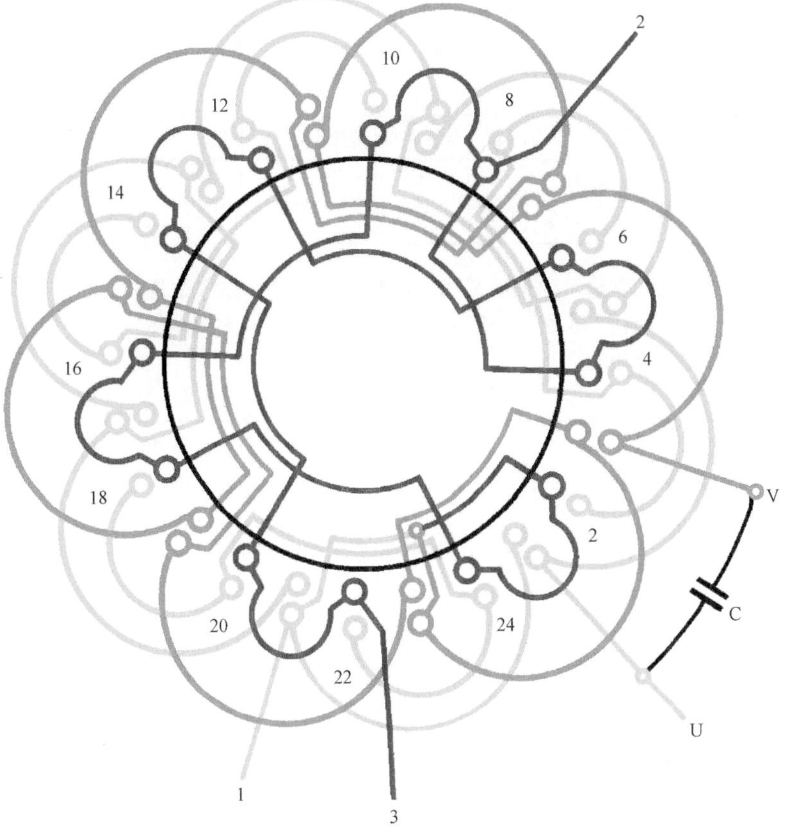

图　14.2.16

1. 绕组结构参数

定子槽数　$Z=24$　绕组组数　$u=4$　调速圈数　$S_t=6$

电机极数　$2p=6$　主相圈数　$S_m=12$　绕组极距　$\tau=4$

总线圈数　$Q=24$　副相圈数　$S_a=6$　出线根数　$c=5$

正弦绕组布线方案见表 14.2.16a。

表 14.2.16a　正弦绕组布线方案

主绕组				副绕组				调速绕组	
布线类型	节距	$K_u(\%)$	K_{dpm}	布线类型	节距	$K_u(\%)$	K_{dpa}	类型	节距
2A	1—5	41.4	0.828	1A	3—7		1.0	2	4—6
	2—4	58.6							

2. 嵌线方法　本例主、副绕组均有交叠线圈，故嵌线时均要吊起一边，最后才嵌入相应槽的上层。嵌线分层嵌入，嵌线的顺序见表 14.2.16b。

表 14.2.16b　分层法

嵌线顺序		1	2	3	4	5	6	7	8	9	10	11	12	13	14	15	16	17	18	19
槽号	下平面	22	24	21	18	20	17	21	14	16	13	17	10	12	9	13	6	8	5	9
嵌线顺序		20	21	22	23	24	25	26	27	28	29	30	31	32	33	34	35	36	37	38
槽号	下平面	2	4	1	5	1														
	上平面						23	19	23	15	19	11	15	7	11	1	7	1	2	24
嵌线顺序		39	40	41	42	43	44	45	46	47	48									
槽号	上平面	18	16	10	8	4	6	12	14	20	22									

3. 绕组特点与接线　本绕组采用 T 型接线，且调速绕组与副绕组同相。调速绕组分两组，每组 3 个线圈安排在定子呈三角对称位置，换挡时两组线圈也呈三角对称(即相对均衡)进行切换。绕组调速接线原理可参考图 14.1(15)所示。

14.2.17 24槽6极 L—2 型 A 类正弦 2—1—1(相对均衡)三速绕组

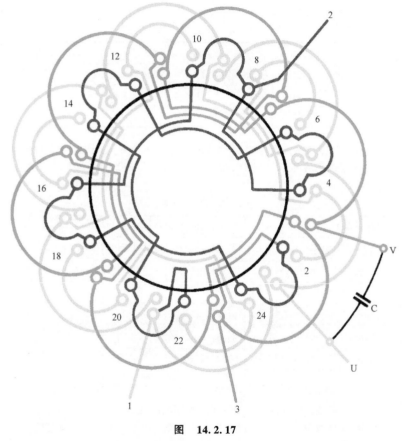

图 14.2.17

1. 绕组结构参数

定子槽数	$Z=24$	绕组组数	$u=4$	调速圈数	$S_t=6$
电机极数	$2p=6$	主相圈数	$S_m=12$	绕组极距	$\tau=4$
总线圈数	$Q=24$	副相圈数	$S_a=6$	出线根数	$c=5$

正弦绕组布线方案见表 14.2.17a。

表 14.2.17a　正弦绕组布线方案

主 绕 组			副 绕 组				调速绕组	
布线类型	节距	$K_u(\%)$	K_{dpm}	布线类型	节距	$K_u(\%)$	K_{dpa}	类　型	节距
2A	1—5	41.4	0.828	1A	3—7	100	1.0	2	4—6
	2—4	58.6							

2. 嵌线方法　嵌线采用交叠法分层嵌线,先嵌主绕组,吊起一边,完成后也要吊起一边嵌副绕组,最后分组嵌入调速绕组。嵌线顺序见表 14.2.17b。

表 14.2.17b　分层交叠法

嵌线顺序		1	2	3	4	5	6	7	8	9	10	11	12	13	14	15	16	17	18	19
槽号	下平面	22	24	21	18	20	17	21	14	16	13	17	10	12	9	13	6	8	5	9
嵌线顺序		20	21	22	23	24	25	26	27	28	29	30	31	32	33	34	35	36	37	38
槽号	下平面	2	4	1	5	1														
	上平面						23	19	23	15	19	11	15	7	11	1	7	1	2	24
嵌线顺序		39	40	41	42	43	44	45	46	47	48									
槽号	上平面	18	16	10	8	4	6	12	14	20	22									

3. 绕组特点与接线　本例是 A 类正弦,主绕组由两个线圈组成,其最大线圈呈交叠安排。调速绕组与副绕组同相,用 6 个线圈分两组,每组 3 个线圈呈三角对称分布,使每挡调速获得相对均衡切换。调速绕组接线原理如图 14.2(5)所示。

14.2.18 24槽6极 L—2型 A 类正弦 2—1—1（均衡）双速绕组

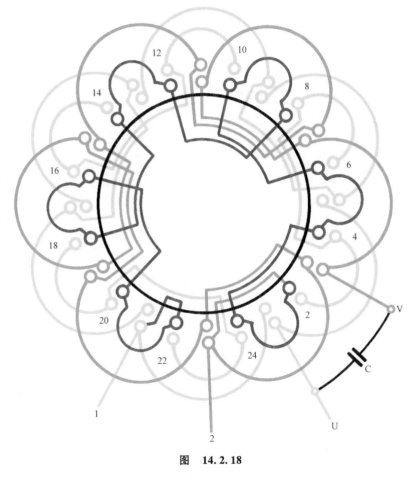

图 14.2.18

1. 绕组结构参数

定子槽数 $Z = 24$　　绕组组数 $u = 3$　　调速圈数 $S_t = 6$

电机极数 $2p = 6$　　主相圈数 $S_m = 12$　　绕组极距 $\tau = 4$

总线圈数 $Q = 24$　　副相圈数 $S_a = 6$　　出线根数 $c = 4$

正弦绕组布线方案见表 14.2.18a。

表 14.2.18a　正弦绕组布线方案

主 绕 组			副 绕 组			调速绕组	
布线类型	节距	$K_u(\%)$	K_{dpm}	布线类型	节距	$K_u(\%)$	K_{dpa}	类　型	节距
2A	1—5	41.4	0.828	1A	3—7	100	1.0	2	4—6
	2—4	58.6							

2. 嵌线方法　　绕组采用分层法嵌线，先嵌主绕组构成下平面，再嵌副绕组及调速绕组构成上平面，从而形成双平面结构。但由于布线属 A 类，主、副绕组都有同相交叠的线圈，所以，嵌线时仍须吊起一边。嵌线顺序见表 14.2.18b。

表 14.2.18b　分层法

嵌线顺序		1	2	3	4	5	6	7	8	9	10	11	12	13	14	15	16	17	18	19
槽号	下平面	22	24	21	18	20	17	21	14	16	13	17	10	12	9	13	6	8	5	9
嵌线顺序		20	21	22	23	24	25	26	27	28	29	30	31	32	33	34	35	36	37	38
槽号	下平面	2	4	1	5	1														
	上平面						23	19	23	15	19	11	15	7	11	1	7	1	2	24
嵌线顺序		39	40	41	42	43	44	45	46	47	48									
槽号	上平面	4	6	10	8	12	14	18	16	20	22									

3. 绕组特点与接线　　本例是最常用的调速型式，调速绕组与副绕组同相，而且 6 个线圈构成一组分布于 6 极副绕组内，调速时一次切换，故称均衡调速。调速线路如图 14.2(3) 所示。

14.2.19 32槽4极L—2型B类正弦3—2—1(均衡)双速绕组

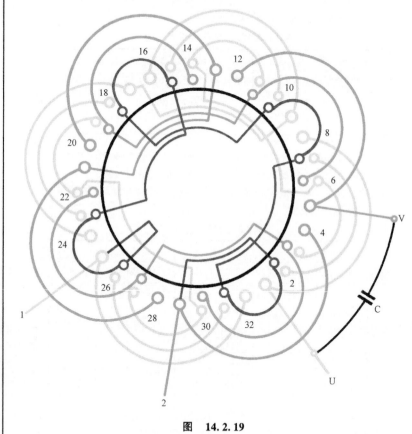

图 14.2.19

1. 绕组结构参数

定子槽数 $Z=32$	绕组组数 $u=3$	调速圈数 $S_t=4$
电机极数 $2p=4$	主相圈数 $S_m=12$	绕组极距 $\tau=8$
总线圈数 $Q=24$	副相圈数 $S_a=8$	出线根数 $c=4$

正弦绕组布线方案见表14.2.19a。

表 14.2.19a 正弦绕组布线方案

主 绕 组				副 绕 组				调速绕组		
布线类型	节距	$K_u(\%)$	K_{dpm}	布线类型	节距	$K_u(\%)$	K_{dpa}	类	型	节距
3B	1—8	41.1	0.827	2B	5—12	54.2	0.912	2		5—10
	2—7	35.1			6—11	45.8				
	3—6	23.8								

2. 嵌线方法 绕组采用分层整嵌法,先嵌主绕组于下平面,再嵌副绕组及调速绕组构成上平面,使整个绕组形成完整的双平面结构。嵌线顺序见表14.2.19b。

表 14.2.19b 分层整嵌法

嵌线顺序		1	2	3	4	5	6	7	8	9	10	11	12	13	14	15	16	17	18	19
槽号	下平面	27	30	26	31	25	32	19	22	18	23	17	24	11	14	10	15	9	16	3
嵌线顺序		20	21	22	23	24	25	26	27	28	29	30	31	32	33	34	35	36	37	38
槽号	下平面	6	2	7	1	8														
	上平面						30	3	29	4	22	27	21	28	14	19	13	20	6	11
嵌线顺序		39	40	41	42	43	44	45	46	47	48									
槽号	上平面	5	12	26	23	15	18	10	7	31	2									

3. 绕组特点与接线 本例采用最常用的L—2型接线,调速绕组与副绕组同相。副绕组每极为同心双圈,B类安排;4个调速线圈安排在副绕组每极之内,并按相邻极性相反的规律串联成一组,换挡时同时切换,故称均衡调速。调速线路原理如图14.2(3)所示。

14.2.20 32 槽 4 极 T—2W 型 B 类正弦 3—1—2(均衡)三速绕组

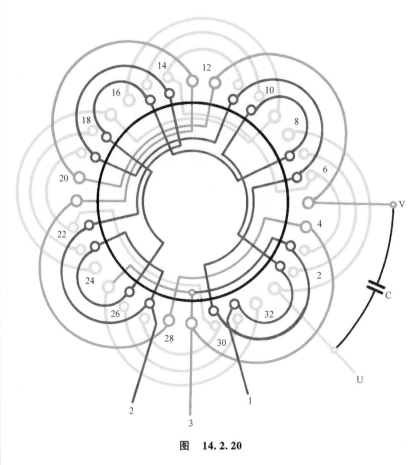

图 14.2.20

1. 绕组结构参数

定子槽数 $Z=32$	绕组组数 $u=4$	调速圈数 $S_t=8$	
电机极数 $2p=4$	主相圈数 $S_m=12$	绕组极距 $\tau=8$	
总线圈数 $Q=24$	副相圈数 $S_a=4$	出线根数 $c=5$	

正弦绕组布线方案见表 14.2.20a。

表 14.2.20a 正弦绕组布线方案

主 绕 组				副 绕 组				调 速 绕 组	
布线类型	节距	K_u(%)	K_{dpm}	布线类型	节距	K_u(%)	K_{dpa}	类 型	节距
3B	1—8	41.1	0.827	1B	5—12	100	1.0	2	6—11
	2—7	35.1							7—10
	3—6	23.8							

2. 嵌线方法 本例采用分层整嵌法,先嵌主绕组,再嵌副绕组和调速绕组,使整个绕组构成完整的双平面结构。嵌线顺序见表 14.2.20b。

表 14.2.20b 分层整嵌法

嵌线顺序		1	2	3	4	5	6	7	8	9	10	11	12	13	14	15	16	17	18	19
槽号	下平面	27	30	26	31	25	32	19	22	18	23	17	24	11	14	10	15	9	16	3
嵌线顺序		20	21	22	23	24	25	26	27	28	29	30	31	32	33	34	35	36	37	38
槽号	下平面	6	2	7	1	8														
	上平面						29	4	21	28	13	20	5	12	3	30	6	11	19	14
嵌线顺序		39	40	41	42	43	44	45	46	47	48									
槽号	上平面	22	27	23	26	18	15	7	10	2	31									

3. 绕组特点与接线 绕组采用 T—2W 型接线,主、副组结构与 L 型相同,而调速绕组在公共点之外连接,从而使三绕组形成 T 型式。具体接线如图 14.1(15) 所示。本例调速采用均衡切换,即 4 个极的调速大线圈和小线圈各为一组,变换速度时从每极中均衡切换相同的线圈匝数,故称均衡调速。

14.2.21　32槽4极T—2W型B类正弦3—1—2(对称)三速绕组

1. 绕组结构参数

定子槽数　$Z=32$	绕组组数　$u=4$	调速圈数　$S_t=8$
电机极数　$2p=4$	主相圈数　$S_m=12$	绕组极距　$\tau=8$
总线圈数　$Q=24$	副相圈数　$S_a=4$	出线根数　$c=5$

正弦绕组布线方案见表14.2.21a。

表14.2.21a　正弦绕组布线方案

主 绕 组			副 绕 组				调速绕组	
布线类型	节距	$K_u(\%)$	K_{dpm}	布线类型	节距	$K_u(\%)$	K_{dpa}	类　型	节距
3B	1—8	41.1	0.827	1B	5—12	100	1.0	2	6—11
	2—7	35.1							7—10
	3—6	23.8							

2. 嵌线方法

本例采用分层整嵌法,先嵌主绕组构成下平面,再嵌副绕组,接着分组嵌入调速绕组,从而形成双平面结构。嵌线顺序见表14.2.21b。

表14.2.21b　分层整嵌法

嵌线顺序		1	2	3	4	5	6	7	8	9	10	11	12	13	14	15	16	17	18	19
槽号	下平面	27	30	26	31	25	32	19	22	18	23	17	24	11	14	10	15	9	16	3

嵌线顺序		20	21	22	23	24	25	26	27	28	29	30	31	32	33	34	35	36	37	38
槽号	下平面	6	2	7	1	8														
	上平面						29	4	21	28	13	20	5	12	2	31	3	30	18	15

嵌线顺序		39	40	41	42	43	44	45	46	47	48
槽号	上平面	19	14	6	11	7	10	22	27	23	26

3. 绕组特点与接线

本例主绕组每极3圈,副绕组每极仅一圈,实质属单链布线。调速绕组每极2圈一组,每一挡由两组对称安排在定子对称位置,即对称切换调速。绕组接线原理如图14.1(15)所示。

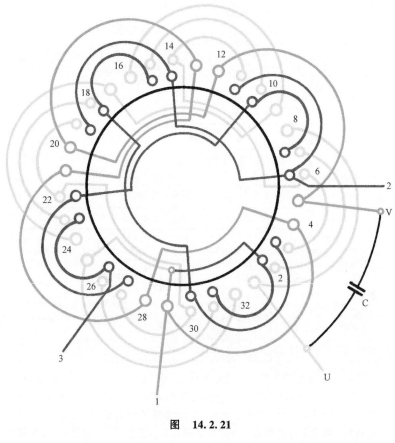

图　14.2.21

14.2.22 32槽4极L—2型B类正弦3—1—1½(对称)三速绕组

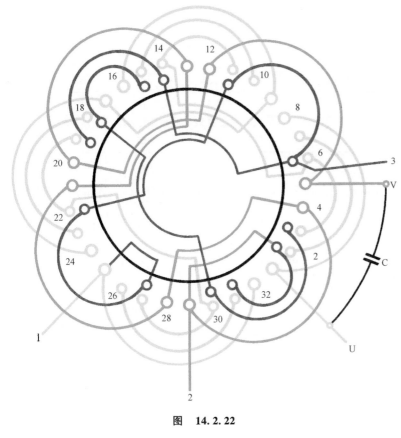

图 14.2.22

1. 绕组结构参数

定子槽数 $Z=32$　　绕组组数 $u=4$　　调速圈数 $S_t=6$

电机极数 $2p=4$　　主相圈数 $S_m=12$　　绕组极距 $\tau=8$

总线圈数 $Q=22$　　副相圈数 $S_a=4$　　出线根数 $c=5$

正弦绕组布线方案见表14.2.22a。

表 14.2.22a　正弦绕组布线方案

主绕组			副绕组			调速绕组	
布线类型	节距	$K_u(\%)$	K_{dpm}	布线类型	节距	$K_u(\%)$	K_{dpa}	类型	节距

主绕组				副绕组				调速绕组	
布线类型	节距	$K_u(\%)$	K_{dpm}	布线类型	节距	$K_u(\%)$	K_{dpa}	类型	节距
3B	1—8	23.5	0.87	1B	5—12	100	1.0	2	6—11
	2—7	43.4							15—18
	3—6	33.1							14—19

2. 嵌线方法　　本例采用分层法嵌线,先嵌主绕组于下平面,再嵌副绕组及调速绕组构成上平面。嵌线顺序见表14.2.22b。

表 14.2.22b　分层法

嵌线顺序	1	2	3	4	5	6	7	8	9	10	11	12	13	14	15	16	17	18	19
槽号	下平面	27	30	26	31	25	32	19	22	18	23	17	24	11	14	10	15	9	16	3

嵌线顺序	20	21	22	23	24	25	26	27	28	29	30	31	32	33	34	35	36	37	38
槽号 下平面	6	2	7	1	8														
上平面						29	4	21	28	13	20	5	12	2	31	3	30	18	15

嵌线顺序	39	40	41	42	43	44
槽号 上平面	19	14	6	11	22	27

3. 绕组特点与接线　　本例是B类正弦,采用最常用的L—2接线,调速绕组与副绕组同相,但6个调速线圈采用不同的安排。即第一切换挡是对称安排2组,每组2个同心线圈,呈同极性串联;另一挡只用2个线圈对称分布。调速接线原理如图14.2(5)所示。

14.2.23 36槽4极 L—2型 B/A 类正弦 4—3—3 双速绕组

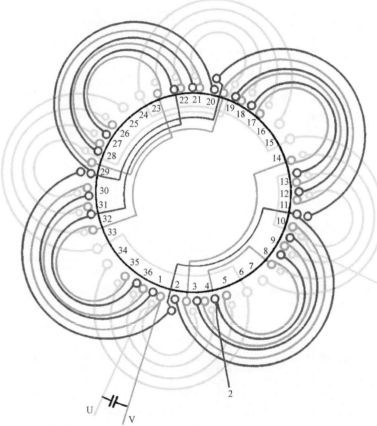

图 14.2.23

1. 绕组结构参数

定子槽数 $Z = 36$　　绕组组数 $u = 3$　　调速圈数 $S_t = 12$

电机极数 $2p = 4$　　主相圈数 $S_m = 16$　　绕组极距 $\tau = 9$

总线圈数 $Q = 40$　　副相圈数 $S_a = 12$

正弦绕组布线方案见表 14.2.23a。

表 14.2.23a　正弦绕组布线方案

主绕组				副绕组				调速绕组		
布线类型	节距	$K_u(\%)$	K_{dpm}	布线类型	节距	$K_u(\%)$	K_{dpa}	布线类型	节距	$K_u(\%)$
4B	1—9	34.6	0.793	A	6—13	42.6	0.78	3A	5—14	22.7
	2—8	30.6			7—12	34.7			6—13	42.6
	3—7	22.7			8—11	22.7			7—12	34.7
	4—6	12.1								

2. 嵌线方法

采用分层法嵌线。嵌线顺序见表 14.2.23b。

表 14.2.23b　分层整嵌法

嵌线顺序	1	2	3	4	5	6	7	8	9	10	11	12	13	14	15	16	17	18	19	20
下层槽号	1	3	36	4	35	5	34	6	28	30	27	31	26	32	25	33	19	21	18	22
嵌线顺序	21	22	23	24	25	26	27	28	29	30	31	32	33	34	35	36	37	38	39	40
下层槽号	17	23	16	24	10	12	9	13	8	14	7	15								
中层槽号													5	8	4	9	3	10	32	35
嵌线顺序	41	42	43	44	45	46	47	48	49	50	51	52	53	54	55	56	57	58	59	60
中层槽号	31	36	30	1	23	26	22	27	21	28	14	17	13	18	12	19				
上层槽号																	13	18	12	19
嵌线顺序	61	62	63	64	65	66	67	68	69	70	71	72	73	74	75	76	77	78	79	80
上层槽号		31	36	30					22	27	21	28	14	17	13	18	12	19		
下层槽号	11	20							29	2										

3. 绕组特点与应用

调速绕组与副绕组同相，电动机调速接线原理如图 14.2(3)所示。主绕组为 B 类正弦，每极 4 圈；副绕组为每极 3 圈，采用缺大圈的 A 类正弦布线；调速绕组每极 3 圈，也用 A 类正弦布线。此绕组具有较好的运行性能，但线圈数多，嵌绕极费工时。本例用于日立空调器风扇电动机。

14.2.24 36槽4极 T—1W 型 B/A 类正弦 3—1½—2(均衡) 三速绕组

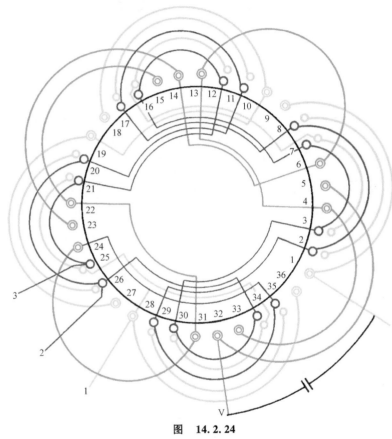

图 14.2.24

1. 绕组结构参数

定子槽数　$Z = 36$　绕组组数　$u = 4$　调速圈数　$S_t = 8$

电机极数　$2p = 4$　主相圈数　$S_m = 12$　绕组极距　$\tau = 9$

总线圈数　$Q = 26$　副相圈数　$S_a = 6$

绕组布线方案见表 14.2.24a。

表 14.2.24a　绕组布线方案

主　绕　组			副　绕　组			调速绕组		
布线型式	节距	$K_u(\%)$	K_{dpm}	布线型式	节距	K_{dpa}	布线型式	节距	$K_u(\%)$
3B	1—9	39.5	0.856	单层同心交叉	1—10	0.96	同心式	2—8	52.5
	2—8	34.8			2—9				
	3—7	25.7			1—8			3—7	47.5

2. 嵌线方法　绕组采用分层整嵌法。嵌线顺序见表 14.2.24b。

表 14.2.24b　分层整嵌法

嵌线顺序		1	2	3	4	5	6	7	8	9	10	11	12	13	14	15	16	17	18
槽号	下层	3	7	2	8	1	9	30	34	29	35	28	36	21	25	20	26	19	27
	上层																		

嵌线顺序		19	20	21	22	23	24	25	26	27	28	29	30	31	32	33	34	35	36
槽号	下层	12	16	11	17	10	18												
	上层							3	7	2	8	30	34	29	35	21	25	20	26

嵌线顺序		37	38	39	40	41	42	43	44	45	46	47	48	49	50	51	52		
槽号	下层																		
	上层	12	16	11	17	6	13	4	32	5	24	31	15	22	14	23			

3. 绕组特点与应用　本例调速绕组与主绕组同相，副绕组一端接于其间而呈"T"型，如图 14.1(10) 所示。调速绕组分两组，大、小线圈按显极分布各自连接成一组；副绕组为单层同心交叉式布线，同心双联组与单联组交替分布；主绕组每极有 3 个线圈，采用 B 类正弦分布。本例具有均衡变换调速阻抗，调速和运行性能都较好。本绕组应用于日产进口空调器三速风扇用 RRMB1867 单相电容电动机。

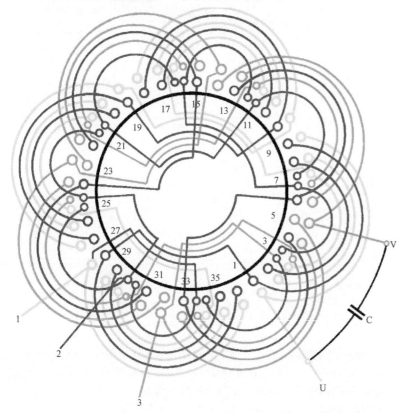

图　14. 2. 25

1. 绕组结构参数

定子槽数　$Z=36$　　绕组组数　$u=4$　　调速圈数　$S_t=20$

电机极数　$2p=4$　　主相圈数　$S_m=12$　　绕组极距　$\tau=9$

总线圈数　$Q=44$　　副相圈数　$S_a=12$　　出线根数　$c=5$

正弦绕组布线方案见表 14. 2. 25a。

表 14. 2. 25a　正弦绕组布线方案

布线类型	主绕组		K_{dpm}	调速绕组 I		副绕组布线类型	副绕组		K_{dpa}	调速绕组 II	
	节距	$K_u(\%)$		类型	节距		节距	$K_u(\%)$		类型	节距
3B	1—9	39.5	0.856	3	1—9	3A	5—14	22.7	0.893	2	6—13
	2—8	34.8			2—8		6—13	42.6			7—12
	3—7	25.7			3—7		7—12	34.7			

2. 嵌线方法　　采用分层法分组嵌线，嵌入次序是主绕组、副绕组、调速绕组 II、调速绕组 I。具体见表 14. 2. 25b。

表 14. 2. 25b　分层法

嵌线顺序	1	2	3	4	5	6	7	8	9	10	11	12	13	14	15	16	17	18	19	20	21	22
槽号	下平面	30	34	29	35	28	36	21	25	20	26	19	27	12	16	11	17	10	18	3	7	2	8
嵌线顺序	23	24	25	26	27	28	29	30	31	32	33	34	35	36	37	38	39	40	41	42	43	44
槽号	下平面	1	9																			
	中平面			34	3	33	4	32	25	30	24	31	23	32	16	21	15	22	14	23	7	12	6
嵌线顺序	45	46	47	48	49	50	51	52	53	54	55	56	57	58	59	60	61	62	63	64	65	66
槽号	中平面	13	5	14	5	34	4	33	6	13	7	12	21	16	22	15	24	31	25	30		
	上平面																				34	30
嵌线顺序	67	68	69	70	71	72	73	74	75	76	77	78	79	80	81	82	83	84	85	86	87	88
槽号	上平面	35	29	36	28	1	9	2	8	3	6	16	12	17	11	18	10	19	27	20	26	21	25

3. 绕组特点与接线　　本例是 L-1/2 型调速，两个调速绕组分别与主、副绕组同相。主、副绕组正弦效果较好，而且换挡冲击也小，但整套绕组用线圈太多，而且嵌线层次也多，故工艺性差。此绕组是我国设计并应用于空调风扇的电动机。作者认为，在影响不大的条件下大有简化之必要。接线原理如图 14.1(5) 所示。

14.2.26　36槽4极 L—1/2 型 A/B 类正弦 3—2—（2+2）（均衡）三速绕组

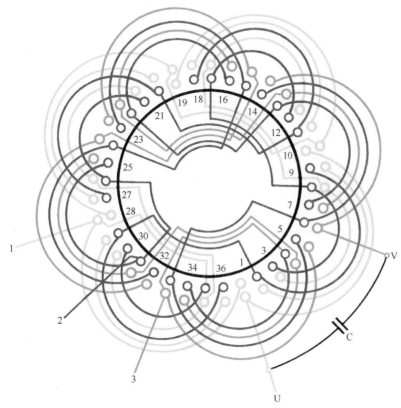

图　14.2.26

1. 绕组结构参数

定子槽数　$Z=36$　　绕组组数　$u=4$　　调速圈数　$S_t=16$

电机极数　$2p=4$　　主相圈数　$S_m=12$　　绕组极距　$\tau=9$

总线圈数　$Q=36$　　副相圈数　$S_a=8$　　出线根数　$c=5$

正弦绕组布线方案见表 14.2.26a。

表 14.2.26a　正弦绕组布线方案

主　绕　组			调速绕组Ⅰ		副　绕　组				调速绕组Ⅱ	
布线类型	节距	$K_u(\%)$	K_{dpm}	类型	节距	布线类型	节距	$K_u(\%)$	K_{dpa}	类型	节距
3A	1—10	22.7	0.893	2	2—9	2B	6—14	52.2	0.928	2	6—14
	2—9	42.6			3—8		7—13	47.8			7—13
	3—8	34.7									

2. 嵌线方法　采用分层法嵌线，先嵌主绕组及调速绕组Ⅰ，再嵌副绕组及调速绕组Ⅱ。具体见表 14.2.26b。

表 14.2.26b　分层嵌线法

嵌线顺序		1	2	3	4	5	6	7	8	9	10	11	12	13	14	15	16	17	18	19
槽号	下平面	30	35	29	36	28	21	26	20	27	19	28	12	17	11	18	10	19	3	8
嵌线顺序		20	21	22	23	24	25	26	27	28	29	30	31	32	33	34	35	36	37	38
槽号	下平面	2	9	1	10	1	35	30	36	29	2	9	3	8	17	12	11	18	20	27
嵌线顺序		39	40	41	42	43	44	45	46	47	48	49	50	51	52	53	54	55	56	57
槽号	下平面	21	26																	
	上平面			34	4	33	5	25	31	24	32	16	22	15	23	7	13	6	14	4
嵌线顺序		58	59	60	61	62	63	64	65	66	67	68	69	70	71	72
槽号	下平面	34	5	33	6	14	7	13	22	16	23	15	24	32	25	31

3. 绕组特点与接线　本例是 L—1/2 型绕组，调速绕组分别安排与主、副绕组同相，即每极均安排 2 个调速线圈，并将主、副绕组每极中的调速线圈各自串联成一变速组，换挡时从主绕组（或副绕组）中全部切换，从而构成均衡变速。此绕组接线原理如图 14.1(5) 所示。

14.2.27 36槽4极L—2型A/B类正弦3—2—2(对称)三速绕组

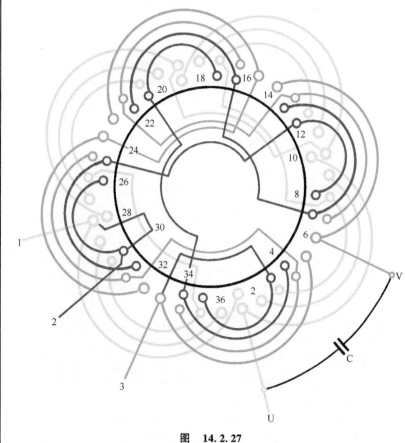

图 14.2.27

1. 绕组结构参数

定子槽数 $Z=36$　绕组组数 $u=4$　调速圈数 $S_t=8$

电机极数 $2p=4$　主相圈数 $S_m=12$　绕组极距 $\tau=9$

总线圈数 $Q=28$　副相圈数 $S_a=8$　出线根数 $c=5$

正弦绕组布线方案见表14.2.27a。

表 14.2.27a　正弦绕组布线方案

主 绕 组				副 绕 组				调速绕组		
布线类型	节距	$K_u(\%)$	K_{dpm}	布线类型	节距	$K_u(\%)$	K_{dpa}	类　型		节距
3A	1—10	22.7	0.893	2B	6—14	52.2	0.928	2		7—13
	2—9	42.6			7—13	47.8				8—12
	3—8	34.7								

2. 嵌线方法　本例采用分层法,但主绕组有同相同槽线圈,故嵌线时需用交叠嵌线而吊起一边,但其端部仍属同一平面;而副绕组与调速绕组则形成上平面线圈。嵌线顺序见表14.2.27b。

表 14.2.27b　分层法

嵌线顺序		1	2	3	4	5	6	7	8	9	10	11	12	13	14	15	16	17	18	19
槽号	下平面	30	35	29	36	28	21	26	20	27	19	28	22	17	11	18	10	19	3	8
嵌线顺序		20	21	22	23	24	25	26	27	28	29	30	31	32	33	34	35	36	37	38
槽号	下平面	2	9	1	10	1														
	上平面						34	4	33	5	25	31	24	32	16	22	15	23	7	13
嵌线顺序		39	40	41	42	43	44	45	46	47	48	49	50	51	52	53	54	55	56	
槽号	上平面	6	14	30	26	31	25	12	8	13	7	1	16	22	17	34	4	35	3	

3. 绕组特点与接线　本例主、副绕组采用不同的布线类型。调速绕组每极为同心双圈,8个线圈分成对称安排的两组,调速时将对称两组切换。绕组调速接线原理如图14.2(5)所示。

14.2.28　36槽4极 L—2型 A/B 类正弦 3—2—2(均衡)三速绕组

1. 绕组结构参数

定子槽数　$Z=36$　　绕组组数　$u=4$　　调速圈数　$S_t=8$
电机极数　$2p=4$　　主相圈数　$S_m=12$　绕组极距　$\tau=9$
总线圈数　$Q=28$　　副相圈数　$S_a=8$　　出线根数　$c=5$

正弦绕组布线方案见表 14.2.28a。

表 14.2.28a　正弦绕组布线方案

主　绕　组			副　绕　组			调速绕组	
布线类型	节距	$K_u(\%)$	K_{dpm}	布线类型	节距	$K_u(\%)$	K_{dpa}	类型	节距

主绕组 布线类型	节距	$K_u(\%)$	K_{dpm}	副绕组 布线类型	节距	$K_u(\%)$	K_{dpa}	调速绕组 类型	节距
3A	1—10	22.7	0.893	2B	6—14	52.2	0.928	2	7—13
	2—9	42.6			7—13	47.8			8—12
	3—8	34.7							

2. 嵌线方法

采用分层法嵌线，先嵌主绕组，而最大线圈交叠嵌入，故要吊起一边，完成后再嵌副绕组和调速绕组。嵌序见表 14.2.28b。

表 14.2.28b　分层法

嵌线顺序	1	2	3	4	5	6	7	8	9	10	11	12	13	14	15	16	17	18	19
槽号 下平面	30	35	29	36	28	21	26	20	27	19	28	12	17	11	18	10	19	3	8

嵌线顺序	20	21	22	23	24	25	26	27	28	29	30	31	32	33	34	35	36	37	38
槽号 下平面	2	9	1	10	1														
上平面						34	4	33	5	25	31	24	32	16	22	15	23	7	13

嵌线顺序	39	40	41	42	43	44	45	46	47	48	49	50	51	52	53	54	55	56
槽号 上平面	6	14	16	21	13	7	34	4	31	25	30	26	17	21	12	8	35	3

3. 绕组特点与接线

本例是 L-2 型接线，主绕组每极三圈，副绕组每极双圈，调速绕组每极也是双圈，但分属不同调速组别，即每极大、小线圈分别串联成两个调速组，调速时均衡从每极中切换同等线圈，从而构成均衡调速。三速绕组接线原理如图 14.2(5)所示。

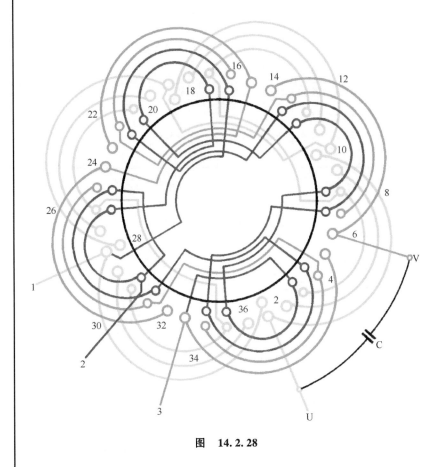

图　14.2.28

14.2.29　36槽4极 L—2型 B/A类正弦3—2—2(均衡)三速绕组

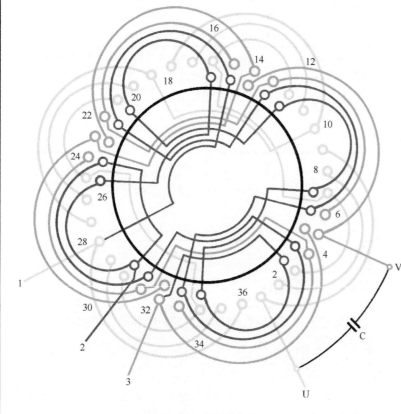

图　14.2.29

1. 绕组结构参数

定子槽数　$Z=36$　　绕组组数　$u=4$　　调速圈数　$S_t=8$

电机极数　$2p=4$　　主相圈数　$S_m=12$　　绕组极距　$\tau=9$

总线圈数　$Q=28$　　副相圈数　$S_a=8$　　出线根数　$c=5$

正弦绕组布线方案见表14.2.29a。

表14.2.29a　正弦绕组布线方案

主 绕 组				副 绕 组				调速绕组	
布线类型	节距	$K_u(\%)$	K_{dpm}	布线类型	节距	$K_u(\%)$	K_{dpa}	安排类型	节距
3B	1—9	39.5	0.856	2A	5—14	34.7	0.96	2	6—13
	2—8	34.8			6—13	65.3			5—14
	3—7	25.7							

2. 嵌线方法　本例采用分层法嵌线，但副绕组为A类，故要有一个吊边。具体嵌序见表14.2.29b。

表14.2.29b　分层整嵌法

嵌线顺序		1	2	3	4	5	6	7	8	9	10	11	12	13	14	15	16	17	18	19
槽号	下平面	30	34	29	35	28	36	21	25	20	26	27	12	16	11	17	10	18	3	
嵌线顺序		20	21	22	23	24	25	26	27	28	29	30	31	32	33	34	35	36	37	38
槽号	下平面	7	2	8	1	9														
	上平面						33	4	32	24	31	23	32	15	22	14	23	6	13	4
嵌线顺序		39	40	41	42	43	44	45	46	47	48	49	50	51	52	53	54	55	56	
槽号	下平面	14	5																	
	上平面			34	3	7	12	16	20	25	30	24	31	33	4	6	13	15	21	

3. 绕组特点与接线　本例三速绕组采用均衡切换调速，即换挡时，均匀地同时在每极中增减1个线圈。电动机调速线路原理如图14.2(5)所示。

14.2.30 36槽4极L—1/2型B/A类正弦3—3—(3+2)三速绕组

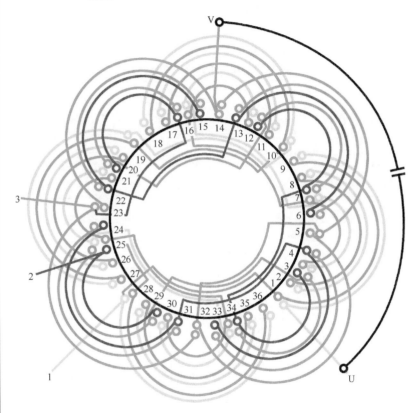

图 14.2.30

1. 绕组结构参数

定子槽数 $Z=36$ 绕组组数 $u=4$ 调速圈数 $S_t=12+8$

电机极数 $2p=4$ 主相圈数 $S_m=12$ 绕组极距 $\tau=9$

总线圈数 $Q=44$ 副相圈数 $S_a=12$

正弦绕组布线方案见表14.2.30a。

表 14.2.30a　正弦绕组布线方案

主 绕 组			调速绕组 I			副 绕 组				调速绕组 II		
布线 类型	节距 y	K_u (%)	K_{dpm}	布线 类型	节距 y	K_u (%)	布线 类型	节距 y	K_u (%)	K_{dpa}	布线 类型	节距 y	K_u (%)
3B	1—9	39.5	0.856	3B	1—9	39.5	3A	5—14	22.7	0.893	2(A)	6—13	0.55
	2—8	34.8			2—8	34.8		6—13	42.6			7—12	0.45
	3—7	25.7			3—7	25.7		7—12	34.7				

2. 嵌线方法　绕组采用分层法嵌线,嵌线次序为主绕组M(黄)、调速绕组 T_1(红)、副绕组 A(绿)、调速绕组 T_2(红)。嵌线顺序见表14.2.30b。

表 14.2.30b　分层整嵌法

嵌线顺序	1	2	3	4	5	6	7	8	9	10	11	12	13	14	15	16	17	18	19	20
下层槽号	3	7	2	8	1	9	30	34	29	35	28	36	21	25	20	26	19	27	12	16
嵌线顺序	21	22	23	24	25	26	27	28	29	30	31	32	33	34	35	36	37	38	39	40
下层槽号	11	17	10	18	7	12	6	13	5	14	25	30	24	31	23	32	16	21	15	22
嵌线顺序	41	42	43	44	45	46	47	48	49	50	51	52	53	54	55	56	57	58	59	60
嵌入 槽号 下层			34	3	33	4														
上层	14	23					32	5	34	3	33	4	25	30	24	31	16	21	15	22
嵌线顺序	61	62	63	64	65	66	67	68	69	70	71	72	73	74	75	76	77	78	79	80
上层槽号	7	12	6	13	7	2	8	1	9	30	34	29	35	28	36	21	25	20	26
嵌线顺序	81	82	83	84	85	86	87	88												
上层槽号	19	27	12	16	11	17	10	18												

3. 绕组特点与应用　本例L型调速不同于通常的接法,它有两个调速绕组,分别与主、副绕组同相布线。与一般L型接法有区别,特将其定为L—1/2型。其中槽3、7、12、16、21、25、30、34嵌有4个有效边。

此绕组应用于空调器热交换用风扇的电容电动机。应用实例有YYKF-120-4等。绕组调速线路原理如图14.1(5)所示。

14.2.31 36槽4极 L—1/2型 A/B类正弦3—2—(1+1)(对称)四速绕组

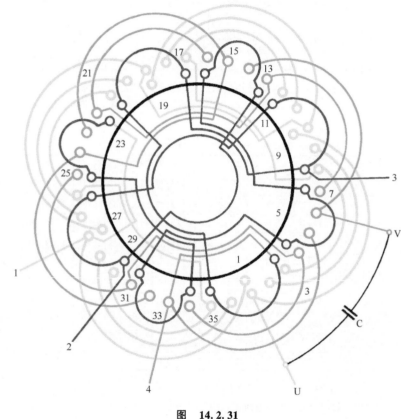

图 14.2.31

1. 绕组结构参数

定子槽数 $Z=36$　　绕组组数 $u=5$　　调速圈数 $S_t=8$

电机极数 $2p=4$　　主相圈数 $S_m=12$　　绕组极距 $\tau=9$

总线圈数 $Q=28$　　副相圈数 $S_a=8$　　出线根数 $c=6$

正弦绕组布线方案见表14.2.31a。

表 14.2.31a　正弦绕组布线方案

主　绕　组				调速绕组Ⅰ		副　绕　组				调速绕组Ⅱ	
布线类型	节距	$K_u(\%)$	K_{dpm}	类型	节距	布线类型	节距	$K_u(\%)$	K_{dpa}	类型	节距
3A	1—10	22.7	0.893	1	4—7	2B	6—14	52.2	0.928	1	8—12
	2—9	42.6					7—13	47.8			
	3—8	34.7									

2. 嵌线方法

嵌线采用分层法，先嵌主绕组、调速绕组Ⅰ，再嵌副绕组及调速绕组Ⅱ。嵌线顺序见表14.2.31b。

表 14.2.31b　分层法

嵌线顺序	1	2	3	4	5	6	7	8	9	10	11	12	13	14	15	16	17	18	19
槽号 下平面	30	35	29	36	28	21	26	20	27	19	28	12	17	11	18	10	19	3	8
嵌线顺序	20	21	22	23	24	25	26	27	28	29	30	31	32	33	34	35	36	37	38
槽号 下平面	2	9	1	10	1	22	25	34	31	4	7	16	13						
槽号 上平面														34	4	33	5	25	31
嵌线顺序	39	40	41	42	43	44	45	46	47	48	49	50	51	52	53	54	55	56	
槽号 上平面	24	32	16	22	15	23	7	13	6	14	3	35	21	17	8	12	26	30	

3. 绕组特点与接线

本例是L—1/2型四速绕组。调速绕组分三组，其中 T_1 由主绕组同相的4个线圈组成，采用均衡切换；T_2、T_3 则各由2个线圈组成，并安排与副绕组同相且对称分布。因此本调速绕组实属均衡与对称切换的混合调速形式。绕组调速线路原理如图14.1(6)所示。

14.2.32 36槽4极L—2型B/A类正弦3—2—2(均衡对称)四速绕组

1. 绕组结构参数

定子槽数 $Z = 36$　　绕组组数 $u = 5$　　调速圈数 $S_t = 8$

电机极数 $2p = 4$　　主相圈数 $S_m = 12$　　绕组极距 $\tau = 9$

总线圈数 $Q = 28$　　副相圈数 $S_a = 8$　　出线根数 $c = 6$

正弦绕组布线方案见表14.2.32a。

表 14.2.32a　正弦绕组布线方案

主 绕 组				副 绕 组				调 速 绕 组	
布线类型	节距	$K_u(\%)$	K_{dpm}	布线类型	节距	$K_u(\%)$	K_{dpa}	类 型	节距
3B	1—9	39.5	0.856	2A	5—14	34.7	0.96	2	6—13
	2—8	34.8			6—13	65.3			7—12
	3—7	25.7							

2. 嵌线方法　　本例采用分层法嵌线，先把主绕组嵌入相应槽，其端部构成下平面，再把副绕组嵌入，但需吊起一边，最后把调速组嵌入相应槽内，并与副绕组构成上平面端部。嵌线顺序见表14.2.32b。

表 14.2.32b　分层法

嵌线顺序		1	2	3	4	5	6	7	8	9	10	11	12	13	14	15	16	17	18	19
槽号	下平面	30	34	29	35	28	36	21	25	20	26	19	27	12	16	11	17	10	18	3
嵌线顺序		20	21	22	23	24	25	26	27	28	29	30	31	32	33	34	35	36	37	38
槽号	下平面	7	2	8	1	9														
	上平面						33	4	32	24	31	23	32	15	22	14	23	6	13	5
嵌线顺序		39	40	41	42	43	44	45	46	47	48	49	50	51	52	53	54	55	56
槽号	上平面	14	5	34	3	16	21	12	7	30	25	31	24	15	22	13	6	33	4

3. 绕组特点与接线　　本绕组属B/A类正弦，即主绕组为B类布线，副绕组为A类布线。调速2、3挡是对称切换，而4挡则用均衡切换。调速接线原理如图14.2(6)所示。

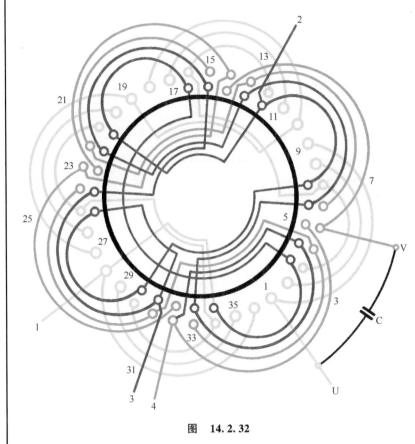

图　14.2.32

14.2.33　36槽4极 L—2型 A/B类正弦 3—2—2(均衡对称)四速绕组

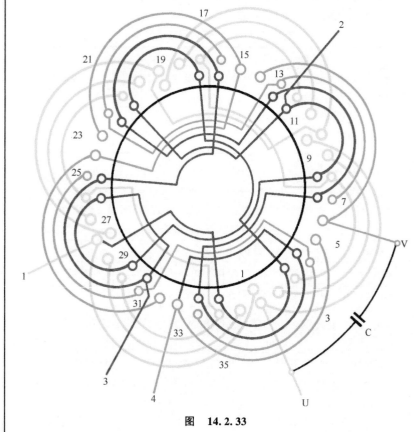

图　14.2.33

1. 绕组结构参数

定子槽数	$Z=36$	绕组组数	$u=5$	调速圈数	$S_t=8$
电机极数	$2p=4$	主相圈数	$S_m=12$	绕组极距	$\tau=9$
总线圈数	$Q=28$	副相圈数	$S_a=8$	出线根数	$c=6$

正弦绕组布线方案见表14.2.33a。

表 14.2.33a　正弦绕组布线方案

主 绕 组				副 绕 组				调速绕组	
布线类型	节距	$K_u(\%)$	K_{dpm}	布线类型	节距	$K_u(\%)$	K_{dpa}	类　型	节距
3A	1—10	22.7	0.893	2B	6—14	52.2	0.928	2	7—13
	2—9	42.6			7—13	47.8			8—12
	3—8	34.7							

2. 嵌线方法　　本例用分层法嵌线,先嵌主绕组构成下平面,然后嵌入副绕组,最后分组嵌调速绕组。嵌线顺序见表14.2.33b。

表 14.2.33b　分层法

嵌线顺序	1	2	3	4	5	6	7	8	9	10	11	12	13	14	15	16	17	18	19
槽号　下平面	30	35	29	36	28	21	26	20	27	19	28	12	17	11	18	10	19	3	8

嵌线顺序	20	21	22	23	24	25	26	27	28	29	30	31	32	33	34	35	36	37	38
槽号　下平面	2	9	1	10	1														
上平面						34	4	33	5	25	31	24	32	16	22	15	23	7	13

嵌线顺序	39	40	41	42	43	44	45	46	47	48	49	50	51	52	53	54	55	56
槽号　上平面	6	14	35	3	17	21	12	8	30	26	31	25	16	22	13	7	34	4

3. 绕组特点与接线　　绕组采用 L—2型接线,调速绕组与副绕组同相,2、3挡是对称调速,即每挡切换对称的两只调速线圈,4挡则采用均衡切换安排在每极的4个线圈。绕组调速接线如图14.2(6)所示。

14.2.34　36槽4极 L—1/2 型 A/B 类正弦 3—2—（1+2）（均衡对称）四速绕组

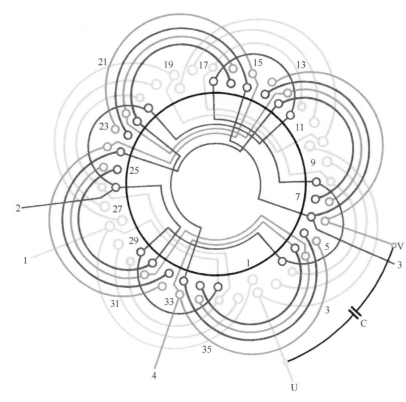

图　14.2.34

1. 绕组结构参数

定子槽数　$Z=36$　　绕组组数　$u=5$　　调速圈数　$S_t=12$

电机极数　$2p=4$　　主相圈数　$S_m=12$　　绕组极距　$\tau=9$

总线圈数　$Q=32$　　副相圈数　$S_a=8$　　出线根数　$c=6$

正弦绕组布线方案见表14.2.34a。

表 14.2.34a　正弦绕组布线方案

主 绕 组			副 绕 组				调速绕组	
布线类型	节距	$K_u(\%)$	K_{dpm}	布线类型	节距	$K_u(\%)$	K_{dpa}	类 型	节距
3A	1—10	22.7	0.893	2B	6—14	52.2	0.928	1/2	6—14
	2—9	42.6			7—13	47.8			7—13
	3—8	34.7							3—8

2. 嵌线方法

本例采用分层法嵌线，嵌线顺序见表14.2.34b。

表 14.2.34b　分层法

嵌线顺序	1	2	3	4	5	6	7	8	9	10	11	12	13	14	15	16	17	18	19
槽号　下平面	30	35	29	36	28	21	26	20	27	19	28	12	17	11	18	10	19	3	8

嵌线顺序	20	21	22	23	24	25	26	27	28	29	30	31	32	33	34	35	36	37	38
槽号　下平面	2	9	1	10	1	35	30	3	8	17	12	21	26						
上平面														34	4	33	5	25	31

嵌线顺序	39	40	41	42	43	44	45	46	47	48	49	50	51	52	53	54	55	56	57
槽号　上平面	24	32	16	22	15	23	7	13	6	14	4	34	5	33	22	16	23	15	6

嵌线顺序	58	59	60	61	62	63	64												
槽号　上平面	14	7	13	24	32	15	31												

3. 绕组特点与接线

本例是 L—1/2 型绕组，即调速绕组分两部分，分别与主、副绕组同相安排。与主绕组同相的4个线圈构成一调速组，作均衡切换；与副绕组同相的8个线圈分4组，每组双圈，每挡线圈对称安排，切换时也对称切换。因此，本调速既有均衡切换，也有对称切换。接线原理如图14.1(6)所示。

14.2.35 36槽4极 L—2型 A/B类正弦 3—2—2(对称)五速绕组

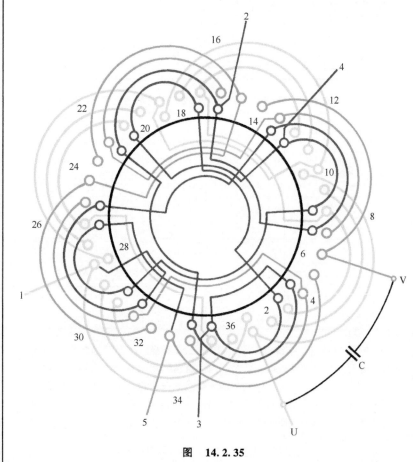

图 14.2.35

1. 绕组结构参数

定子槽数 $Z=36$　绕组组数 $u=6$　调速圈数 $S_t=8$

电机极数 $2p=4$　主相圈数 $S_m=12$　绕组极距 $\tau=9$

总线圈数 $Q=28$　副相圈数 $S_a=8$　出线根数 $c=7$

正弦绕组布线方案见表 14.2.35a。

表 14.2.35a　正弦绕组布线方案

主　绕　组			副　绕　组				调速绕组	
布线类型	节距	$K_u(\%)$	K_{dpm}	布线类型	节距	$K_u(\%)$	K_{dpa}	类　型	节距
3A	1—10	22.7	0.893	2B	6—14	52.2	0.928	2	7—13
	2—9	42.6			7—13	47.8			8—12
	3—8	34.7							

2. 嵌线方法　采用分层嵌线，先嵌主绕组，再嵌副绕组和调速绕组。嵌线见表 14.2.35b。

表 14.2.35b　分层法

嵌线顺序	1	2	3	4	5	6	7	8	9	10	11	12	13	14	15	16	17	18	19
槽号 下平面	30	35	29	36	28	21	26	20	27	19	28	12	17	11	18	10	19	3	8

嵌线顺序	20	21	22	23	24	25	26	27	28	29	30	31	32	33	34	35	36	37	38
槽号 下平面	2	9	1	10	1														
上平面						34	4	33	5	25	31	24	32	16	22	15	23	7	13

嵌线顺序	39	40	41	42	43	44	45	46	47	48	49	50	51	52	53	54	55	56
槽号 上平面	6	14	31	25	13	7	16	22	34	4	35	3	17	21	12	8	30	26

3. 绕组特点与接线　本例是 L—2型绕组。调速绕组与副绕组同相，每极安排2个线圈，但它属于各自不同的组别；而五挡也仅用8个调速线圈，即每挡只用2个线圈，并呈对称安排。换挡时逐对切换。

此绕组是 L—2型五速绕组中采用调速线圈最省的型式，但由于全部对称切换，其调速稳定性略逊。调速接线原理如图 14.2(11)所示。

14.2.36 36槽4极 L—1/2型 A/B类正弦 3—2—(2+2)(均衡)五速绕组

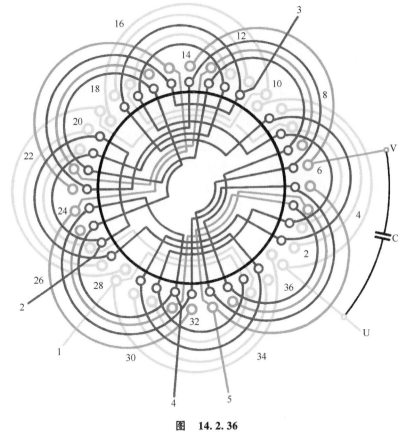

图 14.2.36

1. 绕组结构参数

定子槽数 $Z=36$	绕组组数 $u=6$	调速圈数 $S_t=16$
电机极数 $2p=4$	主相圈数 $S_m=12$	绕组极距 $\tau=9$
总线圈数 $Q=36$	副相圈数 $S_a=8$	出线根数 $c=7$

正弦绕组布线方案见表14.2.36。

表 14.2.36 正弦绕组布线方案

主 绕 组				调速绕组Ⅰ			副 绕 组				调速绕组Ⅱ		
布线类型	节距	K_u (%)	K_{dpm}	每极圈数	节距	匝数	布线类型	节距	K_u (%)	K_{dpa}	每极圈数	节距	匝数
3A	1—10	22.7	0.893	2	2—9	—	2B	6—14	52.2	0.928	2	6—14	—
	2—9	42.6			3—8	—		7—13	47.8			7—13	—
	3—8	34.7											

2. 嵌线方法　本例主、副绕组都有同槽的调速线圈，所以推荐用按组分层整嵌法。嵌线时先嵌主绕组于相应槽中下层，垫好绝缘再嵌同相的调速线圈于上层，使之两部分线圈同处下平面；然后嵌入副绕组于槽的下层，再嵌同相调速线圈于槽的上层，这样就形成上平面，使整个绕组构成双平面结构。

3. 绕组特点与接线　本绕组是五速绕组，调速绕组分4组，主、副绕组各安排2组，每组均由4个线圈分布在每极之下，即调速切换时，每极均衡增减1个线圈，故称均衡调速。

这种调速方式具有冲击小且变速平稳的优点，但调速线圈多，接线较繁琐，故工艺性较差。五速绕组接线原理如图14.2.36所示。

14.2.37 36槽4极 L—1/2型 A/B类正弦 3—2—(1+1)(对称)五速绕组

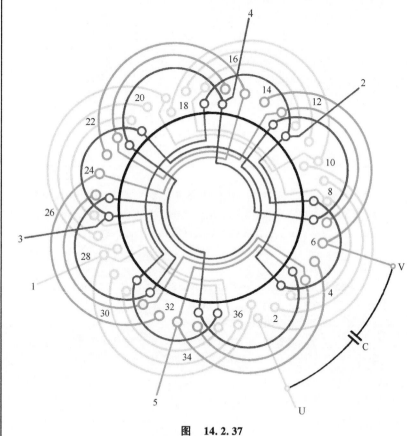

图 14.2.37

1. 绕组结构参数

定子槽数 $Z=36$　　绕组组数 $u=6$　　调速圈数 $S_t=8$

电机极数 $2p=4$　　主相圈数 $S_m=12$　　绕组极距 $\tau=9$

总线圈数 $Q=28$　　副相圈数 $S_a=8$　　出线根数 $c=7$

正弦绕组布线方案见表14.2.37a。

表 14.2.37a　正弦绕组布线方案

主　绕　组				调速绕组 I		副　绕　组				调速绕组 II	
布线类型	节距	$K_u(\%)$	K_{dpm}	类型	节距	布线类型	节距	$K_u(\%)$	K_{dpa}	类型	节距
3A	1—10	22.7	0.893	1	3—8	2B	6—14	52.2	0.928	1	7—13
	2—9	42.6					7—13	47.8			
	3—8	34.7									

2. 嵌线方法

本绕组采用分层法嵌线，但主绕组属 A 类，最大线圈为同相双层呈交叠状，故需吊起一边。具体嵌序见表14.2.37b。

表 14.2.37b　分层法

嵌线顺序	1	2	3	4	5	6	7	8	9	10	11	12	13	14	15	16	17	18	19
槽号　下平面	30	35	29	36	28	21	26	20	27	19	28	17	11	18	10	19	3	8	

嵌线顺序	20	21	22	23	24	25	26	27	28	29	30	31	32	33	34	35	36	37	38
槽号　下平面	2	9	1	10	1	30	35	12	17	3	21	26							
上平面														34	4	33	5	25	31

嵌线顺序	39	40	41	42	43	44	45	46	47	48	49	50	51	52	53	54	55	56
槽号　上平面	24	32	17	22	16	23	7	13	6	14	25	31	7	13	16	22	34	4

3. 绕组特点与接线

本例是 L—1/2型接线，即调速绕组分别安排与主、副绕组同相，每挡用 2个线圈安排于同相对称极线圈。8个调速线圈分4组，每挡2个线圈对称切换。这是五速绕组中使用调速线圈最少的设计。调速的接线原理如图14.2(7)所示。

14.2.38 36槽4极L—1/2型A/B类正弦3—2—(2+2)(对称)五速绕组

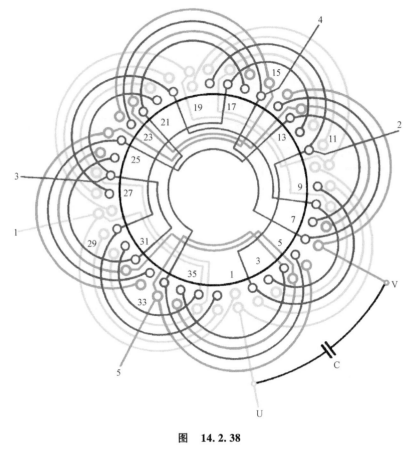

图 14.2.38

1. 绕组结构参数

定子槽数 $Z=36$	绕组组数 $u=6$	调速圈数 $S_t=16$
电机极数 $2p=4$	主相圈数 $S_m=12$	绕组极距 $\tau=9$
总线圈数 $Q=36$	副相圈数 $S_a=8$	出线根数 $c=7$

正弦绕组布线方案见表14.2.38a。

表 14.2.38a 正弦绕组布线方案

	主 绕 组			调速绕组Ⅰ		副 绕 组				调速绕组Ⅱ	
布线类型	节距	$K_u(\%)$	K_{dpm}	类型	节距	布线类型	节距	$K_u(\%)$	K_{dpa}	类型	节距
3A	1—10	22.7	0.893	2	2—9	2B	6—14	52.2	0.928	2	6—14
	2—9	42.6			3—8		7—13	47.8			7—13
	3—8	34.7									

2. 嵌线方法 本例采用分层法嵌线,先嵌主绕组,接着嵌入同相的调速绕组Ⅰ,然后再嵌副绕组及调速绕组Ⅱ。主、副绕组嵌线顺序可参考前例,调速绕组按组嵌入,嵌序见表14.2.38b。

表 14.2.38b 分组嵌法

嵌线顺序	1	2	3	4	5	6	7	8	9	10	11	12	13	14	15	16
调速Ⅰ绕组槽号	30	35	29	36	12	17	11	18	3	8	2	21	26	20	27
嵌线顺序	17	18	19	20	21	22	23	24	25	26	27	28	29	30	31	32
调速Ⅱ绕组槽号	25	31	24	32	7	13	6	14	16	22	15	23	34	4	33	5

3. 绕组特点与接线 本例是L—1/2型。主绕组是3A布线,即每极由3个线圈组成,且最大节距为交叠安排;副绕组为2B布线,每极是2个线圈,没有同槽交叠;调速绕组分两大组分别安排与主、副绕组同相。每组均由4个线圈组成,并均布于每极线圈。换挡时从主绕组(或副绕组)对称极中增减2个调速线圈,从而达到对称切换调速。接线原理如图14.2(7)所示。

14.2.39　24槽6极L—2型A类正弦2—2—1双速绕组

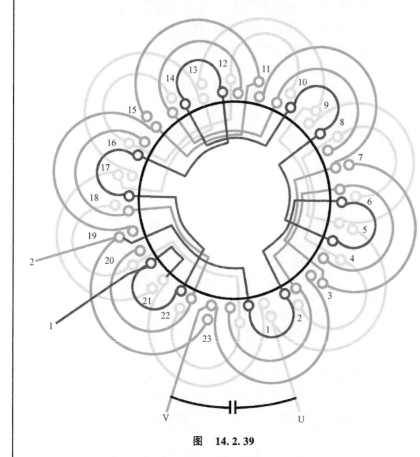

图　14.2.39

1. 绕组结构参数

定子槽数 $Z=24$　　绕组组数 $u=3$　　调速圈数 $S_t=6$

电机极数 $2p=6$　　主相圈数 $S_m=12$　　绕组极距 $\tau=4$

总线圈数 $Q=30$　　副相圈数 $S_a=12$

正弦绕组布线方案见表14.2.39a。

表14.2.39a　正弦绕组布线方案

主　绕　组			副　绕　组			调　速　绕　组		
布线类型	节距 y	K_u (%)	K_{dpm}	布线类型	节距 y	K_u (%)	K_{dpa}	布线类型	节距 y	K_u (%)
2A	1—5	41.4	0.828	2A	3—7	41.4	0.828	单链	4—6	100
	2—4	58.6			4—6	58.6				

2. 嵌线方法

绕组采用分层整嵌法，嵌线顺序见表14.2.39b。

表14.2.39b　整嵌法

嵌线顺序	1	2	3	4	5	6	7	8	9	10	11	12	13	14	15	16	17	18	19	20
槽号 下层	2	4	1	5	18	20	17	21	10	12	9	13	6	8			22	24		
中层																				
上层															5	9			21	1

嵌线顺序	21	22	23	24	25	26	27	28	29	30	31	32	33	34	35	36	37	38	39	40
槽号 下层	14	16					3	7			19	23			11	15				
中层					4	6			20	22			12	14			8	10		
上层			13	17															7	11

嵌线顺序	41	42	43	44	45	46	47	48	49	50	51	52	53	54	55	56	57	58	59	60
槽号 下层																				
中层	24	2			16	18														
上层			23	3			15	19	12	14	8	10	4	6	24	2	20	22	16	18

3. 绕组特点与应用

主、副绕组采用相同的A类正弦布线方案，每极均为2个线圈，绕组的高次谐波分量较大。电动机是L—2型抽头调速。此例取自国产空调器用两挡调速风扇电动机。调速线路原理如图14.2(3)所示。

14.2.40　36 槽 6 极 T—2W 型 A 类正弦 2—1—1(相对均衡)三速绕组

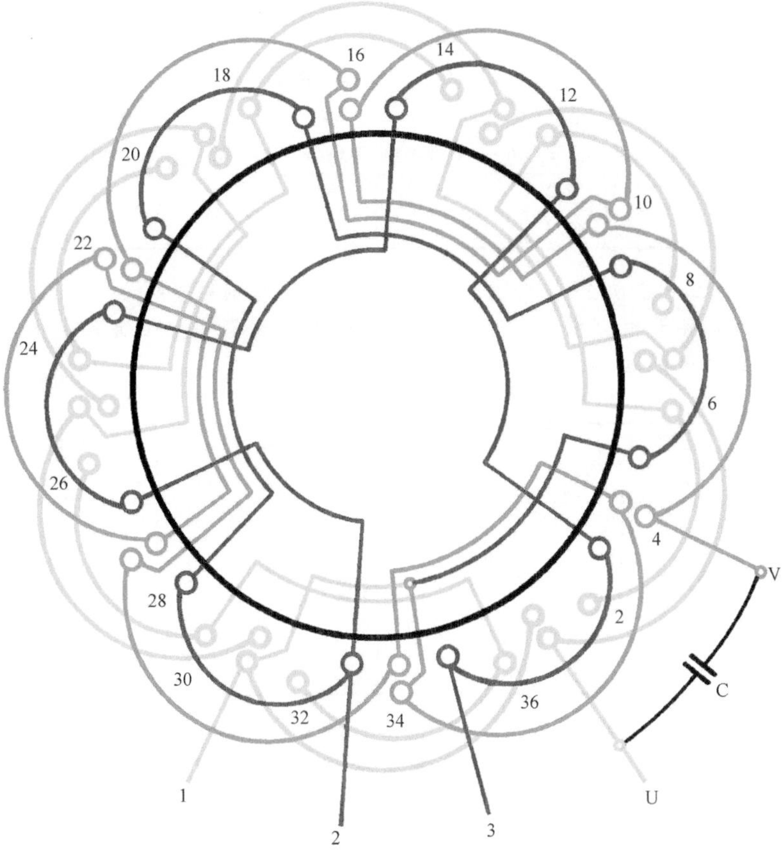

图　14.2.40

1. 绕组结构参数

定子槽数　$Z=36$　绕组组数　$u=4$　调速圈数　$S_t=6$

电机极数　$2p=6$　主相圈数　$S_m=12$　绕组极距　$\tau=6$

总线圈数　$Q=24$　副相圈数　$S_a=6$　出线根数　$c=5$

正弦绕组布线方案见表 14.2.40a。

表 14.2.40a　正弦绕组布线方案

主绕组				副绕组				调速绕组	
布线类型	节距	K_u(%)	K_{dpm}	布线类型	节距	K_u(%)	K_{dpa}	类　型	节距
2A	1—7	36.6	0.915	1A	4—10	100	1.0	1	5—9
	2—6	63.4							

2. 嵌线方法　　本例采用分层法分组嵌线，先嵌主绕组构成下平面，但需吊起一边；完成后再嵌副绕组及调速绕组，构成上平面。嵌线顺序见表 14.2.40b。

表 14.2.40b　分层法

嵌线顺序		1	2	3	4	5	6	7	8	9	10	11	12	13	14	15	16	17	18	19
槽号	下平面	32	36	31	26	30	25	31	20	24	19	25	14	18	13	19	8	12	7	13
嵌线顺序		20	21	22	23	24	25	26	27	28	29	30	31	32	33	34	35	36	37	38
槽号	下平面	2	6	1	7	1														
	上平面						34	28	34	22	28	16	22	10	16	4	10	4	5	9
嵌线顺序		39	40	41	42	43	44	45	46	47	48									
槽号	上平面	17	21	29	33	27	23	15	11	3	35									

3. 绕组特点与接线　　本例是 T 型常用的接线，即调速绕组与副绕组同相，接在公共点之外（W）。调速绕组类似于外接电抗器，其减速效果直接取决于串入匝数的多少，即匝数越多则转速越低。所以其减速效果不及 L 型接法，但调速预期较易掌握。故常在电扇调速中应用。接线原理如图 14.1(15)所示。

14.2.41 36槽6极 T—2W 型 B 类正弦 2—1—1(相对均衡)三速绕组

1. 绕组结构参数

定子槽数 $Z=36$　　绕组组数 $u=4$　　调速圈数 $S_t=6$

电机极数 $2p=6$　　主相圈数 $S_m=12$　　绕组极距 $\tau=6$

总线圈数 $Q=24$　　副相圈数 $S_a=6$　　出线根数 $c=5$

正弦绕组布线方案见表 14.2.41a。

表 14.2.41a　正弦绕组布线方案

主　绕　组			副　绕　组				调速绕组	
布线类型	节距	$K_u(\%)$	K_{dpm}	布线类型	节距	$K_u(\%)$	K_{dpa}	类　型	节距
2B	1—6	52.2	0.928	1B	4—9	100	1.0	2	5—8
	2—5	47.8							

2. 嵌线方法

绕组采用分层整嵌法，嵌线时先嵌主绕组，再嵌副绕组于相应槽中，然后再逐组嵌入调速绕组。嵌线顺序见表 14.2.41b。

表 14.2.41b　分层整嵌法

嵌线顺序	1	2	3	4	5	6	7	8	9	10	11	12	13	14	15	16	17	18	19
槽号 下平面	32	35	31	36	26	29	25	30	20	23	19	24	14	17	13	18	8	11	7

嵌线顺序	20	21	22	23	24	25	26	27	28	29	30	31	32	33	34	35	36	37	38
槽号 下平面	12	2	5	1	6														
上平面						34	3	28	33	22	27	16	21	10	15	4	9	5	8

嵌线顺序	39	40	41	42	43	44	45	46	47	48
槽号 上平面	17	20	29	32	2	35	26	23	14	11

3. 绕组特点与接线

本例三速绕组采用 T—2W 型接线，调速绕组与副绕组同相，并由 6 个线圈组成，分为 2 组，每组 3 个线圈呈正三角对称分布，从而使调速获得相对均衡的切换。

由于采用 T—2W 型接线，调速绕组类似于串联外接电抗器，采用匝数较多而用铜量较费。调速接线原理如图 14.1(15)所示。

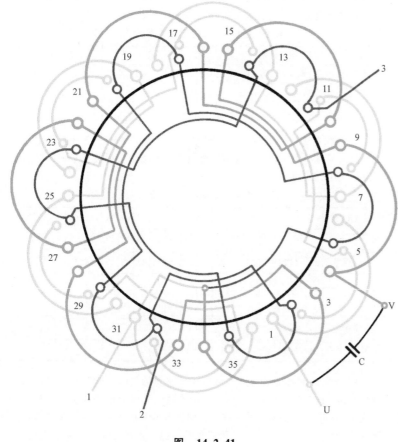

图 14.2.41

14.2.42 36槽6极 T—2W 型 A 类正弦 2—1—1(对称)四速绕组

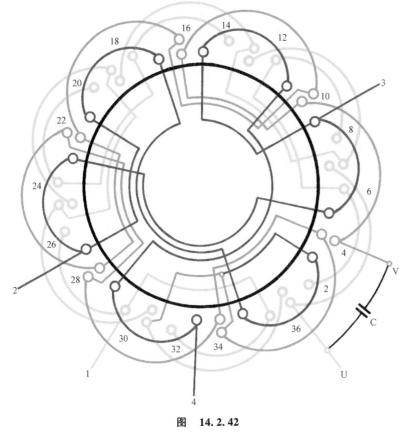

图 14.2.42

1. 绕组结构参数

定子槽数 $Z=36$　　绕组组数 $u=5$　　调速圈数 $S_t=6$

电机极数 $2p=6$　　主相圈数 $S_m=12$　　绕组极距 $\tau=6$

总线圈数 $Q=24$　　副相圈数 $S_a=6$　　出线根数 $c=6$

正弦绕组布线方案见表 14.2.42a。

表 14.2.42a　正弦绕组布线方案

主 绕 组				副 绕 组				调速绕组	
布线类型	节距	$K_u(\%)$	K_{dpm}	布线类型	节距	$K_u(\%)$	K_{dpa}	安排类型	节距
2A	1—7	36.6	0.915	1A	4—10	100	1.0	2	5—9
	2—6	63.4							

2. 嵌线方法　本绕组采用分层法交叠嵌线。因主、副绕组均为 A 类，大线圈在同槽上下层，故嵌线需吊起一边。嵌线顺序见表 14.2.42b。

表 14.2.42b　分层交叠法

嵌线顺序		1	2	3	4	5	6	7	8	9	10	11	12	13	14	15	16	17	18
槽号	下平面	31	32	36	25	31	26	30	19	25	20	24	13	19	14	18	7	13	8
嵌线顺序		19	20	21	22	23	24	25	26	27	28	29	30	31	32	33	34	35	36
槽号	下平面	12	1	7	2	6	1												
	上平面							34	28	34	22	28	16	22	10	16	4	10	4
嵌线顺序		37	38	39	40	41	42	43	44	45	46	47	48						
槽号	上平面	35	3	17	21	23	27	5	9	11	15	29	33						

3. 绕组特点与接线　本例主、副绕组均是 A 类布线，主绕组由 6 个单层线圈和 6 个交叠线圈组成；副绕组则用 6 个双层交叠线圈；调速绕组与副绕组同相，由 6 个单圈构成，并分为对称安排的 3 组，即每组 2 个线圈。四速绕组的接线原理如图 14.2(12)所示。

14.2.43 36槽6极 T—2W 型 B 类正弦 2—1—1(对称)四速绕组

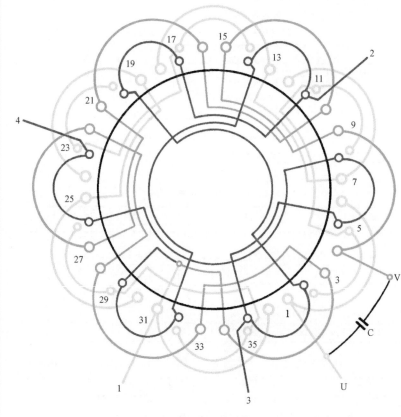

图 14.2.43

1. 绕组结构参数

定子槽数 $Z=36$	绕组组数 $u=5$	调速圈数 $S_t=6$	
电机极数 $2p=6$	主相圈数 $S_m=12$	绕组极距 $\tau=6$	
总线圈数 $Q=24$	副相圈数 $S_a=6$	出线根数 $c=6$	

正弦绕组布线方案见表 14.2.43a。

表 14.2.43a 正弦绕组布线方案

主 绕 组				副 绕 组				调速绕组	
布线类型	节距	$K_u(\%)$	K_{dpm}	布线类型	节距	$K_u(\%)$	K_{dpa}	类 型	节距
2B	1—6	52.2	0.928	1B	4—9	100	1.0	2	5—8
	2—5	47.8							

2. 嵌线方法 先嵌主绕组构成下平面,再嵌副绕组及调速绕组构成上平面。嵌线顺序见表 14.2.43b。

表 14.2.43b 分层法

嵌线顺序	1	2	3	4	5	6	7	8	9	10	11	12	13	14	15	16	17	18	19
槽号 下平面	32	35	31	36	26	29	25	30	20	23	19	24	14	17	13	18	8	11	7

嵌线顺序	20	21	22	23	24	25	26	27	28	29	30	31	32	33	34	35	36	37	38
槽号 下平面	12	2	5	1	6														
上平面						34	3	28	22	27	16	21	10	15	4	9	29	32	

嵌线顺序	39	40	41	42	43	44	45	46	47	48									
槽号 上平面	14	11	17	20	2	35	5	8	26	23									

3. 绕组特点与接线 本例是 B 类正弦,主、副绕组均是 B 类安排,但副绕组每极仅为 1 个线圈,故其实质属单链布线。调速绕组与副绕组同相,每挡由 2 个线圈组成,并安排在定子对称位置,故属对称切换调速。调速接线是 W 型,即调速绕组接在公共点之外。调速接线原理如图 14.2(12)所示。

14.3 牛角风扇及工业用调速排风扇电动机绕组

本节是工业用单相调速电动机绕组布线接线图例，内容包括厂房降温用牛角风扇、生产车间用排风扇、通风换气扇等电动机的调速绕组。由于其功率一般都大于家用风扇，所以，工业用风扇电动机常用24、32及36槽定子铁心。因其分类仍属风扇，故其绕组特征依然是每极只有一只线圈的形式。工业用风扇电动机绕组标题含义与家用电扇基本相同，但调速绕组采用分挡标示，如某四速工业风扇绕组如下：

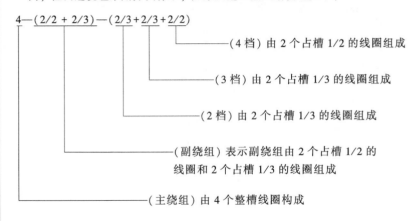

4—(2/2 + 2/3)—(2/3+2/3+2/2)

- (4挡) 由 2 个占槽 1/2 的线圈组成
- (3挡) 由 2 个占槽 1/3 的线圈组成
- (2挡) 由 2 个占槽 1/3 的线圈组成
- (副绕组) 表示副绕组由 2 个占槽 1/2 的线圈和 2 个占槽 1/3 的线圈组成
- (主绕组) 由 4 个整槽线圈构成

抽头调速电动机绕组接线虽跟家用电风扇相同，但调速挡数较多，故其控制原理线路可参考图 14.3 所示。

工业用调速电动机换挡也和家用电扇一样，可用均衡切换或对称切换，也可用两种混合使用的，但对挡数较多的电动机则多用对称切换，不过实际情况并非如此，如由资料查得图 14.3.1 的牛角扇的调速过渡则全用均衡切换，即每一挡位在每极之下都有线圈。这样势必造成调速线圈过多，每槽边层数也多，使层间绝缘材料损耗增加，还使铁心利用率降低。对此，作者认为有必要进行简化改进，而改进后的绕组调速性能基本不变。改绕可根据每挡调速匝数不变的原则进行。为便于读者掌握，特举例说明如下：

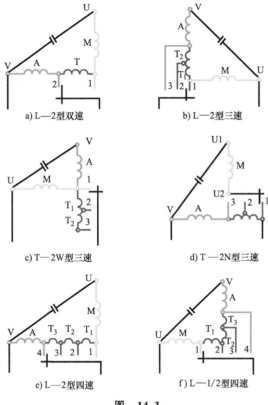

a) L—2型双速 b) L—2型三速

c) T—2W型三速 d) T—2N型三速

e) L—2型四速 f) L—1/2型四速

图 14.3

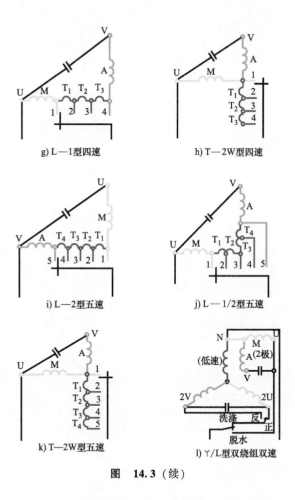

g) L—1型四速

h) T—2W型四速

i) L—2型五速

j) L—1/2型五速

k) T—2W型五速

l) Y/L型双绕组双速

图 14.3（续）

例：今拆修一台 24 槽 8 极三速风扇电动机，绕组如图 14.3.6 所示，其中调速绕组（挡位 1~2）每圈 $t_1' = 105$ 匝；（挡位 2~3）每圈 $t_2' = 45$ 匝，今拟按图 14.3.8 改绕。求改绕后匝数。

解：原绕组 T_1 挡有 8 个线圈，即 $n_1' = 8$，该挡调速匝数为

$$T_1 = t_1' n_1' = 105 \times 8 = 840 \text{ 匝}$$

原 T_2 挡调速匝数为

$$T_2 = t_2' n_2' = 45 \times 8 = 360 \text{ 匝}$$

改绕后每挡圈数减至 $n_1 = n_2 = 4$。

新绕组线圈匝数为

$$t_1 = \frac{T_1}{n_1} = \frac{840}{4} = 210 \text{ 匝}$$

$$t_2 = \frac{T_2}{n_2} = \frac{360}{4} = 90 \text{ 匝}$$

改绕后导线直径保持不变，而主绕组和副绕组各参数也无需改变。

其他调速绕组的变换也可参照此例代入计算，但绕组改绕前后的极数、布线型式及调速挡数都必须相同，否则不能按此换算。

另外，本节绕组参数中的"绕组组数"是指主、副绕组及调速绕组分挡线圈组的组数，即 $U_U + U_V + (T_1 + T_2 + \cdots)$。

14.3.1 *24槽4极（牛角扇用）L—2型（均衡切换）交叉式布线三速绕组

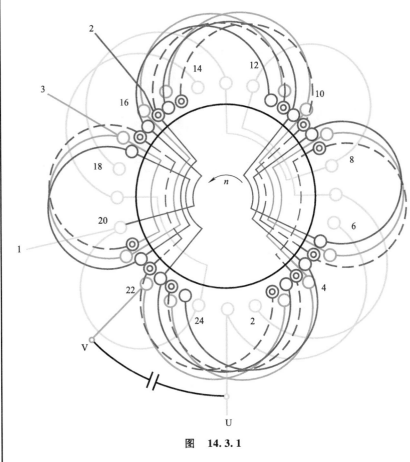

图 14.3.1

1. 绕组结构参数

定子槽数 $Z=24$	电机极数 $2p=4$	总线圈数 $Q=24$
绕组组数 $u=4$	极相槽数 $q=3$	主相圈数 $S_U=6$
副相圈数 $S_V=6$	调速圈数 $S_t=6+6$	绕组极距 $\tau=6$
线圈节距 $y=5$、4	每槽电角 $\alpha=30°$	绕组系数 $K_{dp}=0.91$

2. 嵌线方法　本绕组嵌线采用分层整嵌，先嵌主绕组，再嵌副绕组，然后再嵌调速绕组 T_2 挡，最后嵌入 T_1 挡。

3. 绕组特点与应用　本例是根据实修原始数据绘制的工业用牛角风扇调速电动机绕组，它有交叉式布线和同心或布线两种型式。本例为前者，调速分三挡，控制接线原理见图 14.3b。牛角扇的定子是 24 槽，但其布线不同于一般电扇的每极单圈，而是每极多圈，但又不是正弦分布，属于单、双圈交替的交叉式布线。而转向也与电风扇不同，即从接线端看去其转向是逆时针旋转。如果要改变转向，可以将主绕组的首尾对换即可。

牛角扇原绕组是均衡切换，理论而言其调速性能最佳，稳定性最好。不过对风扇此类负载来说，其稳定性不在于调速的型式，主要还是取决于机械结构的静、动平衡。选用均衡调速对稳定性改良有限，但线圈繁多、结构复杂却导致工艺性变差，层间绝缘增加而使修理成本增加。所以，重绕时建议另选改进后的简化型式进行。

14.3.2 *24槽4极（牛角扇用）L—2型（均衡切换）同心交叉式布线三速绕组

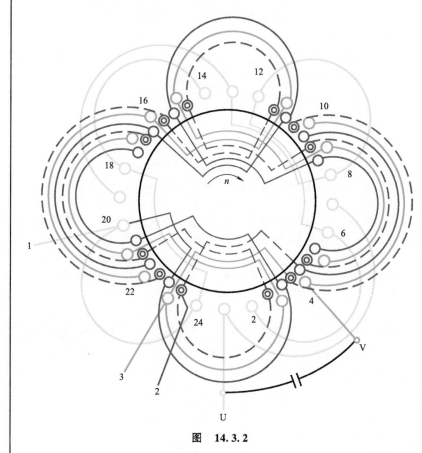

图 14.3.2

1. 绕组结构参数

定子槽数	$Z=24$	电机极数	$2p=4$	总线圈数	$Q=24$
绕组组数	$u=4$	极相槽数	$q=3$	主相圈数	$S_U=6$
副相圈数	$S_V=6$	调速圈数	$S_t=6+6$	绕组极距	$\tau=6$
线圈节距	$y=6、4$	每槽电角	$\alpha=30°$	绕组系数	$K_{dp}=0.91$

2. 嵌线方法 本例采用分层整嵌法，嵌线顺序见表14.3.2。

表 14.3.2 分层整嵌法

嵌线顺序	1	2	3	4	5	6	7	8	9	10	11	12	13	14	15	16	17	18
槽号 下平面	20	24	14	18	13	19	8	12	2	6	1	7						
上平面													23	3	17	21	16	22

嵌线顺序	19	20	21	22	23	24	25	26	27	……	43	44	45	46	47	48
槽号 下平面										……						
上平面	11	15	5	9	4	10	23	3	17	……	11	15	5	9	4	10

3. 绕组特点与应用 本例绕组方案与上例相同，但将原来的交叉布线改成同心交叉布线，从而消除了同组线的交叠，使副绕组和调速绕组的线圈处于同一平面上，使得绕组构成完整的双平面结构。这样，虽然线圈不同节距，但也仅有两种节距规格，而且各线圈匝数均不用改变，而嵌线则较交叉式方便，使整个嵌线工艺成本降低。

此外，本绕组与上例相反，如需反转的话，可将主绕组的首尾端对调即可。调速控制接线原理如图14.3b所示。

14.3.3 *24 槽 4 极（牛角扇用）L—2 型（均衡切换）同心交叉式（简化）布线三速绕组

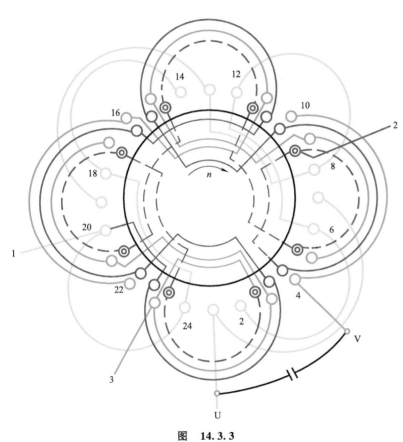

图 14.3.3

1. 绕组结构参数

定子槽数 $Z = 24$	电机极数 $2p = 4$	总线圈数 $Q = 20$
绕组组数 $u = 4$	极相槽数 $q = 3$	主相圈数 $S_U = 6$
副相圈数 $S_V = 6$	调速圈数 $S_t = 4+4$	绕组极距 $\tau = 6$
线圈节距 $y = 6、4$	每槽电角 $\alpha = 30°$	绕组系数 $K_{dp} = 0.91$

2. 嵌线方法 本例绕组采用分层整嵌法，先后嵌入主、副绕组，最后再嵌调速绕组。嵌线顺序见表 14.3.3。

表 14.3.3 分层整嵌法

嵌线顺序		1	2	3	4	5	6	7	8	9	10	11	12	13	14	15	16	17	18
槽号	下平面	20	24	14	18	13	19	8	12	2	6	1	7						
	中平面													23	3	17	21	16	22
嵌线顺序		19	20	21	22	23	24	25	26	27	28	29	30	31	32	33	34	35	36
槽号	中平面	11	15	5	9	4	10												
	上平面							23	3	16	22	11	15	4	10	23	3	17	21
嵌线顺序		37	38	39	40														
槽号	下平面																		
	上平面	11	15	5	9														

3. 绕组特点与应用 本绕组是在上例的基础上，保持主、副绕组结构不变，而对调速绕组进行简化处理，即将原调速挡中两个极的双圈改为单圈，使全部极下的调速都成为单圈，但仍按均衡切换，则调速绕组绕圈从原来的 12 个减至 8 个，使每挡 4 个线圈均布于 4 极之下。这样，除副绕组交叉单圈极的槽仍保留每槽 3 边之外，其余槽均为双圈。简化后工艺成本降低，而调速性能不变。调速线圈匝数改变可参考本节前述换算。

14.3.4 *24槽4极（牛角扇用）L—2型（对称切换）改进型同心交叉式三速绕组

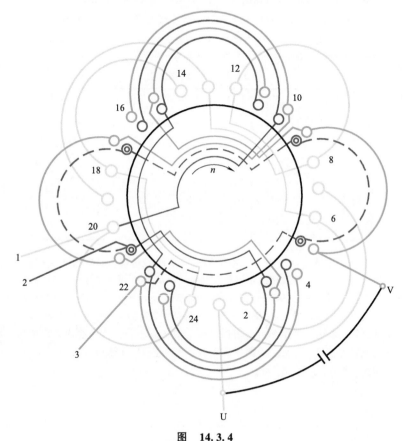

图 14.3.4

1. 绕组结构参数

定子槽数 $Z=24$	电机极数 $2p=4$	总线圈数 $Q=18$
绕组组数 $u=4$	极相槽数 $q=3$	主相圈数 $S_U=6$
副相圈数 $S_V=6$	调速圈数 $S_t=4+2$	绕组极距 $\tau=6$
线圈节距 $y=6、4$	每槽电角 $\alpha=30°$	绕组系数 $K_{dp}=0.91$

2. 嵌线方法　本例采用分层整嵌法，先嵌主绕组，再嵌副绕组，最后嵌入调速绕组。嵌线顺序见表 14.3.4。

表 14.3.4　分层整嵌法

嵌线顺序		1	2	3	4	5	6	7	8	9	10	11	12	13	14	15	16	17	18
槽号	主相	20	24	14	18	13	19	8	12	2	6	1	7						
	副相													23	3	22	4	17	21
嵌线顺序		19	20	21	22	23	24	25	26	27	28	29	30	31	32	33	34	35	36
槽号	副相	11	15	10	16	5	9												
	调速							23	3	22	4	11	15	10	16	17	21	5	9

3. 绕组特点与应用　本例是在牛角风扇原始绕组的基础上最彻底的简化改进。它保持原主、副绕组不变情况下，将调速绕组改为对称切换。这时 T_1 挡由 4 个线圈分两组呈对称分布，T_2 挡则只有 2 个线圈也呈对称分布。简化后，整个绕组变成双层结构，使绕组具有线圈数最少而调速性能不变的特点。因此，槽中层次减少可节省部分层间绝缘材料，同时还简化了嵌绕工艺。所以，重修理时可考虑采用此改进型调速绕组。调速线圈换算可参考本节前述介绍。调速控制原理线路如图 14.3b 所示。

14.3.5 *24槽4极（牛角扇用）L—2型（均衡切换）A类单双层布线三速绕组

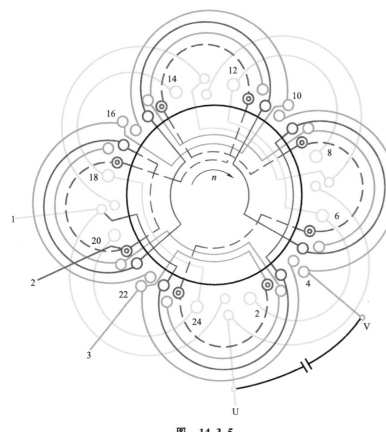

图 14.3.5

1. 绕组结构参数

定子槽数 $Z=24$	电机极数 $2p=4$	总线圈数 $Q=24$
绕组组数 $u=4$	极相槽数 $q=3$	主相圈数 $S_U=6$
副相圈数 $S_V=8$	调速圈数 $S_t=4+4$	绕组极距 $\tau=6$
线圈节距 $y=6、4$	每槽电角 $\alpha=30°$	绕组系数 $K_{dp}=0.91$

2. 嵌线方法　　本绕组采用分相嵌线法，先嵌主绕组，再嵌副绕组，最后嵌入调速绕组 T_1、T_2；但主、副绕组为A类，故最大线圈仍保持上下层交叠而需吊起一边。嵌线顺序见表14.3.5。

表 14.3.5　分相整嵌法

嵌线顺序		1	2	3	4	5	6	7	8	9	10	11	12	13	14	15	16	17	18
槽号	主相	20	24	19	14	18	13	19	8	12	7	13	2	6	1	7	1		
	副相																	23	3
嵌线顺序		19	20	21	22	23	24	25	26	27	28	29	30	31	32	33	34	35	36
槽号	副相	22	17	21	16	22	11	15	10	16	5	9	4	14	4				
	调速															17	21	11	15
嵌线顺序		37	38	39	40	41	42	43	44	45	46	47	48						
槽号	副相																		
	调速	5	9	21	3	17	21	11	15	5	9	21	3						

3. 绕组特点与应用　　本例是以14.3.3节为基础，将原绕组的同心交叉改为A类单双层布线，而保留调速绕组结构不变，仅将主、副组各增加2个线圈，而最大节距线圈匝数是单层的一半。改单双层后，便于按正弦规律分配匝数而改进成正弦绕组；但改后的总圈数增加，且主、副绕组的大线圈呈交叠，不利于嵌线操作。调速控制原理线路如图14.3b所示。

14.3.6　*24 槽 4 极（牛角扇用）L—2 型（对称切换）A 类单双层布线三速绕组

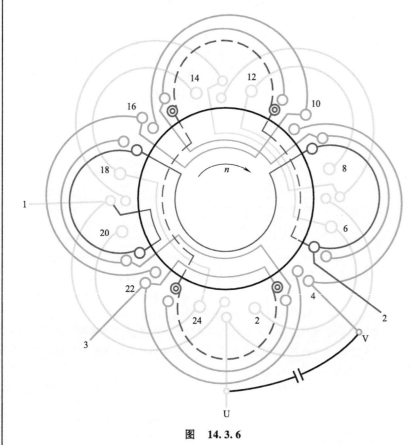

图　14.3.6

1. 绕组结构参数

定子槽数　$Z=24$　　电机极数　$2p=4$　　总线圈数　$Q=20$

绕组组数　$u=4$　　极相槽数　$q=3$　　主相圈数　$S_U=8$

副相圈数　$S_V=8$　　调速圈数　$S_t=2+2$　　绕组极距　$\tau=6$

线圈节距　$y=6$、4　　每槽电角　$\alpha=30°$　　绕组系数　$K_{dp}=0.91$

2. 嵌线方法　本例绕组采用分相整嵌法，先嵌入主绕组，接着嵌副绕组，但主、副绕组均属 A 类，其大线圈仍需交叠嵌入而要吊起一边，最后嵌入调速绕组 T_1、T_2。嵌线顺序见表 14.3.6。

表 14.3.6　分相整嵌法

嵌线顺序		1	2	3	4	5	6	7	8	9	10	11	12	13	14	15	16	17	18
槽号	主相	20	24	19	14	18	13	19	8	12	7	13	2	6	1	7	1		
	副相																	23	3
嵌线顺序		19	20	21	22	23	24	25	26	27	28	29	30	31	32	33	34	35	36
槽号	副相	22	17	21	16	22	11	15	10	16	5	9	4	10	4				
	调速															17	21	5	9
嵌线顺序		37	38	39	40														
槽号	副相																		
	调速	23	3	11	15														

3. 绕组特点与应用　　本绕组是在上例基础上的简化改进，即保持主、副绕组布线接线型式不变，而对调速绕组实施简化，把切换从均衡改为对称，即将原来每挡 4 个线圈减至 2 个，并呈对称分布，顺接串联。简化后，主、副绕组保留单双层等匝布线，如需要也可改为正弦。调速绕组每挡线圈匝数可参考本节前述说明进行换算。调速控制原理线路如图 14.3b 所示。

14.3.7 *24槽4极（牛角扇用）L—2型（均衡切换）A类单双层布线双速绕组

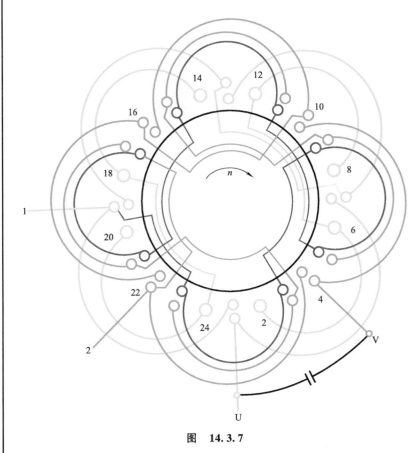

图 14.3.7

1. 绕组结构参数

定子槽数 $Z=24$	电机极数 $2p=4$	总线圈数 $Q=20$
绕组组数 $u=3$	极相槽数 $q=3$	主相圈数 $S_U=8$
副相圈数 $S_V=8$	调速圈数 $S_t=4$	绕组极距 $\tau=6$
线圈节距 $y=6、4$	每槽电角 $\alpha=30°$	绕组系数 $K_{dp}=0.91$

2. 嵌线方法　本例嵌线仍用分相整嵌法，主、副绕组先后嵌入，但最大线圈仍需吊起一边。调速绕组仅一组，4个线圈也整嵌。嵌线顺序见表14.3.7。

表 14.3.7　分相整嵌法

嵌线顺序		1	2	3	4	5	6	7	8	9	10	11	12	13	14	15	16	17	18
槽号	主相	20	24	19	14	18	13	19	8	12	7	13	2	6	1	7	1		
	副相																	23	3
嵌线顺序		19	20	21	22	23	24	25	26	27	28	29	30	31	32	33	34	35	36
槽号	副相	22	17	21	16	22	11	15	10	16	5	9	4	10	4				
	调速															17	21	11	15
嵌线顺序		37	38	39	40														
槽号	副相																		
	调速	5	9	23	3														

3. 绕组特点与应用　本绕组是根据三速牛角扇改造而成的双速绕组。主、副绕组采用A类单双层，全绕组由20个线圈组成，其中主、副绕组布线相同，都是每极同心双圈；调速绕组与副绕组同相且采用均衡切换，即每极之下都有1个调速线圈。三绕组均属于显极布线，故同相相邻线圈（组）极性相反。改绕后的绕组结构比较简洁，嵌绕工艺性较好。双速控制接线如图14.3a所示。

14.3.8 *24 槽 4 极（牛角扇用）L—2 型（对称切换）同心交叉布线四速绕组

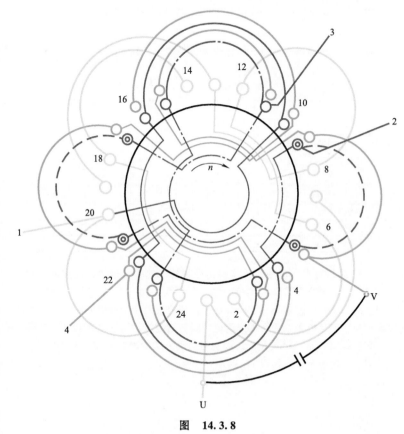

图 14.3.8

1. 绕组结构参数

定子槽数 $Z=24$	电机极数 $2p=4$	总线圈数 $Q=18$
绕组组数 $u=5$	极相槽数 $q=3$	主相圈数 $S_U=6$
副相圈数 $S_V=6$	调速圈数 $S_t=2+2+2$	绕组极距 $\tau=6$
线圈节距 $y=6、4$	每槽电角 $\alpha=30°$	绕组系数 $K_{dp}=0.91$

2. 嵌线方法 本绕组嵌线采用分层整嵌法，先把主绕组嵌入相应槽内，再把副绕组按图嵌入，使主、副绕组分处于两个端部平面上。然后再嵌入调速绕组。嵌线顺序见表 14.3.8。

表 14.3.8 分层整嵌法

嵌线顺序		1	2	3	4	5	6	7	8	9	10	11	12	13	14	15	16	17	18
槽号	下平面	20	24	14	18	13	19	8	12	2	6	1	7						
	上平面													23	3	22	4	17	21
嵌线顺序		19	20	21	22	23	24	25	26	27	28	29	30	31	32	33	34	35	36
槽号	上平面	11	15	10	16	5	9												
	调速							23	3	11	15	21	4	10	16	5	9	17	21

3. 绕组特点与应用 本例四速是在原始三速基础上变换设计而成，四速绕组采用对称切换，这样可以用 6 个调速线圈分成 3 组，每挡双圈对称分布于定子，如图 14.3.8 中实线单圈代表 T_1 挡，双圆虚线代表 T_2 挡，单圆点划线代表 T_3 挡。

本绕组转向也是按常规设定，即从接线端视向为顺时针旋转；如需反转向，可将主绕组的首尾对换即可。四速风扇控制接线如图 14.3e 所示。

14.3.9 *16槽4极L—2型（均衡、对称切换）工业用4—4/3—（4/3+2/3+2/3）四速绕组

1. 绕组结构参数

定子槽数 $Z=16$	电机极数 $2p=4$	总线圈数 $Q=16$
绕组组数 $u=5$	极相槽数 $q=1\frac{1}{3}$	主相圈数 $S_U=4$
副相圈数 $S_V=4$	调速圈数 $S_t=4+2+2$	绕组极距 $\tau=4$
线圈节距 $y=3$	每槽电角 $\alpha=45°$	绕组系数 $K_{dp}=0.924$

2. 嵌线方法 本例采用分层整嵌法，先嵌主绕组，再嵌入副绕组，使之构成两个下层面，然后再嵌调速绕组。嵌线顺序见表14.3.9。

表 14.3.9 分层整嵌法

嵌线顺序	1	2	3	4	5	6	7	8	9	10	11	12	13	14	15	16
槽号 下一层	13	6	9	12	5	8	1	4								
下二层									11	14	7	10	3	6	15	2
嵌线顺序	17	18	19	20	21	22	23	24	25	26	27	28	29	30	31	32
槽号 上二层	7	10	3	6	15	2	11	14								
上一层									11	14	3	6	7	10	15	2

3. 绕组特点与应用 本例属于L—2型调速接法，即调速绕组与副绕组同相。主、副绕组均由4个线圈组成，并各自采用显极布线。调速绕组共有8个线圈，其中 T_1 有4个，均布于每极之下，故为均衡切换；T_2 和 T_3 则分别有2个线圈，各自对称安排并呈庶极分布，即同组2个线圈为同极性连接，但 T_2 和 T_3 的极性必须相反。

本绕组快速挡是均衡切换，而慢速挡则用对称切换，符合调速性能。理论上冲击较少，但线圈数多，还有8个3边槽，使嵌线难度增加。四速控制线路如图14.3e所示。

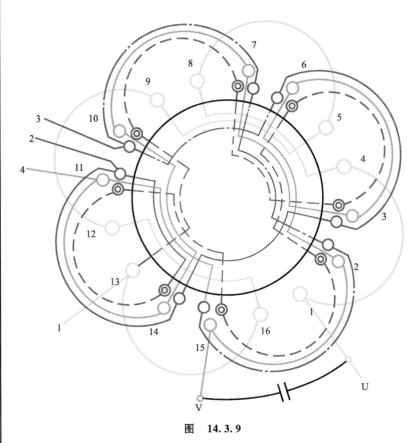

图 14.3.9

14.3.10 *16槽4极L—2型（对称切换）工业用4—（2/2+2/3）—（2/3+2/3+2/2）四速绕组

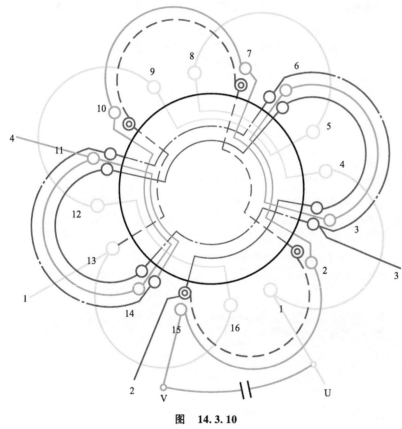

图 14.3.10

1. 绕组结构参数

定子槽数 $Z=16$	电机极数 $2p=4$	总线圈数 $Q=14$
绕组组数 $u=5$	极相槽数 $q=1\frac{1}{3}$	主相圈数 $S_U=4$
副相圈数 $S_V=4$	调速圈数 $S_t=2+2+2$	绕组极距 $\tau=4$
线圈节距 $y=3$	每槽电角 $\alpha=45°$	绕组系数 $K_{dp}=0.924$

2. 嵌线方法   本绕组嵌线采用分层整嵌法，分别把主、副绕组嵌入相应槽内构成两个端部层面，再把 T_1 和 T_2 嵌入。嵌线顺序见表 14.3.10。

表 14.3.10 分层整嵌法

嵌线顺序		1	2	3	4	5	6	7	8	9	10	11	12	13	14	15	16
槽号	下一层	13	16	9	12	5	8	1	4								
	下二层									11	14	7	10	3	6	15	2
嵌线顺序		17	18	19	20	21	22	23	24	25	26	27	28				
槽号	上二层	10	7	13	2	3	6	11	14								
	上一层									3	6	11	4				

3. 绕组特点与应用   本绕组是在上例基础上进行简化的四速绕组。主、副绕组与上例相同，即各自由 4 个显极布线的线圈构成；而调速绕组进行 3 部分简化，即将上例的 8 个调速线圈减至 6 个，因此，T_1、T_2、T_3 均由 2 个呈庶极对称分布的调速线圈组成，所以，每组 2 个线圈是同向串联，而其同极的极性则必须与副绕组相同。

绕组简化后，各槽匝数不变，但安排 3 边的槽比上例缩减了一半。因此，工艺性优于上例，而调速性能也基本上不受影响。四速控制线路可参考图 14.3e。

14.3.11 *24槽6极L—2型（均衡切换）工业用6—6/2—6/2双速绕组

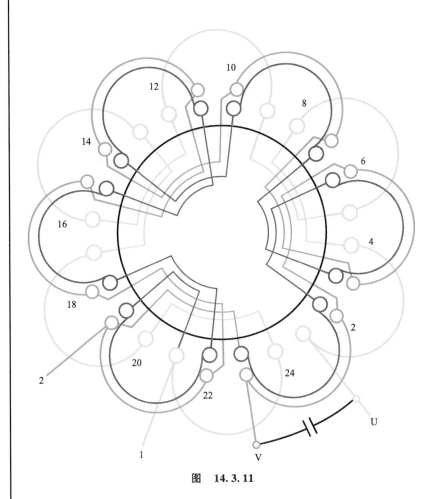

图 14.3.11

1. 绕组结构参数

定子槽数 $Z=24$	电机极数 $2p=6$	总线圈数 $Q=18$
绕组组数 $u=3$	极相槽数 $q=1\frac{1}{3}$	主相圈数 $S_U=6$
副相圈数 $S_V=6$	调速圈数 $S_t=6$	绕组极距 $\tau=4$
线圈节距 $y=3$	每槽电角 $\alpha=45°$	绕组系数 $K_{dp}=0.924$

2. 嵌线方法　本例嵌线采用分层整嵌法，先嵌主绕组入相应槽内，再嵌副绕组于相应槽的下层，最后把调速绕组嵌于副绕组的上层。嵌线顺序见表14.3.11。

表 14.3.11　分层整嵌法

嵌线顺序		1	2	3	4	5	6	7	8	9	10	11	12	13	14	15	16	17	18
槽号	主下层	21	24	17	20	13	16	9	12	5	8	1	4						
	副中层													19	22	15	18	11	14

嵌线顺序		19	20	21	22	23	24	25	26	27	28	29	30	31	32	33	34	35	36
槽号	副中层	7	10	3	6	23	2												
	调上层							19	22	15	18	11	14	7	10	3	6	23	2

3. 绕组特点与应用　本例是24槽6极双速绕组，布线接线是L—2型，即调速绕组与副绕组同相。主绕组有6个单层线圈，副绕组也是6个线圈但用双层布线，而主、副绕组均为显极，即同相相邻组间反极性。调速绕组6个线圈均布于每极，其极性与副绕组相同。由于调速绕组6个线圈是同时切换，故属均衡调速。

此绕组属调速性能平稳的类型，但调速线圈较多，或可进行简化改进。调速电动机控制原理接线可参考图14.3a所示。

14.3.12 *24槽6极L—2型（对称切换）工业用6—3（3/2）—3/2双速绕组

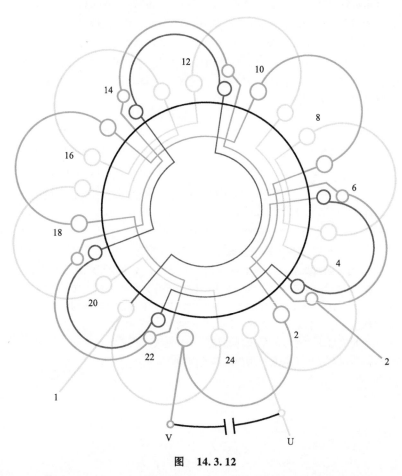

图 14.3.12

1. 绕组结构参数

定子槽数 $Z=24$	电机极数 $2p=6$	总线圈数 $Q=15$
绕组组数 $u=3$	极相槽数 $q=1\frac{1}{3}$	主相圈数 $S_U=6$
副相圈数 $S_V=3(3/2)$	调速圈数 $S_t=3/2$	绕组极距 $\tau=4$
线圈节距 $y=3$	每槽电角 $\alpha=45°$	绕组系数 $K_{dp}=0.924$

2. 嵌线方法　本例绕组嵌线方法同上例。嵌线顺序见表14.3.12。

表 14.3.12　分层整嵌法

嵌线顺序		1	2	3	4	5	6	7	8	9	10	11	12	13	14	15	16	17	18
槽号	主下层	21	24	17	20	13	16	9	12	5	8	1	4						
	副中层													23	2	7	10	15	18

嵌线顺序		19	20	21	22	23	24	25	26	27	28	29	30
槽号	副中层	19	22	11	14	3	6						
	调上层							3	6	19	22	11	14

3. 绕组特点与应用　本绕组是上例的简化改进型式，即将原来调速的6个线圈再减至3个，并安排呈三角对称分布，这时调速绕组呈庶极分布，故3个线圈是顺向串联，使之与所在槽的副绕组同极性。

简化后调速绕组总匝数不变，但原来6个线圈的匝数分配到3个线圈，如果改变后双层槽的匝数槽满率过高的话，可将原来副绕组的等匝线圈匝数减少部分，将匝数增加到单层槽的线圈上。简化后，调速性能基本不变，但工艺性有所改善。调速控制原理线路如图14.3a所示。

14.3.13 *24槽6极 L—2型（对称切换）工业用 6—6/2—(3/2+3/2) 三速绕组

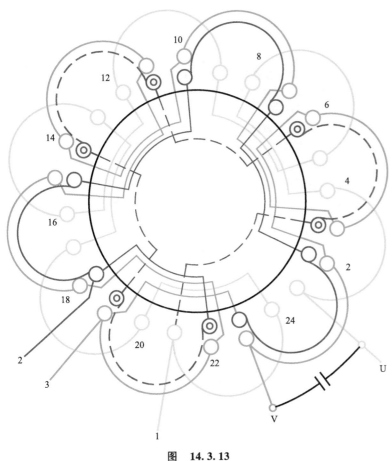

图 14.3.13

1. 绕组结构参数

定子槽数 $Z=24$	电机极数 $2p=6$	总线圈数 $Q=18$
绕组组数 $u=3$	极相槽数 $q=1\frac{1}{3}$	主相圈数 $S_U=6$
副相圈数 $S_V=6$	调速圈数 $S_t=3+3$	绕组极距 $\tau=4$
线圈节距 $y=3$	每槽电角 $\alpha=45°$	绕组系数 $K_{dp}=0.924$

2. 嵌线方法

本例采用整嵌法，先把主绕组嵌入相应槽内，其端部构成下平面；再嵌入副绕组，其端部置于中平面；最后嵌入调速绕组。嵌线顺序见表14.3.13。

表 14.3.13 整嵌法

嵌线顺序		1	2	3	4	5	6	7	8	9	10	11	12	13	14	15	16	17	18
槽号	下平面	21	24	17	20	13	16	9	12	5	8	1	4						
	中平面													19	22	15	18	11	14

嵌线顺序		19	20	21	22	23	24	25	26	27	28	29	30	31	32	33	34	35	36
槽号	中平面	7	10	3	6	23	2												
	上平面							19	22	11	14	3	6	15	18	7	10	23	2

3. 绕组特点与应用

本例是24槽三速的工业用排风扇绕组，主绕组有6个单层线圈，相邻组间反极性串联；副绕组有6个双层线圈，也是显极布线；调速绕组6个线圈的安排与副绕组同相，但分成相同极性且三角对称的两组。此绕组结构简单，单层槽和双层槽各占一半，采用分层整嵌而具有良好的工艺性；同时，三角对称切换调速也可使变速的过渡更趋平稳。

三速电动机调速控制线路可参考图14.3b所示。

14.3.14 24 槽 8 极 L—2 型（均衡切换）工业用 8—8/6—(8/6+8/6) 三速绕组

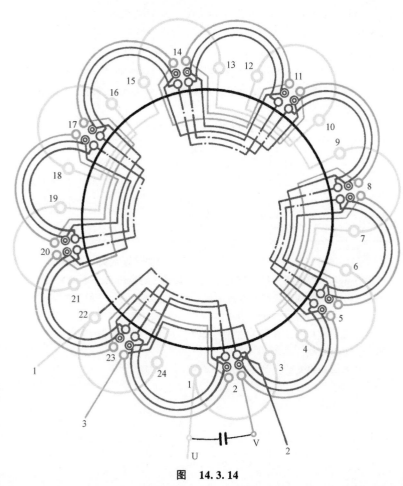

图 14.3.14

1. 绕组结构参数

定子槽数 $Z = 24$ 　主相圈数 $S_m = 8$ 　线圈节距 $y = 2、3$

电机极数 $2p = 8$ 　副相圈数 $S_a = 8$ 　绕组系数 $K_{dpm} = 0.924$

总线圈数 $Q = 32$ 　调速圈数 $S_t = 8+8$

绕组组数 $u = 4$ 　绕组极距 $\tau = 3$

2. 嵌线方法　采用按组分层嵌线，最先将主绕组逐个整嵌入相应槽中，完成后嵌入副绕组，它的嵌入可有两种嵌法：一种是整嵌而无需吊边，但嵌线时要把线圈隔空一线圈嵌入，即嵌线顺序为 1、3、5、7、2、4、6、8 号线圈；另一种是顺序嵌入，但要吊起一边。最后把调速绕组分两组嵌入，每组也是 8 只线圈，嵌线方法与副绕组相同。

3. 绕组特点与应用　本例是三速绕组，定子 24 槽绕制 8 极，主、副绕组采用不同节距布线，主绕组 8 个线圈为 B 类单层布线；副绕组 8 个线圈为 A 类多层布线；调速绕组与副绕组同相（同槽）安排，因此，每槽就有 6 个线圈边。此绕的 4 组线圈布线为显极，故同组相邻线圈是反极性连接，即一正一反。调速绕组采用均衡调速，运行和换挡非常稳静，但线圈数过多，槽内层次也多，嵌绕及接线都极为繁琐，工艺性极差，是目前最差劲的绕组设计。本例绕组是根据修理资料绘制，电动机应用于某牌号的空调风扇。电动机接线原理如图 14.3b 所示。

14.3.15 24槽8极L—2型（对称切换）工业用8—8/4—(4/4+4/4) 三速绕组

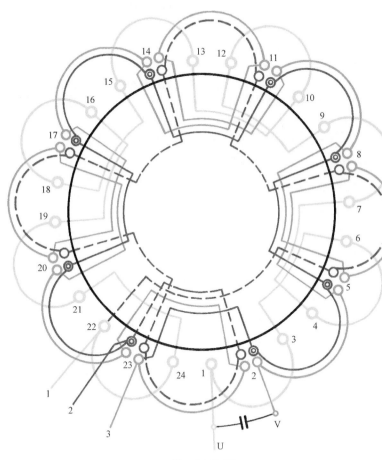

图 14.3.15

1. 绕组结构参数

定子槽数 $Z = 24$	主相圈数 $S_m = 8$	线圈节距 $y = 2$、3
电机极数 $2p = 8$	副相圈数 $S_a = 8$	绕组系数 $K_{dpm} = 0.924$
总线圈数 $Q = 24$	调速圈数 $S_t = 4+4$	
绕组组数 $u = 4$	绕组极距 $\tau = 3$	

2. 嵌线方法　本例采用分组嵌线。主绕组如上例采用整嵌；副绕组则用隔圈整嵌；调速绕组分为两组，也用隔圈整嵌，嵌线顺序见表 14.3.15。

表 14.3.15　分组嵌线法

嵌线顺序	1	2	3	4	5	6	7	8	9	10	11	12	13	14	15	16
主绕组槽号	1	3	4	6	7	9	10	12	13	15	16	18	19	21	22	24
嵌线顺序	17	18	19	20	21	22	23	24	25	26	27	28	29	30	31	32
副绕组槽号	2	5	8	11	14	17	20	23	5	8	11	14	17	20	23	2
嵌线顺序	33	34	35	36	37	38	39	40	41	42	43	44	45	46	47	48
调速绕组槽号	2	5	8	11	14	17	20	23	5	8	11	14	17	20	23	2

3. 绕组特点与应用　本例三速绕组是在上例的基础上进行优化的改进设计。全套绕组线圈数减少 1/4，使副绕组槽中从 6 边缩减至 4 个线圈边，调速线圈分两组，每组 4 圈呈对称分布并采用庶极接线。改进设计后，主、副绕组参数不变，调速绕组线圈线径不变，但匝数增加一倍；改进后的电动机性能维持不变。电动机绕组控制接线原理如图 14.3b 所示。

14.3.16 24槽8极L—2型（对称切称）工业用8—4/3—(4/3+4/3)三速绕组

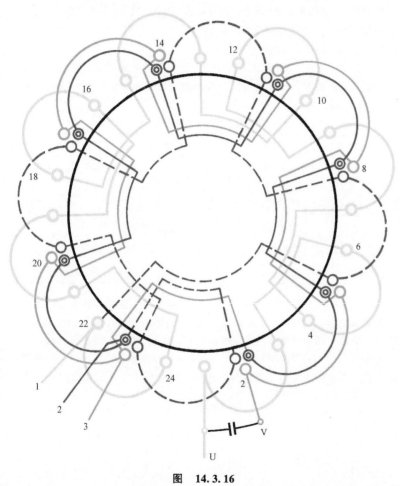

图 14.3.16

1. 绕组结构参数

定子槽数 $Z=24$　主相圈数 $S_m=8$　线圈节距 $y=2、3$

电机极数 $2p=8$　副相圈数 $S_a=4$　绕组系数 $K_{dpm}=0.924$

总线圈数 $Q=20$　调速圈数 $S_t=4+4$

绕组组数 $u=4$　绕组极距 $\tau=3$

2. 嵌线方法　嵌线仍如前例，采用分组嵌线。主绕组嵌法同上例；副绕组仅4个线圈，采用隔圈整嵌；调速绕组同上例，采用分组隔圈整嵌。具体嵌线顺序见表14.3.16。

表 14.3.16　分组整嵌法

嵌线顺序	1	2	3	4	5	6	7	8	9	10	11	12	13	14	15	16
主绕组槽号	1	3	4	6	7	9	10	12	13	15	16	18	19	21	22	24
嵌线顺序	17	18	19	20	21	22	23	24								
副绕组槽号	2	5	8	11	14	17	20	23								
嵌线顺序	25	26	27	28	29	30	31	32	33	34	35	36	37	38	39	40
调速绕组槽号	2	5	8	11	14	17	20	23	5	8	11	14	17	20	23	2

3. 绕组特点与应用　本绕组是在上例改进设计的基础上进一步简化。而主绕组与上例相同不作改变；调速绕组也和上例相同，即每组仅用4个线圈呈庶极安排，对称分布，使之切换挡位时不致产生冲击；副绕组则从前面的8圈缩减到4圈而呈隔组对称安排，并采用同极性串联接线。简化后，副绕组线圈匝数增加一倍。电动机接线如图14.3b所示。

14.3.17 32 槽 8 极 L—2 型（均衡切换）工业用 8—8/2—8/2 双速绕组

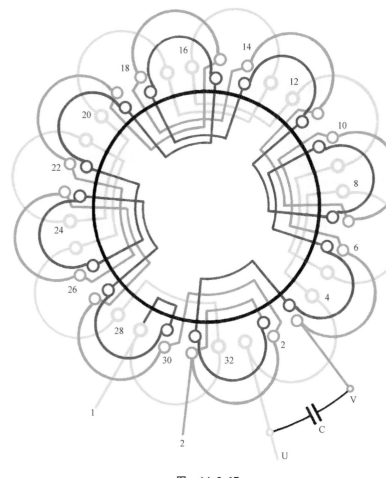

图　14.3.17

1. 绕组结构参数

定子槽数　$Z = 32$　　主相圈数　$S_m = 8$　　线圈节距　$y = 3$

电机极数　$2p = 8$　　副相圈数　$S_a = 8$　　出线根数　$c = 4$

总线圈数　$Q = 24$　　调速圈数　$S_t = 8$

线圈组数　$u = 3$　　　绕组极距　$\tau = 4$

2. 嵌线方法　　本例宜用分层嵌线法，先嵌主绕组于下平面，再嵌副绕组形成中平面，最后嵌调速绕组于上平面，构成三平面绕组。嵌线顺序见表 14.3.17。

表 14.3.17　分层整嵌法

嵌线顺序	1	2	3	4	5	6	7	8	9	10	11	12	13	14	15	16	17
下平面	29	32	25	28	21	14	17	20	13	16	9	12	5	8	1	4	
中平面																	31

嵌线顺序	18	19	20	21	22	23	24	25	26	27	28	29	30	31	32	33	34
中平面	2	17	30	23	26	1	22	15	18	11	14	7	10	3	6		
上平面																27	30

嵌线顺序	35	36	37	38	39	40	41	42	43	44	45	46	47	48
中平面														
上平面	23	26	19	22	15	18	11	14	7	10	3	6	31	2

3. 绕组特点与接线　　本例是采用 L—2 型双速绕组，调速接线如图 14.3a 所示。它的调速绕组与副绕组同相安排，主、副、调速三绕组均由 8 个线圈组成，主绕组是单层布线，副绕组嵌于下层，调速绕组嵌上层而且均衡分布于定子，调速时一次切换，故属均衡调速，主要优点是变换转速时能平稳过渡。

14.3.18 32槽8极L—2型（对称切换）工业用8—8/2—(4/2+4/2) 三速绕组

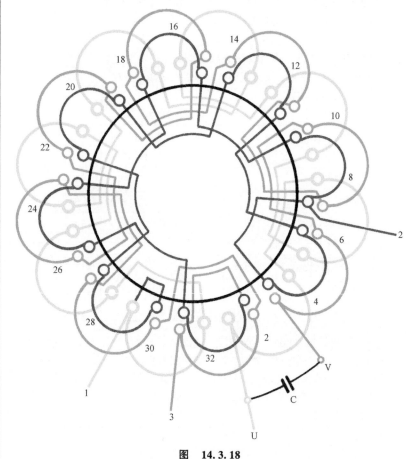

图 14.3.18

1. 绕组结构参数

定子槽数 $Z=32$　主相圈数 $S_m=8$　线圈节距 $y=3$

电机极数 $2p=8$　副相圈数 $S_a=8$　出线根数 $c=5$

总线圈数 $Q=24$　调速圈数 $S_t=8$

线圈组数 $u=4$　绕组极距 $\tau=4$

2. 嵌线方法　采用分层整嵌，先嵌主绕组，再嵌副绕组，然后分组嵌入调速绕组线圈于副绕组的上层槽中。嵌线顺序见表14.3.18。

表 14.3.18　分层整嵌法

嵌线顺序		1	2	3	4	5	6	7	8	9	10	11	12	13	14	15	16	17
槽号	下平面	29	32	25	28	21	24	17	20	13	16	9	12	5	8	1	4	
	中平面																	31
嵌线顺序		18	19	20	21	22	23	24	25	26	27	28	29	30	31	32	33	34
槽号	中平面	2	27	30	23	26	19	22	15	18	11	14	7	10	3	6		
	上平面																27	30
嵌线顺序		35	36	37	38	39	40	41	42	43	44	45	46	47	48			
槽号	中平面																	
	上平面	19	22	11	14	3	6	7	10	15	18	23	26	31	2			

3. 绕组特点与接线　本例调速绕组与副绕组同相，属L—2型布线，三速电动机接线原理如图14.3b所示。主、副绕组各由8个线圈组成，分别嵌线构成下、中平面；调速绕组8个线圈分为两组，一组顺向串联，另一组则反向串联。本绕组是近年在家电中出现的绕组实例。

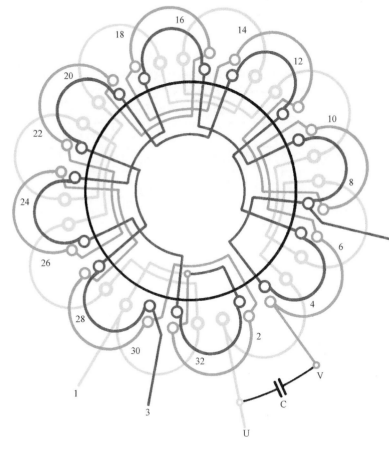

图　14.3.19

1. 绕组结构参数

定子槽数　$Z = 32$　　主相圈数　$S_m = 8$　　线圈节距　$y = 3$

电机极数　$2p = 8$　　副相圈数　$S_a = 8$　　出线根数　$c = 5$

总线圈数　$Q = 24$　　调速圈数　$S_t = 8$

线圈组数　$u = 4$　　　绕组极距　$\tau = 4$

2. 嵌线方法　　绕组采用整嵌法，先嵌主绕组构成下平面；再嵌副绕组于相应槽的下层构成中平面；最后嵌调速线圈于副绕组的上层构成上平面。具体嵌线次序见表 14.3.19。

表 14.3.19　分层整嵌法

嵌线顺序		1	2	3	4	5	6	7	8	9	10	11	12	13	14	15	16	17
槽号	下平面	29	32	25	28	21	24	17	20	13	16	9	12	5	8	1	4	
	中平面																	31
嵌线顺序		18	19	20	21	22	23	24	25	26	27	28	29	30	31	32	33	34
槽号	中平面	2	27	30	23	26	19	22	15	18	11	14	7	10	3	6		
	上平面																31	2
嵌线顺序		35	36	37	38	39	40	41	42	43	44	45	46	47	48			
上平面槽号		23	26	15	18	7	10	3	6	11	14	19	22	27	30			

3. 绕组特点与接线　　绕组各由 8 个线圈组成，均为显极布线。三绕组的接线如图 14.3c 所示。它的主、副绕组类似 L 型，但调速绕组在公共点"1"之外，故称"W"型。调速分两组，各由两种极性相同的 4 个线圈串联而成。

由于外抽头调速的 T 型绕组类似于在 L 型外附电抗线圈，其减速效果取决于附加匝数。

14.3.20　32 槽 8 极 T—2N 型（对称切换）工业用 8—8/2—(4/2+4/2) 三速绕组

1. 绕组结构参数

定子槽数　$Z=32$	主相圈数　$S_m=8$	线圈节距　$y=3$
电机极数　$2p=8$	副相圈数　$S_a=8$	出线根数　$c=6$
总线圈数　$Q=24$	调速圈数　$S_t=8$	
线圈组数　$u=4$	绕组极距　$\tau=4$	

2. 嵌线方法　本例采用分层整嵌法，先嵌主绕组，再嵌副绕组于相应槽下层，最后分两组把调速线圈嵌于副绕组槽的上层，从而构成规整的三平面结构。嵌线顺序见表 14.3.20。

表 14.3.20　分层整嵌法

嵌线顺序		1	2	3	4	5	6	7	8	9	10	11	12	13	14	15	16	17
槽号	下平面	29	32	25	28	21	24	17	20	13	16	9	12	5	8	1	4	
	中平面																	31

嵌线顺序		18	19	20	21	22	23	24	25	26	27	28	29	30	31	32	33	34
槽号	中平面	2	27	30	23	26	19	22	15	18	11	14	7	10	3	6		
	上平面																31	2

嵌线顺序	35	36	37	38	39	40	41	42	43	44	45	46	47	48
上平面槽号	23	26	15	18	7	10	11	14	19	22	27	30	3	6

3. 绕组特点与接线　本例采用 T—2N 型内调速接线。即调速绕组与副绕组同相且与之串联；而主、副绕组尾端通过开关交连，如图 14.3d 所示。当挡位为"1"时，T 型的调速绕组被包含在"L"型之内，故属"N"型。这时主绕组施以全电压，电动机处于高速；"3"挡时主绕组串入调速绕组（即电抗线圈），获得电压减小，故使电动机减速。

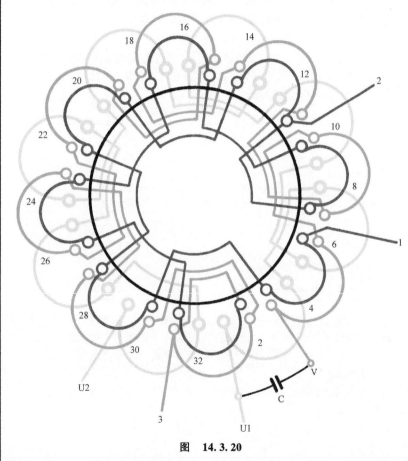

图　14.3.20

14.3.21　32 槽 8 极 L—1 型（对称切换）工业用 8/2—8—(4/2+2/2+2/2) 四速绕组

1. 绕组结构参数

定子槽数　$Z=32$　　绕组组数　$u=5$　　调速圈数　$S_t=8$

电机极数　$2p=8$　　主相圈数　$S_m=8$　　绕组极距　$\tau=4$

总线圈数　$Q=24$　　副相圈数　$S_a=8$　　线圈节距　$y=3$

绕组系数　$K_{dpm}=0.924$

2. 嵌线方法

绕组为 B 类单双层，同相线圈无交叠，故采用整嵌法可构成完整的三平面结构。嵌线宜先嵌副绕组，再嵌主绕组，最后嵌入调速绕组。因每组圈数为 1，每相有 8 个线圈，为减少接线最好采用 4 圈连绕，但要注意留足过线长度；而调速绕组则如图所示分 3 组连绕。嵌线顺序见表 14.3.21。

表 14.3.21　分层整嵌法

嵌线顺序		1	2	3	4	5	6	7	8	9	10	11	12	13	14	15	16
副绕组槽号	下平面	31	2	27	30	23	26	19	22	15	18	11	14	7	10	3	6
嵌线顺序		17	18	19	20	21	22	23	24	25	26	27	28	29	30	31	32
主绕组槽号	中平面	29	32	25	28	21	24	17	20	13	16	9	12	5	8	1	4
嵌线顺序		33	34	35	36	37	38	39	40	41	42	43	44	45	46	47	48
调速绕组槽号	上平面	25	28	17	20	9	12	1	4	29	32	13	16	5	8	21	24

3. 绕组特点与应用

本例三绕组均是单圈组，并用显极式布线，调速绕组与主绕组同相，故呈双层布线，而副绕组为单层。调速绕组 8 个线圈分三个调速组，其中 T_1 由 4 个同极性线圈串联而成；T_2 和 T_3 均由 2 个对称线圈串成，但其极性与 T_1 相反。此绕组采用 L 型接线，四速接线原理如图 14.3.21b 所示。本例主要应用于国产某空调用单相电动机。

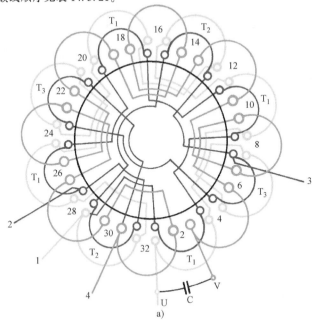

a)

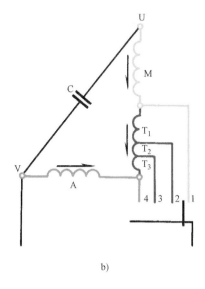

b)

图　14.3.21

14.3.22 32 槽 8 极 L—2 型（对称切换）工业用 8—8/2—(4/2+2/2+2/2)四速绕组

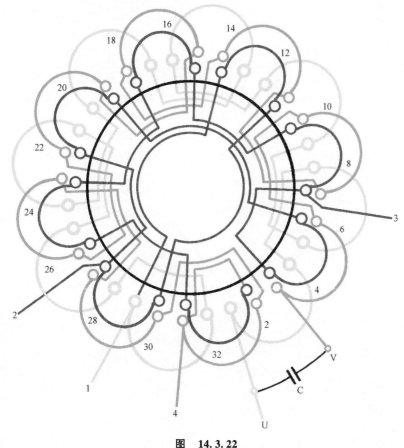

图 14.3.22

1. 绕组结构参数

定子槽数　$Z=32$　　主相圈数　$S_m=8$　　线圈节距　$y=3$

电机极数　$2p=8$　　副相圈数　$S_a=8$　　出线根数　$c=6$

总线圈数　$Q=24$　　调速圈数　$S_t=8$

线圈组数　$u=5$　　绕组极距　$\tau=4$

2. 嵌线方法　本绕组嵌线采用分层整嵌法，先嵌主绕组，再嵌副绕组。最后将调速绕组分三组嵌入，具体可参考表 14.3.22。

表 14.3.22　分层整嵌法

嵌线顺序		1	2	3	4	5	6	7	8	9	10	11	12	13	14	15	16	17
槽号	下平面	29	32	25	28	21	24	17	20	13	16	9	12	5	8	1	4	
	中平面																	31
嵌线顺序		18	19	20	21	22	23	24	25	26	27	28	29	30	31	32	33	34
槽号	中平面	2	27	30	23	26	19	22	15	18	11	14	7	10	3	6		
	上平面																11	14
嵌线顺序		35	36	37	38	39	40	41	42	43	44	45	46	47	48			
槽号	上平面	27	30	19	22	3	6	7	10	15	18	23	26	31	2			

3. 绕组特点与接线　绕组由 24 个线圈构成，其中 8 个主绕组线圈安排单层；副绕组 8 个线圈安排在相应槽的下层；而调速绕组嵌于副绕组槽的上层。调速绕组分三组，4 个线圈作均衡对称分布，而其余两组均由 2 个线圈组成并对称分布于定子。所以，电动机的调速是均衡切换和对称切换并用。调速绕组接线原理如图 14.3e 所示。

14.3.23 36 槽 6 极 T—2W 型(对称切换)工业用 6—6—(2+2+2)四速绕组

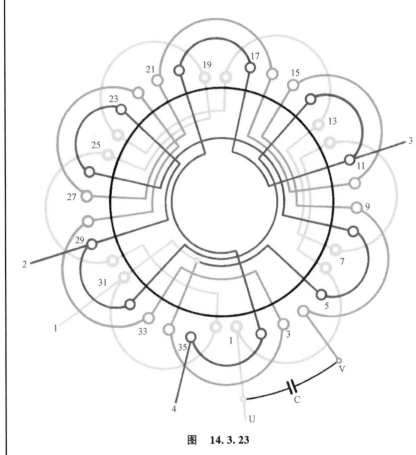

图 14.3.23

1. 绕组结构参数

定子槽数 $Z = 36$	主相圈数 $S_m = 6$	线圈节距 $y = 5$、3
电机极数 $2p = 6$	副相圈数 $S_a = 6$	出线根数 $c = 6$
总线圈数 $Q = 18$	调速圈数 $S_t = 6$	
线圈组数 $u = 5$	绕组极距 $\tau = 6$	

2. 嵌线方法 绕组嵌线采用分层整嵌,即先嵌主绕组构成下平面,再嵌副绕组于相应槽内,最后嵌入调速绕组,使之与副绕组构成上平面,但必须用绝缘隔开。嵌线顺序见表 14.3.23。

表 14.3.23 分层整嵌法

嵌线顺序		1	2	3	4	5	6	7	8	9	10	11	12
槽号	下平面	31	36	25	30	19	24	13	18	7	12	1	6
	上平面												
嵌线顺序		13	14	15	16	17	18	19	20	21	22	23	24
槽号	下平面												
	上平面	34	3	28	33	22	27	16	21	10	15	4	9
嵌线顺序		25	26	27	28	29	30	31	32	33	34	35	36
槽号	下平面												
	上平面	5	8	23	26	29	32	11	14	17	20	35	2

3. 绕组特点与接线 本例是 T—2W 型接线的四速绕组,是近期出现的电机绕组规格。调速绕组与副绕组同相,用 6 个线圈每两只为一组对称分布,因此属对称切换的调速接线。对于 6 极电动机采用这种对称切换,其稳定性远逊于均衡切换,但它布线简便,全部采用单层线圈;用 6 个调速绕组获得四速,也算是不错的设计。调速绕组接线原理如图 14.3h 所示。

14.3.24 36 槽 6 极 T—2W 型（对称切换）工业用 6—6—(3+3/2+3/2) 四速绕组

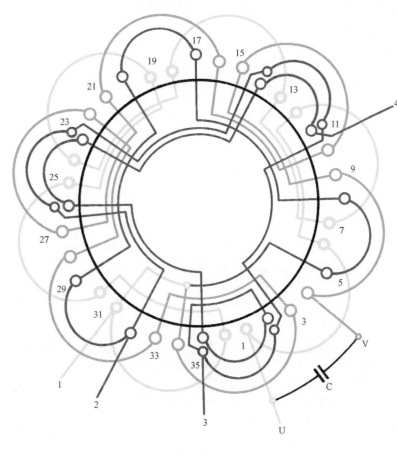

图 14.3.24

1. 绕组结构参数

定子槽数　$Z=36$　　主相圈数　$S_m=6$　　线圈节距　$y=5$、3

电机极数　$2p=6$　　副相圈数　$S_a=6$　　出线根数　$c=6$

总线圈数　$Q=21$　　调速圈数　$S_t=9$

线圈组数　$u=5$　　绕组极距　$\tau=6$

2. 嵌线方法　绕组嵌线是先嵌主绕组，再嵌副绕组，然后按挡位数据绕制的三联线圈进行嵌线，即先嵌单层调速线圈，再嵌下层的一组，最后嵌入上层线圈组。嵌线顺序见表 14.3.24。

表 14.3.24　分层整嵌法

嵌线顺序		1	2	3	4	5	6	7	8	9	10	11	12	13	14	15	16	17	18	19
槽号	下平面	31	36	25	30	19	24	13	18	7	14	1	6							
	中平面													34	3	28	33	22	27	16
嵌线顺序		20	21	22	23	24	25	26	27	28	29	30	31	32	33	34	35	36	37	38
槽号	中平面	21	10	15	4	9	5	7	17	20	29	32	23	26	11	14	35	4		
	下平面																		35	2
嵌线顺序		39	40	41	42															
槽号	下平面	23	26	11	14															

3. 绕组特点与接线　调速绕组与副绕组同相安排，而且调速挡位各线圈连接在主、副绕组联结点之外，故属 "W" 型。调速绕组接线如图 14.3h 所示。

主、副绕组均各由 6 个单层线圈安排在定子铁心相距空间 120°电角的槽中。调速绕组采用均衡对称安排，即每 3 个线圈为一组，而调速第 1 组由 3 个单层线圈组成，第 2 组由 3 个下层线圈组成，其余一组则由 3 个上层线圈组成。

14.3.25 *32 槽 8 极 L—2 型 (对称切换) 工业用 8—8/2— (2/2+2/2+2/2+2/2) 五速绕组

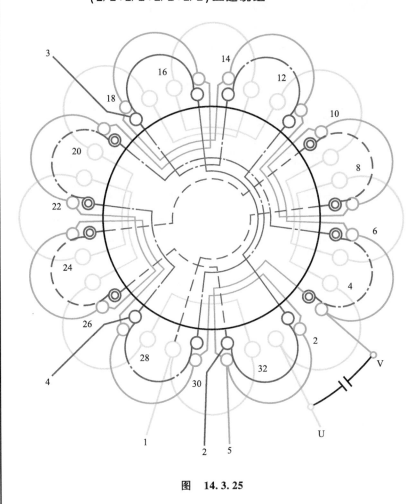

图 14.3.25

1. 绕组结构参数

定子槽数	$Z = 32$	电机极数	$2p = 8$
总线圈数	$Q = 24$	绕组组数	$u = 6$
极相槽数	$q = 1\frac{1}{3}$	主相圈数	$S_U = 8$
副相圈数	$S_V = 8$	调速圈数	$S_t = 2+2+2+2$
绕组极距	$\tau = 4$	线圈节距	$y = 3$
每槽电角	$\alpha = 45°$	绕组系数	$K_{dp} = 0.924$

2. 嵌线方法

本例采用分层整嵌法，先嵌主绕组，再嵌副绕组，最后嵌入调速绕组于上平面。嵌线顺序见表 14.3.25。

表 14.3.25 分层整嵌法

嵌线顺序		1	2	3	4	5	6	7	8	9	10	11	12	13	14	15	16	17	18
槽号	下平面	29	32	25	28	21	24	17	20	13	16	9	12	5	8	1	4		
	中平面																	31	2

嵌线顺序		19	20	21	22	23	24	25	26	27	28	29	30	31	32	33	34	35	36
槽号	中平面	27	30	23	26	19	22	15	18	11	14	7	10	3	6				
	上平面															7	10	23	26

嵌线顺序		37	38	39	40	41	42	43	44	45	46	47	48
槽号	中平面												
	上平面	31	2	15	18	11	14	27	30	22	19	3	6

3. 绕组特点与应用

本例是 L—2 型对称切换的五速绕组，绕组由 24 个线圈组成；主、副、调速三绕组各有 8 个线圈，其中主绕组是单层布线；副绕组与调速绕组同相，是双层布线。调速绕组分为 4 组，每组两个线圈安排在几何对称位置，而两只线圈均为同向串联，但相邻线圈的极性必须相反。由于每组（挡）线圈对称分布，故其调速为对称切换。本例五速采用 4 对调速线圈已属最简单设计，其控制线路如图 14.3i 所示。

14.3.26　32 槽 8 极 T—2W 型（对称切换）工业用 8—8/2—(2/2+2/2+2/2+2/2) 五速绕组

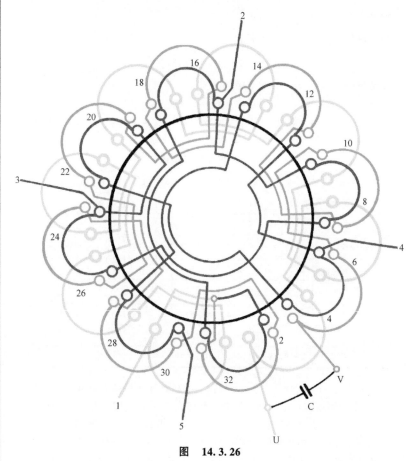

图　14.3.26

1. 绕组结构参数

定子槽数　$Z=32$	主相圈数　$S_m=8$	线圈节距　$y=3$	
电机极数　$2p=8$	副相圈数　$S_a=8$	出线根数　$c=7$	
总线圈数　$Q=24$	调速圈数　$S_t=8$		
线圈组数　$u=6$	绕组极距　$\tau=4$		

2. 嵌线方法　　本例五速绕组采用整嵌法嵌线，先嵌主绕组，再嵌副绕组，使主、副两绕组端部呈两平面。最后分组嵌入调速绕组，从而构成三平面结构。嵌线顺序见表 14.3.26。

表 14.3.26　分层整嵌法

嵌线顺序		1	2	3	4	5	6	7	8	9	10	11	12	13	14	15	16	17
槽号	下平面	29	32	25	28	21	24	17	20	13	16	9	12	5	8	1	4	
	中平面																	31

嵌线顺序		18	19	20	21	22	23	24	25	26	27	28	29	30	31	32	33	34
槽号	中平面	2	27	30	23	26	19	22	15	18	11	14	7	10	3	6		
	上平面																31	2

嵌线顺序	35	36	37	38	39	40	41	42	43	44	45	46	47	48
槽号　上平面	15	18	7	10	23	26	19	22	3	6	11	14	27	30

3. 绕组特点与接线　　本绕组由 24 个线圈组成，主绕组 8 个线圈单层布线；副绕组 8 个线圈嵌入双层槽的下层；调速绕组 8 个线圈分 4 组对称布线，并嵌入相应槽的上层。

本例是 T 型接线，调速绕组、副绕组同相，故属"2"类，而调速绕组在主、副公共点"1"之外（W），故属副绕组外抽头调速。绕组接线原理如图 14.3k 所示。

14.3.27 36 槽 6 极 L—1/2 型（对称切换）工业用 6—6—(3/2+3/2+3/2+3/2) 五速绕组

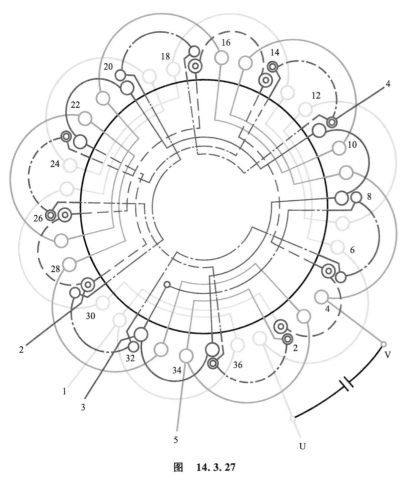

图 14.3.27

1. 绕组结构参数

定子槽数 $Z=36$	主相圈数 $S_m=6$	线圈节距 $y=5$、3
电机极数 $2p=6$	副相圈数 $S_a=6$	出线根数 $c=7$
总线圈数 $Q=24$	调速圈数 $S_t=12$	
线圈组数 $u=6$	绕组极距 $\tau=6$	

2. 嵌线方法　绕组嵌线顺序是，主绕组—与主绕组同相调速绕组—与副绕组同相调速绕组—副绕组。整体仍构成双平面结构。具体嵌线顺序见表 14.3.27。

表 14.3.27　分层整嵌法

嵌线顺序		1	2	3	4	5	6	7	8	9	10	11	12	13	14	15	16	17
槽号	下平面	31	36	25	30	19	24	13	18	7	12	1	6					
	中平面													34	3	28	33	22
嵌线顺序		18	19	20	21	22	23	24	25	26	27	28	29	30	31	32	33	34
槽号	中平面	27	16	21	10	15	4	9	35	2	23	26	11	14	17	20	29	32
	上平面																	
嵌线顺序		35	36	37	38	39	40	41	42	43	44	45	46	47	48			
槽号	中平面	5	8															
	上平面			32	35	8	11	20	23	26	29	14	17	2	5			

3. 绕组特点与接线　绕组为五挡调速，从高速挡(1)切换到(2)挡时，是在 L 之外增加串联主绕组同相且对称的 3 个线圈；(3)挡再增串另 3 个线圈；(4)挡则增串副绕组同相的 3 个线圈；(5)挡将全部调速线圈串入回路，电风扇电动机调到最低转速。因其每次调速都是对称变换调速线圈，故称"对称调速"。绕组接线原理见图 14.3j。

14.3.28 36 槽 6 极 T—2W 型（对称切换）工业用 6—6—(3/2+3/2+3/2+3/2)五速绕组

1. 绕组结构参数

定子槽数　$Z=36$　　主相圈数　$S_m=6$　　线圈节距　$y=5$、3

电机极数　$2p=6$　　副相圈数　$S_a=6$　　出线根数　$c=7$

总线圈数　$Q=24$　　调速圈数　$S_t=12$

线圈组数　$u=6$　　绕组极距　$\tau=6$

2. 嵌线方法　　绕组嵌线宜先嵌主绕组，再嵌副绕组。调速绕组则最好每 3 个线圈为一组连绕，但要留足过线长度，嵌线时按图从低挡位到高挡位，逐挡线圈顺次嵌入。嵌线顺序见表 14.3.28。

表 14.3.28　分层整嵌法

嵌线顺序		1	2	3	4	5	6	7	8	9	10	11	12	13	14	15	16	17	18
槽号	下平面	31	36	25	30	19	24	13	18	7	12	1	6						
	中平面													34	3	28	33	22	27
嵌线顺序		19	20	21	22	23	24	25	26	27	28	29	30	31	32	33	34	35	36
槽号	中平面	16	21	10	15	4	9	35	2	23	26	11	14						
	上平面													17	20	29	32	5	8
嵌线顺序		37	38	39	40	41	42	43	44	45	46	47	48						
槽号	中平面																		
	上平面	5	8	17	20	29	32	35	2	23	26	11	14						

3. 绕组特点与接线　　本例五速绕组采用均衡与对称结合的切换调速。主、副绕组布线接线与上例相同，而调速绕组每组 3 个线圈分布在定子互距 120° 的位置，使之构成均衡的对称切换条件。为了满足在五挡调速中采用均衡切换，调速绕组采用双层布线，故线圈数较多。调速切换接线可参见图 14.3k 所示。

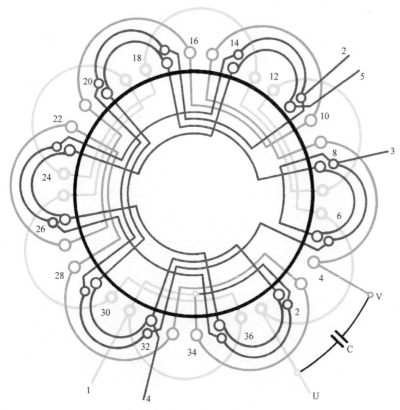

图　14.3.28

14.3.29 36 槽 6 极 T—2W 型(对称切换)工业用 6—6—(2+2+2/2+2/2)五速绕组

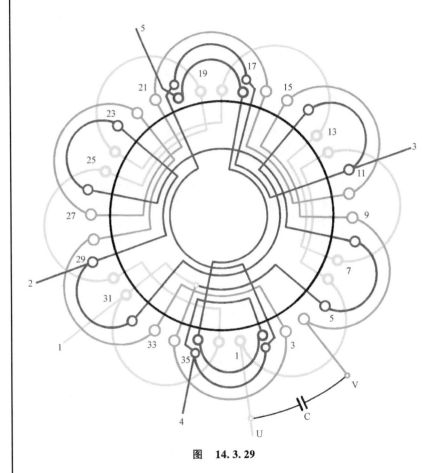

图 14.3.29

1. 绕组结构参数

定子槽数 $Z=36$	主相圈数 $S_m=6$	线圈节距 $y=5$、3
电机极数 $2p=6$	副相圈数 $S_a=6$	出线根数 $c=7$
总线圈数 $Q=20$	调速圈数 $S_t=8$	
线圈组数 $u=6$	绕组极距 $\tau=6$	

2. 嵌线方法　绕组嵌线是先嵌主绕组构成下平面;完成后嵌入副绕组,之后嵌入单层布线的调速线圈及槽 35~2 和 17~20 的下层线圈,构成中平面;最后再嵌 2 个双层槽的上层线圈。从而使绕组构成局部三平面结构。嵌线顺序参考表 14.3.29。

表 14.3.29　分层整嵌法

嵌线顺序		1	2	3	4	5	6	7	8	9	10	11	12	13	14	15	16	17	18	19	20
槽号	下平面	31	36	25	30	19	24	13	18	7	12	1	6								
	中平面													34	3	28	33	22	27	16	21
嵌线顺序		21	22	23	24	25	26	27	28	29	30	31	32	33	34	35	36	37	38	39	40
槽号	中平面	10	15	4	9	5	8	23	26	29	32	11	14	17	20	35	2				
	上平面																	35	2	17	20

3. 绕组特点与接线　调速绕组与副绕组同相,而且调速绕组在主、副组联结点之外,故属"W"型,是 T—2 型接线的常用型式。绕组接线参见图 14.3k 所示。

主、副绕组各由 6 个单层线圈组成;调速绕组由 4 个单层线圈和 4 个双层线圈组成,分为 4 组,每组两只线圈对称分布,并反极性串联而成。

第 15 章　直流电机电枢绕组

直流电机绕组包括定子绕组的转子（电枢）绕组。定子绕组常制成结构简单的凸极，再套上集中式励磁线圈；转子则是由嵌入铁心槽内的线圈按一定的型式连接到换向器，从而构成电枢绕组。直流电枢的绕组结构比较复杂，其型式有单叠绕组、复叠绕组、单波绕组、复波绕组，还有死波绕组以及蛙式绕组等。就目前国产系列产品中，除复叠和复波没有产品实例外，其余绕组型式均有应用。为了形象地、有效地表达电枢绕组的布线接线情况，作者于 20 年前创用了"潘氏画法"，并用彩色线条绘制成电枢（换向器）端面模拟图。这种画法不同于以往画法，过去是以虚槽为单元槽画出平面展开图，它虽然便于说明绕组的结构原理，但图与转子实物相距甚远，不利于修理者应用。然而，作者创立的端面模拟画法全图虽能全面地反映绕组的布线与接线，但其线条繁乱，使用起来反觉不便，更无法让读者应用于修理记录之中；而且更大的缺陷就是它只有专一性而缺乏普用性。所以本书修订时将其退出第 3 版。

然而，经过几年的钻研、改进，这些问题如今已获化解。其实，直流电枢重绕接线只要把 1 号槽线圈按记号正确接入换向片，则随后的 2 号、3 号……线圈便可尾随接入，到最后一只线圈最后一个元件的尾端便回接到 1 号换向片，则接线全部完成。所以，本书改用端面画法的局部图代替原创的整图。这样，只要 1 号线圈布线接线无误，则其余线圈便可按此接线。这种简化（局部）端面图看起来清晰且表达准确，拆线时画图记录也容易。

此外，为了解决普用性问题，作者首创在局部端面图中引入重要参数"A"，它是 1 号换向片到记号片"＊"之间的距离。例如，图 8-1 中，从 1 号片开始（1 号片不计）数到"＊"号片的片数即该电枢的 A 值。而 A 值能使修理的原始记录上升为永久性修理资料。如果接线之前，核查实际的 A 值与记录值相符，则修理就成功了一半。为了便于识图，特作如下说明。

1）图题说明：图例是以实槽数、极数为序列编排，并以实、虚槽数组合表示总元件数。例如，25×3 槽 4 极（$y=6$），其中 25 是转子的实槽数（$Z=25$）；3 是每槽元件数（$u=3$），也是每只线圈所含元件数；25×3 则等于电枢绕组总元件数（即虚槽数 $Z_0=S=K=75$）；$y=6$ 是实槽节距。

2）简化图下方的方格条表示换向器，每格代表 1 片换向片，两片之间的间隔黑线代表绝缘云母片，一般如单叠、单波、死波绕组，每片必须接入 2 个元件线端。

3）图例以实槽为单位绘制，而直流电枢均属双层绕组。图例中的大圆及数字代表转子实槽有效边及槽号；而有效边的左侧设为下层，右侧设为上层，联结两有效边的弧线代表线圈端部；下部从线圈引出的元件端线用黄、绿、红、黑短线区分，并按规定与相应换向片相接，而且相同颜色表示同一元件。

4）直流电枢的嵌线：直流转子有半闭口槽和（半）开口槽。前者适用于软包线圈，嵌线方法与普通双层的交流电机相同；开口槽和半开口槽则用扁铜线拉制的硬线圈，其嵌线程序与上面基本相同，但操作工艺有别。

5）电枢的接线：如果是硬线圈，其下层元件必须接在换向片槽沟的下层；同理，上层接在上层。因此，接线工艺通常是把下层元件全部压入换向片沟槽后，再把上层元件接入。这在各图例的接线叙述的程序上与此有出入。而造成这种异常的是图例的说明着重于接线原理所致。

直流电枢绕组型式虽多，但复叠、复波绕组仅用于极大容量的专用电机，故本书未予收入。

此外，本书直流电枢局部端面图为作者原创，欢迎采用。但公开发表则请说明原创出处。谢谢！

15.1 直流电机电枢单叠绕组端面(局部)布线接线图

单叠绕组是直流电机应用最多的电枢绕组型式之一。绕组并联支路数 $u=p$；每只元件引线分别接到相邻两片换向片上。

1）绕组主要参数

实槽节距　$y=Z/2p±e=$ 整数（槽）

换向节距　$y_K=1$（片）

每槽元件　$u=K/Z$

2）本节单叠绕组采用端面（局部）的简化画法，如图 15.1.1 所示。

图例的结构含义参考本章前述介绍。

3）每槽有效边由 u 个元件组合而成，同一线圈接入换向器的元件以不同颜色区别，如元件 1 黄色；元件 2 绿色；元件 3 红色；元件 4 黑色；元件 5 则用虚线画出。

4）重绕修理拆除旧绕组时，必须在转子上做好 1 号（槽）线圈（如图 15.1.1 中绿色线圈）的槽位和各元件接入换向器的位置，并画出简化图和记录，特别要记准"A"值，即从 1 号换向片中心 O1 起数到"＊"号（与 1 号槽中心线 OZ 重合的换向片）的片数。如果"＊"号落在云母片中心，则加半片，并作记录说明。

15.1.1 *2 极 13×3 槽单叠绕组

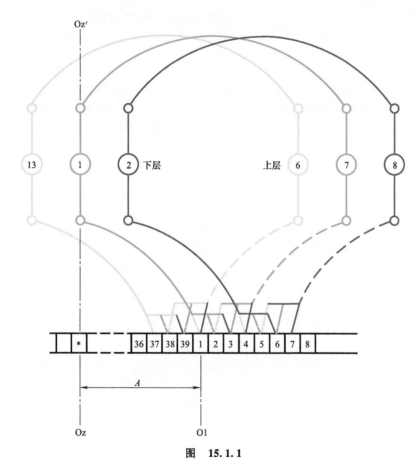

图 15.1.1

1. 绕组结构参数

转子槽数 $Z=13$	每槽元件 $u=3$
电机极数 $2p=2$	实槽节距 $y=6$
换向片数 $K=39$	换向节距 $y_K=1$

2. 嵌线方法　　绕组采用双层交叠法嵌线，吊边数为6。嵌线顺序见表 15.1.1。

表 15.1.1　交叠法

嵌线顺序		1	2	3	4	5	6	7	8	9	10	11	12	13	14	15	16	17	18
槽号	下层	1	13	12	11	10	9	8		7		6		5		4		3	
	上层								1		13		12		11		10		9
嵌线顺序		19	20	21	22	23	24	25	26										
槽号	下层	2																	
	上层		8	7	6	5	4	3	2										

3. 接线要点与应用　　本例绕组采用偏移引接绘制。电机极距 $\tau=6.5$ 槽，绕组槽节距 $y=6$，较极距缩短半槽，以利于节省线材，属短距绕组线圈。绕组每槽元件数为3，为了避免引接线交叉重叠，换向片采用左行连接，槽1下层边的3元件分别引接到换向片1、2、3；线圈跨入槽7的上层边3根引线则对应接到换向片2、3、4槽。同理，第2个线圈嵌入槽2~8，其下层边引线沿顺序接入换向片4、5、6，其余类推。此绕组主要用于微小功率的电机电枢，应用实例有 ZYS-1A、ZYS-3A、ZYS-100A 等直流测速发电机。

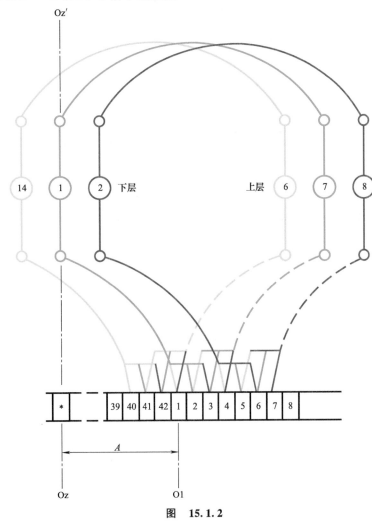

图　15. 1. 2

1. 绕组结构参数

转子槽数	$Z = 14$	每槽元件	$u = 3$
电机极数	$2p = 2$	实槽节距	$y = 6$
换向片数	$K = 42$	换向节距	$y_K = 1$

2. 嵌线方法　本例采用交叠嵌线，吊边数为 6。嵌线顺序见表 15. 1. 2。

表 15. 1. 2　交叠法

嵌线顺序		1	2	3	4	5	6	7	8	9	10	11	12	13	14	15	16	17	18
槽号	下层	1	14	13	12	11	10	9		8		7		6		5		4	
	上层									1		14		13		12		11	10

嵌线顺序		19	20	21	22	23	24	25	26	27	28
槽号	下层	3		2							
	上层		9		8	7	6	5	4	3	2

3. 接线要点与应用　本例以对称引接绘制。电机极距 $\tau = 7$，线圈则用短节距 $y = 6$，比极距缩短 1 槽，在一般电机中不常见，属特殊案例，仅用于耐受冲击振动的高起动转矩直流电动机。绕组的接线要点同上例。主要应用实例有 ZZD-0. 4 等直流电机。

接线时将槽 1 下层边的 3 个元件分别引接到换向片 1、2、3，线圈跨入槽 7 的上层边 3 元件则分别对应接到换向片 2、3、4 槽。同理，第 2 个线圈嵌入槽 2~8，其下层边引线沿顺序接入换向片 4、5、6；上层边接 5、6、7，余类推。

15.1.3 *2 极 14×4 槽单叠绕组

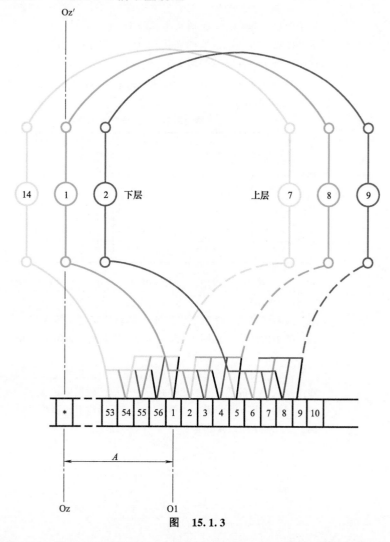

图 15.1.3

1. 绕组结构参数

转子槽数	$Z = 14$	每槽元件	$u = 4$
电机极数	$2p = 2$	实槽节距	$y = 7$
换向片数	$K = 56$	换向节距	$y_K = 1$

2. 嵌线方法 绕组采用交叠法嵌线，吊边数为 7。嵌线顺序见表 15.1.3。

表 15.1.3 交叠法

嵌线顺序		1	2	3	4	5	6	7	8	9	10	11	12	13	14	15	16	17	18
槽号	下层	1	14	13	12	11	10	9	8		7		6		5		4		3
	上层									1		14		13		12		11	
嵌线顺序		19	20	21	22	23	24	25	26	27	28								
槽号	下层		2																
	上层	10		9	8	7	6	5	4	3	2								

3. 接线要点与应用 本例绕组 1 号槽中心线对正换向片 "＊"，到 1 号换向片距离为 A 片。绕组极距 $\tau = 7$，故是整距绕组。槽 1 下层边 4 元件分别接入换向片 1、2、3、4；上层边跨入槽 8 后对应引接到换向片 2、3、4、5。同理可顺序引接其他线圈的元件。此绕组实际应用较广，如 Z2-11、Z2-12，Z3-11、Z3-12 一般用途电动机；Z2-02-MD 磨床用直流电动机；ZZD-5、ZZD-10 高起动转矩直流电动机等。

15.1.4 *2极15×2槽单叠绕组

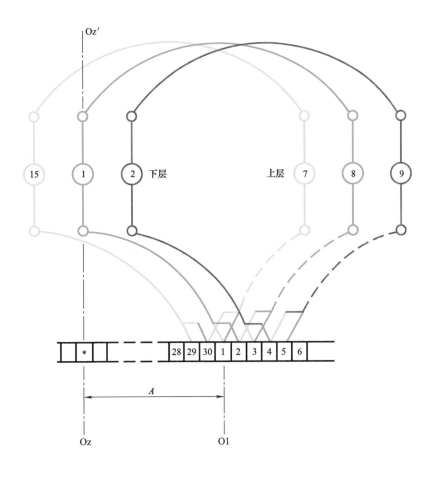

图 15.1.4

1. 绕组结构参数

转子槽数 $Z=15$ 每槽元件 $u=2$

电机极数 $2p=2$ 实槽节距 $y=7$

换向片数 $K=30$ 换向节距 $y_K=1$

2. 嵌线方法 采用交叠法嵌线，吊边数为7。嵌线顺序见表 15.1.4。

表 15.1.4 交叠法

嵌线顺序		1	2	3	4	5	6	7	8	9	10	11	12	13	14	15	16	17	18
槽号	下层	1	15	14	13	12	11	10	9		8		7		6		5		4
	上层									1		15		14		13		12	

嵌线顺序		19	20	21	22	23	24	25	26	27	28	29	30
槽号	下层		3		2								
	上层	11		10		9	8	7	6	5	4	3	2

3. 接线要点与应用 本例槽1中心线记号"*"换向片至1号换向片距为 A 片。接线时将槽1下层边的2个元件分别引接到换向片1、2；线圈跨入槽8的上层边2元件对应接到换向片2、3线槽。同理，线圈2~9分别对应接到2、3片；上层则接4、5上。如此类推。最后线圈15~7下层接到换向片29、30；上层回到换向片30和1。构成闭合回路。此绕组为低电压专用电机采用，应用实例有 ZF28-130B、ZF-29B、ZF-29C、ZF33B-130B 等老系列和 F-29B、F-29C、F28-130B、F33B-130B 等新系列的汽车、拖拉机用直流发电机。

15.1.5 *2 极 18×4 槽单叠绕组

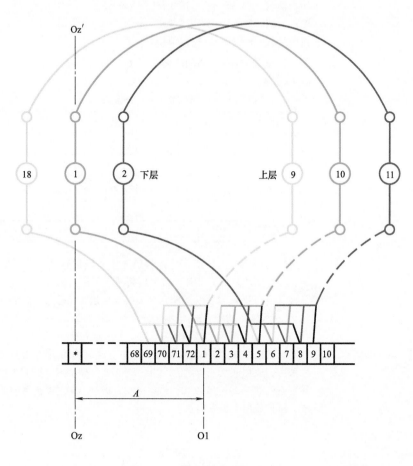

图 15.1.5

1. 绕组结构参数

转子槽数	$Z=18$	每槽元件	$u=4$
电机极数	$2p=2$	实槽节距	$y=9$
换向片数	$K=72$	换向节距	$y_K=1$

2. 嵌线方法　绕组采用交叠法嵌线,吊边数为9。嵌线顺序见表 15.1.5。

表 15.1.5 交叠法

嵌线顺序		1	2	3	4	5	6	7	8	9	10	11	12	13	14	15	16	17	18
槽号	下层	1	18	17	16	15	14	13	12	11	10		9		8		7		6
	上层											1		18		17		16	

嵌线顺序		19	20	21	22	23	24	25	26	27	28	29	30	31	32	33	34	35	36
槽号	下层		5		4		3		2										
	上层	15		14		13		12		11	10	9	8	7	6	5	4	3	2

3. 接线要点与应用　本例采用简化画法。绕组槽节距等于极距,属整距绕组。每槽元件数为4,为避免引接线在换向器端交叉重叠,绕组元件采用右行连接;线圈 1~10 下层边的 4 元件分别接入换向片 1、2、3、4;槽 10 上层边则分别将各元件对应接入换向片 2、3、4、5。其余线圈接线类推。此绕组主要用于一般用途系列直流电动机,应用实例有 Z2-21、Z2-22、Z2-31、Z2-32、Z3-21、Z3-22、Z3-31、Z3-32、Z3-33 等直流电动机。

15.1.6　*2极20×2槽单叠绕组

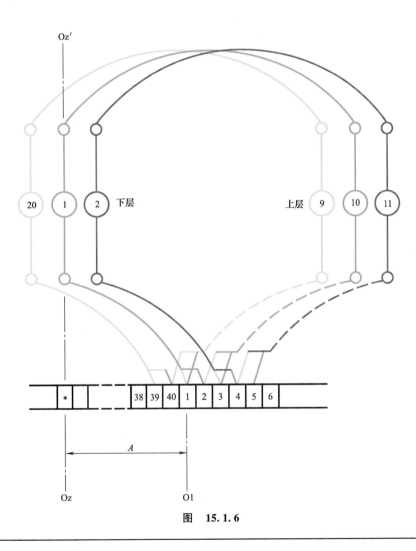

图　15.1.6

1. 绕组结构参数

转子槽数	$Z=20$	每槽元件	$u=2$
电机极数	$2p=2$	实槽节距	$y=9$
换向片数	$K=40$	换向节距	$y_K=1$

2. 嵌线方法　采用交叠嵌线法，吊边数为9。嵌线顺序见表15.1.6。

表15.1.6　交叠法

嵌线顺序		1	2	3	4	5	6	7	8	9	10	11	12	13	14	15	16	17	18
槽号	下层	1	20	19	18	17	16	15	14	13	12		11		10		9		8
	上层											1		20		19		18	

嵌线顺序		19	20	21	22	23	24	25	26	27	28	29	30	31	32	33	34	35	36
槽号	下层		7		6		5		4		3		2						
	上层	17		16		15		14		13		12		11	10	9	8	7	6

嵌线顺序		37	38	39	40
槽号	下层				
	上层	5	4	3	2

3. 接线要点与应用　本例属对称引接绕组，线圈有2元件并联，采用左行绕组布线，从而避免引线在换向器端的交叉重叠；1号槽下层边2元件接到换向片1、2，线圈跨于槽10上层引出线则分别对应接到换向片2、3。其余线圈接线以此类推。此绕组是低电压专用电机绕组。主要应用实例有ZF-30、ZF-31、F46-130、F30、F46-130等汽车及拖拉机用直流发电机等。

15.1.7　*2 极 24×4 槽单叠绕组

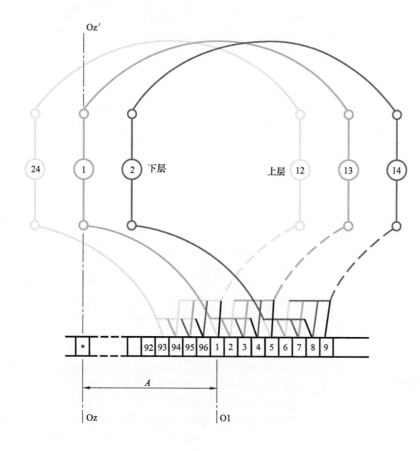

图 15.1.7

1. 绕组结构参数

转子槽数　$Z=24$　　每槽元件　$u=4$
电机极数　$2p=2$　　实槽节距　$y=12$
换向片数　$K=96$　　换向节距　$y_K=1$

2. 嵌线方法　　本例用交叠法嵌线，吊边数为 12。嵌线顺序见表 15.1.7。

表 15.1.7　交叠法

嵌线顺序		1	2	3	4	5	6	7	8	9	10	11	12	13	14	15	16	17	18
槽号	下层	1	24	23	22	21	20	19	18	17	16	15	14	13		12		11	
	上层															1	24		23

嵌线顺序		19	20	21	22	23	24	25	26	27	28	29	30	31	32	33	34	35	36
槽号	下层	10		9		8		7		6		5		4		3		2	
	上层		22		21		20		19		18		17		16		15		14

嵌线顺序		37	38	39	40	41	42	43	44	45	46	47	48
槽号	下层												
	上层	13	12	11	10	9	8	7	6	5	4	3	2

3. 接线要点与应用　　本例采用简化画法。线圈节距等于绕组极距，是整距绕组。每槽元件数 $u=4$，即线圈 1～13 的下层边 4 根引接线分别接到换向片 1、2、3、4；上层边则分别对应接入换向片 2、3、4、5，如图 15.1.7 简化接线所示。其余线圈也按此原理进行接线，至最后一个线圈的最后一元件则接入换向片 1，使之形成闭合回路。此绕组应用实例有 Z2-31、Z2-32 等一般用途直流电动机，也用于 ZQD-1.9 等电车用直流电动机。

15.1.8 *4极31×3槽单叠绕组

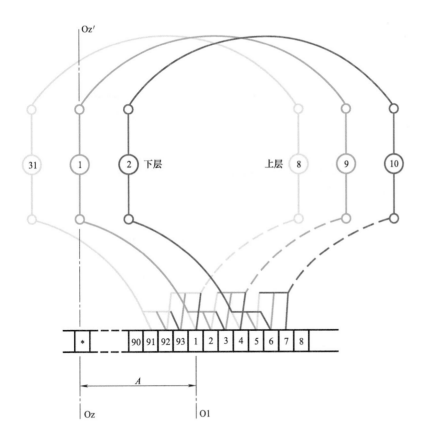

图 15.1.8

1. 绕组结构参数

转子槽数	$Z=31$	每槽元件	$u=3$
电机极数	$2p=4$	实槽节距	$y=8$
换向片数	$K=93$	换向节距	$y_K=1$

2. 嵌线方法　本例嵌线采用交叠法，吊边数为8。嵌线顺序见表15.1.8。

表 15.1.8　交叠法

嵌线顺序		1	2	3	4	5	6	7	8	9	10	11	12	13	14	15	16	17	18
槽号	下层	1	31	30	29	28	27	26	25	24		23		22		21		20	
	上层										1		31		30		29		28

嵌线顺序		19	20	21	22	23	24	25	26	27	28	29	30	31	32	33	34	35	36
槽号	下层	19		18		17		16		15		14		13		12		11	
	上层		27		26		25		24		23		22		21		20		19

嵌线顺序		37	38	39	40	41	42	43	44	45	46	47	48	49	50	51	52	53	54
槽号	下层	10		9		8		7		6		5		4		3		2	
	上层		18		17		16		15		14		13		12		11		10

嵌线顺序		55	56	57	58	59	60	61	62
槽号	下层								
	上层	9	8	7	6	5	4	3	2

3. 接线要点与应用　本例为长距绕组，采用右行接线，线圈1~9下层边元件分别接入换向片1、2、3；上层边元件则对应接到换向片2、3、4，其余类推。主要应用实例有Z2-102等直流电动机。

15.1.9 *4 极 32×3 槽单叠绕组

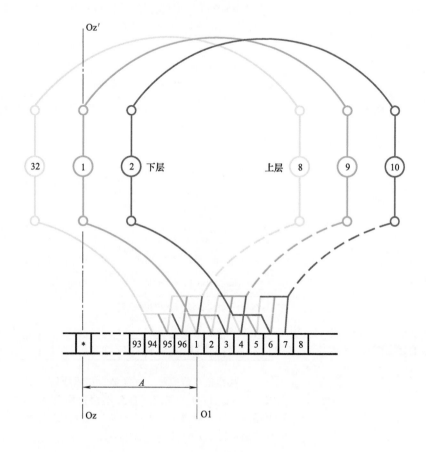

图　15.1.9

1. 绕组结构参数

转子槽数	$Z=32$	每槽元件	$u=3$
电机极数	$2p=4$	实槽节距	$y=8$
换向片数	$K=96$	换向节距	$y_K=1$

2. 嵌线方法

采用交叠法嵌线，吊边数为 8。嵌线顺序见表 15.1.9。

表 15.1.9　交叠法

嵌线顺序		1	2	3	4	5	6	7	8	9	10	11	12	13	14	15	16	17	18
槽号	下层	1	32	31	30	29	28	27	26	25		24		23		22		21	
	上层										1		32		31		30		29
嵌线顺序		19	20	21	22	23	24	25	26	27	28	29	30	31	32	33	34	35	36
槽号	下层	20		19		18		17		16		15		14		13		12	
	上层		28		27		26		25		24		23		22		21		20
嵌线顺序		37	38	39	40	41	42	43	44	45	46	47	48	49	50	51	52	53	54
槽号	下层	11		10		9		8		7		6		5		4		3	
	上层		19		18		17		16		15		14		13		12		11
嵌线顺序		55	56	57	58	59	60	61	62	63	64								
槽号	下层	2																	
	上层		10	9	8	7	6	5	4	3	2								

3. 接线要点与应用

本例为左行接线整距绕组，每个线圈由 3 个元件构成，接线情况参考图 15.1.9。主要应用实例有 ZXQ-55/48、ZXQ-65/48 等蓄电池供电式直流电动机。

15.1.10 *4极34×3槽单叠绕组

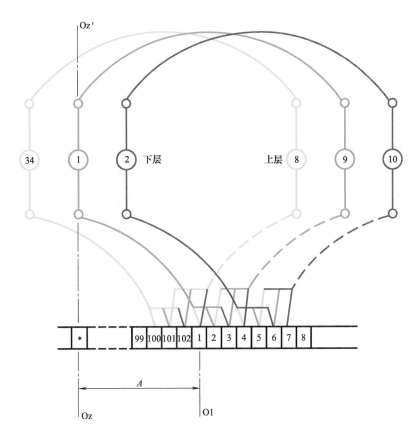

图　15.1.10

1. 绕组结构参数

转子槽数	$Z=34$	每槽元件	$u=3$
电机极数	$2p=4$	实槽节距	$y=8$
换向片数	$K=102$	换向节距	$y_K=1$

2. 嵌线方法　绕组采用交叠法，嵌线吊边为8。嵌线顺序见表15.1.10。

表 15.1.10　交叠法

嵌线顺序		1	2	3	4	5	6	7	8	9	10	11	12	13	14	15	16	17	18
槽号	下层	1	34	33	32	31	30	29	28	27		26		25		24		23	
	上层										1		34		33		32		31
嵌线顺序		19	20	21	22	23	24	25	26	27	28	29	30	31	32	33	34	35	36
槽号	下层	22		21		20		19		18		17		16		15		14	
	上层		30		29		28		27		26		25		24		23		22
嵌线顺序		37	38	39	40	41	42	43	44	45	46	47	48	49	50	51	52	53	54
槽号	下层	13		12		11		10		9		8		7		6		5	
	上层		21		20		19		18		17		16		15		14		13
嵌线顺序		55	56	57	58	59	60	61	62	63	64	65	66	67	68				
槽号	下层	4		3		2													
	上层		12		11		10	9	8	7	6	5	4	3	2				

3. 接线要点与应用　本例为左行接线短距绕组。线圈接线如图15.1.10所示。主要应用实例有 Z2-102 直流电动机。

15.1.11　*4 极 36×3 槽单叠绕组

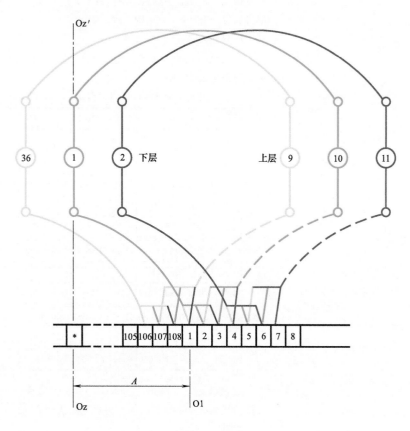

图　15.1.11

1. 绕组结构参数

转子槽数	$Z = 36$	每槽元件	$u = 3$
电机极数	$2p = 4$	实槽节距	$y = 9$
换向片数	$K = 108$	换向节距	$y_K = 1$

2. **嵌线方法**　绕组采用交叠嵌线，吊边数为 9。嵌线顺序见表 15.1.11。

表 15.1.11　交叠法

嵌线顺序		1	2	3	4	5	6	7	8	9	10	11	12	13	14	15	16	17	18
槽号	下层	1	36	35	34	33	32	31	30	29	28		27		26		25		24
	上层											1		36		35		34	
嵌线顺序		19	20	21	22	23	24	25	26	27	28	29	30	31	32	33	34	35	36
槽号	下层	23		22		21		20		19		18		17		16		15	
	上层	33		32		31		30		29		28		27		26		25	
嵌线顺序		37	38	39	40	41	42	43	44	45	46	47	48	49	50	51	52	53	54
槽号	下层	14		13		12		11		10		9		8		7		6	
	上层	24		23		22		21		20		19		18		17		16	
嵌线顺序		55	56	57	58	59	60	61	62	63	64	65	66	67	68	69	70	71	72
槽号	下层	5		4		3		2											
	上层	15		14		13		12		11	10	9	8	7	6	5	4	3	2

3. **接线要点与应用**　本例采用简化画法，绕组属整距绕组，采用左行接线。接线情况参见图 15.1.11。主要应用实例有 Z2-71 直流电动机及 ZXQ-45/48 蓄电池供电式直流电动机。

15.1.12 *4极 42×2 槽单叠绕组

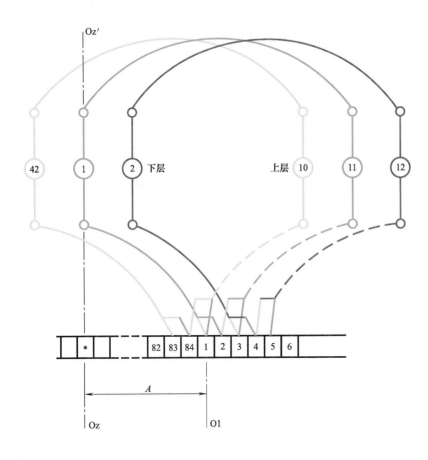

图　15.1.12

1. 绕组结构参数

转子槽数　$Z=42$　　每槽元件　$u=2$

电机极数　$2p=4$　　实槽节距　$y=10$

换向片数　$K=84$　　换向节距　$y_K=1$

2. 嵌线方法　本例采用交叠法嵌线，吊边数为10。嵌线顺序见表15.1.12。

表 15.1.12　交叠法

嵌线顺序		1	2	3	4	5	6	7	8	9	10	11	12	13	14	15	16	17	18
槽号	下层	1	42	41	40	39	38	37	36	35	34	33		32		31		30	
	上层												1		42		41		40
嵌线顺序		19	20	21	22	23	…	56	57	58	59	60	61	62	63	64	65	66	
槽号	下层	29		28		27	…		10		9		8		7		6		
	上层		39		38		…	21		20		19		18		17		16	
嵌线顺序		67	68	69	70	71	72	73	74	75	76	77	78	79	80	81	82	83	84
槽号	下层	5		4		3		2											
	上层		15		14		13		12	11	10	9	8	7	6	5	4	3	2

3. 接线要点与应用　本例为左行接线的短距绕组。接线情况参见图15.1.12。主要应用实例有 Z2-112 直流电动机等。

15.1.13 *4 极 50×2 槽单叠绕组

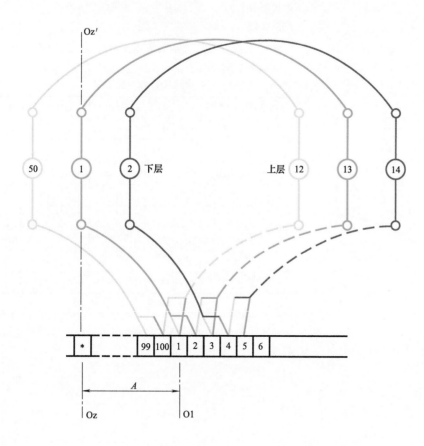

图　15.1.13

1. 绕组结构参数

转子槽数	$Z = 50$	每槽元件 $u = 2$
电机极数	$2p = 4$	实槽节距 $y = 12$
换向片数	$K = 100$	换向节距 $y_K = 1$

2. 嵌线方法　　绕组采用交叠法嵌线,吊边数为12。嵌线顺序见表 15.1.13。

表 15.1.13　交叠法

嵌线顺序		1	2	3	4	5	6	7	8	9	10	11	12	13	14	15	16	17	18
槽号	下层	1	50	49	48	47	46	45	44	43	42	41	40	39		38		37	
	上层														1		50		49

嵌线顺序		19	20	21	22	23	24	25	26	⋯	75	76	77	78	79	80	81	82
槽号	下层	36		35		34		33		⋯	8		7		6		5	
	上层		48		47		46		45	⋯		20		19		18		17

嵌线顺序		83	84	85	86	87	88	89	90	91	92	93	94	95	96	97	98	99	100
槽号	下层	4		3		2													
	上层		16		15		14	13	12	11	10	9	8	7	6	5	4	3	2

3. 接线要点与应用　　本例是短距绕组左行接线,接线原理参见图 15.1.13。主要应用实例有 Z2-111、Z2-112 直流电动机及 AX1-500 直流弧焊发电机等。

15.2 直流电机电枢单波绕组端面(局部)布线接线图

直流电枢单波绕组线圈元件的首尾两端的距离为 y_K，大约相距两个极距的换向片，但元件绕行一周后必然与起始（1号）换向片相邻，而且最后线圈的最后一个元件的尾端仍需回到1号换向片上，使之形成闭合回路。因此，单波绕组无需另设均压线，从而简化了绕组结构而得到较多的应用。

1）绕组结构参数

实槽节距 $y = Z/2p \pm e =$ 整数（槽）

每槽元件 $u = K/Z$

换向（片）节距 $y_K = (K-1)/p =$ 整数（片）

2）本节单波绕组全部采用端面（局部）的简化画法。图例的结构含义可参考本章前述说明。

3）每槽有效边由 u 个元件组成，但因单波绕组总元件数 $S = K$，且必须是奇数，而 $S = Zu$，故 u 值不能为偶数，所以每槽元件必定为 $u = 1$、3、5等奇数。同一线圈接入换向器的元件用不同颜色标示，如元件1为黄色，元件2为绿色，元件3是红色，元件4用黑色，元件5则用红色虚线表示。

4）重绕修理必须在电机上做好接线标记，即把拟定的第1槽线圈及跨距槽位，以及该线圈引入换向片的实际位置都要标记清楚；之后用拉线找出与1号槽中心线重合的换向片或云母片，并作记号"＊"；然后再数出 A 值，即从"＊"到1号换向片的（片数）距离，并如图例画图记录保存。

单波绕组不能构成2极，最少极数为4极，因线圈跨距约占转子圆周的1/4，采用整图的"潘氏画法"也可绘制出清晰的布线接线图。不过当槽数多且 u 值过大时，整图压缩到版面后，其线条便显得过密而难以辨认。为此，本书的单波绕组也实施改进，用局部简化图代替整图，这样，重绕时只要第1只线圈接入换向器正确，且 A 值无误，则其余线圈循此进行下去则可完成单波绕组的布线接线。

然而，检验绕组的接线是否正确，可由最后一只线圈判断：如果最后有线头多出换向片，说明前面有换向片漏接出错；若接完线头之后仍有换向片空出，则说明前面有换向片接重了（注：有换向片接入三个线头）；而正确的接线是线头刚好接满换向片，且最后一个元件尾端与1号线圈头端同接于1号换向片，形成闭合回路。

15.2.1　*4 极 23×1 槽单波绕组

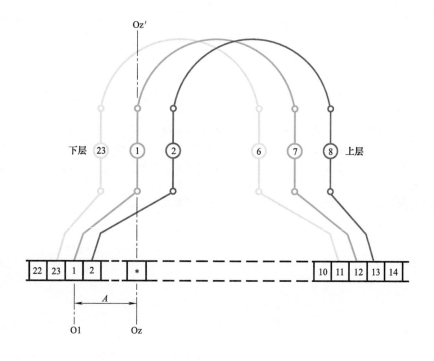

图　15.2.1

1. 绕组结构参数

转子槽数　$Z=23$　　每槽元件　$u=1$
电机极数　$2p=4$　　实槽节距　$y=6$
换向片数　$K=23$　　换向节距　$y_K=11$

2. 嵌线方法　　转子绕组采用交叠法嵌线，吊边数为6。嵌线顺序见表15.2.1。

表 15.2.1　交叠法

嵌线顺序	1	2	3	4	5	6	7	8	9	10	11	12	13	14	15	16	17	18
槽号 下层	1	23	22	21	20	19	18		17		16		15		14		13	
槽号 上层								1		23		22		21		20		19

嵌线顺序	19	20	21	22	23	24	25	26	27	28	29	30	31	32	33	34	35	36
槽号 下层	12		11		10		9		8		7		6		5		4	
槽号 上层	18		17		16		15		14		13		12		11		10

嵌线顺序	37	38	39	40	41	42	43	44	45	46
槽号 下层	3		2							
槽号 上层		9		8	7	6	5	4	3	2

3. 接线要点与应用　　本例是4极单波绕组。每只线圈只有一个元件，故虚槽数与实槽数相等，即 $Z_0=Z=23$。线圈左侧为下层边，右侧为上层边，元件引线用绿色绘制。绕组第1槽中心线与4号换向片中心线重合，其接线属不对称引接。槽1~7线圈两元件分接于1号和12号换向片，其余线圈接线类推。此绕组主要应用实例有F-27、F-35等汽车、拖拉机用直流发电机。

15.2.2　*4 极 25×3 槽单波绕组

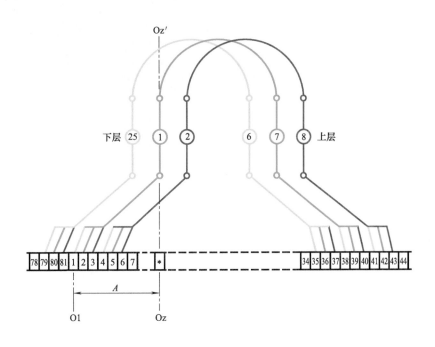

图　15.2.2

1. 绕组结构参数

转子槽数　$Z=25$	每槽元件　$u=3$
电机极数　$2p=4$	实槽节距　$y=6$
换向片数　$K=75$	换向节距　$y_K=37$

2. 嵌线方法　　绕组采用交叠嵌线法，吊边数为 6。嵌线顺序见表 15.2.2。

表 15.2.2　交叠法

嵌线顺序		1	2	3	4	5	6	7	8	9	10	11	12	13	14	15	16	17	18
槽号	下层	1	25	24	23	22	21	20		19		18		17		16		15	
	上层								1		25		24		23		22		21

嵌线顺序		19	20	21	22	23	24	25	26	27	28	29	30	31	32	33	34	35	36
槽号	下层	14		13		12		11		10		9		8		7		6	
	上层		20		19		18		17		16		15		14		13		12

嵌线顺序		37	38	39	40	41	42	43	44	45	46	47	48	49	50
槽号	下层	5		4		3		2							
	上层		11		10		9		8	7	6	5	4	3	2

3. 接线要点与应用　　本例为单波绕组，图 15.2.2 采用偏移引接绘制。线圈节距小于极距，故属短距绕组。每只线圈由 3 个元件组成，槽 1～7 线圈左侧为下层边，其元件分别引接到 1、2、3 号换向片；右侧是上层边，元件分别对应接入 38、39、40 号换向片，其余接线类推。此绕组应用较多，主要实例有 Z2-61、Z3-41 直流电动机，ZXQ-13.5/30、ZXQ-12/48、ZXQ-8/24 等蓄电池供电式直流电动机及 T82-4 的发电机配用励磁机等。

15.2.3 *4 极 25×5 槽单波绕组

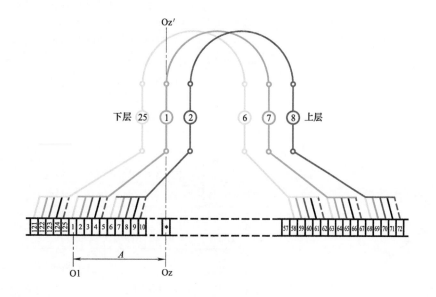

图 15.2.3

1. 绕组结构参数

转子槽数 $Z = 25$	每槽元件 $u = 5$
电机极数 $2p = 4$	实槽节距 $y = 6$
换向片数 $K = 125$	换向节距 $y_K = 62$

2. 嵌线方法 绕组采用交叠法嵌线，吊边数为 6。嵌线顺序见表 15.2.3。

表 15.2.3 交叠法

嵌线顺序		1	2	3	4	5	6	7	8	9	10	11	12	13	14	15	16	17	18
槽号	下层	1	25	24	23	22	21	20		19		18		17		16		15	
	上层								1		25		24		23		22		21

嵌线顺序		19	20	21	22	23	24	25	26	27	28	29	30	31	32	33	34	35	36
槽号	下层	14		13		12		11		10		9		8		7		6	
	上层		20		19		18		17		16		15		14		13		12

嵌线顺序		37	38	39	40	41	42	43	44	45	46	47	48	49	50				
槽号	下层	5		4		3		2											
	上层		11		10		9		8	7	6	5	4	3	2				

3. 接线要点与应用 本例为短距单波绕组。图 15.2.3 采用偏移引接绘制。线圈由 5 个元件组成，左侧为下层边，元件引接于 1、2、3、4、5 号换向片；右侧是上层边，并分别对应接入 63、64、65、66、67 号换向片。其余线圈接线以此类推。此绕组主要应用实例有 Z2-71、Z2-72 一般用途直流电动机及 YD-01 牵引机车辅机用直流电动机等。

15.2.4 *4 极 27×1 槽单波绕组

1. 绕组结构参数

转子槽数	$Z = 27$	每槽元件	$u = 1$
电机极数	$2p = 4$	实槽节距	$y = 6$
换向片数	$K = 27$	换向节距	$y_K = 13$

2. 嵌线方法 绕组采用交叠嵌线，吊边数为 6。嵌线在转子上部始嵌，而线圈左侧有效边在下层，故用前进嵌线工艺。嵌线顺序见表 15.2.4。

表 15.2.4 交叠法

嵌线顺序		1	2	3	4	5	6	7	8	9	10	11	12	13	14	15	16	17	18
槽号	下层	1	27	26	25	24	23	22		21		20		19		18		17	
	上层								1		27		26		25		24		23

嵌线顺序		19	20	21	22	23	24	25	26	27	28	29	30	31	32	33	34	35	36
槽号	下层	16		15		14		13		12		11		10		9		8	
	上层		22		21		20		19		18		17		16		15		14

嵌线顺序		37	38	39	40	41	42	43	44	45	46	47	48	49	50	51	52	53	54
槽号	下层	7		6		5		4		3		2							
	上层		13		12		11		10		9		8	7	6	5	4	3	2

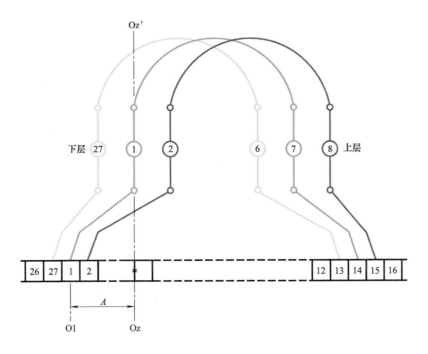

图 15.2.4

3. 接线要点与应用 本例为短距单波绕组。每只线圈只有 1 个元件。上层边置于线圈右侧，下层边在左侧。绕组嵌接时要求第 1 槽下层边接入换向片 1；槽 7 上层边接到换向片 14。同理，槽 2 下层边接片 2；槽 8 上层边接片 15。余类推，如图 15.2.4 所示。此绕组仅应用于铁牛-55D 型拖拉机配用起动电动机。

15.2.5 *4 极 27×3 槽单波绕组

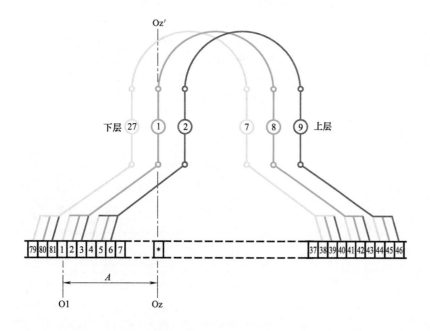

图 15.2.5

1. 绕组结构参数

转子槽数	$Z=27$	每槽元件	$u=3$
电机极数	$2p=4$	实槽节距	$y=7$
换向片数	$K=81$	换向节距	$y_K=40$

2. 嵌线方法　采用交叠法嵌线，吊边数为 7。嵌线顺序见表 15.2.5。

表 15.2.5　交叠法

嵌线顺序		1	2	3	4	5	6	7	8	9	10	11	12	13	14	15	16	17	18
槽号	下层	1	27	26	25	24	23	22	21		20		19		18		17		16
	上层									1		27		26		25		24	
嵌线顺序		19	20	21	22	23	24	25	26	27	28	29	30	31	32	33	34	35	36
槽号	下层		15		14		13		12		11		10		9		8		7
	上层	23		22		21		20		19		18		17		16		15	
嵌线顺序		37	38	39	40	41	42	43	44	45	46	47	48	49	50	51	52	53	54
槽号	下层		6		5		4		3		2								
	上层	14		13		12		11		10		9	8	7	6	5	4	3	2

3. 接线要点与应用　本例是采用长节距的单波绕组。每只线圈有 3 个元件，槽 1~8 线圈左侧是下层边，引线分别接入 1、2、3 号换向片；右侧是上层边，对应元件则分别接到 41、42、43 号换向片。其余线圈接法以此类推。此式绕组应用较多，主要实例有 Z2-11、Z2-41、Z2-42、Z2-51、Z2-52、Z2-71、Z2-81、Z3-51、Z3-52 等直流电动机，ZXQ-25/40 蓄电池供电式直流电动机，ZK-32 控制用直流电动机以及 AX7-400 型直流弧焊发电机等。

15.2.6 *4极27×5槽单波绕组

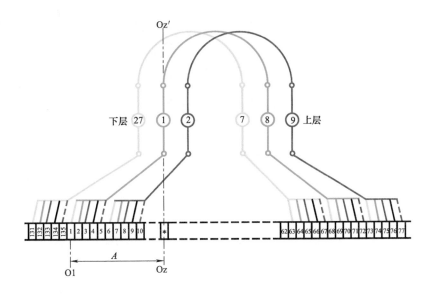

图 15.2.6

1. 绕组结构参数

转子槽数 $Z = 27$　　每槽元件 $u = 5$

电机极数 $2p = 4$　　实槽节距 $y = 7$

换向片数 $K = 135$　　换向节距 $y_K = 67$

2. 嵌线方法　　本例采用交叠法嵌线，吊边数为 7。嵌线顺序见表 15.2.6。

表 15.2.6　交叠法

嵌线顺序		1	2	3	4	5	6	7	8	9	10	11	12	13	14	15	16	17	18
槽号	下层	1	27	26	25	24	23	22	21		20		19		18		17		16
	上层									1		27		26		25		24	
嵌线顺序		19	20	21	22	23	24	25	26	27	28	29	30	31	32	33	34	35	36
槽号	下层	15		14		13		12		11		10		9		8			7
	上层	23		22		21		20		19		18		17		16		15	
嵌线顺序		37	38	39	40	41	42	43	44	45	46	47	48	49	50	51	52	53	54
槽号	下层	6		5		4		3		2									
	上层	14		13		12		11		10		9	8	7	6	5	4	3	2

3. 接线要点与应用　　本例单波绕组采用简化画法，槽节距较极距长出 1/4 槽，属长距布线。每只线圈由 5 个元件组成。槽 1~8 线圈下层引线分别接入 1、2、3、4、5 号换向片；上层边则对应接到 68、69、70、71、72 号换向片，其余线圈接线以此类推。主要应用实例有 Z2-41、Z2-42、Z2-71、Z2-72、Z2-81 及 Z3-51、Z3-52 等直流电动机。

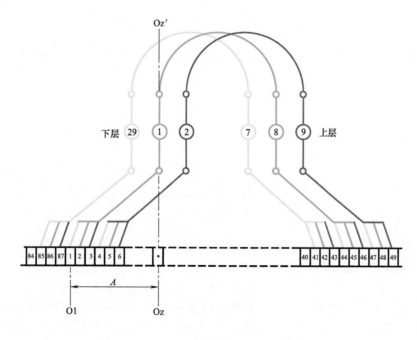

图　15.2.7

1. 绕组结构参数

转子槽数　$Z=29$		每槽元件　$u=3$	
电机极数　$2p=4$		实槽节距　$y=7$	
换向片数　$K=87$		换向节距　$y_K=43$	

2. 嵌线方法　　本例采用交叠嵌线，吊边数为7。嵌线顺序见表15.2.7。

表 15.2.7　交叠法

嵌线顺序	1	2	3	4	5	6	7	8	9	10	11	12	13	14	15	16	17	18	19	20
槽号 下层	1	29	28	27	26	25	24	23		22		21		20		19		18		17
槽号 上层									1		29		28		27		26		25	

嵌线顺序	21	22	23	24	25	26	27	28	29	30	31	32	33	34	35	36	37	38	39	40
槽号 下层		16		15		14		13		12		11		10		9		8		7
槽号 上层	24		23		22		21		20		19		18		17		16		15	

嵌线顺序	41	42	43	44	45	46	47	48	49	50	51	52	53	54	55	56	57	58
槽号 下层		6		5		4		3		2								
槽号 上层	14		13		12		11		10		9	8	7	6	5	4	3	2

3. 接线要点与应用　　绕组采用短距布线的单波绕组。线圈由3个元件组成。槽1~8线圈下层引接于1、2、3号换向片，上层边对应分别接到44、45、46号换向片。其余线圈以此类推。主要应用实例有Z2-91、Z2-92直流电动机，ZZJ2-22冶金起重用直流电动机，ZK-32控制用直流电动机及AX3-300、AX4-300弧焊直流发电机等。

15.2.8 *4 极 29×5 槽单波绕组

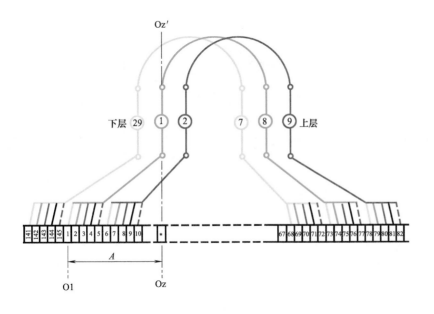

图 15.2.8

1. 绕组结构参数

转子槽数	$Z = 29$	每槽元件	$u = 5$
电机极数	$2p = 4$	实槽节距	$y = 7$
换向片数	$K = 145$	换向节距	$y_K = 72$

2. 嵌线方法　本例采用交叠法嵌线，吊边数为 7。嵌线顺序见表 15.2.8。

表 15.2.8　交叠法

嵌线顺序		1	2	3	4	5	6	7	8	9	10	11	12	13	14	15	16	17	18	19	20
槽号	下层	1	29	28	27	26	25	24	23		22		21		20		19		18		17
	上层									1		29		28		27		26		25	
嵌线顺序		21	22	23	24	25	26	27	28	29	30	31	32	33	34	35	36	37	38	39	40
槽号	下层	16		15		14		13		12		11		10		9		8		7	
	上层	24		23		22		21		20		19		18		17		16		15	
嵌线顺序		41	42	43	44	45	46	47	48	49	50	51	52	53	54	55	56	57	58		
槽号	下层	6		5		4		3		2											
	上层	14		13		12		11		10		9	8	7	6	5	4	3	2		

3. 接线要点与应用　绕组采用短距布线方案，因 u 值较大，故用简化画法。线圈节距较极距短 1/4 槽。每槽元件数为 5，槽 1~8 线圈下层边元件分别接入 1、2、3、4、5 号换向片；上层边对应接到 73、74、75、76、77 号换向片，其余线圈接线以此类推。此绕组主要应用于 Z2-91、Z2-82、Z2-71、Z2-72 等直流电动机。

15.2.9　*4 极 31×3 槽单波绕组

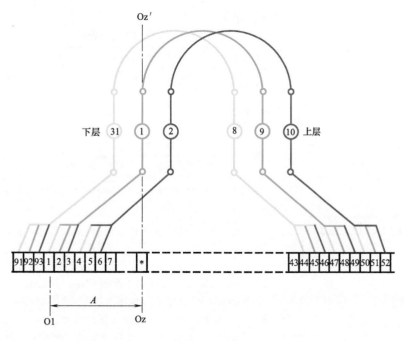

图 15.2.9

1. 绕组结构参数

转子槽数	$Z = 31$	每槽元件	$u = 3$
电机极数	$2p = 4$	实槽节距	$y = 8$
换向片数	$K = 93$	换向节距	$y_K = 46$

2. 嵌线方法　绕组采用交叠法嵌线，吊边数为 8。嵌线顺序见表 15.2.9。

表 15.2.9　交叠法

嵌线顺序	1	2	3	4	5	6	7	8	9	10	11	12	13	14	15	16	17	18
槽号 下层	1	31	30	29	28	27	26	25	24		23		22		21		20	
上层										1		31		30		29		28

嵌线顺序	19	20	21	22	23	24	25	26	27	28	29	30	31	32	33	34	35	36
槽号 下层	19		18		17		16		15		14		13		12		11	
上层		27		26		25		24		23		22		21		20		19

嵌线顺序	37	38	39	40	41	42	43	44	45	46	47	48	49	50	51	52	53	54
槽号 下层	10		9		8		7		6		5		4		3		2	
上层		18		17		16		15		14		13		12		11		10

嵌线顺序	55	56	57	58	59	60	61	62
槽号 下层								
上层	9	8	7	6	5	4	3	2

3. 接线要点与应用　本例采用长距布线，线圈节距较极距长 1/4 槽。每线圈有 3 个元件，槽 1~9 线圈下层边分别引接 1、2、3 号换向片；上层边元件则对应接入 47、48、49 号换向片。其余线圈接线类推。此绕组应用较广，如有 Z2-51、Z2-61、Z2-62、Z3-61、Z3-62 等直流电动机，ZQ-2B、ZQ-8B、ZQ-3、ZQ-7 等电车用直流电动机以及 ZZJ2-42、ZZJ2-32、ZZY-32、ZZY-42 等冶金起重用直流电动机。

15.2.10 *4 极 33×3 槽单波绕组

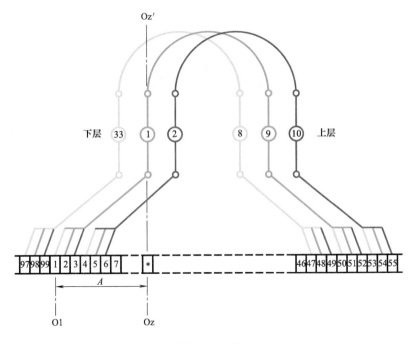

图 15.2.10

1. 绕组结构参数

转子槽数 $Z=33$		每槽元件 $u=3$	
电机极数 $2p=4$		实槽节距 $y=8$	
换向片数 $K=99$		换向节距 $y_K=49$	

2. 嵌线方法 绕组采用交叠嵌法，吊边数为 8。嵌线顺序见表 15.2.10。

表 15.2.10 交叠法

嵌线顺序		1	2	3	4	5	6	7	8	9	10	11	12	13	14	15	16	17	18
槽号	下层	1	33	32	31	30	29	28	27	26		25		24		23		22	
	上层										1		33		32		31		30
嵌线顺序		19	20	21	22	23	24	25	26	27	28	29	30	31	32	33	34	35	36
槽号	下层	21		20		19		18		17		16		15		14		13	
	上层		29		28		27		26		25		24		23		22		21
嵌线顺序		37	38	39	40	41	42	43	44	45	46	47	48	49	50	51	52	53	54
槽号	下层	12		11		10		9		8		7		6		5		4	
	上层		20		19		18		17		16		15		14		13		12
嵌线顺序		55	56	57	58	59	60	61	62	63	64	65	66						
槽号	下层	3		2															
	上层		11		10	9	8	7	6	5	4	3	2						

3. 接线要点与应用 本例为短距布线单波绕组，线圈节距较极距短 1/4 槽。每槽元件数为 3，即槽 1～9 线圈下层边元件分别接入 1、2、3 号换向片；上层边元件分别对应接于 50、51、52 号换向片。其余线圈接线类推。绕组主要应用实例有 Z2-71、Z2-72、Z2-82、Z2-91 直流电动机及 ZZJ2-42 冶金起重用直流电动机等。

15.2.11 *4 极 35×3 槽单波绕组

1. 绕组结构参数

转子槽数　$Z=35$　　每槽元件　$u=3$
电机极数　$2p=4$　　实槽节距　$y=9$
换向片数　$K=105$　　换向节距　$y_K=52$

2. 嵌线方法　采用交叠法嵌线，吊边数为 9。嵌线顺序见表 15.2.11。

表 15.2.11　交叠法

嵌线顺序		1	2	3	4	5	6	7	8	9	10	11	12	13	14	15	16	17	18
槽号	下层	1	35	34	33	32	31	30	29	28	27		26		25		24		23
	上层											1		35		34		33	

嵌线顺序		19	20	21	22	23	24	25	26	27	28	29	30	31	32	33	34	35	36
槽号	下层		22		21		20		19		18		17		16		15		14
	上层	32		31		30		29		28		27		26		25		24	

嵌线顺序		37	38	39	40	41	42	43	44	45	46	47	48	49	50	51	52	53	54
槽号	下层		13		12		11		10		9		8		7		6		5
	上层	23		22		21		20		19		18		17		16		15	

嵌线顺序		55	56	57	58	59	60	61	62	63	64	65	66	67	68	69	70
槽号	下层		4		3		2										
	上层	14		13		12		11	10	9	8	7	6	5	4	3	2

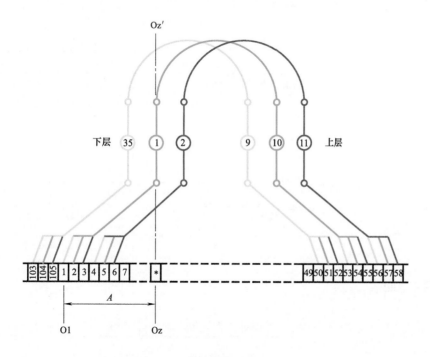

图　15.2.11

3. 接线要点与应用　本例为长距布线的单波绕组，线圈节距较极距长 1/4 槽。每只线圈有 3 个元件，线圈 1~10 左侧为下层，元件分别接入 1、2、3 号换向片；右侧为上层，对应元件分别接到 53、54、55 号换向片。其余类推。应用实例有 Z2-71、Z2-81、Z2-82、Z2-111 直流电动机及 ZZJ2-62 冶金起重用直流电动机。

15.2.12 *4 极 37×3 槽单波绕组

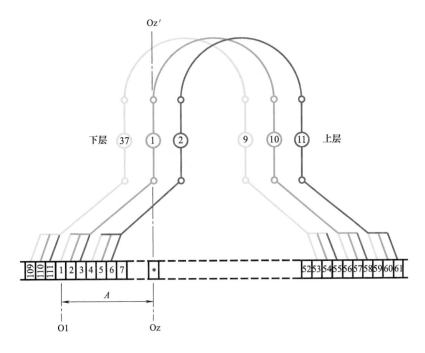

图 15.2.12

1. 绕组结构参数

转子槽数	$Z = 37$	每槽元件	$u = 3$
电机极数	$2p = 4$	实槽节距	$y = 9$
换向片数	$K = 111$	换向节距	$y_K = 55$

2. 嵌线方法　　绕组采用交叠法嵌线，吊边数为 9。嵌线顺序见表 15.2.12。

表 15.2.12　嵌线顺序

嵌线顺序		1	2	3	4	5	6	7	8	9	10	11	12	13	14	15	16	17	18	19
槽号	下层	1	37	36	35	34	33	32	31	30	29		28		27		26		25	
	上层											1		37		36		35		34

嵌线顺序		20	21	22	23	24	25	26	27	28	29	30	31	32	33	34	35	36	37	38
槽号	下层	24		23		22		21		20		19		18		17		16		15
	上层		33		32		31		30		29		28		27		26		25	

嵌线顺序		39	40	41	42	43	44	45	46	47	48	49	50	51	52	53	54	55	56	57
槽号	下层		14		13		12		11		9		8		7		6			
	上层	24		23		22		21		20		19		18		17		16		15

嵌线顺序		58	59	60	61	62	63	64	65	66	67	68	69	70	71	72	73	74
槽号	下层	5		4		3		2										
	上层		14		13		12		11	10	9	8	7	6	5	4	3	2

3. 接线要点与应用　　本例采用短距布线。线圈 1~10 的下层边引线分别接入 1、2、3 号换向片；上层边则对应接到 56、57、58 号换向片。其余类推。主要应用实例有 Z2-91、Z2-102 等直流电动机及 ZBD-92J 龙门刨床用直流电动机等。

15.2.13　*4 极 39×3 槽单波绕组

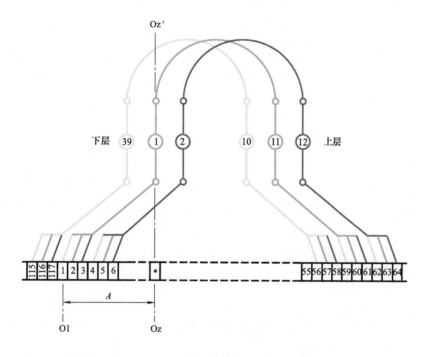

图　15.2.13

1. 绕组结构参数

转子槽数　$Z = 39$　　　每槽元件　$u = 3$
电机极数　$2p = 4$　　　实槽节距　$y = 10$
换向片数　$K = 117$　　换向节距　$y_K = 58$

2. 嵌线方法　本例采用交叠法嵌线，吊边数为 10。嵌线顺序见表 15.2.13。

表 15.2.13　交叠法

嵌线顺序		1	2	3	4	5	6	7	8	9	10	11	12	13	14	15	16	17	18	19	20
槽号	下层	1	39	38	37	36	35	34	33	32	31	30		29		28		27		26	
	上层												1		39		38		37		36
嵌线顺序		21	22	23	24	25	26	27	28	29	30	31	32	33	34	35	36	37	38	39	40
槽号	下层	25		24		23		22		21		20		19		18		17		16	
	上层		35		34		33		32		31		30		29		28		27		26
嵌线顺序		41	42	43	44	45	46	47	48	49	50	51	52	53	54	55	56	57	58	59	60
槽号	下层	15		14		13		12		11		10		9		8		7		6	
	上层		25		24		23		22		21		20		19		18		17		16
嵌线顺序		61	62	63	64	65	66	67	68	69	70	71	72	73	74	75	76	77	78		
槽号	下层	5		4		3		2													
	上层		15		14		13		12	11	10	9	8	7	6	5	4	3	2		

3. 接线要点与应用　本绕组采用长距布线。线圈 1~11 左侧元件分别接入 1、2、3 号换向片；右侧元件对应接在 59、60、61 号换向片。其余类推。应用实例有 Z2-72 等直流电动机、ZZJ2-92 冶金起重用及 ZBF-92J 龙门刨床用直流电机。

15.3 直流电机电枢死波绕组端面(局部)布线接线图

死波绕组是单波绕组的特殊型式，它是带有死元件单波绕组的简称。所谓"死元件"，早期称作"赝圈"，后有称"假线圈""伪元件"等。它是直流电枢绕组的线圈元件中，不与换向器相接的特殊元件，在本书例图中用黑色线段表示。绕组中之所以出现死元件，主要受限于单波绕组的构成条件，即单波绕组元件接入换向器绕行到终点时，必须使其回接到起始1号换向片，构成闭合回路。所以，为了满足绕组的单波绕行，换向器片数 K 就必须为奇数。而转子槽数 Z 是根据铁心冲片型谱规格选用的，当 Z 选定后，单波绕组的总元件数 $S=Zu=K$；但总元件数 S 又取决于电磁计算，这样也就间接地决定每槽元件数的 u 值。当 Zu 值出现偶数时，则 K 值也是偶数，从而导致单波绕组的绕行局部闭合，即无法将绕行进行下去，也就是说不能把全部线圈元件纳入绕行之内。对此就要人为地取 K 为奇数，将总元件数（Zu）中的一个元件弃用，此元件即称"死元件"，而带有死元件的单波绕组，即本书所谓的"死波绕组"。

1) 图题规格　死波绕组的有效元件数不等于换向片数，因此，如图例标题采用"31×4-1"表示，其中31为实槽数，4为每槽元件数，总元件数为31×4，总有效元件数为31×4-1，死元件数为1。

2) 主要绕组参数　死波绕组参数计算与单波绕组基本相同，但其中：

① 总元件数：$S=Zu$

② 每槽元件数：$u=(K+1)/Z$

③ 有效元件数：$S_x=K=S-1$

④ 死元件数：死波绕组的死元件数可以是 $1\sim(u-1)$，但实用上均取1。

3) 死波绕组也用端面（局部）的简化画法。图例的结构含义参考本章前述说明。

4) 死波绕组线圈通常由 u 个元件组成，同一线圈接入换向器的元件用不同颜色标示，如黄色元件1，绿色元件2，红色元件3，黑色元件4，而黑色元件端呈弯回状，不接入换向器，是死元件。死元件的设定在最后线圈的前面。

5) 死波绕组重绕修理时，必须做好拆线标记和图文记录。由于换向片数不等于总元件数，即每槽所占换向片数为分数，所以槽中心线对换向片的相对位置是变化的，如有的槽中心线与换向器的重合位在换向片，有的却在两片之间的云母片上；再者，线圈中还有一个包含死元件在内的特殊线圈。因此，拆线时做好标记尤为重要。在单叠和单波绕组中，1号起始槽的位置可以任意选定，但在死波绕组，为了便于记录和重绕后的动平衡不致相差太多，本书把1号槽选在与带死元件的线圈相邻，即把死元件线圈所在槽定为最后一槽，而相邻前一槽则定为1号（标记）起始槽。所以，每拆一个线圈都要认真检查，随时作好标记和记录。

随后，确定前面的1号槽及其线圈左侧元件接入的换向片，并将其顺序编号，记录从"＊"点为0算起到1号换向片的 A 值（片数）及右侧元件接入的换向片号。

6) 绕组的嵌线：本书图例设置当换向器近身而嵌入的线圈置于上端时，左侧线圈边为下层，右侧为上层。为此，嵌线时设计为退行式嵌入，即下层边嵌定1号槽后，第2边将退行至最后一槽嵌入；循此嵌至 y 槽之后便可整嵌，直至最后把原吊起的上层边嵌入相应槽之上。

7) 绕组接线：绕组接线从1号（槽）线圈起接，只有把全部线圈嵌入槽并衬垫好绝缘之后，才能进入下一工序——接线。这时找出1号换向片，并通过"＊"号和 A 值确认无误后，才把1号槽下层线圈的1号元件接入1号换向片线槽，随后顺序把2、3、4、5、……号元件全部压入换向片线槽（因操作不同，有人在嵌线圈时就把下层元件同时压入换向片的）。再次确认无误后，再按例圈接线原理，将跨距槽上层元件接入换向器。当上层元件全部接入后，确认没有多余或漏接，即可进行下一工序——焊接。

15.3.1 *4 极 21×2—1 槽死波绕组

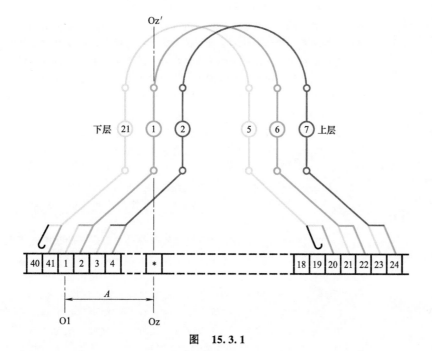

图 15.3.1

1. 绕组结构参数

转子槽数 $Z = 21$	总元件数 $S = 42$
电机极数 $2p = 4$	死元件数 $S_o = 1$
换向片数 $K = 41$	实槽节距 $y = 5$
每槽元件 $u = 2$	换向节距 $y_K = 20$

2. 嵌线方法　绕组采用交叠法嵌线，吊边数为 5。嵌线方法见表 15.3.1。

表 15.3.1　交叠法

嵌线顺序		1	2	3	4	5	6	7	8	9	10	11	12	13	14	15	16	17	18
槽号	下层	1	21	20	19	18	17		16		15		14		13		12		11
	上层							1		21		20		19		18		17	

嵌线顺序		19	20	21	22	23	24	25	26	27	28	29	30	31	32	33	34	35	36
槽号	下层	10		9		8		7		6		5		4		3		2	
	上层	16		15		14		13		12		11		10		9		8	

嵌线顺序		37	38	39	40	41	42
槽号	下层						
	上层	7	6	5	4	3	2

3. 接线要点与应用　本例绕组采用短距布线，线圈节距较极距缩短 1/4 槽。槽 1~6 线圈左侧为下层，两元件分别引接入 1、2 号换向片；右侧为上层，元件对应接到 21、22 号换向片。其余类推，但具有死元件的线圈安排在槽 21~5，其有效元件分别跨接于 41、20 号换向片；死元件则用绝缘包好。此绕组主要应用于 F66 等汽车及拖拉机用直流发电机电枢。

15.3.2 *4 极 25×4—1 槽死波绕组

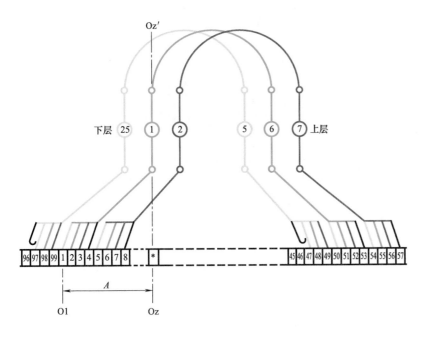

图 15.3.2

1. 绕组结构参数

转子槽数 $Z = 25$ 总元件数 $S = 100$

电机极数 $2p = 4$ 死元件数 $S_o = 1$

换向片数 $K = 99$ 实槽节距 $y = 5$

每槽元件 $u = 4$ 换向节距 $y_K = 49$

2. 嵌线方法   采用交叠法嵌线，吊边数为 5。嵌线顺序见表 15.3.2。

表 15.3.2 交叠法

嵌线顺序	1	2	3	4	5	6	7	8	9	10	11	12	13	14	15	16	17	18
槽号 下层	1	25	24	23	22	21		20		19		18		17		16		15
槽号 上层							1		25		24		23		22		21	

嵌线顺序	19	20	21	22	23	24	25	26	27	28	29	30	31	32	33	34	35	36
槽号 下层		14		13		12		11		10		9		8		7		6
槽号 上层	20		19		18		17		16		15		14		13		12	

嵌线顺序	37	38	39	40	41	42	43	44	45	46	47	48	49	50
槽号 下层		5		4		3		2						
槽号 上层	11		10		9		8		7	6	5	4	3	2

3. 接线要点与应用   绕组采用缩短节距布线，线圈节距较全距缩短 1¼槽，比一般常用节距短 1 槽，仅用于特殊用途的电动机。线圈 1~6 左侧为下层边，4 元件分别引接到 1、2、3、4 号换向片；右侧上层边元件对应接在 50、51、52、53 号换向片。其余类推。死元件安排在线圈 25~5。应用实例有 ZZJ2-12 冶金起重直流电动机。

15.3.3 *4 极 27×4—1 槽死波绕组之一

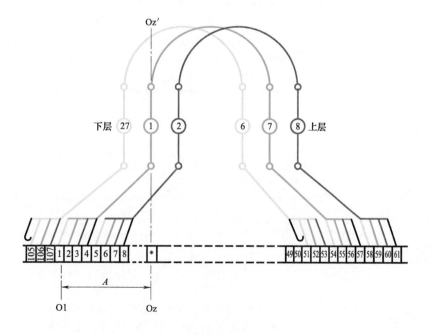

图 15.3.3

1. 绕组结构参数

转子槽数 $Z = 27$　　总元件数 $S = 108$

电机极数 $2p = 4$　　死元件数 $S_o = 1$

换向片数 $K = 107$　　实槽节距 $y = 6$

每槽元件 $u = 4$　　换向节距 $y_K = 53$

2. 嵌线方法　　绕组采用交叠法嵌线，吊边数为 6。嵌线顺序见表 15.3.3。

表 15.3.3　交叠法

嵌线顺序		1	2	3	4	5	6	7	8	9	10	11	12	13	14	15	16	17	18
槽号	下层	1	27	26	25	24	23	22		21		20		19		18		17	
	上层								1		27		26		25		24		23
嵌线顺序		19	20	21	22	23	24	25	26	27	28	29	30	31	32	33	34	35	36
槽号	下层	16		15		14		13		12		11		10		9		8	
	上层		22		21		20		19		18		17		16		15		14
嵌线顺序		37	38	39	40	41	42	43	44	45	46	47	48	49	50	51	52	53	54
槽号	下层	7		6		5		4		3		2							
	上层		13		12		11		10		9		8	7	6	5	4	3	2

3. 接线要点与应用　　本例是采用短节距的死波绕组，线圈节距较全距缩短 3/4 槽。每只线圈由 4 个元件组成，线圈 1~7 左侧为下层边，各元件分别接入 1、2、3、4 号换向片；右侧在上层边，其元件分别对应接到 54、55、56、57 号换向片。其余线圈接线类推。具有死元件的线圈跨嵌于槽 27~6，有效的 3 个元件分别接入 105、106、107 号换向片和 51、52、53 号换向片，死元件两端进行绝缘。此绕组应用实例有 ZQF-5-2 等电车用直流发电机电枢。

15.3.4 *4 极 27×4—1 槽死波绕组之二

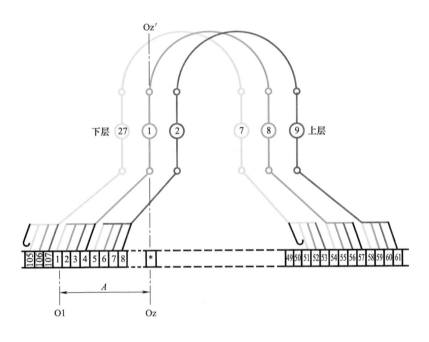

图 15.3.4

1. 绕组结构参数

转子槽数	$Z = 27$	总元件数	$S = 108$
电机极数	$2p = 4$	死元件数	$S_o = 1$
换向片数	$K = 107$	实槽节距	$y = 7$
每槽元件	$u = 4$	换向节距	$y_K = 53$

2. 嵌线方法 本例采用交叠嵌线法，吊边数为 7。嵌线顺序见表 15.3.4。

表 15.3.4 交叠法

嵌线顺序	1	2	3	4	5	6	7	8	9	10	11	12	13	14	15	16	17	18
槽号 下层	1	27	26	25	24	23	22	21		20		19		18		17		16
槽号 上层									1		27		26		25		24	

嵌线顺序	19	20	21	22	23	24	25	26	27	28	29	30	31	32	33	34	35	36
槽号 下层		15		14		13		12		11		10		9		8		7
槽号 上层	23		22		21		20		19		18		17		16		15	

嵌线顺序	37	38	39	40	41	42	43	44	45	46	47	48	49	50	51	52	53	54
槽号 下层		6		5		4		3		2								
槽号 上层	14		13		12		11		10		9	8	7	6	5	4	3	2

3. 接线要点与应用 本绕组采用长距布线，线圈节距较全距长 1/4 槽。每只线圈由 4 个元件组成。槽 1~8 线圈左侧为下层，各元件分别引接到 1、2、3、4 号换向片；右侧是上层，对应各元件分别接入 54、55、56、57 号换向片。其余类推。此绕组主要应用于冶金起重直流电动机，实例有 ZZJ2-31 等。

15.3.5 *4 极 29×2—1 槽死波绕组

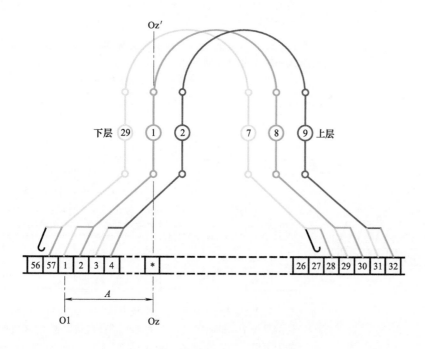

图 15.3.5

1. 绕组结构参数

转子槽数	$Z=29$	总元件数	$S=58$
电机极数	$2p=4$	死元件数	$S_o=1$
换向片数	$K=57$	实槽节距	$y=7$
每槽元件	$u=2$	换向节距	$y_K=28$

2. 嵌线方法　绕组嵌线用交叠法，吊边数为 7。嵌线顺序见表 15.3.5。

表 15.3.5　交叠法

嵌线顺序		1	2	3	4	5	6	7	8	9	10	11	12	13	14	15	16	17	18	19	20
槽号	下层	1	29	28	27	26	25	24	23		22		21		20		19		18		17
	上层									1		29		28		27		26		25	

嵌线顺序		21	22	23	24	25	26	27	28	29	30	31	32	33	34	35	36	37	38	39	40
槽号	下层		16		15		14		13		12		11		10		9		8		7
	上层	24		23		22		21		20		19		18		17		16		15	

嵌线顺序		41	42	43	44	45	46	47	48	49	50	51	52	53	54	55	56	57	58
槽号	下层		6		5		4		3		2								
	上层	14		13		12		11		10		9	8	7	6	5	4	3	2

3. 接线要点与应用　本例为短距布线的死波绕组。每只线圈由 2 个元件构成，线圈 1~8 左侧为下层边，元件接入 1、2 号换向片；右侧是上层边，元件分别对应接入 29、30 号换向片。其余类推。具有死元件的线圈嵌入槽 29~7。此绕组主要用于蓄电池供电式直流电动机，应用实例有 ZXQ-40/30。

15.3.6　*4 极 31×4—1 槽死波绕组

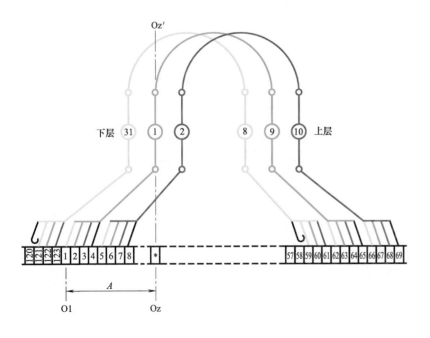

图　15.3.6

1. 绕组结构参数

转子槽数 $Z = 31$		总元件数 $S = 124$	
电机极数 $2p = 4$		死元件数 $S_o = 1$	
换向片数 $K = 123$		实槽节距 $y = 8$	
每槽元件 $u = 4$		换向节距 $y_K = 61$	

2. 嵌线方法　采用交叠嵌线,吊边数为8。嵌线顺序见表 15.3.6。

表 15.3.6　交叠法

嵌线顺序	1	2	3	4	5	6	7	8	9	10	11	12	13	14	15	16	17	18
槽号 下层	1	31	30	29	28	27	26	25	24		23		22		21		20	
槽号 上层										1		31		30		29		28

嵌线顺序	19	20	21	22	23	24	25	26	27	28	29	30	31	32	33	34	35	36
槽号 下层	19		18		17		16		15		14		13		12		11	
槽号 上层		27		26		25		24		23		22		21		20		19

嵌线顺序	37	38	39	40	41	42	43	44	45	46	47	48	49	50	51	52	53	54
槽号 下层	10		9		8		7		6		5		4		3		2	
槽号 上层		18		17		16		15		14		13		12		11		10

嵌线顺序	55	56	57	58	59	60	61	62
槽号 下层								
槽号 上层	9	8	7	6	5	4	3	2

3. 接线要点与应用　本例采用长距布线,线圈节距较全距长 1/4 槽。每只线圈由 4 个元件组成,槽 1~9 线圈左侧为下层边,元件接于 1、2、3、4 号换向片;右侧上层边则分别对应接入 62、63、64、65 号换向片。其余类推。具有死元件的线圈安排在槽 31~8。此绕组多用于工作繁重的场合,应用实例有 ZQD-4A 电车用直流电动机,ZZY-31、ZZY-41、ZZY2-52 等冶金起重用直流电动机。

15.3.7 * 4 极 34×3—1 槽死波绕组

1. 绕组结构参数

转子槽数 $Z = 34$　　总元件数 $S = 102$
电机极数 $2p = 4$　　死元件数 $S_o = 1$
换向片数 $K = 101$　　实槽节距 $y = 8$
每槽元件 $u = 3$　　换向节距 $y_K = 50$

2. 嵌线方法　　本例采用交叠法嵌线，吊边数为 8。嵌线顺序见表 15.3.7。

表 15.3.7　交叠法

嵌线顺序		1	2	3	4	5	6	7	8	9	10	11	12	13	14	15	16	17	18
槽号	下层	1	34	33	32	31	30	29	28	27		26		25		24		23	
	上层										1		34		33		32		31
嵌线顺序		19	20	21	22	23	24	25	26	27	28	29	30	31	32	33	34	35	36
槽号	下层	22		21		20		19		18		17		16		15		14	
	上层		30		29		28		27		26		25		24		23		22
嵌线顺序		37	38	39	40	41	42	43	44	45	46	47	48	49	50	51	52	53	54
槽号	下层	13		12		11		10		9		8		7		6		5	
	上层		21		20		19		18		17		16		15		13
嵌线顺序		55	56	57	58	59	60	61	62	63	64	65	66	67	68				
槽号	下层	4		3		2													
	上层		12		11		10	9	8	7	6	5	4	3	2				

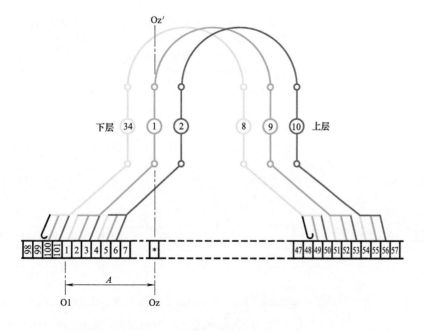

图　15.3.7

3. 接线要点与应用　　绕组采用短距布线，线圈节距较全距缩短 1/2 槽，有利于节省铜线。线圈由 3 个元件组成，槽 1~9 线圈左侧元件分别接 1、2、3 号换向片；右侧元件对应接入 51、52、53 号换向片。其余类推。具有死元件的线圈安排在槽 34~8。主要应用实例有 Z2-102 直流电动机。

15.3.8 *4极 34×4—1槽死波绕组

1. 绕组结构参数

转子槽数	$Z=34$	总元件数	$S=136$
电机极数	$2p=4$	死元件数	$S_o=1$
换向片数	$K=135$	实槽节距	$y=8$
每槽元件	$u=4$	换向节距	$y_K=67$

2. 嵌线方法　采用交叠法，嵌线吊边数为8。嵌线顺序见表15.3.8。

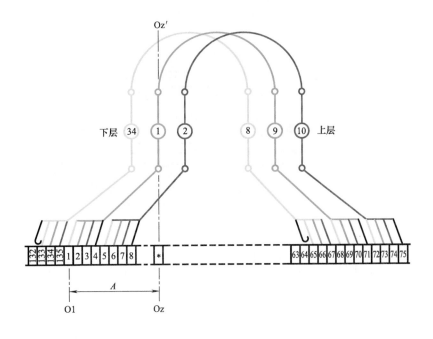

图　15.3.8

表 15.3.8　交叠法

嵌线顺序		1	2	3	4	5	6	7	8	9	10	11	12	13	14	15	16	17	18
槽号	下层	1	34	33	32	31	30	29	28	27		26		25		24		23	
	上层										1		34		33		32		31

嵌线顺序		19	20	21	22	23	24	25	26	27	28	29	30	31	32	33	34	35	36
槽号	下层	22		21		20		19		18		17		16		15		14	
	上层		30		29		28		27		26		25		24		23		22

嵌线顺序		37	38	39	40	41	42	43	44	45	46	47	48	49	50	51	52	53	54
槽号	下层	13		12		11		10		9		8		7		6		5	
	上层		21		20		19		18		17		16		15		14		13

嵌线顺序		55	56	57	58	59	60	61	62	63	64	65	66	67	68
槽号	下层	4		3		2									
	上层		12		11		10	9	8	7	6	5	4	3	2

3. 接线要点与应用　绕组采用短距线圈布线。每只线圈由4个元件组成，线圈1~9左侧元件接入1、2、3、4号换向片；右侧接68、69、70、71号换向片。其余线圈接线类推。主要应用实例有Z2-101、Z2-102等直流电动机。

15.3.9 *4 极 35×2—1 槽死波绕组

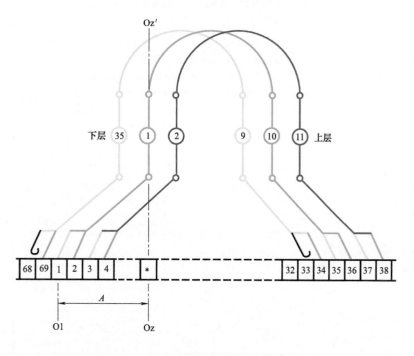

图 15.3.9

1. 绕组结构参数

转子槽数	$Z=35$	总元件数	$S=70$
电机极数	$2p=4$	死元件数	$S_0=1$
换向片数	$K=69$	实槽节距	$y=9$
每槽元件	$u=2$	换向节距	$y_K=34$

2. 嵌线方法 绕组采用交叠法嵌线,吊边数为 9。嵌线顺序见表 15.3.9。

表 15.3.9 交叠法

嵌线顺序		1	2	3	4	5	6	7	8	9	10	11	12	13	14	15	16	17	18
槽号	下层	1	35	34	33	32	31	30	29	28	27		26		25		24		23
	上层											1		35		34		33	
嵌线顺序		19	20	21	22	23	24	25	26	27	28	29	30	31	32	33	34	35	36
槽号	下层	22		21		20		19		18		17		16		15		14	
	上层	32		31		30		29		28		27		26		25		24	
嵌线顺序		37	38	39	40	41	42	43	44	45	46	47	48	49	50	51	52	53	54
槽号	下层	13		12		11		10		9		8		7		6		5	
	上层	23		22		21		20		19		18		17		16		15	
嵌线顺序		55	56	57	58	59	60	61	62	63	64	65	66	67	68	69	70		
槽号	下层	4		3		2													
	上层	14		13		12		11	10	9	8	7	6	5	4	3	2		

3. 接线要点与应用 本例绕组采用缩短 1/4 槽布线。每只线圈有 2 个元件,槽 1~10 线圈左侧为下层边,元件分别接入 1、2 号换向片;右侧是上层边,对应元件分别引接到 35、36 号换向片。其余接线类推。带死元件的线圈安排在槽 35~9。主要应用实例有 ZQ-4B 电车用直流电动机。

15.3.10 *4极43×2—1槽死波绕组

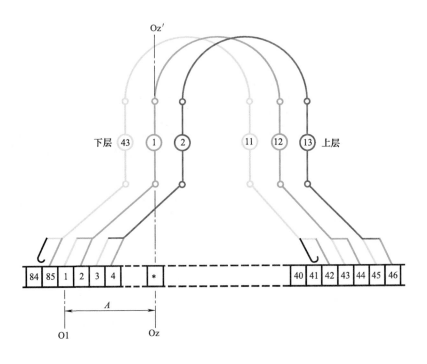

图 15.3.10

1. 绕组结构参数

转子槽数	$Z = 43$	总元件数	$S = 86$
电机极数	$2p = 4$	死元件数	$S_o = 1$
换向片数	$K = 85$	实槽节距	$y = 11$
每槽元件	$u = 2$	换向节距	$y_K = 42$

2. 嵌线方法　绕组采用交叠法嵌线,吊边数为11。嵌线顺序见表15.3.10。

表 15.3.10　交叠法

嵌线顺序		1	2	3	4	5	6	7	8	9	10	11	12	13	14	15	16	17	18
槽号	下层	1	43	42	41	40	39	38	37	36	35	34	33		32		31		30
	上层													1		43		42	

嵌线顺序		19	20	21	22	23	24	25	26	27	28	29	30	31	32	33	34	35	36
槽号	下层	29		28		27		26		25		24		23		22		21	
	上层	41		40		39		38		37		36		35		34		33	

嵌线顺序		37	38	39	40	41	……	59	60	61	62	63	64	65	66	67	68
槽号	下层	20		19		……		9		8		7		6		5	
	上层	32		31		30	……	21		20		19		18		17	

嵌线顺序		69	70	71	72	73	74	75	76	77	78	79	80	81	82	83	84	85	86
槽号	下层		4		3		2												
	上层	16		15		14		13	12	11	10	9	8	7	6	5	4	3	2

3. 接线要点与应用　本例为长距布线。线圈边 1~12左侧2个元件分别接在1、2号换向片;右侧元件分别对应接到43、44号换向片。其余接线类推。具有死元件的线圈嵌于槽43~11。主要应用实例有冶金起重用直流电动机 ZZJ2-72 等。

15.3.11　*4极 47×2—1槽死波绕组

1. 绕组结构参数

转子槽数 $Z=47$		总元件数 $S=94$	
电机极数 $2p=4$		死元件数 $S_o=1$	
换向片数 $K=93$		实槽节距 $y=12$	
每槽元件 $u=2$		换向节距 $y_K=46$	

2. 嵌线方法　绕组采用交叠法嵌线，吊边数为 12。嵌线顺序见表 15.3.11。

表 15.3.11　交叠法

嵌线顺序		1	2	3	4	5	6	7	8	9	10	11	12	13	14	15	16	17	18
槽号	下层	1	47	46	45	44	43	42	41	40	39	38	37	36		35		34	
	上层														1		47		46

嵌线顺序		19	20	21	22	23	24	25	26	27	28	29	30	31	32	33	34	35	36
槽号	下层	33		32		31		30		29		28		27		26		25	
	上层		45		44		43		42		41		40		39		38		37

嵌线顺序		37	38	39	40	41	42	…	67	68	69	70	71	72	73	74	75	76
槽号	下层	24		23		22		…	9		8		7		6		5	
	上层		36		35		34	…		21		20		19		18		17

嵌线顺序		77	78	79	80	81	82	83	84	85	86	87	88	89	90	91	92	93	94
槽号	下层	4		3		2													
	上层		16		15		14	13	12	11	10	9	8	7	6	5	4	3	2

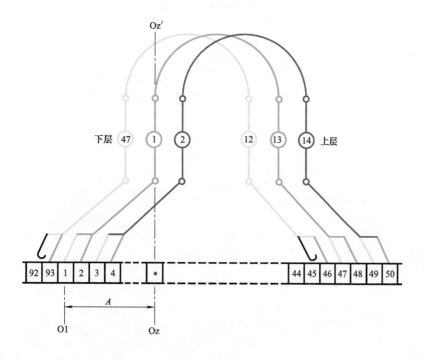

图　15.3.11

3. 接线要点与应用　本例绕组采用长距布线，线圈节距较全距长 1/4 槽。线圈由 2 个元件组成，槽 1~13 线圈左侧元件分别接入 1、2 号换向片；右侧对应接入 47、48 号换向片。带死元件的线圈安排在槽 47~12。主要应用实例有 ZZJ2-71 冶金起重用直流电动机。

附　录

附录1　移动式(汽油、柴油)交流三相发电机双层叠式绕组

移动式发电机是采用汽油机或柴油机为原动力的发电机组。发电机功率为 3~250kW，属中小型发电机系列。由于它的体积小、重量轻、移动容易及操作简单方便，再加上现时电网供电时的不足等情况，目前已被广泛用于工厂、医院、商店及住宅小区等作为应急备用电源。由于社会存量极大而维修量很大，修理时常感缺乏发电机绕组图样，故作者多年来一直寻觅，今幸获资料，并据此采用潘氏画法，绘制成绕组布线接线图，供各位同行修理时参考。

本附录收入三相交流发电机绕组 15 例，主要包括：

1) 三相交流发电机　它是旋转磁场式直流励磁发电机，其转子一般具有明显的凸极和集中式绕组，但也有采用隐极的分布式绕组的。励磁电流是直流，它通过集电环输入，故属有刷发电机。这种发电机结构较简单，总长反而小于无刷发电机，故成本相对较低；但有电刷的摩擦接触，维护成本较高，而且对无线电设备产生一定的干扰。它的定子绕组采用双层叠式布线，制造和修理工艺成熟，而出线仅 4 根。

2) 三相交流无刷发电机　它也是旋转磁场式发电机，其结构比有刷发电机复杂。转子由两个绕组构成：一个是集中(或分布)式励磁绕组，是主发电机磁场绕组；另一个是励磁(发电)机电枢绕组，它是嵌于转子上的三相绕组，输出后经整流向励磁绕组供电，故可省去电刷接触机构，故对无线电干扰小。而主发电机定子是三相绕组，它除按三相四线输出之外，还在 U 相和 V 相中引出抽头 U3、V4，用作 AVR(自动电压调节器)信号控制。所以这种发电机的转子总长要比有刷发电机长，而且制造成本也相对稍高；但采用 AVR 自动调压，其输出稳定、运行可靠，因无电刷接触，使运行维护变得方便。

3) 三次谐波励磁有刷发电机　三次谐波励磁属有刷发电机，它的定子绕组为多个绕组叠合，除定子三相四线的主绕组外，还有三相副绕组和一相基波绕组；另外还附加一个指示灯绕组。转子则是用集中线圈的凸极式励磁绕组，但其电源取自定子副绕组，经单相整流桥输出，再从电刷—集电环供给励磁能量。这种发电机动态性能较好，转子结构也简单，成本在发电机中最低；但工艺、材料的质量要求较高，容易产生质量不稳的因素。此外，电压波形及调压性能也较差，从而也影响其与电网并列的可靠性，所以适用于独立供电的备用电源。

本次修订，由修理者提供的进口设备配套专用发电机绕组 2 例，编入本附录，供读者参考。

附录 1.1 36槽4极($y=7$、$a=1$)三相交流发电机绕组

1. 绕组结构参数

定子槽数 $Z=36$ 电机极数 $2p=4$ 总线圈数 $Q=36$
线圈组数 $u=12$ 每组圈数 $S=3$ 线圈节距 $y=7$
并联路数 $a=1$ 绕组接法 Y_0 绕组系数 $K_{dp}=0.902$
出线根数 $c=4$

2. 嵌线方法 本例属于常规短节距交叠式布线,嵌线时需吊起 7 个上层边,嵌线顺序见附表 1.1。

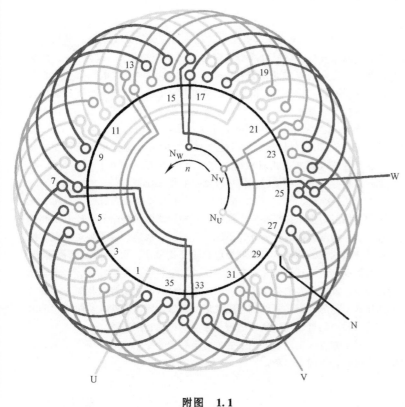

附图 1.1

附表 1.1 交叠法

嵌线顺序		1	2	3	4	5	6	7	8	9	10	11	12	13	14	15	16	17	18	19
槽号	下层	32	33	34	35	36	1	2	3		4		5		6		7		8	
	上层									32		33		34		35		36		1
嵌线顺序		20	21	22	23	24	25	26	27	28	29	30	31	32	33	34	35	36	37	38
槽号	下层	9		10		11		12		13		14		15		16		17		18
	上层		2		3		4		5		6		7		8		9		10	
嵌线顺序		39	40	41	42	43	44	45	46	47	48	49	50	51	52	53	54	55	56	57
槽号	下层		19		20		21		22		23		24		25		26		27	
	上层	11		12		13		14		15		16		17		18		19		20
嵌线顺序		58	59	60	61	62	63	64	65	66	67	68	69	70	71	72				
槽号	下层	28		29		30		31												
	上层		21		22		23		24	25	26	27	28	29	30	31				

3. 绕组结构与应用 本例发电机定子电枢绕组与电动机定子绕组结构几乎一样。即三相结构相同,均由 4 个三圈组按相邻反极性串联起来,不同的是出线仅 4 根,即每相相头引出 3 根,而三相相尾在内连接成星点(中性点)后引出 N 线;此外,一般电动机设计时,根据绕组相序排列,从接线端视向为顺时针旋转,而本例发电机则反之。绕组应用于 T2 系列 $H160$-180 及 STC 系列 $H132$-180 三相交流发电机定子绕组。

附录 1.2　36 槽 4 极($y=7$、$a=2$)三相交流发电机绕组

1. 绕组结构参数

定子槽数　$Z=36$　　电机极数　$2p=4$　　总线圈数　$Q=36$

线圈组数　$u=12$　　每组圈数　$S=3$　　线圈节距　$y=7$

并联路数　$a=2$　　绕组接法　Y_0　　绕组系数　$K_{dp}=0.902$

出线根数　$c=4$

2. 嵌线方法　　本例是双层叠式绕组，采用交叠嵌线法，但绕制线圈时可考虑每两组连绕，而且留足过线长度，可减少接线数而提高工效。嵌线顺序见附表 1.2。

附表 1.2　交叠法

嵌线顺序		1	2	3	4	5	6	7	8	9	10	11	12	13	14	15	16	17	18	19
槽号	下层	32	33	34	35	36	1	2	3		4		5		6		7		8	
	上层									32		33		34		35		36		1

嵌线顺序		20	21	22	23	24	25	26	27	28	29	30	31	32	33	34	35	36	37	38
槽号	下层	9		10		11		12		13		14		15		16		17		18
	上层		2		3		4		5		6		7		8		9		10	

嵌线顺序		39	40	41	42	43	44	45	46	47	48	49	50	51	52	53	54	55	56	57
槽号	下层	19		20		21		22		23		24		25		26		27		
	上层		11		12		13		14		15		16		17		18		19	20

嵌线顺序		58	59	60	61	62	63	64	65	66	67	68	69	70	71	72
槽号	下层	28		29		30		31								
	上层		21		22		23		24	25	26	27	28	29	30	31

3. 绕组结构与应用　　绕组结构与上例基本相同，即每相 4 组，每组 3 圈，但采用两路并联接线，故每个支路 2 组线圈，用近跳接线，即相邻两组是反极性串联，从而使每相构成两个支路。绕组引出线 4 根，根据相序排列，发电机为逆时针方向旋转。本例应用于 T2 系列 $H200$ 的 T2-200S、T2-200M 等三相交流发电机定子绕组。

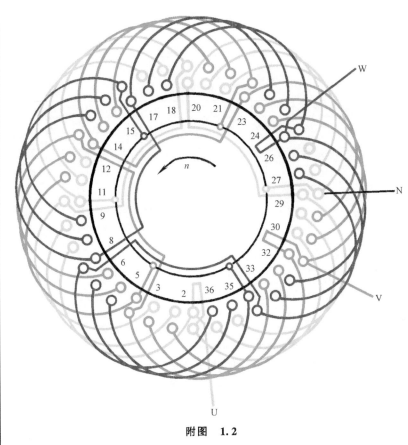

附图　1.2

附录 1.3　36槽4极（$y=7$、$a=4$）三相交流发电机绕组

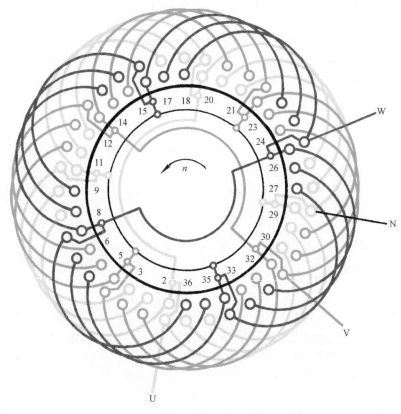

附图　1.3

1. 绕组结构参数

定子槽数　$Z=36$　电机极数　$2p=4$　总线圈数　$Q=36$
线圈组数　$u=12$　每组圈数　$S=3$　线圈节距　$y=7$
并联路数　$a=4$　绕组接法　Y_0　绕组系数　$K_{dp}=0.902$
出线根数　$c=4$

2. 嵌线方法　本例采用双层交叠法嵌线，需吊边数为7。嵌线顺序见附表 1.3。

附表 1.3　交叠法

嵌线顺序		1	2	3	4	5	6	7	8	9	10	11	12	13	14	15	16	17	18	19
槽号	下层	35	36	1	2	3	4	5	6		7		8		9		10		11	
	上层									35		36		1		2		3		4

嵌线顺序		20	21	22	23	24	25	26	27	28	29	30	31	32	33	34	35	36	37	38
槽号	下层	12		13		14		15		16		17		18		19		20		21
	上层		5		6		7		8		9		10		11		12		13	

嵌线顺序		39	40	41	42	43	44	45	46	47	48	49	50	51	52	53	54	55	56	57
槽号	下层	22		23		24		25		26		27		28		29		30		
	上层	14		15		16		17		18		19		20		21		22		23

嵌线顺序		58	59	60	61	62	63	64	65	66	67	68	69	70	71	72
槽号	下层	31		32		33		34								
	上层		24		25		26		27	28	29	30	31	32	33	34

3. 绕组结构与应用　本例由 12 组线圈组成，每相 4 组，每组 3 圈，绕组结构与上例基本相同，但每相有 4 个支路，相邻每个支路的线圈组极性为反向并联，并由三相绕组引出线 3 根，其相尾则在机内连接成星点，并将其中性线 N 引出机外。根据规定设计，其发电机为逆时针旋转。此绕组主要用于 T2 系列的 T2-200L 三相交流发电机定子绕组。

附录1.4　36槽4极$(y=7、a=1)$三相交流无刷发电机绕组

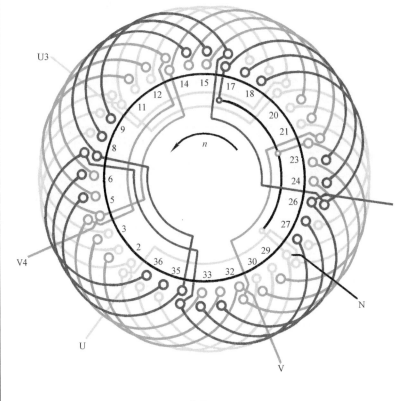

附图　1.4

1. 绕组结构参数

定子槽数　$Z=36$　　电机极数　$2p=4$　　总线圈数　$Q=36$
线圈组数　$u=12$　　每组圈数　$S=3$　　线圈节距　$y=7$
并联路数　$a=1$　　绕组接法　Y_0+2　　绕组系数　$K_{dp}=0.902$
出线根数　$c=6$

2. 嵌线方法　绕组采用双层交叠法嵌线，首先顺次嵌入7个线圈的下层线圈边，从第8个线圈起开始整嵌，当下层槽嵌完之后，再把原来吊起的上层边依次嵌入。嵌线顺序见附表1.4。

附表1.4　交叠法

嵌线顺序		1	2	3	4	5	6	7	8	9	10	11	12	13	14	15	16	17	18	19
槽号	下层	32	33	34	35	36	1	2	3		4		5		6		7		8	
	上层									32		33		34		35		36		1

嵌线顺序		20	21	22	23	24	25	26	27	28	29	30	31	32	33	34	35	36	37	38
槽号	下层	9		10		11		12		13		14		15		16		17		18
	上层		2		3		4		5		6		7		8		9		10	

嵌线顺序		39	40	41	42	43	44	45	46	47	48	49	50	51	52	53	54	55	56	57
槽号	下层		19		20		21		22		23		24		25		26		27	
	上层	11		12		13		14		15		16		17		18		19		20

嵌线顺序		58	59	60	61	62	63	64	65	66	67	68	69	70	71	72
槽号	下层	28		29		30		31								
	上层		21		22		23		24	25	26	27	28	29	30	31

3. 绕组结构与应用　发电机绕组采用一路串联，每相由4组线圈按相邻反极性串联。三相接线是Y_0，即引出相线 U、V、W，另加一根零(N)线；另外，再从 U、V 相绕组的中间抽出 U3、V4，即发电机共引出线6根。此绕组主要应用于 TFW2-180S、TFW2-180M、TFW2-180L 及 JWW-180 等三相交流无刷发电机绕组。

附录 1.5 36 槽 4 极 ($y = 7$、$a = 2$) 三相交流无刷发电机绕组

1. 绕组结构参数

定子槽数 $Z = 36$ 电机极数 $2p = 4$ 总线圈数 $Q = 36$

线圈组数 $u = 12$ 每组圈数 $S = 3$ 线圈节距 $y = 7$

并联路数 $a = 2$ 绕组接法 $\curlyvee_0 + 2$ 绕组系数 $K_{dp} = 0.902$

出线根数 $c = 6$

2. 嵌线方法   本例采用双层交叠法嵌线，逐个嵌入线圈下层边，另一边吊起，嵌至第 8 个线圈开始嵌入上层边，当全部线圈的下层边嵌完后，再顺次把原来的吊边嵌入相应槽的上层，直至完成。嵌线顺序见附表 1.5。

附表 1.5   交叠法

嵌线顺序		1	2	3	4	5	6	7	8	9	10	11	12	13	14	15	16	17	18	19
槽号	下层	32	33	34	35	36	1	2	3		4		5		6		7		8	
	上层									32		33		34		35		36		1
嵌线顺序		20	21	22	23	24	25	26	27	28	29	30	31	32	33	34	35	36	37	38
槽号	下层	9		10		11		12		13		14		15		16		17		18
	上层		2		3		4		5		6		7		8		9		10	
嵌线顺序		39	40	41	42	43	44	45	46	47	48	49	50	51	52	53	54	55	56	57
槽号	下层		19		20		21		22		23		24		25		26		27	
	上层	11		12		13		14		15		16		17		18		19		20
嵌线顺序		58	59	60	61	62	63	64	65	66	67	68	69	70	71	72				
槽号	下层	28		29		30		31												
	上层		21		22		23		24	25	26	27	28	29	30	31				

3. 绕组结构与应用   绕组由 12 组线圈组成，每组 3 圈。每组分为两个支路，由相头进线向左右两边走线。三相首端引出，尾端连接成星点，并引出机外作为发电机的中性线 N；另外还从 U 相和 V 相第一支路的中间抽出 U3 和 V4。本例主要应用实例有 TFW2-200S、TFW2-200M、TFW-200L 三相交流无刷发电机定子绕组。

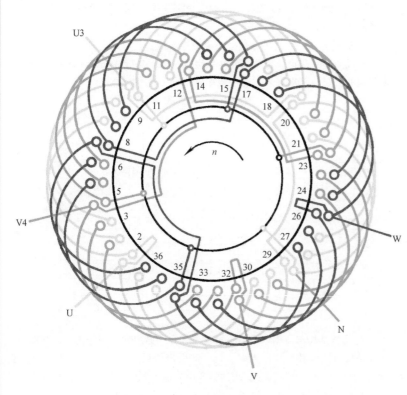

附图   1.5

附录 1.6 36槽4极($y=8$、$a=1$)三次谐波励磁三相交流有刷发电机定子绕组

1. 绕组结构参数

定子槽数 $Z=36$　电机极数 $2p=4$　总线圈数 $Q=36$

线圈组数 $u=12$　每组圈数 $S=3$　线圈节距 $y=8$

并联路数 $a=1$　绕组接法 Y_0　绕组系数 $K_{dp}=0.946$

出线根数 $c=4$

2. 嵌线方法　本例采用交叠法嵌线，需吊边数为8，即顺序嵌入8个线圈下层边，其上层边暂时吊起不嵌，从第9个线圈开始整嵌，当全部槽的下层嵌满后，再把原来吊边嵌入相应槽的上层。嵌线顺序见附表1.6。

附表 1.6　交叠法

嵌线顺序		1	2	3	4	5	6	7	8	9	10	11	12	13	14	15	16	17	18	19
槽号	下层	33	34	35	36	1	2	3	4	5		6		7		8		9		10
	上层										33		34		35		36		1	
嵌线顺序		20	21	22	23	24	25	26	27	28	29	30	31	32	33	34	35	36	37	38
槽号	下层		11		12		13		14		15		16		17		18		19	
	上层	2		3		4		5		6		7		8		9		10		11
嵌线顺序		39	40	41	42	43	44	45	46	47	48	49	50	51	52	53	54	55	56	57
槽号	下层	20		21		22		23		24		25		26		27		28		29
	上层		12		13		14		15		16		17		18		19		20	
嵌线顺序		58	59	60	61	62	63	64	65	66	67	68	69	70	71	72				
槽号	下层		30		31		32													
	上层	21		22		23		24	25	26	27	28	29	30	31	32				

3. 绕组结构与应用　绕组由36个线圈组成，每相分4组，采用一路串联常规接线，即相邻线圈组反极性连接，而每组3个线圈。全绕组引出线4根，其中3根是发电机相线，一根是中性线N。此绕组主要应用于STC-200三相交流有刷发电机三次谐波励磁定子主绕组。

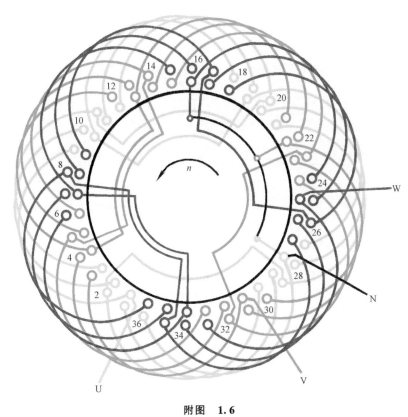

附图　1.6

附录 1.7　48 槽 4 极 ($y=9$、$a=2$) 三相交流发电机绕组

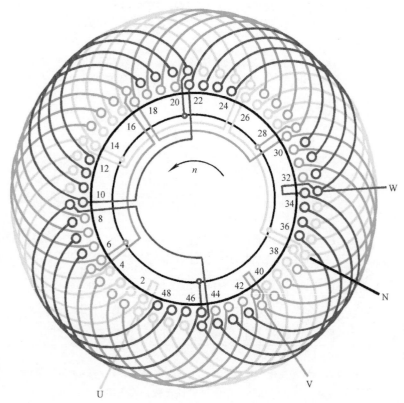

附图　1.7

1. 绕组结构参数

定子槽数　$Z=48$　电机极数　$2p=4$　总线圈数　$Q=48$
线圈组数　$u=12$　每组圈数　$S=4$　线圈节距　$y=9$
并联路数　$a=2$　绕组接法　Y_0　绕组系数　$K_{dp}=0.885$
出线根数　$c=4$

2. 嵌线方法

绕组采用双层交叠法嵌线，即先按次序嵌入 9 个线圈的下层边，另一边暂时吊起，至第 10 个线圈起开始整嵌，嵌满下层槽后再把原来的吊边顺次嵌入相应槽的上层。嵌线顺序见附表 1.7。

附表 1.7　交叠法

嵌线顺序		1	2	3	4	5	6	7	8	9	10	11	12	13	14	15	16	17	18	19
槽号	下层	42	43	44	45	46	47	48	1	2	3		4		5		6		7	
	上层												42		43		44		45	46
嵌线顺序		20	21	22	23	24	25	26	27	28	29	…	72	73	74	75	76	77		
槽号	下层	8		9		10		11		12		…	34		35		36			
	上层		47		48		1		2		3	…		25		26		27		
嵌线顺序		78	79	80	81	82	83	84	85	86	87	88	89	90	91	92	93	94	95	96
槽号	下层	37		38		39		40		41										
	上层		28		29		30		31		32	33	34	35	36	37	38	39	40	41

3. 绕组结构与应用

本例是双层叠式 4 极绕组，每相由 4 组线圈组成，分两个支路从相反方向走线，每个支路的两组线圈是反极性串联。三相首端引出为发电机相线，尾端连接成星点并引出中性线 N。此绕组的线圈节距较短，故吊边数相对较少而利于嵌线，但绕组系数较低。主要应用于 T2-225M 和 T2-225L 三相交流发电机绕组。

附录 1.8 48 槽 4 极 ($y=10$、$a=2$) 三相交流无刷发电机绕组

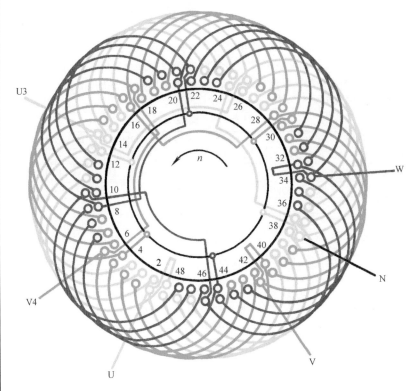

附图 1.8

1. 绕组结构参数

定子槽数 $Z=48$ 电机极数 $2p=4$ 总线圈数 $Q=48$

线圈组数 $u=12$ 每组圈数 $S=4$ 线圈节距 $y=10$

并联路数 $a=2$ 绕组接法 Y_0+2 绕组系数 $K_{dp}=0.92$

出线根数 $c=6$

2. 嵌线方法   嵌线采用交叠法,先顺次嵌入 10 个线圈的下层边,另一边吊起,从第 11 个线圈开始整嵌,直至全部槽的下层边嵌满后,再把原来的吊边顺次嵌入相应槽的上层。嵌线顺序见附表 1.8。

附表 1.8 交叠法

嵌 线 顺 序		1	2	3	4	5	6	7	8	9	10	11	12	13	14	15	16	17	18	19
槽号	下 层	43	44	45	46	47	48	1	2	3	4	5		6		7		8		9
	上 层												43		44		45		46	
嵌 线 顺 序		20	21	22	23	24	25	26	27	28		⋯		71	72	73	74	75	76	77
槽号	下 层		10		11		12		13			⋯		35		36		37		38
	上 层	47		48		1		2		3		⋯		25		26		27		
嵌 线 顺 序		78	79	80	81	82	83	84	85	86	87	88	89	90	91	92	93	94	95	96
槽号	下 层	39		40		41		42												
	上 层	28		29		30		31		32	33	34	35	36	37	38	39	40	41	42

3. 绕组结构与应用   本例是无刷发电机定子绕组,采用两路并联接线,每相有两个支路,每个支路由两个四联组构成,接入 AVR 信号线 U3、V4,由 U 相和 V 相第一支路的中间抽出。因此,连同发电机三相输出的 N 线,共引出线 6 根。绕组主要应用于 TFW2-225S、TFW2-225M、TFW2-225L 和 TFW2-280S、TFW2-280M、TFW2-280L 等三相交流无刷发电机。

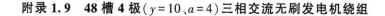

附录 1.9 48 槽 4 极 ($y=10$、$a=4$) 三相交流无刷发电机绕组

1. 绕组结构参数

定子槽数　$Z=48$　　电机极数　$2p=4$　　总线圈数　$Q=48$

线圈组数　$u=12$　　每组圈数　$S=4$　　线圈节距　$y=10$

并联路数　$a=4$　　绕组接法　Y_0+2　　绕组系数　$K_{dp}=0.92$

出线根数　$c=6$

2. 嵌线方法　　绕组采用交叠法嵌线，先按次序嵌入 10 个线圈的下层边，另一边吊起暂不嵌入，至第 11 个线圈开始相继嵌入两边，当嵌满 48 个线圈的下层边后，再把原来的吊边嵌到相应槽的上层。嵌线顺序见附表 1.9。

附表 1.9　交叠法

嵌线顺序		1	2	3	4	5	6	7	8	9	10	11	12	13	14	15	16	17	18	19
槽号	下层	47	48	1	2	3	4	5	6	7	8	9		10		11		12		13
	上层												47		48		1		2	
嵌线顺序		20	21	22	23	24	25	26	27	28	29	30	…		73	74	75	76	77	
槽号	下层		14		15		16		17		18		…		40		41		42	
	上层	3		4		5		6		7		8	…		30		31			
嵌线顺序		78	79	80	81	82	83	84	85	86	87	88	89	90	91	92	93	94	95	96
槽号	下层		43		44		45		46											
	上层	32		33		34		35		36	37	38	39	40	41	42	43	44	45	46

3. 绕组结构与应用　　发电机绕组采用双层叠式，每组由四联线圈组成，每相有 4 组并按相邻反极性并接成 4 路，即每一线圈组为一个支路。绕组接线为 Y_0+2，即定子绕组为 Y 形联结，引出 U、V、W 相线及中性线 N（零线），另在 U 相和 V 相的第 1 支路中间（即第 2、3 线圈之间）抽头 U3、V4。此绕组主要应用于 TFW2-400S、TFW2-400M、TFW2-400L1 和 TFW2-400L2 等三相交流无刷发电机定子绕组。

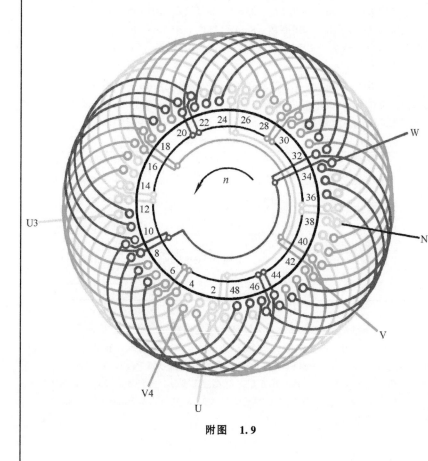

附图 1.9

附录 1.10 *54 槽 6 极 $(y=9、a=6)$ 永磁同步发电机绕组

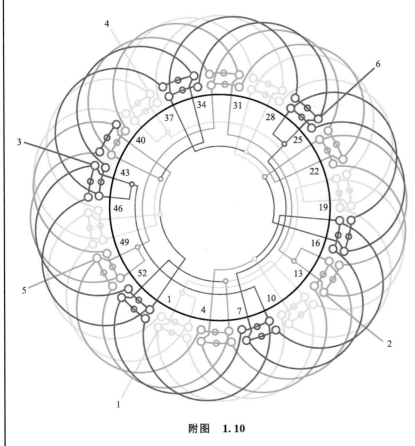

附图 1.10

1. 绕组结构参数

定子槽数 $Z=54$　电机极数 $2p=6$　总线圈数 $Q=54$
线圈组数 $u=18$　每组圈数 $S=3$　极相槽数 $q=3$
绕组极距 $\tau=9$　线圈节距 $y=9$　并联路数 $a=6$
绕组接法 $\curlyvee$　绕组系数 $K_{dp}=0.96$　每槽电角 $\alpha=20°$
出线根数 $c=6$

2. 嵌线方法　本例采用交叠法，嵌线吊边数为 9。嵌线顺序见附表 1.10。

附表 1.10　交叠法

嵌 线 顺 序		1	2	3	4	5	6	7	8	9	10	11	12	13	14	15	16	17	18
槽号	下层	3	2	1	54	53	52	51	50	49	48		47		46		45		44
	上层											3		2		1		54	
嵌 线 顺 序		19	20	21	22	23	24	…		78	79	80	81	82	83	84	85	86
槽号	下层		43		42		41	…		12		11		10		9		8
	上层	53		52		51		…		21		20		19		18	
嵌 线 顺 序		87	88	89	90	91	92	93	94	95	96	97	98	99	100	101	102	103	104
槽号	下层		7		6		5		4										
	上层	17		16		15		14		13	12	11	10	9	8	7	6	5	4

3. 绕组结构与应用　本例是永磁式同步发电机的定子绕组，采用整距双层叠式布线，绕组系数较高。每相由 6 个三联组组成，采用六路并联时，每相 6 个支路，则每个支路仅 1 组线圈。为使发电机绕组避免因负载不平衡而可能产生较大的环流，本绕组六路并联分散联结成 6 个星点。

此外，本绕组引出线 6 根，作为三相输出时，应将 1 与 4、2 与 5、3 与 6 分别相接；然后引出三相输出。

附录 1.11　60槽4极($y=11$、$a=2$)三相交流发电机绕组

1. 绕组结构参数

定子槽数　$Z=60$　　电机极数　$2p=4$　　总线圈数　$Q=60$

线圈组数　$u=12$　　每组圈数　$S=5$　　线圈节距　$y=11$

并联路数　$a=2$　　　绕组接法　$\curlyvee_0$　　绕组系数　$K_{dp}=0.875$

出线根数　$c=4$

2. 嵌线方法　　绕组是双层布线，故采用吊边交叠嵌线。嵌线顺序见附表 1.11。

附表 1.11　交叠法

嵌线顺序		1	2	3	4	5	6	7	8	9	10	11	12	13	14	15	16	17	18	19
槽号	下层	52	53	54	55	56	57	58	59	60	1	2	3		4		5		6	
	上层													52		53		54		55
嵌线顺序		20	21	22	23	24	25	26	27	...		94	95	96	97	98	99	100	101	
槽号	下层	7		8		9		10		...		44		45		46		47		
	上层		56		57		58		59	...			33		34		35		36	
嵌线顺序		102	103	104	105	106	107	108	109	110	111	112	113	114	115	116	117	118	119	120
槽号	下层	48		49		50		51												
	上层		37		38		39		40	41	42	43	44	45	46	47	48	49	50	51

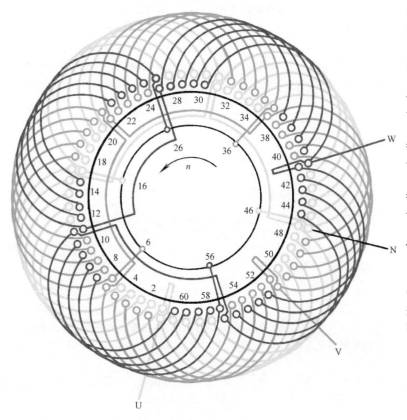

附图　1.11

3. 绕组结构与应用　　本例是60槽4极绕组，接线采用两路并联，每相绕组从进线端(U、V、W)接入后向相反两个方向走线，即每个支路分别由2组极性相反的五联线圈组构成；三相绕组尾端连接成星点，并引出中性线 N。此绕组取自 T2-250L 三相交流发电机。

附录1.12　60槽4极($y=11$、$a=4$)三相交流发电机绕组

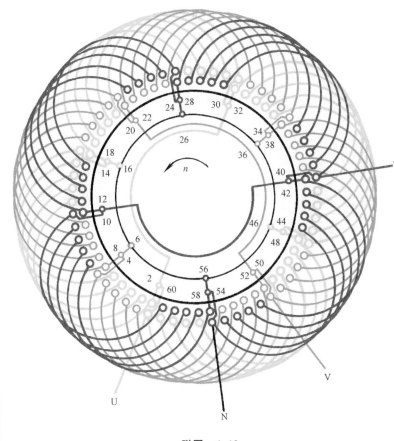

附图　1.12

1. 绕组结构参数

定子槽数　$Z=60$　　电机极数　$2p=4$　　总线圈数　$Q=60$

线圈组数　$u=12$　　每组圈数　$S=5$　　线圈节距　$y=11$

并联路数　$a=4$　　绕组接法　Y_0　　绕组系数　$K_{dp}=0.875$

出线根数　$c=4$

2. 嵌线方法　　本例采用双层叠绕，先将每组5个线圈连绕，然后采用交叠法嵌线。一般可从 W 相起嵌，逐个嵌入下层边，而上层边吊起，当嵌完11个线圈的下层边后，从12号线圈开始上、下层整嵌。嵌线顺序见附表1.12。

附表 1.12　交叠法

嵌线顺序	1	2	3	4	5	6	7	8	9	10	11	12	13	14	15	16	17	18	19
槽号 下层	52	53	54	55	56	57	58	59	60	1	2	3		4		5		6	
槽号 上层													52		53		54		55

嵌线顺序	20	21	22	23	24	25	26	…	93	94	95	96	97	98	99	100	101
槽号 下层	7		8		9		10	…	44		45		46		47		
槽号 上层		56		57		58		…		32		33		34		35	36

嵌线顺序	102	103	104	105	106	107	108	109	110	111	112	113	114	115	116	117	118	119	120
槽号 下层	48		49		50		51												
槽号 上层		37		38		39		40	41	42	43	44	45	46	47	48	49	50	51

3. 绕组结构与应用　　本例是双层叠式绕组，每组由5个线圈组成，采用四路并联接线，即每组线圈各自构成一个支路，而三相头端引出 U、V、W，全部相尾连接起来成为星点，并引出中性线 N。此绕组主要应用于 T2-250M 三相交流发电机。

附录 1.13　60 槽 4 极($y=12$、$a=4$)三相交流发电机绕组

1. 绕组结构参数

定子槽数　$Z=60$　电机极数　$2p=4$　总线圈数　$Q=60$

线圈组数　$u=12$　每组圈数　$S=5$　线圈节距　$y=12$

并联路数　$a=4$　绕组接法　Y_0　绕组系数　$K_{dp}=0.91$

出线根数　$c=4$

2. 嵌线方法

绕组采用双层交叠法嵌线，顺次嵌下 12 个线圈的下层边，并将其上层边暂时吊起，从第 13 个线圈起进行整嵌，最后待全部下层边嵌完后，再依次把原来的吊边嵌入相应槽的上层边。嵌线顺序见附表 1.13。

附表 1.13　交叠法

嵌 线 顺 序		1	2	3	4	5	6	7	8	9	10	11	12	13	14	15	16	17	18	19
槽号	下层	58	59	60	1	2	3	4	5	6	7	8	9	10		11		12		13
	上层														58		59		60	
嵌 线 顺 序		20	21	22	23	24	25	26	27	…			94	95	96	97	98	99	100	101
槽号	下层	14	15	16	17	18	19	20	21	…			51		52		53			54
	上层	1		2		3		4		…		38		39		40		41		
嵌 线 顺 序		102	103	104	105	106	107	108	109	110	111	112	113	114	115	116	117	118	119	120
槽号	下层		55		56		57													
	上层	42		43		44		45	46	47	48	49	50	51	52	53	54	55	56	57

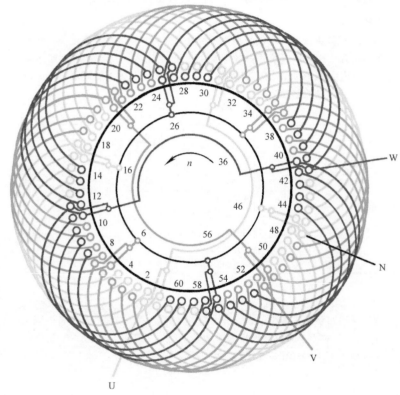

附图　1.13

3. 绕组结构与应用

本例双层绕组由 60 个线圈组成，每相 20 个线圈分 4 个并联支路，每一个支路由 5 个线圈顺串成一组，三相首端引出 U、V、W，所有线圈组的尾端连接成星点，并引出发电机中性线 N。此绕组主要应用于 T2 系列中心高 $H355$ 的 T2-355S、T2-355M 和 T2-355L 等三相交流发电机绕组。

附录 1.14 60槽4极($y=12$、$a=4$)三相交流无刷发电机绕组

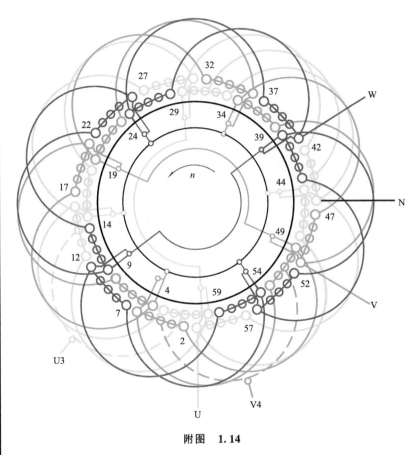

附图 1.14

1. 绕组结构参数

定子槽数 $Z=60$　电机极数 $2p=4$　总线圈数 $Q=60$
线圈组数 $u=12$　每组圈数 $S=5$　线圈节距 $y=12$
并联路数 $a=4$　绕组接法 Y_0+2　绕组系数 $K_{dp}=0.91$
出线根数 $c=6$

2. 嵌线方法　本绕组采用双层交叠法嵌线，先将 12 个线圈的下层边嵌入相应槽的下层，随之整圈嵌入第 13 个线圈，以后顺次整嵌至全部下层边嵌满后，再将先前吊起的上层边顺次嵌入相应槽的上层。此外，U、V 两相第 1 组线圈中的第 3 个线圈有一个中间抽头 U3、V4，重绕时要记录好抽头匝数的原始数据，嵌线时要按图嵌入，不得出错。嵌线顺序见附表 1.14。

附表 1.14　交叠法

嵌线顺序		1	2	3	4	5	6	7	8	9	10	11	12	13	14	15	16	17	18	19
槽号	下层	3	4	5	6	7	8	9	10	11	12	13	14	15		16		17		18
	上层														3					
嵌线顺序		20	21	22	23	24	25	26	27	28	29	...	96	97	98	99	100	101
槽号	下层		19		20		21		22		23	...		57		58		59
	上层											...	44		45		46	
嵌线顺序		102	103	104	105	106	107	108	109	110	111	112	113	114	115	116	117	118	119	120
槽号	下层		60		1		2													
	上层	47		48		49		50	51	52	53	54	55	56	57	58	59	60	1	2

3. 绕组结构与应用　本例是无刷发电机绕组，除引出三根相线和一根 N 线之外，与一般四路并联电机绕组无异，唯一不同的是它在 U、V 相中有一个自动电压调节器的抽头 U3、V4。此绕组应用于 TFW2-400S、TFW2-400M、TFW2-400L1 及 TFW2-400L2 等无刷交流发电机绕组。

附录 1.15　60 槽 4 极 $(y=13、a=2)$ 三相交流发电机绕组

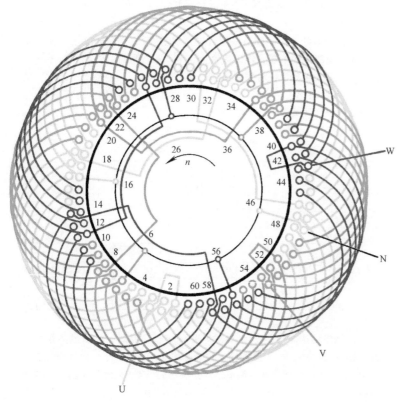

附图　1.15

1. 绕组结构参数

定子槽数　$Z=60$　　电机极数　$2p=4$　　总线圈数　$Q=60$

线圈组数　$u=12$　　每组圈数　$S=5$　　线圈节距　$y=13$

并联路数　$a=2$　　绕组接法　Y_0　　绕组系数　$K_{dp}=0.936$

出线根数　$c=4$

2. 嵌线方法

本例采用双层交叠法嵌线，为便于连绕嵌线，最好从 W 相嵌起。嵌线时先将 13 个线圈的有效边嵌入相应槽的下层，至第 14 个线圈起开始上、下两边整嵌，当下层边全部嵌满后，再把原来吊起的上层边顺次嵌入相应槽的上层。嵌线顺序见附表 1.15。

附表 1.15　交叠法

嵌 线 顺 序	1	2	3	4	5	6	7	8	9	10	11	12	13	14	15	16	17	18	19
槽号 下层	54	55	56	57	58	59	60	1	2	3	4	5	6	7		8		9	
上层															54		55		56

嵌 线 顺 序	20	21	22	23	24	⋯	91	92	93	94	95	96	97	98	99	100	101
槽号 下层	10		11		12	⋯	46		47		48		49		50		
上层		57		58		⋯	32		33		34		35		36		37

嵌 线 顺 序	102	103	104	105	106	107	108	109	110	111	112	113	114	115	116	117	118	119	120
槽号 下层	51		52		53														
上层		38		39		40	41	42	43	44	45	46	47	48	49	50	51	52	53

3. 绕组结构与应用

本绕组较前面的例子采用较大的节距，故绕组系数较高。每相有两个支路，每个支路由两组五联组按反极性串联而成；接线时则在进线后向左右两方向走线，从而较合理地缩短连接过线。绕组出线 4 根，其中 3 根是相线，另一根为中性线 N。此绕组主要应用于 T2 系列的 T2-280L 三相交流发电机绕组。

附录 1.16　60 槽 4 极 $(y=13、a=4)$ 三相交流发电机绕组

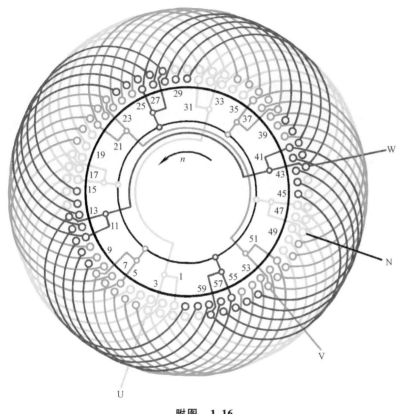

附图　1.16

1. 绕组结构参数

定子槽数　$Z=60$　　电机极数　$2p=4$　　总线圈数　$Q=60$
线圈组数　$u=12$　　每组圈数　$S=5$　　线圈节距　$y=13$
并联路数　$a=4$　　绕组接法　$\curlyvee_0$　　绕组系数　$K_{dp}=0.936$
出线根数　$c=4$

2. 嵌线方法　　本例是双层叠式绕组，嵌线采用交叠法。先将 13 个线圈的下层边嵌入相应槽内，另一边吊起暂不嵌入，当嵌至第 14 个线圈起进行整嵌，直到下层边嵌满后，再把原来吊起的线圈边嵌入相应槽的上层。嵌线顺序见附表 1.16。

附表 1.16　交叠法

嵌 线 顺 序	1	2	3	4	5	6	7	8	9	10	11	12	13	14	15	16	17	18	19
槽号 下层	54	55	56	57	58	59	60	1	2	3	4	5	6	7		8		9	
槽号 上层															54		55		56

嵌 线 顺 序	20	21	22	23	24	25	26	27	28	29	30	...	97	98	99	100	101
槽号 下层	10		11		12		13		14		15	...		49		50	
槽号 上层		57		58		59		60		1		...	35		36		37

嵌 线 顺 序	102	103	104	105	106	107	108	109	110	111	112	113	114	115	116	117	118	119	120
槽号 下层	51		52		53														
槽号 上层		38		39		40	41	42	43	44	45	46	47	48	49	50	51	52	53

3. 绕组结构与应用　　本绕组与上例结构基本相同，但改用 4 路并联，即每相绕组由 4 个支路组成，每个支路仅一组线圈，故其每组线圈的首、尾将交替连成一点，故接线时必须分清首、尾，并确保相邻线圈组的极性必须相反。绕组引出线 4 根，其中 3 根为发电机相线，另一根是中性线 N（俗称零线）。此绕组主要应用于 T2 系列的 T2-280S 三相交流发电机绕组。

附录 1.17　*72槽6极($y=12$、$a=3$)同步发电机双输出定子绕组

1. 绕组结构参数

定子槽数　$Z=72$　　电机极数　$2p=6$　　　总线圈数　$Q=72$

线圈组数　$u=18$　　每组圈数　$S=4$　　　线圈节距　$y=12$

绕组极距　$\tau=12$　　极相槽数　$q=4$　　　并联路数　$a=3$

绕组接法　丫形　　绕组系数　$K_{dp}=0.958$　　出线根数　$c=9$

2. 嵌线方法　　本例是双层叠绕，嵌线采用交叠法，需吊边数为12。嵌线顺序见附表1.17。

附表 1.17　交叠法

嵌线顺序		1	2	3	4	5	6	7	8	9	10	11	12	13	14	15	16	17	18
槽号	下层	4	3	2	1	72	71	70	69	68	67	66	65	64		63		62	
	上层														4		3		2

嵌线顺序		19	20	21	22	23	24	...	118	119	120	121	122	123	124	125	126
槽号	下层	61		60		59		...		11		10		9		8	
	上层		1		72		71	...	24		23		22		21		20

嵌线顺序		127	128	129	130	131	132	133	134	135	136	137	138	139	140	141	142	143	144
槽号	下层	7		6		5													
	上层		19		18		17	16	15	14	13	12	11	10	9	8	7	6	5

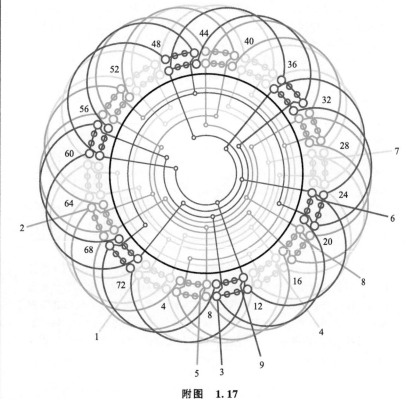

附图　1.17

3. 绕组结构与应用　　本例是进口设备配套美国产（700kW）发电机，采用丫形联结，输出双电压（1400V/700V），引出线9根。电压变换是通过引出线进行。1400V时为3丫联结，即4与7、5与8、6与9分别相接，构成3丫联结，1400V由1、2、3输出。700V时接成6丫联结，先将4、5、6接成星点，再把1与7、2与8、3与9分别并联，并作为三相低压输出端。

此绕组是根据修理者拆线描述，经作者整理而绘制，仅供参考。

附录 2 移动式（汽油、柴油）交流发电机单相、三相单层布线绕组

本附录单层布线的发电机绕组用于功率较小的移动式发电机组，它既有主绕组，也有副绕组，还包括转子绕组。下面介绍 12 例发电机绕组，主要包括：

1）三相交流励磁机电枢绕组　　它属于旋转电枢发电机绕组，是三相交流无刷发电机的附属绕组，是附录中唯一的转子电枢绕组。作为主发电机的励磁发电机，其功率较小，结构也简单，一般都采用三相单层布线，并与整流装置同装在主发电机转轴上，使三相电枢输出后经整流器换向，直接向主发电机转子的磁极绕组供电，从而免除电刷接触环节。励磁机的定子则是凸极式磁极，它的励磁能量由反馈获得。

此外，单层布线的其他型式三相发电机与双层布线相同，可参考前面附录 1 所述。

2）逆序励磁单相发电机绕组　　该发电机属于无刷发电机，定子单相但有两套绕组：一是定子主绕组，是输出电能的基本绕组；另一是副绕组，它与电容器连接，故又称电容绕组，其转子有隐极（分布式）和凸极（集中式）两种。此种发电机结构简单成本低、工作可靠、对无线电干扰小，适用于电信及照明电源。但其输出电压性能取决于电容器质量，故成为其电压稳定性不高的潜在因素。

3）单相交流发电机　　它是相复励同步发电机，属有刷发电机，定子绕组比较复杂，它有主绕组和副绕组，主绕组由多圈同心式线圈构成，为适应用户要求，有 50Hz 和 60Hz 两种变换接线；有的还设计成 115V 和 230V 输出电压变换。副绕组包括三次谐波绕组和单相基波绕组，另外还有单线圈的指示灯绕组。发电机的转子除电刷、集电环装置外，还配有电抗变流器及单相整流等复合式相复励装置。

相复励单相发电机主要用于备用照明，在应急时也可用于带动感性动力负载。

附录 2.1　18 槽 6 极 ($y=3$、$a=1$) 三相交流无刷发电机用交流励磁机电枢绕组

1. 绕组结构参数

定子槽数	$Z=18$	电机极数	$2p=6$	总线圈数	$Q=9$
线圈组数	$u=9$	每组圈数	$S=1$	线圈节距	$y=3$
并联路数	$a=1$	绕组接法	Y	绕组系数	$K_{dp}=1.0$
出线根数	$c=3$				

2. 嵌线方法　本例铁心较小，线圈也不多，为减少接线，建议采用分相连绕，即每 3 个线圈为一组连绕，但要留足过线长度。嵌线时采用分层法，最后形成双平面绕组。嵌线顺序见附表 2.1。

附表 2.1　分层整嵌法

嵌线顺序		1	2	3	4	5	6	7	8	9	10	11	12	13	14	15	16	17	18
槽号	下平面	14	11	18	15	4	1	8	5	12									
	上平面										9	16	13	2	17	6	3	10	7

3. 绕组结构与应用　本例是用单层链式布线的庶极绕组，是 18 槽定子绕制最多极数的三相绕组。本绕组采用单层链式布线，每相 3 个线圈在定子上呈三足对称分布。因是庶极绕组，每相线圈的电流方向相同，所以三相全部线圈极性也一样。三相尾端在内部连成星点，引出相线 3 根。此绕组主要应用于 TFW2、JWW 系列的三相交流无刷发电机用的交流励磁机绕组。应用实例有 TFW2-180、TFW2-200、TFW2-225 等配用的交流励磁机。

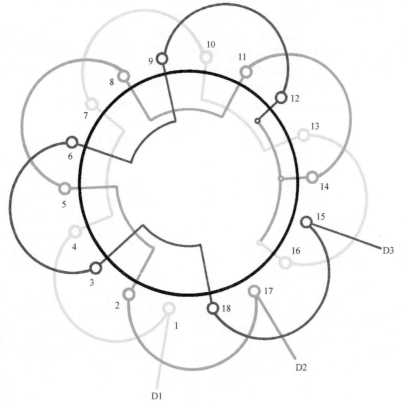

附图　2.1

附录2.2 30槽10极（$y=3$、$a=1$）三相交流无刷发电机用交流励磁机电枢绕组

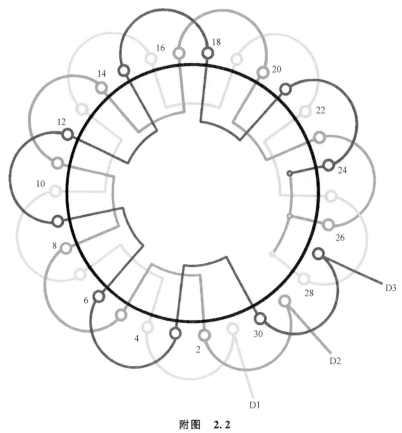

附图 2.2

1. 绕组结构参数

定子槽数 $Z=30$　电机极数 $2p=10$　总线圈数 $Q=15$
线圈组数 $u=15$　每组圈数 $S=1$　线圈节距 $y=3$
并联路数 $a=1$　绕组接法 $\curlyvee$　绕组系数 $K_{dp}=1.0$
出线根数 $c=3$

2. 嵌线方法　绕组可用整嵌法或交叠法嵌线，但由于本绕组极对数 p 为奇数，如用双平面整嵌法则要出现一只跨于上、下层的变形线圈，如上例的线圈12~9，嵌后造成绕组端部不够规整。若用三平面整嵌，虽无变形线圈，其端部仍不美观，因此倒不如用吊边交叠嵌线，这时只吊起一边即可。嵌线顺序见附表2.2。

附表 2.2　单层交叠法

嵌 线 顺 序		1	2	3	4	5	6	7	8	9	10	11	12	13	14	15	16	17	18	19
槽号	沉边	30	2		4		6		8		10		12		14		16		18	
	浮边			29	1		3		5		7		9		11		13			15

嵌 线 顺 序		20	21	22	23	24	25	26	27	28	29	30								
槽号	沉边	20		22		24		26		28										
	浮边		17		19		21		23		25	27								

3. 绕组结构与应用　三相绕组由15个线圈组成，每相有5个线圈，呈五角对称分布在定子上。因属庶极布线，全部线圈的电流方向相同，即接线是顺接串联。三相绕组的尾端接成星点，引出三相输出端D1、D2、D3。此绕组是三相交流无刷发电机用交流励磁机的电枢绕组，应用实例有 TFW2-280、TFW2-315、TFW2-400 等无刷发电机配用的励磁机。

附录 2.3　36 槽 12 极 $(y_s = 3 、 a_s = 1)$ **三次谐波励磁（庶极同心基波）三相有刷发电机副绕组**

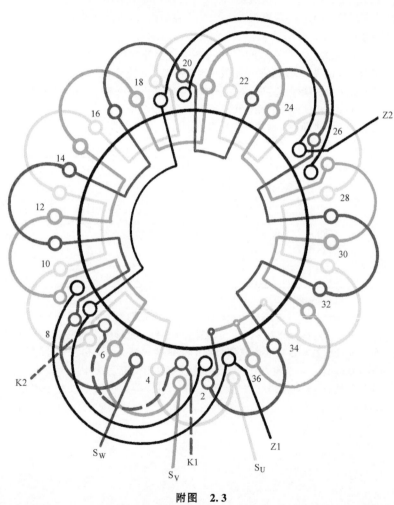

附图　2.3

1. 绕组结构参数

定子槽数　$Z = 36$　　总出线数　$c = 7$

三次谐波副绕组

绕组极数　$2p_s = 12$　　总线圈数　$Q_s = 18$　　线圈组数　$u_s = 18$

线圈节距　$y_s = 3$　　每组圈数　$S_s = 1$　　并联路数　$a_s = 1$

绕组系数　$K_{dps} = 1.0$

基波副绕组

绕组极数　$2p_z = 4$　　总线圈数　$Q_z = 4$　　线圈组数　$u_z = 2$

线圈节距　$y_z = 8 、 6$　　每组圈数　$S_z = 2$　　并联路数　$a_z = 1$

2. 嵌线方法　　本例是由三套绕组叠加而成，其中先嵌三次谐波的三相绕组，它是单层链式布线，故可用整嵌法构成双平面绕组。嵌线规律是嵌入一圈往后退，隔空一圈再嵌一圈，直至完成。然后再把两组基波绕组嵌到相应槽的上层，但要注意其极性相同。最后把 K1、K2 的信号灯线圈按图嵌入即可。

3. 绕组结构与应用　　本例是三次谐波励磁有刷发电机的定子副绕组，它由三套绕组组成。其中三次谐波是三相单层链式绕组，采用庶极布线，即每相 6 个线圈顺接串联形成 12 极，三相引出线为 S_U、S_V、S_W。第二套是基波绕组，它是单相 4 极绕组，它由两组同心式双圈构成，而且用庶极布线，如图安排在定子对称位置，两组之间极性相同，使之通电后形成 4 极；出线标志为 Z1、Z2。K1 和 K2 是信号灯绕组，只有一只线圈。绕组应用实例有 STC-160 三次谐波励磁交流发电机定子副绕组。

附录 2.4　36 槽 12 极($y_s=3$、$a_s=1$)三次谐波励磁(同心基波)三相有刷发电机副绕组

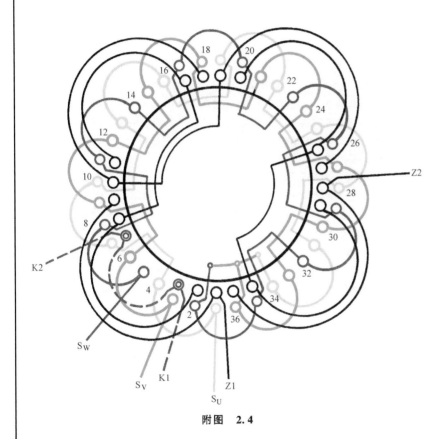

附图　2.4

1. 绕组结构参数

定子槽数　$Z=36$　　　总出线数　$c=7$

三次谐波副绕组

绕组极数　$2p_s=12$　　总线圈数　$Q_s=18$　　线圈组数　$u_s=18$

线圈节距　$y_s=3$　　　每组圈数　$S_s=1$　　　并联路数　$a_s=1$

绕组系数　$K_{dps}=1.0$

基波副绕组

绕组极数　$2p_z=4$　　　总线圈数　$Q_z=8$　　　线圈组数　$u_z=4$

线圈节距　$y_z=8$、6　　每组圈数　$S_z=2$　　　并联路数　$a_z=1$

2. 嵌线方法　　本例由谐波绕组、基波绕组和指示灯绕组叠加而成。嵌线则用整嵌法，先嵌三次谐波绕组，其嵌线规律是嵌入一圈、隔空一圈、再嵌一圈，如此类推，最后构成双平面结构。完后再按图嵌入 4 只基波绕组线圈。最后再把信号灯线圈嵌到相应槽中。

3. 绕组结构与应用　　本例由三套绕组组成，其中三相 12 极是三次谐波绕组，它由单层链式绕组构成并按庶极布线，每组仅 1 圈，每相由 6 个节距 $y_s=3$ 的线圈顺接串联而成，即全部线圈的极性相同；三相引出线 S_U、S_V、S_W。基波绕组是单相 4 极，采用单层同心式布线，每组由双圈构成，4 组线圈按相邻反极性接线，引出线为 Z1、Z2。单个线圈是指示灯绕组，线圈节距 $y_z=4$，引出线是 K1、K2。本绕组主要应用于 STC 系列的三次谐波励磁三相交流有刷发电机的副绕组，如 STC-160 等。

附录 2.5 36槽12极 $(y_s = 3 、 a_s = 1)$ 三次谐波励磁(单链基波) 三相有刷发电机副绕组

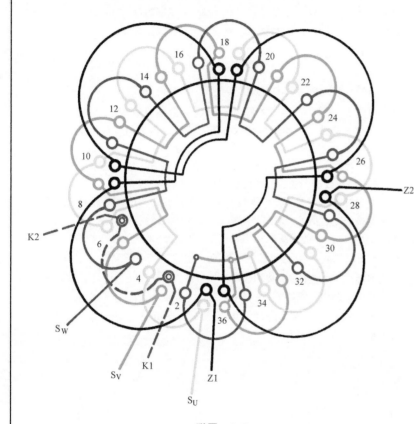

附图 2.5

1. 绕组结构参数

定子槽数 $Z = 36$ 总出线数 $c = 7$

三次谐波副绕组

绕组极数 $2p_s = 12$ 总线圈数 $Q_s = 18$ 线圈组数 $u_s = 18$

线圈节距 $y_s = 3$ 每组圈数 $S_s = 1$ 并联路数 $a_s = 1$

绕组系数 $K_{dps} = 1.0$

基波副绕组

绕组极数 $2p_z = 4$ 总线圈数 $Q_z = 4$ 线圈组数 $u_z = 4$

线圈节距 $y_z = 8$ 每组圈数 $S_z = 1$ 并联路数 $a_z = 1$

2. 嵌线方法

本例由 3 套单层绕组叠加而成。嵌线时采用整嵌法,先嵌三次谐波绕组,具体嵌法是嵌入一圈后,隔空一圈,再嵌一圈,最后形成双平面结构。然后按图将基波的单链绕组 4 个线圈嵌入相应槽的上层,最后把信号灯线圈嵌到相应槽中。

3. 绕组结构与应用

本例是三次谐波励磁有刷发电机的定子副绕组。它由三套绕组构成,其中 K1、K2 是信号灯绕组,只有 1 个线圈,安排图中槽 3~7 上层。S_U、S_V、S_W 是三次谐波励磁的三相绕组,星形接法,星点不予引出,绕组采用单层链式布线,由 18 个线圈组成,每相 6 个线圈安排庶极,即按线用顺接串联,使 6 个线圈形成 12 极绕组,它是本发电机的核心绕组。Z1 和 Z2 则是一套单相 4 极绕组,是本发电机的基波绕组,用单层链式布线,由 4 个线圈反向串联而成。主要应用实例有 STC-200 三相有刷发电机副绕组。

附录 2.6　48 槽 12 极（$y_s = 4$、$a_s = 1$）三次谐波励磁（单链基波）三相有刷发电机副绕组

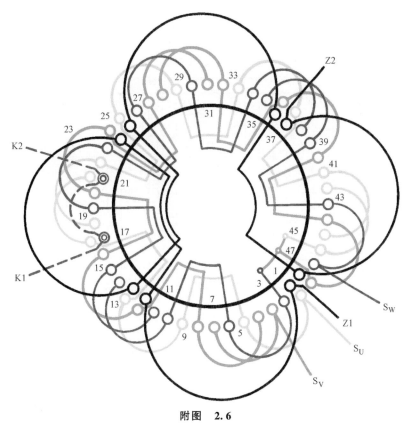

附图　2.6

1. 绕组结构参数

定子槽数　$Z = 48$　总出线数　$c = 7$

三次谐波副绕组

绕组极数　$2p_s = 12$　总线圈数　$Q_s = 24$　线圈组数　$u_s = 18$

线圈节距　$y_s = 4$　每组圈数　$S_s = 1\frac{1}{3}$　并联路数　$a_s = 1$

绕组系数　$K_{dps} = 0.924$

基波副绕组

绕组极数　$2p_z = 4$　总线圈数　$Q_z = 4$　线圈组数　$u_z = 4$

线圈节距　$y_z = 11$　每组圈数　$S_z = 1$　并联路数　$a_z = 1$

2. 嵌线方法　　本例由三套绕组叠加而成。嵌线先嵌三次谐波绕组，采用整嵌法，分单元嵌入，第 1、2 单元嵌线顺序见附表 2.6，以此类推。

附表 2.6　整嵌法

嵌线顺序	1	2	3	4	5	6	7	8	9	10	11	12	13	14	15	16
槽号	5	1	6	2	7	3	8	4	13	9	14	10	15	11	16	12

然后把基波绕组按图嵌入，最后把 K1、K2 信号灯线圈嵌入相应槽上层。

3. 绕组结构与应用　　本例属单层叠式庶极分割布线，它将三相线圈分成 6 个几何单元，每个单元有 4 个线圈，其中两相单圈及一相双圈，并在各单元中轮换，即每组线圈数为 1⅓ 的分数。绕组每相 6 组线圈的连接是顺向串联，但要注意接线的走向不同，即 U、V 相顺槽号走线，而 W 相则逆向走线。此外，基波绕组（Z1、Z2）是 4 极单链布线，每组单圈，线圈间反极性串联。本例绕组应用于 STC-225 三次谐波励磁三相有刷发电机定子副绕组。

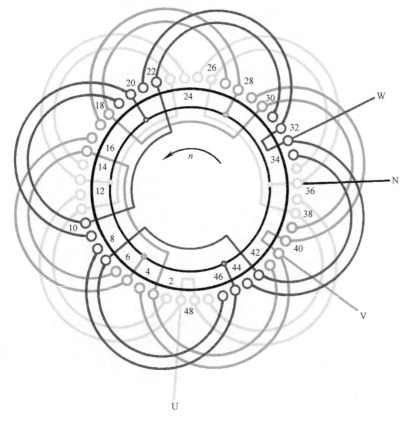

附图　2.7

1. 绕组结构参数

定子槽数	$Z=48$	电机极数	$2p=4$	总线圈数	$Q=24$
线圈组数	$u=12$	每组圈数	$S=2$	线圈节距	$y=11.9$
并联路数	$a=2$	绕组接法	$\curlyvee_0$	绕组系数	$K_{dp}=0.958$
出线根数	$c=4$				

2. 嵌线方法　本例是单层绕组，可采用整嵌法构成三平面绕组，但为使绕组端部紧凑美观，通常都选用交叠法，这时需吊起 4 边。嵌线的基本规律是嵌两槽，退空两槽，再嵌两槽。嵌线顺序见附表 2.7。

附表 2.7　单层交叠法

嵌线顺序		1	2	3	4	5	6	7	8	9	10	11	12	13	14	15	16	17	18	19
槽号	沉边	43	44	47	48	3		4		7		8		11		12		15		16
	浮边						42		41		46		45		2		1		6	

嵌线顺序		20	21	22	23	24	25	26	27	28	29	30	31	32	33	34	35	36	37	38
槽号	沉边		19		20		23		24		27		28		31		32		35	
	浮边	5		10		9		14		18		17		22		21		26	

嵌线顺序		39	40	41	42	43	44	45	46	47	48
槽号	沉边	36		39		40					
	浮边		25		30		29	34	33	38	37

3. 绕组结构与应用　本例绕组采用单层同心式布线，每组由同心双圈组成，2 组反极性串联成一个支路，两个支路并联构成一相绕组。三相绕组接成星形并引出发电机中性线 N，再引出三相 U、V、W，从而构成 $\curlyvee_0$ 三相四线制输出。它的主要应用实例有 STC-225 等三次谐波励磁三相交流有刷发电机定子绕组。

附录 2.8　30 槽 2 极（$a=1$、2）逆序励磁单相交流无刷发电机绕组

1. 绕组结构参数

定子槽数　$Z=30$　电机极数　$2p=2$　总线圈数　$Q=16$

绕组组数　$u=2$

主绕组 U

主相圈数　$Q_u=10$　线圈组数　$u_u=2$　每组圈数　$S_u=5$

绕组极距　$\tau=15$　绕组系数　$K_{dpu}=0.829$　并联路数　$a=1$ 或 2

副绕组 Z

副相圈数　$Q_z=6$　线圈组数　$u_z=2$　绕组极距　$\tau=15$

每组圈数　$S_z=3$　并联路数　$a_z=1$　绕组系数　$K_{dpz}=0.964$

总出线数　$c=6$

2. 嵌线方法

本例采用分层整嵌法，即先嵌入主绕组，再嵌副绕组，但每组线圈中先嵌最小节距的线圈，然后逐个整嵌。

3. 绕组结构与应用

本例是逆序励磁的单相交流无刷发电机定子绕组。它由两套绕组构成，其中主绕组分两组线圈，采用单层同心式布线，每组由 5 个线圈按 B 类安排，并将两组线圈分别出线，以便根据实际需要来改接为一路或两路并联，从而获得 230V 或 115V 的电压输出。副绕组是基波绕组，也由两组同心式线圈组成，每组 3 圈，按 A 类安排，即最大节距线圈是双层布线，两组线圈是反极性串联的一路接线，引出线标志为 Z1 和 Z2。此绕组布线型式似是正弦绕组，但查资料则用等匝分布。本例绕组应用实例有 TDW-90 等单相交流无刷发电机。

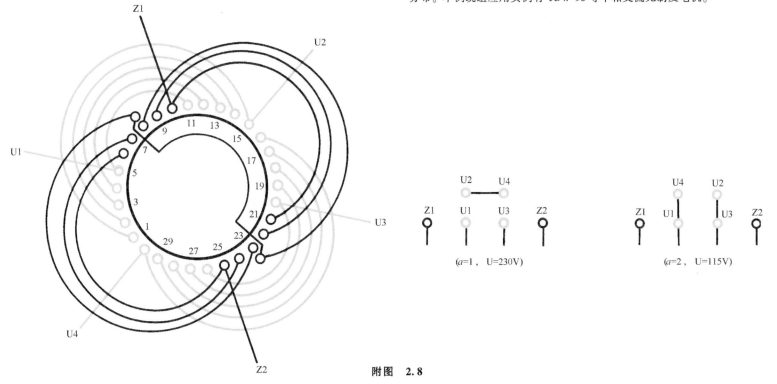

（$a=1$，$U=230$V）　　　　（$a=2$，$U=115$V）

附图　2.8

附录 2.9　36 槽 2 极（$a=1$、2）逆序励磁单相交流无刷发电机绕组

1. 绕组结构参数

定子槽数　$Z=36$　电机极数　$2p=2$　总线圈数　$Q=18$
绕组组数　$u=2$
主绕组 U
主相圈数　$Q_u=12$　线圈组数　$u_u=2$　每组圈数　$S_u=6$
绕组极距　$\tau=18$　绕组系数　$K_{dpu}=0.818$　并联路数　$a=1$ 或 2
副绕组 Z
副相圈数　$Q_z=6$　线圈组数　$u_z=2$　绕组极距　$\tau=18$

每组圈数　$S_z=3$并联路数　$a_z=1$　　　绕组系数　$K_{dpz}=0.956$
总出线数　$c=6$

2. 嵌线方法
本例属典型的单相绕组，嵌线可用整嵌法，先嵌主绕组，再嵌副绕组，使其形成双平面结构。

3. 绕组结构与应用
本例由主、副绕组构成。其中主绕组是基本绕组，它由两组独立的 6 联同心线圈组成，并各自引出 2 根端线，可以在机外改成一路或两路并联，即需输出 230V 时，如端接图左图所示将 U2 和 U4 连通，由 U1、U3 输出；若按右图接线则主绕组是两路并联，这时输出为 115V。副绕组是基波绕组，每组 3 个同心线圈按 B 类布线。两组线圈反方向串联，引出线标志为 Z1、Z2。本绕组布线型式类似正弦绕组，但实为等匝布线。

此绕组是逆序励磁无刷单相交流发电机绕组，主要应用实例有 TDW-112 等发电机定子主绕组。

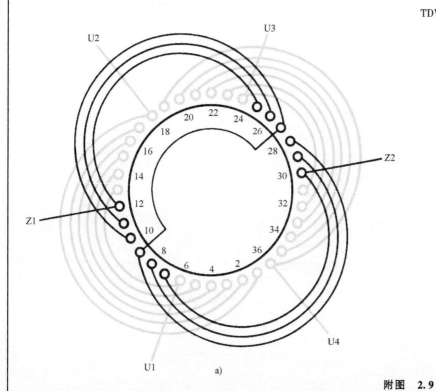

a)

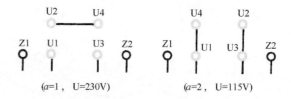

$(a=1$，$U=230V)$　　　$(a=2$，$U=115V)$

b)

附图　2.9

附录 2.10　36 槽 4 极($a=1$、2)单相交流发电机(同心式)定子主绕组

1. 绕组结构参数

定子槽数　$Z=36$　　电机极数　$2p=4$　　总线圈数　$Q=24$
线圈组数　$u=6$　　　每组圈数　$S=4$　　　绕组均距　$y_p=5$
并联路数　$a=1$、2　　绕组系数　$K_{dp}=0.709$　出线根数　$c=6$

2. 嵌线方法　本例是由两组单层同心式绕组叠合，故嵌线采用整嵌法分先后嵌入，即先嵌入黄色绕组于槽的下层构成下层面，再把绿色绕组嵌到相应槽的上层构成上层面，从而使绕组端部形成双平面结构。

3. 绕组结构与应用　本例是单相交流发电机定子绕组，它由两个同心式 4 极绕组叠加构成，其中黄色为基本绕组，绿色是附加绕组。它是为适应不同的用电标准而设计，即可适用于两种频率和两种电压。

1) 本绕组是单层同心式叠合，每组 4 圈，其中黄色绕组相邻两组反串成一个单元，并与绿色一组再串联，再引出线 3 根，即总引出线为 6 根。

2) 输出 230V 时，需将两部分绕组串联($a=1$)，即 50Hz 时连通 U3、U2，电源从 U1、U4 输出；若是 60Hz 则连通 U5、U2，由 U1、U6 输出。

3) 输出 115V 时，把两部分绕组并联($a=2$)，即 50Hz 时，分别连通 U2、U1 和 U3、U4，电源从 U1、U4 输出；若 60Hz，则分别连通 U2、U1 和 U5、U6，电源从 U1、U6 输出。

应用实例有 TFD-160 等单相发电机主绕组。

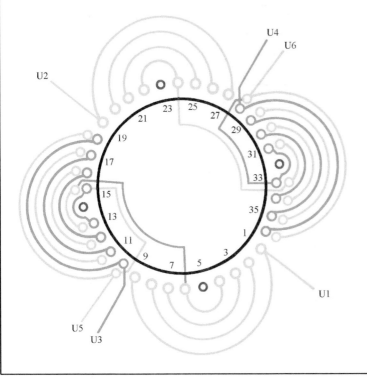

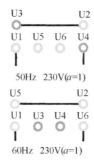

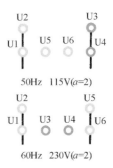

附图　2.10

附录 2.11 36 槽 4 极 ($a = 2$、4) 单相交流发电机 (同心式) 定子主绕组

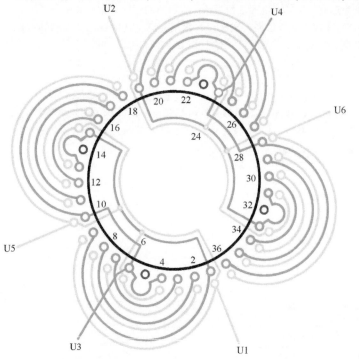

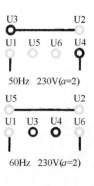

50Hz 230V(a=2)

60Hz 230V(a=2)

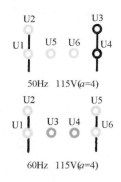

50Hz 115V(a=4)

60Hz 115V(a=4)

附图 2.11

1. 绕组结构参数

定子槽数 $Z = 36$　　电机极数 $2p = 4$　　总线圈数 $Q = 32$

线圈组数 $u = 8$　　每组圈数 $S = 4$　　绕组均距 $y_p = 5$

并联路数 $a = 2$、4　绕组系数 $K_{dp} = 0.709$　出线根数 $c = 6$

2. 嵌线方法　　嵌线采用整嵌法，先将绕组 U1—U5 和 U2—U6 嵌入槽的下层，然后再把绕组 U3—U4 嵌到相应槽的上层。

3. 绕组结构与应用　　本例单相交流发电机绕组采用两个单层同心式叠加布线，其中黄色部分是基本绕组，绿色部分是附加绕组。它是根据不同标准地区的适应性而设计的，即既可用于 50Hz 或 60Hz 交流电

频率，也可用于 220V 或 110V 市电输出。因此，若需输出 60Hz 电源，只需使用黄色绕组；若输出 50Hz，则要将图中绿色部分的绕组串入。然而，由图可见，发电机的 4 个极的线圈中，每两极线圈是并联接成一组，其电压按 115V 设计，因此，将两组线圈并联就输出 115V (用户电压为 110V)，这时发电机实际是 4 路并联。其接线是从引出线端连接，如端接图右图所示。若用户需要 220V 电源，则将两组 (并联) 线圈串联起来，如端接图左图所示，使发电机输出 230V。这时，实质上发电机绕组内部是 2 路并联。此绕组实际应用有 TFD-180、TFD-200 等单相交流发电机定子主绕组。

附录 2.12 36槽12极($y_s = 2$、$a_s = 1$)单相交流发电机定子副绕组

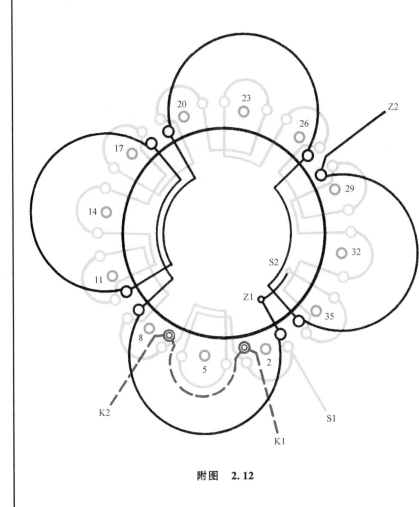

附图 2.12

1. 绕组结构参数

定子槽数 $Z = 36$ 　　总出线数 $c = 4$

三次谐波副绕组

谐波极数 $2p_s = 12$ 　谐波圈数 $Q_s = 12$ 　线圈组数 $u_s = 12$

线圈节距 $y_s = 2$ 　　每组圈数 $S_s = 1$ 　　并联路数 $a_s = 1$

绕组系数 $K_{dps} = 0.924$

基波副绕组

基波极数 $2p_z = 4$ 　　基波圈数 $Q_z = 4$ 　　线圈组数 $u_z = 4$

线圈节距 $y_z = 8$ 　　每组圈数 $S_z = 1$ 　　并联路数 $a_z = 1$

2. 嵌线方法　　三次谐波绕组采用整嵌法,构成槽下层平面的链式绕组;基波绕组及指示灯线圈嵌在相应槽的上层。嵌线顺序见附表2.12。

附表 2.12　整嵌法

嵌 线 顺 序		1	2	3	4	5	6	7	8	9	10	11	12	13	14	15	16	17	18	19
槽号	下层	3	1	6	4	9	7	12	10	15	13	18	16	21	19	24	22	27	25	30

嵌 线 顺 序		20	21	22	23	24	25	26	27	28	29	30	31	32	33	34
槽号	下层	28	33	31	36	34										
	上层						9	1	18	10	27	19	36	28	7	3

3. 绕组结构与应用　　本例由3套绕组叠加而成。其中三次谐波和基波绕组都是单相绕组,前者由12个线圈构成12极单链绕组,线圈间的连接是反向串联;其尾端S2与基波绕组首端Z1相连。后者则用4个线圈按单层链式布线而按显极接线,即相连线圈反极性,从而也形成4极。另外,信号灯线圈安排在图中的槽7、3上层,并引出线K1、K2。本绕组是ST系列发电机的配套绕组,主要应用实例有TFD-132单相交流发电机的定子副绕组。

附录3 三相变极双速绕线式电动机转子绕组端面布线接线图

随着基础建设的迅猛发展，作为施工重器的塔吊得以广泛应用。以往，塔吊主机采用单速或普通笼型双速电机，由于调速性能不理想，难以满足塔吊的工作要求；所以于20世纪末创新使用绕线式转子双速电动机。起初，定子是常规的双速变极绕组，而转子则用双绕组五集电环结构；随后于21世纪初转子结构获得重大创新，改用单绕组三集电环双速转子，从而解决了塔吊主机起升和就位的调速性能。目前，在6~8吨的起升机构中的24~55kW塔吊主机多采用此方案。

单绕组变极绕线式三集电环转子调速电动机有多种规格，但在目前修理资料中主要见用于8/4极双速，其定子是单绕组双速，转子选用8极为基准设计绕组，并采用多路并联接线。正常起吊工作为低速（8极），这时，转子绕组通过集电环、电刷串入电阻起动或调速。高速（4极）是用于空钩就位，这时转子集电环空置不接。但由于转子绕组已接成多路并联而自成闭合回路，转子感应所产生的电流便类似于笼型结构，维持空载（或轻载）运行。

目前，塔吊用绕线或转子起重用双速电动机除变极调速之外，还配合涡流制动进行微调。因此，它具有如下特点：

1）相对于多极电动机而言，采用涡流制动可以做到无级调速，使调速更加平稳，而吊钩就位更准确。

2）增加涡流制动装置将增加设备成本，控制系统也变得复杂，故障检修及日常维护也增加了难度。

塔吊起重用双速系列电动机型号如下：

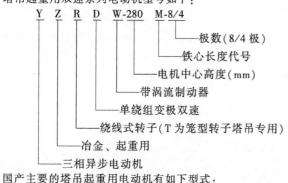

国产主要的塔吊起重用电动机有如下型式：

1）YZTD系列　它是塔吊早期主机采用的系列，目前主要用于大、中型塔吊辅机和其他轻型起重设备。电动机是采用笼型转子双速异步电动机，并配用电磁制动器，适用于小型塔式起重机的起升机构配套使用。电动机具有调速比大、起动转矩大、运行温升低、工作可靠及使用维护方便等特点；但调速性能不理想，只能阶梯性调速，故起动和变极切换时冲击电流较大。用于起重的产品有YZTD160M-4/8（4/16极）等双速机，YZTD200L-4/6/24、YZTD180L-4/8/24、YZTD180L-2/4/16等三速机。

2）YZRSW系列　它属于带涡流制动装置的双绕组（非变极）起重用绕线式转子双速电动机。定、转子均是双绕组变极方式，各有六根引出线。涡流制动器装置于转子端部，而转子集电室采用五集电环结构，其中一个集电环是两套绕组公用。两套绕线式绕组通过集电环与外置电阻箱串联。此结构型式具有恒功率调速特性。由于两极数转子都是绕线式，通电时分别串入电阻起动，故其起动和切换转速时冲击电流都较小，使用维护方便，且运行可靠性也较高。但铁心安排两套独立的绕组，工作时只用一套，故其铁心有效利用率极低，而转子采用两套集电环，不但成本高，而且体积大，故其推广受到限制而遭淘汰。

3）YZRDW系列　它也带涡流制动装置，定子有两种规格：一种是单绕组双速机，另一种是三速机，即一套单绕组双速另加一套单速绕组。此型式电动机于1994年获发明专利。它具有恒功率调速特性，转子是一套绕线式绕组，低速时通过集电环与外置电阻串联，既能保证电动机有较大的起动转矩，又可限制起动电流和变极切换电流；而且，通过改变涡流制动器的励磁电流控制，可使电机工作于无级调速状态，从而确保起升机构在任意负载下升降平稳，就位准确。因此，YZRDW系列在塔吊及其他起重设备上得到广泛应用。

作为新型绕线式双速绕组，其定子双绕组型式多样，既有常规接法，也有反常规接法，或附加补救接法等，具体可见第9章介绍。目前，新型塔吊双速转子已不用五集电环结构，而是采用常规的三集电环输出。根据资料显示，转子绕组的连接是"相邻相间首尾联接，或首首尾尾联接"。然而，从实际修理中发现，由于各厂家设计标准不同，目前收集到的8/4极转子绕组就有7种接法，其中有的布线接线比较规范简单，有的相当复杂，加了很多无效接线。这种浪费资源的设计使绕线式双速绕组处于无序状态，希望予以规范。下面就近两年由修理者提供资料整理的8/4极绕线式转子绕组8例，及72槽24/6极1例。今整理成端面彩色模拟图，供读者参考。

附录 3.1 *48 槽 8/4 极($y=6$、$a=2$)单层叠式(庶极)双速转子绕组

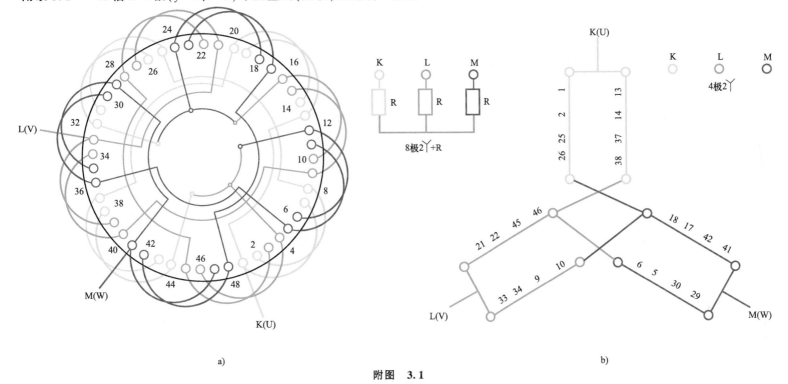

a)

b)

附图 3.1

1. 绕组结构参数

定/转槽数 $Z=—/48$ 　　电机极数 $2p=8/4$ 　　总线圈数 $Q=24$

线圈组数 $u=12$ 　　每组圈数 $S=2$ 　　极相槽数 $q=2/4$

绕组极距 $\tau=6/12$ 　　线圈节距 $y=6$ 　　每槽电角 $\alpha=30°/15°$

并联路数 $a=2$ 　　绕组系数 $K_{dp8}=0.966$ $K_{dp4}=0.793$

2. 绕组结构与接线要点

本例是绕线式双速转子绕组，是由修理者提供拆线资料整理而成。以往，双速长期只应用于笼型转子的异步电动机，在绕线式电动机中，若制成双速则其转子也要随之改变极数。所以初期的绕线式双速转子要有两套(6个或5个)集电环。而这台转子只用 3 个集电环，它是以 8 极为基准设计成两路并联的单层庶极绕组，接线原理如附图 3.1b 所示。8 极时转子三相通过集电环连接到三相电阻(R)。当变换到 4 极时集电环不短接，而由转子绕组两路并联形成类似于笼型的闭合回路，步入 4 极运行。因此，这种双速只适用于 8 极正常运行，4 极作极轻负载的辅助运行的工作场合。

附录 3.2 *48 槽 8/4 极$(y=6、a=2)$双层叠式双速转子绕组

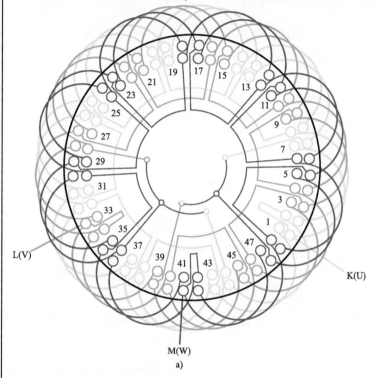

a)

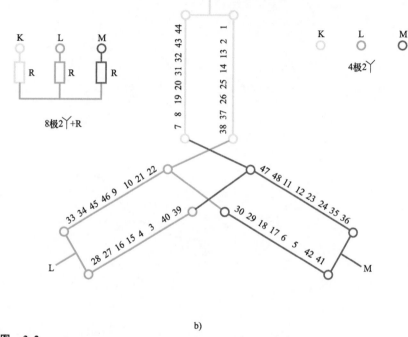

b)

附图 3.2

1. 绕组结构参数

定/转槽数 $Z=$—/48	电机极数 $2p=8/4$	总线圈数 $Q=48$
线圈组数 $u=24$	每组圈数 $S=2$	极相槽数 $q=2/4$
绕组极距 $\tau=6/12$	线圈节距 $y=6$	每槽电角 $\alpha=30°/15°$
并联路数 $a=2$	出线根数 $c=3$	绕组系数 $K_{dp8}=0.966$
		$K_{dp4}=0.561$

2. 绕组结构与接线要点 本例是 8/4 极双速转子,每槽由 8 组双圈组成,采用长跳接法,将每相同极性的 4 个线圈组沿同一方向串联再

接入星点,如附图 3.2a 所示。此绕组设计完全符合常规绕组极性分布原则。但并不代表它可适应任何 8/4 极转子。有修理者曾试过放弃原来的接法,另设计一套常规绕组,结果无法运行。这可能与选用节距、并联路数配合相应线圈参数有关。所以,修理时务必做好正确的原始记录,按原样修复。

双速转子 8 极时与外接电阻相连,4 极则如附图 3.2b 所示由两路闭合回路所感应产生电枢反应步入运行。

附录 3.3 *48 槽 8/4 极($y=6$、$a=2$,附加双圈结构)双层叠式双速转子绕组

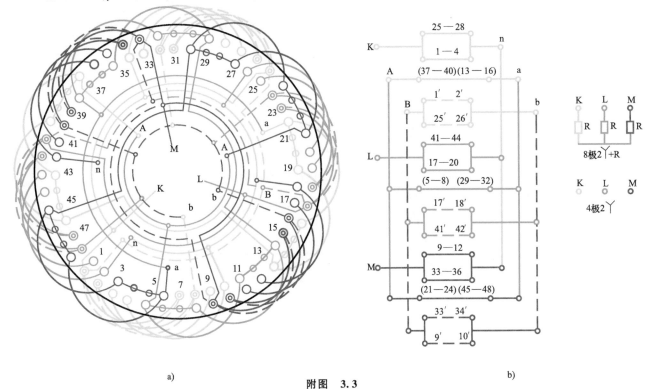

a)

附图 3.3

b)

1. 绕组结构参数

定/转槽数 $Z=-/48$	电机极数 $2p=8/4$	总线圈数 $Q=48+12$
线圈组数 $u=18$	每组圈数 $S=4$、2	极相槽数 $q=2/4$
绕组极距 $\tau=6/12$	线圈节距 $y=6$	每槽电角 $\alpha=30°/15°$
并联路数 $a=2$	绕组系数 $K_{dp8}=0.916$	$K_{dp4}=0.677$

2. 绕组结构与接线要点 本例基本绕组由两套线圈构成,每相有 4 组线圈,每组由 4 个线圈串绕而成。但 4 组线圈分成两个单元,其中一个单元是并联接法,如附图 3.3b 中 (25—28)、(1—34),头端出

线 K(L、M)接入集电环,尾端是星点 n。另一个是串联单元,如附图 3.3b 中 (37—40)、(13—16),头端接到 A,尾端接到 a,也使三相构成大闭合回路,其极性的产生取自线圈的感应电流。这样,基本单元 4 组线圈便形成 8 极(庶极),这时,如果改变串入集电环的电阻 R,即可进行调速。

图中每相中的虚线双圈组也分两路接成并联;其极性与同槽线圈相同,三相也接成大回环闭合回路,但每圈匝数很少,根本就起不了多少作用。

定子变到 4 极时,转子 K、L、M 空量不接,但转子各组线圈都有各自闭合回路而呈现高阻抗,4 极便进入类笼型转子运行。

附录 3.4 *48 槽 8/4 极（$y = 6$、$a = 2$，两路Y联结）双层叠式双速转子绕组

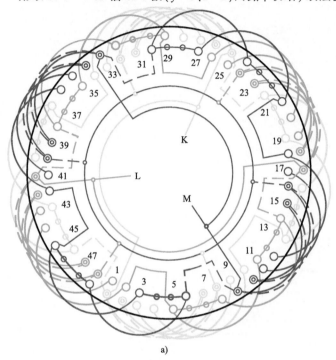

a)

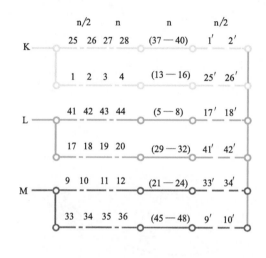

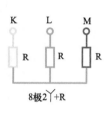

8极2Y+R

4极2Y

b)

附图 3.4

1. 绕组结构参数

定/转槽数 $Z = $ —/48	电机极数 $2p = 8/4$	总线圈数 $Q = 48 + 12$
线圈组数 $u = 18$	每组圈数 $S = 4、2$	极相槽数 $q = 2/4$
绕组极距 $\tau = 6/12$	线圈节距 $y = 6$	每槽电角 $\alpha = 30°/15°$
并联路数 $a = 2$	绕组系数 $K_{dp8} = 0.916$	$K_{dp4} = 0.677$

2. 绕组结构与接线要点

本例双速转子的资料取自江特电机，绕组线圈分布结构与上例相同，每相由 18 个线圈分 6 组，其中 4 组是四联组，2 组是如图中虚线所示的双圈组，它对称分布并与四联组前两只线圈同槽安排。不过本例接线与上例完全不同。三相是两路星形（2Y）联结，如附图 3.4b 所示。而每相有 2 个支路，每个支路由 2 组四联组和一组双圈串联而成，各线圈的匝数（n）如附图 3.4b 上方标示。8 极时转子接成 2Y 联结，三相引出线通过集电环机构与外置电阻（R）串联，构成限流起动和调速电路。当极数切换到 4 极时，由于每相已接成两路并联，三相绕组均分别形成闭合回路而使转子绕组呈现高阻抗，即转子绕组类似于笼型按 4 极运行。

本例双速绕组是在常规 8 极绕组的基础上将部分槽的线圈匝数进行分裂，然后又交换位置补回原处，使绕组结构复杂化，给修理者带来很大的困难。

附录 3.5 *48槽 8/4极($y=6$、$a=2$)双层叠式(丫串并联联结)双速转子绕组

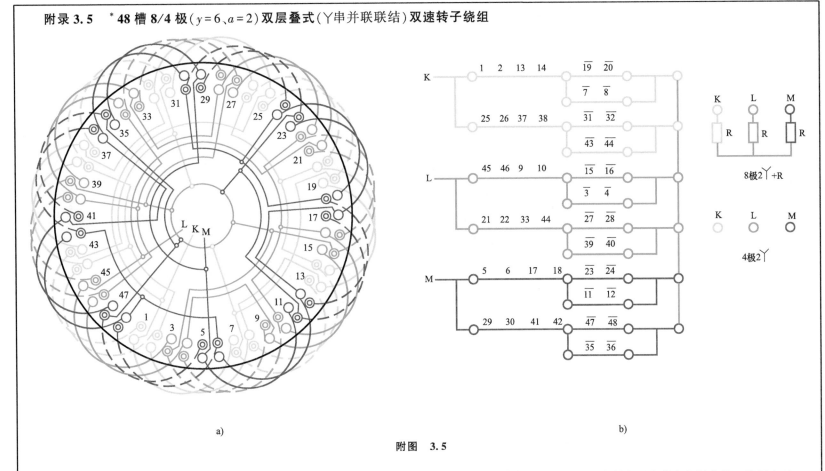

a)

b)

附图 3.5

1. 绕组结构参数

定/转槽数 $Z=$—/48　电机极数 $2p=8/4$　总线圈数 $Q=48$

线圈组数 $u=24$　每组圈数 $S=2$　极相槽数 $q=2/4$

绕组极距 $\tau=6/12$　线圈节距 $y=6$　每槽电角 $\alpha=30°/15°$

并联路数 $a=2$　绕组系数 $K_{dp8}=0.966$　$K_{dp4}=0.54$

2. 绕组结构与接线要点　本例是国产某电机厂产品，绕组由双圈组成，两种规格线圈交替分布如附图3.5a所示。其中实线线圈为4根 $\phi1.3mm$ 导线绕6匝，虚线线圈是2根 $\phi1.3mm$ 导线绕12匝。绕组两路并联于同一公共星点，即星点有6个线头，如附图3.5b所示。而每个线头有4根导线，故星点实际共接入24根导线。

附录 3.6　*48 槽 8/4 极($y=6$、$a=2$)双层叠式(整距布线)双速转子绕组

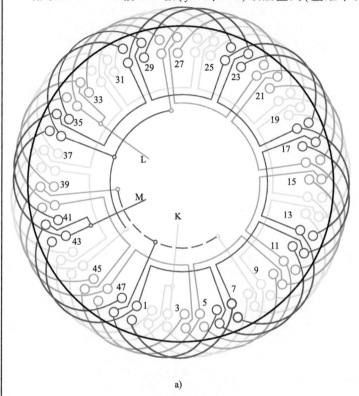

a)

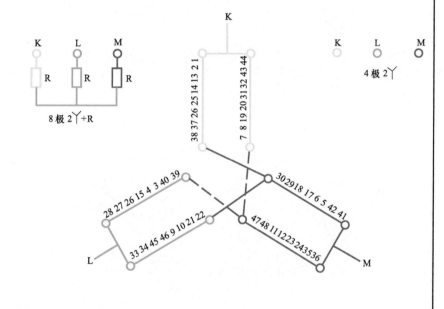

b)

附图　3.6

1. 绕组结构参数

定/转槽数　$Z=-/48$	电机极数　$2p=8/4$	总线圈数　$Q=48$
线圈组数　$u=24$	每组圈数　$S=2$	极相槽数　$q=2/4$
绕组极距　$\tau=6/12$	线圈节距　$y=6$	每槽电角　$\alpha=30°/15°$
并联路数　$a=2$	绕组系数　$K_{dp8}=0.966$	$K_{dp4}=0.496$

2. 绕组结构与接线要点　　本例绕组方案与附录 3.1 相同。只是把单层变作双层,而且改为显极布线。即每组 2 个线圈,每相 8 组线圈

分为两个支路,每个支路由 4 组双圈构成,并采用长跳接法。即每个支路由同极性线圈组串联而成,但 2 个支路线圈极性必须相反,从而构成 8 极转子绕组。转换 4 极则转子绕组由两路并联构成类似于笼型的自闭回路。

48 槽 8/4 极双叠双速转子绕组接线原理如附图 3.6b 所示,转子绕组端面布线接线如附图 3.6a 所示。

附录 3.7 *48 槽 8/4 极 $(y=7 \text{、} a=2)$ 单层链式双速转子绕组

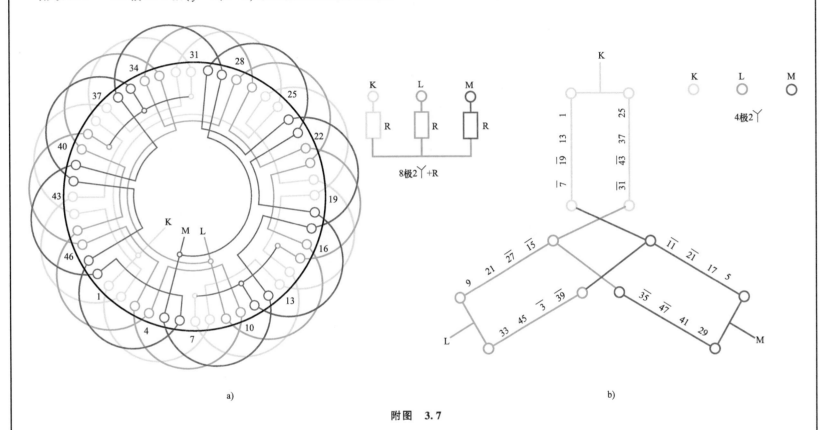

附图 3.7

1. 绕组结构参数

定/转槽数 $Z=60/48$	电机极数 $2p=8/4$	总线圈数 $Q=24$
线圈组数 $u=24$	每组圈数 $S=1$	极相槽数 $q=2/4$
绕组极距 $\tau=6/12$	线圈节距 $y=7$	每槽电角 $\alpha=30°/15°$
并联路数 $a=2$	绕组系数 $K_{dp8}=0.966$	$K_{dp4}=0.496$

2. 绕组布接线特点　本例绕组是 YZRDW225M-8/4 极双速电动机

的转子绕组。此绕组实质上是一套 2 路接法的 8 极绕组,用单层不正规的链式布线,每组单圈,每相由 8 个(组)线圈组成;但接线略繁,不过两组星点能分布对称,有利于转子动平衡。

48 槽 8/4 极单层链式双速转子绕组接线原理如附图 3.7b 所示,转子绕组端面布线接线如附图 3.7a 所示。

附录 3.8 *48 槽 8/4 极 ($y=7$、$a=4$) 双层叠式 (分裂线圈) 双速转子绕组

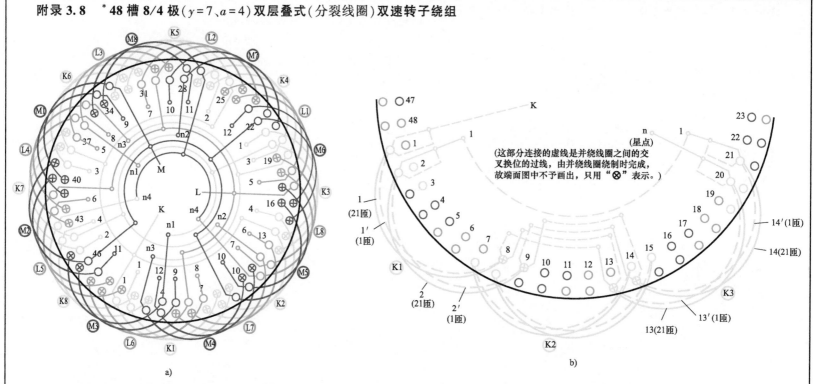

a)

b)

附图 3.8 转子 K 相中一个支路的接法 (图中 "○" 两个线头并接出线; "⊗" 代表同一个支路两线圈组在此处交叉换位串联)

1. 绕组结构参数

定/转槽数	$Z=-/48$	电机极数	$2p=8/4$	总线圈数	$Q=96$
线圈组数	$u=24$	每组圈数	$S=2+2$	极相槽数	$q=2/4$
绕组极距	$\tau=6/12$	线圈节距	$y=7$	每槽电角	$\alpha=30°/15°$
并联路数	$a=4$	绕组系数	$K_{dp8}=0.933$	$K_{dp4}=0.629$	

2. 绕组结构与接线要点

本例双速绕组是 2019 年 1 月获得修理信息, 后经两次资料补充才整理成原始绕组。此绕组不但将基本线圈分裂, 还进行交叉连绕, 最后又出现很多莫名其妙的短接线 (如附图

3.8c 虚线所示)。实在是一个不合适的设计, 不过既然有这种电机, 也只得收入本书。

此绕组是以 8 极为基准设计, 每组有 2 个复合线圈, 隔组同极性串联成一个支路, 如附图 3.8b 所示。但每个线圈均分裂为 2, 即每槽有 2 个不同匝数的线圈, 其中一个是 21 匝, 另一个是 1 匝。同一个支路另一个线圈组结构相同, 但隔开同相的一组线圈, 如 K1 与 K3 成一个支路, 而两组线圈的连接是交叉顺向 (同极性) 串联, 如附图 3.8c 所示。实际操作时是采用 2 根导线并绕, 如 1 号 (槽) 线圈绕 21 匝, 1′号线

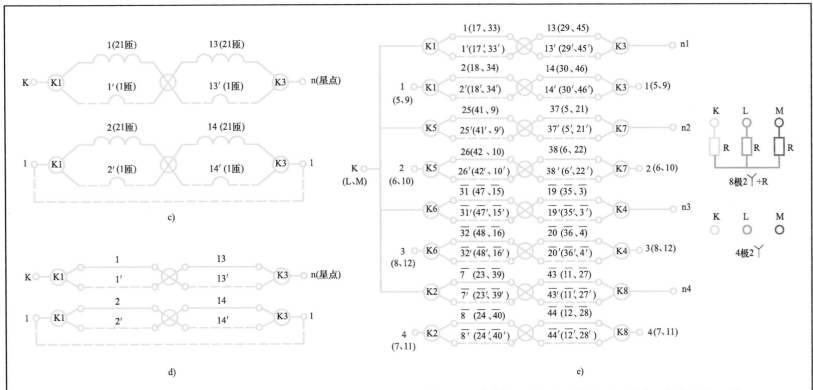

附图 3.8 转子 K 相中一个支路的接法（图中"○"两个线头并接出线；"⊗"代表同一个支路两线圈组在此处交叉换位串联）（续）

圈绕 1 匝，绕完 1 号线圈后不剪断而继续绕 13 号（槽）线圈，这时，1号（21 匝）与 13′号（1 匝）交叉换位串联（但注意留足过线）。由于交叉换位串联是在绕制线圈时实施完成的，属于内部接线，故在端面图（附图 3.8a）及简化接线图（附图 3.8c、d）中仅用"⊗"标示而不予画出。

如再简化画法，则如附图 3.8d 代表一个支路，这时粗线代表 21匝，虚线代表 1 匝线圈。如果将 K 相绕组画出就如附图 3.8e 所示。另外，每个支路有 4 个引线，其中两个是一相并联线头（K）和星点（n），另两出线是标号，如附图 3.8c、d 中将"1"号短接，如图虚线所示。但由于绕组图附图 3.8a 和附图 3.8e 的线条过挤而未画出，所以实际接线时应把相同标号用线连起来。

此绕组接线完成后，将有一堆无用的短接线拥挤在电机端部，很容易造成接地故障；再者这些短接线虽无用但不代表可以乱接，一旦接错就可能造成短路故障。

附录 3.9 *72 槽 24/6 极($y=9$、$a=3$)单层(不规则链式)双速转子绕组

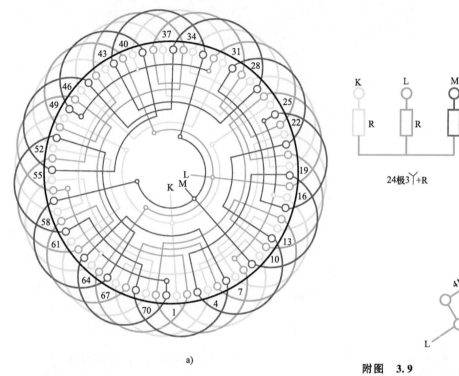

a)

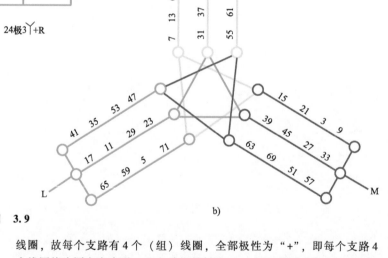

b)

附图 3.9

1. 绕组结构参数

定/转槽数 $Z=96/72$	电机极数 $2p=24/6$	总线圈数 $Q=36$
线圈组数 $u=36$	每组圈数 $S=1$	极相槽数 $q=1/2$
绕组极距 $\tau=3/12$	线圈节距 $y=9$	每槽电角 $\alpha=60°/15°$
并联路数 $a=3$	绕组系数 $K_{dp24}=1$	$K_{dp6}=0.789$

2. 绕组结构与接线要点

本例是塔吊用双速主机,定子是 96 槽,属于大型起升电机;转子 72 槽,是单层不规则链式布线,采用 3Y 联结,即每相分 3 个支路分别接到(e、o、n)3 个星点。每组仅 1 个线圈,故每个支路有 4 个(组)线圈,全部极性为"+",即每个支路 4 个线圈均为同方向串联。此电动机是低速(24 极)起升、运行,这时,绕组形成 24 极。若三相引出线通过集电环机构与外置的电阻 R 串接成 Y 形联结,则电机可限流起动或调速运行。若起升就位完成,则电机切换到 6 极,这时由于转子原已设计成 3 路并联,三相绕组便通过各自的闭合回路使转子形成类似笼型的高阻抗状态,以 6 极运行。

本例转子绕组原理如附图 3.9b 所示,端面布线接线则如附图 3.9a 所示。